최신판 | PROFESSIONAL ENGINEER BUILDING ELE

전기기술사 시험 대비

건축전기설비기술

I 권

오승용 · 임근하 · 김정진 · 이현우

PROFESSIONAL
ENGINEER

 예문사

머리말

   현시대에서 여러 분야의 기술들은 복잡하고 다양한 방향으로 진화·발전하고 있습니다. 특히 전기 분야 기술은 획기적으로 성장해 왔고 앞으로도 무궁무진한 변화가 예견됩니다. 전기 분야를 고전으로 치부하여 구시대적인 학문이나 기술로 인식하는 분들도 계시지만 본 저자는 전기 분야를 우리 사회의 대대적 발전과 인류의 행복 가치를 창출할 수 있는 중요한 분야 중 하나라고 생각합니다.

   올바른 마음에서 올바른 행동이 나오는 것처럼 전기기술자는 여러 여건의 어려움을 극복하고 해결하려는 올바른 마음과 겸손함이 필요하며, 그 선봉에 서는 자가 전기기술사였으면 하는 바람입니다.

   전기기술사는 포기하지 않는 꾸준한 노력과 시간을 투자하면 반드시 취득할 수 있는 자격증입니다. 하지만 전기기술사가 되기 위한 많은 노력과 시간 투자에도 불구하고 체계적이고 합리적인 도서가 부족하여 취득하기가 쉽지 않습니다. 따라서 올바른 마음과 겸손을 가진 전기인들이 기술사 자격을 취득하는 데 도움을 주고 전기 분야의 성장과 발전을 돕고자 이 책을 출간하였습니다.

   본 저자도 전기기술사 수험자였고, 수험자의 마음을 그 누구보다 충분히 이해하고 있습니다. 직장, 사업, 학교, 가정생활 등 여러 가지 일을 다 해내야 하는 입장에서 공부까지 하는 것은 매우 힘든 일입니다. 그럼에도 불구하고 다시금 마음을 잡고 공부하며 조금씩 자신을 담금질해야 비로소 기술사 자격이 보이기 시작합니다.

   이 책을 보시는 모든 분들께서 전기기술사 자격 취득과 더불어 어려운 상황을 극복할 수 있는 단단한 마음과 인내심을 겸비하는 기회가 되셨으면 좋겠습니다.

〈이 책의 특징〉

1. 기본 개념과 원리를 바탕으로 한 정보 습득을 위해 간결체로 작성하였습니다.
2. 그림과 도표를 최대한 많이 수록하여 직관적인 이해도를 높였습니다.
3. 학습의 개요에서 핵심과 목적을 이야기함으로써 어떻게 전개해야 할지를 표현하였습니다.
4. 핵심적인 내용은 반복 표현하여 많이 읽을수록 이해되도록 하였습니다.
5. 학습내용을 정리 → 분석 → 이해 → 암기하는 일련의 프로세스가 체계화되도록 구성하였습니다.

끝으로 좋은 내용과 지도로 점검·조언해 주신 공동 저자분들, 책을 집필하는 과정에서 참고하고 인용한 국내외 전문서적 및 학회지 저자분들, 또 집필 및 편집까지 오랜 기다림으로 도와주신 도서출판 예문사 임직원 여러분들의 노고에 깊은 감사를 드립니다.

이 책으로 전기기술사를 준비하시는 분들에게 반드시 합격의 기쁨이 가득하시기를 간절히 기원합니다.

저자 일동

출제 경향

출제 빈도표(2016~2023년)

구분		2016	2017			2018			2019			2020		
		110회	111회	112회	113회	114회	115회	116회	117회	118회	119회	120회	121회	122회
1	수변전설비의 계획과 설계	5	1	3	3	2	3	1	3	2	4	4	2	1
2	변압기	3	4	4	1	2	1	3	2	2			2	
3	차단기	2	1	3	2	1	2		1	1	3		3	1
4	전력퓨즈, 감리	1	2	1	3	1	1	1				3	3	1
5	변성설비	2				1		1	1					
6	보호계전설비	1	2	1	2	2	2	2		1			3	
7	피뢰설비	2	3	2	1	1	2	1		3		1	2	1
8	콘덴서	1		2	1	2		1	1	1		1		
9	배전설비	1	3	2	2	4	1	3	1	4	4	3	3	5
10	접지설비	2	1	2	2	2	1	3	1	3	2	1	2	
11	조명설비	1	4	4	2	2	3	2	6	1	2	2	3	4
12	동력설비	2			3	1	3	2	2		3	1	1	1
13	전력품질	1	1	1	1		1	2	1	1	3	2	1	2
14	신재생에너지	1	1	2		3	1	3	1	2	1	1	1	3
15	에너지 절약, 초전도 기술	2	2	2	2		2		2	3		3	2	3
16	예비전원설비	1	1	1	2	2	2	3	1	1	4	4		3
17	방재설비	1	3	1	1	2	1	2	3	3	2	2	3	3
18	반송설비					1	1			1		1		1
19	전력전자소자, 통신, 자동제어	1	1		1		1		2	1	1	1		2
20	회로이론, 법규	1	1		2	2	3	1	3	1	2	1		
합계		31	31	31	31	31	31	31	31	31	31	31	31	31

2021			2022			2023			합계	비율	빈출 주제
123회	124회	125회	126회	127회	128회	129회	130회	131회			
5	4	2	3	6	1	2	4		61	9%	설계, 계획
2	3		3	1		2	2	3	40	6%	전반적으로 다양
2	1	2	2	4	5	2	2	1	41	6%	단락전류, 이상현상
	1	2	1		1				22	3%	감리 문제
1	2	1				1		1	11	2%	CT
1	2	1	1	1		2		1	25	4%	전자화 배전반, 보호계전방식
2	2	1		1		2	1	2	30	4%	KEC
		2						1	13	2%	역률개선, 이상현상
4	1	2	4		2	2	3	2	56	8%	전압강화, 전압변동
	3	3	3	2	3	1	2	3	42	6%	KEC
5	3	4	2	3	5	2	3	4	67	10%	전반적으로 다양
2	3		3	2	1	3		2	35	5%	기동, 제동, 속도제어
1	1		1	2	2	3	2	2	31	5%	순시전압강하, 고조파, 플리커
2	2	2	2	5	4	3	2	2	44	6%	태양광, 풍력, 연료전지
1		1	3	1	1	2	1	4	37	5%	BESS, 전기차 충전기
	2	2	1	1	1			1	33	5%	디젤발전기 용량, UPS
1		2	2	1	3		5		41	6%	ESS 화재방지, 케이블 방화대책
	1			1		1			8	1%	안전장치
2		3			1		2	1	20	3%	UTP, 전력감시
		1			1	3	1	2	25	4%	회로이론
31	31	31	31	31	31	31	31	31	682	100%	

출제 기준

• 직무분야 : 전기 · 전자	• 중직무분야 : 전기	• 자격종목 : 건축전기설비기술사	• 적용기간 : 2023.1.1~2026.12.31
• 직무내용 : 건축전기설비에 관한 고도의 전문지식과 실무경험을 바탕으로 건축전기설비의 계획과 설계, 감리 및 의장, 안전관리 등 담당, 또한 건축전기설비에 대한 기술자문 및 기술지도				
• 검정방법 : 단답형/주관식 논문형[4교시, 400분(1교시당 100분)] / 구술형 면접시험(15~30분 내외)				

필기과목명	주요항목	세부항목
건축전기설비의 계획과 설계, 감리 및 의장, 그 밖에 건축전기설비에 관한 사항	1. 전기기초이론	1. 회로이론 • R, L, C 회로의 전류와 전압, 전력관계 • 전기회로 해석, 과도현상 등 • 밀만, 중첩, 가역, 보상정리 등 • 비정현파 교류 2. 전자계 이론 • 플레밍, Amper의 주회적분, 패레데이, 노이만, 렌츠법칙 등 • 전자유도, 정전유도 • 맥스웰 방정식 등 3. 고전압공학 및 물성공학 • 방전현상 • 고체, 액체 및 복합유전체의 절연파괴 • 금속의 전기적 성질, 반도체, 유전체, 자성체 • 전력용 반도체의 종류 및 응용
	2. 전원설비	1. 수전설비(수변전설비 설계) • 수전방식, 변압기 용량 계산 및 선정, 변전시스템 선정 • 수전설비 기기의 선정 등 2. 예비전원설비(예비전원설비 설계) • 발전기 설비, UPS, 축전지설비 • 조상설비, 전력품질개선장치 등 3. 분산형 전원(지능형 신재생 구축) • 분산형 전원의 종류 및 계통연계 4. 변전실의 기획 • 변전실 형식, 위치, 넓이 배치 등 5. 고장 계산 및 보호 • 단락, 지락전류의 계산의 종류 및 계산의 실례 • 전기설비의 보호 및 보호협조
	3. 배전 및 배선설비	1. 배전설비(배전설계) • 배전방식 종류 및 선정 • 간선재료의 종류 및 선정 • 간선의 보호 • 간선의 부설 2. 배선설비(배선설비 설계) • 시설장소 · 사용전압별 배선방식 • 분기회로의 선정 및 보호

필기과목명	주요항목	세부항목
건축전기설비의 계획과 설계, 감리 및 의장, 그 밖에 건축전기설비에 관한 사항	3. 배전 및 배선설비	3. 고품질 전원의 공급 • 고조파, 노이즈, 전압강하 원인 및 대책 • Surge에 대한 보호 4. 전자파 장해대책
	4. 전력부하설비	1. 조명설비 • 조명에 사용되는 용어와 광원 • 조명기구 구조, 종류, 배광곡선 등 • 조명계산, 옥내 · 외 조명설계, 조명의 실제 • 조명제어 • 도로 및 터널조명 2. 동력설비 • 공기조화용, 급배수 위생용, 운반 · 수송설비용 동력 • 전동기의 종류, 기동, 운전, 제동, 제어 3. 전기자동차 충전설비 및 제어설비 4. 기타 전기사용설비 등
	5. 정보 및 방재설비	1. I.B.(Intelligent Building) • I.B.의 전기설비 • LAN • 감시제어설비 • EMS 2. 약전설비 • 전화, 전기시계, 인터폰, CCTV, CATV 등 • 주차관제설비 • 방범설비 등 3. 전기방재설비 • 비상콘센트, 비상용 조명, 유도등, 비상경보, 비상방송 등 • 피뢰설비 • 접지설비 • 전기설비 내진대책 4. 반송 및 기타설비 • 승강기 • 에스컬레이터, 덤웨이터 등
	6. 신재생에너지 및 관련 법령, 규격	1. 신재생에너지 • 태양광, 연료전지, 풍력, 조력 등 발전설비 • 에너지절약 시스템 및 기법 • 2차 전지 • 스마트 그리드 • 전기에너지 저장(ESS)시스템 • 기타 신기술, 신공법 관련 • 에너지계획 수립 • 친환경에너지계획 검토

출제 기준

필기과목명	주요항목	세부항목
건축전기설비의 계획과 설계, 감리 및 의장, 그 밖에 건축전기설비에 관한 사항	6. 신재생에너지 및 관련 법령, 규격	2. 관련 법령 • 전기설비기술기준 • 한국전기설비규정(KEC) • 전기공사업법, 시행령, 시행규칙 • 전력기술관리법, 시행령, 시행규칙 • 주택법, 시행령, 시행규칙 • 건축법, 시행령, 시행규칙 • 에너지이용 합리화법, 시행령, 시행규칙 • 정부 고시 등 3. 관련 규격 • KS(Korean Industrial Standard) • IEC(International Electrotechnical Commission) • ANSI(American National Standards Institute) • IEEE(Institute of Electrical & Electronics Engineers) • JEM(Japanese Electrical & Machinery Standards) • ASA, CSA, DIN, JIS, KEC 등
	7. 건축구조 및 설비 검토	1. 구조계획검토 2. 하중검토 3. 설비시스템 검토 4. 에너지계획 수립 5. 친환경에너지계획 검토
	8. 수 · 화력발전 전기설비	1. 조명방식 · 기구 선정 및 설계 방법, 에너지절감 방법 2. 건축 구조 미 시공방식, 부하용량, 용도, 사용전압, 경제성, 방재성 등을 고려한 전선로/케이블 설계 방법 3. 기타 설비설계 관련 사항 4. 안전기준에 따른 접지 및 피뢰설비 설계 방법 5. 정보통신설비 관련 규정 및 설계 방법 6. 소방전기설비 관련 규정 및 설계 방법 7. 기타 발전 방재 보안설계 관련 사항

차 례

CHAPTER 03 차단기

차 례

CHAPTER 06 보호계전설비

CHAPTER 07 피뢰설비

CHAPTER 08 콘덴서

CHAPTER 09 배전설비

CHAPTER 10 접지설비

차 례

CHAPTER 11 조명설비

CHAPTER 12 동력설비

CHAPTER

01

수변전설비의
계획과 설계

01 수전 설비의 수전 방식

1 수전 방식 선정 시 고려사항

1) 건물의 용도 및 부하의 중요도
2) 예비전원 설비유무 : 자가발전설비, UPS 설비 등
3) 전원의 공급 신뢰도(정전횟수, 정전시간)
4) 경제성

2 수전 방식의 분류

1) 공급전압에 의한 분류(한전 공급 약관 제23조)

방식	전압	계약용량
저압	220[V], 380[V]	1,000[kW] 미만 (150[kW] 미만은 가공, 150~500[kW] 미만은 지중)
특고압	22.9[kW]	1,000[kW] 이상 10[MW] 이하 (40[MW] 이하 한전 협의 가능)
	154[kW]	10[MW] 초과 400[MW] 이하
	345[kW]	400[MW] 초과

3 장소 및 형태에 따른 분류

1) 옥내 수전 : Cubicle형
2) 옥외 수전 : 개방형
3) 옥내외 겸용 : 개방형 + Cubicle형, GIS형

4 회선 구성에 따른 수전 방식

1) 1회선 수전

① 변전소에서 1회선 수전 : 전용 수전과 분기 수전
　방식이 있음
② 적용 : 중소 규모와 저압 수용가
③ 간단하며 경제적
④ 신뢰도 낮음(정전시간이 길어짐)

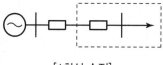

[1회선 수전]

2) 예비 회선 수전(본선＋예비 회선)

① 동일 및 타 계통 변전소로부터 2회선으로 공급받아 상시 1회선으로 사용하고 정전 시 다른
   회선으로 전력을 공급받는 방식(실제적인 1회선 수전 방식)
② 단독 수전 가능
③ 공급 신뢰도 향상
④ 1회선분 시설비 증가

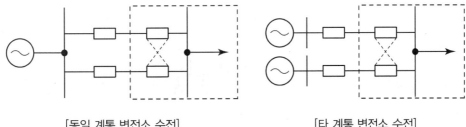

[동일 계통 변전소 수전]   [타 계통 변전소 수전]

3) 평행 2회선 수전

① 동일 변전소에서 상시 2회선으로 수전, 사고 시 다른 회선으로 전력 공급
② 어느 한쪽 수전사고 시 무정전 공급
③ 공급 신뢰도 향상
④ 보호계전이 복잡(수전보호장치와 평행 2회선 수전장치 필요)
⑤ 1회선분 시설비 증가

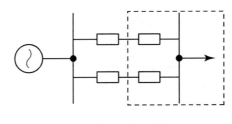

[평행 2회선 수전]

4) Loop 수전

① 동일 변전소로부터 수전받아 Loop 형식으로 전력 공급

② 사고 시 사고 구간의 양단 Loop를 개방하여 정전 구간에 무정전 공급

③ 전압 변동률 감소, 배전손 감소

④ 신뢰도 우수

⑤ 수전 방식, 보호 방식이 복잡

⑥ Loop에 걸리는 용량은 전 계통 부하 고려

⑦ 초기 투자비 증가

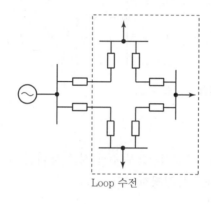

[Loop 수전]

5) Spot Network 수전

① 무정전 공급, 배전선 이용률 향상

② 전압변동, 전력손실 감소

③ 예비율 및 부하 증가 적응성 우수

④ 전등, 전력의 일원화

⑤ 비상 발전기 설치 면제 가능

⑥ 국내 적용 여건 미흡(전력회사 협조 필요)

⑦ 시설 투자비 과다(보호장치 전량 수입)

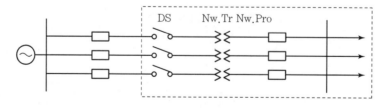

[Spot Network 수전]

5 수전 방식별 특징 비교

수전 방식		장점	단점
1회선 수전 방식		간단하고 경제적	• 신뢰도가 가장 낮음(설비사고 시 정전시간이 길어짐) • 분기 수전인 경우 계통 운영이 곤란
2회선 수전 방식	본선+예비선	• 단독 수전 가능 • 공급 신뢰도 향상 − 선로 사고에 대비 가능 − 동일 계통 대비 타 계통 수전 방식 신뢰도 우수	• 송전선 사고 시 정전 불가피(최근 무순단 절체로 무정전 공급 가능) • 예비선 절환용 차단기(ALTS) 필요 • 1회선분에 대한 시설비 증가
	평행 2회선	• 어느 한쪽의 수전선 사고에 대해 무정전 공급 • 1회선 대비 공급 신뢰도 향상	• 보호계전이 복잡(수전선 보호장치와 2회선 평행 수전장치 필요) • 1회선분에 대한 시설비 증가
	Loop 수전	• 사고 시 사고 구간 양단의 루프를 개방하여 건전 구간은 무정전 공급 가능 • 전압 변동률, 배전선 손실 감소 • 2회선 수전 방식 중 신뢰도가 가장 우수	• 수전 방식, 보호 방식 복잡 • 전력 회사의 공급지령에 따름 • Loop에 걸리는 용량은 전 계통에 대한 부하를 고려 • 2개의 차단기 추가 필요(초기 투자비 증가)

02 Spot Network 수전 방식

1 수전 방식의 종류

1) 1회선 수전 방식

2) 2회선 수전 방식(예비선, 평행 2회선, Loop 수전 방식)

3) Spot Network 수전 방식

2 Spot Network 수전 방식

전력 회사의 변전소에서 2회선 이상(보통 3회선) 수전하여 각 수용가를 단일 Network 모선에 병렬 접속한 시스템으로 Network Protector의 지령에 의해 자동 Trip 및 재투입되는 무정전 수전 방식

3 Spot Network 도입 필요성

1) 수용가 수전 전압의 상승

2) 고신뢰성 요구 상승

3) 도심지 전력 과밀 증가에 대한 대책

4 Spot Network 구성도

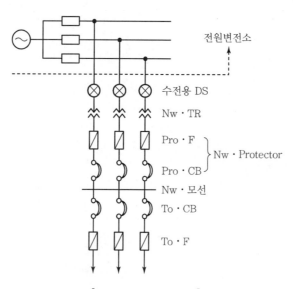

[Spot Network 구성도]

5 구성 요소

1) 수전용 단로기

① 변압기 점검 시 개폐, 여자 전류 개폐(SF$_6$, 기중 부하 개폐기 사용)

② 3극 연동 조작식, Protect 차단기가 해방될 때만 조작 가능하도록 인터록 설치

2) Network 변압기

① 1회선 전력 공급이 중지되어도 타 건전 회선의 Spot Network 변압기로 무정전 공급

② 과부하 내량 130[%], 8시간, 연 3회 운전 시 수명에 지장이 없을 것

③ TR 용량 $\geq \dfrac{\text{최대수용전력예상치}}{n-1} \times \dfrac{1}{1.3}$

　　여기서, n : 회선수, 1.3 : 과부하율

④ Mold나 SF$_6$ 가스 TR 사용

3) Network Protector : Pro F, Pro CB, NW－Relay로 구성

① Pro F : 역전력 후비 보호, TR 2차 이후의 단락사고 보호

② Pro CB : Network Relay 지령에 의해 역전력 차단, 무전압 및 차전압 투입

4) Network 모선

① 단일 모선으로 수용가 부하에 병렬 접속

② 절연 피복 or 기중 거리 150[mm] 이상 이격

5) Take off 장치 : 부하 측 고장 시 To－CB or To－F 동작

6 Network Protector의 동작 특성

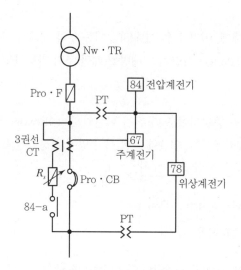

[Network Protector 구성도]

1) 역전력 차단(67R 동작)

① 대전류 역차단 : 배전선, TR 1차 측 사고 시 역전류 차단(순방향은 51H 동작)

② 소전류 역차단

　㉠ 전원 측 개방(무전압 상태) 시 또는 비접지 계통 지락 시 N/W 변압기 역여자 전류와 선로 충전 전류의 합 검출

　㉡ 정격 전압 인가 시 정격 전류의 0.1~3[%] 역전류 검출

2) 무전압 투입(84R+67R 동작)

① 초기 송전선 가압 시 N/W 모선이 무전압 상태일 때

② 1차 측 전압 확립 후 차전압에 의해 자동 투입

3) 차전압 투입(67R+78R 동작) : 전원 측 전압이 N/W 측 전압보다 크고 위상 진상 시

⑦ Spot Network 수전설비 특징

장점	단점
• 신뢰성 우수(1회선 정전 시 나머지 TR로 무정전 공급) • 자동 운전에 의한 인력 절감(무전압, 차전압 투입) • 전압 강하, 전압 변동이 작음(병렬 운전으로 임피던스 감소), 전력손실 감소 • 배전선 이용률 향상(3회선의 경우 1회선 정전 시 이용률 67[%])	• 특정 지역에 한정(대전 3청사 최초 적용) • 시설 투자비 고가 • 보호 장치 전량 수입 • 보호 계전 복잡

⑧ 사고 시 보호 협조

Take off 장치가 Take off 차단기만으로 구성 시 X 범위에서 Protect Fuse와의 협조 불가

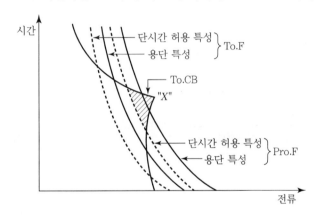

[전류 – 시간 곡선]

⑨ 최근 동향 및 개선 사항

1) Fuseless화 : 단락전류 증대에 따른 대용량 차단

2) **모선 분할** → Network 모선의 보수 점검, 증설, 개조 필요

3) 소용량 Spot Network 도입 → 수용가 부하 실정에 맞춘 200[V]급, 2,000[kW] 미만

4) 복전 시 부하 제어 → 변압기 과부하 부담 경감 방안 마련

5) Spot Network 기기 국산화 개발

03 수용률, 부하율, 부등률

❶ 수용률(Demand Factor)

1) 정의

모든 전력설비를 동시에 사용하는 정도

2) 일반식

$$수용률 = \frac{최대\ 수용전력}{총\ 부하설비용량} \times 100[\%]$$

3) 특징

① 항상 1보다 작음

② 수요 상정 시 주요 Factor

③ 부하의 종류, 사용 시간, 계절에 따라 상이

④ 적용치

부하종류별		건물용도별
• 조명 : 70[%] • 일반 동력 : 50[%] • 냉방 동력 : 80[%]	• 사무실 : 32~60[%] • 백화점 : 42~56[%] • 종합병원 : 24~50[%] • 호텔 : 55~79[%]	공동주택(KEC 부록 230 − 3표) • ~4세대 : 100[%] • 6~24세대 : 91~50[%] • 26~100세대 : 49~45[%] • 150~800세대 : 44~41[%] • 800세대 초과 : 40[%]

❷ 부하율(Load Factor)

1) 정의

어느 일정 기간 중 부하 변동의 정도를 나타냄

2) 일반식

$$부하율 = \frac{부하의\ 평균전력(1시간\ 평균)}{최대\ 수용전력(1시간\ 평균)} \times 100[\%]$$

3) 특징

① 부하율이 큼 → 전력 변동이 작고 설비의 이용률이 큼

② 일, 월, 년 부하율로 나뉘며 기간을 길게 할수록 부하율이 감소

4) 적용치

일반전등	고압배전선	동력 수용가
45[%]	55[%]	47[%]

5) 계산 예

그림과 같은 공장의 일부하 곡선에서 일부하율[%] 계산

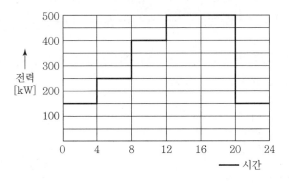

[일부하 곡선]

① 일일 사용 전력량＝150×8＋250×4＋400×4＋500×8＝75,800[kWh]

② 평균전력 $= \dfrac{1일\ 사용\ 전력량}{24} = \dfrac{7,800}{24} = 325[\text{kW}]$

③ 부하율 $= \dfrac{평균전력}{최대\ 수용전력} \times 100[\%] = \dfrac{325}{500} \times 100[\%] = 65[\%]$

❸ 부등률

1) 정의

최대 수용 전력의 발생 시각 or 발생 시기의 분포를 나타내는 지표로 Peak 전력이 동시에 걸리지 않는 정도를 나타냄

2) 적용 목적

한 계통 내의 단위 부하(한 배전 변압기에 접속되는 각 수용가의 부하)는 각각의 특성에 따라 변동하고 최대 수용전력이 생기는 시간이 다르므로 부등률(Diversity Factor)을 적용하여 변압기 용량을 적정 용량으로 낮추는 효과 발생

3) 일반식

$$부등률 = \frac{각각의\ 합성\ 최대\ 전력의\ 합}{합성\ 최대\ 수용전력의\ 총합} \geq 1$$

4) 특징

① 항상 1보다 큼

② 부등률이 클수록 설비의 이용도가 높음

③ 부하단에서 수전단 전원 공급측으로 갈수록 부등률이 커짐

④ 변압기간 부등률이 다른 부하군의 부등률 보다 큼

⑤ 계통의 규모, 부하 성질, 계절에 따라 상이

5) 계산 예

설비 용량별 수용률이 각기 표에 제시된 값과 같고 수용가 A, B, C에 공급되는 배전선로의 최대 전력이 500[kW]일 때 부등률 계산

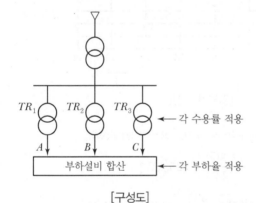

수용가	설비 용량[kW]	수용률[%]
A	200	70
B	300	60
C	400	80

[구성도]

① A 수용가 최대 수용전력 = 200×0.7 = 140[kW]

② B 수용가 최대 수용전력 = 300×0.6 = 180[kW]

③ C 수용가 최대 수용전력 = 400×0.8 = 320[kW]

④ 부등률 = $\dfrac{140 + 180 + 320}{500}$ = 1.28

04 변전 시스템 선정 시 고려사항

1 변전 시스템 정의

1) 전력 회사로부터 수전된 전압을 변성하여 수용가 부하에 맞도록 배전하는 시스템
2) 신뢰성, 안정성, 경제성을 바탕으로 건축물 규모와 특성에 적합하게 선정

2 배전 전압

특고압 수전	고압 배전	저압 배전
345, 154, 22.9[kV]	6.6, 3.3[kV]	380/220, 440[V]

3 변전 System 구성

1) 모선 구성 방식

① 단일 모선
② 섹션 구분 단일 모선
③ 루프 모선
④ 이중 모선
⑤ 예비 모선

2) 급전 방식

구분	단일 급전	2대 급전	2대 이상 급전 S/NW 방식
특징	• 경제적 • 가장 간단 • 긴 정전시간	• 신뢰도 향상(정전 시간 단축) • 사고 시 단독 운전 가능(1대 고장 시 단시간 과부하 내량 고려) • 병렬 운전 시 단락 용량 2배	• 전압 변동 최소화 • 이용률 향상 • 고신뢰도(무정전) • 고가, 전량 수입, 설치 제한
적용	소규모 빌딩, 공장	병렬 운전 / 단독 운전	중요 국가 시설

3) TR 강압 방식

구분	직강압 방식(1 - step)	2단 강압 방식(2 - step)
회로도		
전력 손실	적음	높음
설치 면적	적음	높음
설치비	낮음	높음
안정성	낮음	우수
유지 보수	우수	낮음
부하 증설	불리	유리
적용	소규모 수용가	대규모 수용가(공장, 고층 빌딩)

4) 변압기 Bank 구성

① 단락 전류, 설치 면적, 유지 보수, 경제성 등 고려

② Bank 수 선정기준

수전 용량	1,500[kVA] 이하	~ 3,000[kVA]	3,000[kVA] 이상
Bank 수	1	1 ~ 2	2 이상

5) 변압기 용량

① 각종 Factor (부하율, 수용률, 부등률) 고려

$$변압기 용량 = 총 설비 용량[kVA] \times \frac{수용률}{부등률} \times 여유율$$

② 여유율 고려 : 장래 증설, 고조파 부하, $\%Z$, 허용 전압 강하

6) 변압기 선정

① 상수

㉠ 과거 : 단상 3대 △결선(고장 시 V결선 운전)

㉡ 현재 : 제조 기술 향상으로 3상 TR 사용(면적 축소, 경제적)

② 결선 방법

$△ - △$, $Y - Y$, $Y - △$ 또는 $△ - Y$, $V - V$, $Y - $지그재그(Zig Zag) 등

③ 절연 방식

건식, 몰드, 유입, 가스 절연 방식

④ 냉각 방식

㉠ 주위 온도와 발열량 파악, 환기 장치 고려

㉡ 건식(자냉, 풍냉), 유입(자냉, 풍냉, 수냉), 송유(자냉, 풍냉, 수냉)

7) 변압기 병렬 운전

① 병렬 운전 조건

㉠ 1, 2차 전압 동일

㉡ 임피던스, 저항과 리액턴스비 동일

㉢ 단상은 극성, 3상은 각 변위와 상회전 방향 일치

㉣ 용량비 3 : 1 이내

㉤ BIL 값이 같을 것

② 병렬 운전 불가능 결선 : $Y-Y/Y-\triangle$, $\triangle-\triangle/\triangle-Y$

4 수변전설비 에너지 절약(건축물 에너지 절약 설계 기준)

1) 의무 사항

고효율 변압기 사용, 변압기별 전력량계 설치

2) 권장사항

변압기 대수 제어, 최대 수요 전력 제어, 자동 역률 제어 장치, 직강하 방식, 변전 설비 적정 용량, 임대 건물 구획별 전력량계 설치 등

05 공동 주택 변압기 용량 산정(1,000세대)

🔳 부하 산정방법(세대당)

관련 기준		산정 방식
집합주택	KEC(부록 230 – 3)	$30[\text{VA/m}^3] \times$ 전용면적$[\text{m}^3] + (1,000\sim500[\text{VA}])$ (3[kVA] 이하는 3[kVA] 적용)
	주택건설기준법 제40조	$\left\{ \left(\text{전용면적} - 60[\text{m}^2] \right) \times \dfrac{500[\text{VA}]}{10[\text{m}^2]} \right\} + 3,000[\text{VA}]$
전전화 집합주택	KEC(부록 230 – 3)	$60[\text{VA/m}^2] \times$ 전용면적$[\text{m}^2] + 4,000[\text{VA}]$ (7[kVA] 이하는 7[kVA] 적용)

※ 세대 TR 용량 산정 시 상기 표에 의한 산출용량에 수용률 적용

🔢 부하용량 산출 비교(예 : 전용면적 85[m²], 1,000세대 기준)

구분		부하용량 산출
집합주택	KEC	$30[\text{VA/m}^2] \times 85[\text{m}^2] + 1,000[\text{VA}] = 3,550[\text{VA/세대}]$ $3,550[\text{VA/세대}] \times 1,000[\text{세대}] \times 0.4 = 1,420,000 \rightarrow 1,500[\text{kVA}]$
	주택건설 기준법	$\left\{ (85-60)[\text{m}^2] \times \dfrac{500[\text{VA}]}{10[\text{m}^2]} \right\} + 3,000 = 4,500[\text{VA/세대}]$ $4,500[\text{VA/세대}] \times 1,000[\text{세대}] \times 0.4 = 1,800,000 \rightarrow 2,000[\text{kVA}]$
전전화 집합주택	KEC	$60[\text{VA/m}^2] \times 85[\text{m}^2] + 4,000 = 9,100[\text{VA/세대}]$ $9,100[\text{VA/세대}] \times 1,000[\text{세대}] \times 0.4 = 3,640,000 \rightarrow 4,000[\text{kVA}]$

1) $(85 - 60)[\text{m}^2] = 25[\text{m}^2] \rightarrow 30[\text{m}^2]$로 계산(10[m²] 단위로 반올림)

2) 전전화 집합주택 : 대형, 초고층 APT, 주상복합, 고급빌라 등과 같은 주택에서 에너지원 대부분을 전기로 사용하는 집합주택

3) 수용률 : 40[%](LH 규정 : 100세대 이상, KEC : 800세대 초과)

🔳 변압기 용량 산정

1) 세대부하 1,800[kVA] → TR 1,000[kVA] × 2기(주택건설기준법 적용)

2) 공용부하 1[kVA/세대] × 1,000[세대] → TR 1,000[kVA] × 1기

④ 비상 발전기 용량

1) 건설기술진흥법

$$GP \geq \left[\sum P + \left(\sum P_m - P_L \right) \times \alpha + \left(P_L \times \alpha \times C \right) \right] \times k$$

(KDS 31 60 20 : 2021 참고)

2) LH 산정법

$$(승강기 + 전동기 + 조명 + 정화조 부하) \times \frac{수용률}{부등률}$$

3) 간이 추정식

총 수전용량[kVA] × 0.2(IB 인증조건 : 20[%] 이상)

$= 3,000[kVA] \times 0.2 = 600[kVA] \rightarrow 1,000[kVA](PF\ 0.8 \rightarrow 800[kW]) \times 1$대

⑤ One-Line Skeleton Diagram

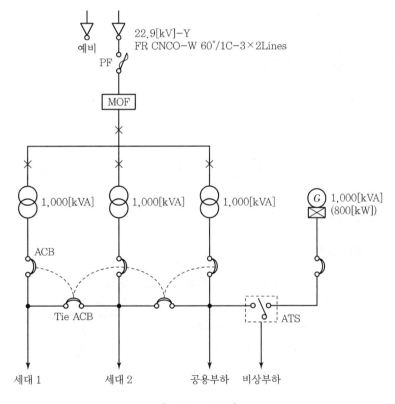

[수변전 계통도]

06 수변전설비 설계 시 환경대책 ■■■

1 개요

수 · 변전설비의 환경대책은 설치장소의 주변 환경에 영향을 많이 받으므로 도심지역에서 수 · 변전설비를 계획할 경우 전기기기에 의한 기계적 · 전자기적 환경요인을 중심으로 고려

2 수 · 변전설비 환경영향 요소

1) 소음

2) 진동

3) 고조파에 의한 장해

4) 통신선에 대한 유도장애

5) 코로나에 의한 잡음 및 유도장애

6) 절연유 누출에 의한 대지오염

7) 미관 및 환경 훼손, 화재대책, 내진대책 등

3 수 · 변전설비 설계 시 환경대책

1) 소음에 대한 대책

① 저소음 기기의 채용 : 저자속밀도 변압기, 진공 차단기, 가스 차단기 사용 등 저소음 기기를 사용

② 소음기 설치 : 소음이 많이 나는 공기 차단기(ABB), 비상발전기 등은 소음장치를 설치, Mold TR 1,500[kVA] 이상의 경우 별도의 소음대책 필요

③ 방음 및 흡음장치 설치 : 큐비클, 건축 구조상 방음처리, 흡음재를 설치하여 소음 흡수

2) 진동에 대한 대책

① 진동 방지 설비를 사용하여 변압기, 발전기 등 진동을 발생하는 기기 진동이 외부에 전달되는 것을 방지

　예 방진고무, 방진스프링, 방진매트 등

② 발전기를 선정할 경우 저진동 기기인 가스터빈 발전기를 사용 고려

3) 고조파 장해에 대한 대책

① 고조파 발생 억제 대책 : 인버터, 컨버터 등 전력변환기의 Pulse 수를 크게 함(다펄스화)

② 전원 측에 리액터를 설치 : ACL, DCL

③ 필터를 설치 : Passive Filter, Active Filter

④ 피해기기의 대책 : 장해 기기의 고조파 내량을 강화

　　예 UPS, 차단기, 변압기, 간선용량 등

⑤ 계통 측 대책

　　㉠ 계통의 분리 즉, 공급 배전선의 전용 선로를 설치

　　　예 임피던스 분류

　　㉡ 전원의 단락 용량을 증대

4) 통신선에 대한 유도장애 대책

① 전력선과 통신선의 이격 거리를 크게

② 전력선과 통신선 사이에 차폐선을 설치

③ 중성점을 저항접지할 경우 저항을 가능한 크게

④ 통신선을 연피케이블을 사용하여 접지 또는 전력선의 연가를 실시

⑤ 절연변압기를 삽입하여 구간을 분할

⑥ 통신선을 직접 접지하여 유도전류를 대지로 방류

⑦ 통신선에 피뢰기를 설치하여 유도전압을 경감

5) 코로나에 의한 잡음 및 방지 대책(초고압 전선로 대책)

코로나 임계전압 $E_0 = 24.3 m_0 m_1 \delta d \log_{10} \dfrac{D}{r} [\text{kV}]$

　　　여기서, m_0 : 전선표면계수, m_1 : 기후에 관한 계수, δ : 상대공기밀도
　　　　　　D : 선간거리[m], $d(=2r)$: 전선의 지름[cm]

① 코로나 장해 영향

　　㉠ 코로나 손실 발생으로 송전 효율 저하

　　㉡ 코로나 잡음으로 반송 통신 설비에 잡음 방해가 발생

　　㉢ 통신선에 유도 장애를 발생

　　㉣ 화학 작용으로 전선의 부식을 촉진

② 코로나 방지 대책

　　㉠ 굵은 전선을 사용

　　㉡ 가선금구를 개량

　　㉢ 복도체 또는 다도체를 사용하며 선간 거리를 크게 조정

6) 절연유 누출에 의한 대지오염 대책

① 유입변압기보다는 건식 또는 몰드 변압기를 사용

② 10만 [V] 이상의 옥외변압기 설비에는 유수 유출 방지틱, 옥내변압기 설비에는 배유 수조를 시설하여 절연유가 누출되어도 대지에 스며들지 않도록 실시

7) 미관 및 풍치 훼손에 대한 대책

① 가급적 지중전선로로 설계

② 개방형 수전설비보다는 큐비클형 또는 메탈 클래드형, GIS형으로 시설

③ 지상변전소보다는 지하변전소를 선택

8) 화재대책

① 변전실의 방화구획 설정

　㉠ 변전실은 방화구획으로 하고 마감자재는 내화재료를 사용

　㉡ 출입문은 갑종(60분) 또는 을종(60분＋30분) 방화문을 설치

② 기기의 적용 : GIS, 가스절연변압기를 채용하여 Oilless Type 적용

③ 난연성 케이블의 사용 : 전력케이블, 제어케이블은 난연성 사용

④ 옥내 전기실에는 CO_2, 청정소화약제 등 가스계 소화설비를 시설

9) 내진대책

① 건축법의 2층 이상 연면적 500[m²] 이상 건축물에는 내진설계 기준을 적용

② 건축전기설비의 내진설계는 동적 해석법에 의한 설계 지진력을 결정하여 적용

07 초고층 빌딩의 계획 시 고려사항과 설비적 특징

1 개요

1) 최근 경제성장에 따른 초고층, 대규모 및 복합용도에 대한 관심이 고조되고 있는데 이러한 현상은 랜드마크 경향, 복고 경향, 구조적 조형화 경향으로 크게 구분

2) 초고층 빌딩에서의 전기설비의 특징은 건축물의 높이, 에너지 및 장비의 수송, 편리한 이동, 천재와 인재에 대한 추가적인 검토가 반드시 필요

2 건축적 계획요소

1) **건물의 구조적 개념** : 건축물의 기능적인 효율 증대와 이용 극대화 중점

① 단순성(Simplicity) : 응력의 흐름이 균형적이고 조화된 방법 강구
② 통합성(Integral Action) : 총체적이고 유기적인 결합체로 설정
③ 호환성(Compatibility) : 표준적인 부재들의 사용 적용
④ 기타 초고층이라는 수직적인 부담으로 인하여 경량화 자재 사용, 경제성, 구조적인 안전성 및 강성 그리고 미적으로 세련된 형상으로 구현

2) **건물의 형태적인 개념**

① 곡선적인 구성 : 원형, 타원형, 환형, 복합형태
② 직선적인 구성 : 직사각형, 다각형, 병렬형, 십자형, H자형 및 복합형태
③ 복합적인 구성 : 작가의 사상에 따라 곡선형과 직선형의 조화로운 구성으로 디자인

3 전기 · 기계 설비적 계획요소

1) **모듈 계획**

모듈은 초고층 빌딩에서 계획 및 시공의 최소단위 계획으로 공간 단위의 균일화, 최대 사용 비율, 설비적인 기계 기구(전기, 공조, 통신, 소방)와 관련된 시스템으로 설정

2) **코어 구성**

① 건축적인 디자인 이외에 인력 및 장비의 이동, 서비스 및 피난 요소, 기계설비용 덕트 시스템의 길이, 전기적인 수평 배선거리에 따른 사항들을 고려하여 구성

② 전기 · 기계적인 수직 샤프트와 수직적인 동선(계단, 엘리베이터)의 관계, 테넌트는 공용 면적의 최소성 및 반송 설비가 중요 구성 요소이며 유지 관리, 보수 및 리뉴얼 요소도 검토

구분	특징	적용
편 코어형	• 바닥면적이 커지고 피난시설에 불리 • 고층 구조계획에 불리	바닥면적이 크지 않은 경우
독립 코어형	• 설비관계가 제약되고 방재상 불리 • 접합부로 인하여 초고층 구조에 불리	편 코어와 유사
중심 코어형	• 가장 일반적인 형으로 유효율이 우수 • 고층 · 초고층에 가장 유리한 구조	바닥면적이 큰 경우
양측 코어형	• 융통성에 유리하고 방재에 유리 • 외주코어로 인한 구조에 불리	대규모 공간이 필요할 경우

3) 반송설비

① 조닝 방식 : 조닝은 엘리베이터 뱅크가 담당하는 구역을 나누는 것

㉠ 건물별로 몇 개의 존으로 하고 각 존별로 운행하는 방식

㉡ 1개 존에서 뱅크의 담당은 10~15층 정도

② 스카이로비 방식 : 스카이로비는 임대면적의 비효율성을 해결하기 위한 방식

㉠ 2개 이상의 수직으로 연결 동선시스템을 만들어, 각각 독립적인 엘리베이터 시스템으로 주행거리를 단축하여 운송효율을 높이고, 승강로 면적을 축소

㉡ 건물이 복합용도로 구분되는 경우 구분지점에 스카이 로비를 설치

㉢ 초고층은 층수가 높아짐에 따라 코어면적이 넓어지게 되며, 스카이 로비는 건축 면적을 크게 사용하게 되므로 일반적으로 70층 이상 규모에서 사용

㉣ 1개 존에서 뱅크의 담당은 10~15층 정도

4 초고층 빌딩의 설비적 특징

1) 건축 설비의 특징 : 공급 길이에 관련된 것과 수직적 높이에 따른 기상의 변화에 대한 사항

① 초고층 빌딩의 설비층

㉠ 건물의 일정한 층이 공조, 급배수, 전기, 통신, 엘리베이터 등의 장비 및 기기가 설치되는 층

㉡ 초고층 빌딩의 중간부 층이나 최상층에 집합되어 설치

㉢ 중간 설비층의 위치 설정 : 전기 설비, 엘리베이터 조닝, 급배수 설비의 성능과 조닝, 장비 기기의 분산 성능 및 유지 관리, 에너지 등에 사용되는 비용 등을 종합적으로 검토하여 설치

㉣ 중간 설비층은 공조 설비의 성능과 반송 설비의 조닝으로 정해지며 공조실, 물탱크실, 전기실, 통신실, 엘리베이터 기계실 등이 집합

구분	항목	내용 및 대책
기상	풍속	• 지상에서 상공으로 연속 증대 • 고층부는 바깥공기 유입량이 증대해 냉·난방 부하가 증가하고 실내온도 분포가 불안정, 불균일
	복사량	외벽면의 천공에 대한 형태계수가 커져 천공복사를 받는 양이 크고 열부하가 증가하고 전면 또는 건축의 지붕에도 복사열 흡수
설비층	전기·기계	• 냉난방, 환기 및 전기설비의 경제성과 기기, 덕트, 배관류의 합리성을 충족하기 위한 층 • 설비층 분산위치는 건물의 높이, 평면, 용도, 설비 방식, 비용, 유지관리, 건물 전체의 비율을 종합적으로 검토
	냉·난방	환절기에 방향별 외부 부하의 현저한 변동에 대응할 수 있는 방식
전력	조명	주간 인공 조명(PSALI)과 모듈을 고려한 설계
	배선	내진에 대한 성능 평가와 수직 장력 검토
	비상	전기에너지 사용에 대한 검토 및 내·외부 전원 확보 및 비상 성능 확립
승강기	분할	조닝을 시행하고 목적지를 명확
	수량·속도	• 대수, 뱅크수와 설치 장소는 초고층 건물의 평면 계획, 코어 계획상 중요한 요소 • 고층용 240[m/min], 초고층용 300[m/min] 이상
	굴뚝효과	굴뚝이 높아지면 드래프트가 늘어나고 기계 통풍식은 송풍기 선정을 고려
방재	소방	대피, 소화 및 연락에 문제 → 강화 기준 검토
	피뢰	낙뢰 증가, 측뢰에 대한 대책과 내부의 영향에 대한 검토 필요

2) 전기설비

① 전기 공급루트는 천장, 바닥 구조는 물론 코어의 사용 등에 영향을 주므로 건축바닥의 형식과 천장의 모듈플랜에 대하여 고려

② 조명 시스템은 내부 거주자에 대한 쾌적성을 목표로 하여 천장 모듈 플랜, 조명기구 및 반사로부터의 글레어, VDT 환경문제, 고층부 창문으로부터 과다한 일조 등을 고려

③ 안전하고 확실한 전력공급에 대한 사항은 수전에서 사용에 이르는 방식에 대한 검토를 반복적으로 수행하여 최적의 모델을 개발

3) 방재설비

① 건축적인 방화 계획

    ㉠ 불연화, 난연화 재료의 전면적인 도입 필요

    ㉡ 거주자의 피난행동 예측에 의한 피난안전구역(Refuge Floors)을 구상

    ㉢ 화재 성상에 따른 차단 대책을 Fail Safe(비상안전장치) 및 Pool Safe(공동 안전 구역) 고려

② 기계적 소화 설비

    ㉠ 전기적 경보와 연계한 전반적인 자동화 검토

    ㉡ 정확한 소화 설비 기동 및 확실한 소화 효과 필요

③ 전기적 경보 및 피난 설비

    ㉠ 조기발견, 조기통보, 조기피난, 조기소화에 확실하게 동작

    ㉡ 소방 설비에 사용하는 비상 전원은 확실하고 충분한 준비로 소화 설비 가동에 문제가 없도록 함

    ㉢ 주변 및 도시전체에 미치는 영향이 매우 크므로 도시 방재 시스템 인프라와 연계

    ㉣ 직격뢰에 대한 방호대책을 수립하여야 하며, 뇌서지에 대한 내부의 전기 · 정보통신기기의 영향을 평가하여 보호대책(SPD, 접지강화)을 수립

08 변전실 설계 시 고려 사항 ■■■

1 개요

1) 변전실은 수용가 내 모든 부하설비에 전력을 공급하는 중심지로 신뢰성, 안정성, 경제성 측면
에서 다음 사항을 고려하여 설계

2) 설계 시 검토 항목
변전실 위치, 구조, 면적, 배치, 형식, 환경대책 등

2 변전실 설계 시 고려 사항

1) 건축적 고려 사항

① 층고 3[m] 이상 확보(고압 3[m], 특고 4.5[m] 이상)
② 불연재료로 구획, 출입문은 방화문 설치
③ 장비 반·출입 통로 확보
④ 견고한 기초이며 충분한 내진조치를 한 구조
⑤ 바닥은 변압기 등 중량물 하중에 견딜 것
⑥ 창문 파손으로 빗물, 조류, 소동물이 침입하지 않도록 고려
⑦ 관련실 인접 배치 : 발전기실, UPS실, 중앙감시실, 기계실 등

2) 전기적 고려 사항

① 부하의 중심 부근일 것
② 인입 및 배전이 용이할 것
③ 기기 반·출입에 지장 없을 것
④ 장래 부하증설, 유지보수 고려

3) 환경적 고려 사항

① 환기 및 채광이 잘되는 장소
② 지반 견고, 침수 등 재해위험이 없을 것
③ 염해 및 유독, 부식성 가스 체류가 적을 것
④ 습기, 먼지, 소음, 진동 발생이 없을 것
⑤ 가스, 연료, 오배수 배관 관통금지

3 변전실 면적

1) 면적 산정에 영향을 주는 요소

① 수전 전압, 강압 방식

② TR 용량, 수량

③ 예비 전원 유무

④ Cubicle 형식, 수량, 배치 방법

⑤ 유지 보수, 감시실 면적

2) 변전실 면적 산출 방식

① $A_1 = 3.3y\sqrt{P} \times a$

여기서, P : 변압기 용량[kVA]
- 6,000[m^2] 미만 : 2.66
- 10,000[m^2] 미만 : 3.55
- 10,000[m^2] 이상(큐비클식 : 4.3, 기타 : 5.5)

② $A_2 = K \times P^{0.7}$

여기서, K : 전압 변성 계수
- 특고 → 고압 : 1.7
- 특고 → 저압 : 1.4
- 고압 → 저압 : 0.98

③ $A_3 = 2.15 \times P^{0.52}$

④ $A_4 = 5.5 \times \sqrt{P}$

3) 수변전실 배전반 최소 이격거리

분류	앞면 또는 조작 계측면	뒷면, 점검면	열(측면) 상호 간	기타 면
특고배전반	1.7	0.8	1.4	
고압 및 저압배전반	1.5	0.6	1.2	
변압기	0.6	0.6	1.2	0.3

4 변전실 배치

1) 수직 배치

빌딩, 아파트

집중식	중간식	분산식
		추
저·중층 건물	고층 건물	초고층 건물

2) 수평 배치

공장, 대학교

방식	수지식	평행식	루프식
구성			
경제성	우수	보통	낮음
신뢰성	낮음	보통	우수

5 변전실 형식

1) 장소별

① 옥내형 : 대부분의 빌딩에 적용
② 옥외형 : 주변압기, 개폐장치 − 옥외, 배전반 − 옥내설치

2) 형식별

① 개방형 : 철 Frame에 기기 취부
② Cubicle형 : 폐쇄함 내 기기 수납
③ GIS형 : SF_6 가스 용기 내 밀봉(Compact형 수배전반)

3) 주 차단장치별

① 특고 수전

    ㉠ 500[kVA] 초과 : CB형

    ㉡ 500[kVA] 이하 : PF-CB형

② 고압(300[kVA] 이하) : PF-S형

4) 절연물별

유입식, 건식, 몰드형, 가스형(GIS)

6 환경대책

1) 소음, 진동, 지진 : 방진패드, 방음벽, 기초 Anchoring

2) 기름 누출(유입식 TR, 발전기 Oil) ― 유수 분리 장치, 누출 방지턱 설치, PCBs 관리

3) 항온 항습, 환기(급배기)시설

09 수변전실 소음 발생 원인 및 대책

1 소음 발생원 종류

1) 변압기
2) 차단기
3) 공기압축기
4) 송풍기 및 비상발전기

2 소음레벨 이론

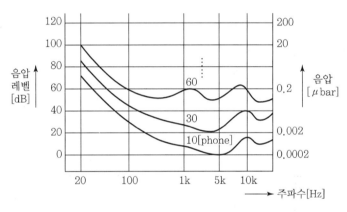

[등청감곡선]

1) 소음레벨 단위 : phone, dB(데시벨)
2) 음압레벨(SPL : Sound Pressure Level)

$$SPL = 20\log_{10}\frac{P}{P_0}[\text{dB}]$$

여기서, P : 음압 측정값

P_0 : 1,000[Hz]에서 최소 가청음압($2\times10^{-4}[\mu\text{bar}]$)

예 $20\log_{10}\dfrac{0.2}{0.0002} = 60[\text{dB}]$

3) 음의 감도 비교

1[kHz]에서 60[dB]일 때 음의 감도 60[phone]은 20[Hz]에서 100[dB]의 세기에서 느끼는 감도와 동일

❸ 변압기 소음 발생원과 방지 대책

1) 소음 발생원

① 철심의 자왜현상에 따른 진동 : 고조파 영향

② 철심 이음새 및 성층 간의 전자력에 기인하는 진동

③ 권선 전자력에 기인하는 진동

④ 냉각팬, 송유펌프 등

⑤ 무부하 소음

⑥ 교번자속에 의한 권선 간 진동소음

⑦ TR : 500~1,000[Hz] 중저음 소음 문제

2) 변압기의 소음저하 대책

① 자속밀도의 저감(2~3폰)

② 철심과 탱크 간 방진고무 삽입(약 3폰)

③ 철판 1중, 2중 방음벽 설치(약 10~20폰)

④ 콘크리트 방음벽 설치(약 30폰)

⑤ 기타 차음 울타리 설치(약 15폰)

3) 차단기의 소음과 방지 대책

소음 발생원인	저감 대책
• 투입, 트립 시 기구가 발생하는 기계음 • 공기 차단기 등 배기에 의한 음의 발생	• 공기 차단기 : 배기공에 소음기 부착 　(15~20폰 감쇠)

4) 비상용 디젤 발전설비 소음 대책

① 발생 소음

엔진 배기음, 기계음 및 환기팬, 쿨링타워 등의 소음

② 대책

㉠ 소음기 부착(65폰 이하로 감소)

㉡ 콘크리트 벽 실내 설치(70폰 이하로 저감)

10 발전기실의 계획 시 고려 사항

1 개요

예비전원으로 중요 부하에 전원을 공급하는 발전기의 발전기실은 비상시 전원공급에 차질을 주지 않도록 부하의 중심에 위치하고 수변전실과 가까운 장소에 설치하여 기기의 운전 및 정비에 충분한 공간을 확보하여 배치

2 발전기실 위치 선정 시 고려사항

1) 건축 관계

① 엔진기초는 건물기초와 관계없는 장소
② 엔진실의 천장 높이는 피스톤 배출 높이와 연료탱크의 높이를 고려
③ 엔진실의 구조는 중량물의 운반, 설치 용이
④ 배기관의 배관 스페이스 및 소음에 의하여 부근에 영향이 없도록 함

2) 배전반의 위치

① 발전기 단자에 가깝고 엔진실 출입에 방해 금지
② 엔진의 운전 측으로부터 배전반의 계기가 보이도록 시야 확보
③ 배전반 둘레는 보수점검에 필요한 공간을 확보

3) 부속 기기의 위치

① 공기 압축기는 공기 탱크 주위에 설치
② 냉각수 탱크는 엔진의 펌프 측에 설치
③ 연료 탱크의 저면은 연료 펌프 입구로부터 1[m] 이상 높이에서 엔진의 조작 계기가 보이는 장소에 위치
④ 연료 공급용 펌프는 조작이 쉽고 통로에 설치 금지
⑤ 소음기는 엔진 배기관 근처에 시설하고 천장에 시설할 경우 방진 장치를 설치
⑥ 고층 건축물 장거리 배기관을 시설할 경우 소음기의 배압을 고려하여 관 지름을 결정

❸ 발전기실의 구조

1) 밀폐 구조

① 침수 또는 침투할 염려가 없는 구조

② 가연성, 부식성의 증기 또는 가스가 발생할 염려가 없어야 함

2) 방화 및 불연 구조

① 불연재로 구획되며 창·출입구에 방화문으로 구획된 전용실

② 배선, 공조용 덕트가 벽체를 관통하는 경우 불연 재료로 마감

③ 화재 발생 우려가 있는 설비 금지

3) 쾌적한 환경 조건

① 실외로 통하는 환기 시설 구비

② 점검, 조작에 필요한 조명설비 설치

4) 내진 구조

① 발전기 기초는 엔진 진동이 건축물에 전달되지 않도록 독립 기초를 설치하거나 건물 기초와 관계없는 장소에 시설

② 소형의 경우 진동 방지 장치를 적용한 고정 기초를 설치

③ 기기 접속 부위에 Flexible 연결 등 방진을 위한 내진 대책을 적용

❹ 발전기실의 넓이와 높이

1) 발전기실은 일상적인 보수, 점검 및 정기적인 정비의 경우 실린더의 해체 및 조립작업에 충분한 넓이와 높이가 필요

2) 발전기실의 넓이 : $S \geq 1.7 \sqrt{원동기\ 출력}\,[PS]\,[m^2]$

　※ 추천값 $S \geq 3 \sqrt{원동기\ 출력}\,[PS]\,[m^2]$

3) 발전기실의 높이

$H = (8 \sim 17)D + (4 \sim 8)D$, 발전기실은 발전기 설치 높이의 약 2배

여기서, $(8 \sim 17)D$: 실린더 상부까지 엔진 높이
D : 실린더 지름[mm]
$(4 \sim 8)D$: 실린더 해체에 필요한 높이

5 발전기실의 기초

1) 발전기실의 기초

① $W_f = 0.2\,W\sqrt{n}\ [\text{ton}]$

여기서, W : 발전기 설비의 총중량, n : 발전기 엔진의 회전수

② 기초의 주요 기능 : 발전기와 그 부속장비의 조립상태 유지 및 외부의 진동으로부터 발전기 보호

2) 기초의 설계

① 고정 기초(방진 장치가 없는 기초)

    ㉠ 기초의 중량을 크게 해서 진동 전달을 감소시키는 방법

    ㉡ 기초의 길이와 폭은 발전기 길이와 폭보다 최소한 30[cm] 이상

    ㉢ 기초의 깊이

$$깊이 = \frac{W}{2,402.8 \times B \times L}\ [\text{m}]$$

        여기서, B : 기초의 폭, L : 기초의 길이

    ㉣ 콘크리트 배합 비율 → 시멘트 : 모래 : 자갈=1 : 2 : 3

    ㉤ 기초의 철근은 약 4[mm] 철선을 15[cm] 간격으로 가진 격자형으로 배근

② 고정 기초(방진 장치를 부착한 기초)

    ㉠ 일반적으로 건축물 내부에 설치하는 경우 방진고무나 방진스프링을 삽입해서 기초에 연결

    ㉡ 콘크리트 기초의 깊이는 진동하중 증가는 고려하지 않고 다만 정적 하중에만 견디도록 하며 발전기 설비와 이어지는 부분은 반드시 Flexible Coupling으로 연결

    ㉢ 기초 지수 기준

        너비 ≥ (공통 대판의 너비) + 0.5[m]

        길이 ≥ (공통 대판의 길이) + 0.5[m]

        바닥면에서 기초까지 ≥ 0.1[m]

6 발전기실의 소음 및 진동대책

1) 소음 대책

① 소음원 : 기관의 기계음, 흡 · 배기음, 진동음, 발전기 동체음이며 기관에서 나오는 소음이 대부분

② 소음 대책(기계음) : 발전기실 벽 재료에 흡음판을 취부하고 배기관에 소음기를 사용 시 10~15[phon] 감소

2) 진동 대책

발전기의 유효 수명 연장 및 외부 진동에 의한 고장을 방지

① 방진 기구

    ㉠ 가장 효과가 좋은 강철 스프링은 대체로 96[%]의 방진 효과

    ㉡ 스프링 밑에 고무판은 스프링을 통해 전달되는 고주파수를 방지

    ㉢ 고무 방진 기구 : 90[%] 방진효과 및 진동에 의한 소음의 방지 효과

② 진동 측정 : 진동은 정격운전 상태에 있어서 공통 베이스 및 진동판과 그 부근의 상하 방향, 축방향, 축과 직각방향으로 측정 표시

측정부위	기관발전기의 공통베이스		기초 및 부근
	1,2,3,4,5,7 실린더 엔진	6,8 실린더 이상	
진동	8/10[mm] 이하	5/10[mm] 이하	1/100[mm] 이하

11 수변전설비 설계 시 고려 사항

1 개요

수변전설비는 전력 회사로부터 전압을 변성하여 수용가에 필요한 전력을 공급하는 설비로서 신뢰성, 안정성, 경제성 등을 고려하여 가급적 부하의 중심에 배치하도록 설계

2 설계 절차

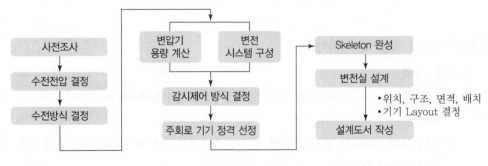

[수변전설비 설계 절차]

3 수변전설비 설계 시 고려 사항

1) 사전 조사

① 안정성, 환경성 평가
② 건축주 의도 반영
③ 건물 특징 : 용도, 규모 파악
④ 입지 조건 : 인입 방법, 책임 분계점 등
⑤ 관련 법규, 대관 업무 등 검토

2) 수전 전압 결정(전기 공급 규정 약관 제23조)

계약전력[kW]	1,000 미만	10,000 이하	400,000 이하	400,000 초과
공급전압	$1\phi\ 220[\text{V}]$ $3\phi\ 380[\text{V}]$	$22.9[\text{kV}]$	$154[\text{kV}]$	$345[\text{kV}]$

3) 수전 방식 결정 : 부하설비 중요도 감안, 신뢰성, 경제성 고려

① 1회선 수전 방식(T분기, 전용회선) : 가장 경제적
② 2회선 수전 방식(평행 2회선, 본선 예비선, 루프 수전)
③ Spot Network 수전 방식 : 신뢰도 가장 우수
④ 수전 설비 형식 : 개방형, cubicle형, GIS형, 옥내형, 옥외형, 간이식, 정식

4) 변전설비 용량 계산

① 부하설비 용량 추정
  ㉠ 부하 밀도[VA/m²] × 연면적[m²]
  ㉡ 수용률, 부등률, 부하율 고려
② 실부하법 : [VA] = 부하 정격 용량[W] × 환산계수 × 수량
③ 변압기 용량 = 총 설비 용량 × $\dfrac{수용률}{부등률}$ × 여유율[kVA]

5) 변전 시스템 구성

① 모선 구성 방식 : 단일 모선, 섹션을 가진 단일 모선, 이중 모선, 기타
② 급전 방식 : 1대 급전, 2대 급전, 2대 이상 급전(Spot Network 방식)
③ TR 강압 방식 : 1 Step, 2 Step

④ Bank 구성

수전 용량	1,500[kVA] 이하	~ 3,000[kVA]	3,000[kVA] 이상
Bank 수	1	1 ~ 2	2 이상

⑤ 전력용 콘덴서 Bank 구성 : 모선 집중, 말단식, 분산식

⑥ 기타 고려사항 : 상수, 결선 방식, 병렬운전 등

6) 주요 기기 선정

① 기기 선정을 위한 시방서 작성 : 정격 사항, 사용 조건, 설치 방법 등

② 주요 기기 : 변압기, 차단기, 계기용 변성기, 전력용 콘덴서 등

7) 보호협조 및 계전 방식

① 보호 협조 : 주보호, 후비 보호, 구간 보호, 한시차 보호

② 보호 대상 : 수전 회로, 변압기, 콘덴서, 모선, 배전선 등

③ 차단 방식 : CB형, PF−CB형, PF−S형

④ 계통 사고별 보호 계전 방식

구분	보호 계전 방식	
과부하/단락보호	OCR(순시/한시)	
지락보호	•직접접지계 : OCGR(Y결선 잔류회로법)	
	•비접지계 ⎧ GVT+OVGR(단독부하, 방향성 없음)	
	⎩ GVT+ZCT+SGR(선택차단, 방향성 있음)	
변압기 내부 사고보호	비율 차동 계전기(RDR)	

8) 감시제어 방식 결정

① 제어 방식 : 중앙 감시제어, 원격제어, 수동제어, 자동제어

② 통신Protocol

　㉠ Network 제어 : BACnet, Lonworks

　㉡ 기기제어 : DDC, DCS, PLC 등

9) 변전실 구조, 위치, 면적, 배치

① 변전실 구조 검토사항 : 층고, 방화구획, 장비 반출입, 내진, 하중계산, 관련실 배치 등

② 변전실 위치 선정 시 고려사항

　㉠ 부하의 중심, 인입, 배전, 반출입, 장래부하 증설이 용이한 곳

　㉡ 재해위험이 없고, 환경이 무해한 곳, 설치류 침입 방지

고바야시 방식	후나시스 방식	제3방식	제4방식
$A_1 = 3.3\sqrt{P}\times\alpha$ (α : 연면적 관련 계수)	$A_2 = K\times P^{0.7}$ (K : 전압변성 관련 계수)	$A_3 = 2.15\times P^{0.52}$	$A_4 = 5.5\times\sqrt{P}$

③ 변전실 면적 산출 방식(가장 큰 값 적용)

④ 변전실 배치

    ㉠ 평면 배치(공장) : 수지식(나뭇 가지식), 평행식(단독식), Loop식

    ㉡ 입체 배치(빌딩) : 집중식, 중간식, 분산식

⑤ 변전실 기기 Layout 결정

10) 기타 고려 사항

에너지 절약 대책, 환경 대책, 발열 및 환기 대책 등

11) 설계 도서 작성

① Skeleton, 기기 배치도, 간선 및 접지 계통도, 평면도

② 기타(각종 계산서, 시방서, 시공 상세도, 공사비 내역서 등)

---

12 수변전설비 계통

■ 수변전설비

수전점에서 변압기 1차 측까지의 수전 설비와 변압기에서 배전반까지의 변전 설비

■ 수변전설비 계통

수전 용량	수전/변압	수전 방식	강압 방식	변압기모선	변압기 Bank
3,000[kVA]	22.9[kV] − Y/ 380 − 220[V]	본선 · 예비선	직강압 방식	섹션구분 단일모선	3Bank

❸ 수변전설비 Skeleton

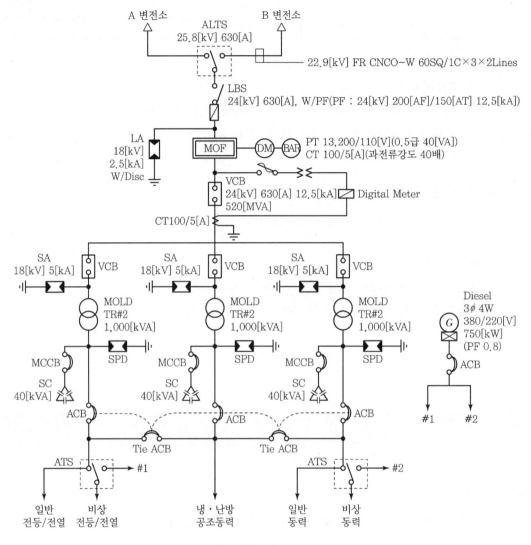

[수변전설비 계통토]

❹ 기기 정격 및 특징

1) ALTS(자동부하 절환개폐기)

① 정격 : 25.8[kV] 3P 630[A]

② 특징

　㉠ 주선로와 예비 선로 자동절환(0.2초 이하)

　㉡ 2회선 수전 방식에 적용

2) LBS(부하 개폐기)

① 정격 : 24[kV] 3P 630[A]

② 특징

    ㉠ 부하전류 개폐(한류퓨즈 내장형)

    ㉡ 한류퓨즈 용단 시 3상 동시 개로 : 단락 보호, 결상 방지

3) LA(피뢰기)

① 정격 : Gapless형, 폴리머형 18[kV] 2.5[kA]

② 특징

    ㉠ 뇌서지 침입 시 신속 방전, 제한전압 이하로 억제

    ㉡ Gapless형 : 우수한 비직선저항 특성(ZnO) 직렬갭 생략, 열폭주 발생 우려

    ㉢ 폴리머형 : 폭발 시 애자의 비산이 없고 중량은 자기애자형의 30[%]

4) PF(전력휴즈)

① 정격 : 24[kV] 200[AF]/150[AT](한류형)

② 특징

    ㉠ 단락 보호(Backup용에 적합)

    ㉡ 소호 방식에 따라 한류형, 비한류형으로 구분

    ㉢ 한류형은 차단 시 한류 효과가 크나 과전압 발생

5) MOF(계기용 변성기)

① 정격 : PT 13,200/110[V], CT 100/5[A] 과전류 강도 40배 Mold Type

② 특징

    ㉠ PT, CT 조합

    ㉡ 전력수급 계측용

    ㉢ 유입형(옥외), Mold형(옥내)

6) VCB(진공차단기)

① 정격 : 24[kV] 3P 630[A]

② 특징

    ㉠ 진공 중 Arc 확산으로 소호 방식

    ㉡ 소형, 경량, 저소음, 유지보수 용이

    ㉢ 차단 시 개폐 서지 발생

7) SA(서지 흡수기)

① 정격 : 18[kV] 5[kA]

② 특징

    ㉠ 개폐서지 등 이상전압으로부터 보호

    ㉡ VCB 2차에 설치, BIL이 낮은 TR보호(VCB+Mold TR 적용)

8) TR(변압기)

① 정격 : 22.9[kV]/380−220[V] 3ϕ 1,000[kVA] Mold Type

② 종류 : 유입, 몰드형, 아몰퍼스, 저소음 고효율형

9) SC(전력용 콘덴서)

① 정격 : 3ϕ 40[kVA]

② 특징

    ㉠ 무효(지상) 전력 보상, 역률 개선

    ㉡ TR 용량 500−2,000[kVA] 이하 : 4[%] 선정

10) ACB(기중 차단기)

① 정격 : 600[V], 4P 2,000[A] W/OCR, OCGR

② 특징

    ㉠ 공기에 의한 자연 소호 방식의 AC 600[V] 이하 저압 차단기

    ㉡ 과전류, 지락 차단용

11) ATS (자동절체 개폐기)

① 정격 : 600[V] 4P 800[A]

② 특징 : 상용전원 정전 시 비상 발전기 전원으로 자동(수동) 절체

12) 디지털 복합 계전기

① 정격 : [V], [A], [kWh] $\cos\theta$, [var] 표시

② 특징

    ㉠ 자기 진단 기능, 계측 및 계전 기능

    ㉡ 원방 감시 제어, 데이터 통신

    ㉢ 복합 계전(OCR, OCGR, UVR, OVR, OVGR, SGR 등)

13) SPD

① 정격 : Category I — IV, Class I — Ⅲ

② 특징

ㄱ 저압 회로(1,000[V] 이하) 서지 보호용

ㄴ 종류 : 전압 제한형, 전압 스위칭형, 복합형

14) 비상 발전기

① 정격 : 3ϕ 4W, 380/220[V] 750[kW](PF 0.8)

② 종류 : Diesel, Gas turbine

13 일반 건축물 수전설비 구성 방법(10,000[m²])

■ 수전설비 용량 산정

1) 부하설비 용량 추정

구분	부하밀도[VA/m²]	수용률[%]	연면적[m²]	여유율	용량 합계[kVA]
전등/전열	40	0.7	30,000	1.1	924
일반동력	50	0.5	30,000	1.1	825
냉방동력	40	0.8	30,000	1.1	1,056

2) 변압기 용량 선정(표준변압기 선정)

전등/전열	일반동력	냉방동력	예비
3ϕ 1,000[kVA]	3ϕ 1,000[kVA]	3ϕ 1,000[kVA]	3ϕ 1,000[kVA]

3) 발전기 용량 산정

① 총부하설비의 20[%](PF 0.8 적용) → IB등급 기준 : 20[%]

② 3,000[kVA] × 0.2 × 0.8 = 480[kW] → 500[kW] 채택

4) 수전 방식

① 전력 인입

3ϕ 4W 22.9[kV] − Y/FR CNCO − W 2회선(예비 포함), 지중 인입

② 변압 방식 : 3ϕ 22.9[kV]/380[V] − 220[V]

One Step 방식(경제성, S/S면적 등 고려)

③ 모선 방식 : 섹션구분 단일 모선

❷ 계통 고장계산 및 기기정격 선정

1) 단락용량 검토

① 수전점 정격전류

$$I_n = \frac{3,000}{\sqrt{3} \times 22.9} \times 1.25(여유율) = 94.5 \rightarrow 100[\text{A}]$$

② TR 1차 전류

$$I_n = \frac{1,000}{\sqrt{3} \times 22.9} \times 1.25(여유율) = 31.5 \rightarrow 50[\text{A}]$$

③ TR 2차 전류

$$I_{n2} = \frac{1,000}{\sqrt{3} \times 0.38} \times 1.25(여유율) = 1,898 \rightarrow 2,000[\text{A}]$$

④ 단락용량 추정

㉠ 154[kV] 변전소 TR 용량 → 45/60[MVA], 14.5[%]

100[MVA] 기준, %Z 환산 → $\%Z_M = \dfrac{100}{60} \times 14.5 = 24[\%]$

㉡ TR 기준 임피던스 환산(표준 6[%] 적용 : 22.9[kV]) → $\%Z_T = \dfrac{100}{1} \times 6 = 600[\%]$

㉢ 임피던스 Map 작성

㉣ A점 사고 시

$$I_{SA} = \frac{100}{24} \times \frac{100}{\sqrt{3} \times 22.9} = 10.5[\text{kV}] \rightarrow 12.5[\text{kA}] \ 선정$$

ⓜ B점 사고 시

$$I_{SB} = \frac{100}{600} \times \frac{100}{\sqrt{3} \times 0.38} = 24.35 [\text{kA}] \rightarrow 25 [\text{kA}] \text{ 선정}$$

ⓗ A점 차단용량

$$P_S = \sqrt{3} \times 22.9 \times \frac{1.2}{1.1} \times 10.5 = 454 \rightarrow 520 [\text{MVA}] \text{ 선정}$$

2) MOF 과전류강도(비대칭계수 $\alpha = 1.4$, PF 용단시간 0.02[sec]이라 가정)

① 최대 비대칭 단락전류 실효치

$$I_{\max} = I_S \times \alpha = 10.5 \times 1.4 = 14.7 [\text{kA}] \fallingdotseq 15 [\text{kA}]$$

② 단시간 과전류

$$I_{pf} = 15 \times \sqrt{0.02} = 2,121 [\text{A}]$$

③ 과전류 강도

$$S_n = \frac{\text{단시간 과전류}}{\text{정격 1차 전류}} = \frac{2,121}{100} = 21.21 \rightarrow 40배수 \text{ 선정}$$

3) OCR 정정(50/51)

① 순시 Tap $I_{pf} \times \text{CT비} = 2,121 \times \frac{5}{100} = 106 [\text{A}] \rightarrow 110 [\text{A}] \text{로 Setting}$

② 한시 Tap $I_n \times \text{CT비} = 94.5 \times \frac{5}{100} = 4.7 [\text{A}] \rightarrow 5 [\text{A}] \text{로 Setting}$

4) 전력용 콘덴서 선정(TR 용량의 4[%] 적용)

1,000[kVA] × 0.04 = 40[kVA]

❸ 주회로 계통 구성

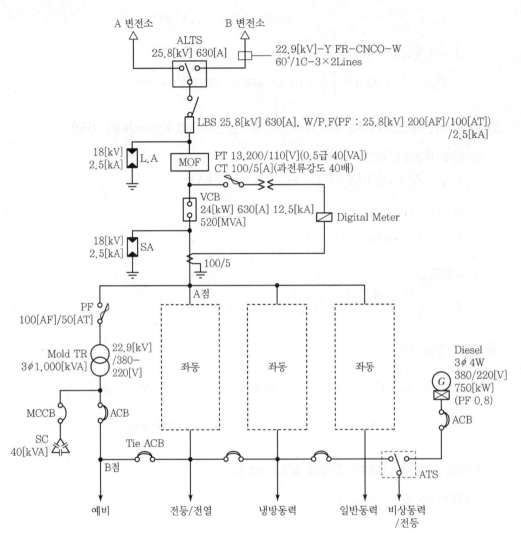

[수변전설비 구성도]

14 전기 설비의 내진 대책

1 개요

1) 최근 전세계적으로 지진에 대한 피해가 매우 심각하며 한반도 역시 지진 안전지대가 아닌바 이에 대한 대책이 요구됨
2) 내진설계의 목적
   ① 인명의 안전
   ② 재산의 보호
   ③ 설비 기능 유지

2 관련 근거

1) 건축법 제38조, 영 제32조제2항
   ① 2층 이상, 연면적 200[m²] 이상 건축물(창고, 축사 제외)
   ② 국가적 문화유산
   ③ 기타 정부지정 건축물
2) 전기설비 기술기준 제21조제5항
3) 건축전기 설비 설계기준(내진시공지침)

3 지진 발생론

1) 탄성 반발론

지각 속에 축적된 탄성에너지가 어느 지표면 단층에 가해져 지각이 파괴되면서 진동 전파

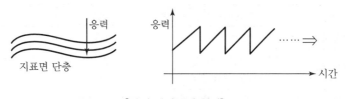

[탄성 반발론의 원리]

2) 판 구조론

맨틀의 이동으로 지표면의 플레이트가 움직이는 것

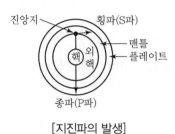

[지진파의 발생]

4 · 내진 설계 시 고려사항

1) 내진설계

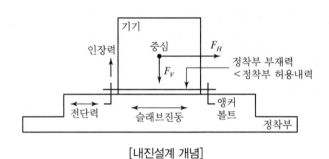

[내진설계 개념]

2) 내진등급 선정

① 건축 전기설비의 내진등급

등급	S	A	B
할증계수	2.0	1.5	1.0
선정기준	건축물 기능유지 및 안전확보상 중요 설비	손상 시 2차 피해가 우려되는 설비	피해정도가 작고 복구, 보수가 간단한 설비
대상	비상 발전기, E/V, 간선 등	변압기, 배전반	조명, 콘센트

② 전기배관의 내진 지지재 종류 및 설치 방법

  ㉠ S_A종 : 지지부재에 작용하는 인장, 압축, 휨모멘트에 저항할 수 있는 부재

  ㉡ A종 : S_A종과 동일한 부재력을 받는 지지 부재로 구성

  ㉢ B종 : 행거와 진동 방지용 부재로 구성

5 전기설비 내진시공 대책

1) 수변전설비

① 변압기 : 기초 Anchor 보강, 접속부에 가요성 부여, 방진시공

② 발전기 : 기초 위 방진시공, 연료 및 냉각수 배관은 가요관 사용, 배기관 스프링행거 고정

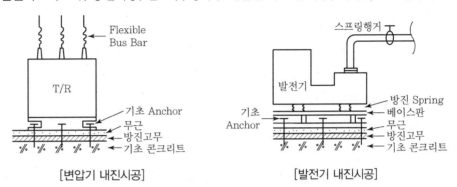

[변압기 내진시공]　　　　　　　[발전기 내진시공]

③ 배전반, SWGR : 부재의 강성을 높이고 기초 보강

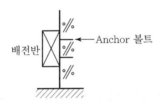

[배전반 내진시공]

④ 옥외애자 : 동적 하중에 견디고 고강도형 사용

⑤ GIS : 기초부는 정적 설계, Bushing은 동적 내진설계

2) 축전지 설비

① Angle Frame은 관통 볼트 또는 용접 방식

② 축전지 인출선은 가요성 배선

3) Bus Duct

① Rigid/Spring Hanger와 Flex-Joint 조합 시공

② Bus Duct 고유 진동 주기

$$T = \frac{2\pi l^2}{\lambda^2} \sqrt{\frac{\rho_A}{E_I \cdot g}}$$

여기서, ρ_A : 중량[kg/cm]

E_I : 휨강성[kg · cm²]

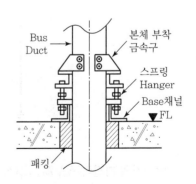

[Bus Duct 내진시공]

4) 조명기구

① 행거용 볼트, 낙하방지용 체인 설치

② 파이프 행거, Race Way 등은 볼트와 철선을 이용하여 진동 방지

5) Elevator

① 기기 전도, 변형, 레일 이탈 방지

② 로프나 케이블이 승강로 내 돌출부에 걸리지 않도록 조치

　　→ Rope Guide 설치, 돌출부는 막음 경사판 시공

③ 지진 관제 운전장치

6 결론

지진이 발생하면 인명피해는 물론, 전력공급 중단 등 2차적 재해로 사회적 · 경제적으로 막대한 손실을 끼치는바 전기설비의 내진 설계에 대한 관련 지침 및 기준 마련 등의 세부적인 제도적 정비가 시급히 필요

---

15 발전기 기본식

1 발전기 기본식

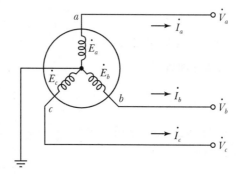

[발전기 회로]

발전기의 기전력 $\dot{E}_a$, $\dot{E}_b$, $\dot{E}_c$(상전압＝대지전압)가 대칭인 조건에서 불평형 전류 $\dot{I}_a$, $\dot{I}_b$, $\dot{I}_c$가 흘렀을 때

1) 단자전압

각 상의 전압강하를 $\dot{v}_a$, $\dot{v}_b$, $\dot{v}_c$라 하면

$$\dot{V}_a = \dot{E}_a - \dot{v}_a$$

$$\dot{V}_b = \dot{E}_b - \dot{v}_b = a^2 \dot{E}_a - \dot{v}_b$$

$$\dot{V}_c = \dot{E}_c - \dot{v}_c = a \dot{E}_a - \dot{v}_c$$

2) 단자전압의 대칭분

$$\dot{V}_a = \frac{1}{3}(\dot{V}_a + \dot{V}_b + \dot{V}_c)$$

$$= \frac{1}{3}(\dot{E}_a + a^2 \dot{E}_a + a \dot{E}_a - \dot{v}_a - \dot{v}_b - \dot{v}_c)$$

$$= \frac{1}{3}(\dot{v}_a + \dot{v}_b + \dot{v}_c)$$

$$\dot{V}_1 = \frac{1}{3}(\dot{V}_a + a\dot{V}_b + a^2 \dot{V}_c)$$

$$= \frac{1}{3}(\dot{E}_a + a^3 \dot{E}_a + a^3 \dot{E}_a - \dot{v}_a - a\dot{v}_b - a^2\dot{v}_c)$$

$$= \dot{E}_a - \frac{1}{3}(\dot{v}_a + a\dot{v}_b + a^2\dot{v}_c)$$

$$\dot{V}_2 = \frac{1}{3}(\dot{V}_a + a^2 \dot{V}_b + a\dot{V}_c)$$

$$= \frac{1}{3}(\dot{E}_a + a^4 \dot{E}_a + a^2 \dot{E}_a - \dot{v}_a - a^2\dot{v}_b - a\dot{v}_c)$$

$$= -\frac{1}{3}(\dot{v}_a + a^2\dot{v}_b + a\dot{v}_c)$$

(단, $a^3 = 1$, $a^4 = a$, $1 + a + a^2 = 1 + a^4 + a^2 = 0$)

3) 대칭분 전압강하

$$\dot{v}_0 = \frac{1}{3}(\dot{v}_a + \dot{v}_b + \dot{v}_c) = \dot{Z}_0 \dot{I}_0$$

$$\dot{v}_1 = \frac{1}{3}(\dot{v}_a + a\dot{v}_b + a^2\dot{v}_c) = \dot{Z}_1 \dot{I}_1$$

$$\dot{v}_2 = \frac{1}{3}(\dot{v}_a + a^2\dot{v}_b + a\dot{v}_c) = \dot{Z}_2 \dot{I}_2$$

4) 발전기 기본식

$$\dot{V}_0 = -\frac{1}{3}(\dot{v}_a + \dot{v}_b + \dot{v}_c) = -\dot{Z}_0 \dot{I}_0$$

$$\dot{V}_1 = \dot{E}_a - \frac{1}{3}(\dot{v}_a + a\dot{v}_b + a^2\dot{v}_c) = \dot{E}_a - \dot{Z}_1\dot{I}_1$$

$$\dot{V}_2 = -\frac{1}{3}(\dot{v}_a + a^2\dot{v}_b + a\dot{v}_c) = -\dot{Z}_2\dot{I}_2$$

❷ 결론

1) 3상 교류 발전기의 유기 기전력은 3상 대칭이므로 무부하 시 그 단자전압은 3상 평형
2) 불평형 부하를 걸면 전기자 권선의 불평형 전압강하 때문에 그 단자전압은 비대칭이 되고 계통
   사고 시 각 상 고장전류가 불평형이 되므로 발전기의 기본식을 이용하여 고장을 해석

❸ 별해

일반적으로 평형 3상 회로에서 발전기 유기기전력은

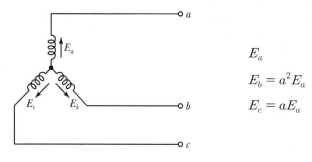

$$E_a$$
$$E_b = a^2 E_a$$
$$E_c = a\dot{E}_a$$

[평형 3상 회로]

$$E_1 = \frac{1}{3}(E_a + aE_b + a^2 E_c) = \frac{1}{3}(E_a + a^3 E_a + a^3 E_a) = E_a$$

$$E_2 = \frac{1}{3}(E_a + a^2 E_b + aE_c) = \frac{1}{3}(1 + a + a^2)E_a = 0$$

$$E_0 = \frac{1}{3}(E_a + E_b + E_c) = \frac{1}{3}(1 + a^2 + a)E_a = 0$$

$$\therefore E_1 = E_a, \ E_2 = E_0 = 0$$

따라서 발전기 유기기전력은 평형 3상 대칭 구조이므로 역상분과 영상분은 존재하지 않음
이를 대입하면

$$V_0 = E_0 - Z_0 I_0 = -Z_0 I_0$$
$$V_1 = E_1 - Z_1 I_1 = E_a - Z_1 I_1$$
$$V_2 = E_2 - Z_2 I_2 = -Z_2 I_2$$

16 2상 단락 시 고장 전류 크기(대칭좌표법)

1 대칭좌표법에 의한 고장 계산 Flow

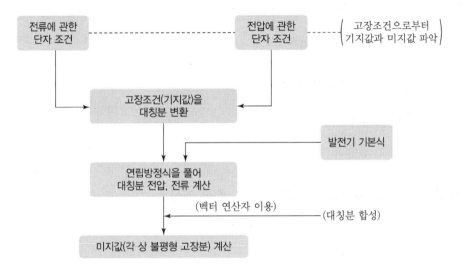

[대칭좌표법에 의한 고장 계산 절차]

2 3상 단락 고장 계산

1) 단자 조건(고장 조건)

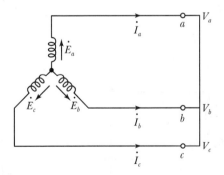

[3상 단락 단자 조건]

① 아는 값

$$\dot{V}_a = \dot{V}_b = \dot{V}_c = 0$$

② 미지값

$$\dot{I}_a, \dot{I}_b, \dot{I}_c = ?$$

2) 고장 조건(아는 값) → 대칭분 변환하여 계산

$$\dot{V}_0 = \frac{1}{3}(\dot{V}_a + \dot{V}_b + \dot{V}_c) = 0$$

$$\dot{V}_1 = \frac{1}{3}(\dot{V}_a + a\dot{V}_b + a^2\dot{V}_c) = 0$$

$$\dot{V}_2 = \frac{1}{3}(\dot{V}_a + a^2\dot{V}_b + a\dot{V}_c) = 0$$

$$\therefore \dot{V}_0 = \dot{V}_1 = \dot{V}_2 = 0$$

3) 발전기 기본식에 대입 → 대칭분 전압, 전류 계산

$$\dot{V}_0 = -\dot{I}_0\dot{Z}_0 = 0, \ \dot{V}_1 = \dot{E}_a - \dot{Z}_1\dot{I}_1 = 0, \ \dot{V}_2 = -\dot{Z}_2\dot{I}_2 = 0 \text{이므로}$$

$$\dot{I}_1 = \frac{E_a}{\dot{Z}_1}, \ \dot{I}_2 = \dot{I}_0 = 0$$

따라서 3상 단락 고장 시에는 내부 유기전압을 정상 임피던스로 나눈 정상전류가 흐르며, 역상분과 영상분 전류는 흐르지 않음

4) 미지값 계산(고장 전류 = 불평형분 = 대칭분 합성)

$$I_a = \dot{I}_0 + \dot{I}_1 + \dot{I}_2 = I_1$$

$$\dot{I}_b = \dot{I}_0 + a^2\dot{I}_1 + a\dot{I}_2 = a^2I_1$$

$$\dot{I}_c = \dot{I}_0 + a\dot{I}_1 + a^2\dot{I}_2 = aI_1$$

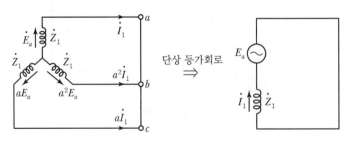

[등가회로]

❸ 2상(선) 단락 고장 계산

1) 단자 조건(고장 조건)

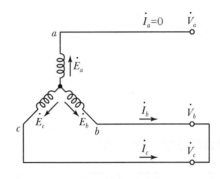

[2상 단락 단자 조건]

b, c상이 단락된 경우

① 아는 값

$$\dot{I_a} = 0$$

$$\dot{I_b} = -\dot{I_c}$$

$$\dot{V_b} = \dot{V_c}$$

② 미지값

$$\dot{I_b} = -\dot{I_c} = ?$$

$$\dot{V_a} = ?$$

$$\dot{V_b} = \dot{V_c} = ?$$

2) 아는 값 → 대칭분으로 분해

$$\dot{V_0} + a^2\dot{V_1} + a\dot{V_2} = \dot{V_0} + a\dot{V_1} + a^2\dot{V_2}$$

$$\dot{I_0} + \dot{I_1} + \dot{I_2} = 0$$

$$\dot{I_0} + a^2\dot{I_1} + a\dot{I_2} = -(\dot{I_0} + a\dot{I_1} + a^2\dot{I_2})$$

$$\therefore\ \dot{V_1} = \dot{V_2},\ \dot{I_0} = 0,\ \dot{I_1} = -\dot{I_2}$$

3) 발전기 기본식에 대입

$$\dot{V_0} = -\dot{Z_0}\dot{I_0} = 0$$

$$\dot{E_a} - \dot{Z_1}\dot{I_1} = -\dot{Z_2}\dot{I_2} = \dot{Z_2}\dot{I_1}$$

4) 대칭분 전압, 전류 계산

$E_a = I_1 Z_1 = I_2 Z_2$ 이고, $I_1 = -I_2$

$$\dot{I_1} = \frac{\dot{E_a}}{\dot{Z_1} + \dot{Z_2}}, \quad \dot{I_2} = \frac{-\dot{E_a}}{\dot{Z_1} + \dot{Z_2}}$$

$$\dot{V_1} = \dot{V_2} = -\dot{Z_2} \cdot \dot{I_2} = \frac{\dot{Z_2}\dot{E_a}}{\dot{Z_1} + \dot{Z_2}}$$

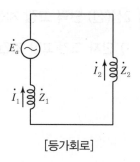

[등가회로]

5) 미지값(각 상의 불평형 전압, 전류) 계산

① $\dot{I_0} = 0,\ \dot{V_0} = 0,\ \dot{V_1} = \dot{V_2},\ \dot{I_1} = -\dot{I_2}$

$$\dot{V_a} = \dot{V_0} + \dot{V_1} + \dot{V_2} = 2\dot{V_1} = \frac{2\dot{Z_2}\dot{E_a}}{\dot{Z_1} + \dot{Z_2}}$$

$$\dot{V_b} = \dot{V_0} + a^2\dot{V_1} + a\dot{V_2} = \frac{-\dot{Z_2}\dot{E_a}}{\dot{Z_1} + \dot{Z_2}}$$

$$\dot{I_b} = \dot{I_0} + a^2\dot{I_1} + a\dot{I_2} = \frac{(a^2 - a)\dot{E_a}}{\dot{Z_1} + \dot{Z_2}} = \frac{\dot{E_{bc}}}{\dot{Z_1} + \dot{Z_2}}$$

② 과도 시 $\dot{Z_1} = \dot{Z_2}$

$$\dot{V_a} = \dot{E_a},\ \dot{V_b} = \dot{V_c} = -\frac{1}{2}\dot{E_a}$$

$$\dot{I_b} = -\dot{I_c} = \frac{(a^2 - a)\dot{E_a}}{\dot{Z_1} + \dot{Z_2}} = -j\frac{\sqrt{3}}{2\dot{Z_1}}\dot{E_a}$$

즉, $|\dot{I_b}| = |\dot{I_c}| = \frac{\sqrt{3}\,\dot{E_a}}{2\dot{Z_1}} = 0.866\frac{\dot{E_a}}{\dot{Z_1}}$

6) 2상 단락 고장 시(과도 시)

① 개방단(a상) 전압은 상전압과 같아지고, 단락 단자(b, c상) 전압은 상전압의 1/2이 됨
② 2상 단락 시에는 정상분과 역상분 전류가 흐르며 크기는 3상 단락 전류의 $86.6[\%]$

17 1선 지락 시 고장 계산(대칭좌표법)

1 개요

1) 평형고장(3상 단락) : Ω 법, %Z법, PU법
2) 불평형 고장(지락, 선간 단락) : 대칭좌표법

2 고장조건

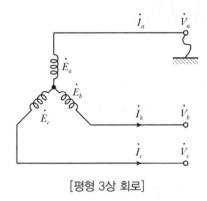

[평형 3상 회로]

1) 무부하 조건
2) a상 완전 지락
3) 아는 값

$\dot{V}_a = 0, \ \dot{I}_b = \dot{I}_c = 0$

4) 미지값

$\dot{I}_a$(1선 지락전류)

$\dot{V}_b, \ \dot{V}_c$(건전상 대지전위)

3 지락전류 계산

1) 대칭분 전류

$$\dot{I}_0 = \frac{1}{3}(\dot{I}_a + \dot{I}_b + \dot{I}_c)$$

$$\dot{I}_1 = \frac{1}{3}(\dot{I}_a + a\dot{I}_b + a^2\dot{I}_c)$$

$$\dot{I}_2 = \frac{1}{3}(\dot{I}_a + a^2\dot{I}_b + a\dot{I}_c)$$

$$\dot{I}_b = \dot{I}_c = 0 \text{이므로} \ \dot{I}_0 = \dot{I}_1 = \dot{I}_2 = \frac{1}{3}\dot{I}_a$$

$$\therefore \dot{I}_a = 3\dot{I}_0$$

2) 발전기 기본식과 연립 → 대칭분 전류 계산

$$\dot{V}_a = \dot{V}_0 + \dot{V}_1 + \dot{V}_2 = 0 \text{으로부터}$$

$$-\dot{Z}_0\dot{I}_0 + \dot{E}_a - \dot{Z}_1\dot{I}_1 - \dot{Z}_2\dot{I}_2 = \dot{E}_a - (\dot{Z}_0 + \dot{Z}_1 + \dot{Z}_2)\dot{I}_0 = 0 \quad (\text{가정} : \dot{I}_1 = \dot{I}_2 = \dot{I}_0)$$

$$\therefore \dot{I}_0 = \frac{\dot{E}_a}{\dot{Z}_0 + \dot{Z}_1 + \dot{Z}_2} = \dot{I}_1 = \dot{I}_2$$

3) a상 지락전류

$$\dot{I}_a = \dot{I}_g = \dot{I}_0 + \dot{I}_1 + \dot{I}_2 = 3\dot{I}_0 = 3 \times \frac{\dot{E}_a}{\dot{Z}_0 + \dot{Z}_1 + \dot{Z}_2}$$

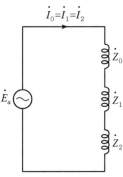

[등가회로]

❹ 건전상의 대지전위

1) 발전기 기본식과 연립 → 대칭분 전압 계산

$$\dot{V}_0 = -\dot{Z}_0\dot{I}_0 = \frac{-\dot{Z}_0\dot{E}_a}{\dot{Z}_0 + \dot{Z}_1 + \dot{Z}_2}$$

$$\dot{V}_1 = \dot{E}_a - \dot{Z}_1\dot{I}_1 = \frac{(\dot{Z}_0 + \dot{Z}_1 + \dot{Z}_2)\dot{E}_a}{\dot{Z}_0 + \dot{Z}_1 + \dot{Z}_2} - \frac{\dot{Z}_1\dot{E}_a}{\dot{Z}_0 + \dot{Z}_1 + \dot{Z}_2} = \frac{(\dot{Z}_0 + \dot{Z}_2)\dot{E}_a}{\dot{Z}_0 + \dot{Z}_1 + \dot{Z}_2}$$

$$\dot{V}_2 = -\dot{Z}_2\dot{I}_2 = -\frac{\dot{Z}_2\dot{E}_a}{\dot{Z}_0 + \dot{Z}_1 + \dot{Z}_2}$$

2) 건전상(b, c상)의 전압

$$\dot{V}_b = \dot{V}_0 + a^2\dot{V}_1 + a\dot{V}_2 = \frac{-\dot{Z}_0\dot{E}_a}{\dot{Z}_0 + \dot{Z}_1 + \dot{Z}_2} + \frac{a^2(\dot{Z}_0 + \dot{Z}_2)\dot{E}_a}{\dot{Z}_0 + \dot{Z}_1 + \dot{Z}_2} - \frac{a\dot{Z}_2\dot{E}_a}{\dot{Z}_0 + \dot{Z}_1 + \dot{Z}_2}$$

$$\therefore \dot{V}_b = \frac{\dot{Z}_0(a^2 - 1) + (a^2 - a)\dot{Z}_2}{\dot{Z}_0 + \dot{Z}_1 + \dot{Z}_2} \cdot \dot{E}_a$$

$$\dot{V}_c = \dot{V}_0 + a\dot{V}_1 + a^2\dot{V}_2$$

$$= \frac{-\dot{Z}_0\dot{E}_a}{\dot{Z}_0 + \dot{Z}_1 + \dot{Z}_2} + \frac{a(\dot{Z}_0 + \dot{Z}_2)\dot{E}_a}{\dot{Z}_0 + \dot{Z}_1 + \dot{Z}_2} - \frac{a^2\dot{Z}_2\dot{E}_a}{\dot{Z}_0 + \dot{Z}_1 + \dot{Z}_2}$$

$$\therefore \dot{V}_c = \frac{\dot{Z}_0(a-1) + (a-a^2)\dot{Z}_2}{\dot{Z}_0 + \dot{Z}_1 + \dot{Z}_2} \cdot \dot{E}_a$$

3) $\dot{Z}_0 \gg (\dot{Z}_1 \simeq \dot{Z}_2)$인 경우

$$\dot{V}_b \simeq (a^2 - 1)\dot{E}_a \rightarrow |\dot{V}_b| = \sqrt{3}\,\dot{E}_a$$

$$\dot{V}_c \simeq (a - 1)\dot{E}_a \rightarrow |\dot{V}_c| = \sqrt{3}\,\dot{E}_a$$

$$\dot{I}_g \simeq \frac{3\dot{E}_a}{\dot{Z}_0}$$

4) $\dot{Z}_0 \simeq \dot{Z}_1 \simeq \dot{Z}_2$인 경우

$$\dot{V}_b = \frac{1}{3}(2a^2 - a - 1) \times \dot{E}_a$$

여기서, $a^2 = -(a+1)$ 관계 대입

$$\dot{V}_b = a^2\dot{E}_a = \dot{E}_b$$

$$\dot{V}_c = a\dot{E}_a = \dot{E}_c$$

$$\therefore \dot{I}_g \simeq \frac{\dot{E}_a}{\dot{Z}_1}$$

5 결론

1) 1선 지락 시 $\dot{Z}_0 \gg (\dot{Z}_1 \simeq \dot{Z}_2)$이면 건전상 대지전압은 정상 대지전압의 $\sqrt{3}$ 배로, 선간전압까지 상승 → 일반 수용가의 고압 계통(비유효접지 계통)

2) 1선 지락 시 $\dot{Z}_0 \simeq (\dot{Z}_1 \simeq \dot{Z}_2)$이면 $\dot{V}_b$, $\dot{V}_c$는 상전압($\dot{E}_b$, $\dot{E}_c$)과 거의 같아짐 → 유효접지 계통 ($1.3 \sim 1.38E$ 이하)

3) 1선 지락 시 $\dot{Z}_0 + \dot{Z}_1 + \dot{Z}_2 = 0$이면 영상공진(이상전압 발생)

4) 1선 지락 시 유효접지 계통에서는 비유효접지 계통에 비해 지락전류가 매우 큼(직접접지계에서 완전 지락 시 단락전류와 거의 동일)

18 전자화 배전반

1 개요

전자화 배전반은 현장 조작반과 중앙 감시반을 통신으로 연결하고, 마이크로프로세서를 이용하여 계측 · 통신 · 보호 · 제어 · 표시 기능을 집약화한 디지털형 중앙집중 감시제어장치

2 구성도 및 구성기기

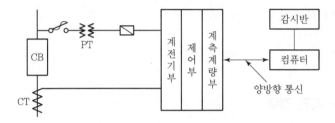

[전자화 배전반 구성도 및 구성기기 계통도]

구성기기	내용
I/F 장치	운영자와 컴퓨터 간의 연결장치(CRT, 프린터, Logger 등)
DIPM	• 계전기부 : OCR, OVR, UVR 등의 전기량 검토 • 제어부 : CB의 On – Off 기능 • 계측부 : V, A, f, W, Var, $\cos\theta$
감시반	실시간 원격 집중감시, 모든 데이터와 결과를 출력
전송장치	데이터 신호를 전송(모뎀, 변환기)

3 기능

기능	내용
계측기능	V, A, f, W, Var, $\cos\theta$ 등을 계측
데이터 통신기능	원격 통신이 가능
보호기능	차단기를 트립 또는 S/W를 자동 On – Off 시킴
자기진단 기능	자기진단 프로그램을 이용해서 자체 고장상태를 판정
Trace & Trend 기능	운전 중 발생한 사고상태, 발생시각 등을 기록
분석기능	저장된 데이터를 토대로 계통에 대한 각종 분석 수행 가능
제어기능	Local 제어 및 Remote 제어 가능
표시기능	각종 계측치와 분석자료를 표시

④ 적용 및 효과

분류	적용	효과
전력공급 신뢰도	• 비상발전기 자동운전 • 상용, 예비전원 자동절체 • 스폿 네트워크 자동운전	• 상용전원 정전보장 • 급전선 Down 보상 • 변압기 Down 보상
전력 품질	• 계통연계기 제어 • Active Filter 제어 • SC, SR 제어	• 순간 전압강하 보상 • 주파수, 전압 보상 • 고조파 리플 보상
에너지	• 변압기 대수 제어 • Demand Control • 역률 제어	• 에너지 절약 • Peak Cut • 고효율 운전
운전 관리	• 예방보전 시스템 • 보호 계전기 자가진단 • 빌딩관리 분산제어	• 실시간 원격 제어 • 무인 자동화 • 자원 인력 공유화

⑤ 전자화 배전반과 기존 배전반 비교

분류	전자화 배전반	기존 배전반
기본구성	디지털 계전기	아날로그 계전기
입력전송	디지털 전송	아날로그 전송
표시방법	중앙 CGI 표시	각각의 기기에 표시
시스템 설계	배선 간단, 변경 용이	배선 복잡, 변경 어려움
유연성	Dip Switch로 조작 가능	Meter 교체 필요
데이터 통신	별도 장치 필요 없음	T/D, RTU 다수인출
Surge	대책 필요	전자식보다 강함
안전성	진동에 강함	진동에 약함
신뢰성	높음	낮음
경제성	변전실이 많으면 유리	변전실이 많으면 불리
유지보수	간단, 반영구적	복잡, 고장 증가

19 GIS 변전소

1 개요

1) GIS 변전소(Gas Insulation Substation)란 GIS(Gas Insulatied Switch Gear)와 변압기를 GIB(Gas Insulatied Bus)로 연결해서 사용하는 변전소

2) GIS(Gas Insulatied Switch Gear)란 절체 용기에 모선, 차단기, 단로기 등을 넣고 SF_6 가스를 충진 · 밀폐한 것으로 변전소 부지의 대폭 축소 및 고신뢰도 확보가 가능

2 SF_6 가스의 성질

1) 물리 · 화학적 성질

① 무색 무취, 무독, 무연
② 불활성 기체
③ 공기에 비해 절연강도가 크며, 1기압, $-60[°C]$에서 액화
④ 화학적 · 열적으로 안정적

2) 전기적 성질

① 소호 능력이 공기의 100배 이상
② 절연내력이 동일 압력하에서 공기의 2.5~3.5배
③ 가스의 우수성 때문에 차단기 소형으로 축소

3 GIS의 특징

1) 장점

① 설비의 축소

충전부 절연 거리를 $\dfrac{1}{10} \sim \dfrac{1}{15}$ 로 축소

② 환경과 조화

개폐음이 적고 소형이며 기름을 사용하지 않으므로 화재 및 오염 우려가 없음

③ 건설 공기 단축

공장제작 완료 후 현장에서 조립

④ 고성능, 고신뢰

　　㉠ 절연 능력, 차단 특성, 냉각 매체의 우수성 때문에 Compact한 고성능의 기기가 가능

　　㉡ 염해, 오손, 기후 등의 영향이 적음

⑤ 보수 점검 간략화(GIS 압력계)

　　밀폐형이므로 운전 중 점검 횟수가 감소

⑥ 높은 안전성

　　기름을 사용하지 않아 화재 우려가 없고 충전부가 없어 감전 우려도 없음

⑦ 경제성

　　기기가 고가이나 용지 비용 및 환경 비용을 고려하면 오히려 저렴

2) 단점

① 밀폐 구조로 육안으로 점검 곤란

② SF_6 가스의 압력과 수분 함량에 주의가 필요

③ 한랭지에선 가스의 액화 방지 장치가 필요

④ 사고의 대응이 부적절한 경우 대형 사고를 유발

⑤ 고장 발생 시 조기 복구, 임시 복구가 거의 불가능

4 GIS의 적용

1) 도심지의 변전소

변전설비 공간 축소로 환경장해 및 용지 확보난을 해결

2) 해안지역, 산악지역 등의 대규모 전력 설비

① 완전 밀폐식 절연으로 해안지역 염해 우려가 없음

② 공간 축소로 지하에 변전소 설치 시 굴착량이 감소

③ 화재 · 습기 피해의 우려가 적음

3) 고전압 · 대용량 기간 계통의 전력 설비

① 외부 환경의 영향이 적음

② 운전 시 안전성 및 신뢰성 확보가 가능

5 GIS 진단기술

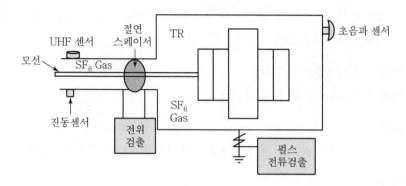

[GIS 부분 방전 검출]

1) 전기적 진단법

① 절연 스페이서법

절연 스페이서에 취부한 전위 센서를 이용하여 부분 방전 시 발생되는 전위차 검출

② 접지선 전류법

접지선에 삽입한 로고스키 코일(고주파 전류 센서)을 이용하여 부분 방전 시 발생되는 펄스 전류 검출

③ 전자파 진단법

전자파 센싱 안테나 + 방사 전자파 측정 장비를 이용하여 부분 방전 시 발생되는 UHF대 전자 파 검출

2) 기계적 검출 방법

① 초음파 검출법

음향 방출 센서(AE), 초음파 센서를 이용하여 부분 방전 시 발생되는 정전력에 의한 충격파 검출

② 진동 검출법

고감도 진동 가속계를 이용하여 부분 방전 시 발생되는 팽창과 수축에 의한 진동 검출

3) 기타

① 분해가스 측정법 : 고분자막 센서를 이용하여 절연물 열화 시 발생되는 수소, 저급 탄화 수 소, 일산화 탄소 등의 분해 가스 검출

② X선 촬영법 : 기기에 X선을 투과하여 기기 내부 촬영

6 수분 및 분해 가스 발생 원인

1) 수분 발생 원인

① SF_6 가스 중에 포함되어 있는 수분량

② 조립 시 침입하는 수분량

③ 유기 재료에서 석출하는 수분량

④ 패킹에서 투과되는 수분량

2) 분해 가스 발생 원인

① SF_6 가스는 상온에서 극히 안정, 아크 전류에 노출되면 약간의 분해 가스 발생

② 분해된 가스는 즉시 재결합되고 대부분 SF_6 가스로 되돌아감

③ 재결합 과정에서 극히 일부는 수분과 반응하고 불화 황산 가스와 가루 모양의 석출물을 유발

④ 불화 황산 가스는 절연 재료와 금속 표면을 열화시킬 수 있음

7 수분 및 분해 가스 대책

1) 수분과 분해 가스를 흡착하는 **흡착제**를 기기 내에 봉입

2) 흡착제 성질

① 분해 가스에 대한 흡착성이 뛰어날 것

② 수분에 대한 흡착 성능이 뛰어날 것

③ 분해 가스와 반응하여 2차적인 유해 가스가 발생하지 않을 것

④ 기계적 강도가 높아 사용 중 마모되어 수분에 녹지 않을 것

3) 흡착제의 종류 : 활성 알루미나, 합성 제올라이트

8 기후 협약과 교토 의정서

1) 감축 대상 가스

PFCs(과불화탄소), CH_4(메탄), CO_2(이산화탄소), N_2O(아산화질소), HFCs(수소불화탄소), SF_6(육불화황)

2) SF$_6$ 대체 물질

① SF$_6$＋N$_2$ 혼합 가스(SF$_6$는 20[%] 이내)

② N$_2$, Dry－Air, SIS 등

③ CF$_3$I 가스

⑨ 향후 전망

1) GIS 변전소 건설은 경제성보다는 전력 계통의 신뢰성 유지 및 사회 환경 적응에 주안점을 둔 방식이며 향후 급진적으로 확대 적용될 것으로 예상

2) SF$_6$ 가스는 물리 · 화학적, 전기적으로 우수하지만 지구 온난화 물질

3) 폐기 시 밀폐 · 보관해야 하며 대체 물질 사용을 고려

CHAPTER

02

변압기

01 변압기 기본 이론

1 변압기 정의

1) 하나의 회로에서 교류 전력을 받아 전자 유도 작용에 의해서 같은 주파수의 교류 전력으로 변성하는 장치
2) 회전기가 아닌 고정기
3) 공통 자기 회로에 의해 결합된 2개 이상의 전기 회로를 갖는 장치
4) 강자성체 철심을 이용하여 빈틈없이 연결하거나 높은 자속밀도를 얻음
5) 구성 재료에 따른 변압기 분류

권선	철심	절연
• 일반 : 구리 도체 • 초전도 : 초전도 도체	• 일반 : 규소 강판 • 아몰퍼스 : 아몰퍼스 박대상 • 자구 미세 : 자구 미세화 강판	• 유입 : 절연유(광유) • 몰드 : 에폭시 수지 • 가스 : SF_6 가스

2 변압기 원리

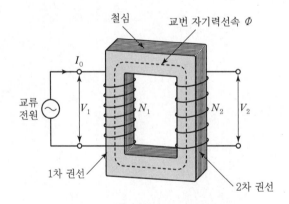

[2차를 1차로 환산한 변압기의 등가회로]

- 주자속 : 철심을 통해서 폐회로 형성하고 포화에 이르면 한정된 값을 가짐
- 누설 자속 : 공기 중을 경로로 하고 포화 현상이 일어나지 않으며 전류에 비례

1) 전자 유도 작용 이용

① Switch를 누른 순간과 Off한 순간 검류계 동작

   (2차 Coil이 전자석이 되어 Coil에 자력선 발생 → 전자유도)

② 전원이 교류인 경우 → 유도 기전력 연속 발생

(정기적으로 전압 On – Off 반복 시행 효과)

2) 패러데이 전자유도 법칙

① Faraday' Law

자속이 시간적으로 변화할 때 회로에는 자계에 의하여 기전력이 유기되는 현상

② 유기 전압

자계에 의하여 순간적으로 유기되는 전압

즉, 유기 전압 e 는

$e = \pm \dfrac{di}{dt}[\text{Wb}-\text{turn/sec}]$ → 쇄교 자속의 변화율에 비례

$\quad = \pm n\dfrac{d\Phi}{dt}[\text{Wb}-\text{turn/sec}]$

3) Lenz's Law

① 유기 기전력의 방향은 Lenz's Law에 따름

② 유기 기전력의 방향은 주자속의 변화를 방해하는 방향($e = -n\dfrac{d\Phi}{dt}$)

4) 유기 기전력의 발생

① 부하가 없는 상태에서의 유기 기전력

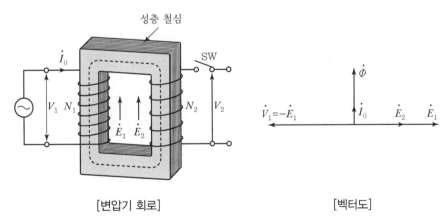

[변압기 회로]   [벡터도]

㉠ 여자 전류의 크기

ⓐ 2차 단자 개방

ⓑ $v_1 = V_m \sin\omega t$[V]를 인가

ⓒ 1차 권선에는 i_0가 흐름

$$i_0 = \frac{\sqrt{2}\,V_1}{\omega L_1}\sin\left(\omega t - \frac{\pi}{2}\right)$$

$$= \sqrt{2}\,I_o\sin\left(\omega t - \frac{\pi}{2}\right)[\text{A}]$$

$$\left(\because I_0 = \frac{V_1}{\omega L_1},\ L_1 = \frac{\mu\,n_1^2\,A}{l},\ L_2 = \frac{\mu\,n_2^2\,A}{l}\ \right)$$

ⓓ i_0를 여자 전류(Exciting Current)라 하고 정현파 전압 v_1보다 $\frac{\pi}{2}$ 지상

ⓛ 여자 전류에 의해 생기는 교번 자속(Φ)

$$\Phi = \frac{\text{기자력}}{\text{자기저항}} = \frac{n_1 i_0}{\dfrac{l}{\mu A}} = \frac{n_1 i_0 \mu A}{l} = \frac{n_1 i_0 \mu A}{\dfrac{\mu n_1^2 A}{L}} = \frac{L i_0}{n_1}$$

$$= \frac{L\dfrac{\sqrt{2}\,V_1}{\omega L}\sin\left(\omega t - \dfrac{\pi}{2}\right)}{n_1} = \frac{\sqrt{2}\,V_1}{\omega\,n_1}\sin\left(\omega t - \frac{\pi}{2}\right) = \sqrt{2}\,\Phi_1\sin\left(\omega t - \frac{\pi}{2}\right)[\text{A}]$$

자속 Φ는 전압 v_1보다 $\frac{\pi}{2}$ 늦고 i_0와 동상

ⓒ 유기 기전력

$$V_1 + e = 0$$

$$e_1 = -V_m\sin\omega t = -N\frac{d\Phi}{dt}$$

위의 자속에 관한 식을 순시값으로 변형하여 미분

$$e_1 = -N\frac{d\Phi}{dt} = -N\frac{d}{dt}\Phi_m\sin\omega t$$

$$= -N\omega\Phi_m\cos\omega t = -N\omega\Phi_m\sin\left(\omega t + \frac{\pi}{2}\right)$$

$$= E_m\sin\left(\omega t - \frac{\pi}{2}\right)\quad(\because E_m = N\omega\Phi_m)$$

자속의 위상은 공급전압보다 90° 지상

공급전압 실효치 $E_1 = \dfrac{1}{\sqrt{2}}\Phi_m\omega N_1 = 4.44fN_1\Phi_m\,[\text{V}]\quad(\because \omega = 2\pi f)$

위와 같은 방법으로 e_2도 동일하게 유기

② 부하가 있는 상태의 유기 기전력

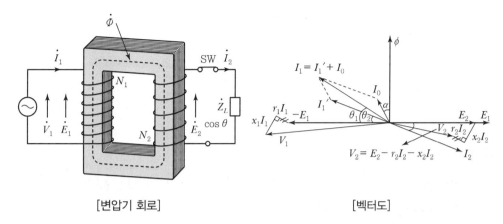

[변압기 회로]　　　　　　　[벡터도]

㉠ 변압기 2차 권선의 자속(Φ_2)

ⓐ $I_2 = \dfrac{E_2}{Z_L}[\mathrm{A}]$에 의하여 기자력 $I_2 N_2$가 2차 권선에 생겨 이 기자력에 의하여 새로운 자속 Φ_2가 2차 권선에 발생

ⓑ 새로운 자속 Φ_2는 이미 자기 회로에 있었던 Φ를 변화시키려 하나 1차 전압 V_1이 일정하면 I_0이 일정하고 $I_0 N_1$에 의하여 생긴 Φ도 일정

ⓒ Φ_2를 상쇄하기 위해 1차 권선에 I_0와 관계없이 $I_1{}'$의 전류가 더 흐르게 되며 이 $I_1{}'$의 전류에 의하여 $I_1{}' N_1$의 기자력이 생기고 자기력선속 Φ_1을 상쇄

㉡ 부하 전류와 기자력의 평형

$-\Phi_1 + \Phi_2 = -I_1{}' N_1 + I_2 N_2 = 0$

ⓐ 따라서 변압기 I_2가 커지면 $I_1{}'$가 커져서 자기 회로 내의 Φ가 항상 일정한 값이 되도록 작용

ⓑ 여기서 $I_1{}'$의 전류를 1차 부하 전류라 하면

$I_1 = I_1{}' + I_0 [\mathrm{A}]$

5) 유기 기전력의 비(권수비)

1차 Coil과 2차 Coil의 유기 기전력의 비

$\dfrac{e_1}{e_2} = \dfrac{n_1}{n_2} = a$

즉 권선 회수의 비에 의하여 전압비가 결정

6) 전류비

$n_1 i_1 + n_2 (-i_2) = 0$ ($\because$ 전자 에너지 보존법칙 : $F_1 + F_2 = 0$)

$$i_1 = \frac{n_2}{n_1} i_2$$

$$\frac{i_1}{i_2} = \frac{n_2}{n_1} = \frac{1}{a}$$

❸ 실제 변압기의 경우

1) 이상 변압기는 1, 2차 권선을 통과하는 주자기전력선속 $\dot{\phi}$만 존재하나 실제 변압기는 권선의 일부만을 통과하는 누설자기력선속 $\dot{\phi}_{l1}$, $\dot{\phi}_{l2}$가 존재하며 이것은 x_1, x_2 누설리액턴스로 나타남

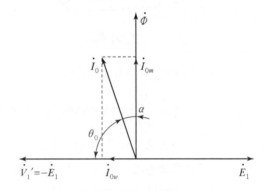

[여자전류 벡터도]

2) 여자전류는 1차 권선에 전압을 가하면 철심의 자기포화현상 또는 자기이력현상(히스테리시스 현상)이 생기므로(전압, 전류 및 자기력선속 파형도) 여자전류는 비사인파 전류 i_0가 되지만 일반적으로 i_0의 기본파와 같은 사인파 전류로 취급

3) 실제 변압기에서는 Hysteresis Loss & Eddy Current Loss 즉, 유효전력에 해당하는 철손(히스테리시스손과 맴돌이 전류손) 때문에 $\theta_0 = \frac{\pi}{2} - \alpha [\mathrm{rad}]$만큼 지상이며 θ_0는 철손각(여자전류 벡터도 참조)

   1) $\phi_1 \rightarrow \phi_2$로 증가할 때 i_0는 i_{01}에서 i_{02}까지 갑자기 증가하여 최대값

   2) ϕ가 감소할 경우 i_0는 갑자기 감소 i_{03}와 같이 부의 값까지 감소

   3) 여자전류파장은 왜곡되어 약간의 고조파가 포함된 왜형파

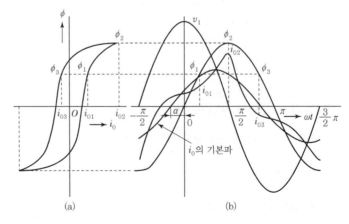

[전압, 전류 및 자기력선속 파형]

4) 변압기회로 관계식

권수비 a, 1 · 2차 임피던스 $\dot{Z}_1 = r_1 + jx_1$, $\dot{Z}_2 = r_2 + jx_2$, 부하임피던스 $\dot{Z}_L = r_L + jx_L$, 여자 어드미턴스 $Y_0 = g_0 - jb_0$ [℧]

① 2차 유도기전력 $\dot{E}_2 = \dfrac{1}{a}\dot{E}_1 = \dfrac{1}{a}(-\dot{V}_1{'}) = -\dfrac{\dot{V}_1{'}}{a}$ [V]

② 2차 전류 $\dot{I}_2 = \dfrac{\dot{E}_2}{\dot{Z}_2 + \dot{Z}_L}$, 1차 부하전류는 $\dot{I}_1{'} = -\dfrac{\dot{I}_2}{a} = \dfrac{\dot{V}_1{'}}{a^2(\dot{Z}_2 + \dot{Z}_L)}$ [V]

여자전류 $\dot{I}_0 = \dot{Y}_0 \dot{V}_1$, 1차 전류는 $\dot{I}_1 = \dot{I}_0 + \dot{I}_1{'}$ [A]

③ 1차 단자전압과 2차 단자전압

$\dot{V}_1 = \dot{V}_1{'} + \dot{I}_1 \dot{Z}_1 = \dot{V}_1{'} + (r_1 + jx_1)\dot{I}_1 = -\dot{E}_1 + (r_1 + jx_1)\dot{I}_1$

$\dot{V}_2 = \dot{E}_2 - \dot{I}_2 \dot{Z}_2 = \dot{E}_2 - (r_2 + jx_2)\dot{I}_2 = \dot{Z}_L \dot{I}_2$ [V]

④ 변압기 여자전류와 자속의 관계

1) 변압기 2차 개방 시 1차에 흐르는 전류(여자전류)

변압기 등가회로에서 2차를 개방시킨 상태에서 1차 코일의 교류 전압
$v_1 = \sqrt{2}\,V_1 \sin\omega t$ [V]를 가하면 1차에 흐르는 전류

여기서, v_1 : 순시치, V_1 : 실효치($\dfrac{V_m}{\sqrt{2}}$)

2) 여자전류

$$i_0 = \frac{\text{1차에 가해진 전압}}{\text{1차 코일의 임피던스}} = \frac{\sqrt{2}\,V_1 \sin(\omega t - \frac{\pi}{2})}{\omega L_1} = \frac{\sqrt{2}\,V_1}{\omega L_1}\sin(\omega t - \frac{\pi}{2}) \ \cdots ⓐ$$

전류 i_0의 위상각이 $\dfrac{\pi}{2}(90°)$늦어진 것은 인덕턴스에 흐르는 전류는 전압보다 90°위상각이 늦어지기 때문에 이 전류에 의해서 철심 속에는 교번자속이 발생

3) 여자전류에 의한 교번자속의 크기

① 자속 $\phi = \dfrac{F}{R_m} = \dfrac{\text{기자력}}{\text{자기저항}}$에서

② 자기저항 $R_m = \dfrac{\text{자로의 길이}}{\text{투자율} \times \text{단면적}} = \dfrac{l}{\mu A}$이므로 $\phi = \dfrac{N_1 i_0}{\dfrac{l}{\mu A}} = \dfrac{\mu A N_1 i_0}{l}$ .... ⓑ

ⓑ식에 i_0 대신에 ⓐ식을 대입하면 $\phi = \dfrac{\mu A N_1}{l} \times \dfrac{\sqrt{2}\,V_1}{\omega L_1}\sin(\omega t - \dfrac{\pi}{2})$ ············· ⓒ

코일의 인덕턴스의 값은 $L_1 = \dfrac{\mu N_1^2 A}{l}$ [H], 따라서 $l = \dfrac{\mu N_1^2 A}{L_1}$ [m] ·················· ⓓ

ⓒ식에 ⓓ식을 대입하면 자속 ϕ값은

$$\phi = \dfrac{\mu A N_1}{\dfrac{\mu N_1^2 A}{L_1}} \times \dfrac{\sqrt{2}\,V_1}{\omega L_1}\sin(\omega t - \dfrac{\pi}{2})$$

$$= \dfrac{\mu A N_1 L_1}{\mu N_1^2 A} \times \dfrac{\sqrt{2}\,V_1}{\omega L_1}\sin(\omega t - \dfrac{\pi}{2})$$

$$= \dfrac{\sqrt{2}\,V_1}{\omega N_1}\sin(\omega t - \dfrac{\pi}{2}) = \phi_m \sin(\omega t - \dfrac{\pi}{2}) \, [\text{Wb}] \quad (\phi_m = \dfrac{\sqrt{2}\,V_1}{\omega N_1})$$

5 등가 회로 및 벡터도

1) 2차를 1차로 환산한 변압기의 등가 회로

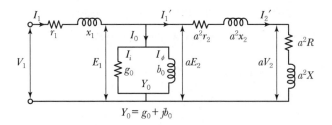

[2차를 1차로 환산한 변압기의 등가 회로]

여기서, Y_0 : 여자 어드미턴스, g_0 : 여자 컨덕턴스, b_0 : 여자 서셉턴스

2) 벡터도

변압기는 코일로 구성되어 유도성 부하로 간주

$$\theta_2 = \tan^{-1}\dfrac{X + x_2}{R + r_2}$$

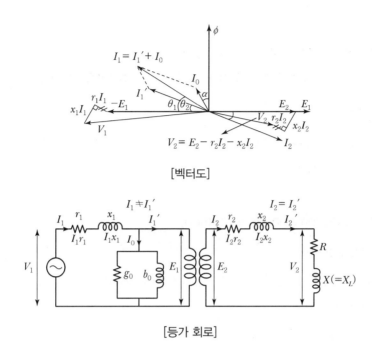

[벡터도]

[등가 회로]

6 변압기 분류

구조	절연	상수	권선수	탭절체 방식
• 내철형 • 외철형	• 건식, 유입 • 몰드, 가스	• 단상 • 3상	• 단권 • 2권선 • 3권선	• NLTC • OLTC

7 변압기 극성

1) 변압기 극성

① 변압기 극성은 변압기 1, 2차 단자의 유기 기전력 방향을 상대적 방향으로 표시하는 것

② 변압기 단독 사용 시에는 문제되지 않으나 3상 결선, 병렬운전 시에는 문제가 되므로 반드시 극성을 일치

2) 감극성(국내 표준)

① 변압기 고·저압 단자의 극성이 같은 변압기

② 1, 2차 권선의 감는 방향을 반대로 해서 자속의 방향을 같게 한 변압기

③ 국내표준 결정 이유 : 단락사고 시 사고전류 감소(절연 감소)

3) 가극성

① 변압기 고 · 저압 단자의 극성이 다른 변압기

② 1, 2차 권선의 감는 방향을 같게 해서 자속의 방향을 반대로 한 변압기

4) 측정 방법

전압계를 1, 2차 측에 연결한 때 전압계 ⓥ가 $V = V_1 - V_2$ 의 관계이면 감극성이고,

$V = V_1 + V_2$의 관계이면 가극성

8 전자 유도(Electromagnetic Induction)

1) 전자 유도 정의

도체의 주변에서 자기장을 변화시켰을 때 전압이 유도되어 전류가 흐르는 현상으로 자기 유도
와 상호 유도가 있음

2) 자기 유도(Self Induction)

코일에 흐르는 전류가 변화하면 코일 중의 자속이 변화하여 그 코일에 유도 전압이 발생하는
현상

3) 상호 유도(Mutual Induction)

두 개의 코일이 인접해 있을 때 한 코일에 흐르는 전류가 변화하면 코일 중의 자속이 변화하여
다른 코일에 유도 전압이 발생하는 현상

9 패러데이 법칙

1) 전자유도에 의해 회로 내에 유발된 기전력의 크기는 회로를 관통하는 자속의 시간적 변화율에
   비례

2) 관계식

$$E = -L\frac{di}{dt} = -N\frac{d\phi}{dt}$$

02 변압기 여자 돌입 전류와 오동작 방지 대책

1 개요

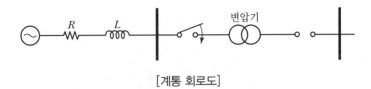

[계통 회로도]

1) 변압기의 여자 돌입 전류는 변압기를 전력 회사에 접속하기 위하여 투입하는 경우 및 회로에 접속된 변압기의 전압이 급격하게 변화하는 경우에 발생하는 것으로서 과도 여자전류

2) 변압기 철심의 비직진성 자기 특성에 의해 발생하고 투입 시 전압의 위상, 변압기 잔류 자기 위상 등에 따라 크기도 다르지만 정격 전류의 8~10배

3) 지속 시간은 0.5~수초, 긴 것은 10초 이상

2 여자 돌입 전류 메커니즘

R−L 과도 특성

$$i(t) = I_m \sin(\omega t + \theta - \phi) - I_m \sin(\theta - \phi) \cdot e^{-\frac{R}{L}t} \, [\text{A}]$$

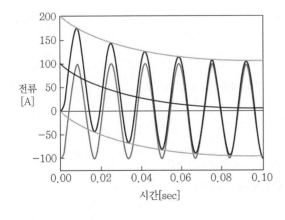

[전압 위상 0°, 위상차 90°]

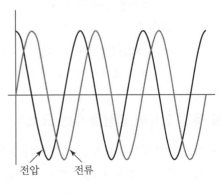

[전압 위상 90°, 위상차 90°]

1) 인가 전압의 위상이 파고치에서 투입할 경우

여자 전류는 인가 전압보다 위상이 늦은 0에서 시작하여 전압 파형과 같은 정현파가 되므로 큰 돌입 전류는 발생하지 않음

2) 인가 전압의 위상이 0에서 투입할 경우

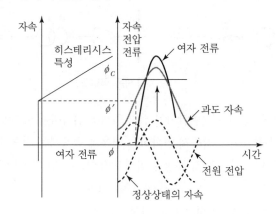

[여자 돌입 전류 파형]

① 정상 운전 시

인가 전압에 대해서 $90°$ 대하여 지상인 자속 ϕ가 발생

② 변압기 가압 시

㉠ 최초의 자속을 0으로 하면 그림의 ϕ'와 같이 정상 자속 ϕ를 위쪽으로 평형 이동한 모양이나 ϕ'는 설계 포화 자속 ϕ_c 이상 증가할 수 없으므로 철심이 포화

㉡ 철심이 포화되면 변압기의 여자 임피던스가 대단히 작아져 $I = \dfrac{e}{Z}$ 에서 그림처럼 큰 여자 돌입 전류가 흐름

③ 크기

$$\Phi_t = \Phi_m (1 + \cos\theta) + \Phi_r$$

여기서, Φ_t : 설계 포화 자속, Φ_m : 최대 자속, Φ_r : 잔류 자속

❸ 돌입 전류에 영향을 주는 요소

1) 변압기의 무부하 투입 시 전압의 위상각($0°$, $180°$에서 최대)

2) 철심 내의 잔류 자속(잔류 자속이 합해져 포화도 증가)

3) 철심의 재료 및 포화 특성

4) 계통의 임피던스($R - L$ 특성이 달라짐)

5) 변압기의 용량(용량이 클수록 L값이 증가하여 시정수가 커서 지속 시간 증가)

4 여자 돌입 전류 특성

1) 여자 돌입 전류의 크기에 영향을 주는 요건

구분	여자 돌입 전류 大	여자 돌입 전류 小
투입 시 전압위상	0인 경우	파고치인 경우
철심 재료	냉간 압연 철심	열간 압연 철심
철심 잔류 자속	많은 경우	적을 경우
전원(계통) 임피던스	낮은 경우	높을 경우

2) 여자 돌입 전류 파형의 크기

고조파 차수	제2고조파	제3고조파	제4고조파	제5고조파
기본파에 대한 백분율[%]	63	27	58	4

3) 여자 돌입 전류의 특성

① 매우 큰 돌입 전류의 발생 : 변압기 정격 전류의 8~12배 수준으로 발생

② 빠르게 감쇠하는 특징을 갖으며, 대용량으로 갈수록 지속 시간이 길어짐

③ 2고조파 함유율이 높음(정상 시 여자 전류는 3고조파 함유가 높다)

④ 고장 전류의 파형과 비교하면 차이 발생

5 여자 돌입 전류 방지 대책

• 변압기가 정상 운전 상태에서 변압기의 여자 전류는 전 부하 전류의 3~5[%] 정도로 매우 적어서 문제가 되지 않으나, 무부하 시 변압기에 1차 측 전원을 투입하면 정격 전류의 8~30배에 달하는 돌입 전류가 흐르며, 대용량 변압기에서는 그 지속 시간도 20~30초가 소요되는 특징을 나타냄

• 변압기 1차 측 과전류 계전기의 정정 시에 대한 고려는 전부하 전류의 8~12배, 0.1초에 동작하지 않도록 한시 정정으로 하며, 여자 돌입 전류는 전원 측에만 흐르기 때문에 비율 차동 계전기의 동작 코일에 차전류가 흘러 오동작하는 원인이 되므로 고조파 억제법을 적용하여 오동작하는 것을 억제

1) 감도 저하법

① 여자 돌입 전류는 시간경과와 함께 급속히 감쇠하는 것에 착안

② 비율 차동 계전기 감도를 순간적으로(0.2초) 저하시키는 방식(타이머 이용)

③ 단점 : 저감도의 상태에서 내부 사고가 발생하면 사고 확대

④ 적용 : 10[MVA] 미만 TR

2) 고조파 억제법

① 여자 돌입 전류에는 고조파분 특히 제2고조파분이 많이 포함되어 있는 것에 착안

② 필터로 기본파와 고조파를 나누어 기본파는 동작 코일에, 고조파는 억제 코일에 흘려주는 방식

③ 변압기 내고장 시 변류기 포화로 인한 고조파가 발생하여 계전기가 동작하지 않을 염려

④ **적용** : 10[MVA] 이상 TR

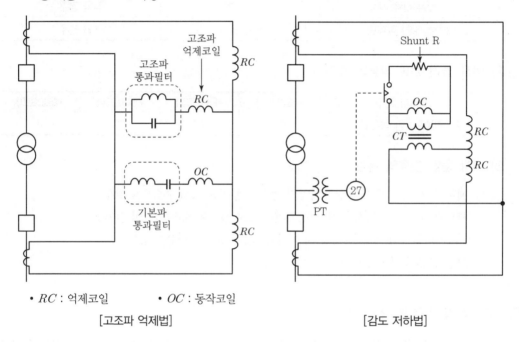

- *RC* : 억제코일   - *OC* : 동작코일

[고조파 억제법]   [감도 저하법]

3) 비대칭파 저지법

① 여자 돌입 전류는 반파 정류파형에 가까울 정도로 비대칭이라는 것에 착안

② (+), (−) 반파 파형의 크기 차이가 많을 때 차동 동작 계전기(Ry_1)를 통해 동작을 억제

③ 사고 시 과전류 계전기(Ry_2),(Ry_3)가 동작하며, (Ry_1)이 동작해도 차단기는 트립

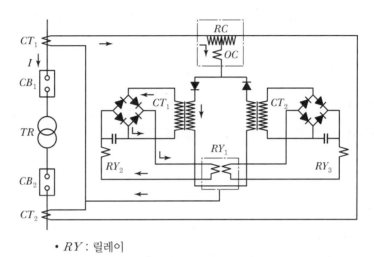

• RY : 릴레이

[비대칭파 저지법]

4) COS, PF 용단 방지 대책

① 변압기 정격 전류 10배 0.1초 지점의 단시간 허용 특성 이하 안전 통전

② 변압기 정격 전류 25배 2초 이내 용단될 것

③ PF 투입 시 무부하 투입보다는 전부하 투입 검토

5) 과전류 계전기(OCR) 오동작 방지 대책

한시 레버를 정정 Tap치의 10배 전류에서 0.2초로 정정

03 변압기 절연 종류(절연 방식)

1 개요

1) 내부 이상 전압에 대해 기기 및 선로가 그 충격에 견딜 수 있는 절연강도가 필요
2) 접지 방식에 따라 절연 등급 및 종류가 구분
3) 절연 방식의 종류
   ① 전절연
   ② 저감 절연
   ③ 단절연
   ④ 균등 절연

2 접지 방식

1) 비유효 접지 방식 : 1선 지락 시 건전상의 대지 전위 상승이 $\sqrt{3}\,E$ 이상(비접지 방식)
2) 유효 접지 방식 : 1선 자락 시 건전상의 대지 전위 상승이 $1.3E$ 이하(직접 접지)
3) 유효 접지 방식은 지락 사고 시 건전상 대지 전압 상승이 $1.3E$ 이하이기 때문에 절연레벨 감소가 가능

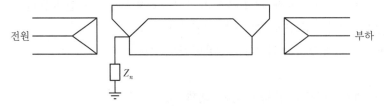

전원 Z_n 부하

[계통의 접지 방식]

[접지 방식에 따른 Z_n 값]

접지 방식 종류	중성점 삽입 임피던스의 종류 및 크기
비접지 방식	$Z_n = \infty$
저항 접지 방식(고저항 접지, 저저항 접지)	$Z_n = R$
직접 접지 방식	$Z_n = 0$
리액터 접지방 식(고리액턴스 접지, 저리액턴스 접지)	$Z_n = jX$
소호 리액터 접지 방식	$Z_n = jX,\ Z_0 = \infty$

3 절연의 종류

1) 전절연(Full Insulation)

① 비유효접지계통에 접속되는 권선에 채용하는 방식

② 기준충격절연강도(BIL)까지 견디도록 절연

154[kV]에서는 BIL = $5E + 50$[kV] = 750[kV]로서 750[kV]까지 절연

(E : 절연 계급 = 공칭 전압 / 1.1)

[표] 각 회로의 절연 계급

공칭 전압[kV]	절연 계급[호]	뇌 임펄스[kV]	상용 주파 내전압[kV]
6.6	6A	60	22
	6B	45	16
22	20A	150	50
	20B	125	50
	20S	180	50
154	140A	750	325
	140B	650	275
	140S	900	325

※ A : 전절연, B : 저감절연

2) 저감 절연(Reduced Insulation)

① 유효 접지 계통에 접속되는 권선에 채용하는 방식

② 유효 접지 계통에서는 1선 지락 시 건전상의 대지 전압이 비접지 계통 또는 비유효 접지 계통에 비하여 낮으므로 정격 전압이 낮은 피뢰기를 채용할 수 있으며, 변압기 및 기타 기기의 절연을 저감 가능(BIL 이하로 절연하는 방식)

③ BIL값에 따른 저감 절연

㉠ BIL값이 1,000[kV] 이상 : 250[kV]를 저감

㉡ BIL값이 1,000[kV] 이하 : 100[kV]를 저감

㉢ 예로 BIL = 750[kV]인 경우 1단 저감은 650[kV] 2단 저감은 550[kV]이나 국내에서는 1단 저감만 인정

[우리나라의 저감 절연의 예]

계통 전압[kV]	전절연 BIL[kV]	현재 BIL[kV]	신형 피뢰기 채용 BIL[kV]
154	750	650(1단 저감)	550(2단 저감)
345	1550	1050(2단 저감)	950(3단 저감)

3) 단절연(Graded Insulation)

① 유효 접지 계통에 접속되는 권선에 채용하는 방식

② 변압기 중성점이 항상 0전위를 유지하므로 선로 측에서 중성점으로 갈수록 단계적으로 절연 기준을 낮추어서 적용하는 방식

4) 균등 절연(Uniform Insulation)

① 비유효 접지 계통에 접속되는 권선에 채용하는 방식

② Δ결선이나 비접지식 Y결선의 경우 변압기 권선은 모든 부분에 대하여 동일하게 절연 기준을 적용

4 절연 방식 비교

구분	전절연	단절연	저감 절연	균등 절연
접지 방식	비유효	유효	유효	비유효
특징	• 절연비 고가 • 계통 구성비 고가 • 비경제적	• 경제적 설계 가능 • 변압기 치수 감소 • 중량이 경감	• 정격 전압이 낮은 피뢰기 사용 가능 • 절연레벨 감소	• 절연비 고가 • 계통 구성비 고가 • 비경제적
BIL	140호×5+50	• 선로 측 650 BIL • 중성점 350 BIL	120호×5+50	140호×5+50

04 절연 협조 관련 변압기 BIL

1 개요

1) 전력 계통의 기기나 설비는 절연 내력, $V-t$ 특성 등이 같지 않으므로 전체를 하나로 보고 절연 협조를 실시

2) 변압기와 같이 절연 계급을 올릴 때 가격이 많이 올라가는 기기는 가능한 한 절연 계급을 낮추고 피뢰기를 가까이 설치하여 보호

3) 선로 애자와 같이 절연 계급을 올릴 때 가격이 적게 올라가는 기기는 가능한 한 절연 계급을 높게 설정

4) 유효 접지 계통에서는 1선 지락 시 건전상 전위 상승이 1.3배 이하이므로 저감 절연, 단절연을 실시

5) 비유효 접지, 비접지 계통에서는 1선 지락 시 건전상 전위상승이 $\sqrt{3}$ 배 이상이므로 전절연, 균등 절연을 실시

6) 즉, 비유효 접지 계통은 유효접지 계통에 비해 절연 계급이 높도록 설계

2 절연 계급

1) 절연 계급이란 기기나 설비의 절연 강도를 구분한 것으로서 계급을 호수로 나타낸 것

2) 최고 전압에 따라 절연계급이 설정되고, 기준 충격 절연 강도(BIL)가 제공

3) 절연 계급은 기기 절연을 표준화하고 통일된 절연 체계를 구성하기 위해 설정

3 기준 충격 절연 강도(BIL : Basic impulse Insulation Level)

1) 기준 충격 절연 강도란 기기나 설비의 절연이 그 기기에 가해질 것으로 예상되는 충격전압에 견디는 강도

2) 표준 뇌임펄스 전압 파형

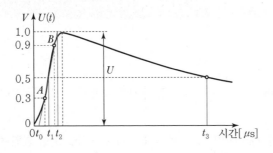

t_0 : 규약원점
$T_f\,(t_2-t_0)$: 규약파두길이
$T_h\,(t_3-t_1)$: 반파고시간(파미장)
$T_t\,(t_3-t_0)$: 규약파미길이

[표준 뇌임펄스 전압 파형]

① 전압 파형 : $1.2 \times 50[\mu s]$ (파고치의 30[%]에서 90[%]까지 순시치가 상승)
② 전류 파형 : $8 \times 20[\mu s]$ (파고치의 10[%]에서 90[%]까지 순시치가 상승)

4 절연 계급 표시 방법

1) 유입 변압기

$$BIL = 5E + 50[kV]$$

여기서, E : 절연 계급 $= \dfrac{공칭전압}{1.1}$

예 22[kV] 계통에서 유입 변압기의 BIL값

$$BIL = 5 \times \frac{22}{1.1} + 50 = 150.1[kV] \qquad 정격 : 150[kV]$$

공칭 전압[kV]	절연 계급[호]	BIL[kV]
3.3	3A / 3B	45 / 30
6.6	6A / 6B	60 / 45
22	20A/ 20B/ 20S	150 / 125 / 180
154	140A/ 140B	750 / 650

여기서 A는 표준 레벨, B는 저레벨, S는 피뢰기의 보호 범위 밖에서 사용하는 콘덴서, 계기용 변압기 등에 적용

2) 몰드 및 건식 변압기

$$BIL = 1.25 \times \sqrt{2} \times 상용\ 주파\ 내전압[kV]$$

여기서, 상용 주파 내전압=공칭 전압$\times 2.3$

예 22[kV] 계통에서 몰드 변압기(B종)의 BIL값
$$BIL = 1.25 \times \sqrt{2} \times 22 \times 2.3 = 89.4[kV] \qquad 정격 : 95[kV]$$

정격 전압[10kV]	상용 주파 내전압[kV]	BIL[kV]
3.3	10	25
6.6	16	35
22	50	95

3) 전동기

BIL = 2 × 정격 전압 + 1,000[V]

5 절연 협조

1) 발 · 변전소의 절연 협조

① 구내 및 그 부근 1~2[km] 정도 송전선에 충분한 차폐 효과를 지닌 가공 지선 설치
② 피뢰기 설치로 이상 전압을 제한 전압까지 저하

2) 송전선의 절연 협조

① 가공 지선과 전선과의 충분한 이격 거리 확보(직격뢰 방지)
② 뇌와 같은 순간적인 고장에 대해서는 재투입 방식 채용

3) 가공 배전 선로의 절연 협조

① 변압기의 보호
② 적정한 피뢰기의 선택 및 적용

4) 수전 설비의 절연 협조

① 절연 협조 중 가장 어려움
② 유도뢰, 과도 이상 전압, 지속성 이상 전압 등의 대책을 고려

5) 배전 설비의 절연 협조

① 접지를 자유롭게 선정
② 접지 방식 선정과 변압기 이행 전압 대책이 중점

6) 부하 설비의 절연 협조

① 회로의 개폐 빈도가 높기 때문에 개폐 서지 대책이 중점
② 광범위한 구내 전기 설비에는 Surge Absorber 등을 설치

7) 저압 제어 회로의 절연 협조

적절한 절연 레벨을 선정

6 변압기 권선 선로측 단자의 기본 충격 절연 강도(BIL)

최고 계통 전압[kV]	전절연 BIL[kV]	저감 절연 BIL[kV]
7.2	60	–
25.8	150	–
72.5	350	–
170	750	650

1) 최고 계통 전압 24[kV] 이하의 변압기 권선은 계통의 접지 방식에 관계없이 균등 절연

2) 최고 계통 전압 170[kv]에 대한 저감 절연인 650[kV] BIL은 직접 접지 계통에 사용할 변압기 권선에 적용

7 중성점의 최소 절연

권선의 선로 측 단자 BIL[kV]	직접 접지 또는 CT를 통한 접지[kV]	소호 리액터를 통한 접지 또는 비접지(단, 충격 전압 보호 장치를 구비한 때)[kV]
350	150	250
650	150	350
750	150	450

Y 결선 변압기의 중성점은 그 접지 방식에 따라서 표의 기준 충격 절연 강도(BIL)를 보유해야 하며, 직접 접지 계통에서도 중성점을 접지하지 않을 때는 비접지식에 준해야 함

8 결론

변압기는 절연 계급을 올리면 가격이 매우 비싸지므로 가능한 낮은 절연 계급을 산정하고 피뢰기를 가까이 설치해서 보호하는 방식을 취하는 것이 바람직하며 비유효 접지 계통에서는 1선 지락 사고 시 건전상의 대지 전위가 $\sqrt{3}$ 배 상승하므로 유효 접지 계층에 비해서 높은 절연 계급을 하는 것이 바람직

05 전기 기기 절연 등급

1 개요

1) 절연은 전류가 원하는 곳 이외에서 흐르지 않도록 하는 것이 목적
2) 절연 물질은 온도 등급을 정하여 사용
3) 온도 등급을 사용하는 이유는 절연 물질의 최대 허용 온도와 운영 온도를 제한해서 열에 의한 절연 파괴나 절연 수명 감소를 방지하기 위함

2 전기 기기 절연 등급

종별	허용 온도 상승 한도	절연물 종류	용도
Y	90	면, 견, 종이 등	저전압 기기
A	105	Y종 재료를 바니시 또는 기름에 채운 것	유입 변압기
E	120	에폭시 수지, 멜라민 수지, 폴리 우레탄 수지 등	대용량 기기
B	130	운모, 석면, 유리 섬유 등의 재료를 접착 재료와 같이 사용한 것	몰드 변압기
F	155	B종 재료를 실리콘, 알키드 수지 등의 비접착 재료와 함께 사용한 것	몰드 · 건식 변압기 대부분 전동기
H	180	B종 재료를 규소 수지 또는 동등 특성을 가진 재료와 함께 사용한 것	건식 변압기
200/220/250		운모, 석면, 자기 등을 단독 또는 접착제와 함께 사용한 것	고온을 요하는 특수기기

※ 250[℃] 이상에서는 25[℃] 간격으로 등급을 나누고 있음

❸ 절연 매체에 따른 분류

절연 종류	절연 방식	장점	단점
건식	• 종이, 면 등을 절연 바니스에 진공 함침 • 저전압, 옥내용에 주로 사용	• 절연유를 사용하지 않아 화재 위험 적음	• 절연 강도 낮음 • 소음 발생 • 옥외용 사용 불가
유입식	• 절연 재료로 절연유 사용 • 고전압 옥외용에 주로 사용	• 소용량부터 대용량까지 선택 폭이 넓음 • 신뢰도 높음 • 가격이 저렴	• 기름 사용으로 화재 폭발 가능성이 높음 • 전력 손실이 큼
가스형	• SF₆ 가스 이용하여 탱크형으로 제작	• 가스 절연으로 절연 내력 높음 • 설치 장소 줄일 수 있음	• 가스 누기 위험 있음 • 가격 고가
몰드형	• 합성 수지 등으로 권선 전체를 절연 • 저전압(6.6[kV]), 고전압(22.9[kV])에 주로 사용	• 에폭시 수지사용으로 난연성, 소형, 경량화 • 손실 적어 에너지 절약 • 분해 반출입 가능 • 유입형에 비해 유지 보수 용이 • 단시간 과부하 내량 큼 15분 기준 유입식 : 150[%] 몰드식 : 200[%]	• VCB를 1차에 사용 시 서지에 약하여 SA를 1차에 설치 • 옥외에 설치 불가 (외함 내 사용 시 가능) • 대용량 제작 불가 • 초고압 변압기 제작 불가

06 임피던스 전압이 변압기에 미치는 영향

❶ 개요

1) 임피던스 전압

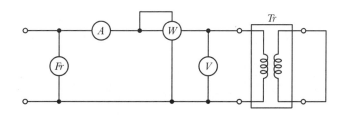

[변압기 단락특성시험 회로도]

① 임피던스 전압이란 변압기 한쪽 권선을 단락한 상태에서 단락한 권선에 정격 전류가 흐를 때 다른 권선에 인가된 전압

② 즉, 변압기, 발전기, 전선로 등에서 내부 임피던스에 의한 전압 강하를 의미

2) 퍼센트 임피던스

① 퍼센트 임피던스란 1차 측 정격 전압과 임피던스 전압과의 비를 백분율로 나타낸 것

② $\%Z = \dfrac{I \cdot Z}{E} \times 100 = \left(\dfrac{임피던스전압}{1차 측 정격전압} \right) \times 100 [\%]$

❷ 임피던스 전압이 변압기에 미치는 영향

1) 전압 변동률

① $\varepsilon = \left(\dfrac{V_{2o} - V_{2n}}{V_{2n}} \right) \times 100 = p \cdot \cos\theta + q \cdot \sin\theta [\%]$

여기서, V_{2o} : 변압기 2차 측 무부하 전압, V_{2n} : 변압기 2차 측 정격 전압
p, q : [%]저항 강하와 [%]리액턴스 강하

② % 저항 강하 $p = \left(\dfrac{r \times I_{2n}}{V_{2n}} \right) \times 100 [\%]$

③ % 리액턴스 강하 $q = \left(\dfrac{x \times I_{2n}}{V_{2n}} \right) \times 100 [\%]$

④ $\%Z = \sqrt{(p^2 + q^2)}$ 이므로 $\%Z$가 증가 시 전압 변동률이 증가

2) 변압기 손실비(부하손/무부하손)

① 부하손은 동손으로 저항 성분과 관계가 있고, 무부하 손은 철손으로 리액턴스 성분과 관계가 있음

② 임피던스 전압이 작으면 부하손이 작아져 손실비가 작아지고, 임피던스 전압이 크면 부하손이 커져 손실 비가 커짐

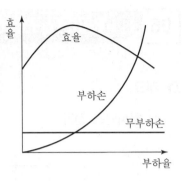

[변압기 손실과 효율]

3) 단락 전류 및 단락 용량

① 단락 전류 $I_s = \left(\dfrac{100}{\%Z}\right) \times I_n$

② 단락 용량 $P_s = \left(\dfrac{100}{\%Z}\right) \times P_n \, [\mathrm{MVA}]$

　　　여기서, P_s : 단락 용량, P_n : 기준 용량

③ $\%Z$가 크면 단락 용량이 감소

4) 변압기 병렬 운전

① $\%Z$가 다를 경우 작은 쪽 변압기가 과부하(±10[%] 이내 허용)

$$\cdot P_{r1} = \frac{Z_2}{Z_1 + Z_2} \times P \qquad\qquad \cdot P_{r1} = \frac{\%Z_2}{\%Z_1 + \%Z_2} \times P$$

$$\cdot P_{r2} = \frac{Z_1}{Z_1 + Z_2} \times P \qquad\qquad \cdot P_{r2} = \frac{\%Z_1}{\%Z_1 + \%Z_2} \times P$$

② $\%\left(\dfrac{X}{R}\right)$가 다를 경우 역률에 따라 부하 분담이 변동

5) 기기 전자 기계력

$\%Z$가 작으면 단락 전류가 커지므로 단락 사고 시 전자 기계력이 커짐

6) 계통 안정도

① 안정도란 전력 계통에 급격한 부하 변화 또는 단락 사고 등이 발생해도 발전기가 일정한 상 차각을 유지하고 동기 운전을 계속할 수 있는 정도를 의미

② $P = \dfrac{V_S \cdot V_R}{X} \cdot \sin\delta$

③ $\%Z$가 작으면 단락 전류가 커지므로 단락 사고 시 계통 안정도 유지가 곤란

3 경제적인 $\%Z$

전압	22.9[kV]	154[kV]	345[kV]	765[kV]
$\%Z$	6[%]	11[%]	15[%]	18[%]

4 맺음말

1) 변압기 용량이 증가하면 $\%Z$가 증가

2) 동일 용량의 변압기에서 $\%Z$가 증가하면 전압 변동률 증가, 부하손 증가, 단락 용량 감소, 중량 감소

3) 또한 변압기 병렬 운전, 기기 전자 기계력, 계통 안정도 등에 영향을 주므로 전력 설비 선정 시 $\%Z$를 적절히 고려하는 것은 대단히 중요

$\%Z$	전압 변동률	부하손	단락 용량	중량	비고
$\%Z$ 증가	증가	증가	감소	감소(동기계)	경제성 향상
$\%Z$ 감소	감소	감소	증가	증가(철기계)	신뢰성 향상

07 변압기 단락 강도

1 시험방법

1) ANSI/IEEE 규격에 의한 시험 방법

① 시험 횟수

각상의 정격 전류 2회 씩 총 6회 시험을 실시하며, 이중 1회는 대칭 장시간 전류 시험을 실시

② 시험 시간

매 시험 0.25초로 하되 대칭 장시간 전류 1회는 다음 식에 의거 산출한 시간에 따름

$$t_{long} = \frac{1,250}{I^2}[\text{sec}]$$

여기서, t_{long} : 장시간 대칭 단락 전류의 시험 시간[sec]

I : 기준 전류에 대한 대칭 단락 전류의 배수($I = \frac{I_{sc}}{I_r}$)

I_{sc} : 대칭단락 시험 전류[A], I_r : 변압기 Tap 전류[A]

2) IEC 규격에 의한 시험 방법

① 시험 횟수

각상에 시험 전류 3회 씩 총 9회 대칭 전류 시험

② 시험 시간

변압기 정격 출력이 2,500[kVA] 이하일 때 매 시험 0.5초, 초과할 때 0.25초

❷ 시험 전류의 계산법

1) ANSI/IEEE C57.12.00

이 규격에서 변압기의 대칭 단락 시험 전류는 변압기의 정격 용량, Tap의 전압, Tap의 전류, 그리고 Tap의 임피던스를 기초로 산출

$$I_{sc} = \frac{I_r}{Z_r + Z_s}$$

여기서, I_{sc} : 대칭 단락 시험 전류[A], I_r : 변압기 Tap 전류[A]

Z_T : 상기 Tap에서의 변압기 임피던스(정격 용량을 기준으로 환산한 %Z)

Z_S : 계통의 임피던스(통상 이 수치는 제시되지 않고 알 수 없으므로 무시)

2) IEC 60076-5

이 규격도 변압기의 대칭 단락 시험 전류는 변압기 정격 용량, Tap의 정격 전압, Tap의 전류 그리고 Tap의 임피던스를 기초로 하여 산출

$$I = \frac{U}{\sqrt{3} \times (Z_t + Z_s)}$$

여기서, I : 대칭 단락 전류(교류분 실효치)

U : 시험되는 Tap과 권선의 정격 전압[kV]

Z_t : 시험되는 Tap과 권선의 단락 임피던스[Ω/상]

$$Z_t = \frac{z_t \times U_r^2}{100 \times P_r}$$

여기서, z_t : 기준 온도에서의 임피던스

U_r : Tap의 정격 전압[kV]

P_r : 변압기 정격 용량[MVA]

$$Z_S = \frac{U_S^2}{P}$$

여기서, Z_S : 계통의 단락 임피던스[Ω/상](ANSI/IEEE와 마찬가지로 이 수치는 통상 제시되지 않고 알 수 없으므로 무시)

U_S : 계통의 정격 전압[kV]

P : 계통의 단락 용량[MVA])

08 변압기 이행 전압

1 개요

변압기의 이행 전압이란 변압기의 1차 측에 서지 전압(차단기 결상, 투입 등 비대칭 전류)이 가해졌을 때 이 서지가 정전적 또는 전자적으로 2차 측에 이행되는 현상으로, 특히 변압기의 권수비가 큰 경우에는 2차 측에 문제를 야기하는 경우가 있으므로 검토가 필요

2 이행 전압의 종류

1) 정전 이행 전압

변압기 1차 측에 가해지는 서지 전압이 1 · 2차 권선 간 및 대지 간의 정전용량으로 인하여 이행되는 전압

2) 전자 이행 전압

고압, 저압 권선 간 서지 전류의 전자적 결합에 의해 이행되는 전압

3) 2차 권선 고유 진동 전압

전압이 정전 이행과 전자 이행의 과정을 거쳐 저압 측으로 이행한 전압이 원인이 되어 생기는 저압 권선의 고유 진동 전압을 말하며, 불규칙적이고 작으므로 보통 무시

3 정전 이행

1) 정전 이행 전압 해석 모델

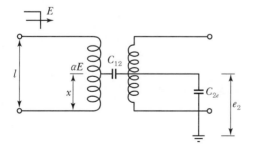

[단상 등가회로]

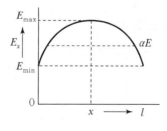

[내부 전위분포]

① 변압기 1차 양단자 전압의 파고값은 $E_{\min}$ 이고, 중앙부일수록 $E_{\max}$ 가 높아져 등가 정전용량의 단자에 가해지는 전압의 평균값은 αE가 됨

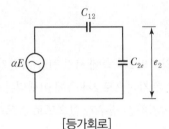

[등가회로]

② 2차 권선으로 이행하는 전압

㉠ $e_2 = \dfrac{C_{12}}{C_{12} + C_{2e}} \cdot \dfrac{1}{l} \displaystyle\int_o^x E_x \cdot dx = \dfrac{C_{12}}{C_{12} + C_{2e}} \cdot \alpha E$

여기서, C_{12} : 변압기 1, 2차 권선 간 정전용량

C_{2e} : 변압기 2차 권선과 대지 간 정전용량

E_x : 1차 권선 단부로부터 x인 거리에서의 서지 파고값

α : 변압기 구조에 따른 정수(보통 1.3~1.5)

㉡ 실제 TR에서 $C_{12} = \dfrac{C_{2e}}{2}$ 라 할 때 이행전압(3상 변압기의 경우)

ⓐ 중성점 개방 시 : $\alpha = 1.5 \rightarrow e_2 = \dfrac{1}{3} \times 1.5E = 0.5E(\triangle - \triangle$ 결선)

ⓑ 중성점 접지 시 : $\alpha = 0.6$ 적용 $\rightarrow e_2 = \dfrac{1}{3} \times 0.6E = 0.2E(Y - \triangle$ 결선)으로 1차

권선에 가해지는 전압의 20~50[%]가 이행됨

③ 정전 이행 전압

㉠ 중성점 접지 상황에 따라 크게 상이함

㉡ 1차 측 전압이 높을수록 고 · 저압 권선 간 (절연거리가 커져) 정전용량이 작이지므로 이행 전압이 낮아짐

2) 보호대책

① 2차 측에 LA 설치

② 2차 측에 보호 Condensor 설치(주로 사용)

③ 2차 측에 BIL(LIWL) 향상

④ Shield TR or 1 : 1 절연 TR 채용

4 전자 이행 전압

1) 2차 권선으로의 전자 이행 전압 e_2와 1차 측 서지 전압 E와의 관계

$$e_2 = \frac{E}{a} \cdot \frac{Z_2'}{Z_1 + Z_2'}(1 - \varepsilon^{-\frac{Z_2 + Z_2'}{L_S}t})$$

$$L_S = L_1 + L_2 - 2M$$

여기서, a : 권수비

e_2 : 전자 이행 전압

E : 1차 측 서지 전압 파고치

Z_1 : 1차 측 서지 임피던스

Z_2' : 2차를 1차로 화산한 임피던스

L_S : 변압기 권선 임피던스 → $L_s = L_1 + L_2 - 2M$

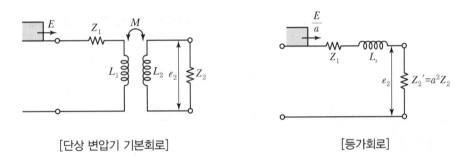

[단상 변압기 기본회로]   [등가회로]

2) 전자 이행 전압

① 주로 권수비에 반비례하고, 부하 임피던스에 비례

② 전자 이행 전압에 대해서 2차 측 콘덴서는 진동분을 길게 하는 것일 뿐 파고 효과는 없음

③ 정전 이행 전압 억제대책만으로도 실제 계통에서는 별 문제가 없음

3) 보호대책

① 저압 측 선간 절연 강화

② NCT 설치(정전, 전자이행 대책)

09 변압기 손실 및 효율

1 개요

1) 전력 설비에서 변압기는 비교적 고효율 기기에 속하나 상시 전력 계통에 연결되어 있으므로 이에 대한 손실은 매우 큼
2) 배전 설비별 손실의 구성을 보면 총 배전 손실의 약 40[%]가 전력용 변압기의 손실

2 변압기 손실 종류

1) 무부하손(철손)

① 부하 증감과 상관없이 일정한 손실로 히스테리시스손, 와류손 등이 있음
② 히스테리시스손 : 철심의 자구 재배열에 의해 발생

$$P_h = K_h \cdot f \cdot B_m^{1.6 \sim 2.0}[\text{W/kg}]$$

K_h : 재료 상수, f : 주파수, B_m : 자속 밀도

③ 와류손 : 철심 내 와전류에 의해 발생

$$P_e = K_e (K_f \cdot f \cdot t \cdot B_m)^2 [\text{W/kg}]$$

2) 부하손(동손)

① 부하 증감에 따라 변동되는 손실로 저항손, 와류손, 표유 부하손 등이 있음
② 저항손 : 권선의 직렬 저항에 의해 발생
③ 와류손 : 도체 내의 와전류에 의해 발생
④ 표유 부하손 : 권선 이외에서 누설자속에 의해 발생

3) 부하율과 손실과의 관계

부하율이 100[%]일 때, 부하손이 약 80[%]이며, 무부하손이 20[%] 정도

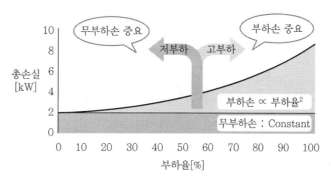

[부하율과 총손실의 관계]

4 변압기 손실 저감 대책

1) 설계 개선 방법

① 최고 효율은 $P_i = m^2 \cdot P_c$ 이므로 $m = \sqrt{\dfrac{P_i}{P_c}}$

　여기서, m : 부하율

② 유입 변압기의 경우 부하율 50[%]에서, 몰드 변압기의 경우 부하율 70[%]에서 최고 효율

③ 아몰퍼스 몰드 TR과 자구 미세 몰드 TR 비교

구분	아몰퍼스 몰드 TR	자구 미세 몰드 TR
무부하손	적음	많음
효율	부하율 40[%] 미만에서 우수	부하율 40[%] 이상에서 우수

④ 즉, 변압기 설계 시에는 부하율, 사용 부하, 사용 장소 등을 종합적으로 고려해 변압기를 선정해야 하고 또한 변압기가 최고 효율 근처에서 운전

2) 권선 개선 방법

① 권선 재료 개선 : 초전도 변압기와 같이 권선에 초전도 도체 사용

② 권선 형태 개선 : 단권 변압기와 같이 권선의 일부를 공용해서 사용

3) 철심 개선 방법

① 철심 재료 개선 : 아몰퍼스 박대상, 자구미세화 강판 등과 같은 저손실 철심재료를 사용

② 철심 형태 개선 : 두께를 얇게 하여 와류손을 감소, 모서리를 둥글게 하여 에지(Edge) 효과 감소

5 변압기 효율

1) 변압기 총 손실

$$P_l = P_i + m^2 \cdot P_c$$

여기서, P_i : 철손, P_c : 동손, m : 부하율

2) 효율[%]의 종류

① 실측 효율

$$\eta = \frac{\text{출력의 측정값}}{\text{입력의 측정값}} \times 100[\%]$$

② 규약 효율

$$\eta = \frac{\text{출력}}{\text{입력}} \times 100[\%]$$

③ 전일 효율

$$\eta = \frac{\text{출력 전력량}[\text{kWh}]}{\text{출력}[\text{kWh}] + \text{손실}[\text{kWh}]} \times 100[\%]$$

3) 변압기 최대 효율 조건

① 변압기 효율이라 함은 규약효율을 지칭

② $\eta = \dfrac{\text{출력}}{\text{입력}} \times 100[\%] = \dfrac{\text{출력}}{\text{출력} + \text{손실}} \times 100[\%]$

③ $\eta = \dfrac{V_2 I_2 \cos\theta}{V_2 I_2 \cos\theta + P_i + P_c} \times 100[\%] = \dfrac{P}{P + P_i + P_c} \times 100[\%]$

부하율 m을 적용하면 $\eta = \dfrac{mP}{mP + P_i + m^2 P_c} \times 100[\%]$

최고 효율은 $P_i = m^2 \cdot P_c$ 이므로 $m = \sqrt{\dfrac{P_i}{P_c}}$

10 자구 미세 몰드 변압기

1 개요

1) 자구 미세 몰드 변압기란 철심에 분자 구조인 자구를 미세하게 분할한 방향성 규소 강판을 사용한 변압기로 규소 강판 변압기에 비해 부하손 20~30[%], 무부하손 60~70[%]를 절감한 고효율 변압기

2) 자구 미세 몰드 변압기는 전부하 효율이 약 99.1[%]인 변압기로 부하율 40[%] 이상에서 효율이 가장 우수

3) 소음이 55[dB]로 가장 낮고 가격이 아몰퍼스에 비해 저가이며, 제작 용량도 20[MVA]까지 가능. 5~10[%] 개선, 두께 230[μm]

[자구 미세화]

2 미세화 방법

1) Lager 처리, Geared roll에 의한 압입, 화학적 Etching 등이 있음

2) Lager 처리에 의한 방법은 임시적인 방법으로 500[℃] 이상 열처리 시 효과 상실

3 특징

1) 부하율 40[%] 이상에서 자구 미세형 변압기 효율 특성이 가장 우수

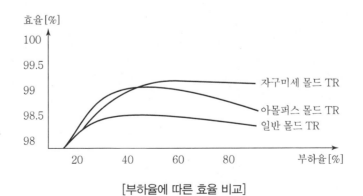

[부하율에 따른 효율 비교]

2) 규소 강판 변압기에 비해 부하 손실 30[%], 무부하손실 60∼70[%]를 절감한 고효율 변압기

3) 55[dB]로 저소음이고, 20[MVA]까지 대용량 제작이 가능. 과부하 내량이 크고 고조파에 강함

4) 초기 비용은 고가이지만 장기적인 Life Cycle 관점에서 전력 손실 절감으로 이익

4 변압기 비교

구분	일반 몰드	아몰퍼스 몰드	자구 미세 몰드
총손실	100[%]	79[%]	64[%]
효율	98.6[%]	98.9[%]	99.1[%]
유리한 부하율	100[%]	30[%] 미만	30[%] 이상
고조파 부하	불가	불가	K−Factor 7 운전 가능
과부하 운전	100[%]	100[%]	115[%]
소음	70[dB]	70[dB]	55[dB]
제작 가능 용량	20[MVA]	1,500[kVA]	20[MVA]

5 향후 전망

경제성, 대용량화, 저소음 등을 고려할 때 부하율 40[%] 이상에서 적용 확대가 예상

11 단권 변압기

1 단권 변압기

1) 변압기의 1, 2차 권선이 권선의 일부를 공유하는 구조
2) 1, 2차 공유 부분을 공통 권선(분로 권선), 공유하지 않는 부분을 직렬 권선이라 함.
3) 단권 변압기는 2권선 변압기(분권 변압기)에 비해서 동량의 감소로 인하여 크기 및 중량이 감소 되는 장점을 갖는 변압기로, 우리나라의 경우 345kV이상 초고압 변전소에 채용

2 단권 변압기 특성 해석

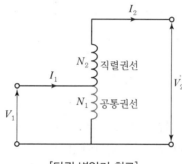

[단권 변압기 회로]

단권 변압기의 부하 용량(출력 용량, 정격 용량) : $P_L = V_2\,I_2$

단권 변압기의 자기 용량(권선 용량, 고유 용량) : $P_S = (V_2 - V_1) \times I_2$

1) 권선분비(r)

$$r = \frac{P_S}{P_L} = \frac{(V_2 - V_1)I_2}{V_2\,I_2} = 1 - \frac{V_1}{V_2} \cdots\cdots\cdots \left(\frac{V_1}{V_2} = \frac{N_1}{N_1 + N_2} \right)$$

권선분비는 1보다 같거나 작은 값으로 변압기의 출력에 비해서 실제 권선 용량이 작음. 이것은 2권선 변압기(분권 변압기)에 비해서 동량이 적게 소모되고, 변압기의 총 사이즈, 무게가 작아 진다는 것을 의미

2) 권선분비 권수 관계로만 표현

$$\frac{P_S}{P_L} = \frac{N_2}{N_1 + N_2} \leftrightarrow (역수) \; \frac{P_L}{P_S} = \frac{N_1 + N_2}{N_2} = 1 + \frac{N_1}{N_2} = 1 + a$$

여기서, a : 2권선 변압기와 동일한 성격의 권수비

단권 변압기는 자신의 실제 권선의 용량에 비해서 "$1 + a$"배의 출력(1, 2차 에너지 전달＝전도 ＋전자유도)이 가능

❸ 단권 변압기의 특징

1) 장점

① 2권선 변압기에 비해서 동량이 감소하여 가격과 무게 감소
② 1, 2차를 분할해서 권선할 필요가 없으므로 그 만큼 크기가 저감
　　→ 1, 2차 권선간 절연에 필요한 공간이 불필요
③ 실제 권선의 용량보다 큰 부하를 공급 가능
④ 누설 리액턴스 저감
⑤ 누설리액턴스 감소로 전압 변동률이 감소
⑥ 효율 향상(철손, 동손의 감소) → 냉각이 용이
⑦ 3상 결선 시 Y결선 사용으로 중성점 접지 방식 채용으로 저감 절연 및 단절연으로 절연 비용 절감이 가능

2) 단점

① 1차 회로와 2차 회로가 절연되어 있지 않으므로, 한쪽의 전기적인 사고 또는 서지가 다른 쪽 으로 파급이 용이하여 절연측면에서 1차 및 2차 측 절연을 동일 수준으로 구성
② 변압기의 %Z가 작아서 단락 전류가 증가하므로 기계적, 열적 강도를 크게 설계
③ 2차 단자에 부하가 접속되어 있을 때, 직렬 권선의 임피던스에 비해서 2차 회로의 임피던스 가 극히 적어 Surge(충격전압)가 1차 단자에 침입 시 대부분이 직렬 권선에 인가되어 권선 절연이나 탭 간 절연을 위협

12 3권선 변압기

1 개요

1, 2차 권선에 3차 권선을 설치한 변압기로 권수비에 따라 1조의 변압기로 2종의 전압과 용량을 사용

2 장점

1) 제3고조파를 권선 내에서 순환시키기 위해 Δ 결선

2) 2차 권선에 유도성 부하가 있는 경우 3차 권선에 진상용 콘덴서를 설치하여 1차 회로에 역률을 개선

3 단점

1) 3차 측 전압 조정이 필요

2) 조상 용량에 제한(Δ 결선 내 동기 조상기 11[kV]로 제한)이 있음

3) 모선에 단락 방지 대책이 필요

4) 이행 전압에 의한 절연 파괴 위험

4 용도

1) 설치 장소가 좁고 2종류의 전원이 필요한 곳

2) 통신선 유도 장애 경감 대책용 → 제3고조파 Δ 결선 내 순환

3) 전압 변동 경감 대책용 → $\Delta V = X_s \cdot \Delta Q$ 에서 X_s 감소

4) 송전용 변압기 사용 → Δ 결선 외부 인출 소내 전원과 조상 설비에 접속

5) 중성점이 필요한 경우 접지하여 사용 → 중성점 전위 이동 없음

5 3권선 변압기의 전압 변동 대책

1) 3권선 변압기의 누설 임피던스를 등가 회로에 의해 각 권선으로 분해하면 1차 권선의 임피던스를 0 혹은 음으로 가능

2) 2차 권선에서 일반 부하로 3차 권선에서 변동부하로 공급하면 직렬 콘덴서와 같이 ΔV를 축소

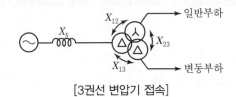

[3권선 변압기 접속]

3) 아래 그림과 같이 코일을 등간격 배치로 하면 기준 용량 베이스로 환산한 각 권선 누설 리액턴스 X_{12}, X_{23}, X_{13} 사이에는 다음의 관계가 성립

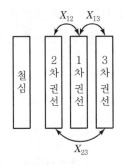

[권선의 배치]

$$X_{12} = X_{13}, \ X_{23} = 2X_{12} = 2X_{13}$$

따라서 각 권선의 리액턴스는

$$X_1 = \frac{X_{12} + X_{13} - X_{23}}{2}$$

$$X_2 = \frac{X_{12} + X_{23} - X_{13}}{2}$$

$$X_3 = \frac{X_{23} + X_{13} - X_{12}}{2}$$

가 되어 $X_1 = 0$

13 변압기 용량 선정 시 고려 사항

1 개요

1) 에너지 자립도가 낮은 국내의 경우 에너지 절약이 절실하며 변압기 적정 용량 선정도 그 방법의 하나
2) 변압기는 전원 인가 시 부하의 유무에 상관없이 손실이 발생하며, 고가 제품으로 교체가 어렵고 수용가의 부하 특성에 따라 부하율, 이용률이 수시로 변화
3) 따라서 각종 Factor의 정확한 적용이 필요하고 장례 증설 및 고조파 영향을 고려

2 용량 선정 시 고려 사항

1) 부하 설비 용량 산출 후 TR 용량 결정

① 부하 설비 용량[VA] = 표준 부하 밀도[VA/m²] × 연면적[m²]

② 대형 건축물 표준 부하 밀도[VA/m²]

종류	호텔	대형 사무실	IB	종합병원	백화점	전산센터	연구소
표준 부하 밀도 [VA/m²]	120	130	150	170	175	190	220

③ 부하 군마다 수용률, 부등률, 부하율을 감안하여 변압기 용량을 산출

④ 변압기 용량 $= \left(\dfrac{총설비용량 \times 수용률}{부등률}\right) \times$ 여유율 $(1.1 \sim 1.2)$

⑤ 여유율은 장례 증설을 감안한 용량 확보를 위해 적용
⑥ 부등률은 Two-Step 방식을 채택한 경우 Main 변압기에만 적용

2) 급전 방식 및 대수 결정

구분	1대 급전	2대 급전	3대 급전
결선도			
특징	• 가장 간단하고 경제적 • 고장 시 장시간 정전	• 배전의 신뢰도 향상 • 병렬 운전 시 단락 용량 • 과부하 주의	• 신뢰성 가장 우수 • 시설비 가장 고가

3) 전압 변동률

① 전압 변동률은 %Z에 의해 결정

$$\varepsilon = \left(\frac{V_{2o} - V_{2n}}{V_{2n}} \right) \times 100 = p \cdot \cos\theta + q \cdot \sin\theta = \sqrt{(p^2 + q^2)}$$

② %Z가 변압기에 미치는 영향

%Z	전압 변동률	부하손	단락 용량	중량
%Z 증가	증가	증가	감소	감소(동기계)
%Z 감소	감소	감소	증가	증가(철기계)

4) 주위 온도와 발열량 파악

① 주위 온도는 변압기의 수명과 손실에 영향을 주며 발열량과 부하 용량 관계에도 영향
② 변압기 주위 온도를 30[℃]에서 1[℃] 내릴 때마다 0.8[%]씩 과부하 가능
③ IEC 76에 의한 냉각 방식 분류

건식	유입식	송유식
• 건식 자냉식 : AN • 건식 풍냉식 : AF • 건식 밀폐 자냉식 : ANAN	• 유입 자냉식 : ONAN • 유입 풍냉식 : ONAF • 유입 수냉식 : ONWF	• 송유 자냉식 : OFAN • 송유 풍냉식 : OFAF • 송유 수냉식 : OFWF

5) 단락 보호 방식

① 계통 연계기 설치
② 변압기 임피던스 컨트롤
③ 한류 리액터 설치
④ 계통 분리
⑤ 한류형 퓨즈에 의한 Back up 차단
⑥ Cascade 차단 방식 적용
⑦ 한류 저항기 설치

6) 단락 전류 추정 및 차단기 선정

① 예상 Skeleton 작성
② 고장점 선정(차단기 선정 Point)
③ 각 기기의 %Z를 산정

④ 각 기기의 %Z를 기준 용량으로 환산

⑤ Impedance Map 작성

⑥ 차단점에서의 합성 %Z 결정

⑦ 단락 전류 계산

⑧ 차단 용량 계산

⑨ 표준 차단기 선정

7) 부하 밸런스 및 단시간 정격

(1) 부하 불평형률

배전 방식	부하 불평형률
단상 3선식	40[%] 이하
3상 3선식, 3상 4선식	30[%] 이하

(2) 단시간 정격

① 풍냉식 : 자냉식 변압기에 송풍기(Fan) 부착 시 20[%] 출력 증가

② Mold TR : 150[%] 과부하에서 55분 운전 가능 → 과부하 내력

8) 고조파

① 발주 시 K-Factor, THDF를 고려

② 2.0~2.5배 여유를 둘 것

9) 에너지 절감 대책

변압 시설 효율화	역률 관리	최대 수요 전력 관리
One-Step 방식 채택	콘덴서 용량의 적정화	Peak Cut
고효율 TR 채용	역률 변동 심한 곳에 APFR 설치	Peak Shift
TR 적정 Tap 선정	저역률 기기를 개별 설치	Demand Control
TR 적정용량 선정 및 대수제어	콘덴서를 부하 측과 모선 측에 분산 설치	분산형 전원 이용

10) 기타 사항

① Surge 보호

㉠ 뇌서지 : 피뢰기

㉡ 개폐서지 : Surge Absorber

㉢ 특고압과 고압 혼촉 방지를 위한 방전 장치

② 여자 돌입 전류에 대한 대책 : 감도 저하법, 고조파 억제법, 비대칭파 저지법

③ Flicker에 대한 대책 : 3권선 TR 채용

3 맺음말

1) 변압기 적정 용량 선정은 에너지 절약 및 기기의 효율적 운영의 시작

2) 따라서 부하율, 이용률을 고려한 용량 산정을 해야 하고 최대 효율 부근에서 운전될 수 있도록 해야 함

14 전력용 변압기 결선 방식

1 개요

1) 변압기 결선 방식은 일반 수용가, 전기 철도, 분산형 전원 등 공급 대상 특성에 따른 선정이 필요

2) 또한 수전 방식, 병렬 운전 방식, 접지 방식 등과 부하의 요구 전압 등에 만족해야 함

2 결선 방식(단상 변압기 3대를 1Bank로 운전 시)

결선 방식	장점	단점	적용
$\Delta - \Delta$ 결선	• 제3고조파 없음 • 대전류 부하에 적합 (선전류 $= \sqrt{3} \times$상전류) • 1대 고장 시 V결선 가능	• 중성점 접지 불가 • 지락 검출 곤란 • 변압비 다르면 순환 전류 발생 • 임피던스가 다르면 부하 전류 불평형	75[kVA] 이상 저전압 대전류의 중성점 접지가 필요 없는 곳
Y－Y 결선	• 중성점 접지 가능(단절연) • 순환 전류 없음 • 고전압 결선 (선간전압 $= \sqrt{3} \times$상전압)	• 제3고조파 있음 • 통신선 유도 장애 발생 • V－V 결선 불가	50[kVA] 이하 중성점 접지가 필요한 곳
$\Delta -$Y 결선	• $\Delta - \Delta$, Y－Y 결선의 장점을 지님 • 승압용에 적합	• 1대 고장 시 V－V 결선 불가 • 1, 2차 간 30° 위상차 발생	75[kVA] 이상 2차 측에 중성점 접지가 필요한 곳

결선 방식	장점	단점	적용
Y-Δ 결선	• Δ-Δ, Y-Y 결선의 장점을 지님 • 강압용에 적합	• 1대 고장 시 V-V 결선 불가 • 1, 2차 간 30[°] 위상차 발생	75[kVA] 이상 1차 측에 중성점 접지가 필요한 곳
V-V 결선	Δ-Δ 결선에서 1대 고장 시 2대 TR로 3상 공급 가능	• 이용률 : 86.6[%] • 출력비 : 57.7[%]	장래 부하 증설이 예상되는 곳
Y-지그재그 결선	제3고조파 없음(서로 상쇄)	순환 전류 발생	고속 차단기가 필요한 곳, 1, 2차 중성점 접지가 필요한 곳
Y-Y-Δ 결선	제3고조파를 제거하기 위해 안정 권선(Δ)을 삽입	서지 유입 시 안정 권선(Δ)에 고전압 유기, 절연 파괴 위험	송전용 변압기로 사용

❸ 결선 방식 선정 시 고려 사항

고려 사항	내용
V-V 결선	1대 고장 시 V-V 결선 사용하려면 Δ-Δ 결선 사용
사용 전류	대전류인 경우 Δ-Δ 결선 사용
제3고조파	제3고조파를 제거하기 위해 Δ-Δ, Δ-Y, Y-Δ, Y-Z 결선 사용
승압·강압	• 승압용 : Δ-Y 결선 • 강압용 : Y-Δ 결선
중성점	Δ-Δ 결선은 중성점 접지 불가
배전 방식	중성점 다중 접지 방식이면 변압기 2차 측 Y 결선(22.9[kV-Y])
각 변위	• Δ-Y 결선 : 2차 측이 1차 측보다 30[°] 진행 • Y-Δ 결선 : 2차 측이 1차 측보다 30[°] 지연

❹ 결선 방식에 따른 각 변위

결선 방식	전압 벡터도 1차 측	전압 벡터도 2차 측	각 변위	기호	결선도
Y-Y 결선			0[°]	Yy_0	
Y-Δ 결선			30[°] 지연	Yd_1	

결선 방식	전압 벡터도		각 변위	기호	결선도
	1차 측	2차 측			
$\Delta - \Delta$ 결선	V O U W	v O u w	$0[°]$	Dd_0	
$\Delta - Y$ 결선	V O U W	v O u $30°$ w	$30[°]$ 진행	Dy_{11}	

5 병렬 운전 가능 결선과 불가능 결선

병렬 운전 가능	병렬 운전 불가능
$\Delta - \Delta$와 $\Delta - \Delta$	$\Delta - \Delta$와 $\Delta - Y$
$Y - Y$와 $Y - Y$	$\Delta - \Delta$와 $Y - \Delta$
$\Delta - Y$와 $\Delta - Y$	$Y - Y$와 $Y - \Delta$
$Y - \Delta$와 $Y - \Delta$	$Y - Y$와 $\Delta - Y$

6 맺음말

1) 용도에 맞는 결선 방식 선정은 계통의 합리적 운용, 경제성 확보 등이 가능
2) 분산형 전원에서 결선 방식 선정 시에는 손실 저감, 계통 보호 측면을, 비선형 부하에서 결선 방식 선정 시에는 고조파에 대한 고려

15 3상에서 단상으로 변환하는 결선 방식

1 개요

1) 부하변동이 큰 단상 부하를 3상 전원에 바로 연결할 경우 전압 불평형이 발생
2) 따라서 3상 전원을 단상 전원으로 바꿔 공급하고, 그 방법에는 스코트 결선, 변형 우드브리지 결선, 역 V결선, 리액터와 콘덴서 조합에 의한 방법 등이 있음

❷ 스코트 결선

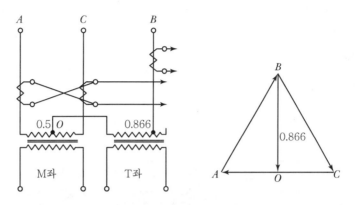

[Scott 결선 회로 구성]

1) 단상 변압기 2개를 T형으로 결선한 방식

2) 스코트 결선을 이용할 경우 90[°] 위상차가 있는 단상 전원 2개를 사용

3) **전압 불평형** 방지를 위해 사용

4) 교류 전기 철도 AT 급전 방식에 주로 사용

5) 이용률 92.8[%]

6) 중성점 접지가 불가능

7) 권선의 임피던스 정합이 곤란

8) 통신선 유도 장애가 발생

❸ 변형 우드브리지 결선

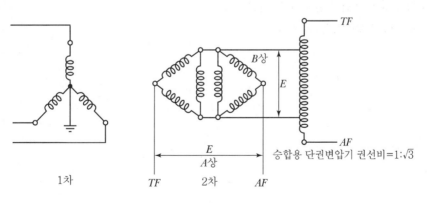

[변형 우드브리지 결선]

1) 승합용 단권 변압기를 이용한 방식

2) 스코트 결선 변압기와 동일한 기능을 하면서 1차 측에 중성점 접지를 취하는 방식

3) 스코트 결선의 결점을 보완

4) 통신선 유도 장애를 경감

5) 전기 철도 장애 방지용

④ 역 V결선

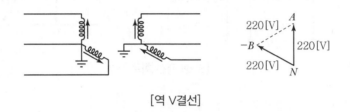

[역 V결선]

1) 3상 4선식 Y결선에서 1상을 제거하여 단상을 얻는 방식

2) 1차 측 한 선에는 다른 2선의 2배 전류가 흐름

3) V결선은 △결선에서 1상을 제거한 형태

4) 역 V결선은 3상 4선식 Y결선에서 1상을 제거한 형태

⑤ 리액터와 콘덴서 조합에 의한 방법

1) 리액터와 콘덴서를 조합하여 단상을 얻는 방식

2) 경제적

3) 부하 전류에 의한 역률 변동이 심함

4) 주로 단상 부하 전기로에 사용

16 변압기 냉각 방식

1 개요

1) 변압기 냉각 방식은 권선 및 철심을 냉각하는 내부 냉각 매체, 이 매체를 냉각하는 외부 냉각 매체 그리고 순환 방식에 따라 여러 가지로 구분
2) 냉각 방식의 규정에는 크게 ANSI 규정과 IEC 규정이 있음
3) 변압기 냉각의 목적은 권선과 철심에서 발생하는 열에 의한 온도 상승 방지

2 IEC76 냉각 방식 표기 방법

1) IEC 규격에 의한 냉각 방식 표기 원칙

①②③④

여기서

① 내부 냉각 매체의 물질
  - A : Air(공기)
  - O : Oil(광유) 절연유로 인화점이 300℃ 이하인 것
  - K : 난연성 절연유로 인화점이 300℃ 초과하는 것
  - L : 불연성 절연유
  - G : Gas(가스)

② 내부 냉각 매체의 순환 방식
  - N : Natural(자연 순환 방식)
  - F : Forced(강제 순환 방식)
  - D : Direct Forced(직접 강제 순환 방식)

③ 외부 냉각 매체의 물질
  - A : Air(공기)
  - W : Water(물)

④ 외부 냉각 매체의 순환 방식
  - N : Natural(자연 순환 방식)
  - F : Forced(강제 순환 방식)

3 IEC 76/ANSI C57 냉각 방식 분류

No	냉각 방식	권선, 철심 냉각 매체		주변 냉각 매체		IEC 76	ANSI C57.12
		① 종류	② 순환 방식	③ 종류	④ 순환 방식		
1	건식 자냉식	공기	자연			AN	AA
2	건식 풍냉식	공기	강제			AF	AFA
3	유입 자냉식	기름	자연	공기	자연	ONAN	OA
4	유입 풍냉식	기름	자연	공기	강제	ONAF	FA
5	유입 수냉식	기름	자연	물	강제	ONWF	OW
6	송유 자냉식	기름	강제	공기	자연	OFAN	–
7	송유 풍냉식	기름	강제	공기	강제	OFAF	FOA
8	송유 수냉식	기름	강제	물	강제	OFWF	FOW
9	건식 밀폐 자냉식	공기	자연	공기	자연	ANAN	GA
10	건식 밀폐 풍냉식	공기	자연	공기	강제	ANAF	–

4 주요 냉각 방식

냉각 방식	내용
건식 자냉식	소용량 변압기에 사용
건식 풍냉식	건식 자냉식의 방열기 탱크에 송풍기를 설치
유입 자냉식	• 보수가 간단하고 가장 널리 사용 • 500[MVA] 이하 TR에 적용
유입 풍냉식	• 유입 자냉식의 방열기 탱크에 송풍기를 설치 • 자냉식보다 20[%] 용량 증가
송유 자냉식	방열기 탱크와 본체 탱크 접속 관로에 기름을 강제적으로 순환
송유 풍냉식	• 송유 자냉식의 방열기 탱크에 송풍기를 설치 • 300[MVA] 이상 대용량에는 대부분 사용

5 변압기 냉각의 목적

1) 온도 상승을 방지하여 손실을 줄이고 열화를 방지
2) 변압기 사고를 방지하고 수명을 보장

17 변압기 병렬 운전 및 통합 운전

1 개요

1) 병렬 운전은 변압기 2대 이상을 연결하여 운전하는 것으로 설비 이용 효율을 향상시키기 위한 방법

2) 병렬 운전 목적 및 필요성

목적(장점)	필요성	고려 사항
• 계통 안정도 향상 • 신뢰성 향상 • 경제적 운전 • 통합 운전, 계절 운전	• 부하 증가 및 고장 시 공급 능력 저하 방지 • 부하 변동에 대한 대응 • 에너지 절약	• 보호 협조 • Cascading 장애 현상 • %Z • 고조파

2 변압기 병렬 운전 조건

병렬 운전 조건	다를 경우
권수비가 같고 1, 2차 정격 전압이 같을 것	순환 전류가 흘러 과열, 소손, 동손 증가
단상의 경우 극성이 같을 것	단락에 의한 과전류가 흘러 소손
3상의 경우 각 변위와 상회전이 같을 것	각 변위가 다르면 순환 전류가 흐르고 상회전이 다르면 단락에 의한 과전류가 흐름
%Z가 같을 것	%Z가 작은 쪽에 과부하(± 10[%] 이내 허용)
저항과 리액턴스 비가 같을 것	역률에 따라 부하 분담이 변동
온도 상승 한도가 같을 것	온도 상승 한도가 낮은 변압기에 맞춰야 함
BIL이 같을 것	피뢰기, 서지 흡수기 등의 선정이 곤란
용량비가 3 : 1 이내일 것	이상일 경우 소용량 변압기에 과부하

3 병렬 운전 가능 결선과 불가능 결선

병렬 운전 가능	병렬 운전 불가능
$\Delta - \Delta$와 $\Delta - \Delta$ $Y - Y$와 $Y - Y$ $\Delta - Y$와 $\Delta - Y$ $Y - \Delta$와 $Y - \Delta$	$\Delta - \Delta$와 $\Delta - Y$ $\Delta - \Delta$와 $Y - \Delta$ $Y - Y$와 $Y - \Delta$ $Y - Y$와 $\Delta - Y$

4 병렬 운전 부하분담

1) 동일 용량에 $\%Z$가 다른 경우 부하 분담

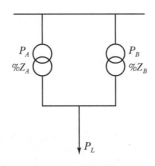

[TR 병렬 회로도]

$$\bullet P_{rA} = \frac{Z_B}{Z_A + Z_B} \times P_L \qquad\qquad \bullet P_{rA} = \frac{\%Z_B}{\%Z_A + \%Z_B} \times P_L$$

$$\bullet P_{rB} = \frac{Z_1}{Z_A + Z_B} \times P_L \qquad\qquad \bullet P_{rB} = \frac{\%Z_A}{\%Z_A + \%Z_B} \times P_L$$

2) 용량과 $\%Z$가 다른 경우 합성 최대 부하

$$P_{\max} \leq Z_a \left(\frac{P_a}{Z_a} + \frac{P_b}{Z_b} + \frac{P_c}{Z_c} \right) \qquad Z_a \text{가 가장 작을 경우}$$

5 병렬 운전 문제점

1) 계통에 $\%Z$가 작아지면 단락용량 증대
2) 차단기의 빈번한 동작으로 수명 단축
3) 전부하 운전 시 손실 증가

6 병렬 운전이 부적합한 경우

1) 단상 변압기에서 극성 불일치

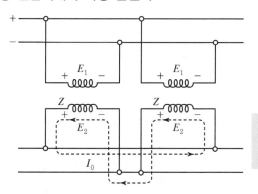

$$I_0 = \frac{2E_2}{2Z} = \frac{E_2}{Z}$$

[극성 불일치 시 단락전류 흐름도]

2) 정격 전압이 다른 경우

전위차가 발생되어 권선 간에 순환 전류 발생

$$I_0 = \frac{|E_a - E_b|}{2Z}$$

3) 권수비가 다른 경우

권수비가 다르면 기전력의 크기 및 임피던스의 차이가 발생되어 순환 전류 발생

$$I_0 = \frac{|E_a - E_b|}{Z_1 + Z_2}$$

- A 변압기 2,300[V] : 460[V]
- B 변압기 2,300[V] : 450[V]

4) 저항과 리액턴스 비가 다른 경우

서로 임피던스 각이 상이하여 기전력 간에 위상차로 전위차가 발생하여 순환 전류가 흐름

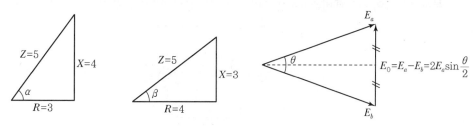

[저항과 리액턴스 비가 다른 경우]

위상차 $\theta = |\alpha - \beta|$ 라고 하면, 전위차 $E_0 = \dot{E_a} - \dot{E_b} = 2 \times E_a \sin\frac{\theta}{2}$ 발생

5) 3상 변압기에서 상회전 방향과 각 변위가 다른 경우

① 상회전이 상이한 경우

단락회로 구성되어 큰 순환 전류가 흘러 권선 소손

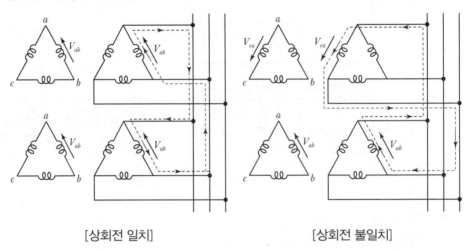

[상회전 일치]　　　　　　　　　[상회전 불일치]

② 각 변위가 상이한 경우

1, 2차 결선 방법이 다른 경우에 1, 2차 선간 전압 사이에 30° 위상차가 존재하므로 전위 차 발생으로 순환 전류가 발생되어 권선의 과열 및 소손

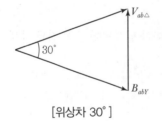

[위상차 30°]

- $\Delta - Y$: 1, 2차 선간 전압의 위상차가 30° 발생
- $\Delta - \Delta$: 1, 2차 선간 전압의 위상차 없음
- $Y - Y$: 1, 2차 선간 전압의 위상차 없음

6) %Z가 다른 경우

부하의 부담이 용량에 비례하지 않으며, 변압기의 용량의 합계까지 사용할 수가 없는 문제가 발생

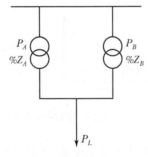

[TR 병렬 회로도]

$$\%Z_A = \frac{P_A Z_A}{10\,V^2} \rightarrow Z_A = \frac{10\,V^2 \times \%Z_A}{P_A}$$

$$\%Z_B = \frac{P_B Z_B}{10\,V^2} \rightarrow Z_B = \frac{10\,V^2 \times \%Z_B}{P_B}$$

- A변압기 부하 분담의 비 $P_{LA} = \dfrac{Z_B}{Z_A + Z_B}$

- B변압기 부하 분담의 비 $P_{LB} = \dfrac{Z_A}{Z_A + Z_B}$

$$\frac{P_{LA}}{P_{LB}} = \frac{Z_B}{Z_A} = \frac{P_A}{P_B} \times \frac{\%Z_B}{\%Z_A}$$

7 변압기 통합 운전

1) 정의

전력 손실 경감 목적으로 변압기 운전 대수가 최소가 되게 일부 변압기를 정지 운전하는 것

2) 조건

① 단시간 과부하 운전을 할 수 있을 것
② 종합 손실을 경감할 수 있을 것
③ 고장 시 공급 신뢰도를 유지할 것

3) 운전 시 고려 사항

① 선형 부하는 수용률, 부등률, 부하율을 고려하여 70[%] 정도로 운전
② 비선형 부하는 고조파 필터를 설치하거나 K-Factor와 THDF를 고려하여 운전
③ 차단기의 계폐 수명을 고려(경제성 검토)

8 맺음말

1) 변압기 병렬 운전은 계통의 신뢰성 향상과 경제적 운전을 가능
2) 또한 통합 운전, 계절 운전을 적용할 경우 에너지 절약 효과 우수
3) 병렬 운전을 효율적 · 경제적으로 하기 위해서는 순환 전류가 흐르지 않도록 하는 것이 중요

18 변압기 구성 방식

■1 변압기 모선 구성 방식

구분	구성도	특징
단일 모선		• 가장 간단, 경제적 • 모선 사고 및 점검 시 정전 불가피 • 부하 증설에 대처 곤란
섹션 구분 (전환 가능) 단일 모선		• 간단, 경제적, 가장 많이 사용 • 한쪽 뱅크 모선 사고 시에도 모선 연락차단기를 개방하고 건전 뱅크에서 부하 공급이 가능
루프 모선		• 간단해서 경제적으로도 무리가 없으며, 공급신뢰도 높음 • 변압기 또는 모선의 사고, 보수 점검의 경우에도 운용의 예비성이 있으며 신속 대응 가능 • 중요 설비 계통에 사용
이중 모선		• 공급신뢰도 높음 • 주변압기 2차, 모선연락, 공급전선 등의 차단기가 많아지므로 보호 협조가 복잡 • 스위치 기어에 수납하는 경우에는 모선의 위치와 분리에 주의 요함 • 특수 설계로 비경제적이므로 대규모 설비에 사용
예비 모선		• 비상 전원 계통 공급 • 스위치 기어에 수납 시 특수설계 • 특수 용도로 사용

2 모선 보호 방식

[모선 사고]　　　　　　　　　[외부 사고]

1) 차동 보호 방식

① 전류 차동 방식 : 수전 각회로의 CT 2차 회로를 일괄하여 차동 회로에 보호 계전기 접속

　　㉠ 모선 사고 : CT 2차 전류가 계전기에 흘러 동작

　　㉡ 외부 사고 : CT 2차 전류가 내부로 순환하므로 계전기 동작 않음

② 비율 차동 방식

　　㉠ 오차 전류에 의한 오동작 방지 억제 코일 설치

　　㉡ CT 필요 하지 않음

　　㉢ 오동작 비율 줄일 수 있음

③ 전압 차동 방식

2) Liner Coupler

① 차동 방식은 CT의 철심 포화로 인하여 오차가 발생하므로 공심 CT를 사용하여 직렬 접속

② CT 2차 전류의 합으로 계전기 동작

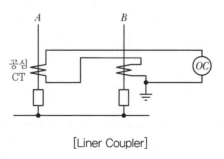

[Liner Coupler]

③ 특수 CT 필요, 현재 거의 사용하지 않음

3) 위상 보호 방식

    ① 위상만으로 내 · 외부 고장 판별

    ② A와 B 동위상 시 내부, 역위상은 외부 고장

    ③ 전용 CT 필요 없음

    ④ CT 2차 전류를 직접 접속하지 않아 편리

4) 방향 비교 방식

각 회선에 전력 방향 계전기를 접속하고 접점의 조합에 따라 사고 검출

3 모선 방식 결정 시 고려사항

1) 부하 정전에 따른 신뢰도

2) 설치면적

3) 유지보수성

4) 경제성

19 변압기 보호 대책

1 개요

1) 변압기는 수변전 설비에서 가장 중요한 기기로 보호 방식에는 외부 사고에 의한 보호 방식과 내부 사고에 의한 보호 방식이 있음

2) 변압기 보호에 대한 목적 및 필요성, 고장 원인 및 종류, 외부 사고 보호, 내부 사고 보호, 예방 보전 측면의 열화 감시 등을 중심으로 언급

3 변압기 보호의 목적 및 필요성

목적	필요성
• 사고의 예방 및 확산 방지 • 내부의 단락 및 지락 사고 방지 • 절연 내력 저하 방지	• 최신 설비의 고도화, 대용량화 • 신·증설에 따른 복잡화 • 기존 설비 노후화

4 변압기 고장의 원인 및 종류

원인	종류
• 제작상 결점 및 설치 환경의 부적합 • 경년 변화에 따른 절연물의 열화 • 가혹한 운전 및 불충분한 유지 보수	• 권선의 상간 및 층간 단락 • 고·저압 권선의 혼촉 및 단선 • 부싱 또는 리드의 절연 파괴

5 외부 사고에 대한 보호

1) 1차 측 사고로부터 보호

보호 기기	내용
LA	낙뢰, 개폐 서지 등의 이상 전압 보호
VCB	고장 전류 차단, 개폐 서지 고려(전류 재단, 반복 재점호)
SA	개폐 서지, 순간 과도 전압 등의 이상 전압 보호
PF	변압기 단락 보호

2) 2차 측 사고로부터 보호

고장 전류		보호 방식
과부하 및 단락		과전류 계전기, 비율 차동 계전기
지락	직접 접지	지락 과전류 계전기, Y결선 잔류 회로법
	비접지	ZCT+OCGR, GSC+ELB, GPT+OVGR, ZCT+GPT+SGR/DGR
	저항 접지	Y결선 잔류 회로법, 3권선 CT법, 관통형 CT법
고조파		발주 시 K-Factor, THDF 고려, 용량 2.0~2.5배 증설

6 내부 사고에 대한 보호

1) 용량에 따른 보호 장치 시설

변압기 용량	보호 장치	자동 차단	경보	비고
5,000~10,000[kVA]	과전류	○		
	내부 고장		○	
10,000[kVA] 이상	과전류	○		
	내부 고장	○		
	온도 상승		○	다이얼 온도계 등에 의함

2) 특고압용 변압기 내부 고장 검출 및 차단장치 시설

① 전기적 방식인 비율 차동 계전기, 과전류 계전기는 차단용으로 사용

② 기계적 방식인 부흐홀츠 계전기, 충격압력 계전기, 유면 계전기, 온도 계전기는 진동, 외기 등에 따라 오동작 우려가 있으므로 차단용으로 사용하지 않는 것이 좋음

3) 보호 계전기 용도

보호 계전기		검출 방법	동작 요인(사고 내용)	용도
명칭	기구번호			
부흐홀츠 계전기	96	기계적	• 이상 과열 및 유중 아크에 의해 절연유 가스화로 유면 저하 • 급격한 절연유 이동	• 1단계 : 경보 • 2단계 : 트립
방압 장치			• 이상과열 및 유중아크에 의해 내압 상승하여 방출될 때 동작 • 외함, 방열기 등을 보호하는 장치	경보용
충격 압력 계전기 (충압 계전기)	96P	기계적	이상 과열 및 유중 아크에 의해 급격한 압력 상승	트립용

보호 계전기		검출 방법	동작 요인(사고 내용)	용도
명칭	기구번호			
유면 계전기 (접점부 유면계)	33Q	기계적	유류 누수에 의한 유면 저하	경보용
온도 계전기 (접점부 온도계)	69Q	기계적	온도 상승	경보용
비율 차동 계전기	87	전기적	권선의 상간 및 층간 단락에 의한 단락 전류	트립용
과전류 계전기	51	전기적	• 권선의 상간 및 층간 단락에 의한 단락 전류 • 변압기 외부의 과부하 및 단락 전류	트립용
지락 과전류 계전기	51G	전기적	• 권선과 철심간의 절연 파괴에 의한 지락 전류 • 변압기 외부의 지락 전류	트립용

7 예방 보전 측면의 열화 감시

열화 진단 방법	특징
충격 전압 시험	BIL과 같은 크기의 충격파 전압을 인가
유전 정접 시험	절연물의 유전체 손실각 δ를 측정, $\tan\delta$를 측정
부분 방전 시험	미소 코로나를 측정하여 판정
직류 누설 전류 시험	절연물에 직류 전압 인가 시 흐르는 전류로 판정
절연 저항 시험	가장 간단하게 측정, 저압 회로에서 많이 사용

8 맺음말

1) 상기에서 언급하였듯이 변압기의 보호 대책은 여러 가지 조건을 종합 검토

2) 특히, 고조파를 제거하기 위해서는 용량을 2.0~2.5배 증설하거나 발주 시 K-Factor, THDF를 고려

3) 또한 여자 돌입 전류에 대한 대책 및 사고에 대한 보호 협조 체계도 갖출 것

20 변압기 전기적 · 기계적 보호 방식

1 전기적 보호 방식

1) 과전류 계전 방식(OCR)

① 각 상에 과전류 계전기를 설치하여 과전류 보호와 외부 사고의 후비 보호를 겸하는 방식

② 한시 요소 : 최대 부하 전류의 150~170[%]에서 0.6초 이내

③ 순시 요소 : 3상 단락 전류의 150~250[%]에서 0.05초 이내

④ 특징 : 감도와 동작 속도 면에서 비율 차동 계전 방식보다 성능 저하

⑤ 적용 : 모든 TR에 적용

2) 비율 차동 계전 방식

① 변압기의 내부 고장 시 1차와 2차 전류의 차를 이용하되 동작 비율 30~40[%] 이상일 때만 동작하도록 한 계전기

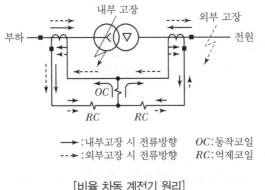

| [비율 차동 계전기 원리] | [동작 특성도] |

② 주요소 및 과전류 요소 : 전류 정정치 300[%]에서 0.75초 이내

③ 순시 요소 : 전류 정정치 1,000~1,500[%]에서 0.04초 이내

④ 적용 : 5,000[kVA] 이상 특고용 TR에 주로 적용

⑤ 여자 돌입 전류 오동작 방지 대책 : 감도 저하법, 고조파 억제법, 비대칭파 저지법

❷ 기계적 보호 방식

1) 부흐홀츠 계전기

① Float Switch와 Flow Relay를 조합한 계전기
② Float Switch(B_1) : 변압기 과열 등으로 절연유가 가스화해서 유면이 내려가면 경보 접점을 접촉
③ Flow Relay(B_2) : 급격한 절연유 이동이 생기면 차단 접점을 접촉

2) 충격 압력 계전기

① 변압기 내부 사고 시 충격성 이상 압력이 생기므로 이 압력을 검출하여 차단하는 장치
② 급격한 압력 상승에는 Float를 밀어 올려 동작하고 완만한 압력 상승에는 동작하지 않음

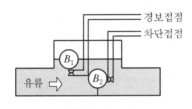

[부흐홀츠 계전기]

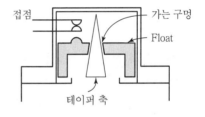

[충격 압력 계전기]

3) 유면 계전기

변압기의 유면이 설정치 이하로 내려가면 경보

4) 온도 계전기

변압기의 온도가 설정치 이상으로 상승하면 경보

21 | 변압기 관련 각종 규정

1 변압기 열화 정도 판정

산가도 측정, 절연 내력 측정, 절연 저항 측정, 유전 정접 시험, 유중가스 분석

1) 절연유 산가도 판정

구분	산가도[mg KOH/g]	판정
신유	0.02 이하	적합
사용중인 절연유	0.2 이하	접합
	0.2 초과 ~ 0.4 미만	요주의
	0.4 이상	부적합

2) 절연 파괴 전압 판정 기준

구분	절연 파괴 전압	판정	
		50[kV] 미만 기기	50[kV] 이상 기기
신유	30[kV] 이상	적합	적합
사용 중인 절연유	15[kV] 미만	부적합	부적합
	15[kV] 이상 20[kV] 미만	요주의	부적합
	20[kV] 이상	적합	적합

2 특고압용 변압기 보호 장치 시설

1) 용량에 따른 보호 장치 시설

변압기 용량	보호 장치	자동 차단	경보	비고
5,000~10,000[kVA]	과전류	○		
	내부 고장		○	
10,000[kVA] 이상	과전류	○		
	내부 고장	○		
	온도 상승		○	다이얼 온도계 등에 의함

2) 특고압용 변압기 내부 고장 검출 및 차단 장치 시설

① 전기적 방식인 비율 차동 계전기, 과전류 계전기는 차단용으로 사용

② 기계적 방식인 부흐홀츠 계전기, 충격 압력 계전기, 유면 계전기, 온도 계전기는 진동, 외기 등에 따라 오동작 우려가 있으므로 차단용으로 사용하지 않는 것이 좋음

3) 보호 계전기 용도

보호 계전기		검출 방법	동작 요인(사고내용)	용도
명칭	기구 번호			
부흐홀츠 계전기	96	기계적	이상 과열 및 유중 아크에 의해 절연유가 가스화해서 유면 저하, 급격한 절연유 이동	1단계 : 경보용 2단계 : 트립용
방압 장치			이상 과열 및 유중 아크에 의해 내압 상승하여 방출될 때 외함, 방열기 등을 보호 하는 장치	경보용
충격 압력 계전기	96P	기계적	이상 과열 및 유중 아크에 의해 급격한 압력 상승	트립용
유면 계전기 (접점부 유면계)	33Q	기계적	유류 누수에 의한 유면 저하	경보용
온도 계전기 (접점부 온도계)	69Q	기계적	온도상승	경보용
비율 차동 계전기	87	전기적	권선의 상간 및 층간 단락에 의한 단락 전류	트립용
과전류 계전기	51	전기적	권선의 상간 및 층간 단락에 의한 단락 전류 변압기 외부의 과부하 및 단락 전류	트립용
지락 과전류 계전기	51G	전기적	권선과 철심간의 절연 파괴에 의한 지락 전류 변압기 외부의 지락 전류	트립용

❸ 변압기 냉각 방식

1) 변압기 냉각 방식은 권선 및 철심을 냉각하는 내부 냉각매체, 이 매체를 냉각하는 외부 냉각매체, 그리고 순환방식에 따라 여러 가지로 구분

2) 주요 냉각 방식

No	냉각 방식	권선, 철심 냉각 매체		주변 냉각 매체		IEC 76	ANSI C57.12
		종류	순환 방식	종류	순환 방식		
1	건식 자냉식	공기	자연			AN	AA
2	건식 풍냉식	공기	강제			AF	AFA
3	유입 자냉식	기름	자연	공기	자연	ONAN	OA
4	유입 풍냉식	기름	자연	공기	강제	ONAF	FA
5	유입 수냉식	기름	자연	물	강제	ONWF	OW
6	송유 자냉식	기름	강제	공기	자연	OFAN	–
7	송유 풍냉식	기름	강제	공기	강제	OFAF	FOA
8	송유 수냉식	기름	강제	물	강제	OFWF	FOW
9	건식 밀폐 자냉식	공기	자연	공기	자연	ANAN	GA
10	건식 밀폐 풍냉식	공기	자연	공기	강제	ANAF	–

3) 냉각 방식별 용도

냉각 방식	용도
건식 자냉식	소용량 변압기에 사용
건식 풍냉식	건식 자냉식의 방열기 탱크에 송풍기를 설치
유입 자냉식	• 500[MVA] 이하 TR에 사용 • 보수가 간단하고 가장 널리 사용
유입 풍냉식	• 유입자냉식의 방열 탱크에 송풍기를 설치(15f[kV]급 이상) • 자냉식보다 20[%] 용량 증가
송유 자냉식	방열기 탱크와 본체 탱크 접속관로에 기름을 강제적으로 순환
송유 풍냉식	• 송유 자냉식의 방열기 탱크에 송풍기를 설치 • 300[MVA] 이상 대용량에는 대부분 사용

4 변압기 탭 전압 선정

1) 탭 절환 장치 정의

① 변압기 권선비를 조정하는 장치로 변압기 2차 측의 전압 변화를 보상

② 탭 조정은 신뢰성 향상, 에너지 절감 등의 효과

2) 탭절환 장치 사용 목적

① 전력의 경제적 운영을 위한 조류 제어
② 배전선 전압의 정전압 유지

3) 무부하 탭 절환장치(NLTC : No Load Tap Changer)

① 변압기를 여자하지 않은 상태에서 변압기 외부에서 탭 절체
② 22.9[kV] 이하에 사용

4) 부하 탭 절환장치(OLTC : On Load Tap Changer)

① 변압기 여자 상태나 부하를 건 상태에서 탭 절체
② 10[MVA] 이상, 154[kV] 이상에 사용

5) 탭 조정하여 전압을 높일 경우

1차 측		2차 측	
권선수(N_1)	탭에 의해서만 변경 가능	권선수(N_2)	항상 고정
입력 전압(V_1)	1차에 공급되는 전압	출력 전압(V_2)	1차 권선수에 의해 변경됨

예 정격이 3상 22,900/380 − 220[V]인 변압기에서 2차 전압이 370[V]로 측정되어 380[V] 이상으로 높이고자 할 경우

변경 전		변경 후	
현재 측정된 2차 전압	AC 370[V]	변경 후 예상되는 2차 전압	AC 387[V]
탭의 연결 상태	12 − 21	탭의 연결 상태	12 − 22

$$2차\ 전압 = \frac{현재의\ 탭\ 전압}{변경할\ 탭\ 전압} \times 측정된\ 2차\ 전압 = \frac{22,900}{21,900} \times 370 = 386.89[V]$$

※ 측정된 2차 전압은 변압기의 2차 단자 전압

22 ANSI/IEEE, IEC 규격에 의한 변압기 단락강도 시험

▌ 시험방법

1) ANSI/IEEE 규격에 의한 시험

① 시험횟수

ㄱ 각 상에 정격전류 2회씩 총 6회(대칭 단락전류 4회, 비대칭 단락전류 2회) 시험을 실시하며 이 중 1회는 대칭 장시간 시험을 실시

ㄴ IEC 규격에서는 장시간 전류시험은 실시하지 않으나 시험횟수가 ANSI/IEEE 규격에 비해 많음

② 시험시간

ㄱ 매 시험 0.25초로 함

ㄴ 대칭 단락전류 4회 중 1회는 장시간 시험

ⓐ 500[kVA] 이하 : 산출 시간 $t_{long} = \dfrac{1,250}{I^2}$

ⓑ 500[kVA] 초과 5,000[kVA] 이하 : 3ϕ 0.1초

ⓒ 5,000[kVA] 초과 : 3ϕ 0.5초

2) IEC규격에 의한 시험

① 시험횟수

각 상에 정격전류 3회씩 총 9회(단상은 3회) 대칭전류 시험을 실시

② 시험시간

변압기 정격 출력이 2,500[kVA] 이하인 경우 0.5초, 초과의 경우는 0.25초

▌ 시험전류 계산법

1) ANSI/IEEE

이 규격에서 변압기의 대칭 단락 시험전류는 변압기의 정격용량, Tap 전압, Tap 전류, Tap의 Impedance를 기초로 산출

① $I_{SC} = \dfrac{I_r}{Z_T + Z_S}$

> 여기서, I_{SC} : 대칭 단락 시험전류$[\mathrm{A_{rms}}]$
> I_r : 변압기 Tap 전류$[\mathrm{A_{rms}}]$
> Z_T : 상기 Tap에서의 변압기 임피던스(정격용량을 기준으로 환산한 [%]임피던스)
> Z_S : 계통 Impedance(통상 이 수치는 알 수 없으므로 무시)

② $I = \dfrac{I_{SC}}{I_r}$

> 여기서, I : 대칭 단락전류의 기준전류에 대한 배수

③ $t_{long} = \dfrac{1,250}{I^2}$

> 여기서, t_{long} : 장시간 대칭 단락전류의 시험시간[sec]

2) IEC 60076-5

① 이 규격도 변압기의 대칭 단락 시험전류는 변압기의 정격용량, Tap의 정격전압, Tap 전류, Tap의 Impedance를 기초로 산출

② $Z_S = \dfrac{V_n^2}{P_S}$

> 여기서, Z_S : 계통 단락 임피던스$[\Omega/\text{상}]$ (ANSI/IEEE와 마찬가지로 이 수치는 무시)
> V_n : 계통 정격전압[kV]
> P_S : 계통의 단락용량[MVA]

③ $Z_t = \dfrac{Z_t \times V_t^2}{100 \times P_n}$

> 여기서, Z_t' : 기준온도에서의 임피던스
> V_t : Tap의 정격전압[kV]
> P_n : 변압기 정격용량[kVA]

④ $I_s = \dfrac{V}{\sqrt{3} \times (Z_t + Z_S)}$

> 여기서, I_s : 대칭 단락전류(교류분 실효치)
> V : 시험되는 Tap과 권선의 정격전압[kV]
> Z_t : 시험되는 Tap과 권선의 단락 임피던스$[\Omega/\text{상}]$

23 변압기 과부하 운전

1 개요

1) 변압기의 과부하 운전은 특정 운전 조건하에서 변압기의 정격 용량을 초과해서 운전하는 것을 말하며, 과부하 운전을 하는 경우라도 변압기의 수명을 저하시키지 않는 조건으로 제한
2) 일반적인 조건에서 과부하 운전은 온도 상승으로 인한 절연물의 열화로 변압기의 수명단축에 기여함으로 특정 조건을 제외하고는 과부하 운전 금지

2 변압기의 수명과 과부하 운전의 관계

1) 변압기의 수명

① 변압기 용량 결정에 가장 직접적인 변수는 무부하손과 부하손에 의한 변압기 철심과 권선의 온도 상승
② 변압기 철심과 권선에 전류가 흐르면 줄열에 의하여 온도가 상승하며 이로 인하여 변압기 용량이 제한되므로 특정 조건하에서만 부하 정격을 초과해 수명을 저하시키지 않고 운전 가능

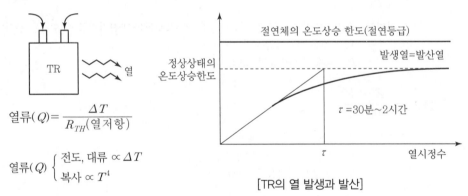

$$열류(Q) = \frac{\Delta T}{R_{TH}(열저항)}$$

$$열류(Q) \begin{cases} 전도, 대류 \propto \Delta T \\ 복사 \propto T^4 \end{cases}$$

[TR의 열 발생과 발산]

2 과부하 운전이 가능한 경우

1) 주위 온도 저하

주위 온도가 저하된 경우에 정격 용량 이상 사용이 가능
냉각 공기의 1일 최고온도가 30[℃]에서 1[℃] 하강 시마다 0.8[%] 과부하 가능
예 주위 온도가 10℃라면 → 0.8×(30−10)=16[%] 과부하 가능

2) 냉각 방식 변경

기설된 자냉식 변압기에 송풍기를 부착하여 풍냉식으로 개조한 경우 20~30[%]의 용량이 증가되어 과부하 운전이 가능

3) 부하율 저하

변압기의 부하율이 90[%]보다 낮은 경우에 제한된 조건하에서 과부하 운전 가능

4) 단시간 과부하

24시간 이내에 일어나는 1회의 단시간 과부하는 제한된 조건에 따라 허용

3 과부하 운전이 금지 조건

1) 주위의 온도가 40℃를 초과한 경우
2) 변압기와 직렬로 연결된 기기의 정격을 초과하는 경우
3) 사용 년수가 15년 이상인 변압기
4) 수리 경력이 있는 변압기

---

24 변압기의 소음과 진동 대책

1 개요

변압기는 사용 주파수의 2배(일반적으로 100[Hz] 또는 120[Hz])가 되는 저주파의 소음을 발생하는데 이른바 저주파 음으로서, 그 음이 커지면 저주파 소음 공해가 되어 문제가 커지므로 환경적인 입장에 고려와 대책이 필요하며 도시 지역의 전력 수요 증가에 수반하여 시가지의 변전설비 소음에 대한 주민의 관심이 높아지고 있기에 변압기의 저소음화가 요구됨

2 진동 소음 발생원

1) 철심의 진동 소음
   ① 철심의 히스테리시스 특성에 의한 진동 소음 → 주요 원인
   ② 철심의 접합부 및 성층 간의 흡인력에 의한 진동 소음

2) 권선의 진동 소음

① 권선 상호 간, Turn 간 전자력에 의한 진동 소음

3) 냉각기의 팬 및 펌프의 진동 소음

4) 조립부의 불완전한 접촉 및 설치 장소 환경에 의한 공진, 반사 소음 등 공간 전달에 의한 소음 방사

❸ 변압기 소음의 저감 대책

1) 고배향성 규소 강판의 사용

히스테리시스의 곡선의 왜곡 정도를 최대한 축소

2) 자속 밀도를 저하시켜 설계/제작

자속 밀도를 저하시키면 소음은 저감되지만 변압기는 대형화에 지장

3) 철심의 구조 및 조임(지지) 구조에 상세한 배려

철심의 이음매가 적은 성층 방법 채택 및 볼트 체결 토크 균일 등 조임(지지) 구조에 대한 전반적인 검토

4) 방음 대책을 강구

방음벽을 변압기의 외함에 취부하여 소음을 차단하는 방법. 저감효과는 비교적 커서 10[dB] 이상의 효과

5) 방진 고무의 설치

몰드 변압기의 본체와 하부 베이스 사이에 방진고무를 설치하여 변압기에서 발생하는 진동 전달을 억제하여 소음을 줄이는 방법으로 5[dB] 이상의 저감

25 │ 주파수를 60[Hz] → 50[Hz] 변경 시 변화

1 변압기

1) 자속밀도 증가

$$\phi = B \times S \qquad \rightarrow \phi \propto B$$
$$E = 4.44 \cdot f \cdot \phi \cdot N \rightarrow \phi \propto \frac{1}{f}$$

ϕ는 B와 비례하고 ϕ는 f와 반비례 $\rightarrow \left(\dfrac{60}{50}\right)$ 증가

2) 히스테리시스손 증가

철심의 자구 재배열에 의해 발생

$$P_h = K_h \cdot f \cdot B_m^{1.6 \sim 2.0}$$

주파수에 비례하고 자속 밀도의 1.6승에 비례. 자속 밀도는 주파수에 반비례

$\left(\dfrac{50}{60}\right) \times \left(\dfrac{60}{50}\right)^{1.6}$ 증가

3) 와전류손 일정

철심 내 와전류에 의해 발생

$$P_e = K_e \cdot (K_f \cdot f \cdot t \cdot B_m)^2$$

주파수의 제곱에 비례하고 자속밀의 제곱에 비례. 자속 밀도는 주파수에 반비례

$\left(\dfrac{50}{60}\right)^2 \times \left(\dfrac{60}{50}\right)^2$ 일정

4) 온도 증가

히스테리시스손 증가분만큼 상승

5) 출력 및 전압 변동률 감소

① 무부하손 증가로 출력이 감소
② 내부 임피던스 감소로 전압 변동률이 감소

② 전동기

1) 토크, 기동 전류, 무부하손, 여자 전류, 온도 증가
2) 회전속도, 축동력, 역률 감소

③ 형광등

빛이 밝아지나 전류가 증가되어 안정기 수명이 단축

④ 맺음말

1) 50[Hz]용 기기를 60[Hz]용에 사용할 경우 일반적으로 임피던스가 증가하고 전류는 감소하므로 수명이 길어짐
2) 60[Hz]용 기기를 50[Hz]용에 사용할 경우 일반적으로 임피던스가 감소하고 전류는 증가하므로 수명이 짧아짐

CHAPTER

03

차단기

01 단락 전류 계산 방법

1 개요

1) 고장 계산의 필요성

① 계통 선로의 사고 중 1선 지락이 가장 많으며 이 외에 2선 지락, 선간 단락, 3상 단락 및 단선 사고까지 발생하는 경우가 있음

② 계통에서 발생하는 사고 중 단락 또는 지락 전류 계산값은 차단기 용량을 결정할 수 있고, 차단기를 동작시키기 위한 보호 계전기의 정정 등에 사용 가능

2) 고장 계산의 목적

① 차단기 차단 용량 계산

3상 단락 전류를 차단할 수 있는 충분한 용량을 가진 차단기 선정

② 계전기 정정

사고 전류의 크기에 따라 정상 또는 사고를 판별하여 계전기 동작

③ 절연 강도 결정

④ 전력 기기의 열적, 기계적 강도 선정

⑤ 변류기의 포화 특성

⑥ 유효 접지 조건 검토(1선 지락 고장)

⑦ 통신선 유도 장애 검토(지락 전류)

⑧ 고조파 공진 검토(단락 용량이 증가할수록 공진 차수 증가)

2) 고장계산 종류

구분	계산 방법
평형 고장(3상 단락)	Ω법, $\%Z$법, PU법
불평형 고장(1선 지락, 2선 지락, 선간 단락)	대칭 좌표법

② 평형 고장 전류 계산

1) Ω법

① 단락 전류 : $I_s = \dfrac{E}{\sqrt{3}\,Z} \times k$ (※ 1,2차 전압 환산 필요)

    ㉠ 1차 전압 기준

$$Z_1{}' = \dfrac{E_1^2[\text{V}]}{P[\text{MVA}]} \times 10^{-6}$$

    ㉡ 2차 전압 기준

$$Z_1 = \dfrac{E_1^2[\text{V}]}{P[\text{MVA}]} \times 10^{-6} \times \left(\dfrac{E_2}{E_1}\right)^2 = \dfrac{E_2^2[\text{V}]}{P[\text{MVA}]} \times 10^{-6}$$

② 임피던스(Z)

$$Z = \sqrt{(\textstyle\sum R)^2 + (\textstyle\sum X)^2}$$

만약 %Z로 주어지면 $Z = \dfrac{E^2[\text{V}] \cdot \%Z}{P[\text{kVA}]} \times 10^{-5}$

2) %Z법

① 단락 전류 : $I_S = \dfrac{100}{\%Z} \times I_n$

    ※ 기준 용량[MVA]로 통일

$$\%Z_A{}' = \dfrac{\text{기준 }P[\text{MVA}]}{P[\text{MVA}]} \times \%Z_B$$

$$Z = \sqrt{(\textstyle\sum \%R)^2 + (\textstyle\sum \%X)^2}$$

만약 Z로 주어지면 $\%Z = \dfrac{P[\text{MVA}] \cdot Z}{10\,V^2[\text{kV}]} = \dfrac{P[\text{kVA}] \cdot Z}{E^2[\text{V}]} \times 10^5$

② %Z법을 사용 시 편리한 점

    ㉠ 변압기의 1차, 2차 측에서 본 %Z는 동일

    ㉡ 단위가 없어 단위 환산 불필요

    ㉢ 기기마다의 %Z 표준값 취득이 용이

ⓐ 권수비$(a) = N_1 : N_2$로 가정하면

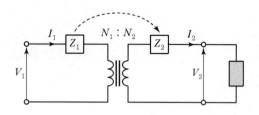

[%Z 회로]

ⓑ 1차 측에서 본 %$Z_1 = \dfrac{I_1 Z_1}{V_1} \times 100$

ⓒ Z_2는 1차 측 Z_1를 2차로 환산한 임피던스로 Ω 법 적용 시 기준 전압 값으로 환산해
야 하는 번거로움

$$Z_2 = \frac{Z_1}{a^2} = Z_1 \times \left(\frac{V_2}{V_1}\right)^2$$

ⓓ 1차 측에서 본 %$Z_2 = \dfrac{I_2 Z_2}{V_2} \times 100 = \dfrac{a I_1 \times \dfrac{Z_1}{a^2}}{\dfrac{V_1}{a}} \times 100$

$$= \frac{I_1 Z_1}{V_1} \times 100 = \% Z_1$$

$$a = \frac{N_1}{N_2} = \frac{V_1}{V_2} = \frac{I_2}{I_1} = \sqrt{\frac{Z_1}{Z_2}}$$

$$\therefore \ I_2 = a I_1 \ , \ V_2 = \frac{V_1}{a} \ , \ Z_2 = \frac{Z_1}{a^2}$$

3) P.U법

① 단락 전류 : $I_s = \dfrac{1}{Z_{pu}} \times I_n$

② %Z법의 100 대신 1을 사용하여 계산을 단순화

❸ 불평형 고장(1선 지락, 2선 지락, 2상 단락)의 단락 전류 계산 방법

1) 대칭 좌표법

① 3상 교류 발전기의 기본식

$V_0 = - Z_0 I_0$ (＝영상 전압)

$V_1 = E_a - Z_1 I_1$ (＝정상 전압)

$V_2 = Z_2 I_2$ (＝역상 전압)

여기서, E_a : a상의 유기 기전력, Z_0 : 영상 임피던스
Z_1 : 정상 임피던스, Z_2 : 역상 임피던스

※ 영상 전류 : 접지 전류
역상 전류 : 상전류의 반대 방향으로 흐르는 전류

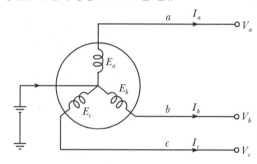

[3상 교류 발전기]

② 벡터 오퍼레이터$(a, \ a^2)$

$$a = 1 \angle 120° = e^{j\frac{2}{3}\pi} = -\frac{1}{2} + j\frac{\sqrt{3}}{2}$$

$$a^2 = 1 \angle 240° = e^{j\frac{4}{3}\pi} = -\frac{1}{2} - j\frac{\sqrt{3}}{2}$$

$$a^3 = 1$$

$$a^2 + a + 1 = 0$$

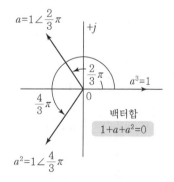

[벡터 오퍼레이터]

③ 대칭 전압과 비대칭분 전압

비대칭 전압이 V_a, V_b, V_c일 때 대칭분을 V_0, V_1, V_2라 하면

$$\begin{bmatrix} V_0 \\ V_1 \\ V_2 \end{bmatrix} = \frac{1}{3} \begin{bmatrix} 1 & 1 & 1 \\ 1 & a & a^2 \\ 1 & a^2 & a \end{bmatrix} \begin{bmatrix} V_a \\ V_b \\ V_c \end{bmatrix} \qquad \begin{bmatrix} V_a \\ V_b \\ V_c \end{bmatrix} = \begin{bmatrix} 1 & 1 & 1 \\ 1 & a^2 & a \\ 1 & a & a^2 \end{bmatrix} \begin{bmatrix} V_0 \\ V_1 \\ V_2 \end{bmatrix}$$

$$V_0 = \sqrt{3} \left(V_a + V_b + V_c \right)$$

$$V_1 = \frac{1}{3} \left(V_a + a V_b + a V_c \right)$$

$$V_2 = \frac{1}{3} \left(V_a + a^2 V_b + a V_c \right)$$

④ 비대칭 전압과 전류

$$\begin{bmatrix} V_a \\ V_b \\ V_c \end{bmatrix} = \begin{bmatrix} 1 & 1 & 1 \\ 1 & a^2 & a \\ 1 & a & a^2 \end{bmatrix} \begin{bmatrix} V_0 \\ V_1 \\ V_2 \end{bmatrix} \qquad \begin{bmatrix} I_a \\ I_b \\ I_c \end{bmatrix} = \begin{bmatrix} 1 & 1 & 1 \\ 1 & a^2 & a \\ 1 & a & a^2 \end{bmatrix} \begin{bmatrix} I_0 \\ I_1 \\ I_2 \end{bmatrix}$$

$$V_a = V_0 + V_1 + V_2 \qquad\qquad I_a = I_0 + I_1 + I_2$$

$$V_b = V_0 + a^2 V_1 + a V_2 \qquad\qquad I_b = I_0 + a^2 I_1 + a I_2$$

$$V_c = V_0 + a V_1 + a^2 V_2 \qquad\qquad I_c = I_0 + a I_1 + a^2 I_2$$

여기서, V_a, I_a, Z_a, Y_a : a상의 전압, 전류, 임피던스, 어드미턴스
V_b, I_b, Z_b, Y_b : b상의 전압, 전류, 임피던스, 어드미턴스
V_c, I_c, Z_c, Y_c : c상의 전압, 전류, 임피던스, 어드미턴스

⑤ 대칭 전압과 전류

$$\begin{bmatrix} V_0 \\ V_1 \\ V_2 \end{bmatrix} = \frac{1}{3} \begin{bmatrix} 1 & 1 & 1 \\ 1 & a & a^2 \\ 1 & a^2 & a \end{bmatrix} \begin{bmatrix} V_a \\ V_b \\ V_c \end{bmatrix} \qquad \begin{bmatrix} I_0 \\ I_1 \\ I_2 \end{bmatrix} = \begin{bmatrix} 1 & 1 & 1 \\ 1 & a & a^2 \\ 1 & a^2 & a \end{bmatrix} \begin{bmatrix} I_a \\ I_b \\ I_c \end{bmatrix}$$

$$V_0 = \frac{1}{3} \left(V_a + V_b + V_c \right) \qquad\qquad I_0 = \frac{1}{3} \left(I_a + I_b + I_c \right)$$

$$V_1 = \frac{1}{3} \left(V_a + a V_b + a^2 V_c \right) \qquad I_1 = \frac{1}{3} \left(I_a + a I_b + a^2 I_c \right)$$

$$V_2 = \frac{1}{3} \left(V_a + a^2 V_b + a V_c \right) \qquad I_2 = \frac{1}{3} \left(I_a + a^2 I_b + a I_c \right)$$

여기서, V_0, I_0, Z_0, Y_0 : 영상 전압, 영상 전류, 영상 임피던스, 영상 어드미턴스
V_1, I_1, Z_1, Y_1 : 정상 전압, 정상 전류, 정상 임피던스, 정상 어드미턴스
V_2, I_2, Z_2, Y_2 : 역상 전압, 역상 전류, 역상 임피던스, 역상 어드미턴스

⑥ 불평형률

불평형 3상 전압이나 전류의 역상분과 정상분 크기의 비로서 불평형의 정도를 표현

$$불평형률 = \frac{역상분}{정상분}, \quad 불평형률 = \frac{|V_2|}{|V_1|} \times 100\,[\%] \quad 또는 \quad \frac{|I_2|}{|I_1|} \times 100\,[\%]$$

⑦ 대칭분에 의한 전력 표시

$$P_a = P + jP_r = \overline{V_a}I_a + \overline{V_b}I_b + \overline{V_c}I_c$$

$$= \begin{bmatrix} \overline{V_a} & \overline{V_b} & \overline{V_c} \end{bmatrix} \begin{bmatrix} I_a \\ I_b \\ I_c \end{bmatrix} = \begin{bmatrix} \overline{V_a} & \overline{V_b} & \overline{V_c} \end{bmatrix} = \begin{bmatrix} 1 & 1 & 1 \\ 1 & a^2 & a \\ 1 & a & a^2 \end{bmatrix} \begin{bmatrix} V_0 \\ V_1 \\ V_2 \end{bmatrix}$$

$$= 3\begin{bmatrix} \overline{V_0}I_0 + \overline{V_1}I_1 + \overline{V_2}I_2 \end{bmatrix}$$

즉, 서로 같은 성분 사이의 전력을 구하여 합

⑧ 3상 교류의 고장

  ㉠ 1선 지락

   $I_0 = I_1 = I_2$ 이므로

   $$I_g = 3I_0 = \frac{3E_a}{Z_0 + Z_1 + Z_2} \quad 또는 \quad \frac{3E_a}{Z_0 + Z_1 + Z_2 + 3Z}$$

   정상 $= 0$, 역상 $= 0$, 영상 $= I_g$

  ㉡ 2선 지락

   $V_0 = V_1 = V_2 = 0$

   정상 $=$ 영상 $=$ 역상 $= 0$

  ㉢ 선간 단락

   $I_0 = 0$, $I_1 = -I_2$

   영상 $= \times$, 정상 $= 0$, 역상 $= 0$

  ㉣ 3상 단락

   $V_a = V_b = V_c = 0$

⑨ 불평형 3상 전력

$$P_a = P + jP_r$$

$$= \overline{V_a}I_a + \overline{V_b}I_b + \overline{V_c}I_c = 3\left(\overline{V_0}I_0 + \overline{V_1}I_1 + \overline{V_2}I_2 \right)$$

02 차단기 정격

1 개요

1) 차단기는 과전류, 단락, 지락, 부족 전압 등 전력계통 이상 시 고장 전류를 차단하는 기기로 동작 횟수에 제한

2) 차단기는 부하 전류를 개폐할 수도 있고 고장 전류는 신속히 차단하여 기기 및 전선을 보호

3) 차단기 기능 및 구성

기능	구성	선정 순서
• 전류 투입/통전 • 고장 전류 차단 • 절연 기능 • 개폐 기능	• 전류 전달부 • 절연부 • 소호 장치 • 보조 장치	• 예상 Skeleton 작성 및 고장점 선정 • $\%Z$ 선정 및 기준 용량 환산 • Z-Map 작성 및 합성 $\%Z$ 결정 • 단락 전류 및 차단 용량 계산

2 정격 전압

1) 규정된 조건하에서 차단기에 가할 수 있는 전압의 한도, 즉 회로 최고 전압을 의미하며 선간 전압의 실효치로 표시

2) 정격 전압 = 공칭 전압 $\times \dfrac{1.2}{1.1}$ [kV]

3) 차단기 정격 전압

공칭 전압[kV]	정격 전압[kV]
3.3	3.6
6.6	7.2
22 또는 22.9	25.8
66	72.5
154	170
345	362

③ 정격 전류

정격 전압, 정격 주파수에서 규정된 온도 상승 한도(40℃)를 초과하지 않고 연속하여 흘릴 수 있는 전류의 한도로 실효치로 표시

$$I_n = \frac{P}{\sqrt{3} \times V \times \cos\theta}$$

④ 정격 차단 전류

1) 모든 정격 및 규정된 회로 조건에서 규정된 표준 동작 책무에 따라 차단할 수 있는 전류의 한도
2) 직류 비율이 20[%] 이하일 때 교류 성분의 대칭분 실효치로 나타내며 일반적으로 [kA]로 표시

$$I_s = \frac{100}{\%Z} \times I_n$$

⑤ 정격 차단 용량

차단기가 설치된 바로 2차 측에 3상 단락 사고가 발생한 경우 이를 차단할 수 있는 용량 한도

$$P_s[\text{MVA}] = \sqrt{3} \times 정격전압[\text{kV}] \times 정격\ 차단\ 전류[\text{kA}]$$

⑥ 정격 투입 전류

1) 모든 정격 및 규정된 회로 조건에서 규정된 표준 동작 책무에 따라 투입할 수 있는 전류의 한도
2) 일반적으로 정격 차단 전류의 2.5배를 표준

⑦ 정격 개극 시간

트립 코일이 여자된 순간부터 접촉자가 분리될 때까지 시간

8 정격 차단 시간

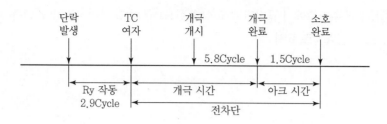

[정격 차단 시간의 구성]

1) 모든 정격 및 규정된 회로 조건에서 **정격 차단 전류를 차단할 경우 소요되는 시간**
2) 정격 차단 시간(7.3[Cycle]) = 개극 시간(5.8[Cycle]) + 아크 시간(1.5[Cycle])
3) VCB 및 GCB는 대개 3~5[Hz]

9 기기별 주요 정격

구분	주요 정격	비고
변압기	[kVA]	부하가 정해지지 않아 [kVA]로 표시
차단기	[kA], [MVA]	고장 전류 차단능력 중요
전동기	[HP], [PS]	일을 할 수 있는 능력 중요
부하 기기	[kW]	부하 기기는 역률이 정해져 있음

10 맺음말

1) 국내의 경우 22.9[kV] 계통 차단기로 24[kV], 630[A], 520[MVA]만 생산
2) 즉, 단락전류 계산과 관계없이 520(MVA)만 사용하므로 비경제적
3) 따라서 수용가 용량에 따라 정격 용량을 선정할 수 있도록 개선이 필요

03 차단기 동작 책무

1 개요

1) 동작 책무란 차단기에 투입 차단 동작을 일정 시간 간격으로 행하는 하나의 연속 동작

2) 동작 책무를 기준으로 하여 차단기의 **차단 성능**, **투입 성능** 등을 정한 것이 **표준 동작 책무**

3) 재폐로 시간

   사고 발생으로 개방 시부터 재폐로 할 때까지의 총시간

4) 무전압 시간

   사고점 Arc의 소멸에 필요한 시간이며, 무전압시간의 결정은 차단기의 허용 투입 시간 외에 소이온 시간과 계통 안정도 등이 있음

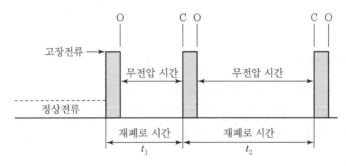

[무전압 시간과 재폐로 시간]

2 전력 회사 표준 동작 책무(ESB)

종별	전압[kV]	표준 동작 책무
일반용	7.2	CO−15초−CO
고속도 재투입용	25.8	O−0.3초−CO−3분−CO

1) 현장에서는 대부분 ESB로 정해진 표준 동작 책무를 사용

2) 일반용 표준 동작 책무는 7.2[kV]급 차단기, 전력용 콘덴서용 차단기, 분로 리액터용 차단기에 사용

3) 고속도 재투입용 표준 동작 책무는 25.8[kV]급 차단기에 사용

04 차단기 트립 방식

1 개요

1) 차단기의 트립 장치는 전기적으로 제어하거나 전자 솔레노이드로 구동

2) 제어에 사용되는 전기에너지의 종류에 따른 분류
   ① 전압 트립 방식
   ② 과전류 트립 방식
   ③ 콘덴서 트립 방식
   ④ 부족 전압 트립 방식

2 종류

1) 전압 트립 방식

① 직류 또는 교류 전자 솔레노이드로 트립시키는 것
② 개로 제어 코일의 용량은 500[VA] 이하가 일반적임
③ 가장 선호되는 트립 방식으로 배터리 전원에 의한 직류 전압 트립 방식이 가장 많이 사용

2) 과전류 트립 방식

① 변류기의 2차 전류를 솔레노이드 코일에 흘려 트립시키는 방식
② 교류 기기 2차 전류에서의 상시 여자 방식과 보호 계전기에 의한 동작 시에만 여자되는 순시 여자 방식이 있음
③ 일반적으로 7.2[kV] 이하의 소형 차단기에서 채택되고 있고 개로 제어 코일 용량은 500[VA] 이하

3) 콘덴서 트립 방식

① 배터리 등의 직류 전원이 없는 경우 사용
② 주 회로에서 보조 변압기와 정류기를 조합해서 콘덴서를 충전
③ 그 에너지로 전자 솔레노이드를 여자시켜 트립하는 방식

4) 부족 전압 트립 방식

① 트립 장치의 전자솔 레노이드에 인가되고 있는 전압의 저하로 트립되는 방식
② 주 회로에서 보조 변압기와 정류기를 조합해서 콘덴서를 충전
③ 그 에너지로 전자 솔레노이드를 여자시켜 트립하는 방식

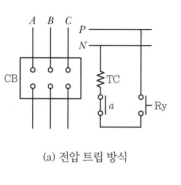

(a) 전압 트립 방식

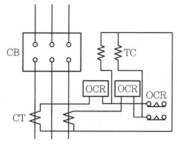

(b) 과전류 트립 방식
(순시 여자식)

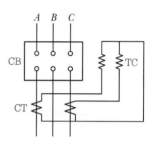

(c) 과전류 트립 방식
(상시 여자식)

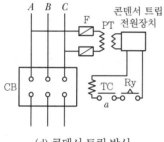

(d) 콘덴서 트립 방식

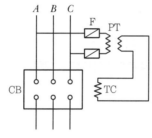

(e) 부족 전압 트립 방식

TC : Trip Coil
a : 접점
OCR : 과전류 계전기

[차단기 트립 방식]

05 표준 전압

1 표준 전압(Standard Voltage)

1) 송배전 계통의 전압을 표준화해서 정한 것
2) 우리나라에서 사용하고 있는 표준 전압에는 **공칭 전압**과 **최고 전압**이 있음

2 공칭 전압(Nominal Voltage)

1) 정격 주파수에서 전선로를 대표하는 선간 전압을 의미하며 이 전압으로 계통의 송전 전압을 표현
2) 공칭 전압은 계통 전압이라고도 함

3 최고 전압(Maximum Voltage)

1) 그 전선로에서 통상 발생하는 최고의 선간 전압
2) 염해 대책, 1선 지락 고장 등의 내부 이상 전압, 코로나 장애, 정전 유도 등을 고려할 때 표준이 되는 전압

4 정격 전압(Rated Voltage)

1) 3상 회로에 가할 수 있는 전압의 한도, 즉 회로 최고 전압을 의미하며 선간 전압 실효치로 표시
2) 정격 전압은 공칭 전압에 대략 $\dfrac{1.2}{1.1}$ 를 곱한 정도의 값인데, 이는 규격마다 조금씩 상이

5 표준 전압 예

공칭 전압[kV]	최고 전압[kV]	정격 전압[kV]
345	360	362
154	161	170
66	69	72.5
22.9	23.8	25.8
6.6	6.9	7.2
3.3	3.4	3.6

06 차단 동작 시 발생되는 현상

1 개요

1) 전력계통에서 차단기를 개폐하는 경우 과도 현상으로 이상 전압이 발생하고, 특히 유도성, 용량성 전류의 경우 메커니즘이 복잡

2) 보통 개폐 서지라는 것은 무부하 가공 송전선, 무부하 케이블, 전력용 콘덴서 등의 **용량성 소전류** 개폐와 무부하 변압기, 리액터 등의 유도성 소전류 개폐에 의한 중간 주파수의 이상 전압을 지칭

2 교류의 차단 현상(차단 메커니즘)

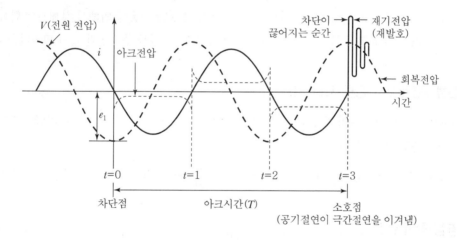

[교류의 차단 메커니즘]

개방 → $t=0$에서 전류 i 영점 소호 → 아크 발생 → 전기적 도통 → $t=1$에서 전류 i 영점 소호 → 같은 과정 반복 → 공기 절연이 극간 절연을 이겨낼 때 차단 완료

3 재기 전압(재발호, 단락 전류 차단 시)

1) 차단기 차단 직후 차단기 양 단자 간에 선로 및 기기의 RLC에 의해 발생하는 과도 진동 전압

2) 전류 i가 영점 소호 → 전원 측의 RLC 회로에서 과도 진동 발생 → 재기 전압 발생

3) 차단기의 차단 능력을 측정하는 중요한 요소가 됨

④ 재점호(충전 전류 차단 시)

1) 접촉자 간의 절연이 재기 전압에 견디지 못하고 다시 아크를 일으키는 현상

2) $t = 0$에서 전류 i가 영점 소호 → $\frac{1}{2}$[Cycle] 후 무부하 송전 선로의 정전 용량 C에 의해 진폭의

   2배 전압이 차단기 극간에 걸리게 됨 → 재점호 발생

3) 재점호가 반복되면 Surge에 의해 3~7배 이상 전압이 발생

⑤ 회복 전압(Recovery Voltage)

1) 차단기의 차단 직후 계속하여 양 단자 간 또는 차단점 간에 나타나는 상용 주파수 전압 실효치

2) 종류

   ① 과도 회복 전압(TRV) : 단락 고장 차단 시 전류 차단 직후에 나타나는 회복 전압
   ② 순시 과도 회복 전압(ITRV) : 차단기의 고장점 간 전압 진동에 의해서 정해지는 회복전압
   ③ 상용 주파 회복 전압(PFRV) : TRV 진동이 진정된 후 상용 주파수와 같이 회복하는 전압

⑥ 전류 재단(여자 전류 차단 시)

1) 변압기 여자 전류 등의 지상 소전류를 진공 차단기 등 소호력이 강한 차단기로 차단할 경우 전류가
   자연 영점 전에 강제 소호되는 현상

2) 전류 영점 전에 지상 소전류 차단 → $e = -L\dfrac{di}{dt}$ → $t = 0$, $e = \infty$ → 이상 전압 발생

⑦ 영점 추이 현상

1) 사고 시 대칭 전류, 비대칭 전류, DC 성분 발생
2) DC 성분에 의해 0점이 미발생되어 차단되지 않는 현상(3[Cycle])

⑧ 이상 전압 구분

외부 이상 전압 (뇌 과전압)	내부 이상 전압			
	과도 이상 전압(개폐 과전압)		지속성 이상 전압(단시간 과전압)	
	계통 조작 시	고장 발생 시	계통 조작 시	고장 발생 시
• 직격뢰 • 유도뢰 • 간접뢰	• 무부하 선로 개폐 시 • 유도성 소전류 차단 시 • 3상 비동기 투입 시	• 고장전류 차단 시 • 고속도 재폐로 시 • 아크지락 발생 시	• 페란티 효과 • 발전기 자기 여자 • 전동기 자기 여자	• 지락 시 이상 전압 • 철공진 이상 전압 • 변압기 이행 전압

07 Trip-free와 Anti-pumping 회로

1 개요

1) 차단기의 중요한 기능으로서 Trip-free와 Anti-pumping 장치가 있음
2) 관련 규정 : ESB-150(한전 규정)

2 Trip-free(트립 우선장치)

1) 주회로가 통전상태일 때 투입신호가 지속되더라도 트립장치의 동작에 의해 그 차단기를 트립할 수 있는 장치
2) 저압배선용 차단기의 경우 투입 핸들 또는 버튼을 투입위치에서 누른 상태에서도 트립동작을 방해하지 않는 구조일 것
3) 트립장치 : 기계식, 전기식, 공기식

3 Anti-pumping(펌핑 방지장치)

1) Pumping 현상이란 차단기가 어떤 신호에 의해 일련의 투입과 차단동작을 반복적으로 행하는 것
2) Anti-pumping이란 Pumping 현상을 방지하기 위한 것으로 트립 완료 후 계속 투입 지령이 주어지더라도 재차 투입동작을 하지 않고, 일단 투입신호를 해제한 후 다시 투입동작을 줄 때만 투입동작이 비로소 행해지도록 한 장치

4 Sequence 동작 설명

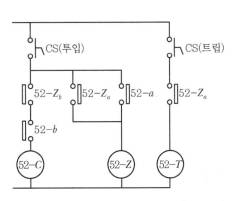

[Sequence 동작]

CS : Control Switch
52 : 차단기
$52-a$: 차단기 기계적 a접점
$52-b$: 차단기 기계적 b접점
$52-C$: 투입 Coil
$52-T$: 트립 Coil
$52-Z$: Anti-pumping Relay
$52-Z_a$: 안티펌핑 릴레이 a접점
$52-Z_b$: 안티펌핑 릴레이 b접점

1) 차단기 개방상태에서 투입용 CS를 닫으면 투입 Coil 52 − C가 여자되어 차단기는 투입되고 기계적으로 투입 상태 유지

2) 이때 차단기의 기계적 접점 52 − a가 닫혀 안티펌핑 릴레이 52 − Z를 여자 → 52 − Z_a에 의해 자기 유지됨. 한편 52 − Z_b가 열려 투입 Coil 52 − C를 차단하고 있으므로 만약 차단기가 고장으로 트립된 후 재투입 신호가 있더라도 차단기는 투입 동작 불가

3) 만약 투입버튼과 트립버튼을 함께 눌러 동시에 신호가 주어질 경우 차단기가 아크에 의한 통전 → 기계적 접점 52 − a 닫힘 → 트립 Coil 52 − T 여자 → 차단기는 Trip 되고, Anti − pumping Relay 52 − Z에 의해 앞서와 같이 재투입이 저지됨

4) 만약 릴레이 52 − Z가 없을 경우 투입 및 트립신호가 동시에 들어가면 차단기는 투입 및 차단 동작을 반복(Pumping 현상)

5) 따라서 투입 → 트립 → 투입 저지를 행하여 고장 중인 전로에 차단기가 재투입되는 것을 방지하기 위해 Anti − pumping Relay 사용

08 개폐 서지 종류 및 대책

1 개요

1) 개폐 장치의 선로의 개방 및 투입 시에 발생되는 서지로 커패시터(C)에 저장된 정전에너지 및 인덕터(L)에 저장된 자기 에너지가 방전하는 동안에 나타나는 과도 진동 형태의 서지로 개폐 서지는 투입 서지와 개방 서지로 구분

2) 일반적으로 회로를 투입할 때 보다 개방하는 쪽이, 부하 시보다 무부하 시에 회로를 개방하는 경우가 더 높은 개폐 서지를 발생시키며, 유도성 및 용량성 소전류를 차단 시에 개폐 서지가 가장 크게 발생하기 때문에 차단하기도 쉽지 않음

2 투입 서지

1) 투입 서지의 발생

① 무부하 송전선에 전하가 잔류하는 상태에서 전원 측에서 차단기를 투입하면 진상 전류를 차단하는 경우와 같은 형상이 되어 개폐 서지가 발생

② 이것을 투입 서지라고 부르며, 투입 서지는 실제 2배 이하로 발생되어 크게 문제되지 않음

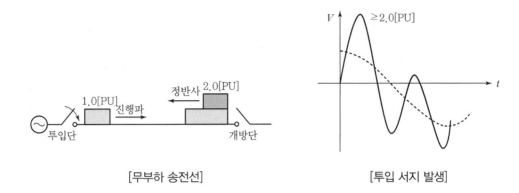

[무부하 송전선]   [투입 서지 발생]

③ 투입 시 발생된 전압 서지는 개방단으로 진행하다가 선로의 종단이 개방된 경우 정반사하여
2배 크기로 증폭되어 나타나는 것을 표시

2) 저감 방법

① 수백 [Ω]의 저항을 삽입하여 주접점을 투입하는 투입 저항 방식 적용
② 각 상의 전압 위상을 $0°$ 근처에서 동기 투입하는 방식 적용

❸ 개방 서지

1) 진상 소전류 차단(콘덴서 뱅크 개폐)

① 서지의 발생

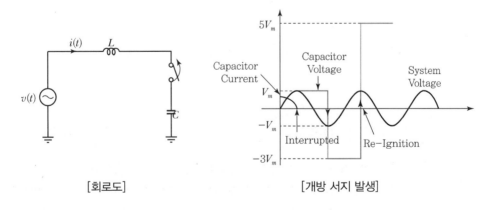

[회로도]   [개방 서지 발생]

㉠ 차단 완료 시점에서 충전 전류와 전압은 $90°$ 위상차의 발생으로 선로단은 전원 전압의
최대값(V_m)으로 충전된 상태로 잔류함

ⓛ 개방 후 1/2 주기 후에는 차단기의 극간에는 $2V_m$의 전압이 걸려서 절연 회복이 충분하지 못하여 재점호가 발생되면, 선로단 잔류 전압이 급격히 전원 전압으로 되돌아가려고 하는 과정에서 과도 진동 현상이 발생되며, 최대 $3V_m$에 이르는 과도 이상 전압이 발생됨

ⓒ 제동 작용이 없는 경우 연속적인 재점호가 발생되는 경우를 고려하면 $3V_m$, $5V_m$, $7V_m$으로 높은 이상 전압이 발생될 수 있음

ⓔ 실제는 회로 저항, 코로나 등의 제동 작용으로 대지 전압의 3.5~4.0배 수준으로 나타남

② 억제 대책(재점호 발생 억제)

㉠ 신속한 절연 회복으로 재점호 방지 위하여 개극 속도를 빠르게 함

ⓛ 다중 차단 방식을 채용하여 상대적인 개극 속도를 향상

ⓒ 저항 차단 방식으로 하여 잔류 전하를 방전

ⓔ 서지 전압을 억제하기 위해 SA를 설치

2) 유도성 소전류 차단(변압기 여자 전류 개폐)

① 서지의 발생

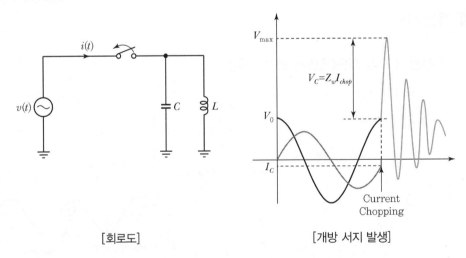

[회로도]　　　　　[개방 서지 발생]

㉠ 무부하 변압기, 리액터 등의 여자 전류와 같은 유도성 소전류를 차단 시 일반적으로 차단 능력이 우수한 VCB(진공 차단기)를 사용하는 경우에 전류 재단 현상이 발생

ⓛ 전류 재단에 의한 잔류하는 자기에너지는 이상적으로 에너지 손실 없이 커패시터에 반복적으로 충·방전하는 과정에서 과도 진동하는 전압을 발생시키며, 전원 전압에 중첩되어 나타남

$$W_L = \frac{1}{2} L I_{chop}^2 \; , \; W_c = \frac{1}{2} C V_c^2 \rightarrow \frac{1}{2} C V_c^2 = \frac{1}{2} L I_{chop}^2$$

$$V_c = \sqrt{\frac{L}{C}} I_{chop} = Z_\omega I_{chop}$$

여기서, Z_ω : 서지 임피던스

I_{chop} : 유도성 소선전류

ⓒ 서지 전압의 크기는 변압기의 중성점 접지 방식에 따라 다르지만 상규 대지 전압의 2.5~4배 수준으로 발생

② 억제 대책(재점호 및 재단 전류의 감소)

ⓐ 소호실에 저항을 병렬로 넣은 저항을 병렬로 삽입하여 잔류 자기 에너지의 흡수하여 저감

ⓑ 차단기 접점 재료를 서지 억제 효과가 큰 재료(예 : CuCr → AgWC 접점)를 사용으로 재단 전류를 현저하게 저감하여 차단

ⓒ Surge Absorber를 사용하여 피보호 기기를 보호

3) 단락 전류 차단 시(고장 전류 차단 시 재발호)

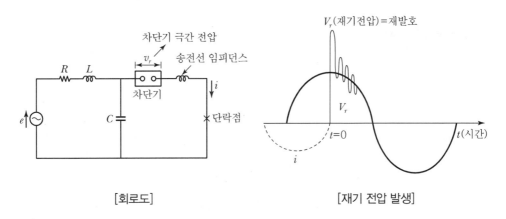

[회로도]　　　　　　　　　　　[재기 전압 발생]

① 단락 전류 i는 전원 전압 e에 비하여 90[°] 정도 지상 전류이므로 전류 i가 영점 소호되었을 때 V_r은 선로 및 기기의 RLC에 의해 과도 진동 전압(재기 전압)이 발생

② 재기 전압은 차단기의 차단 성능을 저하시키지만 이상 전압은 작음

4) 고속도 재폐로 시(무부하 선로의 투입 및 재투입 Surge)

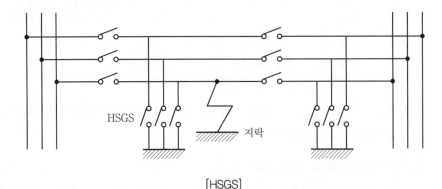

[HSGS]

① 재폐로 시에 선로 측에 잔류 전하가 있고 재점호가 일어나면 큰 Surge가 발생

② 차단 후 충분한 소이온 시간이 지난 후에 재투입 → 재폐로 시의 재점호 방지

③ 소이온 시간은 345[kV]에서 20[cycle], 765[kV]에서 33[cycle] 정도

④ HSGS(High Speed Ground Switch)를 설치하여 선로의 잔류 전하를 대지로 방전시킨 후 재투입(765[kV]에 적용)

5) 직류 차단 시

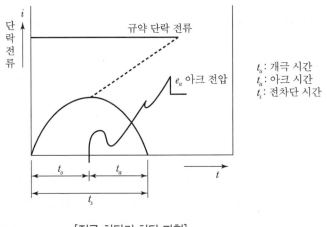

t_o : 개극 시간
t_a : 아크 시간
t_s : 전차단 시간

[직류 차단기 차단 파형]

① 직류는 맥류이므로 전류영점이 없어 차단 시 전류재단에 의한 강한 Arc가 발생하고 폭발음이 큼

② 차단기 접촉자의 마모가 쉬우므로 접촉자 간에 바리스터, ZNR 등을 삽입

③ 직류 차단기로는 HSCB(High Speed CB) 사용

6) 3상 비동기 투입 시

① 차단기 각 상의 전극은 동시에 투입되지 않고 근소한 시간적 차이가 생김

② 이 차이가 심한 경우 정상 대지전압 파고치의 3배 정도의 Surge가 발생

4 개폐 서지 대책

1) 개폐 서지 억제 대책

① 경부하 시에는 역률 개선용 콘덴서를 모두 개방하여 용량성 회로가 되지 않게 함

② 수전단에 병렬로 리액터를 접속해서 진상 충전 용량의 일부 상쇄

③ 단로기로 끊을 수 있을 정도의 유도성 소전류인 경우 단로기로 차단

④ 중성점을 직접 접지하여 개폐 이상 전압을 억제

2) 재점호 방지 대책

① 직류 차단기로는 HSCB(High Speed CB)를 사용

② 차단기의 차단속도를 빠르게 하여 차단

③ 개폐기 또는 차단기의 용량을 충분히 크게 할 것

④ 콘덴서 회로용 개폐기는 진공 개폐기를 사용하여 $90[°]$ 진상 전류에 의한 재점호를 방지

3) 서지 억제 장치 사용

① 피뢰기를 사용하여 개폐 서지의 파고치를 감소

② 진공 차단기와 몰드 변압기 사이에 서지흡수기 사용

③ SVC, SVG, SPD 등의 활용

5 맺음말

개폐 서지는 뇌서지에 비해 파고값은 높지 않으나 그 계속 시간이 수 $[ms]$로 비교적 길기 때문에 기기의 절연에 주는 영향을 무시할 수 없고 무부하 선로의 개폐 서지, 유도성 소전류 차단 서지의 경우 서지전압의 준도 완화 및 진폭 제한을 해야 하고 LA 및 SA를 적절히 적용해야 함

09 ASS(Auto Section Switch)

🔳 설치 목적

어느 수용가의 사고가 한전 계통 또는 건전한 타 수용가로 파급되는 것을 방지할 목적으로 시설되는 개폐기로 22.9[kV−Y] 계통에서 300[kVA] ~ 1,000[kVA] 이하 특고압 수전 설비(간이 수전 설비)에 대하여 인입 개폐기로 설치를 의무화

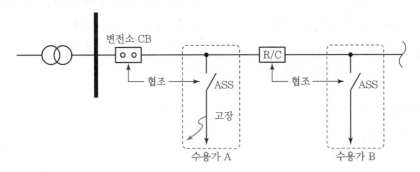

[계통의 ASS 협조 회로도]

🔳 특징

1) 변전소의 CB 또는 R/C의 1회 순간 정전 이후에 자동으로 고장 구간을 분리

2) 800[A] 미만의 과부하 또는 고장 전류는 자체 TC 곡선에 따라 직접 개방 가능
   (과전류 Lock 전류 : 800[A] ± 10[%])

3) 900[A] 이상의 전류가 검출되면 ASS는 Lock 되고, 전원 측의 CB 또는 R/C가 1회 순시 동작 후 무전압 시간에 개방

4) R/C, CB 재투입 시 돌입 전류 동작 억제 기능(0.5초, 1초)을 가지고 있음

5) ASS의 정격 및 최소 동작 전류
   ① 정격 전압 : 25.8[kV]
   ② 정격 전류 : 200[A]/400[A]
   ③ 정격 차단 전류 : 900[A]

구분		정정 지침
최소 동작 전류	상	• 설치점 최대 부하 전류의 2~3배
	지락	• 상 최소 동작 전류 × 0.5
돌입 전류 억제 시간		• 0.5초, 1초(돌입 전류 지속 시간이 긴 경우)

❸ ASS의 보호 협조

1) Recloser(R/C)와 협조

① 800[A] 이상의 고장 전류 발생 시 R/C와 협조하여 고장 구간 자동 분리

② R/C는 순시 동작 이후에 재폐로 시간(무전압 시간)은 2초(120[Hz])

③ ASS의 개방 시간은 1.4~1.7초(84~104[Hz])에 자동 트립되어 고장 수용가 자동 분리

④ R/C 재투입 시 건전 구간 정상적인 송전 가능

2) 변전소 CB와 협조

① 800[A] 이상의 고장 전류 발생 시 변전소 CB와 협조하여 고장 구간 자동 분리

② CB는 순시 동작 이후에 재폐로 시간(무전압 시간)은 0.3초 또는 0.5초

③ ASS 개방 시간은 0.05~0.067초(3~4[Hz])에 자동 트립되어 고장 수용가 자동 분리

④ CB 재투입 시 건전 구간 정상 송전 가능

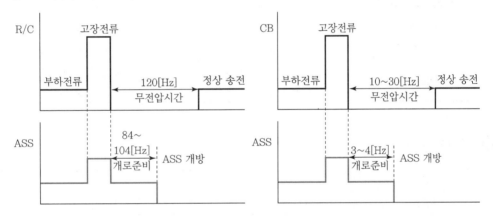

[ASS의 보호 협조]

❹ ASS의 적용상 유의 사항

1) 과부하 보호 기능 미약 : 900[A] 이상의 과부하 또는 고장 전류의 차단 능력 없음

2) 경부하 운전 중 하부의 변압기 투입 시 여자 돌입 전류에 오동작 우려

3) 순시 고장 시 오동작 우려 : 수용가의 낙뢰, 수목 접지 등의 순시 고장 시에 R/C의 순시 동작 후에 자동 개방하는 오동작 우려

4 인근 건전 수용가에 사고 파급 우려

10 | 주택용과 산업용 차단기

1 개요

배선 차단기 및 누전 차단기를 주택용과 산업용으로 구분하여 제작하도록 한국 산업 표준(KS 규격)을 2011년 개정 및 제정하여 2012년부터 생산 및 보급

2 주택용과 산업용 차단기

구분	주택용	산업용
정격 전압	440[V] 및 380[V] 이하	1,000[V] 이하
정격 전류	125[A] 이하	2,000[A] 이하
정격 차단 용량	25[kA] 이하	200[kA] 이하
동작 전류 설정치	조정 불가능	조정 가능
사용자	일반인도 사용	숙련자 및 기능인 위주로 사용
기타	사용자의 안전을 고려하여 이격, 보호 등급 등을 규정	가혹한 환경에도 사용할 수 있도록 오손 등급을 정하여 제작

3 차단기 종류

종류	표준인증	기능
MCB	KSC 8332	주택용 배선 차단기
MCCB	KSC 8321	산업용 배선 차단기
RCBO	KSC 4621	과전류 보호장치가 있는 주택용 누전 차단기
CBR	KSC 4613	산업용 누전 차단기

- RCBO(주택용 누전차단기) : Residual circuit operated Circuit−Breaker with integral Overcurrent protection for household uses
- CBR(산업용 누전차단기) : Circuit−Breaker incorporating Residual current protection for industrial uses
- MCB(주택용 누전차단기) : Minature Circuit−Breaker for overcurrent protection for household uses
- MCCB(산업용 배선차단기) : Mold−Case Circuit−Breaker for industrial uses

④ 과전류 보호(IEC 60364 – 4)

1) 과전류 보호 장치의 동작 특성

과전류 보호 장치의 동작 특성은 다음 2가지 조건을 만족할 것

$$I_B \leq I_n \leq I_Z \qquad I_2 \leq 1.45 \times I_Z$$

여기서, I_B : 회로의 설계 전류

　　　　I_n : 보호 장치의 정격 전류. 사용 장소에서 설정이 가능한 제품은 조정이 완료된 전류값

　　　　I_Z : 케이블의 연속허용전류

　　　　I_2 : 보호장치가 규약시간 이내에 유효하게 동작하는 것을 보장하는 전류로 제조자가 제시 또는 제품 표준에 따라 I_t, I_f 등으로 표기 가능

2) 과전류 보호의 설계 조건도

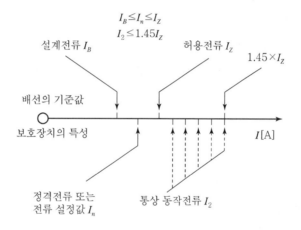

[과전류 보호 설계 조건도]

3) 병렬 도체의 과전류 보호

① 하나의 보호 장치로 2개 또는 여러 개의 병렬도체를 보호할 때 단위 병렬 도체에서 회로 분기 및 개폐 장치 설치 금지

② 3개 이상 도체를 사용할 경우 불균등한 전류 분담을 상세하게 검토

③ 병렬 케이블 간의 전류 분담은 케이블의 임피던스 영향이 큼

④ 단면적이 큰 케이블은 리액턴스 성분이 저항 성분보다 커지므로 전류 분담에 중대한 영향

5 차단기의 AT, AF 비교

구분	AT(Ampere Trip)	AF(Ampere Frame)
정의	차단기 접점에 연속하여 흘릴 수 있는 전류의 한도	기술적 측면에서 차단기 소재 중 도체 부분을 제외한 부도체 부분, 즉 프레임에 연속하여 흘릴 수 있는 전류의 한도
특징	차단기 접점 성능과 관계	• 차단기 자체 내열 성능과 관계 • 외형적 측면에서 차단기 크기를 의미
선정 시 고려 사항	보호 대상의 정격을 고려하여 정확히 선정	• 경제성이 허락하는 한 큰 것으로 선정 • AF가 같은 차단기 사용 시 분전반 제작이 용이 • AF 이상의 전류가 흐르면 그라파이트 현상 발생

※ 그라파이트 현상 : 프레임의 재질이 도체로 바뀌는 현상

6 차단기 선정 시 고려사항

1) 단락전류 및 비대칭계수
2) 차단기 정격 → 정격 전압, 정격 전류, 정격 차단 전류, 정격 차단 용량, 정격 투입 전류, 정격 차단 시간
3) 차단기 형식 및 동작 책무
4) 투입 시 과도 돌입 전류에 견딜 것
5) 개방 시 재기 전압에 견디어 재점호가 없어야 함
6) 보호 계전 시스템과 협조 관계 검토
7) 전기적, 기계적, 다빈도 개폐에 견뎌야 함
8) 보수 점검 주기가 길고 수명이 길어야 함
9) 사용 조건, 특징을 고려하고 경제성을 검토
10) 유지보수가 간단하여야 함

11 저압 배선용 차단기(MCCB)

◼ 개요

1) 저압배선 보호 개념

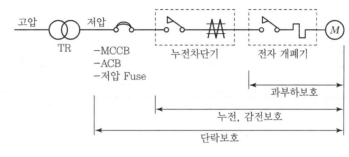

[저압배선의 보호]

2) 사고전류의 종류

① 과부하전류 : 부하 변동에 의해 발생, 정격전류의 6~7배 정도

② 과도전류 : 변압기 투입전류, 전동기 시동전류 등 매우 짧은 시간만 존재하고 자연 감쇠하여 정상값으로 돌아가는 전류

③ 단락전류 : 전로의 단락, 혼촉에 의한 전류로 보통 정격전류의 20~30배 정도이며, 대칭 단락전류와 비대칭 단락전류가 있음

④ 지락전류 : 도체가 기기 Frame이나 대지에 접촉되어 흐르는 전류로 수[mA]~100[A] 정도

◼ 저압 배선용 차단기

1) 정의 : 소호, 트립, 개폐장치가 절연물 용기 내 수납된 것으로 통상 상태의 전로를 수동조작에 의해 개폐 가능하며, 과부하 및 단락 시 자동으로 전로를 차단하는 역할

2) 사고전류 차단 시 고정자와 가동접촉자 간 역기전력에 의한 전자 반발력으로 한류효과 → 통과전류 파고값 억제로 큰 차단용량을 가짐

3) 동작책무(KSC 8321) : 각 극마다 O－2분－CO 동작 1회 또는 3상 교류에서 1회 차단 가능한 값으로 규정

4) 트립기구

　① 과부하 보호용 : 열동식, 전자식, 열동전자식

　② 단락 보호용 : 전자식(장한시, 단한시, 순시)

　③ 형식 : 경제형(E), 표준형(S), 고차단형(H), 한류형(L)

❸ 한류 차단 Mechanism

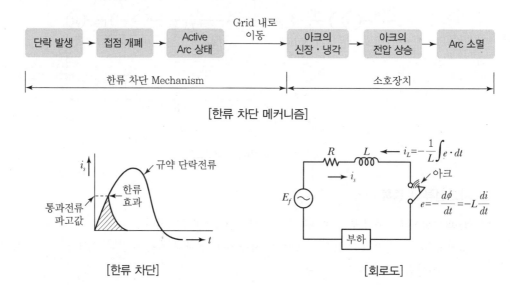

[한류 차단 메커니즘]

[한류 차단]　　　　　　　　　　[회로도]

발생 Arc의 냉각을 위해 소호실부에 배치된 유기 절연체에서 발생시킨 기체 Gas의 압력효과를 이용

❹ 보호협조

1) 전선 보호

　① 과부하 영역 : 전선의 허용전류 특성보다 MCCB
　　동작특성이 좌측에 있도록 선정

　② 단락영역 : MCCB $I^2 t$가 전선 $I^2 t$ 이하일 것

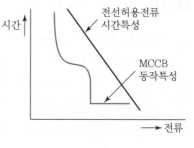

[전선 보호]

2) 전동기 보호

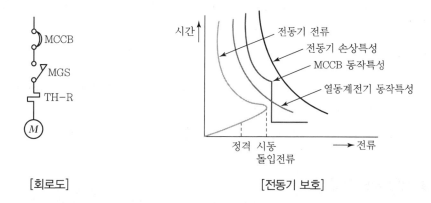

[회로도]　　　　　　　　　　　[전동기 보호]

① 과부하 보호 : 계전기(기계식, 전자식) + 전자 개폐기 조합
② 단락보호 : 순시 차단식 MCCB 사용
③ 전동기 손상 특성과 전동기 시동 돌입전류 사이로 선정
④ 조합 사용 시 열동 계전기의 최대 정정치 10배 이하에서 MCCB 동작특성이 교차되도록 함

3) 변압기 보호

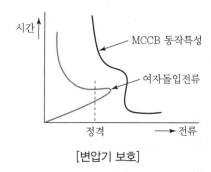

[변압기 보호]

여자돌입전류에 오동작하지 않도록 그것보다 우측에 MCCB 동작특성 설정

5 MCCB의 특징

1) 원인 제거 후 즉시 재투입 가능하며, 반복 사용 가능
2) 접점의 개폐속도가 일정하고 빠름
3) 결상을 일으키지 않으며 예비품이 불필요
4) 개폐기구를 겸할 수 없음

12 │ 저압 차단기 종류 및 배선 차단기 차단 협조

1 개요

1) 저압 계통 배선 차단기의 단락 보호 협조 방식으로 선택 차단 방식과 Cascade 차단 방식이 있으며 신뢰성과 경제성에서 대조적인 측면이 있음

2) 따라서 부하의 종류 및 중요도에 따라 차단 방식을 고려

2 저압 차단기 종류

1) 기중 차단기(ACB : Air Circuit Breaker)

① 기중 차단기는 아크를 공기 중에서 자력으로 소호하는 차단기

② 교류 600[V] 이하 또는 직류 차단기로 사용

③ 설치 방법에 따라 고정형과 인출형이 있고 수동 조작 방식과 전동기 조작 방식이 있음

2) 배선 차단기

① 배선 차단기는 개폐 기구, 트립 장치 등을 몰드된 절연함 내에 수납한 차단기

② 교류 1,000[V] 이하 또는 직류 차단기로 옥내 전로에 사용

③ 통전 상태의 전로를 수동, 자동으로 개폐할 수 있고 과부하 및 단락 사고 시 자동으로 전로를 차단

3) CP(Circuit Protector)

① CP는 배선 차단기와 유사하나 그 전류 용량이 작은 것

② 정격 차단 전류는 0.3[A], 0.5[A], 1[A], 3[A], 5[A], 10[A] 등이 있음

③ 배선 차단기 경우 최소 차단 전류가 15[A]이므로 전류 용량이 작은 것은 차단 불가

4) 저압 퓨즈

① 퓨즈는 차단기, 변성기, 릴레이의 역할을 수행할 수 있는 단락 보호용 기기

② 후비 보호 및 말단 부하 보호에 사용

③ 퓨즈는 반복 사용이 불가능

④ 3상 중 1상만 용단되면 결상이 될 우려 내재

5) 전자 개폐기

① 전자 개폐기는 전자 접촉기와 열동 계전기를 조합

② 부하의 빈번한 개폐 및 과부하 보호용으로 사용

③ 전자 개폐기 1차 측에서는 일반적으로 배선 차단기 또는 저압 퓨즈가 후비 보호를 담당

6) 저압 차단기 비교

항목	저압/기중 차단기	배선 차단기	저압퓨즈	전자 개폐기
정격 차단 용량	최대 200[kA]	최대 200[kA]	최대 200[kA]	정격사용전류 10배
동작 전류 설정치 조정	가능	가능한 것과 불가능한 것 있음	불가능	시연 Trip만 가능
비고	• 주로 1,000[A] 이상 간선용에 사용 • 보수 점검 용이 • 선택 협조 상위 CB	• 회로 개폐 과부하 전류의 반복 차단 에 특히 우수 • 충전부 노출 없음	• 한류 차단 성능이 가장 좋음 • 보호 효과 큼 • 차단 전류 큼	• 전동기 보호 • 고빈도 개폐가 가 장 큰 장점

❸ 배선 차단기 차단 협조

1) 선택 차단 방식

① 정의

사고 시 사고 회로에 직접 관계된 보호 장치만 동작하고 다른 건전 회로는 급전 지속 방식

② 조건

㉠ $MCCB_2$의 전차단 시간은 $MCCB_1$의 릴레이 시간보다 짧을 것

㉡ $MCCB_2$의 전자트립 전류값은 $MCCB_1$의 단한시 픽업 전류값보다 작을 것

㉢ $MCCB_1$ 설치점에서 단락 전류는 $MCCB_1$의 정격 차단 용량을 초과하지 않을 것

㉣ $MCCB_2$ 설치점에서 단락 전류는 $MCCB_2$의 정격 차단 용량을 초과하지 않을 것

2) Cascade 차단 방식

① 정의

분기 회로 단락 전류가 분기 회로용 차단기 정격 차단 용량을 초과한 경우 상위 차단기로 후비 보호를 행하는 방식

② 조건

㉠ 통과 에너지 $I^2 t$가 $MCCB_2$의 허용값을 넘지 않을 것(열적 강도)

   ⓛ 통과 전류의 파고값 I_P가 $MCCB_2$의 허용값을 넘지 않을 것(기계적 강도)

   ⓒ $MCCB_2$의 아크 에너지는 $MCCB_2$의 허용값을 넘지 않을 것

   ⓔ $MCCB_2$의 전차단 특성 곡선과 $MCCB_1$의 개극 시간과의 교점이 $MCCB_2$ 정격 차단 용량 이하일 것

   ⓜ 고압 회로에서 적용이 불가능하고 고장 전류가 10[kA] 이상인 경우 1회 한하여 적용

③ 회로 및 동작 특성

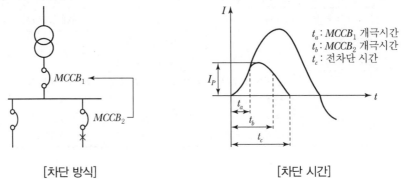

     [차단 방식]   [차단 시간]

④ Flow Chart

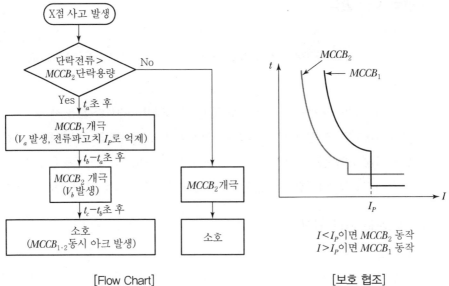

     [Flow Chart]   [보호 협조]

3) 선택 차단 방식과 Cascade 차단 방식의 비교

구분	선택 차단 방식	Cascade 차단 방식
차단 방법	사고 회선만 차단	주차단기와 차단 협조
설비 가격	고가	저가
MCCB 차단 용량	크다.	작다.
정전 구간	사고 회선에 한정	주차단기 이하 전체
적용 선로	신뢰성 요구 장소	경제성 요구 장소

13 누전 차단기

1 개요

누전 차단기는 교류 600[V] 이하의 저압 전로에서 누전으로 인한 감전 사고 방지, 전기 화재 방지를 목적으로 사용하는 차단기

2 구조 및 동작 원리

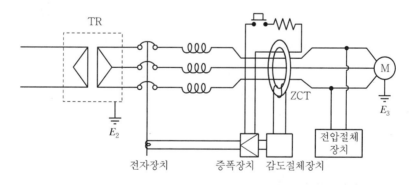

[누전 차단기 구성]

1) 지락

지락 발생 → $I_1 \neq I_2$ → ZCT 2차 측 전압 유기 → 증폭 → 전자 장치 여자 → 차단기 Trip

2) 과부하 및 단락

내장된 기계 장치를 이용하여 과부하 및 단락 사고를 검출하고 차단

3) 시험 버튼 장치

고의로 영상 전류를 흐르게 하여 지락 사고에 확실한 동작 여부 확인 장치

❸ 종류

동작 원리	동작 시간	정격 감도 전류
• 전류형 : 접지식 전로 • 전압형 : 비접지식 전로 • 전력형 : 선택 차단	• 고속형 : 0.1초 이하(인체 0.03초 이하) • 시연형 : 0.1초 초과, 2초 이하 • 반한시형 : 0.2초 초과, 1초 이하	• 고감도형 : 30[mA] 이하(인체 15[mA] 이하) • 중감도형 : 30[mA] 초과, 1,000[mA] 이하 • 저감도형 : 1[A] 초과, 20[A] 이하

❹ 시설 방법

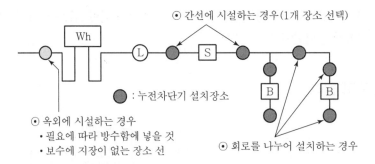

[누전 차단기 시설 방법]

❺ 설치 장소

1) 50[V]를 초과하는 철제 외함

2) 300[V]를 초과하는 저압 전로

3) 주택 내 대지 전압 150[V] 이상 300[V] 이하 전로 또는 대지 전압 150[V] 이상 이동 기기

4) 고저압 전로에서 사람의 안전 확보에 지장을 주는 기기

5) 화약고 내의 전기 공작물 등 위험물 취급 장소

6) 도로 바닥 등의 발열선

7) 아케이드 조명 설비, 풀장용 수중 조명

8) 건축 공사의 가설 전로, 습기가 많은 장소

6 선정 방식

1) 저압 전로에는 **전류 동작형**을 선정

2) 인입구 장치에는 **전류 동작형** 또는 **충격파 부동작형**을 선정

3) 감전 보호용으로 **전류 동작형**을 선정

4) 누전 화재 방지용으로 전로를 **차단**하는 경우 ELB 200[mA]를 사용

5) 누전 화재 방지용으로 **경보**만 요구되는 경우 **누전 릴레이 500[mA]**를 사용

6) 동작 시간 t[sec]와 전류 감도 I[mA]의 관계($I \cdot \sqrt{t} < 116$)

7 ELB 부동작 전류

1) ZCT 1차 측 지락 전류가 있어도 ELB가 Trip 동작을 하지 않도록 정해 놓은 1차 측 전류의 한계

2) ELB의 불필요한 동작을 방지하기 위해 정해 놓은 전류로 정격 감도 전류의 50[%] 정도

8 최근 동향

1) 최근 **저항 성분**의 전류에 의해서만 동작하는 누전 차단기 개발

2) 누설전류를 **저항 성분**과 **충전 전류 성분**으로 분리하고 저항 성분의 전류에 의해서만 동작

3) 따라서 정밀한 누설 전류 검출이 가능하게 되었고 더욱 안전한 전기 사용이 가능

14 아크 차단기(AFCI)

1 개요

1) 아크

일반적으로, 전극에서 일부 휘발현상이 수반되며 절연체 사이에서 연속적으로 빛을 발하는 방전현상을 의미

2) 아크 차단기의 필요성

① 현 과전류 차단기는 일반적으로 열식과 자기식의 두 가지 차단 기능을 가지며 열식은 과전류에 의해서 발생하는 열량에 의해서 바이메탈이 굽어져서 접점을 개폐하여 회로를 차단하는 방식이고, 다른 하나는 단락전류에 의해서 회로에 정격전류의 보통 10배 정도의 고장 전류가 흐를 때 발생하는 전자기력에 의해서 회로를 차단하는 방식

② 이러한 차단 방식으로는 정격전류 이하의 전류로 발생하는 아크는 감지할 수가 없기 때문에 이러한 아크를 감지해서 회로를 차단하는 아크 차단기가 필요

2 아크 차단기의 구성과 동작원리

1) 단상 아크 차단기

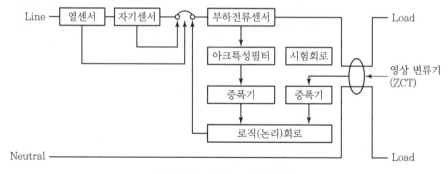

[단상 아크 차단기의 구성도]

2) 동작원리

① 열 센서(Thermal Sensor)와 자기 센서(Magnetic Sensor)는 재래식 차단기와 동일하고 영상 변류기(ZCT)는 지락전류를 감지하여 차단하기 위한 것으로 현재 사용되고 있는 누전 차단기(ELCB : Earth Leakage Circuit Breaker)에 내장된 것과 동일한 기능을 가짐

② 부하전류 센서(Load Current Sensor)는 아크 파형의 주파수만을 통과시키는 아크 필터로 보내지고, 아크 필터의 출력은 증폭기를 거쳐 논리회로(Logic Circuit)로 보내짐

③ 논리회로에서는 불안전한 파형의 존재 여부를 판단하여 회로를 차단

3 아크의 특성

1) 직렬 아크

① 부하를 직렬로 연결한 전로가 파손되었을 때 발생

② 아크는 파손된 간극 사이에서 발생하여 국부적으로 발열

③ 직렬 아크가 발생했을 때 전류의 크기는 접속된 부하에 따라 다름

④ 전류는 일반적으로 과전류 차단기의 정격전류보다 작으므로 재래식 차단기로는 차단 불가

⑤ 주로 전선의 불완전한 접속이나 콘센트 등에서의 접속 불량 등이 원인

2) 병렬 아크

① 극성이 다른 두 도체 사이의 절연 불량으로 인해서 전로가 형성될 때 발생

② 고장 전류와 고장 임피던스에 따라 크기가 달라짐

③ 고장 임피던스가 매우 작으면 큰 전류가 흘러서 과전류 차단기가 회로를 차단하여 보호 가능하나 고장 임피던스가 커서 과전류 보호장치를 동작시킬 수 있는 정도의 전류가 흐르지 않으면 과전류 보호장치는 동작하지 않아 보호가 불가하게 되고, 이때 아크에 의한 용융 금속 입자가 인접 가연물을 점화시킬 우려가 커짐

④ 누설 → 트래킹 → 아크의 3단계를 거쳐서 발생

⑤ 아크 사고에 의한 에너지는 직렬 아크 사고에 의한 것보다 더 크므로 병렬 아크 사고가 더욱 위험

4 아크 차단기의 특징

1) 아크는 일반 전류 파형과는 다른 독특한 전류 특성과 파형을 가짐(아크는 주기적이지도 않고 반복적이지도 않으며 정현파도 아님)

2) 아크 차단기의 내부 회로는 이러한 전류 흐름을 연속적으로 감시하여 정상전류와 아크를 구별하는 탐지회로가 내장

3) 아크 차단기가 아크를 감지하면 내부 제어 회로에서 접점을 트립시켜 회로를 차단함으로써 화재를 예방

4) **아크를 탐지하는 방법** : 특정 주파수, 불연속성, 전류 파형의 불일치성을 감시하는 방법, 아크의 지속시간, 반 사이클의 크기, 아크 전류가 증가 또는 감소하는 변곡점 등을 이용하는 방법

15 특고압 차단기 종류 및 특징

1 개요

1) 차단기는 과전류, 단락, 지락, 부족 전압 등 전력 계통 이상 시 고장 전류를 차단하는 기기로 그 동작 횟수에 제한이 있음

2) 차단기는 부하 전류를 개폐하고 고장 전류를 신속히 차단하여 선로 및 기기를 보호

3) 차단기 기능 및 구성

기능	구성	선정순서
• 전류 투입/통전 • 고장 전류 차단 • 절연 기능 • 개폐 기능	• 전류 전달부 • 절연부 • 소호 장치 • 보조 장치	• 예상 Skeleton 작성 및 고장점 선정 • $\%Z$ 선정 및 기준 용량 환산 • $Z-$Map 작성 및 합성 $\%Z$ 결정 • 단락 전류 및 차단 용량 계산

2 차단기 종류 및 특징

1) 유입 차단기(OCB)

① 절연유의 소호 작용으로 아크를 소호하는 방식으로 역사가 가장 긴 차단기

② 탱크형과 애자형

③ 높은 재기 전압 상승률에 대해서도 차단 성능이 거의 영향이 없음

④ 폭발음을 내지 않으므로 방음 설비 불필요

⑤ 기름을 사용하여 화재의 위험성과 보수의 번거로움

⑥ 과전압에 약함

⑦ 서지에 강함

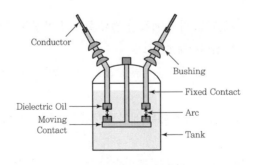

[유입 차단기 구조]

2) 자기 차단기(MBB)

① 아크와 직각으로 아크전류에 의한 전자력을 발생시켜 아크를 소호실로 밀어 넣어 냉각 소호하는 방식
② 전류 차단에 의한 과전압이 발생하지 않아 직류 차단도 가능
③ 차단기 투입 시 소음이 발생
④ 기름을 사용하지 않으므로 화재 위험이 없고 보수성이 용이

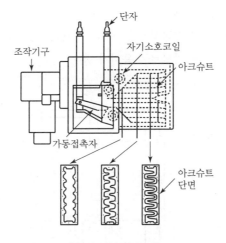

[자기 차단기 구조]

3) 진공 차단기(VCB)

① 진공 중의 높은 절연 내력과 아크 생성물의 진공 중 급속한 확산을 이용하여 소호
② 차단 시간이 짧고 차단 성능이 주파수의 영향을 받지 않음
③ 구조가 간단하여 유지보수 용이
④ 저소음 차단기이고 화재의 위험이 없음
⑤ 동작 시 이상 전압을 발생 → SA 필요

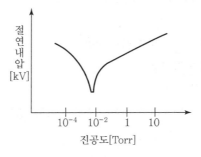

[전압-진공도 곡선]

4) 압축 공기 차단기(ABB)

① 아크를 26[kg/cm²] 정도의 강력한 압축공기로 불어서 소호

② 압축 공기를 만들기 위해 Compressor가 필요

③ 대전류 차단용으로 개폐빈도가 많은 곳에 사용

④ 보수 점검이 간단

⑤ 경제적

⑥ 동작 시 이상 전압이 발생

⑦ 회로의 고유 주파수에 민감하고 높은 재기 전압에 대한 대책이 필요

⑧ 동작 시 폭발음이 발생하므로 소음기가 필수

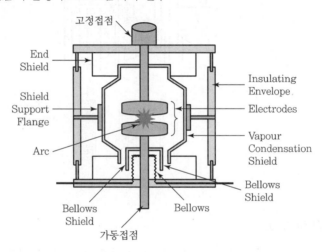

[압축 공기 차단기 구조]

5) 가스 차단기(GCB)

① SF_6 가스의 높은 절연 내력과 소호 능력을 이용해 소호

② 이중 가스압식(15[kg/cm²], 3[kg/cm²])과 단일가스압식(4~5[kg/cm²])이 있으며 단일 가스 압식을 주로 사용

③ 차단 성능이 뛰어나고 개폐 서지가 낮음

④ 보수 점검의 주기가 길고 용이

⑤ 차단 시간이 짧고 설치가 용이

⑥ 가스의 기밀 구조가 필요하고 액화(−60[℃] 이하) 방지 대책 필요

⑦ 저소음으로 OCB보다 작음

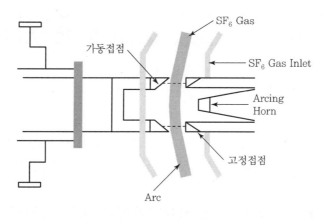

[가스 차단기 구조]

❸ 차단기 종류별 비교

분류	VCB	GCB	ABB	MBB	OCB
소호 방식	진공 중의 아크 확산	SF_6 가스 확산	압축 공기 소호	아크의 자계 작용	오일 소호
차단 전류[kA]	8~40	20~25	8~40	12.5~50	8~40
차단 시간	3	5	3	5	3
연소성	불연성	불연성	난연성	난연성	가연성
보수 점검	용이	용이	번잡	약간 번잡	번잡
서지 전압	매우 높다.	매우 낮다.	약간 높다.	낮다.	약간 높다.
수명	대	대	중	중	중
경제성	고가	고가	중간	중간	염가

16 고압 부하 개폐기 종류 및 특징

◼ 자동 재폐로 장치

1) R/C : Recloser

① 가공 배전 선로의 영구 사고를 줄이고 고장 범위를 최소화하는 목적으로 사용

② 조류, 수목 등에 의한 접촉 사고 발생 시 고장 구간을 차단하고 사고점 아크를 소멸시킨 후 즉시 재투입

③ R/C의 동작 책무는 CO − 15초 − CO이고 재폐로 동작은 2~3회이며, 그 이후는 영구 사고로 구분하여 완전 차단

2) S/E : Sectionalizer

① 부하 전류 개폐만 가능하므로 단독으로 사용하지 못하고 R/C와 조합하여 사용

② 선로 사고 발생 시 사고 횟수를 감지하여 R/C 동작시키고 무전압 상태에서 고장 구간 분리

③ S/E는 R/C의 부하 측에 설치하고 R/C 동작 횟수보다 1회 이상 적은 동작 횟수를 설정

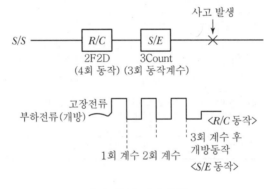

[S/E 동작 메커니즘]

◼ 수변전설비 인입구 시설

1) 인입구 장치

수전 종류	인입구 장치
고압 수전	COS, ASS 등
특고압 수전	• 3,000[kW] 이하의 경우 COS • 7,000[kW] 이하의 경우 Int SW • 14,000[kW] 이하의 경우 Sectionalizer

2) 인입선 시설

전선 종류	전선 굵기
고압 및 특고압 절연 전선	5.0[mm²] 이상
고압 및 특고압 케이블	기계적 강도면의 제한은 없음

3) 인입선 취부 높이

인입선 종류	취부 높이
저압 인입선	도로 횡단 5[m] 이상
고압 인입선	도로 횡단 6[m] 이상, 철도 또는 궤도 횡단 6.5[m] 이상

3 수변전설비 인입구 개폐기

1) 부하 개폐기(LBS : Load Break Switch)

① 수변전 설비 인입구 개폐기로 사용되고 있으며 PF 용단 시 결상 방지를 목적으로 많이 채용

② 3상 부하가 있는 경우 부하 개폐기(LBS) + 전력 퓨즈(PF) 일체형을 사용

③ PF 없는 LBS는 LS 대용으로 사용하고 부하 전류는 개폐 가능하나 고장 전류는 차단 불가

④ 퓨즈 일체형의 경우 대용량에는 적합하지 않으므로 설계 시 주의

⑤ 정격 전류 : 630[A]

2) 선로 개폐기(LS : Line Switch)

① 66[kV] 이상인 수변전 설비 인입구 개폐기로 사용되고 있으며 최근에는 ASS를 사용

② 단로기와 비슷한 용도로 무부하 상태에서만 개폐 가능

③ 정격 전류 : 400[A], 800[A]

3) 기중 부하 개폐기(Int Sw : Interrupter Switch)

① 22.9[kV－Y], 300[kVA] 이하인 수변전 설비 인입구 개폐기로 사용

② 부하 전류 개폐만 필요로 하는 장소에도 사용 가능(구내 선로 간선 및 분기선)

③ 부하 전류는 개폐할 수 있으나 고장 전류는 차단 불가

④ 정격 전류 : 600[A]

4) 자동 고장 구분 개폐기(ASS : Automatic Section Switch)

① 수변전 설비 인입구 개폐기로 사용되고 있으며, 고장 구간 자동 분리로 사고 확대 방지

② 22.9[kV−Y] 경우 300[kVA] 초과~1,000[kVA] 이하 수변전 설비에 의무적 설치

③ 정격 전류 : 200[A], 400[A], 정격 차단 전류 : 900[A], 정격 차단 용량 : 40[MVA]

④ 탭 정정

상 동작 전류 정정	정격전류 × 1.5
지락 최소 동작 전류 정정	상 동작 전류 정정 × 1/2
돌입 전류 시간 정정	0.5초, 1초

5) 자동 부하 전환 개폐기(ALTS : Automatic Load Transfer Switch)

① 22.9[kV−Y] 지중 인입 선로의 인입구 개폐기로 사용

② 정전 시 주 전원에서 예비 전원으로 순간 자동 전환되어 무정전 전원 공급을 수행하는 3회로 2 스위치 개폐기

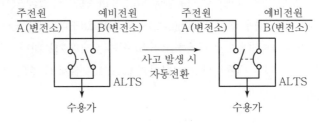

[ALTS 동작원리]

4 기타

1) 컷아웃 스위치(COS : Cut Out Switch)

① 변압기의 과전류 보호와 선로의 개폐용

② 퓨즈는 고압 및 특고압 2종류가 있으며 변압기 용량 300[kVA] 이하 사용

③ 차단 용량 10[kA] 이상의 것을 사용

2) 단로기(DS : Disconnecting Switch)

고압 이상 전로에서 단독으로 사용하고 무부하 상태에서만 개폐 가능

CHAPTER

04

전력퓨즈,
감리

01 전력퓨즈의 원리와 정격

1 개요

1) 전력퓨즈

일반적으로 교류 1,000[V] 이상의 고압 회로에 사용하는 단락 보호용 퓨즈

2) 퓨즈의 역할

① 부하 전류를 안전하게 통전(과도 전류나 과부하 전류로는 용단되지 않을 것)
② 어떤 일정값 이상의 과전류는 차단하여 전로나 기기를 보호

3) 퓨즈의 종류

퓨즈의 용도에 따라 단락 보호(한류형), 과부하 보호(비한류형)로 구분

4) 퓨즈와 다른 기기와의 기능 비교

기능 \ 능력	회로 분리		사고 차단	
	무부하	부하	과부하	단락
퓨즈	○			○
차단기	○	○	○	○
개폐기	○	○	○	
단로기	○			
전자 접촉기	○	○	○	

5) 과전류의 형태

단락 전류	전로에서 부하에 이르는 도중에서 혼촉했을 때 흐르는 매우 큰 전류로 이 경우 퓨즈는 고속 한류 차단
과부하 전류	정격 전류의 수배 이하인 경우로 부하 변동이 원인되어 발생하는 전류로 퓨즈로 이를 보호하려고 하면 퓨즈 수명이 짧아진다든가 비보호 영역에서 1상만 용단되어 결상을 일으킬 우려
과도 전류	변압기 투입, 전동기 기동 전류 등 매우 짧은 시간만 존재하고 자연히 감쇠해서 정상값으로 돌아가는 전류

❷ 전력 퓨즈의 동작원리 및 특징

1) 전류 퓨즈의 구조

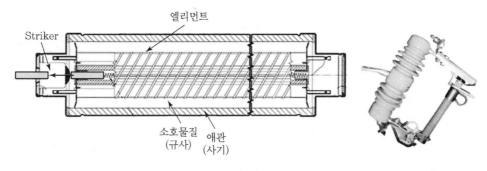

[전력 퓨즈의 구조]

2) 동작원리

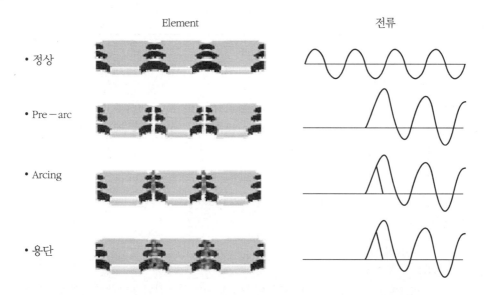

[전력 퓨즈의 동작원리]

❸ 전력 퓨즈의 종류

구분	한류형	비한류형
구조	Striker 엘리먼트 소호물질 애관 (규사) (사기)	인장스프링 가용자 캡 금구 외관 보조퓨즈 인장 봉산 퓨즈 봉 엘리먼트
소호 방식	높은 아크 저항을 발생시켜 강제로 차단 (전압 0점에서 차단)	소호 가스로 극간의 절연 내력을 높여 차단 (전류 0점에서 차단)
장점	• 소형 • 한류 효과가 커서 백업용으로 적당 • 큰 차단 용량	• 과전압이 발생하지 않음 • 과부하 보호가 가능 • 퓨즈가 녹으면 반드시 차단
단점	• 과전압이 발생 • 최소 차단 전류가 존재	• 대형 • 한류 효과가 적음
전차단 시간	0.5[Hz]	0.65[Hz]

❹ 선정 시 고려 사항

1) 예상 과부하 전류에는 동작하지 않을 것

2) 과도적 서지 전류(TR 여자전류, 전동기·콘덴서 기동 전류)에는 동작되지 않을 것

3) 타 보호 기기와 보호 협조를 가질 것

4) PF의 정격 차단용량 : 차단할 수 있는 단락전류의 최대치[kA]로 나타냄

   (비대칭 실효치로 나타내지 않고 교류분만의 실효치로 나타냄)

5) 소호 방식별 종류

한류형 (전압 "0"점 차단)	높은 아크 저항을 발생하여 사고 전류를 강제적으로 한류 차단
비한류형 (전류 "0"점 차단)	소호 가스를 뿜어내어 전류 0점인 극간의 절연 내력을 재기 전압 이상으로 높여서 차단

5 전력 퓨즈의 정격 선정 요건

1) 정격 전압 선정

① 3상 회로에서 사용 가능한 전압의 한도로 선로 공칭 전압에 대하여 다음과 같이 표시

$$\text{정격 전압} = \text{공칭 전압} \times \frac{1.2}{1.1}\ [\text{kV}]$$

② 전류 퓨즈의 정격 전압

계통 전압[kV]	퓨즈의 정격 전압[kV]	
	퓨즈 정격 전압[kV]	최대 설계 전압[kV]
6.6	6.9 또는 7.5	8.25
22 또는 22.9	23	25.8

2) 정격 전류 선정

구분	내용
일반적 회로	• 상시 부하 전류 안전 통전, 반복 부하 충분한 여유 • 과부하 및 과도 돌입 전류는 단시간 허용 특성 이하 • 타 기기와 보호 협조
변압기	• 상시 부하 전류 안전 통전 • 과부하 및 여자 돌입 전류는 단시간 허용 특성 이하 • 2차 측 단락 시 변압기 보호
전동기	• 상시 부하 전류 안전 통전 • 과부하 및 시동 전류는 단시간 허용 특성 이하 • 빈번한 개폐나 역전 시에도 퓨즈가 열화되지 않을 것
콘덴서	• 상시 부하 전류 안전 통전 • 과부하 및 과도 돌입 전류는 단시간 허용 특성 이하 • 콘덴서 파괴 확률 10[%] 특성이 퓨즈 전차단 특성보다 우측에 있을 것

3) 정격 차단 용량 선정

① 퓨즈가 차단할 수 있는 **전류의 최대값**을 의미

② 교류성분의 대칭분 실효치로 나타내며 일반적으로 [kA]로 표시

$$K_1 = \frac{\text{최대 비대칭 단락 전류 실효치}}{\text{대칭 단락 전류 실효치}} \quad (\text{선로 역률이 나쁠수록 큼})$$

③ 정격 차단 용량 예

정격 전압[kV]	정격 차단 전류[kA]				
7.2	8	12.5	20	31.5	40
25.8	12.5 이상의 것				

4) 최소 차단 전류 선정

① 퓨즈가 차단할 수 있는 전류의 최소값을 의미

② 최소 차단 전류 이하에서 동작하지 않도록 큰 정격의 전력퓨즈를 사용

③ 최소 차단 전류 이하는 다른 기기로 보호

④ 한류형 퓨즈의 경우 단락 전류는 바로 차단하나 과전류는 차단하지 않음

5) 전력 퓨즈와 차단기 비교

구분	전력 퓨즈(한류형)	차단기
역할	단락전류를 차단	과부하, 단락, 지락, 부족 전압 차단
목적	경제적인 설계, 직렬 기기 비용 감소	보호 협조 체계를 구성
차단 시간	0.5[Cycle]에 차단하고 전압 0점에서 차단	3~5[Cycle]에 차단하고 전류 0점에서 차단
소호 메커니즘	• 0.01초 이상에서 3가지 영역 있으나 사용 안 함 • 0.01초 이하에서 한류 특성이 우수	• 10초 이상에서는 열동형의 반한시 작동 • 0.1~0.5초 범위는 선정 차단점에서 작동

6 전력 퓨즈와 각종 개폐기 비교

구분	회로 분리		사고 차단	
	무부하	부하	과부하	단락
전력 퓨즈	○	─	─	○
차단기	○	○	○	○
개폐기	○	○	○	─
단로기	○	─	─	─
전자 접촉기	○	○	─	─

7 전력 퓨즈의 특성

1) 선정 시 고려 사항

① 열화를 일으키지 않는 전류와 시간의 관계를 나타낸 특성

② 용단 특성을 왼쪽으로 20~50[%] 평행 이동시킨 것으로 퓨즈 정격 전류 선정에 기초

2) 용단 특성

① 일정 전류를 보내 용단시킨 경우 전류와 시간의 관계를 나타낸 특성

② 최소 용단 특성, 평균 용단 특성, 최대 용단 특성

3) 전차단 특성

① 고장 발생 → 용단 → 아크 소멸까지 전류와 시간의 관계를 나타낸 특성

② 보호 협조 검토에 적용

4) 한류 특성

① 단락 전류가 흐를 경우 어느 정도까지 억제 가능한가를 나타낸 특성으로 다른 기기에서 볼 수 없는 한류형 퓨즈만의 특성

② 열적 강도 : 1/30, 기계적 강도 : 1/50 경감

③ 용단 시간 : 0.1[cycle], Arc 시간 : 0.4[cycle], 전차단 시간 : 0.5[cycle]

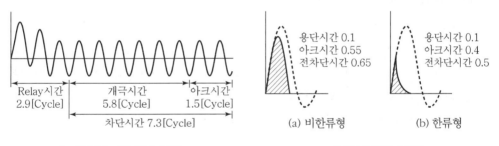

[고압 차단기의 차단 시간]　　　　　[퓨즈의 차단 시간]

5) I^2t 특성

① 일정 기간 중 전류 순시치의 2승 적분치를 나타낸 특성으로 퓨즈의 열적 에너지 특성

② 후비 보호용으로 퓨즈를 사용할 때 열적 응력을 검토하기 위해 사용

8 맺음말

1) 정격 선정에 필요한 단시간 대전류 특성은 동일 정격 전류라도 용단 특성이 각 회사마다 다르므로 설계 시 Maker의 동작 특성 곡선을 참고하여 과도 돌입 전류 이상 ANSI Point 이하로 선정

2) 용단 특성과 불용단 특성을 동시에 만족하기는 어려우므로 먼저 불용단 특성에 맞는 PF를 선정 후 용단 특성에 맞는 PF를 선정하도록 해야 함

02 전력 퓨즈의 장단점 및 단점 보완 대책

1 장단점

장점	단점
• 현저한 한류 특성을 가짐 • 후비 보호에 완벽함 • 한류형 퓨즈는 차단 시 무음 무방출 • 고속도 차단을 함 • 릴레이나 변성기가 불필요 • 소형 · 경량 • 소형으로 큰 차단 용량을 가짐	• 재투입이 불가 • 한류형의 경우 용단되도 차단되지 않는 영역이 있음 • 동작 시간 – 전류 특성의 조정 불가 • 고임피던스 계통에서 지락 보호 불가능 • 과도 전류에 용단될 수 있음 • 차단 시 과전압 발생 • 비보호 영역이 있어 사용 중 결상 우려

2 단점 보완 대책

1) 용도의 한정

   ① 단락 시에만 동작하도록 변경

   ② 상시 과부하를 차단하는 곳, 전력 퓨즈 동작 직후에 재투입이 필요한 곳은 쓰지 않음

2) 과도 전류가 안전 통전 특성 내에 들어가도록 큰 정격 전류 선정

3) 사용 시 계획, 용도, 회로 특성, 전류 – 시간 특성을 비교해 적절한 정격 전류를 선정

4) 과소 정격의 배제

   ① 최소 차단 전류 이하에서 동작하지 않도록 큰 정격 전류 선정

   ② 최소 차단 전류 이하는 다른 기기로 보호

5) 동작 시 전체 상 교체

   ① 단락만 보호하고 과부하는 다른 기기로 보호

   ② 동작 시 퓨즈 전체 교체

6) 절연 강도의 협조

   회로의 절연 강도가 퓨즈의 과전압보다 높은 것을 확인

03 전력 퓨즈의 한류 특성

1 개요

1) 전력 퓨즈의 한류 특성은 퓨즈 이외의 기기에서는 낼 수 없는 특성
2) 퓨즈 보호의 특성이며 전류가 커질수록 시간이 짧아짐

2 한류 특성

1) 고압 차단기의 정격값으로 사고를 차단한 경우

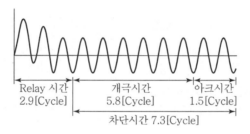

[고압 차단기의 차단시간]

2) 전력 퓨즈의 정격값으로 사고를 차단한 경우

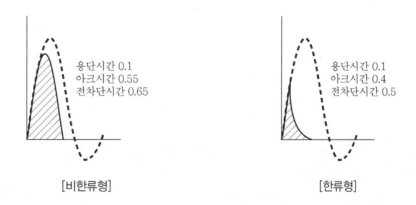

[비한류형]   [한류형]

3) 차단기는 전차단 시간이 10[Cycle]로 길고 파고값이 높음
4) 전력퓨즈는 전차단 시간이 한류형은 0.5[Cycle], 비한류형은 0.65[Cycle]로 짧아서 파고값이 낮아 직렬 기기의 열적, 기계적 강도를 낮출 수 있음

❸ 퓨즈의 종류(소호 방식에 따른 분류)

1) 한류형 퓨즈 : 전압 '0'점에서 차단

① 퓨즈 안에 엘리먼트와 규소를 밀봉

② 높은 아크 저항을 발생시켜 사고 전류를 강제적으로 차단

2) 비한류형 퓨즈 : 전류 '0'점에서 차단

① 파이버와 붕산에서 발생하는 가스를 이용

② 소호 가스가 극 간의 절연 내력을 재기 전압 이상으로 높여 차단

❹ 한류형과 비한류형의 비교

구분	장점	단점
한류형 퓨즈	• 큰 한류 특성 • 소형이며 차단 용량이 큼	• 과전압이 발생 • 최소 차단 전류가 있음
비한류형 퓨즈	• 과전압이 발생하지 않음 • 용단되면 반드시 차단	• 대형 • 한류 특성이 작음

04 전력 퓨즈의 동작 특성

▣ 전력 퓨즈의 전류 – 시간 특성

1) 퓨즈는 전류와 시간의 관계에서 전류가 커질수록 시간이 짧아지는 특성

2) $\frac{1}{2}$ [Cycle] 이하에서 한류 작용이 크게 나타남

3) 한류 작용이 없는 0.01초 이상의 영역과 0.01초 이하의 영역으로 구분

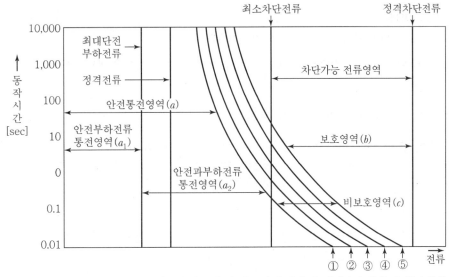

① 단시간 허용 특성, ② 최소 용단 특성, ③ 평균 용단 특성, ④ 최대 용단 특성, ⑤ 동작 특성

[전력퓨즈의 전류 – 시간 특성]

▣ 동작시간 0.01초 이상의 동작 특성

1) 안전 통전 영역

① 안전 부하 전류 통전 영역과 안전 과부하 전류 통전 영역이 있음

② 단시간 허용 특성은 퓨즈 엘리먼트를 사용하고 있는 재료의 내열 특성으로 결정

③ 고압 퓨즈의 은이 타 재료에 비해 고온 열화가 적어서 안전 과부하 전류 통전 영역을 넓히기 위해 사용

2) 보호 영역

① 퓨즈는 연동적으로 작용, 대전류 영역에서는 아주 빨리 동작

② 소전류 영역에서는 장시간 동작해 통과 전류의 변화에 비해 용단 시간의 변화가 크며 그 변화도 크게 되어 신뢰성이 낮음

③ 이 특성은 일반적으로 퓨즈는 단락 보호에는 최적이나 과부하 보호는 적용되지 않음

3) 비보호영역

① 안전 통전 영역과 보호 영역 사이에 들어가는 영역으로 퓨즈는 보호되지 않음

② 용단하지 않아도 손상, 열화할 우려가 있는 영역

③ 대비책

    ㉠ 큰 정격 전류를 적용시켜 안전 통전시킴

    ㉡ 다른 차단 장치(차단기 또는 저압 퓨즈)로 안전 통전 영역대를 차단 · 보호

❸ 동작 시간 0.01초 이하의 동작 특성

이 영역에서는 차단기는 동작하지 않으나 퓨즈는 동작하므로 주의

1) 단시간 I^2t

① 퓨즈가 수용할 수 있는 열에너지의 한계치

② 전류가 크면 허용 시간이 짧음. 허용 열에너지는 단시간 허용 I^2t가 일정함

③ 단시간 허용 I^2t가 일정한 것은 퓨즈의 단점

④ 과도 전류 I^2t < 단시간 허용 I^2t가 아닐 경우 용단 · 열화

2) 차단 I^2t

① 퓨즈가 차단 완료할 때까지 회로에 유입되는 열에너지

② 미소 동작 시간의 보호 영역은 차단 I^2t 특성이 적용

③ 피보호기기 I^2t(내량) > 퓨즈 I^2t일 때 완전히 보호

3) 통과 전류 파고치(i_p)

① 한류 작용으로 사고 시 한류 특성

② 열적 강도 $\dfrac{1}{30}$, 기계적 강도 $\dfrac{1}{50}$ 경감

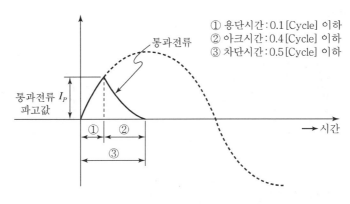

① 용단시간 : 0.1 [Cycle] 이하
② 아크시간 : 0.4 [Cycle] 이하
③ 차단시간 : 0.5 [Cycle] 이하

[한류형 퓨즈의 동작 특성]

05 VCB와 전력용 퓨즈의 차단 용량 결정 시 비대칭분에 대한 영향

1 개요

1) 차단 용량 $P_s = \sqrt{3} \cdot V \cdot I_s$로 계산함

2) 여기서, 단락 전류 I_s는 교류분만을 표시하는 대칭 전류분과 비대칭 전류분을 포함

3) 단락 전류의 구성

2 VCB와 전력 Fuse의 비대칭 전류 영향

1) VCB와 전력 퓨즈의 전류 차단 시 파형 비교

① VCB

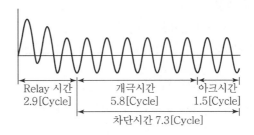

[고압차단기의 차단시간]

② 전력퓨즈

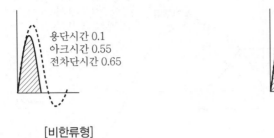

용단시간 0.1
아크시간 0.55
전차단시간 0.65

[비한류형]

용단시간 0.1
아크시간 0.4
전차단시간 0.5

[한류형]

2) 비대칭 단락 전류의 적용(k)

① 비대칭 단락 전류

$$I_{SA} = I_s \times k$$

② 비대칭 계수 k

㉠ k_1 : 단상 최대 비대칭 계수(PF)

㉡ k_3 : 3상 평균 비대칭 계수(ACB, VCB, NCCB)

③ k값의 적용

구분	전원에 가까운 장소	전원에 멀리 떨어진 장소
k_1	1.6	1.4
k_3	1.25	1.1

3) VCB의 비대칭 전류 영향

① VCB는 차단 시간이 5~7[Cycle]인 관계로 단락 순시 전류는 무시

② VCB의 비대칭 계수는 k_3이며 3상 평균 비대칭 계수에 해당(1.1~1.25 적용)

③ VCB의 용량 계산 $P_s = \sqrt{3} \times V \times I_s \times k_3$ (1.1~1.25)

4) 퓨즈의 비대칭 전류 영향

① 차단 시간이 0.5[Cycle]인 관계로 비대칭 단락 전류를 고려

② 퓨즈의 비대칭 계수는 k_1이며 단상최대 비대칭 계수를 적용(1.4~1.6)

5) 단락 발생 순간 전압의 위상과 역률에 의해 어떤 크기의 직류가 중첩

6) 이것은 곧 감쇠하나(2.5[Cycle]) 고속도 차단하는 MCCB나 Fuse는 문제

06 전기감리

① 개요

감리라 함은 전력시설물의 설계, 설치, 보수공사에 대해 발주자의 위탁을 받아 관계 법령 및 설계도서 등에 따라 설계 및 시공되었는지 여부를 확인하고 기술지도와 발주자의 권한을 대행하는 것으로 여기서는 공사감리를 중점적으로 논함

② 법적 근거

전력기술관리법 제11조(설계감리), 제12조(공사감리)

③ 감리 대상

1) 설계 감리대상

① 용량 80만[kW] 이상 발전설비
② 전압 30만[V] 이상 송전, 변전설비
③ 전압 10만[V] 이상 수전설비, 구내배전설비, 전력사용설비
④ 국제공항 및 전기철도의 수전, 구내배전, 전력사용설비
⑤ 층수 21층 이상, 연면적 5만[m²] 이상의 건축물 전기설비(공동주택 제외)

2) 공사 감리대상

① 모든 전력시설물 공사
② 공사계획 인가, 신고대상 건물
③ 600[V] 미만 보수공사 5,000만 원 이상
④ 제외대상
　㉠ 일반용 전기설비, 임시전력 공사
　㉡ 보안을 요하는 군사시설 내, 소방공사업법에 의한 비상전원, 조명, 콘센트
　㉢ 공사비 5천만 원 미만의 증설, 변경 공사
　㉣ 공사비 1억 원 미만의 비상발전설비 공사

④ 감리원 배치

총공사비	책임 감리원	보조 감리원
20억 원 이상	특급	초급
10억 원 이상~20억 원 미만	고급	초급
10억 원 미만	중급	초급

⑤ 감리원의 업무

1) 공사계획서 검토

2) 공정표 검토

3) 설계도서 검토

4) 공사가 설계도서 내용대로 적합하게 행하여지는지 확인

5) 전력시설물 규격에 관한 검토, 확인

6) 사용자재의 규격 및 적합성 검토 및 확인

7) 재해예방대책 및 안전관리 확인

8) 설계변경 검토 및 확인

9) 공사진척 조사, 검토

10) 준공도서 검토 및 준공검사

11) 하도급 타당성 검토

12) 기타 공사의 질적 향상을 위한 사항 등

⑥ 감리원의 소양

1) 감리원의 자세

① 당해 공종 특수성 파악

② 공명정대하고 명확한 업무처리

③ 철저한 시공검사 및 엄격한 품질관리

④ 품질향상을 위한 기술개발 및 보급

2) 감리원의 역할

① 발주자 이념, 설계자 의도 파악 반영

② 발주자와 시공자 간 이해관계 조정

③ 부실공사 방지

④ 기술지도 및 자문

7 현행 감리제도의 문제점 및 대책

문제점	대책
감리자의 전문성 결여	소정의 교육, 배치기준 개선, 기술자격자 우대
감리원의 권한 미흡 및 책임 불분명	법적 권한 강화 및 책임한계 규정화
발주자의 불필요한 간섭	법적 보호제도 마련
과도한 행정업무	양식의 간소화 및 규정 개선
감리대가 열악	덤핑수주 방지를 위한 제도 마련
근무환경 열악	사무용품, 필수지급품 기준 마련 및 제도적 보장

8 최근 경향

1) CM 제도의 활성화 추세
2) CM이란 건설사업의 공사비(Cost) 절감, 품질(Quality) 향상, 공기(Time) 단축을 목적으로 발주자가 전문지식과 경험을 지닌 건설사업 관리자에게 건설사업 관리의 일부 또는 전부를 위탁 관리하게 하는 새로운 계약 발주 방식으로 건설공사에 관한 기획, 타당성 조사 분석, 설계, 조달, 계약, 시공관리, 감리, 평가, 사후관리 등에 관한 업무 수행 행위

07 전력기술관리법에 의한 감리원 배치기준

1 개요

[책임감리원 및 보조감리원의 자격(제22조 제2항 관련)]

공사 종류	총예정공사비	책임감리원	보조감리원
발전 · 송전 · 변전 · 배전 · 전기철도	총공사비 100억 원 이상	특급감리원	초급감리원 이상
	총공사비 50억 원 이상 ~100억 원 미만	고급감리원 이상	초급감리원 이상
	총공사비 50억 원 미만	중급감리원 이상	초급감리원 이상
수전 · 구내배전 · 가로등 · 전력사용 설비 및 그 밖의 설비	총공사비 20억 원 이상	특급감리원	초급감리원 이상
	총공사비 10억 원 이상 ~20억 원 미만	고급감리원 이상	초급감리원 이상
	총공사비 10억 원 미만	중급감리원 이상	초급감리원 이상

2 감리원 배치기준

1) 법 제12조의2 제1항에 따른 감리업자 등은 감리원을 배치함에 있어 발주자의 확인을 받아 별표 2의 전력시설물공사 감리원수 이상으로 배치하여야 한다.

2) 감리업자 등은 제1항에도 불구하고 일정규모 이상 공동주택 및 건축물의 전력시설물공사는 발주자의 확인을 받아 별표 2의2의 공동주택 등의 감리원 배치기준에 따라 공사기간 동안 감리원을 배치하여야 한다.

3) 제1항 및 제2항에 따라 감리업자 등은 공사현장에 상주하는 상주감리원과 상주감리원을 지원하는 비상주감리원을 각각 배치하여야 하며, 비상주감리원은 고급감리원 이상으로써 해당 공사 전체 기간 동안 배치하여야 한다. 다만, 법 제12조의2 제1항 제2호에 따라 감리업무를 수행하는 경우와 제1항 별표 2의 감리원 배치기준에 따라 감리원 1명 이상을 총공사기간 동안 상주 배치하는 경우에는 비상주감리원을 배치하지 아니할 수 있다.

4) 감리업자 등은 제1항부터 제3항까지에 따라 감리원을 배치하는 경우 감리원의 퇴직 · 질병 등 부득이한 사유로 배치계획을 변경하여 배치하고자 하는 때에는 다음 각 호에 해당하는 감리원으로 미리 발주자의 승인을 얻어 교체 · 배치하여야 한다.

5) 감리원을 배치하는 때에는 해당 전력시설물의 공사일정에 따라 공사가 시작되는 날부터 끝나는 날까지 적정하게 배치하여야 한다.

6) 비상주감리원은 9개 이하의 현장에 중복하여 배치할 수 있으나 상주감리원(책임감리원 및 보조감리원)과 다른 법령에 따른 상주감리원을 겸할 수 없다.

7) 영 별표 3 또는 제1항·제2항에도 불구하고 다음 각 호의 공사는 영 별표 2에 따른 감리원 중 「국가기술자격법」에 따른 전기 분야 기술사(전기안전기술사를 포함한다)를 책임감리원으로 배치하여야 한다. 다만, 법 제12조의2 제1항 제2호에 따라 감리업무를 수행하는 다음 각 호의 공사 중 보수공사에 대하여는 그러하지 아니하다.

① 용량 80만[kW] 이상의 발전설비공사

② 전압 30만[V] 이상의 송전·변전설비공사

③ 전압 10만[V] 이상의 수전설비·구내배전설비·전력사용설비공사

8) 감리원이 4주 이상의 입원 또는 치료를 이유로 감리업자가 제5항에 따라 발주자의 승인을 얻어 감리원을 교체한 경우에는 그 감리원을 교체한 날부터 3개월 이내에 사업수행능력평가에 참여시켜 평가를 받거나 다른 공사감리용역에 배치하여서는 아니 된다. 다만, 그 감리원이 배치되었던 공사감리용역이 끝난 경우에는 그러하지 아니하다.

[공동주택 등의 감리원 배치기준(제25조 제2항 관련)]

구분	규모	감리원 배치 인원수
공용 주택	300세대 이상 ~800세대 미만	영 별표 3의 기준에 따른 책임감리원 1명을 포함한 감리원 1명 이상을 총 공사기간 동안 배치
	800세대 이상	영 별표 3의 기준에 따른 감리원을 다음과 같이 배치 • 책임감리원 : 1명을 총 공사기간 동안 배치 • 보조감리원 : 1명 이상을 총공사기간 대비 50[%] 이상 배치. 다만, 400세대를 초과할 때마다 총공사기간 대비 50[%] 이상 추가 배치
건축물	연면적 10,000 [m²] 이상 ~연면적 30,000 [m²] 미만	영 별표 3의 기준에 따른 책임감리원 1명을 포함한 감리원 1명 이상을 총 공사기간 동안 배치
	연면적 30,000 [m²] 이상	영 별표 3의 기준에 따른 감리원을 다음과 같이 배치 • 책임감리원 : 1명을 총공사기간 동안 배치 • 보조감리원 : 1명 이상을 총공사기간 대비 50[%] 이상 배치. 다만, 20,000[m²]를 초과할 때마다 총공사기간 대비 50[%] 이상 추가 배치

CHAPTER

05

변성설비

01 계기용 변성기

1 개요

1) 계기용 변성기

전력회로의 고전압, 대전류를 저전압, 소전류(110[V], 5[A])로 변성하여 계기, 계전기에 공급하는 장치

2) 사용목적

① 고전압으로부터 절연 유지
② 계기, 계전기의 소형화 및 표준화
③ 측정, 보호범위 확대
④ 원격 계측 용이

3) 종류

CT, ZCT, PT(VT), GPT(GVT), CPT(CVT), MOF 등

2 CT(Current Transformer, 계기용 변류기)

1) 원리

철심을 지나는 자속을 매개로 변류비에 따른 변성(2차 5[A])

2) 변류기 정격 및 특성

① 정격전류

　㉠ 정격 1차 전류 : 최대 부하전류에 여유를 주어 결정

　　수전회로, 변압기회로 : 125~150[%], 전동기부하 : 200~250[%]

　㉡ 정격 2차 전류

일반계기, 계전기	Digital	원방계측용
5[A]	0.5, 1.0[A]	0.1, 1.0[A]

② 정격부담

　㉠ 2차(또는 3차) 단자에 접속되는 부하의 피상전력

$$정격(2차)부담[VA] > \sum_{i=1}^{n} VA_i = I_2^2 Z_B$$

　　여기서, Z_B : 계기, 선로 포함 총부하

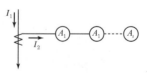

[CT 회로도]

ⓛ 계급별(일반계기용) 정격부담

계급	정격 2차 부담
1.0, 3.0	5, 10, 15, 25, 40, 60, 100
0.5	15, 25, 40, 60, 100

③ 정격 과전류 강도

㉠ CT 1차에 고장전류가 흐를 시 정격부담, 정격 주파수 상태에서 열적, 기계적 손상 없이 1초 간 흘릴 수 있는가를 정한 것

ⓛ 표준 : 40, 75, 150, 300(300 이상은 별도 주문)

④ 정격 과전류 정수

㉠ 정격부담(PF 0.8lag), 정격 주파수에서 변성비 오차가 −10[%] 한도 내의 1차 전류값과 정격 1차 전류의 비

ⓛ 표준 : $n > 5$, $n > 10$, $n > 20$, $n > 40$

ⓒ 비오차 : $\varepsilon = \dfrac{K_n - K}{K} \times 100 \, (\%)$

여기서, K_n : 공칭 변류비
K : 실제 변류비

⑤ 변류기 포화특성

㉠ Knee Point Voltage(정격포화 개시전압)

ⓛ $V_K = \dfrac{VA}{I} \times n$(과전류정수)

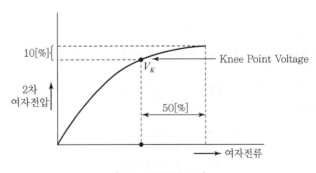

[2차 여자포화곡선]

❸ ZCT(Zero – Sequence Current Transformer, 영상변류기)

1) 영상전류 검출 → 지락사고 보호(접지 계통별 검출 방식 상이)

2) 정격 영상전류(JEC – 143)

200[mA]/1.5[mA] 표준(단, 부하 10[Ω], 역률 0.5)

3) 정격 과전류 배수

① 영상 변류기가 포화하지 않는 영상 1차 전류의 범위

② 표준값 : $-n_0, n_0 > 100, n_0 > 200$

4) 영상 2차 전류 허용값

계급	정격여자 임피던스	영상 2차 전류	적용
H급	$Z_0 > 4, Z_0 > 20$	1.2[mA] 이상, 1.8[mA] 이상	정밀계측 요할 시(퍼멀로이 사용)
L급	$Z_0 > 10, Z_0 > 5$	1.0[mA] 이상, 2.0[mA] 이상	큰 과전류 배수 요할 시(G급 규소강판 사용)

❹ PT(Potential Transformer, 계기용 변압기)

1) 전자유도법칙 이용, 전압비에 따른 변성(2차 110[V], $\dfrac{110}{\sqrt{3}}$ [V] 또는 $\dfrac{190}{3}$ [V])

2) 전압비 : 1차 전압에 대한 2차 전압의 비

3) 2차 정격부담(50, 100, 200, 500[VA] 등)

① 정격 2차 전압(110[V])에서 부하에 소비되는 용량

② $[VA] \geq \dfrac{V_2^2}{Z_B} + $ 계기, 계전기 소비부담($V_2 = 110[V]$)

❺ GPT(Ground Potential Transformer, 접지형 계기용 변압기)

1) 비접지 계통에서 영상전압 검출

2) 결선, 정격전압

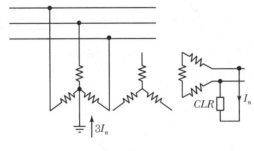

[GPT 회로도]

① 단상(3대) : $\dfrac{110}{\sqrt{3}}\Big/\dfrac{110}{3}$ (또는 $\dfrac{190}{3}$[V])

② 3상(3대) : $100\Big/\dfrac{100}{3}$ (또는 $\dfrac{190}{3}$[V])

3) 한류저항기(CLR)

　① SGR 작동에 필요한 유효전류 발생, 고조파 전류 억제

　② GPT 중성점 불안정 현상 방지(철공진 등)

6 MOF(Metering Out Fit, 계기용 변압, 변류기)

1) PT+CT를 하나의 Case 내 수납, 전압·전류를 동시에 변성하여 전력량계에 전달

2) **사용목적** : 전력량을 계측하여 요금 계산

3) 합성 변성비 : $\dfrac{V_1}{V_2}\times\dfrac{I_1}{I_2}$

7 기타 변성기 선정 시 고려사항

1) 사용용도 및 목적(계전기용, 계기용)

2) 계통 접지 방식 검토(유효, 비유효)

3) 결선 방식 검토

　① CT : 직렬, 병렬, V, 교차, Y, △, 3차 영상분로

　② PT : Y, V, △ 결선

4) 기타 : PT−2차 측 개방, CT−2차 측 단락

02 계기용 변류기(CT)

1 변류기의 극성

1) 1차 측 전류에 대한 2차 측 전류의 방향을 나타냄

2) 우리나라 기준 : 감극성

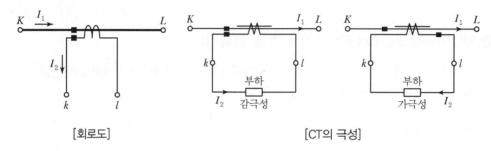

[회로도]   [CT의 극성]

2 정격전류

1) 1차 정격 전류는 최대 부하 전류보다 1.25~1.5배 정도 선정

2) 2차 정격 전류는 통상 5[A]가 표준이며, 변류기의 2차 측에 접속되는 계기 및 계전기의 정격 전류를 고려하여 선정

3 Knee Point Voltage

1) 정의

① 포화되기 직전의 2차 여자 전압

② CT 1차 권선을 개방하고 2차 권선에 정격 주파수 교류 전압을 가하여 서서히 증가시키면서 여자 전류를 측정할 때 여자 전압이 10[%] 증가 시 여자 전류가 50[%] 증가되는 점

2) 2차 여자 포화 곡선

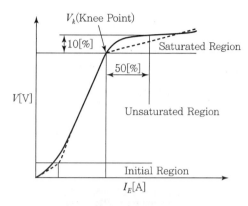

[2차 여자 포화 곡선]

3) 포화 특성

① 포화점의 인가 전압을 포화 전압이라 하고, 이것이 충분히 높아야 대전류 영역에서 확실한 보호가 가능

② 보호 방식 중 차동 계전 방식 또는 Pilot Wire 방식 등에서는 사용한 양단 CT의 포화특성 일치가 매우 중요한 요소가 됨

③ CT는 1차 전류가 증가하면 2차 전류도 변류비에 비례하여 증가하지만 어느 한계에 도달하면 1차 전류는 증가하여도 2차 전류는 포화하여 증가하지 않음

4) 포화 대책

Knee Point Voltage가 높은 특성의 CT를 계전기에 사용하여야 큰 고장 전류에도 확실한 보호 계전기 동작을 기대할 수 있음

4 변류기 부담

1) 정격 부담

정격 부담은 2차 정격 전류(5[A], 1[A])가 부하 임피던스에 흐를 때 규정된 오차 범위를 유지할 수 있는, 즉 성능을 보증할 수 있는 피상 전력을 [VA]로 표시

2) 표준 정격 부담 : 5, 10, 15, 20, 25, 40, 60[VA]

3) 사용 부담이 정격 부담 이상이 될 경우 규정된 오차 범위를 벗어나게 됨

$$VA = I_2^2 \times Z_b$$

여기서, I_2 : 2차 정격 전류
Z_b : 부하 임피던스(계전기, 계측기 및 케이블의 임피던스를 포함한 총 부하)

5 과전류 정수(n) : 보호용 CT에서만 정의

1) 정의

① CT는 과전류 영역에서 1차 전류가 어느 한계를 넘으면 비오차가 급격히 증가

② 정격 주파수, 정격 부담(0.8, 지연전류) 상태에서 CT의 비오차가 $-10[\%]$가 될 때, 최고 1차 전류를 정격 1차 전류로 나눈 값이 과전류 정수

$$n = \frac{정격\ 부담에서\ 비오차가\ -10[\%]가\ 될\ 때의\ 1차\ 전류}{1차\ 정격전류}$$

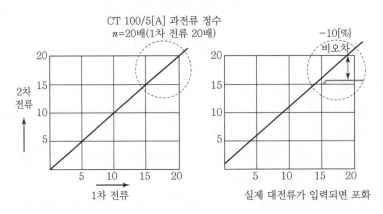

[과전류 정수]

2) 표준값

$n > 5$, $n > 10$, $n > 20$으로 보호용 CT의 과전류에서 포화 특성을 표시

3) 과전류 정수를 크게 하는 방법

① CT의 철심 단면적을 증가

② 권선수를 증가

6 과전류 정수와 부담(Burden)

1) 과전류 정수와 부담과의 관계

① CT의 과전류 정수와 CT의 2차 부담의 곱은 거의 일정한 관계를 갖게 됨
과전류 정수 × 정격 부담 = 일정

② 사용 부담이 정격 부담의 1/2이면 과전류 정수는 약 2배가 되며, 반대의 경우는 과전류 정수가 감소하게 됨

③ 큰 과전류 정수가 필요로 할 때는 부담(전자형 계전기, 디지털 계전기 또는 케이블의 길이 등)을 줄여야 함

④ 과전류 정수를 너무 크게 하면 CT 2차 측에 사고 전류에 비례한 큰 전류가 흘러 계전기의 열적, 기계적 내량이 문제가 되므로 주의

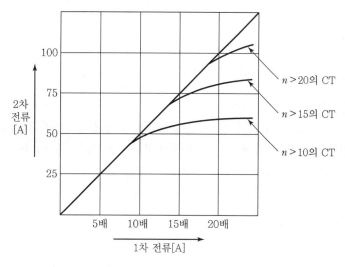

[과전류 범위에서의 특성]

2) 이유

CT의 1차 전류가 계속 증가되면 철심의 포화(1.5~2.0[T])가 시작되어, 여자 회로의 임피던스는 감소하게 되어 여자 전류가 증가하게 되므로 1차 전류의 증가에 대해서 2차 전류가 비례해서 증가하지 못하여 비오차가 증가하게 됨

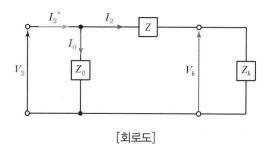

[회로도]

$$\dot{V_2} = \dot{V_b} + \dot{I_2}\dot{Z} \cdots\cdots \dot{V_b} = \dot{I_2}\dot{Z_b} \qquad \varepsilon \simeq -\frac{I_0}{I_2} \text{(비오차)}$$

① I_2는 일정한 조건에서, Z_b이 작아지면 V_b의 감소로 V_2가 감소하여 여자 전류가 감소하게 되어, 포화 전에는 Z_0이 매우 크기 때문에 $\dot{I_2}' = \dot{I_0} + \dot{I_2} \simeq \dot{I_2}$가 되어 비오차가 매우 적음

② 이런 결과는 상대적으로 과전류 정수가 증가하게 되므로 CT의 2차 측의 부담을 줄이게 되면 동일 정격 부담에서 보다 큰 과전류 정수까지 사용 가능

③ 반대로, 부하의 부담이 증가하면 V_2가 증가하여 여자 전류가 상승되어 비오차가 증대

7 과전류 강도(S_n) → 변류기의 열적, 기계적 강도를 고려

1) **정격 과전류 강도** : 변류기에 정격 부담, 정격 주파수로 정격 1차 전류의 어떤 배수만큼의 전류를 1초간 흘려도 열적, 기계적으로 손상되지 않을 때 정격 1차 전류에 대한 이 전류의 배수

2) 표준값은 1차 정격 전류에 대한 최대 비대칭 단락 전류의 비로 40, 75, 150, 300으로 표시

3) 회로의 최대 고장 전류에서 열적, 기계적으로 소손되지 않는 과전류 강도를 갖는 변류기로 선정

① **열적 강도** : 정격 과전류가 1초 동안 통전되더라도 열적 소손이 없음

② **기계적 강도** : 정격 과전류의 2.5배(순시치)가 통전되더라도 기계적인 소손이 없음

$$S = \frac{S_n}{\sqrt{t}}[\text{kA}]$$

여기서, S : 통전 시간 t초에 대한 열적 과전류 강도
S_n : 정격 과전류 강도
t : 통전 시간[초]

03 변류기의 등가 회로 및 비오차

❶ 변류기의 등가 회로 및 벡터도

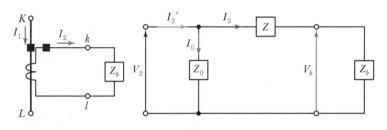

[CT의 등가 회로]

여기서, I_2' : 변류기의 공칭 변류비에 의한 (이상적인) 2차 전류

I_2 : 변류기의 실제 2차 전류

I_0 : 여자 전류

Z_0 : 변류기의 여자 임피던스

V_2 : 변류기 2차 측 전압

V_b : 변류기 2차 측 단자 전압 또는 부담 전압

Z : 변류기의 내부 임피던스

Z_b : 변류기의 부담(케이블, 계전기 등)

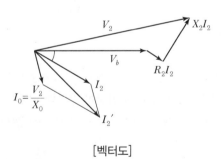

[벡터도]

1) 이상적인 CT(여자 전류 무시)에서는 1차 전류(I_1)가 CT비에 의해 오차 없이 유도(I_2)

2) 실제의 CT는 2차 전류(I_2')의 일부는 여자 전류(I_0)로서 철심의 자화에 소비되고 나머지 전류(I_2)가 부하 측으로 흐르게 됨

3) 따라서 I_2'와 I_2 사이에 크기 및 위상차가 발생

4) 그러나 위상각이 보호 계전기용 CT에서 문제가 되는 일이 적은 이유는 보통 CT의 2차 부담은 진상 역률이기 때문에 2차 전류와 여자 전류와의 위상차가 작아 실용상 문제가 되지 않음

❷ CT의 비오차

1) 비오차(ε)

$$\varepsilon = \frac{K_n - K}{K} \times 100 \simeq - \frac{I_0}{I_2} \times 100 \, [\%]$$

여기서, K_n : 공칭 변류비 $(K_n = \dfrac{정격\ 1차\ 전류}{정격\ 2차\ 전류} = \dfrac{I_1}{I_2})$

         K : 실제 변류비

[비오차]

$$\varepsilon = \frac{K_n - K}{K} \times 100 = \frac{1 - (1 + \frac{I_0}{I_2})}{\frac{I_2 + I_0}{I_2}} \times 100 = - \frac{I_0}{I_2 + I_0} \times 100 \simeq - \frac{I_0}{I_2} \times 100$$

$$I_0 = \frac{V_2}{Z_0}$$

CT의 비오차 및 위상각은 여자 전류의 크기에 의해 정해지므로 오차가 작은 CT는 여자 전류가

작아야 함 → 여자 임피던스가 커야 함$(I_0 = \dfrac{V_2}{X_0})$

2) 위상오차

① 비오차는 1차 전류와 2차 전류의 크기에 따른 오차를 의미
② 위상오차는 1차 전류와 2차 전류의 위상이 정확히 $180°$가 발생되지 않는 오차
③ 비오차, 위상오차 모두 여자 전류가 증가되면 오차가 증가

3) 합성오차

비오차와 위상오차를 동시에 고려한 것을 합성오차라고 부르며, 합성오차의 다음 식에서 산출
할 수 있으며 IEC 규격에서만 적용

$$\epsilon = \frac{100}{I_1} \sqrt{\frac{1}{T} \int_0^T (K_n i_2 - i_1)^2 dt}$$

여기서, I_1 : 1차 전류(실효값), i_1 : 1차 전류(순시값), i_2 : 2차 전류(순시값)

04 변류기의 Knee Point Voltage

1 Knee Point Voltage

1) 정의

① 포화되기 직전의 2차 여자 전압

② 변류기 1차를 개방하고 2차 측에 정격 주파수의 전압을 인가하면서 변류기의 여자 전류를 정할 때 포화되기 직전 2차 전압이 +10[%] 증가될 때 2차 여자 전류가 +50[%] 증가되는 점의 전압

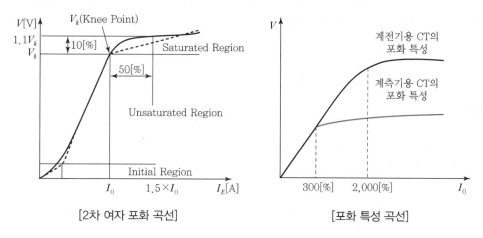

[2차 여자 포화 곡선]　　　　　　[포화 특성 곡선]

2) 포화 특성

① 포화점의 인가전압을 포화 전압이라 하고, 이것이 충분히 높아야 대전류 영역에서 확실한 보호가 가능

② 보호 방식 중 차동 계전 방식 또는 Pilot Wire 방식 등에서는 사용한 양단 CT의 포화 특성 일치가 매우 중요한 요소가 됨

③ CT는 1차 전류가 증가하면 2차 전류도 변류비에 비례하여 증가하나 어느 한계에 도달하면 1차 전류는 증가하여도 2차 전류는 포화하여 증가하지 않음

3) 포화 대책

Knee Point Voltage가 높은 특성의 CT를 계전기에 사용하여야 큰 고장 전류에도 확실한 보호 계전기 동작을 기대

2 특징

1) 계전기용 CT의 경우 높을수록 유리

① 대전류 영역에서 CT가 포화되어 버리면 2차 전류가 상대적으로 감소하게 되어 계전기의 동작을 제대로 기대할 수 없음

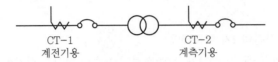

CT-1
계전기용

CT-2
계측기용

[계전기용 CT]

② CT-2는 계측기용으로 정격 전류의 300[%] 정도 이상은 감지할 수 없으므로 계전기가 동작하기까지 상당한 시간이 걸려 계전기용 CT-1이 먼저 동작하여 전체가 Shut Down

2) 과전류 정수가 높으면 V_k(Knee point Voltage)도 증가

3 적용

1) 전압 차동 계전기에 적용
2) 계전기 동작 특성 선정 시 CT의 포화 특성 고려

① CT의 포화 한계 전류

$$I = \frac{V_k}{2차\ 부담[\Omega]} = \frac{200[V]}{4[\Omega]} = 50[A]$$

② 과전류 배수 $= \dfrac{CT의\ 포화\ 한계\ 전류}{CT의\ 정격\ 2차\ 전류} = \dfrac{50}{5} = 10[배]$

③ 계전기 선정 시 $10I_n$의 포화 특성을 고려하여 선정

05 변류기의 과전류 정수

❶ 과전류 정수(n)

1) 정의

① 보호 계전기용 변류기는 과전류 영역에서 비오차를 보증하기 위한 방법으로 과전류 정수라
는 용어를 사용

② 과전류 정수란 과전류 영역의 오차 특성을 표시하는 값으로 정격 부담(PF=0.8 지역률)에서
비오차가 −10[%]가 될 때의 1차 전류를 1차 정격 전류로 나눈 값

$$n = \frac{\text{정격 부담에서 비오차가} -10[\%]\text{가 될 때의 1차 전류}}{\text{1차 정격 전류}}$$

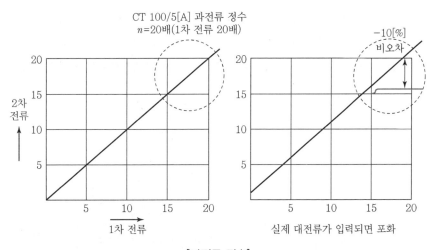

[과전류 정수]

CT $100 \times n(20) = 2,000[A]$

이상적인 100/5[A] → $n = 20$

2) 표준값

n>5, n>10, n>20으로 보호용 CT의 과전류에서 포화 특성을 나타냄

3) 과전류 정수는 과전류가 흘렀을 때의 변류기 특성으로서 회로에 큰 고장 전류가 흐를 때 과전류
정수가 작은 것이 변류기 2차에 흐르는 전류가 작아 2차에 접속된 계기 및 계전기 등을 보호하
는 측면에서 유리

❷ CT의 비오차

1) 비오차(ε)

공칭 변류비와 측정 변류비 사이에서 얻어진 백분율 오차

$$\varepsilon = \frac{K_n - K}{K} \times 100 \, [\%]$$

여기서, ε : 비오차

K_n : 공칭 변류비($K_n = \dfrac{\text{정격 1차 전류}}{\text{정격 2차 전류}} = N$)

K : 측정한 실제 변류비($K = \dfrac{I_2 + I_0}{I_2} = 1 + \dfrac{I_0}{I_2}$)

$$\varepsilon = \frac{K_n - K}{K} \times 100 = \frac{1 - (1 + \frac{I_0}{I_2})}{\frac{I_2 + I_0}{I_2}} \times 100 = -\frac{I_0}{I_2 + I_0} \times 100 \fallingdotseq -\frac{I_0}{I_2} \times 100$$

2) CT의 2차 전류가 일정하다라 보면 CT의 오차는 여자 전류에 의해 결정되고 과전류 정수는 비오차가 $-10[\%]$가 될 때의 여자 전류를 구하는 것으로 결정

3) CT의 비오차 및 위상각은 여자 전류의 크기에 의해 정해지므로 오차가 작은 CT는 여자전류가 작아야 함 → 여자 임피던스가 커야 함($I_0 = \dfrac{V_2}{X_0}$, V_2 : 변류기 2차 전압)

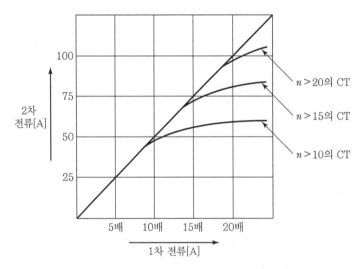

[과전류 범위에서의 특성]

4) 위상오차

① 비오차는 1차 전류와 2차 전류의 크기에 따른 오차를 의미

② 위상오차는 1차 전류와 2차 전류의 위상이 정확히 180°가 발생되지 않는 오차

③ 비오차, 위상오차 모두 여자 전류가 증가되면 오차는 증가

5) 합성오차

비오차와 위상오차를 동시에 고려한 것이 합성오차이며 IEC 규격에서만 적용

$$\epsilon = \frac{100}{I_1} \sqrt{\frac{1}{T} \int_0^T (K_n i_2 - i_1)^2 dt}$$

여기서, I_1 : 1차 전류(실효값), i_1 : 1차 전류(순시값), i_2 : 2차 전류(순시값)

❸ 2차 부담[VA]

1) 정격 부담

정격 부담은 2차 정격 전류(5[A], 1[A])가 부하 임피던스에 흐를 때 규정된 오차 범위를 유지할 수 있는, 즉 성능을 보증할 수 있는 피상 전력을 [VA]로 표시

2) 표준 정격 부담 : 5, 10, 15, 20, 25, 40, 60[VA]

3) 사용 부담이 정격 부담 이상이 될 경우 규정된 오차 범위를 초과

$$VA = I_2^2 \times Z_b$$

여기서, I_2 : 2차 정격 전류

Z_b : 부하 임피던스(계전기, 계측기 및 케이블의 임피던스를 포함한 총 부하)

$$VA > VA_1 \left(VA_1 = \sum_{i=1}^{n} VA_i, \text{전선 임피던스 포함} \right)$$

여기서, VA : 정격 부담, VA_1 : 사용 부담

4) 과전류 정수 × 부담 = 일정(손실을 무시할 경우)

5) 겉보기 과전류 정수(n')

$$n' = n \times \frac{VA}{VA_1}$$

6) 과전류 정수의 사용 부담에 따른 변화

n VA	정격 부담	사용 부담		
	40[VA]	25[VA]	15[VA]	10[VA]
과전류 정수	$n' > 10$	$n' > 15$	$n' > 20$	$n' > 25$

7) 과전류 정수의 특징

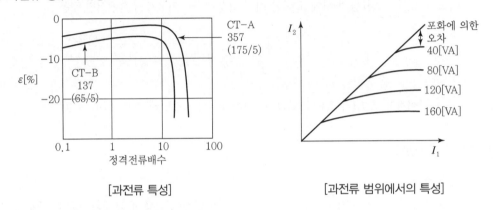

[과전류 특성]　　　　　　　　　[과전류 범위에서의 특성]

4 보호 계전기의 정격 내전류(1초간 흘릴 수 있는 최대 실효 전류치)에 의한 과전류 정수

1) 보호 계전기의 과부하 내량을 β라 할 때 $\beta > \alpha$가 성립해야 함

$$\alpha = \frac{최대고장전류}{정격1차전류 \times 과전류정수}$$

　　여기서, α : CT의 과부담도

2) 만약 $\beta < \alpha$일 경우 CT의 1차 전류를 한 단계 올리거나 과전류 정수를 큰 값으로 수정

06 변류기의 과전류 강도

1 과전류 강도

1) 계통에 단락 사고 발생시 그 회로에 접속된 변류기에 큰 전류가 흘러 온도가 상승하여 권선이 용단되거나 큰 전자기력에 의하여 변류기가 변형되어 버리는 경우 발생됨

2) 위와 같은 것에 대비하여 변류기는 열적 및 기계적으로 견디어야 하는데 변류기의 정격 1차 전류의 몇 배까지 견딜 수 있는가를 정한 것이 과전류 강도

$$과전류 \ 강도 = \frac{최대 \ 고장전류}{CT의 \ 정격 \ 1차 \ 전류}$$

3) 과전류 강도에는 열적 과전류 강도 및 기계적 과전류 강도가 있으며, 정격 과전류 강도를 표시하는 경우 40, 75, 150, 300배 등이 있음

2 열적 과전류 강도

1) 계통에 단락 사고 시 도체에 모든 열이 축적되었다고 가정하고 최종 온도 상승이 절연물의 허용 온도를 초과하지 않는 전류의 한계

2) 관련식

$$S = \frac{S_n}{\sqrt{t}}[\text{kA}]$$

여기서, S : 통전 시간 t초에 대한 열적 과전류 강도
S_n : 정격 과전류 강도
t : 통전 시간[초]

3 기계적 과전류 강도

1) 비대칭 단락 전류의 최대값의 전자력에 대한 내력

$$F = k \times 2.04 \times 10^{-8} \times \frac{I_1 \cdot I_2}{D}[\text{kg/m}]$$

여기서, F : 도체에 작용하는 힘
I_1, I_2 : 각 도체의 전류 순시값
D : 도체간격[m]

2) 전자력에 대한 권선의 변형에 견디는 정도

$$기계적\ 과전류\ 강도 = \frac{최대\ 고장전류}{CT의\ 정격\ 1차 전류}$$

4 과전류 강도 적용 기준

1) MOF의 과전류 강도는 기기 설치점에서의 단락 전류에 의하여 계산 적용

22.9[kV]급으로서 60[A] 이하의 MOF 최소 과전류 강도는 전기 사업자 규격에 의한 75배, 계산값이 75배 이상인 경우 150배 적용, 60[A] 초과 시 MOF의 과전류 강도는 40배 적용

2) MOF 전단에 한류형 전력 퓨즈를 설치하였을 때는 그 퓨즈로 제한되는 단락 전류를 기준으로 과전류 강도를 계산하여 적용

3) 수요자 또는 설계자가 MOF 또는 CT의 과전류 강도를 150배 이상 요구한 경우 그 값을 적용

[변류기의 정격 과전류 강도(전기 사업자 규격)]

정격 1차 전압·전류	6.6/3.3[kV]	22.9[kV]	22[kV]	66[kV]
60[A] 이하	75배	75배	75배	75배
60초과 500[A]미만	40배	40배	40배	75배
500[A] 이상	40배	40배	40배	40배

5 MOF 과전류 강도(22.9[kV] 계산 예)

1) 조건

① 전원 공급 변압기 : 45[MVA], 154/22.9[kV], $\%Z = 14.5[\%]$

② 전선로 임피던스 : 100[MVA] 기준 가공 $\%Z = 3.47 + j7.46$, 지중 $\%Z = 1.08 + j2.67$ [%/km]

③ MOF 임피던스 : 5/5[A] $Z = 0.26 + j1.17$, 10/5[A] $Z = 0.15 + j0.39[\Omega]$

PF 용단 시간을 고려한 단시간 과전류는 KSC $-$ 1706 의 식에 의함

(S : 통전시간 t초에 있어서 정격 과전류 강도 S_n : 정격 과전류 강도)

2) 과전류 강도 계산 예

한전 변전소로부터 가공 전선로 3[km] 지점의 수용가 설치된 특고 CT 5/5[A]의 정격

① 한전 공급 변압기, 가공 전선로의 %Z를 고려하여 계산한 CT 설치점에서의 최대 비대칭 단락 전류 실효치 I_S = 4.1[kA]

② CT 전단의 보호 기기(전력 퓨즈) 동작시간 t = 1.5[cycle] (0.025초)인 경우

③ 보호 기기의 동작 시간을 고려한 단시간 과전류

$$S = \frac{S_n}{\sqrt{t}}[kA] \text{에서} \ S_n = S\sqrt{t} = S\sqrt{0.025} = 0.158 \times S$$

$$I_{Sn} = I_S \times \sqrt{t} = 4.1 \times \sqrt{0.025} \times 10^{-3} = 648.26[A]$$

④ 특고 CT 과전류 강도(배수)

$$S_n = \frac{\text{단시간 과전류}}{\text{CT의 정격 1차 전류}} = \frac{648}{5} = 130[\text{배}]$$

⑤ 따라서 예시에 필요한 특고 CT의 과전류 강도는 130배 이상인 150배의 정격 과전류 강도를 갖는 제품이 설치되어야 함

---

07 계측용 및 보호용 변류기

▮ 변류기의 용도

1) 계측용

① 전류 측정 자체를 목적으로 하는 변류기
② 계측용은 과전류 영역에서 포화특성 보다는 정격 전류에서 측정 정밀도(비오차)가 우선
③ 전류계, 전력계, 전력량계 등에 사용

2) 보호용(계기용)

① 고장 전류를 검출하여 보호 계전기를 동작시키는 것을 목적으로 하는 변류기
② 보호용은 측정 정밀도(비오차) 보다 과전류 영역에서 포화 특성(과전류 정수) 및 과전류 강도가 우선
③ 보호 계전기용(단락 및 지락 보호)으로 사용

❷ 변류기의 성능

계측용 변류기의 성능은 정격 전류에서의 비오차로 등급을 나타내며(IEC), 전력량계에는 정밀급인 0.2급 또는 0.5급이 적용되고, 배전반의 전류계나 전력계에는 1.0급 또는 3.0급의 변류기로 적용

[CT 용도별 오차 한도]

항목	계측용	보호용(계기용)
오차 계급	0.1, 0.2, 0.5, 1, 3, 5	5P, 10P, 20P C100, C200, C400, C800(ANSI) T100, T200(ANSI)
과전류에 대한 1차 정격	IPL	정격오차 한도 1차 전류
과전류에 대한 규정	FS	과전류 정수($n > 5, 15, 20, 30$)
과전류 강도(열적)	계통 고장전류[kA_{rms}]	
과전류 강도(기계적)	계통 고장전류이 파고치	

1) IPL(Rate Instrument Limit Primary Current)

① CT 2차 부담이 정격 부담일 때 계측용 CT 의 합성 오차가 10[%] 또는 그 이상일 때의 1차 전류의 최소값

② 계통 고장으로 인한 높은 전류로부터 계측용 CT에 연결된 계측기 또는 이와 유사한 장치를 보호하기 위하여 합성 오차는 10[%]보다 커야 함

2) FS(Instrument Security Factor)

① 정격 1차 전류와 IPL과의 비

② CT의 1차 측에 계통 고장 전류가 흐를 경우 계측용 CT의 2차 측에 연결된 계측기 또는 이와 유사한 장치는 FS값이 적을수록 안전

③ FS의 값은 특별히 정해진 바는 없으나 계측용일 경우 5 또는 10 이하로 적용

08 변류기 손상 원인

1 변류기 손상의 원인

1) 변류기의 1차 측에 뇌서지, 개폐서지 등이 2차로 이행(유도)되는 경우
2) 단락 전류에 의해서 열적인 손상 또는 기계적 손상(전자력에 의한 뒤틀림)
3) 변류기 2차 측 개방 시 철심의 과포화에 의한 과전압 발생

2 변류기 2차 측 개방

1) 정의

1차 측 부하 전류가 통전되는 상황에서 변류기 2차 측이 개방된 경우, 1차 측 부하 전류가 모두 여자 전류로 작용하여(철심의 자속을 만드는 데 사용) 변류기 철심의 과포화가 발생되어 변류기 코일에는 매우 큰 전압이 유기되어 변류기의 권선이 절연 소손되는 현상

2) 변류기 2차 측이 단락된 상태

① CT의 2차 측은 매우 낮은 임피던스로 단락되어 있어서 2차 측 유기 전압은 수~수십 [V] 정도로 매우 낮은 상태 유지
② 또한 여자 전류를 제외하고는 1차 부하 전류에 의해서 만들어진 자속은 2차 전류에 의한 자속에 모두 상쇄

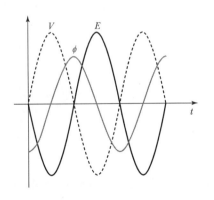

[2차 측 단락 시]

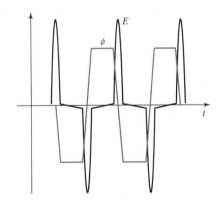

[2차 측 개방 시]

3) 1차 전류의 통전 중 2차 측 개방

① 2차 전류가 0이 되어 1차 전류에 의해서 만들어지는 자속을 더 이상 상쇄하지 못하고 1차 전류가 만드는 자속 전부가 여자 전류로 작용

② CT의 경우는 2차와 무관하게 1차에는 부하 전류가 계속 흐름

③ 이 상황에서 자속이 매우 증가하여 철심은 극도로 포화가 되며, 2차 유기 기전력은 매우 증가

④ 또한 CT의 2차는 낮은 임피던스 상태를 사용을 전제하므로 절연 성능을 크게 갖추지 못하므로 절연 파괴와 같은 이상 현상이 발생

⑤ 그러므로, 운전 중에 변류기 2차 개방되지 않도록 특별히 주의 해야 되며, 변류기는 2차 측을 개방한 상태에서 1차 측에 정격 전류를 60초간 통전하여도 그것에 의해서 기계적, 전기적으로 손상이 발생되지 않는 것을 보증하도록 함

⑥ 실수로 2차 측을 개방하고 바로 폐로 했을 때는 그대로 사용해도 지장이 없도록 함

❸ 대책

1) 단락 전류에 충분히 여유를 갖는 과전류 강도의 변류기를 선정

2) 변류기 2차 측 개방 시 과전압에 대한 대책

① 변류기는 2차 측을 개방한 상태에서 1차 측에 정격전류를 60초간 통전하여도 그것에 의해서 기계적, 전기적으로 손상이 발생되지 않도록 제작

② 2차 개방 상태를 감지하여 자동으로 차단하는 장치를 시설

③ 조작자의 실수로 2차 측이 개방되지 않도록 개방과 동시에 단락이 자동으로 이루어지도록 장치한 단자대를 사용

09 변류기의 이상 현상

1 개요

1) 영향

변류기의 이상 현상은 절연을 악화시키고 수명 단축의 원인 제공

2) 이상 현상의 종류

① 선로 이상전압 내습과 2차 측 유도
② 2차 개로에 의한 이상 현상
③ 선로 단락전류의 유입에 의한 파괴(과전류 강도)

2 변류기의 이상 현상

1) 선로 이상전압 내습과 2차 측 유도

① 원인
  ㉠ 선로에 내습한 충격 전압파가 도달하면 이상의 반사 고전압 발생
  ㉡ 1차 단자 간 및 권선 상호 간 가혹한 전압 인가
  ㉢ 변류기 권선의 Surge Impedence가 선로의 값에 비하여 높고 거의 집중 임피던스(100[μH])로 여겨지기 때문
  ㉣ 특히 입사파의 파두가 가까울수록 현저하게 나타남

② 대책
  ㉠ 측로 저항, 비직선형 측로 피뢰기, 카보랜덤 저항기, 불꽃갭을 갖는 측로 피뢰기 등으로 이상 전압의 반사를 방지

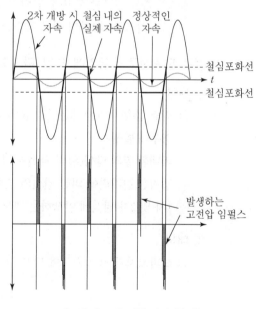

[2차 개로에 의한 이상 현상]

  ㉡ 측로 저항 : 저항이 낮을수록 효과가 크며 너무 낮으면 오차 증가(1~500[Ω])
  ㉢ 비직선형 측로 피뢰기 : 저전압에서 저항이 높고 전압이 높으면 저항 급감

2) 2차 개로에 의한 이상 현상

① 원인

㉠ 1차 전류가 흐르고 있을 때 2차 측을 개방하면 1차 전류는 모두 여자

㉡ 이로 인해 2차 측 유기전압이 아주 크게 되고 철심은 극도로 포화

㉢ 자속은 구형파가 되고 '0'인 점에서 2차 측 전압은 최대로 되어 변류기 파손

  (고전압 유기 → 철손 증대 → 철심 온도 상승 → 절연 파괴)

㉣ 특히, 입사파의 파두가 가까울수록 현저하게 나타남

$$V_2 = \frac{I_1}{I_2} \times V_1 \qquad \rightarrow 2\text{차 측 개방}$$

$$I_2 = 0, \frac{\text{상수}}{0} = \infty \rightarrow V_2 \text{가 상승하여 절연 파괴}$$

② 대책

㉠ 변류기 2차 측은 1차 전류가 흐르고 있을 때 개로되지 않도록 함

㉡ 2차 개로 시 보호용 비직선 저항요소를 부착함

㉢ 2차 측을 개로한 후 바로 단락했을 때 잔류자기에 의한 오차가 크므로 2차 측을 개로할 때는 감자(減磁)하여 잔류 자기를 제거

3) 선로 단락전류의 유입에 의한 파괴(과전류 강도)

① 원인

㉠ 직렬 접속에 의한 계통단락 등에 의한 고장전류가 과전류 정수보다 훨씬 큰 전류가 되는 경우에 발생

㉡ 과대한 열의 발생(열적 과전류 강도)

㉢ 강력한 전자력에 의한 권선의 변형(기계적 과전류 강도)

㉣ 1차 및 2차 권선에 발생하는 과도적인 과전압(전기적 과전류 강도)

② 대책

최초 파고치가 크므로 그에 따른 강도에 견딜 수 있도록 할 것

10   CT 2차 측 개방 시 현상

1 CT 원리

변류기는 1차 전류의 **전자유도 작용**에 의해 권수비만큼의 2차 전류를 발생시키며, 보통 5[A]로 변성

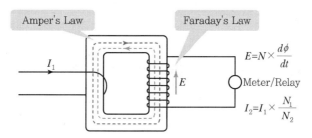

[변류기 구조 및 원리]

2 CT 2차 측 개방 시 현상

1) CT의 철심에 흐르는 자속은 $\Phi = \Phi_1 - \Phi_2 [\text{Wb}]$

2) 2차가 개방이면 $\Phi_2 = 0$

3) 1차 전류가 모두 여자전류로 되면 CT 철심은 포화됨

4) 철심이 포화상태에 있는 구간 : $d\Phi/dt = 0$이므로 역기전력 $E = -n(d\Phi/dt) = 0$

5) 철심이 포화상태가 아닌 구간 : $d\Phi/dt$가 매우 커짐으로써 역기전력 $E = -n(d\Phi/dt)$가 매우 커짐

6) 즉, 임펄스 형태의 고전압이 불연속적으로 유기

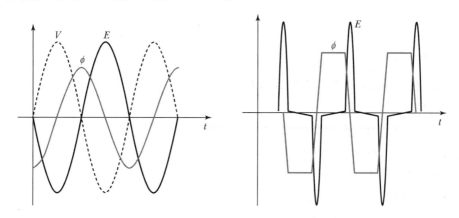

[2차 개로 시 이상 현상]

❸ 영향

1) CT의 철손이 증가하고 철심 온도 상승으로 2차 권선 또는 계기의 절연을 파괴할 수 있음
2) 1차 측 권선은 이상이 없으나 2차 측 권선은 과열 및 소손될 수 있음

❹ 대책

1) 셀렌 정류기 사용
2) 비직선 저항소자 사용
3) 변류기 2차 측은 1차 전류가 흐르고 있는 상태에서는 절대로 개로되지 않도록 주의

11 계기용 변압기(PT)

❶ 개요

1) 계기용 변압기는 고전압/대전류를 일정 비율의 저전압/소전류로 변성하는 기기로 2개의 전기 회로와 1개의 자기 회로로 구성
2) 계기용 변압기는 사용 목적에 따라 접지형과 비접지형으로 분류되고 상수에 따라 단상과 3상으로 분류
3) 계기용 변압기를 통해 접속하면 측정 관계 비용이 절약되고 고압 측과 절연되어 사고위험도 감소

❷ PT 종류

1) 일반적으로 비접지형과 접지형으로 구분
2) 비접지형
    ① 1차 단자의 양단을 선로 간에 접속하여 사용
    ② 종류 : 단상형, V접속의 3상형
3) 접지형
    ① 1차 단자의 양단을 선로에 접속하여 사용
    ② 종류 : 단상형, Y접속의 3상형

③ 정격 부담

1) 규정된 조건과 오차 범위 내에서 변압기 2차 측 단자에 접속할 수 있는 피상 전력

2) 정격 부담$(VA) = \dfrac{V_2^2}{전선의\ 전기저항} + 계기 \cdot 계전기의\ 부담$

3) 전부하 VA가 정격 부담 이내에 있으면 비오차, 위상 오차가 감소

④ PT 결선

1) Y접속 : PT 회로의 기본 결선 방식

2) Δ접속 : 거의 사용하지 않음

3) V접속 : 두 개의 PT로 접속하는 경제적인 결선 방식

4) Open Δ접속 : 비접지계에서 사용

⑤ PT 접지

1) PT 혼촉에 의해 2차 측 고전압이 유기되는 것을 방지

2) 두 권선 간의 정전 유도에 의해 2차 측 고전압이 유기되는 것을 방지

3) 2점 접지를 하지 말 것

4) 고압 및 특고압의 계기용 변성기 2차 측 전로에는 KEC 140에 의하여 접지 공사

⑥ PT용 퓨즈

1) 1차 측 퓨즈

① PT 고장이 선로에 파급되는 것을 방지

② 규격 : 0.5[A], 1.0[A]

2) 2차 측 퓨즈

① 오접속, 부하 고장 등에 의한 2차 측 단락사고가 PT 사고로 파급되는 것을 방지

② 규격 : 3[A], 5[A], 10[A]

⑦ PT 설계 시 고려 사항

1) PT 2차 측은 고 · 저압 혼촉 방지를 위해 중성점 또는 1단자를 접지

2) 감극성으로 하고 단자 부호가 같아야 함

3) 최근 VT(Voltage Transformer)로 명명

12 리액터의 철심 포화

1 리액터의 철심 포화

1) 자기 포화 곡선

① 자화가 되지 않은 철에 자계(H)를 가하여 점점 자계를 증가하면 자구가 회전을 시작하여 이에 따라 자화의 세기(J)가 증가

② 이때 초기에는 H에 비례하여 J는 서서히 증가($\overline{oa}$)

③ $\overline{oa}$ 한계를 넘으면 H의 증가에 비례하여 급격하게 J가 증가($\overline{ab}$)

④ $\overline{ab}$ 를 넘으면 J의 증가는 점차 적어져 그 이상 증가 하지 않고 포화 상태에 도달

$$\Phi = \frac{\mu N I A}{l}$$

⑤ 자로의 한계(A, N, l : 고정)로 큰 자속이 흐르지 못해 포화하면 전류(I) 증가 및 투자율(μ) 감소

$$e = -N\frac{d\Phi}{dt} \fallingdotseq 0 \rightarrow X_L \text{은 감소, } I \text{는 증가}$$

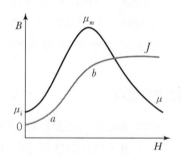

[자기 포화 곡선]

2) 자기 포화 현상이 발생하는 조건

① 일정 자계(H) 이상에서는 자구의 회전이 더 이상 없기 때문

② 히스테리시스손에 기인

③ 자성체 내의 H와 반대되는 H'(감자력)이 존재하기 때문

2 중성점 불안정 현상

1) 정의 : 비접지 계통에서 특정 조건에서 변압기 및 PT의 자화 리액턴스와 대지 정전 용량과 철공진이 발생되어 중성점이 교란되어 이상 전압이 발생되는 것

2) 철공진은 변압기, PT와 같이 "철심에 감긴 코일의 인덕턴스는 비선형 특성"을 가지고 있으며, 계통의 대지 정전 용량과 특정한 운전 조건에서 공진이 발생하여 전압이 일시적으로 상승되는 것을 말하며, 특수 철공진과 기본파 철공진으로 구분

3) 실제 철공진 현상은 매우 복잡하며, 다양한 방법에 의해서 발생

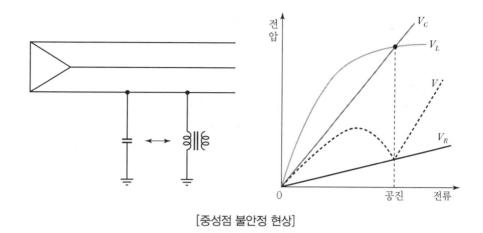

[중성점 불안정 현상]

❸ 철공진 이상 전압

1) 특수 철공진 이상전압

① 발생 원인 및 현상

ⓐ 철심 포화에 의한 파형이 찌그러지면 고조파가 발생하는데 회로가 이 고조파로 공진하는 것을 특수 철공진 이상 전압이라 함

ⓑ 접지형 계기용 변압기의 중성점 불안정 현상으로, 이 현상은 비접지 계통에서 GPT를 사용할 경우 계통이 돌연 변동되거나 또는 1선 지락, 복귀 등 전기적 충격이 가해졌을 때에 중성점이 복잡한 과도 진동을 일으키고, 이것이 오래 지속해서 정상 진동이 되는 수가 있으며 수배의 대지 이상 전압이 발생

ⓐ 계통 절연 파괴

ⓑ 계기용 변압기에 정상값의 수십 배 이상 전류가 흘러 잡음 발생

② 방지 대책

ⓐ 계기용 변압기의 2차 개방 △단자에 전류 제한 저항기(CLR)를 삽입

ⓑ 전류 제한 저항기는 비접지계에서의 근소한 지락 유효분 전류를 얻기 위해서 사용되나 저항접지계에서도 접지형 계기용 변압기 자체의 철공진 같은 이상 현상을 방지하기 위해 사용

2) 기본파 철공진 이상 전압

① 발생 원인 및 현상

ⓐ 선로의 단선, 개폐기류의 불확실한 투입, 퓨즈의 용단 등으로 회로가 단선 상태가 되면 변압기 여자 임피던스가와 선로 정전 용량이 기본파 철공진을 발생

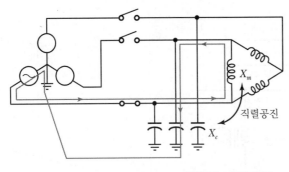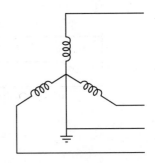

[철공진 이상 전압]

$$V_a = \frac{\dfrac{X_c}{X_m}}{3 - 2\dfrac{X_c}{X_m}} \cdot E_a [\mathrm{V}]$$

여기서 X_c : 선로의 정전 용량에 의한 용량성 리액턴스

X_m : 변압기 리액턴스

ⓒ X_c / X_m 의 값이 3/2 에 접근하면 직렬 공진이 되고, 손실분을 무시하면 무한대 이상전압이 발생하나 실제는 철심 포화가 전압을 억제하여 규정 전압의 3배 정도가 됨

② 방지 대책

보통의 계통의 정상 상태에서는 $X_c / X_m = 3/2$ 이므로 공진은 발생하지 않으나 단선상태에서는 회로에 어떤 충격이 가해져 X_c가 변했을 때에 공진 발생이 가능

㉠ 사고 시에 직렬 공진을 일으키지 않도록 회로 구성

ⓒ 차단기, 개폐기 류의 불안정한 투입이 없도록 보수, 조작에 유의

❹ 철공진 대표적인 사례

1) 비접지 계통에서 PT의 자화 리액턴스와 대지 정전 용량과 직렬 공진 발생

2) 변압기 여자 돌입 시 철심의 포화에 의한 공진 발생

3) 비접지 계통에서 1상만 투입된 경우, 변압기의 자화 리액턴스와 대지 정전 용량과 직렬 공진이 발생

❺ 대책

1) GPT의 2차 부담 적정 용량 산정

2) GPT의 경우 3차 오픈 델타 결선에 적절한 CLR 저항의 삽입

13 계기용 변압기 중성점 불안정 현상

1 정의

1) 비접지 계통에서 특정 조건에서 변압기 및 PT의 자화리액턴스와 대지 정전 용량과 철공진이 발생되어 중성점이 교란되어 이상 전압이 발생되는 것

2) 철공진은 변압기, PT와 같이 "철심에 감긴 코일의 인덕턴스는 비선형 특성"을 가지고 있으며, 계통의 대지 정전 용량과 특정한 운전 조건에서 공진이 발생하여 전압이 일시적으로 상승되는 것

3) 실제 철공진 현상은 매우 복잡하며, 다양한 방법에 의해서 발생

$$V = (R \times I) + j\left\{\omega L(I) \times I - \frac{1}{\omega C} \times I\right\}$$

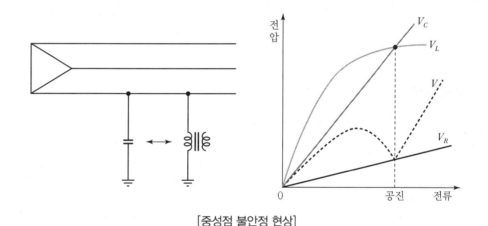

[중성점 불안정 현상]

2 발생 원인

1) 전력 계통이 **비접지계**일 때 계기용 변압기를 접지한 경우

2) 전력 계통이 **접지계**일 때 일시적인 계통 분리로 전력 계통이 비접지계로 된 경우

3) 전기적인 충격에 의한 전력 계통의 혼란

4) 차단기, 개폐기, 단로기 등의 개방

5) 퓨즈 용단과 같은 전력 계통의 단선

3 현상

1) 1선 대지 전압이 정상 전압의 2~3배까지 상승

2) GPT에는 상시 여자 전류의 수십 배에 달하는 이상 전류가 흐름

4 대표적인 사례

1) 비접지 계통에서 PT의 자화 리액턴스와 대지 정전 용량과 직렬 공진 발생

2) 변압기 여자돌입시 철심의 포화에 의한 공진 발생

3) 비접지 계통에서 1상만 투입된 경우, 변압기의 자화 리액턴스와 대지 정전 용량과 직렬 공진이 발생

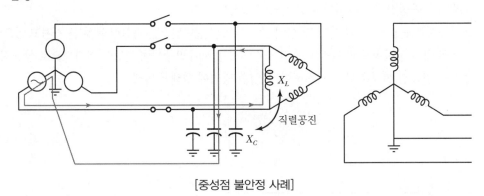

[중성점 불안정 사례]

5 방지 대책

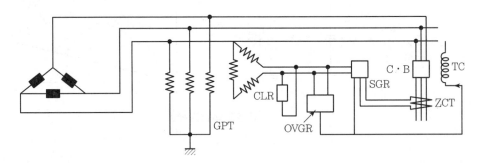

[중성점 불안정 현상 방지 대책]

1) GPT 부담을 적절히 선정

2) Open Δ에 적정 용량의 저항 삽입(CLR)

6 전류 제한 저항기(CLR)

1) GPT 2차 측에 설치

2) 지락 전류 유효분 발생, 제3고조파 발생 억제, 중성점 불안정 현상 억제

14 영상 변류기(ZCT)

❶ 개요

1) ZCT는 지락 전류가 극히 미세한 **비접지 계통** 또는 **고저항 접지 계통**에서 CT 대신 영상 전류를 검출하는 장치

2) ZCT는 자속에 대응하는 영상 전류를 검출하여 해당 Relay에 신호를 보내고 이를 Relay가 판정하여 이상 시에 차단기를 작동

3) 원리

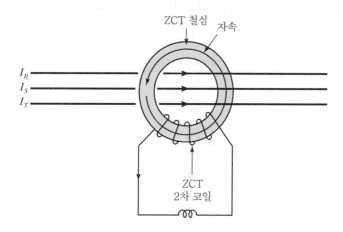

[영상 변류기 원리]

① 1차 전류에 영상 전류가 포함되어 있지 않을 경우

$I_R + I_S + I_T = I_{R1} + I_{R2} + I_{S1} + I_{S2} + I_{T1} + I_{T2} = 0$

$i_r + i_s + i_t = 0$

$\Phi_R + \Phi_S + \Phi_T = 0$이 됨

② 1차 전류에 영상 전류가 포함된 경우

$I_R + I_S + I_T = I_{R1} + I_{R2} + I_{R0} + I_{S1} + I_{S2} + I_{S0} + I_{T1} + I_{T2} + I_{T0} = 3I_0$

③ 이에 대응하는 자속 3Φ가 생기고 2차 측에 $3i_0$가 흐르게 됨

④ 즉, 3배의 영상 전류에 해당하는 2차 전류를 얻도록 한 CT를 ZCT라고 함

❷ 정격 전류

1) 정격 영상 1차 전류 : 표준값 200[mA]

2) 정격 영상 2차 전류 : 표준값 1.5[mA]

❸ 영상 2차 전류 허용오차

1) 허용오차를 작게 하려면 여자임피던스가 커야 함

2) 여자 임피던스를 크게 하려면 철심을 크게 해야 함

3) ZCT 정격 여자 임피던스(Z_0)

계급	정격 여자 임피던스	영상 2차 전류	용도
H급	$Z_0 > 40[\Omega]$, $Z_0 > 20[\Omega]$	1.5 ± 0.3[mA]	계측용
L급	$Z_0 > 10[\Omega]$, $Z_0 > 5[\Omega]$	1.5 ± 0.5[mA]	보호용

❹ 정격 과전류 배수(n_0)

1) ZCT가 포화되지 않는 영상 1차 전류의 범위를 의미

2) 이상 시 과전류에 대한 보호를 위한 값

정격 과전류 배수	내용
$- n_0$	계측기를 정격 전류 이하에서 동작시킬 때
$n_0 > 100$	영상 1차 전류가 20[A] 정도일 때
$n_0 > 200$	이상 지락 시 과전류를 보호할 때

❺ 잔류 전류

구분	내용	
정의	정격부담(10[Ω]), 역률(0.5)에서 2차 측에 흐르는 잔류 전류 최대치	
원인	철심을 개재시킨 1차 권선과 2차 권선 사이의 **전자적 불균일**로 발생	
영향	2차 회로에 접속된 계전기 오동작	
대책	• 1차 권선, 철심, 2차 권선을 **상호대칭** 배치 • 관통형 ZCT의 1차 권선 배치 시 원의 중심 배치 • 정격 1차 전류가 큰 ZCT를 사용	
정격 1차 전류	400[A] 이상	영상 1차 전류 100[mA]에서 영상 2차 전류치 이하
	400[A] 미만	영상 1차 전류 100[mA]에서 영상 2차 전류치의 80[%] 이하

6 ZCT 접속

1) 동일한 병렬회로는 한 개의 ZCT를 통과하도록 함

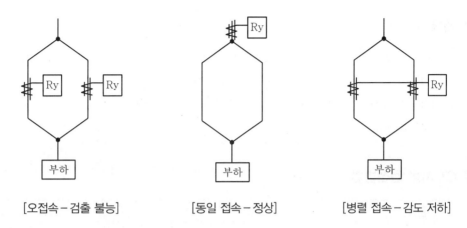

[오접속 – 검출 불능]　　　　[동일 접속 – 정상]　　　　[병렬 접속 – 감도 저하]

2) 전원 측 Cable 차폐층 접지는 ZCT를 **관통**해서 접지

3) 부하 측 Cable 차폐층 접지는 ZCT를 **미관통**해서 접지

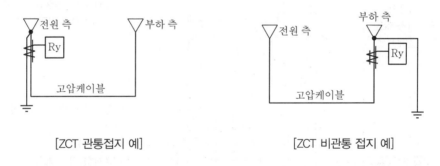

[ZCT 관통접지 예]　　　　　　[ZCT 비관통 접지 예]

4) 선로길이 300[m] 이상인 경우는 **양단 접지**, 그보다 짧은 경우는 **편단 접지**

15 영상 전류 검출 방법

1 개요

1) 1선 지락, 2선 지락, 선간 단락 등 불평형 고장에서는 영상 전류가 발생하고, 기기 보호와 인체 안전 확보를 위해서는 영상 전류를 신속, 정확히 검출해야 함

2) 영상 전류 검출 방법에는 CT를 사용하는 방법과 ZCT를 사용하는 방법 2가지가 있고, 이는 접지 방식별로 구분

2 CT 사용 결선방법

분류	회로도	특징
Y결선 잔류 회로법 (CT비가 작은 경우)		• 정확한 3상 전류, 지락 전류 검출 • $3i_0 = i_a + i_b + i_c$ • 1차 측 1개소만 접지 • 직접 접지 계통, 저저항 접지 계통 • CT비 300/5 이하 사용
3권선 CT법 (CT비가 큰 경우)		• 결선에 따라 ± 30° 전류 얻음 • 2차 : Y(정상, 역상) • 3차 : Δ(영상) • 고저항 접지 계통 • CT비 300/5 초과 사용
V접속		• 2대 변류기에 의해 3상회로 과부하 및 단락보호 • R상과 T상 보통 접속 • $i_b = -(i_a + i_c)$ • 비접지 계통에 사용

❸ ZCT 사용 결선 방법

1) 단상의 경우

지락, 누전 발생 → $I_A \neq I_B$ → ZCT 2차 측 전압 유기 → 증폭 → 전자 장치 여자 → 차단기 Trip

2) 3상의 경우

지락, 누전 발생 → $I_A + I_B + I_C \neq 0$ → ZCT 2차 측 전압 유기 → 증폭 → 전자 장치 여자 → 차단기 Trip

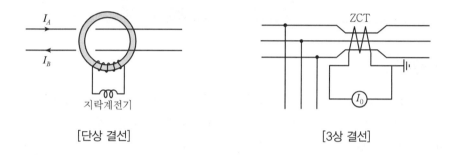

[단상 결선] [3상 결선]

❹ 기타 방법

1) 중성점 접지선의 단상 CT로부터 얻는 방법

① 변압기나 발전기의 중성점 접지선에 단상 CT를 접속하여 영상 전류를 검출하는 방식
② 저압 계통의 변압기, 발전기가 중성점 접지인 경우 적용

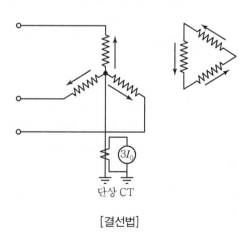

[결선법]

2) Auto Trans의 △권선 내부 CT로부터 얻는 방법

① △권선 내부 CT를 병렬 결선하여 방향 요소 계전기의 전류 극성용 영상 전류로 사용하는 방식
② 사고 위치에 따라 중성점 영상 전류 방향이 변할 수 있는 Y결선 Auto Trans, Y – Y결선 변압기

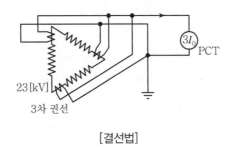

[결선법]

5 맺음말

1) 영상 전류 검출 방법은 접지 방식별로 구분되고 비접지 방식의 경우 검출이 어려워 주의가 필요
2) CT 및 ZCT 오결선은 보호 기기 오동작 및 오부동작으로 연결되므로 주의가 필요
3) 비선형 부하에서 발생하는 영상분 고조파 전류도 고려

---

16 변류기의 분류 및 이중비 CT

1 계기용 변류기 용도에 따른 분류

1) 계측기용 CT

① 계측기용은 평상시 정상 부하 상태에서 사용되므로 정격 이내에서는 정확해야 함
② 사고 시에는 포화되어 계측기 및 회로를 보호하는 특성이 있어야 함

2) 계전기용 CT(보호용 CT)

① 보호용은 사고 시에 응동해야 하므로 상당한 대전류에서 포화되지 않아야 함
② ANSI 규격에서 계전기용 CT는 정격의 20배 전류에 포화되지 않고 비오차가 − 10[%] 이내로 유지하도록 규정
③ 즉, 포화 특성이 중요

3) C형 CT

① ANSI 규격에서 정한 특성으로 철심의 누설 자속이 규정치 이내이고, 권선이 균일하게 감겨 있어 표시된 수치에서 특성을 계산에 의해 구할 수 있는 CT

② C200에서 2는 변류기 정격 임피던스[Ω]를 의미하고

정격 부담 $= I^2 Z = 5^2 \times 2 = 50 [\mathrm{VA}]$

정격 임피던스[Ω] × 2차 정격 전류[A] × 과전류 정수 = 200[V]에서

과전류 정수 = 20

4) T형 CT

① ANSI 규격에서 정한 특성으로 철심의 누설 자속이 커서 특성을 계산에 의해 구할 수 없고 시험에 의해서만 구할 수 있는 CT

② 권선형 CT 중 일부가 이 특성

❷ 이중비 CT(다중비 CT)

1) 실전력 계통에서 광범위하게 사용할 수 있도록 변류비가 두 개 이상인 CT

2) 이중비 CT에는 관통형과 권선형이 있고 그림과 같이 $K_1 \sim l$ 사이 전류 정격은 $K_2 \sim l$ 사이 전류 정격의 2배 **예** 100/5, 50/5

3) 이중비 CT는 하나의 CT를 **계측기용**과 **계전기용**에 겸용하고자 할 때 사용

4) 이중비 CT의 과전류 정수는 가장 높은 변류비를 기준으로 하여 선정

5) 종류 : 단일 철심 1차 다중비 CT, 단일 철심 2차 다중비 CT

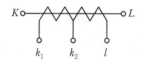

[단일 철심 1차 다중비 CT]

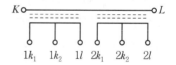

[단일 철심 2차 다중비 CT]

17 영상 전류 및 영상 전압 검출 방식

1 영상 전류 검출 방법

1) CT 잔류 회로 방식

① $3 \times$ CT로 Y결선의 잔류 회로에 OCGR(51G)을 설치하여 영상 전류를 검출

② 일반적으로 중성점 직접 접지 방식에 적용

③ 저항 접지 방식의 경우 정격 전류가 NGR의 지락 전류 제한값의 3배 이하인 경우 가능

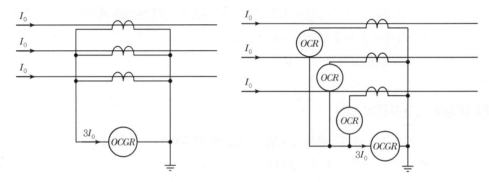

[CT 잔류 회로 방식]

2) 3권선부 CT 방식

① 저항 접지 방식에 적용하는 방식으로 정격 전류가 NGR의 지락 전류의 제한값의 3배 이상인 경우에 적용(300/5 변류비 초과 시 적용)

② 2차 권선은 정상분과 역상분을 검출하기 위해 Y결선하고, 잔류 회로는 형성하지 않음

③ 3차 권선은 영상 전류를 검출하기 위하여 오픈 델타로 결선(100/5의 변류비 사용)

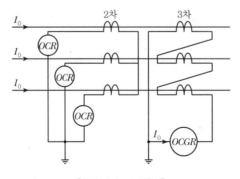

[3권선부 CT 방식]

3) 중성점 접지선 CT 방식

① 직접 접지 및 저항 접지에 적용하는 방식

② 직접 접지 방식에 설치하는 경우 50/5 또는 100/5의 변류비를 갖는 CT를 적용

③ 저항 접지 방식에 설치하는 경우 NGR에 의한 제한되는 지락 전류값에 따른 CT를 선정

4) 영상 변류기(ZCT) 방식

① 비접지 방식에 적용(200[mA]/1.5[mA]의 정격을 가진 ZCT를 적용)

② 1회로에 1대의 ZCT를 적용

③ GPT와 함께 SGR을 이용하여 지락 보호에 적용

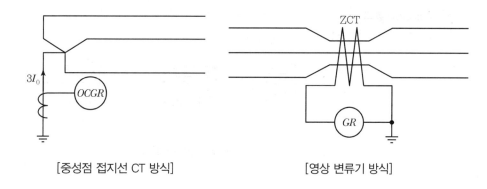

[중성점 접지선 CT 방식]　　　　　[영상 변류기 방식]

② 영상 전압 검출 방식

1) 비접지 방식에 지락 전류가 작아 지락 전류 검출이 어려운 경우에 적용

2) SGR의 의한 지락보호에 대해 후비 보호 또는 경보용으로 사용

3) GPT의 3차 권선은 오픈 델타로 결선하여 영상전압을 검출

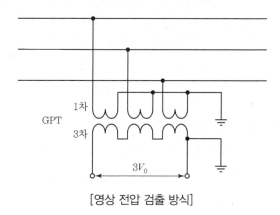

[영상 전압 검출 방식]

18 광 CT

1 개요

1) 전자기 유도현상을 이용한 철심형 CT는 자속포화, 잔류자속, 비선형성, 고전압 시 대형화 등의 기술적인 문제점 발생

2) 기존 CT의 단점을 해결하기 위해 광학적 현상을 이용한 신개념의 광 CT가 개발됨

3) 자기광학 효과

자기장 중에 물질이 높여질 때 물질의 광학적 성질이 변화하는 현상

① Faraday 효과

선형 편광의 방향이 변화하는 현상

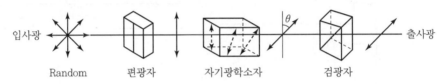

[Faraday 효과 개념도]

2 광 CT의 동작 원리

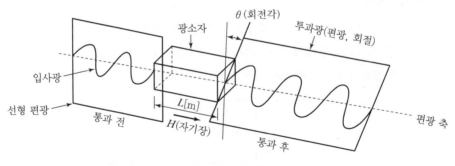

[광 CT의 원리]

1) 자기광학 현상인 Faraday 효과 응용

2) 입사하는 선형 편광이 광학매질(Faraday 소자)을 통과 시 주어진 거리에서 자기장의 크기에 비례해 회전하는 회전각(θ)으로부터 전류를 특정

3) $\theta = V \cdot n \displaystyle\int H \cdot dl = V \cdot n \cdot I$

여기서, V : Verdet 상수[rad/A]
- 반자성체 : Verdet 상수가 작고 온도 특성 우수
- 상(강)자성체 : Verdet 상수가 크고 온도에 의한 영향

H : 자계의 세기[AT/m]
L : 패러데이 소자 길이(광경로)[m]
a : 광섬유를 감은 횟수
I : 인가전류

❸ 광 CT의 종류

1) 회전각 측정에 따른 분류

① 편광 분석형 : 회전각에 따라 출력의 크기 측정

② 간섭계형 : 두 원형 편광성분의 위상차를 간섭신호로 측정

2) 광소자 형태에 따른 분류

① 벌크(Bulk)형

㉠ 구조와 신호처리 간단, 소형, 저가

㉡ 광학매질 : RIG(Rare − earthdoped Iron Garmet)

㉢ 도체와의 간격이 변할 경우 출력 변동, 타 신호에 영향

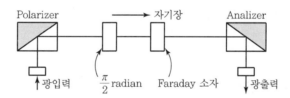

[벌크형]

② 폐회로 벌크형

㉠ 벌크형의 단점 보완

㉡ 벌크소자가 도체를 감싸도록 구성

㉢ 벌크형보다 고가, 복잡, 취급 어려움

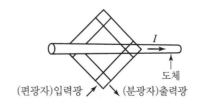

[폐회로 벌크형]

③ 광섬유형

㉠ 광정렬이나 손실 감소, 측정별도와 범위조절 용이

㉡ 광섬유의 선형 복굴절량이 커서 온도나 진동에 민감하며, 출력이 변화함

※ 선형 복굴절 : 굴절률이 축에 따라 다른 정도를 나타내는 것

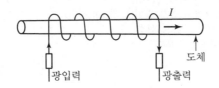

[광섬유형]

4 광 CT의 특징(장점)

1) 광범위한 측정 영역

2) 빠른 응답 특성

3) 소형 경량화 구조 → 경제적 절감효과

4) 자기포화, 잔류자기, 히스테리시스 영향 없음 → 과전류에 의한 변류기 오차 없음

5) 저손실, 고절연성, 무유도성

6) 초고압 적용 시 경제적

7) 취급 안전성 및 유지보수 용이(2차 측 개방에 의한 위험 없음)

8) CT 효율 상승

5 각종 CT의 특성 비교

항목	기존 CT	로고스키 Coil CT	ZCT	광 CT
성능	△	◎	○	◎
호환성	◎	○	△	△
경제성	○	◎	×	○
성장성	△	○	×	◎

◎ 아주 좋음, ○ 좋음, △ 보통, × 나쁨

6 결론

1) 최근 광 기술의 발전으로 기술적 문제점(선형 복굴절 등) 해결, 비용 측면에서 경제성 확보

2) 전력계통의 고전압, 대용량화, 디지털화 경향으로 이에 대응한 광 CT의 적용이 확대될 전망

19 콘덴서형 계기용 변압기(CVT)

1 개요

1) 66[kV] 이상의 고전압 회로를 권선형 PT로 측정할 경우 대형, 고가가 되므로 CVT를 사용함

2) CVT는 콘덴서에 의해 주회로와 대지 간 전압을 분압하고 그것을 VT를 이용, 변성하는 계기용 변압기임

2 CVT의 종류

1) 결합 콘덴서형(CCPD : Coupling Capacitance Potential Device)

주 콘덴서에 결합 콘덴서 사용, 변성특성 우수

2) 부싱형(BCPD : Bushing Capacitance Potential Device)

① 주 콘덴서에 콘덴서 부싱 사용, 정전용량을 이용하여 1차 측 절연
② 큰 2차 전압을 얻을 수 있으나 특성이 나쁘고 비경제적임

3) 리액터 접속방법에 따른 구분

1차 리액터형, 2차 리액터형, 누설 변압기형

3 CVT의 원리 및 특성

1) 원리

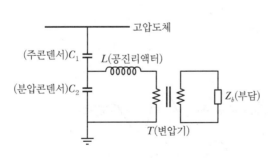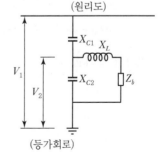

[CVT의 원리]

① 주 회로와 대지 간 전압을 C_1과 C_2에 의해 분압, 변성하여 2차 출력

② 분압회로의 변압기와 직렬로 공진리액터(L) 설치

③ L과 $C_1 + C_2$의 공진조건에서 $V_2 = \dfrac{C_1}{C_1 + C_2} V_1$이 됨

※ 공진조건 $\omega L = \dfrac{1}{\omega(C_1 + C_2)} \rightarrow \omega^2 L(C_1 + C_2) = 1$

2) 오차특성 개선

① L, C 공진에 의한 오차 최소화(저항분만에 의한 전압강하)

② 주 콘덴서 C_1을 크게 함으로써 분압전압을 증대

③ 변압기 철심에 질 좋은 철심재료 사용, 자속밀도를 낮추고 자로를 짧게 하는 등 여자 임피던스 증대

④ 변압기 권선 및 공진 리액터의 저항분을 작게 함

3) CVT의 과도현상

① 1차 측 단락 시

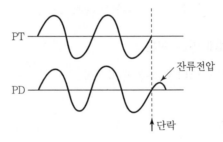

[1차 측 단락 시]

㉠ 2차 전압이 분압콘덴서 C_2의 전하 방전으로 1/2~수[Cycle] 동안 잔류(CVT의 기억작용)

㉡ 고속도 계전기 동작에 악영향

② 1차 측 개방 시

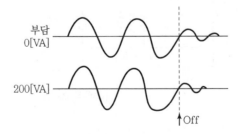

[1차 측 개방 시]

㉠ 분압콘덴서의 방전전류가 변압기를 통해 2차 측에 잔류전압 발생

㉡ 모선 개폐 조작 시 각 상의 잔류 전압차에 의해 영상 잔류전압 발생 가능

③ 2차 측 단락 시

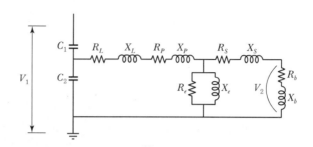

[2차 측 단락 시]

㉠ 2차 전류가 정격을 크게 초과하면 오차 및 분압전압 상승

㉡ 부담의 감소에 따라 C_1과 X_L은 공진상태에 접근($V_2 \simeq V_1$)해서 2차 회로의 절연 위협

㉢ 이상전압에 의해 2차 회로에 전기적 충격으로 변압기 철심회로와 콘덴서 상호작용에 의한 철공진 발생 → 고조파에 의한 단자전압 상승 → 과열, 소음 발생, 절연파괴

4) 방지 대책

① 변압기 철심의 자속밀도를 낮게 하거나 2차 부담과 병렬로 고정부담 접속

② 기본파 공진회로 삽입 → 평상시 고임피던스, 이상 시 저임피던스 작용

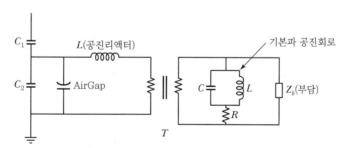

[CVT 과도현상의 방지 대책]

CHAPTER

06

보호계전설비

01 보호 계전기 기본 구성 및 보호계전 방식

1 개요

전력계통은 발전소, 변전소, 송배전선로를 통해 부하까지 밀접한 관계를 유지한 상태로 연계되어 있으며 보호 계전기는 전력계통을 항시 감시하여 고장 등이 발생 시 고장구간을 분리시켜 안정적인 전력공급을 유지하고 고장을 최소화시킴

2 설치목적 및 기본 기능

1) 설치목적

① 계통사고에 대하여 보호대상물을 완전하게 보호

② 기기에 주는 손상을 최소화

③ 사고구간을 고속도로 차단하여 파급을 최소화

④ 불필요한 정전을 방지하여 전력계통의 안전도 향상

2) 기본 기능

① 확실성 : 신뢰도가 높고 정확한 동작으로 오부동작을 방지

② 선택성 : 선택차단과 복구로 정전구간을 최소화

③ 신속성 : 주어진 조건에 부합하는 경우 신속히 동작하는 기능

④ 기타 기능

㉠ 취급이 용이하고 유지보수가 용이할 것

㉡ 계통 변경 등에 대한 정정 변경이 용이할 것

㉢ 주위 환경에 동작의 영향을 적게 받을 것

㉣ 가격이 저렴할 것

3 기본 구성

1) 검출부

보호구간의 고장전류 및 전압을 검출하여 판정부에 알맞은 물리량으로 변성(CT, PT, GPT, ZCT 등)

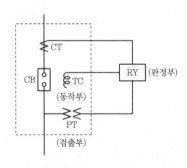

[보호 계전기 구성]

2) 판정부

보호 계전기 자체를 말하며 검출부에서 받은 전압, 전류의 크기, 시간적 변화, 위상 조건에 따라 동작 여부를 결정(억제코일, 반발스프링, 전류전압탭 등)

3) 동작부

판정부의 지시로 전로를 차단하고 사고부분을 분리(차단기 시스템)

4 보호계전 System의 적용

1) 전력계통의 사고 구분

구분	사고 종류
수배전선	• 단락사고 : 2선 단선, 3선 단선(단락 보호 계전기) • 지락사고 : 1선 지락(지락 보호 계전기 사용) 　　　　　　 2선 지락, 3선 지락(단락 보호 계전기 사용)
기기의 사고	• 전기적 원인 : 절연파괴, 과전압(전류 불평형), 과부하, 주파수 이상 • 환경, 기계적 원인 : 온도, 압력, 속도 상승 및 진동 등
특이현상	• 중부하 시의 과전류, 케이블의 충전전류, 무부하 여자돌입전류 • 불완전한 사고 등

2) 보호계전 방식의 적용

① 보호단계의 기본

보호단계	목적	구분
주보호	• 사고제거 • 설비의 손상 방지 • 사고 범위의 국한	설비보호
후비보호		
계통안정화보호	• 사고 확대 방지 • 이상 운전의 해소 • 계통의 안전운전 유지	계통보호

② 전력계통의 보호단계

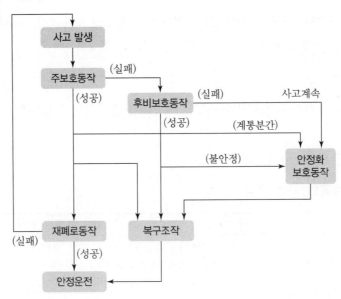

[계통의 보호단계]

주보호, 후비보호, 안정화 보호 순으로 사고처리가 진행되며 안정화 보호까지 사고가 계속될 경우 사고처리 시간이 길어지고 장해범위도 확대

③ 보호범위 설정

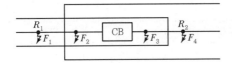

구분	F_1	F_2	F_3	F_4
R_1	○	○	○	×
R_2	×	○	○	○

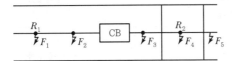

구분	F_1	F_2	F_3	F_4	F_5
R_1	○	○	○	×	×
R_2	×	×	×	○	×

[보호범위설정]

㉠ 전력계통의 전력에 걸쳐서 모든 기기설비에 대해 보호범위를 설정해야 함
㉡ 보호범위는 서로 인접한 기기를 접속하는 차단기를 사이에 설치하고 상호 간에 중복시킴
㉢ 보호되지 않는 부분이 생기지 않도록 변류기와 차단기의 배치를 고려할 것

④ **주보호와 후비보호**

　　㉠ 주보호 : 사고 구간 내 사고 시 우선적으로 동작되는 보호 방식

　　㉡ 후비보호 : 주보호가 오·부동작했을 때 Back-up 동작으로 사고의 파급을 최소한으로
　　　줄이는 보호방법

　　㉢ 주보호가 부동작되는 원인

　　　ⓐ 주보호 계전기 자체의 고장 등 장해

　　　ⓑ CT, PT 및 입력회로의 장해 또는 입력의 소멸

　　　ⓒ 조작전원의 장해

　　　ⓓ 차단 실패

　　　ⓔ 보호범위 설정의 문제

　　㉣ 후비보호 오·부동작 방지 대책

　　　ⓐ 계기용 변압기, 변류기 및 차단기 트립회로는 주보호와 별개의 것을 사용

　　　ⓑ 제어용 전원도 가능하다면 별개의 전원으로 사용

⑤ **계통의 안정화 보호**

　　㉠ 사고의 영향이 파급, 확대할 염려가 있을 경우에 적용하는 보호방법

　　　ⓐ 시간적으로 연쇄적으로 확대되는 것을 방지할 것

　　　ⓑ 지역적으로 광범위한 공급지역이 되는 것을 국한할 것

　　㉡ 계통 안정화 보호의 내용

기능	검출조건	제어내용
예측처리 (미연 방지)	• 사고의 이상 지속 • 연계점 전력변화 확대 • 전압위상 변동	• 계통 분리 • 전원 제한 • 부하 제한
주파수 유지	주파수 이상(저하, 상승)	• 발전 조정 • 계통 전환
과부하 해소	선로, 변압기 등의 부하 제한치 초과	

02 보호 계전기의 동작 시한별 분류

1 개요

보호 계전기를 동작 시한별로 분류하면 순한시, 정한시, 반한시, 반한정시 등으로 분류 가능

2 보호 계전기 동작 시한별 분류

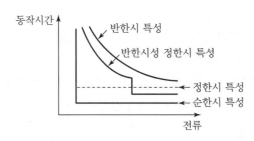

[동작 시한별 특성 곡선]

1) 순한시

① 일정한 값 이상일 경우 즉시 동작하는 것으로 한도를 넘은 양과 무관

② 동작시간 : 보통 0.3초 이내에서 동작

③ 적용 : 고속도 계전기

2) 정한시

입력치가 일정치라도 그 증감에 관계없이 일정한 시간이 경과한 후 동작

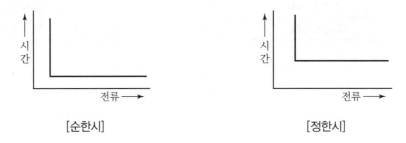

[순한시]   [정한시]

3) 반한시

① 입력치의 증감에 따라 동작 정도가 변함

ㄱ 입력량(대) → 신속 차단

ㄴ 입력량(소) → 정한시 차단

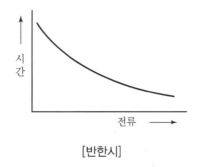

[반한시]

4) 반한정시 정한시

입력치의 어느 범위까지는 반한시 특성, 그 이상이 되면 정한시 특성이 되는 것

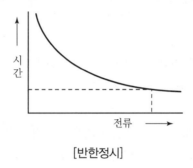

[반한정시]

5) 단한시

① 송전선의 주보호구간에 고장이 발생 시 순시 동작

② 인접 외부의 고장에 대한 후비보호에는 어떤 시한을 가지고 동작을 하는 경우에 사용

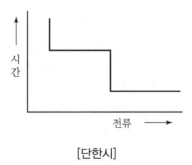

[단한시]

03 보호 계전기의 용도별 분류

1 개요

보호 계전기를 용도별로 분류하면 전류 계전기, 전압 계전기, 지락과전류 계전기, 선택지락 계전기(SGR), 전력 계전기, 방향 계전기, 차동 계전기, 기타 계전기 등이 있음

2 보호 계전기의 용도별 분류

1) 전류 계전기

① 예정된 전류로 동작하는 릴레이로 과전류 계전기(OCR), 부족전류 계전기(UCR)로 구분

② 한시요소 동작치 정정

　㉠ 한시요소 : 계약최대전력의 150 ~ 170[%]에서 정정

　㉡ 한시정정 : 수전용 변압기 2차 3상 단락 시 0.6초 이하

　㉢ 고려사항

　　ⓐ 동작 정정치는 계약전력을 기준으로 하거나 수전설비 용량을 기준으로 함

　　ⓑ 수전부하가 변동 부하일 경우 계약최대전력의 200~250[%]로 할 수 있음

③ 순시요소 동작 정정치

　㉠ 순시요소 : 수전변압기 2차 측 3상 단락전류의 150[%]

　㉡ 고려사항

　　ⓐ 수전변압기가 2Bank 이상인 경우 용량이 큰 Bank를 기준으로 함

　　ⓑ 순시요소는 수전변압기 1차 측 사고에서는 확실히 동작하고 수전변압기 2차 측 단락 사고 및 여자돌입전류에는 동작하지 않도록 정정

2) 전압 계전기

① 예정된 과부족 전압 또는 결상 시 동작하는 릴레이로 과전압 계전기(OVR), 부족전압 계전기(UVR), 결상전압 계전기, 역상전압 계전기로 구분

② 종류

　㉠ OVR(과전압 계전기)

　　ⓐ 정격전압의 130[%]에서 동작

　　ⓑ PT 2차 전압이 110[V]인 경우 계전기 전압 Tap은 AC 135~150[V] 범위 내의 전압 Tap 을 반드시 하나는 구비할 것

ⓛ UVR(부족전압 계전기)

ⓐ 정격전압의 80[%]에서 동작

ⓑ PT 2차 전압이 110[V]인 경우 계전기 전압 Tap은 AC 60~80[V] 범위 내의 전압 Tap을 반드시 하나는 구비할 것

ⓒ OVGR(과전압 지락 계전기)

ⓐ 과전압 지락 계전기는 정격영상전압(GPT 3차 전압)의 30[%]에서 정정

ⓑ 정격영상전압(GPT 3차 전압)이 190[V]인 경우 AC 55~65[V] 범위 내의 전압 Tap을 반드시 하나는 구비될 것

3) 지락과전류 계전기(OCGR)

① 지락보호에 적용

② 한시요소 동작 정정치

㉠ 최대부하전류의 30[%] 이하로서 3상 부하 불평형전류 최대치의 150[%]인 조건인 경우

㉡ 1선 완전 지락사고 시 0.5초 이하로 동작

4) 선택지락 계전기(SGR)

① 다회선의 배전선(비접지)이 설치되어 있는 경우 어느 한 선로에서 지락사고가 발생 시 그 사고 선로만 선택하여 계전기를 동작

② OCGR은 영상전류의 방향에 관계가 없고 그 크기만을 가지고 계전기가 동작되나 SGR의 경우 영상전류의 크기와 영상전류, 영상전압의 방향에 따라 동작

③ 특징

㉠ 전압-전류특성

ⓐ SGR의 전압코일에 걸리는 전압을 횡축에, 전류코일에 흐르는 전류를 종축에 잡고 이 전압과 전류의 위상이 동상인 경우와 45°인 경우의 특성 곡선

ⓑ 이 경우 전압코일에 100[V]의 전압에 걸리는 위상이 45°인 경우 1.2[mA] 이상의 전류가 코일에 흐르면 동작

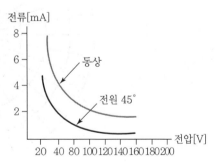

[SGR의 전압-전류특성]

ⓛ 동작시간 – 전류특성

ⓐ SGR의 동작요소는 3가지이므로 동작 시간과 전류외 SGR의 전압코일에 가해지는 전압과 전압 – 전류의 위상각에 따라 동작 특성이 달라짐

ⓑ 그림에서와 같이 전압이 190[V] 위상차가 0°인 경우 전류코일에 20[mA]가 흐르면 약 0.7초에 동작됨을 알 수 있음

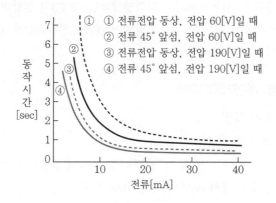

① 전류전압 동상, 전압 60[V]일 때
② 전류 45° 앞섬, 전압 60[V]일 때
③ 전류전압 동상, 전압 190[V]일 때
④ 전류 45° 앞섬, 전압 190[V]일 때

[SGR의 동작시간 – 전류특성]

ⓒ 위상 – 전류특성

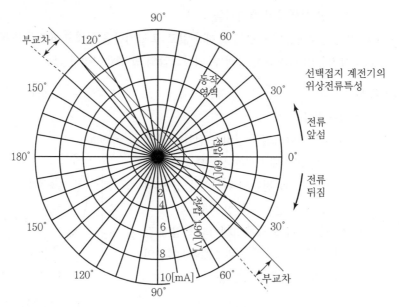

[SGR 위상특성 곡선도]

ⓐ 전압과 전류가 동상일 때 0° 선상을 살펴보면 60[V] 부근의 특성 곡선과 교차하는 점의 중심에는 2.5[mA]의 원주상에 있음을 알 수 있고 이 전류 이상이 흐르면 동작

ⓑ 동일한 방법으로 190[V]에서는 1.4[mA] 이상이면 동작

ⓒ SGR의 전압코일에 걸리는 전압은 일반적으로 최대 190[V]이므로 전류가 140° 이상 앞서거나 50° 이상 뒤질 경우 이 SGR에 아무리 많은 전류가 흘러도 동작되지 않음(메이커의 특성 곡선의 차이점은 있음)

5) 전력 계전기

유효, 무효, 과전력, 부족전력 계전기로 구분

6) 방향 계전기

단락방향 계전기, 지락방향 계전기, 전력방향 계전기로 구분

7) 차동 계전기

차동 계전기, 비율차동 계전기(변압기, 조상기의 내부고장 시 동작)로 구분

8) 기타 계전기

거리 계전기, 주파수 계전기, 속도 계전기, 온도 계전기, 압력 계전기(부흐홀츠 계전기) 등

04 | 유도형과 디지털 계전기의 원리와 특징 비교

1 보호 계전기의 분류

1) 전자 기계형

① 가동철심형 : 플런저형, 힌지형, 밸런스빔형, 유극형

② 유도형 : 유도원판, 유도원통, 유도환형

③ 가동 Coil형

④ 기타(정류형, 모터형, 열동형 등)

2) 정지형

① Analog형 : Transistor형, IC형, Hybrid형

② Digital형

　⊙ 연산처리 방식별 : 연산형, 간이구성 연산형, 계수형, Scanner형

　ⓒ 구성 형태별 : Unit형, System형, Combination형

3) 기능 및 용도별

OCR, OVR, UVR, RDR, OCGR, SGR 등

2 유도형 계전기 동작원리

1) 유도형 계전기는 교류자계에 의해 도체에 생기는 와전류와 다른 교류자계와의 전자유도 작용에 의해 구동

2) 토크 발생원리

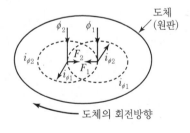

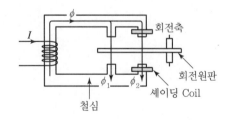

　[ϕ_1보다 ϕ_2가 늦을 때($\phi_1 \rightarrow \phi_2$ 방향)]　　　　[셰이딩 Coil형 유도원판형 계전기]

① 회전축에 주어진 도체 원판에 2개의 교류자속 ϕ_1, ϕ_2가 작용

이때 ϕ_1보다 ϕ_2가 θ만큼 위상이 지연되고 있으면

$$\phi_1 = \phi_{m1}\sin\omega t \qquad\qquad \phi_2 = \phi_{m2}\sin(\omega t - \theta)$$

여기서, ϕ_1, ϕ_2 : 교류자속의 순시치

ϕ_{m1}, ϕ_{m2} : 교류자속의 최대치

② 이것으로부터 도체에 유도되는 전류는

$$i_{\phi_1} \propto \frac{d\phi_1}{dt} = \phi_{m1}\cos\omega t \qquad i_{\phi_2} \propto \frac{d\phi_2}{dt} = \phi_{m2}\cos(\omega t - \theta)$$

토크는 한쪽의 유도전류와 다른 쪽 자속의 상호작용으로 생기므로

$$\text{전 토크 } T \propto F_1 - F_2 = \phi_1 \cdot i_{\phi_2} - \phi_2 \cdot i_{\phi_1}$$

$$= \phi_{m1} \cdot \phi_{m2}\{\sin\omega t \cdot \cos(\omega t - \theta) - \sin(\omega t - \theta) \cdot \cos\omega t\}$$

$$= \phi_{m1} \cdot \phi_{m2}\sin\theta$$

$$= \phi_{m1} \times \phi_{m2}$$

③ 유도형에서는 반드시 2개 이상의 동일 주파수의 교류자속이 함께 작용하지 않으면 토크가 생기지 않으므로 고장전류의 직류분의 영향이 적음

❸ 디지털 계전기의 원리

1) 디지털 전송과정

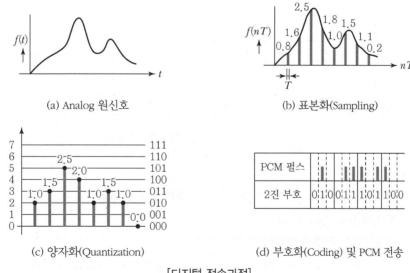

(a) Analog 원신호

(b) 표본화(Sampling)

(c) 양자화(Quantization)

(d) 부호화(Coding) 및 PCM 전송

[디지털 전송과정]

① 표본화(Sampling)

아날로그 입력신호를 이산신호로 만들기 위해 Sampling하여 PAM 신호를 얻는 과정

→ 횡축에 대한 폭(종선)을 원신호의 2배 이상 속도로 샘플링($n = 1, 2, 3 \cdots$, T : 샘플링 주기)

② 양자화(Quantization)

샘플링된 값들을 양자화 레벨(2^n개의 스텝수)에 맞게 이산적인 대표값으로 근사화시키는 과정(4사 5입적 조작)

③ 부호화(Coding) 및 PCM 전송

㉠ 양자화된 PAM 진폭 크기를 2진 부호로 변화하는 과정

㉡ PCM(Pulse Coded Modulation) : 디지털 신호에 대응하여 펄스 유무 조합 형태로 데이터를 전송하는 기법

④ 재생 중계

장거리 전송 시 신호재생 기능

⑤ 복호화(Decoding)

수신 측에서 원신호 복원을 위해 역과정 수행(디지털 신호를 CPU에서 연산 처리하여 출력)

2) 구성 및 기능

① 구성도

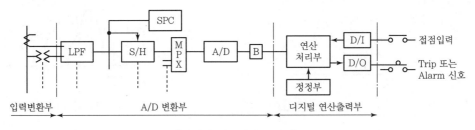

[디지털 계전기의 구성도]

② 각부의 기능

㉠ 입력 변환부 : 입력 전기량을 적정 수준의 신호로 변환

㉡ LPF(Low Pass Filter)

ⓐ 연산 수행에 필요한 파형만 통과

ⓑ 고주파 대역 확실한 차단 → Sampling에 따른 Folding Error 제거

㉢ S/H(Sampling & Hold) : Sampling 후 그 값을 Sampling 주기 동안 유지시킴

㉣ MPX(Multiplexer) : S/H에서 공급된 여러 입력 데이터(Analog Hold 값)를 시분할하여 순차적으로 A/D에 전송

ⓜ A/D Converter : Analog 신호를 Digital 변환, 그 데이터를 Buffer 경유 CPU로 전달

　　※ Buffer : Computer 처리능력을 분담

ⓗ Digital 연산 출력부

　　ⓐ 연산 처리부 : 프로그램 메모리 내용에 따라 연산 수행(CPU, RAM, ROM 구성)

　　ⓑ 기타 : 정정부, D/I, D/O 등

4 유도형과 디지털형의 특징 비교

구분	유도형	디지털(Digital)형
동작원리	전자유도 → 회전력	디지털 신호변환 → CPU에 의한 연산처리
주요 구성품	유도원판	LSI, A/D 등
성능	저속, 저기능	고속, 고감도, 고기능
신뢰성	낮음	높음
보수성	정기적 점검 필요	자동점검(무보수)
크기	큼	작음
내환경성	잡음에 강하나 진동에 약함	진동에 강하나 서지, 노이즈 대책 필요
경제성	저가/유지비 증가	고가/유지비 감소
장래성	보통	매우 유리

05 디지털 및 복합 계전기

1 개요

1) 디지털 계전기는 아날로그 신호를 디지털 변환, 그 데이터를 마이크로 프로세서에 의해 고성능, 다기능화한 것으로 최근에 널리 사용

2) 디지털 전송과정

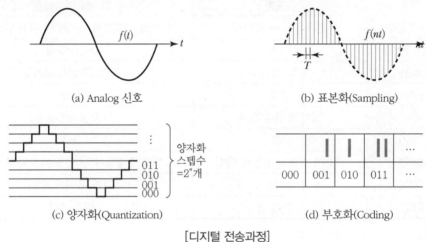

(a) Analog 신호

(b) 표본화(Sampling)

(c) 양자화(Quantization)

(d) 부호화(Coding)

[디지털 전송과정]

2 기본 구성

1) 구성도

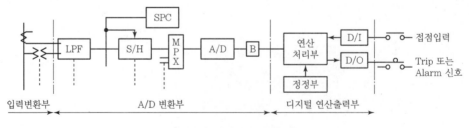

[디지털 계전기의 구성도]

2) 구성요소

① 입력변환부   ② LPF(Low Pass Filter)

③ S/H(Sampling & Hold)   ④ MPX(Multiplexer)

⑤ A/D Converter   ⑥ Buffer

⑦ CPU(디지털 연산출력부)

❸ 디지털 계전기의 종류

1) 연산처리 방식별

① 연산형

입력량을 주기적으로 샘플링하여 양자화된 디지털양으로 변환 후 프로그램에 의거 연산처리한 것 → 차동 계전기 등에 적용

② 간이구성 연산형

연산형과 구성은 동일하나 회로 간소화 또는 Bit수 삭감처리한 것 → 과전류 계전기, 부족전압 계전기

③ 계수형

입력량을 디지털 변환하여 계수 처리한 것 → 주파수 계전기

④ 스캐너형

마이크로프로세서에 의해 계전기의 입력치와 정정치를 비교 판정하여 동작시키는 것 → 과전류 계전기, 부족전압 계전기

2) 구성 형태별

① Unit형

하나의 기능만으로 구성된 것 → 주파수 계전기

② System형

여러 개의 보호기능이 조합, 구성된 것 → 송전선 보호계전 장치

③ Combination형

보호, 제어, 측정 등의 기능이 종합적으로 구성된 것 → 복합 계전기

4 디지털 계전기의 특징

장점		단점
• 고성능 다기능화	• 소형화	• 고조파, 서지, 노이즈 대책 필요
• 고신뢰성	• 융통성	• 기술의 급진전에 따른 부품 확보 어려움
• 표준화	• 저부담화	• 문제점 발생 시 원인규명 난이
• 경제성	• 장래성	• 소형, 축소화에 따른 배선 처리 복잡

5 디지털 복합 계전기

1) 계전기 + 계측기 + 통신기능 등을 복합적으로 내장하여 다기능 수행 및 모니터링 + 비용관리 + 수요전력관리 + 에너지관리의 서비스 통합제품

2) 구성도

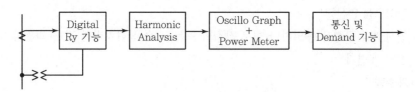

[디지털 복합 계전기의 구성도]

3) 주요 기능

계측기능	보호계정기능
• V, I, kW, Pf, Hz	• 50, 51, 50G, 51G, 27, 59, 64 등
• THD(V, I), I_{TDD}, K−factor	• 기본파 성분에 근거하여 보호
• Demand 계측 및 Peak−Demand	• Sampling 실시간 보호
• 최대, 최소, 평균	• Event, Real Time 분석

4) 특징

① 계전기 1대로 다기능 전력 Metering

② 고정밀 전력계측, 부하에 따라 정정치 자동 Setting

③ 고조파 등 전력품질 분석

④ 에너지 관리 및 Peak Demand 제어

6 Analog형과 Digital형 비교

구분	Analog형		Digital형
	전자기계형	정지형	
동작원리	전자유도 → 회전력(유도형) 전자흡인력 → 기계적 응동(철심형)	논리회로에 의한 입력크기, 위상 비교판정	디지털 신호변환, CPU에 의한 연산처리
주요 구성품	유도원판, 가동철심	트랜지스터, 다이오드, OP앰프	LSI, IC, A/D 등
성능	저속, 저기능	고속, 고감도	고속, 고감도, 고기능
신뢰성	낮음	보통	높음
보수성	정기적 점검 필요	정기점검, 자동점검	자동점검(무보수)
크기	큼	보통	작음
내환경성	잡음에 강하나, 진동에 약함	진동에 강하나 서지·노이즈에 취약	진동에 강하나 서지·노이즈에 취약
경제성	저가, 유지비 증가	보통	고가, 유지비 감소
실용성 (장래성)	보통	없음(현재 사용 안 함)	큼

7 최근 동향 및 향후 전망

1) **적응계전** : 계전기 스스로 정정치 변경, 계전기 오동작 영향 최소화

2) **인공지능** : Fuzzy 이론을 적용한 사고판정, 신경 회로망 응용

3) **무인화 및 자동화** : 원격제어, LAN 이용 Web 기반 제어

4) **지능형 수배전반 보급 확대에 따른 복잡형 계전기 증가 추세**

06 과전류 계전기의 원리 및 특성

❶ 개요

과전류 계전기란 전류가 예정값 이상 되었을 때 동작하는 계전기로서 용도가 대단히 넓고 단락보호용(과부하 포함)과 지락 보호용으로 주로 사용

❷ 과전류 계전기의 구조 및 동작 원리(유도형)

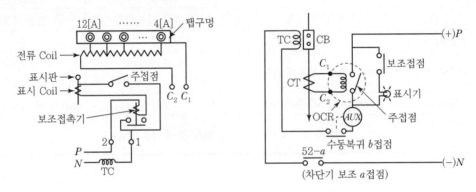

[과전류 계전기의 구조]

1) 전류탭 정정

① 전자 유도작용에 의해 구동

동작은 제어 스프링의 힘을 이기는 회전력으로 자속(Φ), 전류(I), 코일 권수(N)에 비례

② 설계상 전류(I)와 권수(N)의 곱은 240[A·turn]으로 하면

　㉠ 4A 탭 : 240/4 = 60[turn]

　㉡ 12A 탭 : 240/12 = 20[turn]

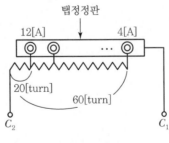

[전류탭 정정]

2) 동작과정

① 과부하 또는 단락사고 시 전류탭 정정치 초과전류가 C_2 → 전류 Coil → 탭나사 → 전류탭 정정판 → C_1으로 흘러 계전기 동작(주접점 ON)

② 보조 접촉기에 의해 트립전류로 인한 주접점 손상 방지
(보조 ON, 주접점 OFF) → 표시기 동작 및 TC 여자에 의한 사고점 차단

3) 과전류 계전기의 특성

① 반한시 특성

㉠ 계전기 Coil에 흐르는 전류가 증가함에 따라 동작시간이 반비례적으로 감소하는 특성

㉡ 동작시간 전류특성은 계전기의 전류탭 및 타임레버에 의해 변화

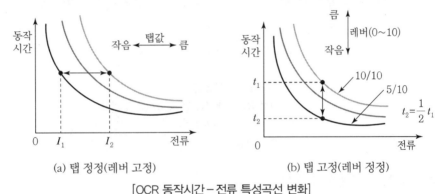

(a) 탭 정정(레버 고정)　　　　　(b) 탭 고정(레버 정정)

[OCR 동작시간 – 전류 특성곡선 변화]

② 정한시 특성

㉠ 계전기 동작 Coil에 유입하는 입력전류가 정정치 이상이면 입력량에 관계없이 거의 일정한 시간에서 동작하는 것

㉡ 일반적으로 한시계전기와의 조합(반한정시 특성)에 의해 사용

㉢ 주로 고속도형(정정치의 200[%] 입력으로 40[ms] 정도)

㉣ 적용 : 유도원판형, Plunger형, 정지형

③ 반한시 – 순시조합 특성(51/50)

㉠ 순시요소(50) : 단락보호용 → 대전류 순시차단

㉡ 반한시요소(51) : 과부하 또는 후비보호

④ 관성 특성

㉠ 계전기 간 시간차를 두고 선택 차단 시 시간차가 부적절하면 관성에 의한 오동작 발생

㉡ 보통 원판형 : 0.1초

㉢ 감속치차 사용(소세력식) : 0.5초 정도

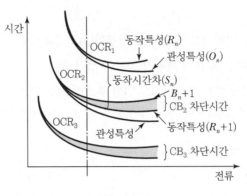

[특성 곡선]

ⓐ $R_n = R_{n+1} + S_n$

ⓑ $S_n = B_{n+1} + O_n + \alpha$

여기서, R_n : OCR$_1$ 동작시간
R_{n+1} : OCR$_2$ 동작시간
O_n : OCR$_1$ 관성특성
S_n : OCR$_1$과 OCR$_2$ 간 동작시간 정정차
B_{n+1} : CB$_2$ 차단시간
α : 여유시간

4) 강반한시, 초반한시 특성

반한시 특성이 보다 강한 것으로 한시차 정정의 단수가 많은 곳에서는 정정이 곤란

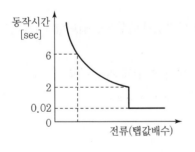

[반한시 – 순시조합 특성]

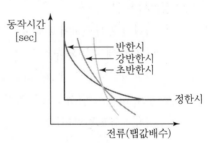

[계전기 동작시간 특성]

5) 단한시 특성

① 일종의 반한－정시 특성
② 정지형 계전기에서 사용

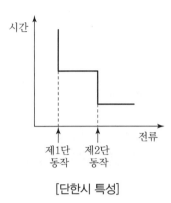

[단한시 특성]

6) 기타 특성

① 복귀시간 특성
　㉠ 계전기 안정도(Bearing부, Spring 등 경년변화나 마모 정도)와 관계
　㉡ 고속 계전기에서는 빠른 복귀시간 필요
② 온도특성
　㉠ 동작시간의 온도 변화에 관한 특성
　㉡ $-20[℃] \pm 20[℃]$에서 오차계급 → 보통 $\pm5[\%]$
③ 주파수 특성 : 계통 주파수 차에 의한 특성 변화(동일계통은 문제시 안 됨)

07 과전류 계전기 정정

◼ 한시 Tap 설정

1) 목적 : 과부하 보호

2) Setting : 4~12[A]

3) Tap 값 : $\dfrac{\text{정격전류}(I_n)}{\text{CT비}} \times 150[\%]$

◼ 순시 Tap 설정

1) 목적 : 단락전류 보호

2) Setting : 20~80[A]

3) Tap 값 : $\dfrac{\text{고장전류}(I_s)}{\text{CT비}} \times 130 \sim 250[\%]\,(\text{보통}\ 150[\%])$

◼ Time Lever 설정

1) 목적 : 보호협조(동작시간 정정)

2) Setting : 0~10Lever

3) Current[%] : $\dfrac{\text{계전기에 흐르는 고장전류}}{\text{한시 Tap}} \times 100[\%] = \dfrac{\text{고장전류}}{\text{한시 Tap} \times \text{CT비}} \times 100[\%]$

4) Time & Current Characteristics(OCR, OCGR) 검토

   ① 반한시(NI : Normal Inverse type)

   ② 강반한시(VI : Very Inverse type)

   ③ 초반한시(EI : Extremery Inverse type)

   ④ 정한시(DI : Definite Inverse type)

   ⑤ 장반한시(LI : Longtime Inverse type)

5) 한전 계전기 정정지침을 참고하여 동작 시한을 정한 후 반한시 특성 Curve에서 Time Lever 설정

◼ 과전류 계전기의 정정 예

예1 22.9[kV]/440[V], 1,500[kVA], %Z=7.5[%], CT비 50/5일 때 OCR 정정 방법

1) 한시 Tap 설정

   ① $I_n = \dfrac{1,500}{\sqrt{3} \times 22.9} = 37.8[A]$

② 탭전류$=\dfrac{37.8}{50/5}\times1.5=5.67\rightarrow6[\text{A}]$

2) 순시 Tap 설정

① $I_s=\dfrac{100}{\%Z}\times I_n=\dfrac{100}{7.5}\times37.8=504[\text{A}]$

② 탭전류$=\dfrac{504}{50/5}\times1.3=65.6\rightarrow70[\text{A}]$ 선정

3) Time Lever 설정

① Current[%]$=\dfrac{504}{6\times50/5}\times100=840[\%]$

② 0.6[sec] 이하로 동작시간 설정 시 NI일 경우 Time Lever 2로 설정(특성 Curve 참고)

예2 아래 그림에 제시된 조건에서 OCR 정정 방법

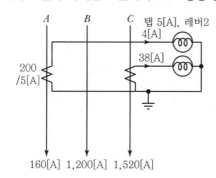
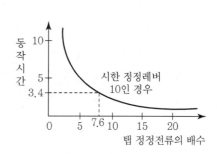

1) A상 OCR에는 4[A], C상 OCR에는 38[A]가 흐른다면 전류탭은 5[A]로 정정되어 있으므로 탭정정 전류의 배수는

$\begin{cases} \text{A상 OCR}:4\div5=0.8\text{배} \\ \text{C상 OCR}:38\div5=7.6\text{배} \end{cases}$

시간정정레버가 10인 경우 위의 한시특성 곡선으로부터 동작시간은 3.4초

따라서 시간정정레버가 2이므로 동작시간은 $3.4\times\dfrac{2}{10}=0.68$초

2) 사용 중인 OCR의 전류탭 정정

사용 중에 있는 전류탭을 뽑아내고 새로운 탭 구멍에 넣는 작업을 하면 뽑아낼 때 CT 2차 회로가 개방되는데, CT 2차 회로를 개방하면 고전압이 유기되어 CT의 절연 파괴를 일으키므로 예비 탭 나사를 써서 새로 정정하려는 전류탭 구멍에 넣은 다음 기존의 탭 나사를 천천히 불꽃의 유무를 확인하면서 제거

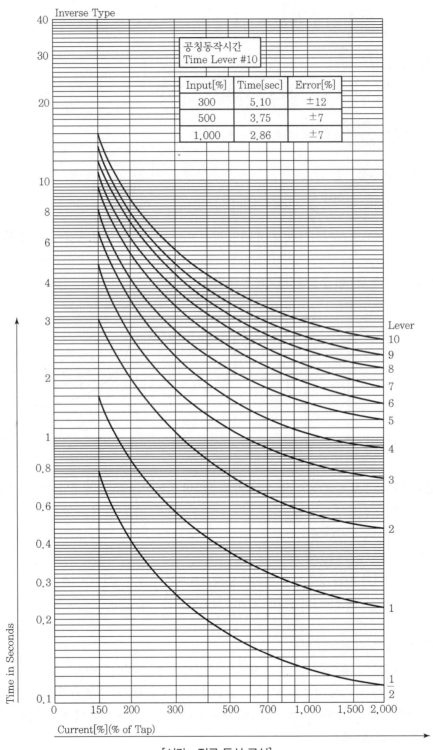

[시간 – 전류 특성 곡선]

5 수용가 수전설비의 보호 계전기 정정지침(한전 규정)

계전기명	구성요소		정정기준
과전류 계전기 (OCR)	한시(50)	전류	계약전력의 150~170[%]
		시간	• 수전 TR 2차 측 3상 단락전류에서 0.6[sec] 이하 • 수전 TR 1차 측 3상 단락전류에서 한전 측과 시간차 0.3[sec] 이하
	순시(50)	전류	수전 TR 2차 측 3상 단락전류 × 150[%]
		시간	최대 고장전류에서 0.05초 이하
과전류 계전기 (OCR)	한시(50)	전류	계약전력의 30[%] 이하로서 3상 수전 불평형 전류의 150[%] 이상
		시간	• 수전단 최대 1선 지락 전류에서 0.2[sec] 이하 • 최소 지락전류에서 한전 측과 시간차 0.3[sec] 이하
	순시(50)	전류	최소치에 정정
		시간	순시
지락과전압 계전기 (OVGR)	–	전압	1선 완전 지락 시 최대 영상전압의 30[%] 이하(단, 평상시 최대 잔류전압의 150[%] 이상)
과전압 계전기 (OVR)	–	전압	정격전압의 130[%]
		시간	정정치의 150[%] 전압에서 2초
부족전압 계전기 (UVR)	–	전압	정격전압의 70[%]
		시간	정정치의 70[%] 전압에서 2초

08 비율 차동 계전기 결선 및 정정

🔳 개요

대용량 특고압 변압기의 내부사고 보호를 위해 비율 차동 계전기 적용 시 오동작이 발생하지 않도록 적정 전류탭 및 동작비율을 선정

🔳 비율 차동 계전기 적용 시 고려사항

1) 위상각 보정 : 변압기 결선과 상반되게 CT회로 결선

   예 TR $Y - \Delta \rightarrow$ CT $\Delta - Y$

2) 전류탭(CCT) 보정 : 변류기 특성 오차에 의한 CT 2차 전류차 보정

3) 변압기 Tap(OLTC) 변동에 따른 변류비 보정

4) 여자돌입전류에 대한 오동작 대책

🔳 결선 및 1, 2차 전류 관계

1) 결선도

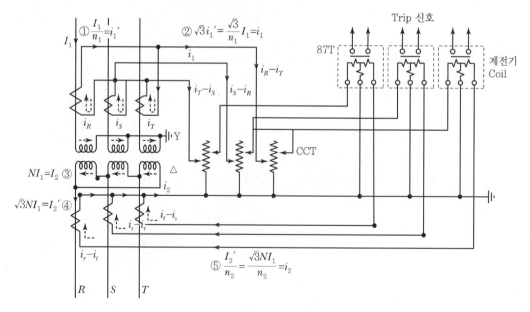

[결선도]

① 변류비

$$n_1 = \frac{I_1}{i_1'} \, (1\text{차 측 CT비})$$

$$n_2 = \frac{I_2'}{i_2} \, (2\text{차 측 CT비})$$

② 변압비

$$N = \frac{V_1}{V_2} = \frac{I_2}{I_1} \rightarrow I_2 = NI_1$$

2) 1, 2차 전류관계

① 변압기 Y측 전류를 I_1, 변류비를 n_1으로 하면 CT 2차 Δ측 권선의 전류 $i_1' = \dfrac{I_1}{n_1}$

② CT 2차 Δ측 선로의 합성전류 $i_1 = \dfrac{\sqrt{3}\,I_1}{n_1}$

③ 변압비를 N으로 하면 변압기 Δ측 상전류 $I_2 = NI_1$

④ 선로전류(Δ측) 합성전류 $I_2' = \sqrt{3}\,NI_1$

⑤ Y측 접속 CT 변류비를 n_2라 하면 2차 전류 $i_2 = \dfrac{\sqrt{3}\,NI_1}{n_2}$

⑥ $n_1 = n_2$, $N = 1$이라 가정하면 $i_1 = i_2$

→ 만일 $i_1 \neq i_2$이면 전류 오차 보정 필요(원인 : CT 오차 특성에 기인)

❹ 비율 차동 계전기의 정정

1) 전류탭 정정

변압기 1차 측 변류기의 2차 전류와 2차 측 변류기의 2차 전류가 같도록 선정

① 보조 변류기 탭에 의한 방법

㉠ $i_1 > i_2$이면 i_1 쪽에 변류비 $\dfrac{i_2}{i_1}$의 것을 삽입

㉡ $i_1 < i_2$이면 i_2 쪽에 변류비 $\dfrac{i_1}{i_2}$의 것을 삽입

ⓒ CCT의 1, 2차 간 [Ampere-turn]은 같아야 하므로 전류가 적은 쪽을 100[turn]으로 하면

$i_1 < i_2$이면 $i_1 \times N_1 = i_2 \times N_2$에서 i_2 쪽에 $N_2 = \dfrac{i_1}{i_2} \times 100[\%]$의 권선탭 선정

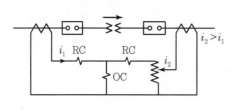

[보조 변류기 탭 구성도]　　　　　　[CCT 설정 예]

② 계전기 Coil 탭에 의한 방법

　ㄱ i_1, i_2 중 큰 쪽을 큰 탭이 있는 Coil 쪽에 접속

　ㄴ i_1, i_2 중 작은 쪽을 작은 탭이 있는 Coil 쪽에 접속

　ㄷ 즉, $\dfrac{i_1}{i_2} = \dfrac{T_1}{T_2}$에 가까워지도록 탭 T_1, T_2를 정정

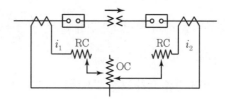

[계전기 탭 구성도]

2) 동작비율 선정

동작비율은 모든 오차요인에 의한 오동작을 방지하기 위해 다음과 같은 오차비율[%]의 합계
이상으로 정정

① 변압기(OLTC) 탭 오차 : 10[%]

② 변류기 오차 : 10[%](2개 기준 : 5[%] × 2)

③ 탭 부정합률 : 5[%] 이하

④ 여유도 : 5[%]

09 비율 차동 계전기의 오작동 방지 대책

■ 개요

1) 여자돌입전류란 무부하 상태에서 변압기 가압 시 발생하는 매우 큰 과도돌입전류를 말하며 많은 고조파를 포함하고 그 크기는 정격전류의 수~수십 배에 달하며 지속시간은 수 Cycle 내 급격히 감쇠

2) 전원 임피던스가 큰 경우 여자돌입전류에 의한 순간적인 전압강하가 발생되며 때로는 과전류 계전기나 비율 차동 계전기를 오동작시키는 원인이 되기도 함

■ 비율 차동 계전기의 오동작 방지 대책

1) 감도저하법

① 한시동작 계전기 이용

변압기 투입 시 동작 Coil을 약 수초 동안 Bypass하여 감도 저하 후 Bypass 접점을 Open하여 정상복귀

② 부족전압 계전기 이용

변압기 투입 시 순간적인 전압강하 이용, 동작 Coil을 Bypass한 후 정상복귀

③ Trip-Lock 법

변압기 투입 후 일정시간 Trip 회로를 Lock-out 시킴

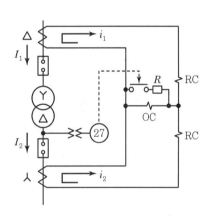

[감도저하법(부족전압 계전기 이용)]

④ 특징(단점)

계전기가 쇄정 또는 저감도 상태에 있는 동안에 내부사고 발생 시 사고제거시간이 길게 되어 사고 확대

2) 고조파 억제법

① 원리

여자돌입전류 파형은 고장전류 파형과 달리 고조파분(특히 제2고조파)이 많이 포함되어 있는 점을 착안, 차동회로를 Filter 회로로 나누어 기본파 분으로 동작력을, 고조파 분으로 억제력을 발생시켜 오동작 방지

② 문제점

내부사고 시에도 변류기의 포화로 인하여 고조파 분이 발생하여 억제요소 동작으로 계전기
가 오·부동작 가능

③ 대책

㉠ 여자돌입전류의 최대값에서는 부동작하고 변류기가 포화되는 전류에서는 일정전류 이
상에서 동작하는 과전류 동작요소를 부가설치 또는 적정 과전류 정수 선정

㉡ 동작특성은 제2고조파 분이 기본파 분의 15~20[%] 이상 시 동작이 억제되며, 과전류 동
작요소는 CT 정격 2차 전류의 약 8~10배 이상에서 동작하도록 함

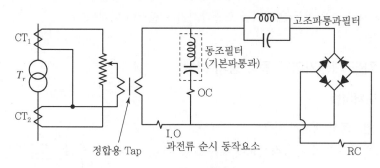

[고조파 억제법]

3) 비대칭파 저지법

① 여자돌입전류의 가장 큰 특성
인 반파정류파형에 가까운 비
대칭파를 발생하는 점을 감안
한 것

② 여자돌입전류와 같이 비대칭
파가 발생하면 2권선식 차동
동작 계전기(R_{y1})가 각 반파의
전류를 비교하여 그 차가 어느
값 이상 되면 동작하여 Trip 회
로를 개방

③ 사고 시에는 과전류요소 R_{y2},
R_{y3}가 동시에 동작하면 직류
분에 의해 R_{y1}이 동작하여도
Trip 회로를 유지시킴

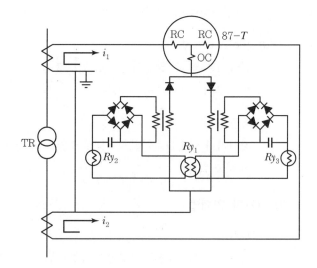

[비대칭파 저지법]

10 GPT

1 개요

비접지계통의 지락사고 시 고장전류가 적어 검출이 용이하지 못하므로 대지 정전용량 이용, 보호
계전기 동작에 필요한 영상전압과 영상전류를 검출하기 위해 GVT 접지 방식이 채용

2 비접지계통 보호 방식

구성 방식	검출 방식
GVT+OVGR	GVT Open Delta 측 영상전압 검출
GVT+ZCT+OVGR+SGR	GVT에서 영상전압, ZCT에서 영상전류를 검출하여 선택차단
접지콘덴서+ELB	접지콘덴서 이용, ELB 동작 감도전류 검출
GVT+ZCT+EOCR(GR)	GVT 접지 측에서 영상전류를 검출하여 EOCR 동작

3 GVT 계통 구성

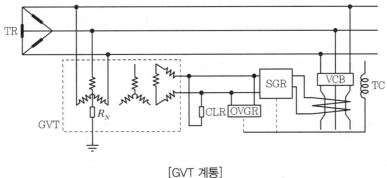

[GVT 계통]

1) GVT

① 영상전압을 얻기 위한 접지 변압기
② 1차 Y접속하여 중성점 접지, 2차 Y결선하여 계기 접속, 3차는 Open Δ 결선하여 영상전압
검출
③ GVT 부담(표준값) : 50, 100, 200, 500

④ 결선도 및 영상전압 검출 원리

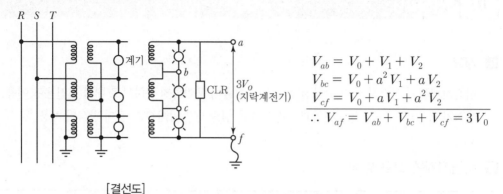

$$V_{ab} = V_0 + V_1 + V_2$$
$$V_{bc} = V_0 + a^2 V_1 + a V_2$$
$$V_{cf} = V_0 + a V_1 + a^2 V_2$$
$$\therefore V_{af} = V_{ab} + V_{bc} + V_{cf} = 3V_0$$

[결선도]

⑤ 정격전압(**예** : 6,600[V] 회로)

㉠ 단상 VT 3대 사용 시 : $\dfrac{6,600}{\sqrt{3}} \Big/ \dfrac{110}{\sqrt{3}} \Big/ \dfrac{110}{3}$ (또는 $\dfrac{190}{3}$)

㉡ 3상 VT 1대 사용 시 : $6,600/110/\dfrac{110}{3}$ (또는 $\dfrac{190}{3}$)

㉢ 따라서 지락 발생 시 Open Delta 영상 출력전압 : 110[V] 또는 190[V]

2) CLR(Current Limit Resistor, 전류제한 저항기)

① 비접지 계통에서 GVT의 Open Δ 측에 접속, SGR을 동작시키는 데 필요한 유효전류를 발생시키기 위함

② Open Δ 회로의 제3고조파 전압 발생 방지 → 중성점 불안정 현상(이상 전위진동) 해소

③ 저항값 산정 : $R_e = \dfrac{9}{n^2 I_N} \times \dfrac{V}{\sqrt{3}} [\Omega]$

계통전압	3.3[kV]	6.6[kV]	22[kV]
CLR값	50[Ω], 1[kW]	25[Ω], 2[kW]	8[Ω], 5[kW]

3) SGR(선택 지락 계전기)

① 다수의 지락 계전기 중에서 고장회선의 접지계전기만이 선택되어 동작하는 계전기

② 동작요소 : 영상전압, 영상전류, 위상요소에 의해 결정

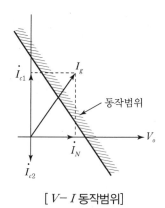

I_N : CLR에 의한 유효전류

I_{c1} : 사고회선 충전전류

I_{c2} : 건전회선 충전전류

[$V-I$ 동작범위]

③ SGR 사용 시 기계적 충격에 약해 오동작할 가능성 있으므로 보통 OVGR과 조합 사용

4) GVT 적용

① **지락상 Lamp** : 1선 지락 시 지락상 Lamp는 꺼지고 건전상은 밝아짐

② GVT+OVER : 영상전압에 의한 경보 또는 차단기 Trip

③ GVT+OVGR+ZCT+SGR : 오동작 방지 및 고장회선 선택차단

11 전류 제한 저항기(CLR : Current Limited Resistance)

1 설치 목적

1) SGR/DGR 동작에 필요한 지락 전류 유효분 발생

2) GPT 3차 측 Open Δ 내 제3고조파 발생 억제

3) 대지 정전 용량을 줄여 중성점 불안정 현상 억제

2 설치 위치

1) 비접지 방식에서 지락보호 시 ZCT + GPT + SGR/DGR에서 사용

2) CLR(Current Limited Resistance)은 비접지 방식에서 GPT의 2차(단상) 또는 3차(3상) 측에 설치

3 정격 : GPT가 190[V]인 경우

1) 3.3[kV] 계통 : 50[Ω]일 때 1[kW]로 선정

2) 6.6[kV] 계통 : 25[Ω]일 때 2[kW]로 선정

3) 시간 정격은 30초

4 적정 용량 계산

1) CLR 계산식 유도

$$i_2 = \frac{3e_2}{R_e} \ , \ i_2 = n\,i_1 = \frac{3e_1}{R_e n} \times 3$$

$$i_1 = \frac{9e_1}{R_e n^2} \ , \ R_e = \frac{9e_1}{n^2 i_1} \ , \ R_N = \frac{e_1}{i_1} \ \text{을 대입하면}$$

$$\therefore \ R_e = \frac{9R_N}{n^2} = \frac{9e_1}{n^2 i_1}$$

2) 전류 380[mA], 전압 3.3[kV], 3차 전압 190[V]

$$R_e = \frac{3,300}{\sqrt{3}} \times \frac{9}{0.38 \times 30^2} = 50\,[\Omega]$$

3) 전류 380[mA], 전압 6.6[kV], 3차 전압 190[V]

$$R_e = \frac{6,600}{\sqrt{3}} \times \frac{9}{0.38 \times 60^2} = 25\,[\Omega]$$

12 SGR

1 개요

1) 다수의 지락(접지) 계전기 중 고장회선의 지락 계전기만을 선택하여 동작

2) 비접지계에서 지락전류는 선로 충전전류뿐이므로 아주 작아서 과전류 지락 계전기(OCGR)로는 지락보호가 불가하므로 ZCT를 조합한 고감도의 방향계전기인 SGR을 적용함

2 SGR과 DGR의 비교

구분	가동접점	용도
DGR	단방향성	단회선용
SGR	쌍방향성	다회선용(사고회선 선택차단)

3 SGR 동작원리

1) 지락고장 시 GVT 2차에 발생하는 영상전압과 ZCT 2차 측 영상전류의 위상관계에 의해 Torque를 발생, 고장회선을 선택차단

2) 영상전압과 영상전류의 유효분에 의한 동작과 무효분에 의한 동작방법이 있음

3) 지락전류의 흐름 및 판별기준

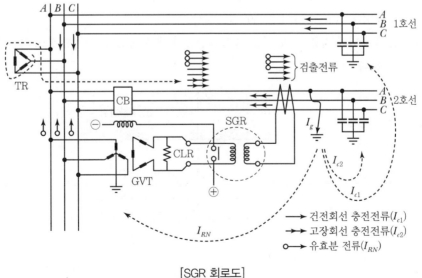

[SGR 회로도]

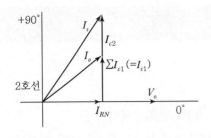

[고장회선]   [건전회선]

ZCT 통과 영상전류 $\dot{I_0} = \dot{I_{RN}} + \sum I_{c1}$ ($\sum I_{c1}$: 고장회선 이외의 충전전류 합)

지락점 F에 흐르는 전류 $\dot{I_g} = \dot{I_{RN}} + \sum I_c$ ($\sum I_c = I_{c2} + \sum I_{c1}$)

① 고장회선에서 가장 큰 영상전류가 흐름

② 고장회선과 건전회선의 전류의 방향은 반대

③ 지락점 F에 흐르는 전류는 유효분(I_{RN})과 무효분(충전전류 I_{c1}, I_{c2})과의 Vector 합 전류임

   (영상전압 V_o보다 위상 약 $60 \sim 85°$ 진상)

④ 회선수가 많을수록, 선로길이가 길수록 충전전류가 많이 흐름

4 SGR의 특성

1) 위상 특성

① 위상특성 이용, 사고회선의 SGR만 동작시켜 CB 선택차단

② SGR의 Max, Torque Angle은 $30 \sim 40°$ 진상

③ 가공선에 비해 지중 Cable 사용 시 충전전류가 매우 커 I_c가 $1 \sim 2$[A] 정도 되면 그림의 ⓑ의 것이 적합

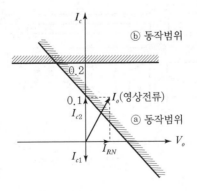

[위상 특성]

2) 토크 특성

유도원판형 전력형 계전기는 토크가 전압×전류로 정해지므로 반비례 관계

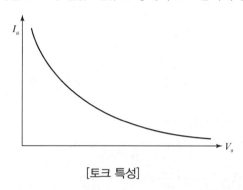

[토크 특성]

3) 시간 특성

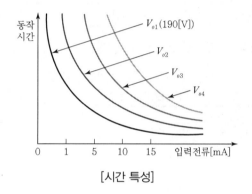

[시간 특성]

① 완전지락 시($R_g = 0$)에서만 190[V]가 되고 보통은 그 이하

② $V_{o1} > V_{o2} > V_{o3} > V_{o4}$

　　감도 190[V]일 때 ZCT 2차 1[mA]로 동작

4) 지락점 저항, 충전용량, 지락전류 관계

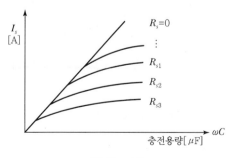

[특성 곡선]

$$R_{g1} < R_{g2} < R_{g3} < \cdots < R_{gn}$$

$$V_0 = \cfrac{R}{R_g\left(\cfrac{1}{R_N} + j3\omega C\right) + 1} \quad 단, I_c = j3\omega C V_o$$

$$I_g = \sqrt{I_{RN}^2 + I_c^2}$$

따라서 I_g는 $I_c,\ \omega C,\ V_o$에 비례하고 R_g에 역비례 관계

5) SGR 취급 시 주의사항(오동작 원인)

원인	주의사항	방지 대책
기계적 충격	Door 개폐에 의한 오동작	OVGR과 조합 사용
SGR 오결선	전압요소와 전류요소 결선 시 극성 반대로 인한 오동작	결선 시 극성에 주의
SGR 조정 불량	전압 Creeping에 의한 오동작	올바른 Setting
ZCT 불평형 전류	불평형 전류에 의한 오차	• ZCT 선정에 주의 • ZCT 관통 1차 도체 대칭 배열
Cable Shield 접지 배치 잘못	전원 측이나 부하 측 접지선 설치 잘못에 의한 ZCT 불검출	접지선 설치 시 전원 측에서는 ZCT 관통, 부하 측에서는 ZCT 미관을 통하여 설치

13 특고 수전설비 보호 방식 및 정정

1 개요

1) 보호계전의 목적

① 사고구간 선택차단　　　　② 사고파급 최소화

③ 사고복구 신속화　　　　　④ 계통 안정 및 신뢰도 향상

⑤ 인명 안전, 설비 보호

2) 보호대상

① 수전회로 보호　　　　　　② TR 보호

③ 배전계통 보호　　　　　　④ 기타(SC, 모선 보호 등)

2 보호 방식의 기본

1) 주보호

사고발생 지점 부근에서 가장 먼저 동작, 최소한의 고장구간 분리

2) 후비보호

주보호가 오·부동작 시 Back up 동작

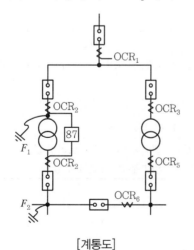

사고점	주보호	후비보호
F_1	87 OCR_2	OCR_1
F_2	OCR_4 OCR_6	OCR_2 OCR_5

[계통도]

3) 구간 보호 방식

보호구간 양단에 차단기와 변류기 설치(비율 차동 계전기) → 차전류로 동작, 보호구간 내부사고 검출 및 제거

4) 한시차 보호 방식

① 보호장치의 동작시간차로 사고구간 판별

② 반한시 특성의 과전류 계전기에 의한 단락 보호 방식이 주로 사용

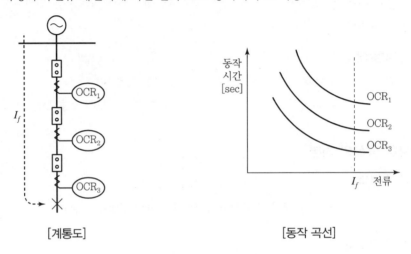

[계통도] 　　　　　　　　　　　　　[동작 곡선]

③ 수전회로 보호

수전 방식	보호 방식	내용
1회선 또는 상용예비회선	주보호/후비보호 한시차 보호	부하 측 단락, 지락, 변압기 2차 측 사고 시 전력회사와의 보호 협조 시
루프수전	표시선 계전 방식	방향, 전류 비교 방식(전류 순환식, 전압 반향식)
평행 2회선 수전	전력평형 계전 방식	회선 내 사고 시 전류 불평형 검출
Spot Network 수전	프로텍터(네트워크) 계전 방식	네트워크 프로텍터에 의한 고장 트리핑 및 자동 재투입 → 역전력 차단, 무전압 투입, 차전압 투입 등

④ 수전용 변압기 보호

1) 특고용 변압기 보호장치 기준(KEC – 351.4)

5,000[kVA] 이상 변압기 내부고장 시 자동 차단

2) 외부사고 보호

① 1차 측 보호 : LA, PF, VCB, SA 등

② 2차 측 보호

  ㉠ 단락보호 : 순시요소부 반한시 특성의 과전류 계전기

  ㉡ 지락보호

    ⓐ 반한시 특성의 지락과전류 계전기(직접, 저항 접지계)

    ⓑ 비접지계 : GVT＋ZCT＋SGR/DGR, GSC＋ELB, GVT＋OVGR

5 내부사고 보호

구분	계전기 종류	적용
전기적 보호	OCR	모든 T/R, 수전회로와 겸용
	RDR	변압기 내부 단락/지락 고장 검출(여자돌입전류 억제기능)
기계적 보호	부흐홀츠 계전기	Float S/W＋Flow 계전기 → 절연유 열화 시 경보 및 차단
	충격 압력 계전기	변압기 내부사고 시 충격성 이상압력 검출 차단
	방출 안전장치	외함 내 이상압력 시 동작, 폭발 방지
	온도계/유면계	온도상승경보/절연유 누출경보

6 고압 콘덴서 보호

1) 조상설비(콘덴서/분로 리액터) 보호장치기준

KEC － 351.5

2) 계통 이상보호

과전압 보호	저전압 보호	단락보호	지락보호
한시 과전압 계전기 사용 (정격의 130[%] 이상, 2초)	한시 부족전압 계전기 사용 (정격의 70[%] 이하, 2초)	한시 과전류 계전기 사용 (정격의 150[%] 이상)	선택 계전기 적용

3) 내부소자 사고에 의한 보호

① 중성점 전류(NCS) 검출 방식

② 중성점 전압(NVS) 검출 방식

③ Open Delta 방식

④ 전압 차동 방식

⑤ 기타 : Arm Switch 방식, Lead Cut 방식

7 모선 보호 방식

1) 전류 차동 방식 : 비율차동, 리니어 커플러, 부분차동 방식

2) 전압 차동 방식

3) 위상 비교 방식

4) 방향 비교 방식

5) 기타 : 환상 모선 방식, 차폐 모선 방식 등

8 계전기 정정 및 보호협조

1) 수용가 수전설비 보호 계전기 정정지짐(한전 규정)

계전기		동작치 정정	동작 시한
OCR	한시	최대계약전력(설비용량) × 150~170[%]	TR 2차 3상 단락 시 0.6초 이하
	순시	TR 2차 3상 단락전류 × 150[%]	최대 고장전류에서 0.05초 이하
OCGR		완전 지락 시 지락전류 × 30[%] 이하	완전 지락 시 0.2초 이하

2) 변압기 보호협조 예

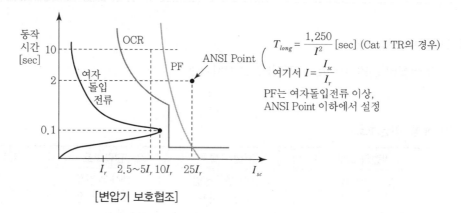

$$T_{long} = \frac{1,250}{I^2} \text{[sec] (Cat I TR의 경우)}$$

여기서 $I = \frac{I_{sc}}{I_r}$

PF는 여자돌입전류 이상,
ANSI Point 이하에서 설정

[변압기 보호협조]

14 변압기 내부 고장 보호

1 개요

1) 변압기 내부 사고 보호

① 전기적 보호 : 차동 계전기, 비율 차동 계전기

② 기계적 보호 : 부흐홀츠 계전기, 충격압력 계전기, 방압장치, 권선온도계, 유면계 등

2) 변압기 보호장치 설치기준(KEC – 351.4)

Bank 용량 5,000[kVA] 이상의 TR 내부 고장 시 자동 차단장치 시설

2 전기적 보호장치

1) 차동 계전기

① 변압기 양측에 CT를 결선하고 그 차동회로에 과전류 계전기를 연결하여 보호

② CT 특성차에 의한 오동작 우려로 거의 사용 안 함

2) 비율 차동 계전기(RDR : Ratio Differantial Relay)

① 정의

차동 계전기의 오동작 방지를 위해 CT 2차 환류회로에 억제코일(RC : Restrained Coil) 삽입, 동작 Coil의 동작력과 억제 Coil의 억제력이 일정 비율 이상 시 동작하도록 한 계전기

② 동작원리

㉠ 평상시, 외부 사고 시

ⓐ 평상시 차전류 $i_d = |i_1 - i_2| = 0$이 되어 계전기 부동작

ⓑ 외부 사고 시 오차 등으로 차전류가 발생하나 일정 비율 이하로 계전기 부동작

㉡ 내부 사고 시 : 차전류 $i_d = |i_1 - i_2| \neq 0$, 설정동작비율 이상의 차전류로 계전기 동작

③ 동작비율 $= \dfrac{\text{차전류}}{\text{유출전류}} = \dfrac{|i_1 - i_2|}{i_2} \times 100[\%]$

④ 구성요소

동작요소(OC), 억제요소(RC), 과전류 순시요소(IO), 보상 Tap 등

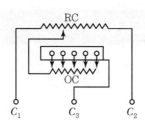

[비율 차동 계전기]

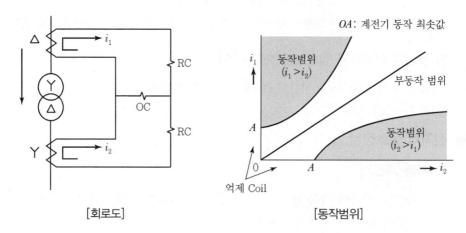

[회로도]

[동작범위]

⑤ 적용 시 문제점 및 대책

    ㉠ 여자 돌입전류에 의한 오동작

        ⓐ 문제점 : 변압기 무부하 투입 시 여자 돌입전류가 정격전류의 7~8배 정도 흘러 오동
        작 발생

        ⓑ 대책

          • 감도저하식 : 변압기 투입 시 순간적으로(0.2[sec]) 감도를 저하시킴

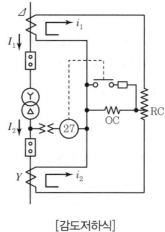

[감도저하식]

- Trip Lock : 변압기 투입 후 일정시간 Trip 회로 Lock
- 비대칭파 저지법 : 여자 돌입전류의 비대칭파 검출, 동작 저지

ⓒ 고조파에 의한 오동작

   ⓐ 문제점 : 기본파에 대한 고조파 함유율이 15~20[%] 이상 시 오동작

   ⓑ 대책 : 고조파 억제 방식 채용

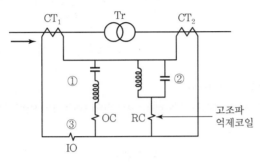

   ① 동조 Filter(기본파 통과)
   ② 고차수 Filter(고조파 통과)
   ③ 순시(과전류) 동작요소

[고조파 억제 방식]

ⓒ 위상차에 의한 오동작

   ⓐ 문제점 : 변압기 $Y-\Delta$ 결선 시, 1, 2차 간 30°의 위상차로 오동작

   ⓑ 대책 : 위상각 보정

- TR $\Delta-Y$일 때 → CT $Y-\Delta$
- TR $Y-\Delta$일 때 → CT $\Delta-Y$

   ※ Digital Relay는 CT 결선 자유롭게 제어 가능

ⓓ CT 특성차에 의한 전류 불일치

   보상 CT(CCT)를 사용, 평형 유지

3) 기계적 보호장치(유입식 TR)

① **부흐홀츠 계전기(Buchholtz Relay)**

   ㉠ 정의 : 일종의 Float Switch와 Flow 계전기를 조합, 주 탱크와 콘서베이터 중간에 설치하여 절연유 열화 시 경보 또는 차단

   ㉡ 원리 : 상부의 Float B_1은 가스가 집적함에 모였을 때 동작하고 하부의 Flow B_2는 가스와 기름의 분류 시에 동작

   ㉢ 특징 : 경미한 사고는 조기검출 가능하나 지진 등 외부진동에 오동작 가능

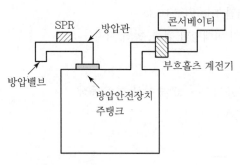

[부흐홀츠 계전기 설치위치]　　　　　　[부흐홀츠 계전기 작동원리]

② 충격압력 계전기(Sudden Pressure Relay)

　　㉠ 정의 : 변압기 내부 사고 시 Arc에 의한 분해 Gas에 의해 충격성의 이상압력 상승을 검출 동작, 방압관에 설치

　　㉡ 원리 : 내부사고로 순간적인 압력 변화 발생 시 압력 $a > b$로 되어 벨로스 상승 → Micro S/W 동작 → 경보 및 트립

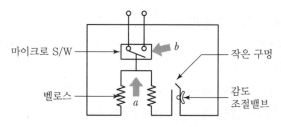

[충격압력 계전기 작동원리]

　　※ 평상시(또는 완만한 압력 상승 시)에는 $a \simeq b$로 부동작

③ 방압 안전장치(Auto Resetting Pressure Velit Device)

　　㉠ 변압기 커버에 취부, 외함 내 이상압력 발생 시 방압막 동작, 폭발 방지

　　㉡ 구조 : 방압막, 압축 스프링, 개스킷, 보호덮개

④ 권선 온도계

　　변압기 온도가 설정치 이상 시 경보

⑤ 유면계

　　콘서베이터 하부에 설치하여 유면 저하 시 검출경보

15 고압 배전선로(비접지) 보호

1 개요

6.6[kV] 또는 3.3[kV]의 고압배전선로는 비접지계통으로 1선 지락 시 유효지락전류가 매우 작아 직접 접지계통의 과전류 계전기로는 보호될 수 없으므로 검출감도를 고감도로 해야 하며 방향성 지락 계전기(SGR)을 설치하여 외부 지락사고에 대한 케이블의 충전전류로 인한 오동작을 방지

[영상전류 영상전압 검출]

구분 \ 검출	영상전류 검출	영상전압 검출
비접지계통	ZCT 이용	GPT 이용, 단상 PT×3
저항접지, 다중접지계통 등	CT 잔류회로, 3권선 CT 중성점 CT회로, 보조 CT회로	중성점 접지변압기(NGT)

2 비접지(6.6[kV])계통의 보호 방식

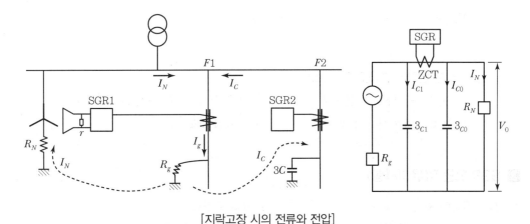

[지락고장 시의 전류와 전압]

1) 1선 지락 시 지락전류$(I_g) = \sqrt{I_c^2 + I_N^2}$ 가 되며 한류저항기(CLR)를 통해 SGR 동작을 위한 유효전류 380[mA](고감도)를 공급

2) 완전 지락 시 GPT 3차 Open$-\triangle$ 측에 190[V]의 영상분 전압이 발생되어 OVGR을 동작

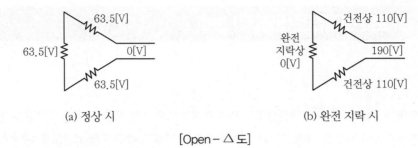

(a) 정상 시 (b) 완전 지락 시

[Open – △ 도]

3) ZCT에서 영상분 전류 $3I_0(I_a + I_b + I_c)$가 검출되며 SGR에 의한 고장계통이 선택되고 GPT 3 차 전압에 의한 OVGR 조합 시 고장 계통만 선택 차단

4) 영상분 전압

① 지락점의 영상전압($V_{0\triangle}$)은 고장점의 상전압(E_a)을 고장점 저항 R_g와 계통의 영상 임피던스로 분압

$$V_{0\triangle} = \frac{\dfrac{R_N}{1 + j3\omega(c_1 + c_0)R_N}}{R_g + \dfrac{R_N}{1 + j3\omega(c_1 + c_0)R_N}}E_a$$

$$V_{0\triangle} = \frac{1}{R_g[\dfrac{1}{R_N} + j3\omega(c_1 + c_0)] + 1}E_a$$

② 영상분 전압에 영향을 주는 요인
  ㉠ 전 계통의 대지 정전용량   ㉡ 계통 병렬합성에 의한 R_N값 감소
  ㉢ 저항접지 계통의 연계   ㉣ 고장점 저항

❸ SGR 오동작(유의사항)

1) 기계적인 충격   2) SGR 오결선
3) 접지 계전기 조정 불량   4) ZCT 불평형 전류에 의한 오차
5) 케이블의 실드 접지선 배치 불량

❹ 주요 기기 정격

1) GPT : 6.6[kV] 500[VA]
2) CLR : 6.6[kV] 25[Ω] 2[kW] (3.3[kV] 50[Ω] 1[kW])
3) ZCT : 200[mA] / 1.5[mA]

16 저압계통 지락 보호 방식

1 개요

1) 저압전로에 지락사고가 발생하면 작업자나 사용자의 감전사고의 우려가 크고, 화재 또는 전기설비의 손상 등이 발생

2) 지락 보호 방식의 종류 : 보호접지 방식, 과전류 차단 방식, 누전검출 방식, 누전경보 방식 및 절연변압기 방식

2 지락전류 크기 및 절연저항

1) 지락전류는 접지 방식과 지락점의 임피던스의 크기에 따라 수[mA]~수[kA] 범위로 분포
   ① 감전방지는 수[mA] 이상
   ② 화재방지는 100[mA] 정도 이상
   ③ 아크에 의한 설비의 손상 방지는 보통 수[A] 정도 이상을 검출
2) 허용 누설전류는 최대 공급전류의 1/2,000 이하

3 지락 보호 방식의 종류

1) 보호접지 방식

감전방지가 주목적이며 기계기구 외함, 금속관, 금속 덕트 등을 저저항값으로 접지하여 지락 시 접촉전압을 허용치 이하로 억제하는 방식

2) 과전류 차단 방식

① 계통 접지선과 기기 접지선을 연접시켜서 지락이 발생하면 단락회로를 형성케 하여 배선용 차단기에 의해 전로를 차단하는 방식

② 지락전류가 크기 때문에 과전류 보호기에 의한 지락보호가 쉬우며, 인체 접촉 시에도 접촉전압이 낮아져서 유리

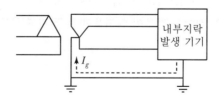

[과전류 차단 방식]

③ 사고 시 고장점 임피던스를 고려하여 일정시간 내에 차단할 수 있도록 차단기의 차단시간 및 접지도체의 굵기를 선정하고, 금속관, 금속 덕트 등을 본딩에 의해서 전기적으로 완전하게 접속하고 접지 전용선으로 대체하여 전로의 손상 방지 및 감전보호가 주목적으로 TN 접지 방식에 해당

3) 누전차단 방식

① 영상전압 또는 영상전류 검출 차단 방식
② 감전보호용에 주로 사용
③ 종류
　㉠ 누전차단기(ELB)에 의한 방식

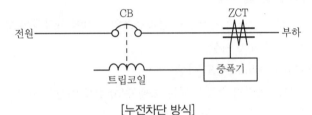

[누전차단 방식]

　　ⓐ 저압 배전계통의 분기회로에 주로 적용
　　ⓑ 지락전류가 매우 큰 경우 과전류 강도를 고려

　㉡ 전류동작형 누전차단 방식

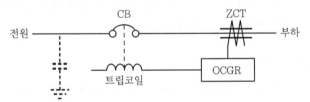

[전류동작형 누전차단 방식]

　　ⓐ ZCT와 OCGR을 조합하여 지락사고를 검출 차단하는 방식
　　ⓑ 대지전압 300[V]를 넘는 비접지계통 또는 고압 배전계통에서 배선이 짧은 경우 사고 시 전류가 적어서 검출이 어려울 때는 접지형 콘덴서를 설치

4) 누전경보 방식

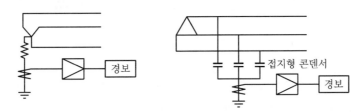

[누전경보 방식]

5) 절연변압기 방식

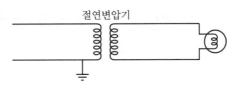

[절연변압기 방식]

① 저압전로에서 절연변압기를 이용하여 그 이후 전로를 비접지식으로 분리시키는 방식
② 풀장 조명용, 병원 수술실 전원 등 원칙적으로 300[V], 3[kVA] 이하에 적용

17 | 비상발전기 보호(디젤발전기)

1 개요

1) 비상발전기는 상용전원 정전 시 가동되는 대형 비상전원공급 장치로 설계 시 수전전원 정전 시 즉시 가동이 되고 완벽한 보호대책이 고려되어야 함
2) 비상전원 공급장치의 주요 보호방법 및 보호장치를 구분

2 디젤 발전기 보호방법

구분		보호내용	차단기 정지	기관 정지	경보
중고장	기관고장	윤활유 압력 저하	○	○	○
		냉각수 단수, 온도 상승	○	○	○
		과속도	○	○	○
		과전압	○	○	○
		발전기 내부 보호	○	○	○
		베어링 보호	○	○	○
		계자 보호	○	○	○
	선로고장	단락, 과부하 보호	○		○
		지락 보호	○		○
		역전력 보호	○		○
		저전력 보호	○		○
경고장		공기조 압력보호			○
		연료조 유면보호			○

3 디젤발전기 보호장치

1) 과속도 보호(12)

　① 회전계용 발전기(TG)의 출력을 정류하여 계전기의 입력으로 하는 방식
　② 정류 회로 내 가변저항(VR)에 의해 TG의 출력 조정
　③ 계전기 정정은 보통 110∼120[%]에서 정정하나 부하 변동이 심할 경우 혹은 급격한 변동에 의한 오동작 방지를 위해 정정범위가 넓어질 수 있음

2) 냉각수 보호(69W, 26W)

① 냉각수의 유량 검출 및 온도상승 검출을 위해 유량 계전기를 사용

② 유량보호 : 유량이 저수위, 고수위 시 동작

③ 온도보호 : 다이얼 온도계의 70~90[%]의 정정으로 보호

3) 윤활유 보호(63Q)

① 발전기 사용 전압이 고압(3.3[kV]) 이상인 경우에 적용

② 정정 : 규정 유압의 $\frac{2}{3} \sim \frac{1}{2}$로 저하 시 동작

4) 과전압 보호

① 발전기 사용 전압이 고압(3.3[kV]) 이상인 경우에 적용

② AVR 고장 등으로 인한 발전기 과전압에 대비하여 과전압 계전기(OVR : 59)를 설치

③ 정정치 : 정격전압의 120~130[%]

5) 과전류 보호(50/51)

① 과부하 또는 외부사고 대한 후비보호를 위해 과전류 계전기를 사용

② 외부사고에 대한 후비보호로 전압이 일정치 이하로 저하될 때만 동작하는 전압 억제부 과전류 계전기를 사용

③ 장한시용 : 전동기 기동 시 정격전류의 수배의 과전류에 대한 회로보호용

④ 순시요소부 부착 반한시용

  ㉠ 단락보호 : 순시요소부로 검출

  ㉡ 과부하 : 반한시로 검출

6) 역전력 보호(67)

① 주전원 계통과 병렬 운전 중 디젤 엔진이 정지되면 비상발전기는 동기전동기로 운전되어 원동기의 폭발 또는 화재의 위험이 발생

② 유효분 역전력 계전기(Reverse Power Relay : 32)를 설치하여 보호

③ 디젤엔진이 Motoring 되는 데 요하는 전력은 정격출력의 25[%] 정도이며 계전기 정정치는 이 값의 약 50[%] 정도로 하고 수초 정도의 지연동작을 시킴

7) 지락 보호

① 비상발전기의 중성점 접지방식은 발전기에 접속되는 계통의 접지 방식과 동일해야 하므로 보호방식도 접지 방식에 따라 결정

② 저항접지 방식은 지락과전류 계전기(OCGR : Over Current Ground Relay)를 적용

③ 대용량 발전기의 경우 영상변류기를 이용하여 지락차동 계전 방식도 사용

④ 고압용 발전기의 경우 접지용 변압기의 Open−△ 측에 지락과전압 계전기(OVGR : Over Voltage Ground Relay)를 사용

18 보호 계전기의 동작상태 판정 용어 설명

1 개요

1) **정동작** : 계전기가 동작하여야 할 경우에 동작하는 것

2) **정부동작** : 계전기가 동작하지 않아야 할 경우에 동작하지 않는 것

3) **오동작** : 계전기가 동작하지 않아야 할 경우에 동작하는 것

4) **오부동작** : 계전기가 동작하여야 할 경우에 동작하지 않는 것

2 보호 계전기의 동작상태 용어

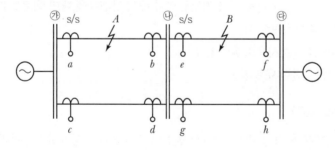

[전력계통 예시]

1) 정동작(正動作)

① 계전기가 동작하여야 할 경우에 동작한 것

② 그림에서 ㉮ S/S~㉯ S/S T/L의 중간 A지점에서 고장이 발생했을 경우, a계전기와 b계전기가 동작했다면 정동작

2) 오동작(誤動作)

① 계전기가 동작하지 말아야 할 경우에 동작한 것

② 그림의 A지점 사고 시 a, b 계전기를 제외한 다른 계전기들이 동작했다면 이때 동작한 계전기는 오동작

3) 정부동작(正不動作)

① 계전기가 동작하지 말아야 할 경우에 동작하지 않는 것

② 그림에서 A지점 사고 시 a계전기와 b계전기를 제외한 다른 계전기 c, d, e, f, g, h가 부동작했다면 이때 c, d, e, f, g, h 계전기들은 정부동작

4) 오부동작(誤不動作)

① 계전기가 동작하여야 할 경우 동작하지 않는 것

② 그림의 A지점 사고 시에는 a, b계전기는 반드시 동작해야 하는데, 만약 어떤 이유로 인하여 동작하지 않았다면 이 계전기는 오부동작한 것

CHAPTER

07

피뢰설비

---

01 과전압의 종류

▣ 개요

전력시스템에서 발생하는 과전압(이상전압)의 크기 및 지속시간에 따라서 뇌서지, 개폐서지, 단시간 과전압 3가지로 구분

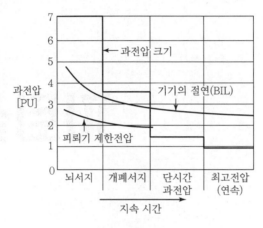

[과전압의 종류]

▣ 과전압의 종류

1) 뇌서지(Lightning Surge) : 피뢰기가 보호해야 할 주 대상

① 뇌서지는 뇌운의 방전에 의해서 발생되는 서지로, 극히 짧은 순간 파고값에 도달한 후 아주 짧은 순간에 소멸하는 충격파 형태이며, 선로상에서 진행파가 되어 전력기기의 절연을 위협

② 종류

　㉠ 직격뢰 : 뇌운이 직접 선로상에 방전함으로 발생되는 뇌서지

　㉡ 유도뢰 : 뇌운이 선로에 근접한 상태(전선로 대전된 상태)에서 선로상에 직접 방전하지 않고, 인근에 방전될 때 발생되는 뇌서지

2) 개폐 서지(Switching Surge)

① 개폐 장치의 개방 및 투입 시 발생되는 서지로 커패시터(C)에 저장된 정전 에너지 및 인덕터(L)에 저장된 자기 에너지가 방전하는 동안 나타나는 과도 진동 형태의 서지

② 크기는 뇌서지에 비해 낮지만 그 크기와 주파수(상승속도)는 매우 큰 수준

③ 무부하 송전 선로 투입, 콘덴서 뱅크 개폐, 변압기 여자 전류 차단 시 발생

3) 단시간 과전압(Temporary Over Voltage)

① 전력 계통의 정상 운전 및 고장 시 등의 다양한 원인으로 발생되는 과전압으로 크기는 가장 작지만 지속 시간이 매우 긴 특징

② 종류 : 1선 지락 시 건전상의 대지 전위 상승, 페란티 현상, 발전기 자기 여자, 철공진에 의한 과전압 등

③ 피뢰기 정격전압 산정 시 단시간 과전압을 고려

02 이상전압 및 절연협조

1 개요

1) 절연은 사용 전압 및 이상 전압에 대하여 단독 혹은 절연협조를 통해 유지되어야 함
2) 전력 계통의 기기나 설비는 절연내력, $V-t$ 특성 등이 다르므로 전체를 하나로 보고 절연협조 구성

2 이상전압 종류

외부 이상 전압 (뇌 과전압)	내부 이상전압			
	과도 이상 전압(개폐 과전압)		지속성 이상 전압(단시간 과전압)	
	계통 조작 시	고장 발생 시	계통 조작 시	고장 발생 시
직격뢰 유도뢰 간접뢰	무부하 선로 개폐 시 유도성 소전류 차단 시 3상 비동기 투입 시	고장전류 차단 시 고속도 재폐로 시 아크지락 발생 시	페란티 효과 발전기 자기 여자 전동기 자기 여자	지락 시 이상 전압 철공진 이상 전압 변압기 이행 전압

3 절연 계급 및 절연 강도

1) 절연 계급

① 절연 기기나 설비의 절연 강도를 구분한 것으로서 계급을 호수로 표현
② 최고 전압에 따라 절연 계급이 설정되고 절연강도 규격이 제공
③ 절연 계급은 기기 절연을 표준화하고 통일된 절연 체계를 구성하기 위해 설정

2) 절연 강도

① 기기나 설비의 절연이 그 기기에 가해질 것으로 예상되는 충격 전압에 견디는 강도

② 절연 강도 규격

IEC 규격(LIWL, SIWL)			JEC 규격(BIL)		
기기 최고 전압[kV]	뇌 임펄스 내전압[kV]	상용 주파 내전압[kV]	절연 계급 [호]	뇌 임펄스 내전압[kV]	상용 주파 내전압[kV]
24	145/125	50	20A/(20B)	150(125)	50
170	750/650	325/275	140A/(140B)	750(650)	325(275)

③ 절연 계급 20호 이상의 비유효 접지계에 대하여 $BIL = (5 \times E) + 50[\text{kV}]$로 결정

④ 유입 변압기

$$BIL = (5 \times E) + 50[\text{kV}]$$

여기서, E : 절연호＝최저 전압＝절연 계급＝$\dfrac{\text{공칭 전압}}{1.1}$

22.9[kV]의 경우 : $BIL = 5 \times \dfrac{22.9}{1.1} + 50 = 150[\text{kV}]$

⑤ 건식 변압기

$$BIL = \text{상용 주파 내전압} \times \sqrt{2} \times 1.25[\text{kV}]$$

22.9(kV)의 경우 : $BIL = 50 \times \sqrt{2} \times 1.25 = 95[\text{kV}]$

⑥ 전동기

$$BIL = 2 \times \text{정격 전압} + 1,000[\text{V}]$$

3) 시험 전압

절연 강도 시험에는 표준 뇌 임펄스 전압파형과 표준 상용주파 전압파형을 사용

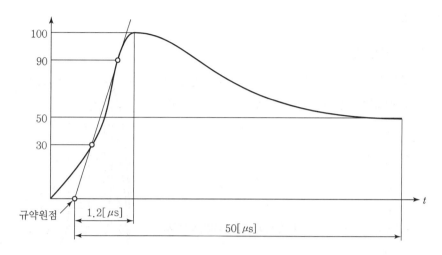

[표준 뇌임펄스 전압파형]

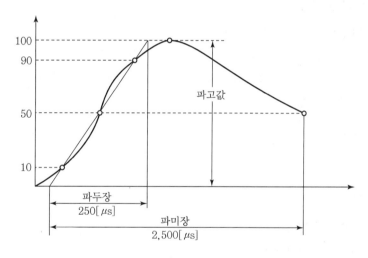

[표준 상용주파 전압파형]

4) 국내 저감 절연

계통 전압[kV]	전절연 BIL[kV]	현재 사용 BIL[kV]
22.9	150	150
154	750	650(1단 저감)
345	1,550	1,050(2단 저감)

4 $V-t$ 곡선

1) $V-t$ 곡선 정의

① 절연체에 고전압 또는 충격파를 가할 때 방전개시 전압과 방전 시간과의 관계를 표시한 곡선이며, 이와 같은 특성을 $V-t$ 특성이라 함

② $V-t$ 곡선

　㉠ 충격파 파두 부분 : 방전 개시 전압과 방전시간 연결

　㉡ 충격파 파미 부분 : 충격파 파고치와 방전시간 연결

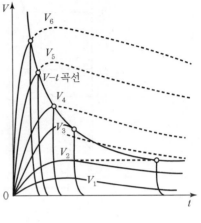

[$V-t$ 곡선]

2) $V-t$ 곡선 특성

① 인가 전압이 높을수록 방전 시간이 단축

② 충격파 파두 준도[kV/μs]가 높을수록 방전시간이 단축

③ 파두 준도가 높으면 충격파 앞부분에 섬락(Flash Over)이 발생하고, 낮으면 충격파 뒷부분에 섬락이 발생

※ 파두 준도 $= \dfrac{충격파의\ 파고치}{파두장}$[kV/μs]

5 절연협조

1) 절연협조의 정의

① 전력 계통에서 발생하는 각종 이상 전압에 대하여 전기 설비 전체의 절연을 기술적 · 경제적으로 합리화하는 것

② $V-t$ 곡선은 절연협조의 기초가 되는 곡선으로 $V-t$ 곡선이 높은 기기는 $V-t$ 곡선이 낮은 기기를 먼저 섬락시킴으로써 절연 보호

③ 피뢰기 $V-t$ 곡선은 피보호 기기 $V-t$ 곡선보다 낮아야만 피보호 기기 보호 가능

　즉, $V-t$ 곡선 간의 협조가 절연협조

2) 절연협조의 기본 방침

① 외부 이상 전압에 대해서는 피뢰 장치를 이용하여 기기 절연을 안전하게 보호

② 내부 이상 전압에 대해서는 절연 강도에 여유를 주어 특별한 보호 장치 없이 섬락 또는 절연 파괴 발생 방지

3) 각종 절연협조

① 발·변전소

ㄱ 구내 및 그 부근 1~2[km] 정도의 송전선에 충분한 차폐 효과를 지닌 **가공 지선**을 설치

ㄴ 피뢰기 설치로 이상 전압을 제한 전압까지 저하

② 송전선

ㄱ 가공 지선과 전선과는 충분한 이격 거리를 확보(직격뢰 방지)

ㄴ 뇌와 같은 순간적인 고장은 **재투입 방식**을 채용

③ 가공 배전 선로

ㄱ 변압기 보호가 기본

ㄴ 적정한 **피뢰기**를 선택하고 적용

④ 수전 설비

ㄱ 절연협조 중 가장 고난이

ㄴ 유도뢰, 과도 이상 전압, 지속성 이상 전압 등의 대책을 고려

⑤ 배전 설비

ㄱ 접지를 자유롭게 선정

ㄴ 접지 방식 선정과 **변압기 이행 전압** 대책에 중점

⑥ 부하 설비

ㄱ 회로의 개폐 빈도가 높기 때문에 **개폐서지** 대책에 중점

ㄴ 광범위한 구내 전기 설비에는 Surge Absorber 등을 설치

⑦ 저압 제어 회로

ㄱ 적절한 절연 레벨을 선정

ㄴ SPD 등을 설치

03 절연 성능 시험

1 절연 성능 시험의 종류

1) 상용 주파 내전압 시험

상용 주파 내전압 시험기로 상용 주파수(60[Hz]) 규정 전압의 실효치를 1분간 가압

예 25.8[kV] 차단기 : 실효값 50[kV]로 1분간 시험

2) 뇌 임펄스 내전압 시험

임펄스 시험기로 시험 파형인 표준 충격파형 $1.2 \times 50[\mu s]$로 시험

예 25.8[kV] 차단기 : 150[kV]($1.2 \times 50[\mu s]$)로 시험

3) 개폐 임펄스 내전압 시험

임펄스 시험기로 시험 파형 $250 \times 2,500[\mu s]$으로 시험

2 표준 충격파 파형

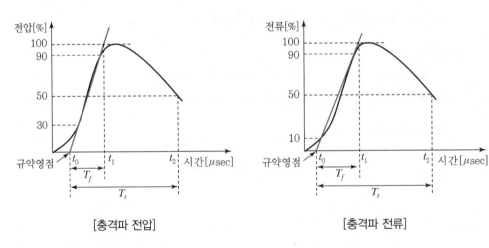

[충격파 전압]   [충격파 전류]

1) 국내 표준 충격파 전압 및 전류

① 표준 충격 전압파 : $1.2 \times 50[\mu s]$ ·········· 파두장 : $1.2[\mu s]$, 파미장 : $50[\mu s]$
② 표준 충격 전류파 : $8 \times 20[\mu s]$ ·············· 파두장 : $8[\mu s]$, 파미장 : $20[\mu s]$

2) 관련 용어

① 규약 영점

파고값의 30[%](전류는 10[%]) 지점과 파고값의 90[%] 점을 맺는 직선이 시간축과 교차하는 점

② 파두 길이(T_f : $t_0 \sim t_1$)

파고값의 30[%](전류는 10[%]) 지점과 파고값의 90[%] 점을 맺는 직선과 파고값의 수평선과 교차하는 점에서의 시간을 t_1이라 할 때 규약 영점에서 t_1까지의 시간

③ 파미 길이(T_t : $t_0 \sim t_2$)

규약 영점에서 파고값의 50[%]로 내려갔을 때 t_2까지의 시간

❸ 절연물의 $V - t$ 곡선

1) 뇌 임펄스 시험에서 인가 전압의 파형을 일정하게 하고 Flashover(절연 파괴)를 일으키지 않는 전압에서 점점 파고값을 증가시키면서 절연 파괴가 발생하는 전압과 시간관계에 대해서 나타낸 곡선

2) 아래 그림과 같이 V_1에서 점차 높여가면 처음에는 V_2, V_3, V_4, V_5, ⋯, 이와 같이 인가 전압이 높을수록 절연 파괴 시간이 짧아지고 Flashover까지의 시간을 그래프로 나타낸 것

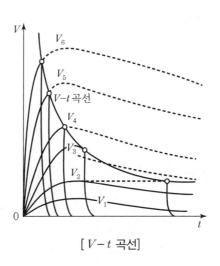

[$V - t$ 곡선]

04 피뢰기 용어

■ 정격 전압

1) 피뢰기와 접지 전극 사이에 인가할 수 있는 상용 주파수의 최대 교류 전압의 실효값

2) 속류를 차단할 수 있는 교류 전압의 최고의 실효값

$$V_n = \alpha \times \beta \times \frac{V_m}{\sqrt{3}}$$

여기서, V_n : 피뢰기의 정격전압
V_m : 회로의 최고전압(선간전압)
α : 접지계수
β : 여유율

■ 충격 방전 개시 전압

피뢰기의 단자 간에 충격 전압을 인가하였을 경우 방전을 개시하는 전압의 순시값

■ 상용 주파 방전 개시 전압

상용 주파수의 교류 전압을 인가하였을 경우 방전을 개시하는 전압의 실효값이며, 보통 피뢰기의 정격 전압의 1.5배 이상

■ 충격비

$$충격비 = \frac{충격\ 방전\ 개시\ 전압(파고값)}{상용\ 주파\ 방전\ 개시\ 전압(최대값)}$$

■ 제한 전압

1) 피뢰기의 동작 중 계속해서 걸리는 피뢰기의 단자 전압의 파고값

2) 충격 전류 방전으로 저하되고 피뢰기 단자 간에 남는 전압으로 피뢰기 방전 중 충격 전압이 제한되어 피뢰기 양 단자 간에 잔류하는 충격 전압

3) 피뢰기의 제한 전압은 피보호 기기의 뇌 임펄스 내전압(BIL)의 80[%] 이내로 선정

6 제한 전압비

1) 제한 전압비는 피뢰기에 공칭 방정 전류에서 제한 전압을 정격 전압으로 나눈값
2) 제한 전압비는 피뢰기에 의하여 절연 기기를 보호할 수 있는 정도를 나타내는 보호 레벨의 기준이 되며 일반적으로 제한 전압비는 3.0 전후의 것이 실용화

$$제한\ 전압비 = \frac{피뢰기의\ 제한전압(파고값)}{피뢰기의\ 정격전압(실효값)}$$

7 공칭 방전 전류

1) 피뢰기의 방전 전류란 피뢰기가 방전 중 이것에 흐르는 충격 전류
2) 공칭 방전 전류는 피뢰기의 보호 성능 및 자동 복귀 성능을 표현하기 위하여 쓰이는 방전전류의 파고치 → 피뢰기의 보호 레벨인 제한 전압이 인가될 때 방전 전류의 값이며, 반복하여 통전하더라도 피뢰 소자는 열화 또는 손상되지 않고 원래의 특성으로 복귀 가능

공칭 방전 전류[kA]	피뢰기 정격 전압[kV]	비고
20	576	발전소 / 변전소
10	288, 144, 21	발전소 / 변전소
5	21	발전소 / 변전소
2.5	18	배전 선로 / 수용가

8 방전 내량

1) 방전 전류의 최대 허용 한계
2) 교류 전력 회로용 피뢰기에 일정 횟수를 인가하여도 손상되지 않는 정해진 크기 및 파형의 방전 전류

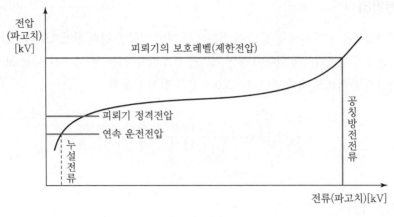

[방전 내량]

⑨ 속류

1) 피뢰기가 방전하고 난 뒤에도 피뢰기에 남아있는 전류

2) 피뢰기 방전 후 방전 상태를 계속 유지하며 지속적으로 흐르는 상용 주파수의 전류

⑩ ZnO 피뢰기의 열폭주(Thermal Runaway)

1) ZnO 소자는 온도에 대한 부특성을 가지기 때문에 온도가 높을수록 저항이 감소하는 특성

2) 피뢰기가 연속 사용 전압에서 소자의 일부분에 결함이 발생되어 Hot Spot이 발생되면 그 부분의 저항은 보다 감소되어 전류가 더욱 집중되어 피뢰기의 방열 능력의 한계를 초과시켜 피뢰기를 파괴

3) 이와 같이 열적인 원인에 의해서 스스로는 회복할 수 없는 상태에 도달하는 것을 피뢰기의 열폭주라 함

05 피뢰기의 기본 성능, 정격, 설치 위치, 주요 특성

1 개요

1) 피뢰기

낙뢰, 개폐 서지 등의 이상 전압을 대지로 신속히 방류시켜 계통에 설치된 기기 및 선로를 보호하는 장치

2) 피뢰기의 목적

① 전력 설비의 기기를 이상 전압(낙뢰 또는 개폐 서지)으로부터 변압기를 보호
② 이상 전압 침입을 억제하고 방전시킴으로써 자동적으로 회복하는 장치

3) 피뢰기 기본 성능 및 동작 특성

① 기본 성능
  ㉠ 이상 전압 시 신속 방전
  ㉡ 제한 전압이 낮을 것
  ㉢ 속류 차단 능력이 우수
  ㉣ 경년 변화가 없고 반복 동작에 특성 안정

② 동작 특성

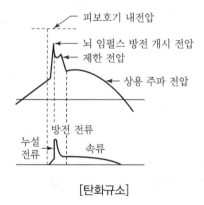

[탄화규소]

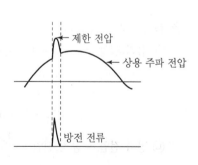

[산화아연]

4) 구조

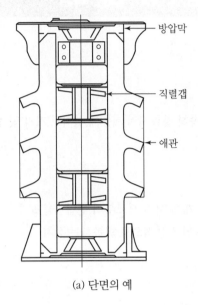
(a) 단면의 예

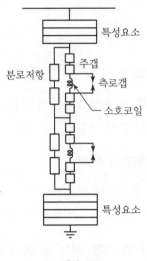
(b) 내부 구조

[피뢰기의 구조]

❷ 피뢰기 정격

1) 정격 전압(상용 주파 허용 단자 전압)

① 피뢰기에서 속류를 차단할 수 있는 최고의 상용 주파수 교류 전압으로 실효값으로 표시

② 정격 전압 선정 방법

㉠ 정격 전압 $= \alpha \cdot \beta \cdot V_m = k \cdot V_m$

여기서, α : 접지 계수(유효 접지계 0.75, 비유효 접지계 1.0)
β : 여유도(1~1.15 적용)
V_m : 최고 허용 전압 $\left(\text{공칭전압} \times \dfrac{1.2}{1.1}\right)$

㉡ 정격 전압 $=$ 공칭 전압 $\times \dfrac{1.4}{1.1}$ [kV]

㉢ 접지 방식에 따른 공칭 전압을 V[kV]라 할 때

ⓐ 직접접지 : 0.8~1.0[kV]

ⓑ 저항·소호 리액터 접지 : 1.4~1.6[kV]

③ 피뢰기 정격 전압 선정 시 고려 사항

㉠ 시스템 접지 방식에 따른 1선 지락 시 건전상 대지전위 상승분 고려 → 접지계수

ⓛ 피보호기기의 절연 강도(BIL)

ⓒ 절연협조(Coordination of Insulation)

ⓔ 단시간 과전압(TOV)의 크기 및 지속 시간 → ZnO 피뢰기 선정 시 검토

④ 내선규정에 의한 방법

전력 계통		피뢰기 정격 전압[kV]	
공칭 전압[kV]	중성점 접지 방식	변전소	배전선로
22.9	3상 4선식 다중 접지	21	18
22	PC 접지, 비접지	24	−
66	PC 접지, 비접지	72	−
154	유효 접지	144	−
345	유효 접지	288	−
765	유효 접지	612	−

2) 공칭 방전 전류

① 방전 전류란 피뢰기를 통해서 대지로 흐르는 전류

② 방전 내량이란 그 허용 최대 한도, 즉 임펄스 대전류 통전 능력을 의미하며 파고값으로 표시

③ 방전 전류의 결정

ⓐ 정격 방전 전류는 발·변전소의 차폐 유무와 연간 뇌발생 빈도수(IKL)로 결정

ⓑ 방전 전류 계산식

$$i_a = \frac{2e - e_a}{Z}$$

여기서, i_a : 피뢰기 방전 전류, e : 진입 내 서지 파고값

e_a : 제한 전압, Z : 선로의 서지 임피던스

④ 방전 전류의 적용 예

공칭 방전 전류	설치 장소	적용 조건
10[kA]	변전소	• 154[kV] 이상 계통 • 66[kV] 이하 계통에서 Bank 용량 3,000[kVA] 초과 • 장거리 송전선 케이블에 적용 • 배전 선로 인출 측
5[kA]	변전소	66[kV] 이하 계통에서 Bank 용량 3,000[kVA] 이하
2.5[kA]	선로	배전 선로

3) 수변전설비에서 정격 전압 및 공칭 방전 전류

공칭 전압[kV]	정격 전압[kV]	공칭 방전 전류[kA]
3.3	7.5(4.3)	2.5
6.6	7.5	2.5
22	24	5
22.9	18	2.5
154	138(144)	10
345	288	10

❸ 피뢰기 설치 위치 및 설치 장소

1) 피뢰기 설치 위치(피뢰기와 피보호기기 간의 거리가 미치는 영향)

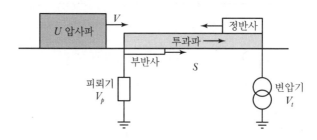

[피뢰기 설치장소]

① $V_t = V_p + \dfrac{2\,US}{V}\,[\text{kV}]$

여기서, V_t : 기기에 걸리는 단자 전압[kV]

V_p : 피뢰기 제한 전압[kV]

U : 침입파의 파두 준도[kV/μs](차폐 선로 : 500[kV/μs], 일반 선로 : 200[kV/μs])

V : 서지의 전파 속도[m/μs](가공선 : 300[m/μs], 케이블 : 150[m/μs])

S : 피뢰기와 거리[m]

② 거리가 떨어져 있으면 이상 전압 내습 시 피뢰기 단자 전압보다 피보호기기 단자 전압이 높아지므로 가까울수록 유리

③ 피뢰기의 최대 유효 이격 거리

구분	345[kV] 계통	154[kV] 계통	22.9[kV] 계통
이격 거리	85m 이하	65m 이하	20m 이하

2) 피뢰기 설치 장소

① 발·변전소 인입구 및 인출구

② 배전용 변압기의 고압 및 특고압 측

③ 고압 및 특고압 수용가의 인입구

④ 지중선과 가공선이 접속되는 곳

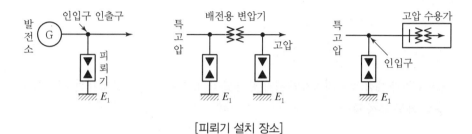

[피뢰기 설치 장소]

4 갭레스형 피뢰기

장점	단점	V-I 특성
• 제한 전압 안정 • 비선형 저항 특성 • 직렬 갭이 없어 구조 간단 • 소형 · 경량 • 내구성, 내오손 특성 우수	• 열폭주 현상 발생 • 국산화 미약 • 특성 요소 사고 시 지락 사고로 연결	

5 피뢰기의 주요 특성

1) **방전 개시 전압** : 서지 과전압 인가 시 방전을 개시하는 전압

2) **제한 전압** : 방전 중 과전압이 제한되어 피뢰기 양단자 간에 잔류하는 전압

3) **방전 특성** : 방전 개시 전압과 방전 시간과의 관계($V-t$ 특성)

4) **보호 레벨** : 뇌 임펄스 방전 개시 전압, 제한 전압, $V-t$ 특성 등에 의해 결정

5) **동작 개시 전압** : 피뢰기 누설 전류가 $1 \sim 3$[mA]로 흐를 때 전압 → 초과 전압이 장시간 인가되면 열폭주

6) **방전 내량** : 임펄스 대전류 통전 능력

7) **과전율**(S) : 동작 개시 전압과 상시 인가 전압의 파고값과의 비율로 $45 \sim 80$[%] 정도 저감 절연을 한 경우 피뢰기는 과전율이 높은 고정격 피뢰기가 됨

8) **열폭주 현상** : 누설 전류로 소자 온도가 증가하여 피뢰기가 과열 · 파괴되는 현상

6 피뢰기 보호 레벨 및 절연협조 검토

피뢰기로 보호할 수 있는 절연 기기 보호 레벨(LIWL) 정도

1) 보호 레벨은 충격파 영역의 80[%] 이하가 되도록 유도를 가지고 선정

2) 피뢰기의 개폐 서지에 대한 보호 레벨은 LIWL×85[%]×85[%] 이하로 절연협조를 계획

3) 비유효 접지계에서는 중성점에 피뢰기 설치

4) 22.9[kV−Y] 피뢰기는 단로 장치 부착용으로 사용

5) 접지선 굵기 : $S = \dfrac{\sqrt{t}}{282} \times I_s \, [\mathrm{mm}^2]$

6) 절연협조가 깨질 경우 피뢰기의 위치 및 증설 고려, 차폐 및 접지 설계 개선, 피보호기기 절연 레벨 향상, 계통 특성 향상

---

06 피뢰기의 충격 방전 개시 전압, 제한 전압, 상용 주파 방전 개시 전압

1 충격 방전 개시 전압(뇌 임펄스 방전 개시 전압)

1) 피뢰기 단자 간에 충격파 전압을 인가하였을 경우 방전을 개시하는 전압(최소 보호비 1.2)

2) 충격 방전 개시 전압 = TR BIL $\times 0.85 \, [\mathrm{kV}]$

3) 154[kV]의 경우
   ① 유입 변압기 BIL $= 5E + 50 = (5 \times 140) + 50 = 750 \, [\mathrm{kV}]$
   ② 충격 방전 개시 전압 $= 750 \times 0.85 = 638 \, [\mathrm{kV}]$

2 제한 전압

1) 피뢰기 방전 중 과전압으로 제한되어 피뢰기 양단자 간에 잔류하는 임펄스 전압이며 파고값으로 표시

2) 제한 전압 결정 인자
   ① 피뢰기의 방전 특성(전압 − 전류 곡선)
   ② 충격파의 파형 및 파고치(원전압)

③ 피뢰기에 작용하는 인덕턴스 및 방전 전류의 파두 준도

④ 피뢰기의 접지 저항

⑤ 피보호 기기의 특성

3) 피뢰기 제한전압(V_a)

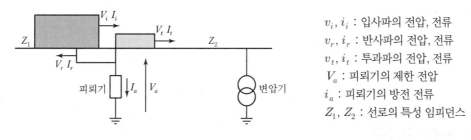

v_i, i_i : 입사파의 전압, 전류
v_r, i_r : 반사파의 전압, 전류
v_t, i_t : 투과파의 전압, 전류
V_a : 피뢰기의 제한 전압
i_a : 피뢰기의 방전 전류
Z_1, Z_2 : 선로의 특성 임피던스

[피뢰기의 제한 전압]

$$v_t \fallingdotseq v_a = \frac{2Z_2}{Z_1 + Z_2}v_i - \frac{Z_1 Z_2}{Z_1 + Z_2}i_a = \frac{2Z_2}{Z_1 + Z_2}\left(v_i - \frac{1}{2}Z_1 i_a\right)$$

4) 변압기의 절연 강도 > 피뢰기 제한 전압 + 피뢰기 접지 저항 전압 강하

5) 154[kV]의 경우

$$제한 \ 전압 = V_m \times (2.6 \sim 3.6) = 450[kV]$$

❸ 상용주파 방전 개시 전압

1) 상용 주파수 방전 개시 전압의 실효값

2) 피뢰기 정격 전압의 1.5배 이상

3) 154[kV]의 경우

$$상용주파 \ 방전개시전압 = 144 \times 1.5 = 216[kV]$$

❹ 충격비

$$충격비 = \frac{충격 \ 방전 \ 개시 \ 전압}{상용 \ 주파 \ 방전 \ 개시 \ 전압의 \ 파고값} \geq 1$$

07 피뢰기의 동작 개시 전압, 열폭주 현상

1 동작 개시 전압

1) 누설 전류의 종류

① 저항분 누설 전류 I_R, 용량분 누설 전류 I_C

② 전 누설 전류 $I_0 = I_R + I_C$

③ I_R과 I_C는 위상이 90[°] 어긋나 있고 I_0는 거의 용량분 전류

2) 동작 개시 전압

① I_R은 소자의 발열 성분으로 I_R이 크면 소자 열화 우려

② I_R이 1~3[mA] 통전 시의 전압을 동작 개시 전압으로 정의하고 하한값을 규정

3) 과전율

① 과전율 S는 장기 수명 특성이나 열폭주를 고려할 때의 기준

② 45~80[%] 정도로 사용

$$S(\text{과전율})[\%] = \frac{\text{상시 인가 전압 파고치}}{\text{동작 개시 전압}} \times 100\,[\%]$$

2 열폭주 현상

1) 정의

① 갭레스 피뢰기에 일정 전압 인가 시 누설 전류에 의해 발열

② 발열량(P)이 방열량(Q)을 상회하여 산화 아연(ZnO) 온도가 상승하고 누설 전류는 더 커져 파괴되는 현상

2) 열폭주 현상(발열 – 방열 특성)

① 산화 아연 소자는 온도가 상승하면 저항값이 감소하는 특성

② $P = Q$: 열평형 상태

$P > Q$: 개폐 서지 등 열적 트리거를 받아 소자의 온도 및 누설 전류 증대, 열폭주 발생

$P < Q$: S점으로 돌아가 안정 상태를 유지

3) 온도 상승

$$\Delta T = \frac{w}{\rho \cdot s \cdot c \cdot q}$$

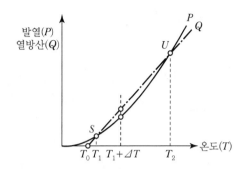

여기서, T : 온도 상승[℃]
w : 흡수 에너지[J]
ρ : 소자의 비중[g/cm^2]
s : 소자의 부피[cm^3]
c : 소자의 비열[cal/g ℃]
q : 열당량[J/cal]

[산화 아연 소자의 발열 · 방열 특성]

4) 대책

① 산화 아연형 피뢰기에서는 동작 책무 시험이나 방전 내량에 의한 서지 전류 통전에 의해 파괴되지 않을 것
② 그 후의 인가 전압에 의해 열폭주하지 않을 것

08 갭레스, 폴리머 피뢰기

1 갭레스형 피뢰기

1) 정의

① 특성 요소가 금속 산화물(ZnO) 특성 요소로 소성한 것
② 직렬갭을 생략하고 금속 산화물 특성 요소만을 포개어 애자 속에 봉입

2) 특징

① 직렬갭이 없으므로 구조가 간단하고 소형 · 경량화
② 특성 요소만으로 절연되어 있어 특성 요소의 사고 시 단락 사고와 같은 경우가 될 수 있음
③ 속류에 따른 특성 요소의 변화가 작음

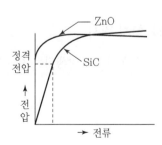

[특성요소별 $V-I$ 곡선]

2 폴리머 피뢰기

1) 정의

피뢰기의 하우징에 기존의 자기재 대신, 고분자 절연체인 FRP 재질을 적용한 피뢰기

2) 목적

① 습기 침투에 의한 ZnO 소자 열화 방지

② 자기재의 폭발 시 비산 파급 방지

3) 특징

① 방압 구조로서 내충격 특성과 유연성 우수

② 기존 자기재의 1/3 수준으로 가벼워 시공에 유리

③ 자기재의 수분 흡수 우려가 제거되어 고성능, 안정성 우수

④ 낙뢰로 인한 자기재 폭발 및 비산 등에 의한 주변기기 손상 우려 해소

---

09 서지 흡수기(Surge Absorber)

1 설치 목적

1) 서지 흡수기는 배전 선로상에서 발생하는 유도뢰, 개폐 서지 등의 내부 이상 전압을 흡수하여 2차 기기를 보호하는 장치

2) 몰드 · 건식 변압기나 계통 기기의 보호가 목적

2 설치 위치

개폐 서지가 발생되는 차단기 2차 측, 피보호기기 전단

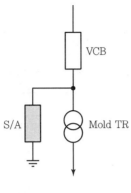

[변압기 부하인 경우]

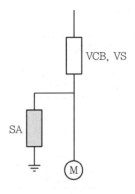

[전동기 부하인 경우]

❸ 적용범위

설치 필요	설치 불필요
VCB + Mold TR VCB + Motor	VCB + 유입 TR OCB + Mold TR(Motor)

❹ SA 정격

공칭전압	3.3[kV]	6.6[kV]	22.9[kV]
정격전압	4.5[kV]	7.5[kV]	18[kV]
공칭 방전 전류	5[kA]	5[kA]	5[kA]

❺ LA와 SA 비교

구분	LA	SA
용도	뇌서지 보호	개폐서지 보호
파고치	높다.	낮다.
파두장 및 파미장	짧다. $1.2 \times 50[\mu s]$	길다. $250 \times 2,500[\mu s]$
전류용량	크다.	작다.
발생빈도	매우 적다.	매우 많다.
설치위치	수용가 인입구와 변압기 근처	차단기 2차 측 피보호기기 전단

6 SA의 적용

차단기 종류		VCB				
2차 보호기기 전압등급		3[kV]	6[kV]	10[kV]	20[kV]	30[kV]
전동기		필요	필요	필요		
변압기	유입식	불필요	불필요	불필요	불필요	불필요
	몰드식	필요	필요	필요	필요	필요
	건식	필요	필요	필요	필요	필요
콘덴서		불필요	불필요	불필요	불필요	불필요
변압기와 유도기기의 혼용		필요	필요			

---

10 서지 보호 장치(SPD)

1 정의 및 목적

1) 서지 보호 장치(SPD : Surge Protective Device)는 서지 전압을 제한하고 서지 전류를 분류하기 위해 1개 이상의 비선형 소자를 내장하고 있는 장치
2) 교류 1,000[V], 직류 1,500[V] 이하에서 전원에 접속한 기기를 보호

2 필요성 및 기본 성능

1) 내부 피뢰 시스템은 등전위 검출이 매우 중요
2) SPD는 전력 설비, 통신 설비 등을 직접 본딩할 수 없는 경우에 적용

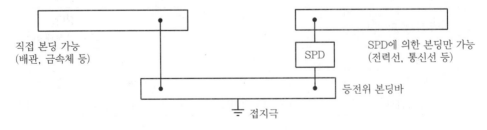

직접 본딩 가능
(배관, 금속체 등)

SPD

SPD에 의한 본딩만 가능
(전력선, 통신선 등)

등전위 본딩바

접지극

[SPD의 기본설치 예]

3) 생존성 : 설계된 환경 조건에서 잘 견딜 것, 자체 수명 고려

4) 보호성 : 보호 대상 기기가 파괴되지 않을 정도로 과도 전압을 감소시켜야 함

5) 적합성 : 보호 대상 시스템에 대하여 물리적 · 법률적 요구 조건을 만족할 것

❸ SPD의 분류

1) 동작 특성에 의한 분류

① 전압 스위치형 : 서지 인가 시 순간적으로 임피던스가 낮아지는 SPD

② 전압 제한형 : 서지 인가 시 연속적으로 임피던스가 낮아지는 SPD

③ 복합형 : 스위치형, 제한형 기능이 모두 가능

④ SPD 동작 예

　㉠ 개회로 전압파형 : $1.2 \times 50[\mu s]$

　㉡ 단락 회로 전류파형 : $8 \times 20[\mu s]$를 인가 시 SPD 동작

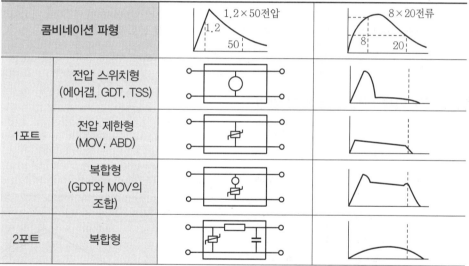

콤비네이션 파형		1.2×50전압	8×20전류
1포트	전압 스위치형 (에어갭, GDT, TSS)		
	전압 제한형 (MOV, ABD)		
	복합형 (GDT와 MOV의 조합)		
2포트	복합형		

※ 서지 보호 소자(SPDC) → 가스 방전관(GDT), 사이리스터 차단기(TSS), 산화 금속 배리스터
　(MOV), 애버런시 다이오드(ABD)

2) 구조에 의한 분류(단자 형태)

구분	특징	표시(예)
1포트 SPD	• 1개의 단자쌍 또는 2개의 단자를 갖는 SPD로 서지를 분류할 수 있도록 접속함 • 전압 스위치형, 전압 제한형, 복합형	SPD
2포트 SPD	• 2단의 단자쌍 또는 4개의 단자를 갖는 SPD로 입력 단자쌍과 출력 단자쌍 간에 직렬 임피던스가 있음 • 신호 · 통신 계통에 사용, 복합형	SPD

3) 설치 방식에 의한 분류

구분	특징	구성방법
직렬 방식	• 과도전압을 미세하게 억제하는 데 효과적 • 설치 시 케이블 단절로 시공이 어려움 • 통신용, 신호용 등에 주로 사용	직렬 방식, 병렬 방식, 직 · 병렬 혼합 방식 등으로 사용
병렬 방식	• 과도전압을 미세하게 제어하기 곤란함 • 전류용량에 한계가 없어 수 [A] 이상에서 선호 • 전원용으로 많이 사용	

4 LPZ에 따른 SPD 등급 선정 방법

1) SPD Ⅰ : 선로 인입구로 주 배전반에 설치

2) SPD Ⅱ : LPZ 1 입구 또는 LPZ 2 입구에 설치

3) SPD Ⅲ : LPZ 2, 3 … n 입구에 설치

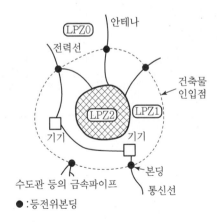

[외부 뇌보호의 등전위 본딩 개념도]

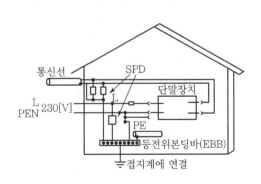

[건물 내의 SPD 설치 예(TN－C)]

5 SPD의 설치

1) SPD 설치 위치

① 설비 인입구 또는 건축물 인입구와 가까운 장소에 설치할 것

② 건축물 내에서 뇌 보호 영역(LPZ)이 변화되는 **경계점**에 설치할 것

③ 상도체와 주접지 단자 간 또는 보호 도체 간에 설치할 것

2) SPD 설치 방법

① 모든 본딩은 저임피던스 본딩을 구현

② SPD의 리드선 길이는 0.5[m] 이하로 하고 접지극에 직접 연결

③ SPD의 리드선 굵기는 동선 10[mm²] 이상(피뢰 설비가 없을 때는 동선 4[mm²] 이상)

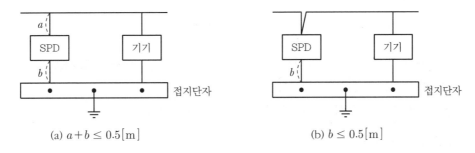

(a) $a+b \leq 0.5[\mathrm{m}]$　　　　　(b) $b \leq 0.5[\mathrm{m}]$

[SPD 설치 방법]

6 SPD의 선정

1) SPD 선정 시 고려사항

① 기기에 필요한 임펄스 내전압과 계통 공칭 전압을 고려하여 전압 보호 수준을 결정

② 기기에 필요한 임펄스 내전압[kV] → 주택 옥내 배전 계통

계통 공칭 전압[V]	설비 인입구 기기(Ⅳ)	간선 및 분기 회로 기기(Ⅲ)	부하 기기 (Ⅱ)	특별 보호 기기 (Ⅰ)
단상 120~240	4	2.5	1.5	0.8
3상 230~400	6	4	2.5	1.5
3상 1,000	8	6	4	2.5
카테고리 분류	전력량계 누전 차단기 인입용 전선	주택 분전반 콘센트, 스위치 옥내 배전용 전선	조명기구 냉장고, 에어컨, 세탁기, TV, PC	전자 기기 내부 정보 통신 기기
SPD 등급		클래스Ⅰ	클래스Ⅱ	클래스Ⅲ	

③ SPD 등급선정 예

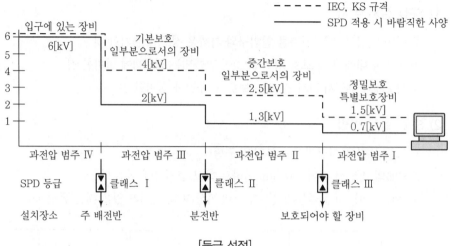

[등급 선정]

④ 뇌보호 영역을 고려한 후 뇌서지의 1차 보호, 2차 보호는 **단계적 협조 시행**

⑤ SPD 접지는 가능하면 **공통접지**

⑥ SPD의 리드선 길이는 0.5[m] 이하로 하고 접지극에 직접 연결

2) 전원용 SPD 선정 시 고려 사항

① SPD가 처리 가능한 최대 서지 전류내량은 뇌서지의 빈도나 세기, 피보호기기의 중요도에 따라 선정

② 이상 시에 전원 회로와 분리

③ 교체 표시, 원격 감시, 경고 기능 등 **상태 표시 기능**이 있는지 확인

④ 낮은 **제한 전압**(IEEE 규격에 의한 시험 파형 $8 \times 20[\mu s]$)

⑤ 선간 보호 : Normal Mode, 선간 − 대지 간 보호 : Common Mode

⑥ Common Mode 노이즈가 더 해로우므로 **선간 − 대지 간 보호**를 주로 적용

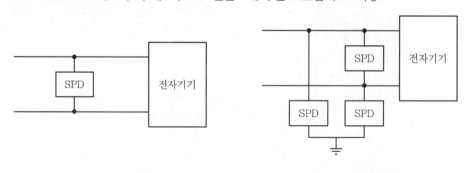

[선간 보호]   [선간 − 대지 간 보호]

3) 통신용 SPD 선정 시 고려 사항

① 주파수 특성을 고려

② 바이 패스 소자를 주로 사용하므로 속류에 대한 차단 성능도 보유

7 Surge 해소 대책

1) 공용 접지법 : 전력선과 통신선 접지 공용화

2) 절연법 : NCT(Noise Cut Transformer)를 이용

3) By Pass법 : 전력선과 통신선 간 SPD 설치

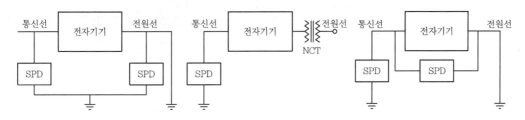

[Surge 해소대책]

8 엘리베이터에 SPD 적용 예

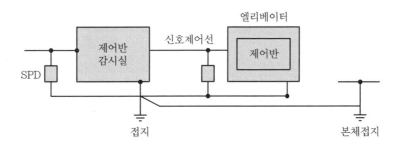

[엘리베이터에 SPD 적용 예]

9 서지 보호장치 관련 용어

구분	고압용	저압용 및 통신용
산업계	• 피뢰기(LA : Lightning Arrester) • 서지어레스터(Surge Arrester)	• 서지압소버(SA : Surge Absorber) • SPD(Surge Protective Device)
IEC 표준	서지어레스터(Surge Arrester)	SPD(Surge Protective Device)

⑩ 맺음말

1) SPD 설치 효과를 극대화하기 위해서는 리드선 길이를 0.5[m] 이하로 설치

2) 현장에서는 분전함 구조상 접지 단자와 거리가 너무 멀어 설치 효과가 미미하므로 SPD 설치 시 본딩바를 설치하여 접지 단자에 연결하고 별도로 접지

3) 분전반을 규격화하여 접지 단자를 SPD와 가깝게 설치

4) 배전반 : 80~100[kA], 분전반 : 40[kA], 통신용 : 10[kA]

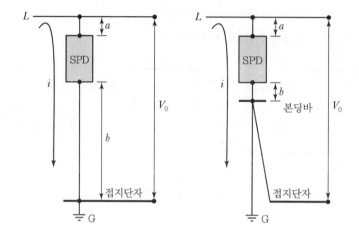

[SPD 효과 증대방안]

11 진행파의 기본 원리

▌ 개요

뇌격에 의해 생기는 서지성 이상 전압은 수면의 물결처럼 진행파가 되어 선로를 진행

▌ 유도뢰 서지가 진행파로 변하는 모양

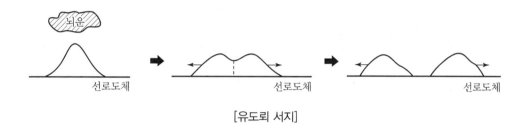

[유도뢰 서지]

▌ 진행파의 전파 속도

1) 선로는 저항 부분을 무시하면 다음 그림과 같이 인덕턴스(L)와 대지정전용량(C)이 사다리꼴로 연속되는 분포정수 회로로 표현
2) 뇌서지(진행파)는 인덕턴스(L)를 통해서 대지 정전 용량(C)을 충전하면서 진행

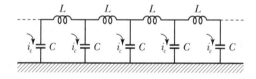

[선로의 등가 회로와 진행파]

3) 진행파의 성질

선로 단위 길이를 $dx[\mathrm{m}]$, 단위 길이 정전 용량을 $C[\mathrm{F/m}]$, 단위 길이 인덕턴스를 $L[\mathrm{H/m}]$, 진행파가 단위 길이를 진행하는 시간을 $dt[\sec]$, 서지 전압을 e라고 하면 $dx[\mathrm{m}]$ 사이에 축적되는 전하량 dq는 다음 식으로 구함

① $d_q = e \cdot c \cdot dx[\mathrm{Coulomb}]$

② 충전 전류로서 흐르는 전류 i는 dq의 시간적 변화의 비율

$$i = \frac{dq}{dt} = \frac{C \cdot e \cdot dx}{dt} = C \cdot e \cdot v$$

③ 전압 e는 전류 i의 시간적 변화의 비율

$$e = \frac{d\phi}{dt} = \frac{L \cdot i \cdot dx}{dt} = L \cdot i \cdot v \;\; , \;\; \phi = LI$$

④ 서지 임피던스 Z

$$Z = \frac{e}{i} = \frac{e}{C \cdot e \cdot v} = \frac{1}{Cv} \;\; , \;\; Z = \frac{e}{i} = \frac{L \cdot i \cdot v}{i} = Lv$$

$$\therefore \; Lv = \frac{1}{Cv} \;, \; v^2 LC = 1$$

$$\therefore \; 전파\ 속도\ v = \sqrt{\frac{1}{LC}}\,[\mathrm{m/s}], \;\; 서지\ 임피던스\ Z = \sqrt{\frac{L}{C}}\,[\Omega]$$

4 가공선의 서지 특성

1) $L = 0.054 + 0.4605\log_e \dfrac{2h}{r}\,[\mathrm{mH/km}]$

2) $C = \dfrac{0.02413}{\log_e \dfrac{2h}{r}}\,[\mu\mathrm{F/km}]$

3) 전파 속도와 서지 임피던스

① 전파 속도 $v = \sqrt{\dfrac{1}{LC}} = 3 \times 10^8\,[\mathrm{m/s}]$, 서지 임피던스 $Z = \sqrt{\dfrac{L}{C}} = 60\log_e \dfrac{2h}{r}\,[\Omega]$

② 서지 임피던스 Z는 도체의 반경 r과 높이 h에 따라 정해지고 길이에는 무관

③ 또한 전파속도 v는 광속도와 동일

5 케이블의 서지 특성

1) $L = 0.054 + 0.4605\log_e \dfrac{R}{r}\,[\mathrm{mH/km}]$

2) $C = \dfrac{0.02413}{\log_e \dfrac{R}{r}}\varepsilon_0\,[\mu\mathrm{F/km}]$

3) 전파 속도와 서지 임피던스

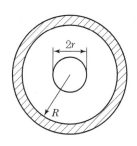

① 전파 속도 $v = \sqrt{\dfrac{1}{LC}} = \dfrac{1}{\sqrt{\varepsilon}} 3 \times 10^8$

　서지 임피던스 $Z = \sqrt{\dfrac{L}{C}} = \dfrac{1}{\sqrt{\varepsilon}} 60 \log_e \dfrac{R}{r}$

② 서지 전파 속도는 절연체 유전율 ε_s의 제곱근에 반비례

③ 보통 ε_s는 2.5~4.5 정도이므로 광속도의 2/3~1/2

[케이블 구조]

[서지 임피던스의 개략값]

종류	서지 임피던스[Ω]
가공선(단도체)	400~600
가공선(유도체)	100~300
케이블	20~60
변압기	800~8,000
회전기	600~10,000

12 진행파의 반사 계수 및 투과 계수 유도

1 개요

1) 진행파는 선로의 끝 또는 가공선과 지중 케이블의 접속점과 같이 서지 임피던스가 다른 변위점에서 반사 및 투과 현상이 발생

2) 진행파는 다음의 3가지 경우로 분류

　① 서지 임피던스가 다른 선로의 접속점

　② 선로 종단이 개방된 경우 $Z_2 = \infty$

　③ 선로 종단이 단락된 경우 $Z_2 = 0$

☑ 서지 임피던스가 다른 선로의 접속점

$$Z_1 \qquad e_i, i_i \longrightarrow \qquad \longrightarrow e_t, i_t \qquad Z_2$$
$$e_r, i_r \longleftarrow A$$

[서지 임피던스 변위점의 서지 진행파]

$$i_t = i_i + i_r \quad \cdots\cdots\cdots\cdots\cdots\cdots\cdots\cdots\cdots\cdots\cdots \text{ⓐ}$$
$$e_t = e_i + e_r \quad \cdots\cdots\cdots\cdots\cdots\cdots\cdots\cdots\cdots\cdots\cdots \text{ⓑ}$$
$$e_i = z_1 \cdot i_i, \ e_t = z_2 \cdot i_t, \ e_r = -z_1 \cdot i_r \quad \cdots\cdots\cdots \text{ⓒ}$$
$$i_i = \frac{e_i}{z_1}, \ i_t = \frac{e_t}{z_2}, \ i_r = -\frac{e_r}{z_1} \quad \cdots\cdots\cdots\cdots \text{ⓓ}$$

1) 반사 계수 e_r(전압 진행파)

식 ⓐ에 ⓓ를 대입하면

$$\frac{e_t}{z_2} = \frac{e_i}{z_1} - \frac{e_r}{z_1}$$

여기에 식 ⓑ를 대입하면

$$\frac{e_i + e_r}{z_2} = \frac{e_i}{z_1} - \frac{e_r}{z_1}$$

양변에 $z_1 z_2$를 곱하면

$$z_1(e_i + e_r) = z_2(e_i - e_r)$$
$$z_1 e_i + z_1 e_r = z_2 e_i - z_2 e_r$$
$$z_1 e_i - z_2 e_i = -z_1 e_r - z_2 e_r$$
$$z_1 e_r + z_2 e_r = (z_2 - z_1)e_i$$
$$\therefore e_r = \frac{z_2 - z_1}{z_1 + z_2} e_i$$

2) 투과 계수 i_t(전류진행파)

식 ⓑ에 ⓒ를 대입하면

$$z_2 i_t = z_1 i_i - z_1 i_r$$

여기에 $i_r = i_t - i_i$를 대입하면

$$z_2 i_t = z_1 i_i - z_1 i_t + z_1 i_i, \ z_2 i_t = 2z_1 i_i - z_1 i_t$$
$$(z_1 + z_2) i_t = 2z i_i$$
$$\therefore i_t = \frac{2z_1}{z_2 + z_1} i_i$$

3) 투과 계수 e_t(전압진행파)

식 ⓐ에 ⓓ를 대입하면

$$\frac{e_t}{z_2} = \frac{e_i}{z_1} - \frac{e_r}{z_1}$$

여기에 $e_r = e_t - e_i$를 대입하면

$$\frac{e_t}{z_2} = \frac{e_i}{z_1} - \frac{e_t - e_i}{z_1}$$

$$\frac{e_t}{z_2} = \frac{2e_i - e_t}{z_1}$$

$$z_1 e_t + z_2 e_t = 2 z_2 e_i$$

$$\therefore e_t = \frac{2 z_2 e_i}{z_1 + z_2}$$

4) 반사 계수 i_r(전류진행파)

식 ⓑ에 ⓒ를 대입하면

$$z_2 i_t = z_1 i_i - z_1 i_r$$

여기에 $i_t = i_r + i_i$를 대입하면

$$z_2 (i_i + i_r) = z_1 i_i - z_1 i_r, \ z_2 i_i + z_2 i_r = z_1 i_i - z_1 i_r$$

$$z_2 i_r + z_1 i_r = z_1 i_i - z_2 i_i$$

$$\therefore i_r = \frac{z_1 - z_2}{z_2 + z_1} i_i = -\frac{z_2 - z_1}{z_2 + z_1} i_i$$

[진행파의 반사 계수 및 투과 계수]

구분	반사 계수	투과 계수
전압 진행파	$\dfrac{z_2 - z_1}{z_1 + z_2}$	$\dfrac{2 z_2}{z_1 + z_2}$
전류 진행파	$-\dfrac{z_2 - z_1}{z_2 + z_1}$	$\dfrac{2 z_1}{z_2 + z_1}$

5) $z_2 > z_1$인 경우 변위점의 전위, 투과하는 전위파의 값은 진행파보다 상승

$z_2 < z_1$인 경우 투과하는 전위파는 진행파보다 하강

6) 가공선과 지중 케이블의 연결점에서는 파동 임피던스가 다르므로 가공선 쪽으로부터 진행파가 지중 케이블에 침입할 경우 반사 계수는 0.8 정도, 투과 계수는 0.2 정도 되어 진행파의 파고 값이 급격히 감소

7) 이것은 제2의 선로에 투과하는 전류는 진입해온 전압파를 2배하여 제1과 제2의 선로의 파동 임피던스 합계로 나눔

❸ 종단이 개방된 경우($Z_2 = \infty$)

1) 전압 진행파

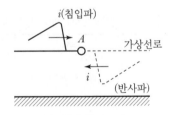

$$e_r = \frac{z_2 - z_1}{z_1 + z_2}e_i = \frac{1 - \dfrac{z_1}{z_2}}{1 + \dfrac{z_1}{z_2}}e_i = 1e_i$$

[전압 진행파(반사)]

$\therefore$ e_r의 파고값은 e_i의 파고값

$$e_t = \frac{2z_2}{z_1 + z_2}e_i = \frac{2e_i}{1 + \dfrac{z_1}{z_2}} = 2e_i$$

$\therefore$ e_t의 파고값은 e_i의 2배

2) 전류 진행파

$$i_r = -\frac{z_2 - z_1}{z_2 + z_1}i_i = -i_i$$

$\therefore$ i_r의 파고값은 $-i_i$의 파고값

$$i_t = \frac{2z_1}{z_2 + z_1}i_i = \frac{2\dfrac{z_1}{z_2}}{1 + \dfrac{z_1}{z_2}}i_i = 0$$

[전류 진행파(반사)]

$\therefore$ i_t의 파고값은 '0'

3) 전압의 파고값은 침입파의 2배 크기로 투과되어 선로에 침입하며 전류의 파고값은 침입파의 부호가 반전한 처음 그대로의 전류 반사파로 변하여 역행

4 종단이 단락된 경우($Z_2 = 0$)

1) 전압 진행파

$$e_r = \frac{z_2 - z_1}{z_1 + z_2}e_i = \frac{\dfrac{z_2}{z_1} - 1}{\dfrac{z_2}{z_1} + 1}e_i = -e_i$$

[전압 진행파(반사)]

∴ e_r의 파고값은 e_i의 파고값

$$e_t = \frac{2z_2}{z_1 + z_2}e_i = \frac{2\dfrac{z_2}{z_1}}{1 + \dfrac{z_2}{z_1}} = 0$$

∴ e_t의 파고값은 0

2) 전류 진행파

$$i_r = -\frac{z_2 - z_1}{z_2 + z_1}i_i = -\frac{\dfrac{z_2}{z_1} - 1}{\dfrac{z_2}{z_1} + 1} = i_i$$

[전류 진행파(반사)]

∴ i_r의 파고값은 i_i의 파고값

$$i_t = \frac{2z_1}{z_2 + z_1}i_i = \frac{2i_i}{1 + \dfrac{z_2}{z_1}} = 2i_i$$

∴ i_t의 파고값은 i_i의 2배의 파고값, 즉 전류파는 침입하여 2배가 됨

5 선로 분기점의 진행파

그림과 같이 선로의 도중에 개폐소가 있는 경우를 생각하면 개폐소에서는 서지 임피던스 Z_1인 선로가 n개의 선로로 나눠진 셈이 됨

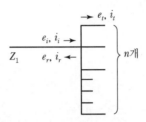

[분기점 서지]

$$i_i = ni_t + i_r \quad\cdots\cdots\cdots\cdots\cdots\cdots\cdots\cdots\cdots\cdots\cdots\cdots\cdots\cdots\cdots\cdots\cdots\cdots ⓔ$$

$$e_t = e_i + e_r \quad\cdots\cdots\cdots\cdots\cdots\cdots\cdots\cdots\cdots\cdots\cdots\cdots\cdots\cdots\cdots\cdots\cdots\cdots ⓕ$$

$$e_i = z \cdot i_i, \ e_t = z \cdot i_t, \ e_r = z \cdot i_r \quad\cdots\cdots\cdots\cdots\cdots\cdots\cdots\cdots ⓖ$$

$$i_i = \frac{e_i}{z}, \ i_t = \frac{e_t}{z}, \ i_r = -\frac{e_r}{z} \quad\cdots\cdots\cdots\cdots\cdots\cdots\cdots\cdots\cdots ⓗ$$

1) 투과 계수(전류 진행파)

식 ⓕ에 ⓖ를 대입하면

$$z\,i_t = zi_i + zi_r$$

여기에 식 ⓔ를 대입하면

$$i_t = i_i + i_i - ni_t = (n+1)i_t = 2i_i$$

$$\therefore \ i_t = \frac{2}{n+1}i_i$$

2) 투과 계수(전압 진행파)

식 ⓔ에 ⓗ를 대입하면

$$\frac{e_i}{z} = n\frac{e_t}{z} + \frac{e_r}{z}$$

여기에 식 ⓕ를 대입하면

$$e_i = ne_t + e_t - e_i$$

$$\therefore \ e_t = \frac{2}{n+1}e_i$$

3) 즉, $n = 3$일 때 투과파는 침입파의 1/2로 감소되고 회로수가 많은 개폐소에서는 뇌서지의 영향이 감소

13 | 피뢰 설비

낙뢰의 우려가 있는 건축물 또는 높이 20[m] 이상의 건축에는 다음의 기준에 적합하게 피뢰 설비를 설치할 것

1) 피뢰 설비는 한국 산업 표준이 정하는 보호 등급의 피뢰 레벨 등급에 적합한 피뢰 설비일 것. 다만, 위험물 저장 및 처리시설에 설치하는 피뢰 설비는 한국 산업 표준이 정하는 보호 등급의 피뢰 시스템 레벨 Ⅱ 이상

2) 돌침은 건축물의 맨 윗부분으로부터 25[cm] 이상 돌출시켜 설치하되,「건축물의 구조 기준 등에 관한 규칙」제13조의 규정에 의한 풍하중 제9조에 따른 설계 하중에 견딜 수 있는 구조일 것

3) 피뢰 설비의 재료는 최소 단면적이 피복이 없는 동선을 기준으로 수뢰부 35[mm²] 이상, 인하도선 16[mm²] 이상 및 접지극은 50[mm²] 이상이거나 이와 동등 이상의 성능을 갖출 것

4) 피뢰 설비의 인하 도선을 대신하여 철골조의 철골 구조물과 철근 콘크리트조의 철근 구조체 등을 사용하는 경우에는 전기적 연속성이 보장될 것. 이 경우 전기적 연속성이 있다고 판단되기 위하여는 건축물 금속 구조체의 최상단부와 하단부 지표 레벨 사이의 전기저항이 0.2[Ω] 이하

5) 측면 낙뢰를 방지하기 위하여 높이가 60[m]를 초과하는 건축물 등에는 지면에서 건축물 높이의 5분의 4가 되는 지점부터 최상단 부분까지의 측면에 수뢰부를 설치하여야 하며, 지표 레벨에서 최상단부의 높이가 150[m]를 초과하는 건축물은 120[m] 지점부터 최상단 부분까지의 측면에 수뢰부를 설치할 것. 다만, 높이가 60[m]를 초과하는 부분 외부의 각 금속 부재(部材)를 2개소 이상 전기적으로 접속시켜 4)의 후단의 규정에 적합한 전기적 연속성이 보장된 경우에는 측면 수뢰부가 설치된 것으로 봄. 다만, 건축물의 외벽이 금속 부재(部材)로 마감되고, 금속 부재 상호 간에 4)의 후단에 적합한 전기적 연속성이 보장되며 피뢰 시스템 레벨 등급에 적합하게 설치하여 인하 도선에 연결한 경우에는 측면 수뢰부가 설치된 것으로 봄

6) 접지(接地)는 환경 오염을 일으킬 수 있는 시공 방법이나 화학 첨가물 등을 사용하지 아니할 것

7) 급수 · 급탕 · 난방 · 가스 등을 공급하기 위하여 건축물에 설치하는 금속 배관 및 금속재 설비는 전위(電位)가 균등하게 이루어지도록 전기적으로 접속할 것

8) 전기 설비의 접지 계통과 건축물의 피뢰 설비 및 통신 설비 등의 접지극을 공용하는 통합 접지 공사를 하는 경우에는 낙뢰 등으로 인한 과전압으로부터 전기 설비 등을 보호하기 위하여 한국 산업 표준에 적합한 서지 보호 장치(SPD)를 설치할 것

9) 그 밖에 피뢰 설비와 관련된 사항은 한국 산업 규격에 적합하게 설치할 것

14 KSC IEC 62305 피뢰 설비 규격

1 개요

1) 낙뢰는 건물 전체 또는 일부에 손상, 손실, 기기 오동작을 일으키므로 이에 대한 대책이 요구되어 세계 각국의 낙뢰전 문가들이 수년 동안의 작업을 거쳐 KSC IEC 62305 피뢰설비 규격을 제정

2) KSC IEC 62305 시리즈는 PART − 1, 2, 3, 4로 구성

2 주요 내용

1) KSC IEC 62305 − 1 : 일반적 사항

2) KSC IEC 62305 − 2 : 위험도 해석(관리)

3) KSC IEC 62305 − 3 : 구조물과 인체의 보호

4) KSC IEC 62305 − 4 : 구조물 내부의 전기 전자 시스템 뇌보호

3 KSC IEC − 62305 − 1(일반적 사항)

1) 뇌격 지점별 손상과 손실

뇌격점	형태	손상 원인	손상 유형	손실 유형
구조물		S1	D1 D2 D3	L1, L4[2] L1, L2, L3, L4 L1[1], L2, L4
구조물 근처		S2	D3	L1[1], L2, L4
구조물에 접속된 인입 설비		S3	D1 D2 D3	L1, L4[2] L1, L2, L3, L4 L1[1], L2, L4
인입 설비 근처		S4	D3	L1[1], L2, L4

비고 1. 폭발의 위험이 있거나 내부 시스템 고장 시 인명 피해가 발생할 수 있는 병원 또는 이와 같은 건물

2. 단지 동물의 피해가 유발될 수 있는 건물

2) 보호대책

① 노출된 전도성 부품의 충분한 절연

② 망상 접지에 의한 등전위화

③ 서지 보호기 설치(LA, SA)

④ 물리적 제한 및 경고 표지

⑤ 자탐 및 소화 장비 설치

⑥ 대피 통로 설치

⑦ 매설 케이블인 경우 금속 덕트 사용

3) 회전 구체 반경과 뇌격 파라미터(최소값)

뇌 기준	뇌보호 등급			
	1등급	2등급	3등급	4등급
최소 피크전류 I[kA]	3	5	10	15
회전 구체의 반경 R[m]	20	30	45	60

4 KSC IEC – 62305 – 2(위험도 해석 관리)

1) 정의

① 위험성 관리는 낙뢰로 인하여 건축물 또는 인입 설비에 발생되는 위험성을 평가하는 데 적용

② 이러한 위험성 평가에 의해 보호 대상물에 대한 보호의 필요성을 판단하고, 보호 필요 시 위험성 저감을 위한 최적의 보호 수단을 선정

2) 손상과 손실

① 피해 원인(Source)

㉠ S1 : 구조물에 직접 뇌격

㉡ S2 : 구조물 근방에 뇌격

㉢ S3 : 인입 설비에 직접 뇌격

㉣ S4 : 인입 설비 근방에 뇌격

② 손상 유형(Damage)

　㉠ D1 : 접촉 또는 보폭 전압에 의한 인명의 쇼크

　㉡ D2 : 물리적 손실(화재, 폭발, 기계적 파괴, 화학 물질 누출 등)

　㉢ D3 : 전기 및 전자 설비의 오동작

③ 손실 유형(Loss)

　㉠ L1 : 인명 손실

　㉡ L2 : 공공 시설 손실

　㉢ L3 : 문화 유산 손실

　㉣ L4 : 경제적 가치의 손실(구조물과 그의 내용물, 인입 설비와 기능의 손실)

④ 위험도 분류(Risk)

　㉠ R1 : 인명 피해 위험도

　㉡ R2 : 공공 시설 피해 위험도

　㉢ R3 : 문화재 손실 위험도

　㉣ R4 : 경제적 손실 위험도

3) 보호 대책 선정 절차

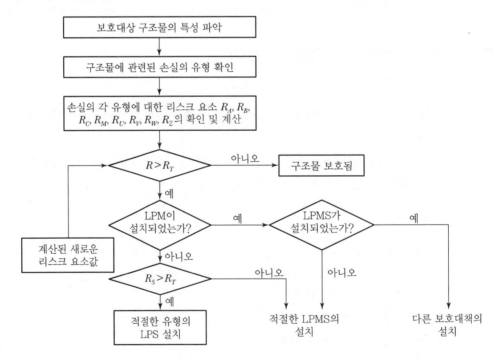

[구조물의 보호 대책을 선정하는 절차]

5 KSC IEC − 62305 − 3(구조물과 인체의 보호) 낙뢰 보호 시스템(LPS)

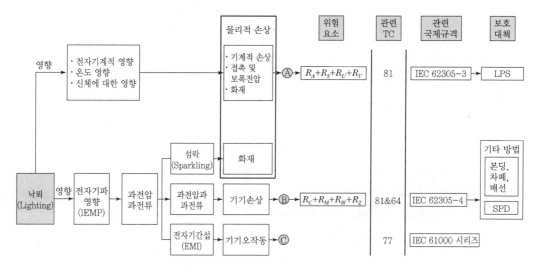

[낙뢰에 의한 피해의 종류와 보호 대책]

1) 규격 적용 범위

① 기존 : KSC IEC 61024 → 60[m] 이하 구조물 대상

② 신규 : KSC IEC 62305 → 건물 높이에 관계없이 모든 건물 적용

2) 철근 구조체

저항값이 0.2[Ω] 이하 시 전기적 연속성으로 규정

3) 수뢰 시스템

돌침, 수평 도체, 메시(Mesh) 도체만 규정

4) 보호각 적용

① 기존 : 돌침에 의한 보호각 적용

② 신규 : 그래프에 의해 연속적으로 나타남

[피뢰 시스템의 레벨별 회전 구체 반경, 메시 치수와 보호각의 최대값]

구분	보호법		
피뢰 시스템의 레벨	회전 구체 반경 r[m]	메시 치수 W[m]	보호각 α[°]
I	20	5×5	그림 참조
II	30	10×10	
III	45	15×15	
IV	60	20×20	

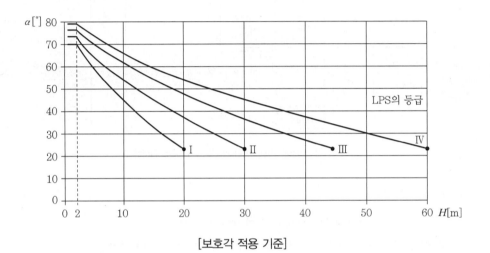

[보호각 적용 기준]

6 KSC IEC – 62305 – 4(구조물과 내부의 전기 전자 시스템 뇌보호) 뇌전자 보호 시스템(SPM)

1) 뇌보호 영역(LPZ : Lightning Protection Zone)

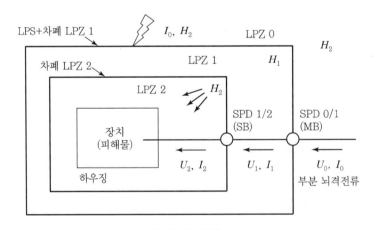

[뇌보호 영역]

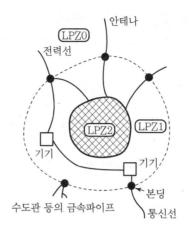

[LPZ 구분의 개념도]

2) SPM 기본 보호 대책

① 접지 → 뇌격 전류 분산

② 본딩 → 전위차 및 자계 감소

③ 자기 차폐와 선로 배치

④ 협조된 서지 보호기(SPD)를 사용한 보호

15 | SPM(LEMP 보호 대책) 시스템 설계 및 시공

1 개요

1) 전기 전자 시스템은 뇌전자기 임펄스(LEMP)에 의해 손상을 입게 되므로 내부 시스템의 고장을 방지하기 위해 SPM을 할 필요

2) LEMP에 대한 보호는 피뢰 구역(LPZ)의 개념을 기본으로 하고 있어 보호 대상 시스템을 포함한 영역을 LPZ로 나누어야 함

2 LPZ 구역 구분 및 대상 설비

1) SPD 구역 구분

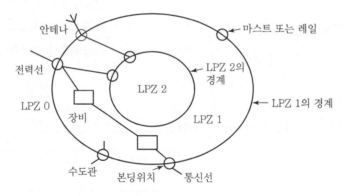

여기서, ○ : 직접 또는 적정한 SPD에 의한 인입 설비의 본딩

[여러 가지 LPZ로 분할하는 일반적인 원리]

① 구조체를 내부 LPZ로 나누는 예를 나타낸 것

② 구조물에 인입하는 모든 금속 인입 설비는 LPZ 1 경계에서 본딩바를 통해 본딩

③ 추가로 LPZ 2(예 컴퓨터실)에 인입하는 도전성 인입 설비는 LPZ 2의 경계에서 본딩바를 통해 본딩

2) LEMP로 인한 전기 전자 시스템의 영구적 고장 발생 원인

① 접속 배선을 통하여 기기로 전달되는 전도성 서지 및 유도 서지

② 기기에 직접 침투하는 방사 전자계의 영향

3) LPZ 정의 및 피뢰 영역별 대상 설비

피뢰 영역	정의 및 대상 설비의 예
LPZ 0_A	• 직격뢰에 의한 뇌격과 완전한 뇌전자계의 위험이 있는 지역 → 내부시스템은 뇌서지전류의 전체 또는 일부분이 흐르기 쉬움 • 대상설비 : 외등(가로등, 보안등) 감시카메라 등
LPZ 0_B	• 직격뢰에 의한 뇌격은 보호되나 완전한 뇌전자계의 위험이 있는 지역 → 내부시스템은 뇌서지 전류의 일부분이 흐르기 쉬움 • 옥상수전(큐비클)설비, 공조옥외기, 항공장해등, 안테나 등
LPZ 1	• 전류분배기, 절연인터페이스 또는 경계지역의 SPD에 의해 서지전류가 제한된 지역 → 공간차폐는 뇌격에 의한 전자계의 형성을 약하게 함 • 대상설비 : 건물 내 인입부분의 설비(수변전설비, MDF, 전화교환기)
LPZ 2	• 전류분배기, 절연인터페이스 또는 경계지역의 SPD에 의해 서지전류가 더욱 제한된 지역 → 뇌전자계의 형성을 더욱 약하게 하기 위해 추가적인 공간 차폐를 이용 • 대상설비 : 방재센터, 중앙감시실, 전산실 등

3 가능한 SPM(LEMP 방호 대책) 적용

내 임펄스 Category		IV	III	II	I
임펄스 내전압 [kV]	단상 120~240[V]	4	2.5	1.5	0.8
	3상 230/400[V]	6	4	2.5	1.5
대상설비		설비 인입구	간선 및 분기회로	부하기기	특별보호기기
SPD 등급 및 설치장소		Class I ↓ (배전반)	Class II ↓ (분전반)	Class III ↓ (제어반)	

1) 공간 차폐물과 협조된 SPD 보호를 이용한 SPM

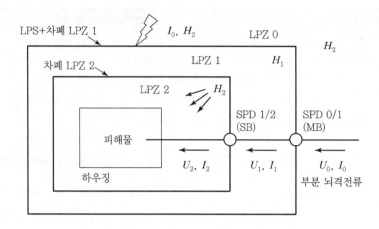

[공간 차폐물과 협조된 SPD 보호를 이용한 SPM]

① 전도성 서지($U_2 \ll U_0$와 $I_2 \ll I_0$)와 방사자계($H_2 \ll H_0$)에 대해 잘 보호된 기기에 대한 방호

② 공간 차폐물과 협조된 SPD 시스템을 이용한 SPM은 방사 자계와 전도성 서지에 대하여 보호

③ 일련의 공간 차폐물과 SPD 보호 협조는 자계와 서지를 위험 레벨보다 낮은 레벨로 낮출 수 있음

2) LPZ 1의 입구에 SPD의 설치와 LPZ 1의 공간 차폐물을 이용한 SPM

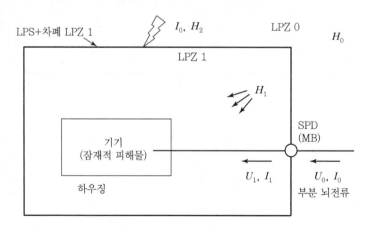

[LPZ 1의 입구에 SPD의 설치와 LPZ 1의 공간 차폐물을 이용한 SPM]

① 전도성 서지($U_1 < U_0$와 $I_1 < I_0$)와 방사자계($H_1 < H_0$)에 대해 보호된 기기에 대한 방호

② LPZ 1의 입구에 SPD의 설치와 공간 차폐물을 이용한 SPM은 방사 자계와 전도성 서지에 대하여 기기 보호 가능

③ 만약 너무 높은 자계가 남아 있거나(LPZ 1의 낮은 차폐 효과 때문에) 또는 서지의 크기가 너무 크게 남아 있으면(SPD의 높은 전압 보호 레벨과 SPD 하위 배선에 나타나는 유도 영향 때문에) 보호는 불충분

3) LPZ 1의 입구에 SPD의 설치와 내부선 차폐물을 이용한 SPM

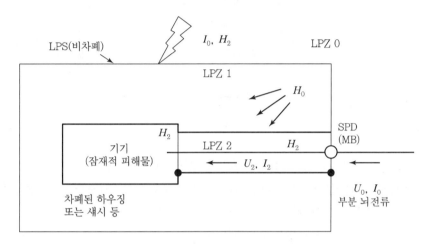

[LPZ 1의 입구에 SPD의 설치와 내부선 차폐물을 이용한 SPM]

① 전도성 서지($U_2 < U_0$와 $I_2 < I_0$)와 방사자계($H_2 < H_0$)에 대해 보호된 기기에 대한 방호

② 기기의 차폐 외함에 결합된 차폐선을 이용하여 만들어진 SPM은 방사 자계에 대해 보호. LPZ 1 입구에 SPD의 설치는 전도성 서지에 대해 보호

③ 더 낮은 위험 레벨(LPZ 0에서 LPZ 2까지 한 단계에서)을 이루기 위해서는 낮은 전압 보호 레벨을 충분히 만족하는 특별한 SPD를 설치할 필요(**예** 내부 추가적 협조 단계)

4) 협조된 SPD 보호만 이용한 SPM

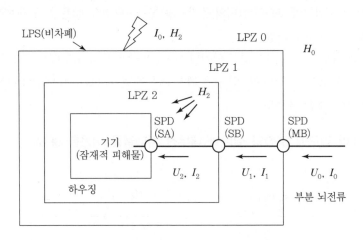

[협조된 SPD 보호만 이용한 SPM]

① 전도성 서지($U_2 \ll U_0$와 $I_2 \ll I_0$)와 방사자계(H_0)에 대해 보호된 기기에 대한 방호
② SPD는 단지 전도성 서지에 대하여 보호하기 때문에 협조된 SPD 시스템을 이용하는 SPM은 방사 자계에 민감하지 않은 기기의 보호에 적합
③ 더 낮은 위험 서지 레벨은 SPD 간의 협조

4 SPM에서 기본 보호 대책

1) 접지와 본딩

① 접지 시스템은 뇌격전류를 대지로 흘리고 분산
② 본딩은 전위차를 최소화하고, 자계를 감소

2) 자기 차폐와 선로 경로

① 공간 차폐물은 구조물 또는 구조물 근처의 직격뢰에 의해 발생하는 LPZ 내부의 자계를 감쇠시키고 내부 서지를 감소
② 차폐 케이블이나 케이블 덕트를 이용한 내부 배선의 차폐는 내부 유도 서지 최소화

3) 협조된 SPD 보호

① 협조된 SPD 보호는 내부 서지와 외부 서지의 영향을 제한

② 접지와 본딩은 항상, 특히 구조물의 인입점에서 등전위 본딩 SPD를 통해서 또는 직접 모든 도전성 인입 설비에서 확실한 본딩

⑤ 맺음말

1) 접속선을 통하여 기기에 침투한 전도 및 유도된 서지의 영향으로부터 보호를 위해 협조된 SPD 시스템으로 구성한 SPM을 사용
2) SPM 설계는 EMC에 대한 폭넓은 지식과 설치 경험이 풍부한 낙뢰 및 서지 보호 전문가가 수행

16 뇌보호 시스템의 수뢰부 시스템 배치 방법 설계

① 개요

1) IEC 62305의 일반 구조물 등에 적용되는 뇌보호 시스템(LPS)은 크게 외부 뇌보호 시스템과 내부 뇌보호 시스템으로 분류
    ① 외부 뇌보호 시스템 : 수뢰부 시스템, 인하 도선, 접지 시스템
    ② 내부 뇌보호 시스템 : 등전위 본딩(EB), SPD

2) 수뢰부 시스템 : 돌침, 수평 도체, 메시 도체
3) 수뢰부 보호 범위 산정방법 : 보호각법, 회전 구체법, 메시법

② 보호각법

1) 보호각 기준

    ① 기존 KSC 9609는 보호 범위를 60[°] 이하로 한정(위험물 저장 취급소 45[°] 이하)
    ② KSC IEC 61024는 60[m] 이하 건물 보호 레벨에 따른 수뢰부 배치에 적용
    ③ KSC IEC 62305는 모든 건물에 적용하며, 높이 보호 레벨에 따라 차등 적용

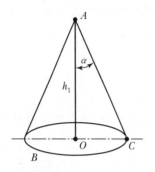

여기서,
A : 수직 피뢰침
B : 기준면
OC : 보호 영역의 반경
h_1 : 보호를 위한 영역 기준면의 상부 수직 피뢰침의 높이
α : 다음 표에 따른 보호각

[수직 피뢰침에 의한 보호 범위]

2) 보호각 및 보호 레벨

① 피뢰 시스템의 레벨별 회전 구체 반경, 메시 치수와 보호각의 최대값

구분	보호법		
피뢰 시스템의 레벨	회전 구체 반경 r[m]	메시 치수 W[m]	보호각 α[°]
I	20	5×5	다음 그림 참조
II	30	10×10	
III	45	15×15	
IV	60	20×20	

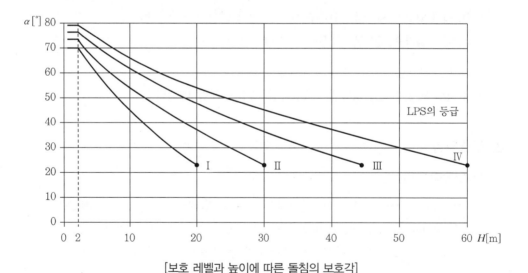

[보호 레벨과 높이에 따른 돌침의 보호각]

② 표를 넘는 범위에는 적용할 수 없고 회전 구체법과 메시법만 적용

H는 보호 대상 지역 기준 평면으로부터의 높이. H가 2[m] 이하 시 보호각은 불변

3) 적용

① 건축물에 설치하는 수뢰부 시스템의 하부 또는 수뢰부 시스템 사이의 낙뢰에 대한 보호 범위가 일정한 각도 내의 부분이 된다는 것에 기반

② 보호각법은 간단한 형상의 건물에 적용하며 수뢰부 높이는 위 표의 값에 따름

❸ 회전 구체법

1) 적용

① 낙뢰에 대한 보호 범위가 구체(공과 같은 물체)를 굴렸을 때 수뢰부 시스템 사이의 구체가 닿지 않는 부분이 된다는 것에 기반

② 건축물의 보호 레벨에 따라 회전시키는 구체의 크기(R)를 다르게 적용

③ 외부 피뢰 시스템에서는 뇌격 거리의 이론을 기초로 하는 회전 구체법을 보호범위 산정 시 기본으로 함

2) 보호범위

① 회전 구체 반경 R에 따른 보호 범위

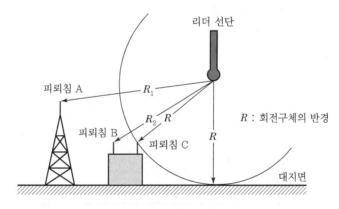

[회전 구체법에 의한 보호 범위]

② h에 따른 비교

    ㉠ 현재 KSC IEC 62305는 60[m] 이상의 일반 건축물에 대한 LPS까지도 적용

    ㉡ 60[m]를 초과하는 건축물은 회전 구체법 및 메시법만을 적용하고 측뢰 보호에 관한 것은 건물 높이의 80[%] 이상 부분만 적용

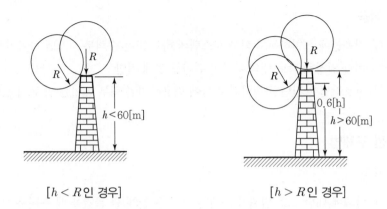

[h < R인 경우]   [h > R인 경우]

3) 기본 원리 및 개념

① 회전 구체법은 직격뢰와 유도뢰를 고려한 것으로 스트리머 선단에 의한 측면 보호 대책을 고려

② 뇌의 리더가 대지면에 가까워진 때를 상정하여 반지름 R의 구가 대지면에 접하도록 범위를 구함

③ 모든 접점에는 피뢰침이 필요한 것으로 간주하며 구조물 위에 굴리는 구체가 회전 구체, 구체에 의해 가려지는 부분이 보호 범위

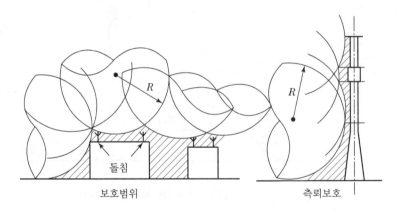

[회전 구체법에 의한 보호 범위]

4 메시법

1) 적용

① 건축물에 설치하는 수뢰부 시스템이 그물 또는 케이지 형태 시 이 사이가 낙뢰에 대한 보호 범위가 부분이 된다는 것에 기반

② 메시법은 굴곡이 없는 수평이거나 경사진 지붕에 적당

③ 건축물의 보호 레벨에 따라 메시의 폭(L)을 다르게 적용

④ 지붕의 경사가 1/10을 넘으면 메시 대신에 메시 폭의 치수를 넘지 않는 간격의 평행 수뢰 도체 사용 가능

2) 메시 도체 배치

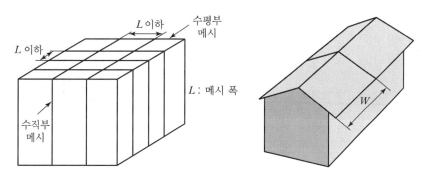

[메시 도체의 배치]

보호 등급	I	II	III	IV
메시 폭(L)	5×5	10×10	15×15	20×20

3) 수뢰 도체 배치

① 지붕 끝선

② 지붕 돌출부

③ 지붕 경사가 1/10을 넘는 경우 지붕 마루선

4) 고려 사항

① 관련 회전 구체의 반경값보다 높은 레벨의 건축물 측면 표면에 수뢰부 시스템이 시공되었을 때 수뢰망 메시 치수는 위 표에 나타낸 값 이하로 함

② 수뢰부 시스템망은 뇌격전류가 항상 접지 시스템에 이르는 2개 이상의 금속체로 연결되도록 구성

③ 수뢰부 시스템의 보호 범위 밖으로 금속체 설비가 돌출되지 않게 함

④ 수뢰 도체는 가능한 한 짧고 직선 경로가 되게 함

CHAPTER

08

콘덴서

01 교류 회로에서의 임피던스 개념과 지상 또는 지상 발생 이유 ▪▪▪

🔳 임피던스

1) 교류 회로에서 전류의 흐름을 방해하는 정도

2) 크기와 위상을 함께 표현하는 벡터량

$Z = R + jX = |Z| \angle \theta° [\Omega]$ (R : 저항, X : 리액턴스)

🔳 X_L(유도성 리액턴스) 회로에서 지상이 되는 이유

1) X_L이 전류를 제한하는 이유

역기전력 $e = -N\dfrac{d\Phi}{dt} = -L\dfrac{di}{dt}[V]$

즉, 유도성 리액턴스에 의한 역기전력이 전류의 흐름을 방해

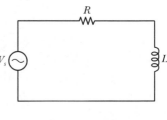

[유도성 회로]

2) 유도성 회로에서 전류가 전압보다 늦은 이유

$e = -N\dfrac{d\Phi}{dt} = -L\dfrac{di}{dt}[V]$

$e = -L\dfrac{di}{dt}[V]$의 양변을 적분하면

$\int e \, dt = -Li$

$i = -\dfrac{1}{L}\int e \, dt = -\dfrac{1}{L}\int E_m \sin\omega t \cdot dt = \dfrac{E_m}{\omega L}\cos\omega t$

$= \dfrac{E_m}{\omega L}\sin\left(\omega t - \dfrac{\pi}{2}\right) = \dfrac{e}{j\omega L}$

따라서 e를 기준으로 하면 i는 $\dfrac{1}{j}$이므로 90° 늦음

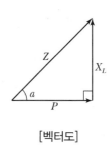

[벡터도]

🔳 X_C(용량성 리액턴스) 회로에서 진상이 되는 이유

1) X_C가 전류를 제한하는 이유

$Q = CV[C]$

$i = \dfrac{dq}{dt} = C\dfrac{dv}{dt}[A]$

이므로 전압의 크기에 따라 Q가 제한되기 때문

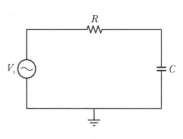

[용량성 회로]

2) 용량성 회로에서 전류가 전압보다 앞서는 이유

$$i = C\frac{dv}{dt} = C\frac{d}{dt}\,V_m\sin\omega t$$

$$= \omega CV_m\cos\omega t = \omega CV_m\sin\left(\omega t + \frac{\pi}{2}\right)$$

$$= j\omega CV$$

따라서 e를 기준으로 하면 i 는 j이므로 $90°$ 앞섬

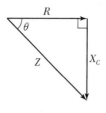

[벡터도]

---

02 전력의 종류와 역률

❶ 전력의 종류

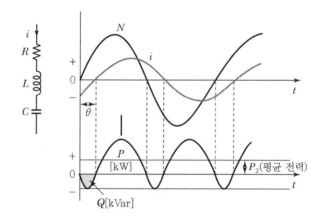

[실제 회로의 전력]

1) 유효 전력(Active Power)

① 전원에서 공급되는 전력 중 저항성 부하에 공급되어 부하에서 실제로 소비되는 전력
② 터빈에 공급되는 증기의 양과 같음

$$P = VI\cos\theta\,[\mathrm{W}]$$

2) 무효 전력(Relative Power)

① 무효 전력 발생 원리
- 전기 회로에서 기본적인 3가지 요소는 R, L, C인데 R에 전류가 흐르면 실제 전력을 소비하나 L과 C는 실제 전력을 소비하지 않음
- L과 C는 순시적인 에너지 저장 장치뿐이므로 L과 C에 전압이 가해져서 전류가 흐르면 에너지를 저장했다가 다시 전원 측으로 에너지를 방출하는 일만을 반복할 뿐 저항 R처럼 스스로 에너지를 소비하지 않음
- 이 과정에서 L은 전류의 위상을 전압보다 90° 뒤지게 하고, C는 90° 앞서게 함
- 즉, 교류 회로의 유도성, 용량성 부하에서 전원으로부터 공급된 에너지가 자기 에너지나 정전 에너지로 변환되어 부하에 축적된 후 다시 전원으로 되돌려지면서 아무런 일도 하지 않고 전원과 부하 사이를 왕복

② 무효 전력의 의미

L과 C가 에너지를 소비하지는 않지만 교류의 경우에는 에너지를 받았다가 주었다 하는 과정에서 실제로 전류가 흐르기 때문에 이때 흐르는 전류를 무효 전류라 하고 그때 전압과 전류로 계산되는 전력

③ 무효 전력의 영향
- 무효 전류가 L과 C의 내부에 흐를 때는 에너지를 소비하지 않음
- 변압기와 선로를 통해서 흐르게 되면 변압기 저항과 선로 저항에서 유효 전력을 소비
- 즉, I^2R의 Joule 열이 발생하여 변압기, 발전기 및 전선의 온도를 상승시키고 전력 손실을 초래

[무효 전력 회로]

④ 대책

　㉠ 무효 전력은 회전자에 공급되는 계자 전류로 조정

　㉡ 동기 조상기, 전력용 콘덴서, FACTS, SVC, STATCON 활용

3) 피상 전력

① 전원 용량을 나타내는 데 사용하는 겉보기 전력

② 피상 전력

$$P = VI[\text{VA}]$$

❷ 역률

1) 정의

① 교류에서 전류와 전압과의 사이에 위상차가 있으면 전력은 전류와 전압의 곱과 같지 않고 전력이 항상 작음

② 실제 전류 및 전압의 실제치의 곱에 어떤 인수(Factor)를 곱한 것인데 이 인수를 그 회로의 역률이라 함

2) 피상 전력에 대한 유효 전력의 비

$$\cos\theta = \frac{R}{Z} = \frac{\text{유효 전력}}{\text{피상 전력}}$$

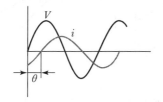

[교류 전력]

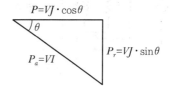

[전력 벡터도]

3) 유효 전력은 $P = VI\cos\theta[\text{W}]$로 표현되고 θ는 전압과 전류의 위상차를 의미

4) 역률이 큰 경우에는 유효 전력이 피상 전력에 근접하므로 **설비 용량 여유도**가 증가하고 **전압 강하, 전력 손실, 전력 요금**이 감소

5) 역률 개선 방법 및 효과 · 문제점

개선 방법	설치 효과	문제점
• 병렬로 콘덴서 설치 • 동기 조상기 • 발전기 회전자의 계자 조정 • 분로 리액터	• 설비 용량 여유도 증가 • 전압 강하 경감 • 전력 손실 경감 • 전력 요금 경감	• 과보상 문제 • 개폐 시 특이 현상 • 열화에 의한 2차 피해 • 고조파 공진 발생

03 | 전력용 콘덴서의 역률 개선 원리와 설치 효과

1 개요

1) 전력용 콘덴서는 무효 전력을 보상하는 장치로 전력용 콘덴서를 병렬로 설치하면 역률 개선 효과를 볼 수 있지만 각종 문제가 발생하므로 주의가 필요

2) 전력용 콘덴서 설치 효과와 문제점 및 대책

설치 효과	문제점	대책
• 설비 용량 여유도 증가 • 전압 강하 경감 • 전력 손실 경감 • 전력 요금 경감	• 과보상 문제 • 개폐 시 특이 현상 • 열화에 의한 2차 피해 • 고조파 공진 발생	• APFR 설치 • 직렬 리액터, 방전 장치 설치 • VCS, GCS 설치 • 적정 보호 방식 선정

2 역률 개선 원리

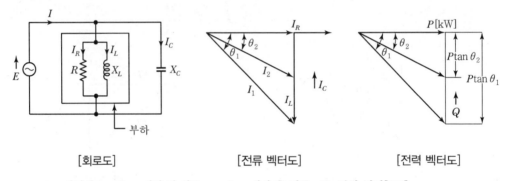

[회로도]   [전류 벡터도]   [전력 벡터도]

여기서, $\cos\theta_1$: 개선 전 역률, $\cos\theta_2$: 개선 후 역률, P : 부하 전력[kW]

1) 전력 부하는 R과 X_L에 의해 θ만큼 위상차가 발생(지상 역률)

2) 부하에 병렬로 X_C를 접속하면 I_L과 I_C가 상쇄되어 역률이 개선

3) 콘덴서 용량

$$Q_C = P \cdot (\tan\theta_1 - \tan\theta_2)$$

❸ 설치 방법

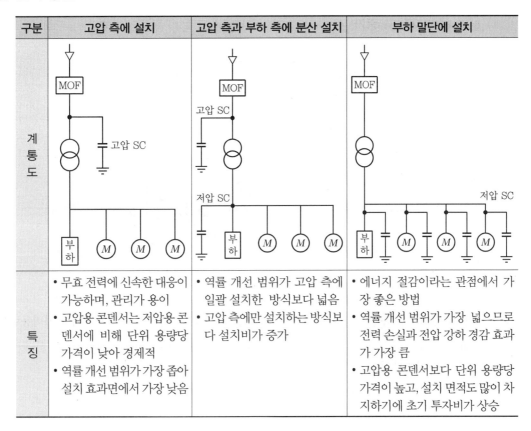

구분	고압 측에 설치	고압 측과 부하 측에 분산 설치	부하 말단에 설치
계통도			
특징	• 무효 전력에 신속한 대응이 가능하며, 관리가 용이 • 고압용 콘덴서는 저압용 콘덴서에 비해 단위 용량당 가격이 낮아 경제적 • 역률 개선 범위가 가장 좁아 설치 효과면에서 가장 낮음	• 역률 개선 범위가 고압 측에 일괄 설치한 방식보다 넓음 • 고압 측에만 설치하는 방식보다 설치비가 증가	• 에너지 절감이라는 관점에서 가장 좋은 방법 • 역률 개선 범위가 가장 넓으므로 전력 손실과 전압 강하 경감 효과가 가장 큼 • 고압용 콘덴서보다 단위 용량당 가격이 높고, 설치 면적도 많이 차지하기에 초기 투자비가 상승

❹ 전력용 콘덴서 용량 계산

1) Y결선

$$Q = 2\pi f C V^2 \times 10^{-9} [\text{kVar}] \rightarrow C = \frac{Q}{2\pi f V^2} \times 10^9 [\mu\text{F}]$$

2) △결선

$$Q = 6\pi f C V^2 \times 10^{-9} [\text{kVar}] \rightarrow C = \frac{Q}{6\pi f V^2} \times 10^9 [\mu\text{F}]$$

5 설치 효과

1) 설비 용량 여유도 증가

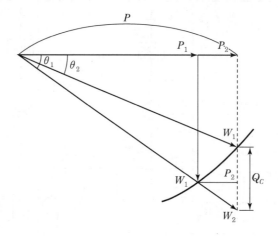

[콘덴서 설치 시 설비 용량 여유도 증가]

역률이 개선되면 동일한 유효 전력에, 무효분 전력 공급(무효분 전류)이 저감되어 설비용량에 여유가 증가

① 전력용 콘덴서 용량

$$Q_c = P(\tan\theta_1 - \tan\theta_2)$$
$$= W_1\cos\theta_2(\tan\theta_1 - \tan\theta_2)$$

② 증가 유효 전력

$$P_2 = P - P_1$$
$$= W_1\cos\theta_2 - W_1\cos\theta_1$$
$$= W_1(\cos\theta_2 - \cos\theta_1)$$

③ 증가 피상 전력

$$W_2 = \frac{P_2}{\cos\theta_1}$$
$$= \frac{W_1(\cos\theta_2 - \cos\theta_1)}{\cos\theta_1}$$
$$= W_1\left(\frac{\cos\theta_2}{\cos\theta_1} - 1\right)$$

2) 전압 강하 경감

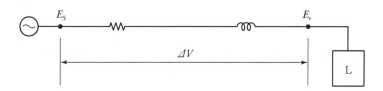

[콘덴서 설치 시 전압 강하 경감]

① 전압 강하(ΔV)

$$\Delta V = I(R\cos\theta + X\sin\theta) = \frac{P_r \cdot R + Q \cdot X}{V_r} = \frac{P_r \cdot R + P_r\tan\theta \cdot X}{V_r}$$

② 역률 개선 전과 역률 개선 후의 전압 강하 비교

　㉠ 역률 개선 전 역률 및 전압 강하 : $\cos\theta_1$, ΔV_1

　㉡ 역률 개선 후 역률 및 전압 강하 : $\cos\theta_2$, ΔV_2

　㉢ $\Delta V_1 - \Delta V_2 = \dfrac{P_r \cdot R + P_r\tan\theta_1 \cdot X}{V_r} - \dfrac{P_r \cdot R + P_r\tan\theta_1 \cdot X}{V_r}$

$$= \frac{P_r X}{V_r}(\tan\theta_1 - \tan\theta_2)$$

$[\tan\theta_1 - \tan\theta_2] > 0$ 이므로, $\Delta V_1 > \Delta V_2$

∴ 전압 강하 경감

3) 변압기 및 배전선 손실 경감

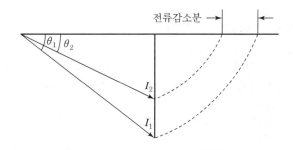

[콘덴서 설치 시 변압기 및 배전선 손실 경감]

① 전력 손실

$$P_l = I^2 R$$

$$P_l = \left(\frac{P}{E\cos\theta}\right)^2 R = \frac{P^2}{E^2 \cos^2\theta} R \ \rightarrow \ \therefore \ P_l \propto \frac{1}{\cos^2\theta}$$

즉, 전력 손실은 역률의 제곱에 반비례

② 전력 손실 경감률

$$\alpha = \left(\frac{I_1^2 R - I_2^2 R}{I_1^2 R}\right) \times 100 = \left(1 - \frac{I_2^2 R}{I_1^2 R}\right) \times 100 = \left(1 - \frac{\cos^2\theta_1}{\cos^2\theta_2}\right) \times 100$$

4) 전기 요금 경감

① 역률 요금(한전 전기공급 약관)

주간 시간대(09~23시)	심야 시간대(23~09시)
• 수전단 지상분 역률 : 90[%] 기준 • 60[%]까지 1[%]마다 기본 요금 0.2[%] 추가 • 95[%]까지 1[%]마다 기본 요금 0.2[%] 감액	• 수전단 진상분 역률 : 95[%] 기준 • 1[%]마다 기본 요금 0.2[%] 추가

② 전기 요금＝기본 요금＋전력 사용량 요금

③ 기본 요금＝계약 전력×계약 전력 단가×$\left(1 + \dfrac{90 - 역률}{100}\right)$

④ 전력 사용량 요금＝전력 사용량×전력 단가

⑥ 설치 시 주의사항 및 저역률의 문제점

주의사항	저역률의 문제점
• 콘덴서 용량을 과보상하지 말 것 • 콘덴서 개폐 시 특이 현상 고려 • 주위 온도 상승에 유의하고 필요시 환기 설비 설치 • 고조파 공진에 주의할 것	• 설비 용량 극대화 곤란 • 전압 강하, 전압 변동 큼 • 전력 손실 큼 • 전력 요금 상승

7 과보상 문제점

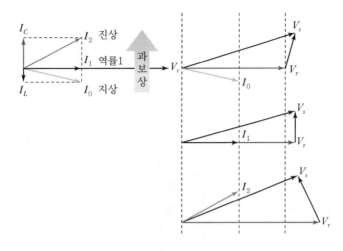

[콘덴서 과보상]

송전단 전압(V_s)와 부하 전력을 일정한 상태에서 역률이 개선된 지상 운전(I_0), 완전 보상된 역률이 1.0인 운전(I_1), 과보상된 진상 운전(I_2)의 경우를 단계별로 페이저도를 그려서 나타내면 다음과 같고 부하 전류가 보다 증가하며, 수전단 전압(V_r)도 점차 증가

1) 모선 전압 상승

① 무효 전력의 과다한 공급으로 부하단 전압이 상승

② 전력 설비의 절연에 의한 열화 및 파괴 우려

③ 변압기의 경우 전압 상승으로 과포화되어 여자 전류 증가, 고조파 발생 증가

2) 전력 손실 및 전압 강하의 증가

과보상 정도가 클수록 부하 전류가 증가하여 전력 손실 및 전압 강하 증가

3) 회전기의 자기 여자 현상 발생

충전 전류에 의해서 유도 전동기, 발전기의 자기 여자로 과전압 발생

4) 전기 요금 상승

진상 역률 0.95 미만 시 전기 요금 상승의 요인이 됨

8 전력용 콘덴서 자동 제어 방식

1) 회로도

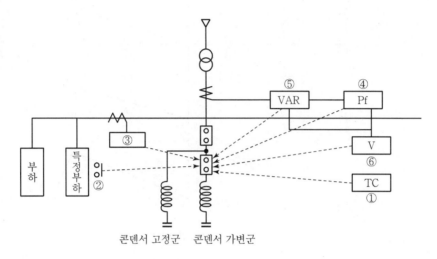

콘덴서 고정군   콘덴서 가변군

[콘덴서 자동 제어 방식]

2) 자동 제어 방식 종류 및 특징

번호	자동 제어 방식	적용 가능 부하	특징
1	프로그램 제어	하루 중 부하 변동이 거의 없는 곳	• 타이머 조정과 조합으로 기능 변화 가능 • 특정 부하 개폐 신호에 의한 제어 다음으로 설치비 저렴
2	특정 부하 개폐 신호에 의한 제어	변동하는 특정 부하, 이 외의 부하는 무효 전력이 일정한 곳	• 개폐기의 접점만으로 간단히 제어 • 설치비가 가장 저렴
3	부하 전류 제어	전류 크기와 무효 전력 관계가 일정한 곳	• CT 2차 전류만으로 적용하여, 조작이 간단 • 말단부하의 역률 개선에 효과적
4	수전점 역률 제어	모든 변동 부하	• 같은 역률에서도 부하 크기에 따라 무효전력이 다르므로 판정회로가 필요 • 일반적인 수용가에서는 채택하지 않음
5	수전점 무효 전력 제어	모든 변동 부하	• 부하 변동 패턴과 관계없이 적용 가능 • 순간적인 부하 변동만 주의하면 됨
6	모선 전압 제어	전원 임피던스가 커서 전압 변동이 큰 계통	• 역률 개선보다는 전압 강하 억제 목적 • 전력 회사에서 주로 채용

9 고압 · 특고압 콘덴서 설치 기준

1) 원칙적으로 부하에 개별 설치하고 부득이 집중 설치 시 인입구보다 부하 측에 설치

2) 콘덴서 300[kVA] 이하는 1군, 600[kVA] 이하는 2군, 600[kVA] 초과는 3군 이상으로 분할

3) 콘덴서 회로는 전용의 과전류 트립코일부 차단기를 설치하며, 콘덴서 용량 100[kVA] 이하는 OCB, VCB, VCS, IS를 사용하고 50[kVA] 이하는 COS를 사용

4) 수전 변압기 2차 측에 사용 시 콘덴서의 용량 500[kVA] 이하는 TR 용량의 5[%] 이내, 500~2,000[kVA]는 TR 용량의 4[%] 이내, 2,000[kVA] 초과는 TR 용량의 3[%] 이내

10 맺음말

1) 전력용 콘덴서 설치 시 변압기 1차 측에 설치하면 무부하 투입 시 여자 돌입 전류 보호용으로 차단기 아래에 설치하는 것이 효과적

2) 각 콘덴서에 직렬 리액터를 설치하여 돌입 전류, 이상 전압, 고조파를 억제하고 부하 변동이 심한 곳에는 APFR을 설치하여 불필요한 전력손실 및 기기 손상을 방지

3) 콘덴서 설치 시 문제점인 과보상 문제, 개폐 시 특이 현상, 열화에 의한 2차 피해, 고조파 공진 발생 등의 해결책으로 동기 전동기, 유도 전동기 등의 부하를 적절히 배치하여 역률 개선 효과를 높이는 방안을 검토

04 전력용 콘덴서 효과 페이저 해석

1 개요

전기 설비에서 전등, 전열 부하는 역률이 좋으나 방전등, 용접기, 유도 전동기 등은 역률이 낮아 전력 손실 및 전압 강하 증가 및 전압 변동의 원인이 되며, 전기 요금이 증가하기 때문에 부하와 병렬로 전력용 콘덴서를 설치하여 역률을 개선해야 함

2 전압, 전류 페이저도

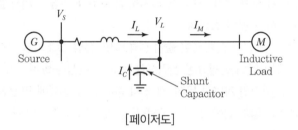

[페이저도]

1) 콘덴서 투입 전

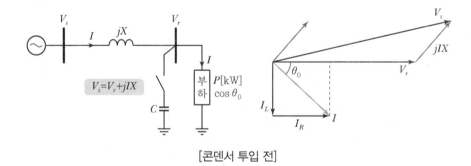

[콘덴서 투입 전]

① 부하가 필요로 하는 유효전력(전류)과 무효전력(전류)을 모두 발전기가 공급

② 긴 송전 선로를 통해서 유효 및 무효분의 합성 전류가 흘러 계통의 선로에 전류가 불필요하게 증가

③ 전류의 증가로 전압 강하가 커져 수전단 전압을 일정하게 유지하기 곤란하므로 부하가 필요로 하는 유효 전력의 공급은 발전기를 통해야 하나 무효 전력 공급은 반드시 발전기가 공급할 필요는 없음

2) 콘덴서 투입 후

전압 방정식 $\dot{V_s} = \dot{V_r} + j\dot{I}X$

여기서, $\dot{I} = \dot{I_L} + \dot{I_C}$

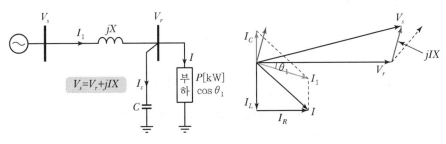

[콘덴서 투입 후]

① 부하 모선에 콘덴서를 투입하면, 부하가 필요로 하는 무효 전력의 일부분을 전력용 콘덴서가 공급하고 나머지는 발전기가 공급하는 방식
② 콘덴서 설치점 이전의 선로 전류가 감소되어 송전손실 및 전압 강하가 저감되는 큰 이점이 발생하여 부하 측에 전력용 콘덴서의 시설은 전력 회사 측면에서는 선로 부담을 줄여주고, 전압 강하를 저감시켜 수전단 전압을 일정하게 유지

❸ 콘덴서 설치 효과

1) 부하의 역률 개선($\cos\theta_0 \rightarrow \cos\theta_1$)
2) 선로 전류의 감소($I \rightarrow I_1$)
  ① 전압 강하의 감소로 수전단 전압 상승
  ② 선로 및 변압기의 손실 경감
  ③ 설비 용량의 여유분 증가
  ④ 역률 개선에 따른 전기 요금 경감

> ※ 주간 시간대(09~23시)
>   • 지상 역률이 90[%]에 미달하는 경우 : 지상 역률 60[%]까지 매 1[%]당 기본요금의 0.2[%] 추가
>   • 지상 역률이 90[%]를 초과하는 경우 : 지상 역률 95[%]까지 매 1[%]당 기본요금의 0.2[%] 감액
>
> ※ 심야 시간대(23~09시)
>   진상 역률이 95[%]에 미달하는 경우 : 진상 역률 60[%]까지 매 1[%]당 기본요금의 0.2[%] 추가

05 콘덴서 용량 계산 방법

1 콘덴서 용량 계산

$$Q_c = P(\tan\theta_1 - \tan\theta_2)$$
$$= P\left(\sqrt{\frac{1}{(\cos\theta_1)^2} - 1} - \sqrt{\frac{1}{(\cos\theta_2)^2} - 1}\right)$$
$$= P(\tan\cos^{-1}\theta_1 - \tan\cos^{-1}\theta_2)$$

2 콘덴서 용량 환산

1) 단상

$$Q_c = E \times I_c = E \times \omega \times C \times E = \omega CE^2$$
$$= \omega CE^2 \times 10^{-3} \times 10^{-6}$$
$$C = \frac{Q_c}{2\pi f \times E^2}[\mu\text{F}]$$

2) 3상 △결선

$$Q_c = \omega CE^2 \times 10^{-9}$$
$$Q_\Delta = 3\omega CE^2 \times 10^{-9}, \ \Delta\text{결선은 } E\text{와 } V\text{가 동일}$$
$$C = \frac{Q\Delta[\text{kVA}]}{3 \times 2\pi f \times V^2 \times 10^{-9}}[\mu\text{F}]$$

3) 3상 Y결선

$$Q_c = \omega CE^2 \times 10^{-9}$$
$$Q_Y = 3\omega CE^2 \times 10^{-9}, \ \text{Y결선은 } E = \frac{V}{\sqrt{3}}$$
$$C = \frac{Q_Y[\text{kVA}]}{2\pi f \times V^2 \times 10^{-9}}[\mu\text{F}]$$

06 콘덴서 설치 장소에 따른 장단점

1 고압 측과 저압 측 설치 비교

구분	계통도	장점	단점
고압		• 콘덴서 소형 • 전력 요금 경감 • 고압 측 역률 개선	• 절연상 문제 발생 • 전용의 개폐기 필요 • 저압측 개선 안 됨
저압		• 고압 측, 저압 측 모두 개선 • 변압기 이용률 증대 • 직렬 리액터 불필요 • 부하 개폐기 공용으로 사용	• 콘덴서 대형 • 설치 비용 증가 • 유지 보수 증가

2 저압 측의 설치 비교

구분	계통도	장점	단점
전원부 설치		• 관리가 용이하고 경제적 • 전력요금 경감 • 무효 전력 변동에 신속 대응	• 선로개선 안 됨 • 부하 분산 설치 요구됨
분산 설치		• 모선 설치 보다 효과가 큼 • 양쪽 모두 개선됨	• 유지 보수 어려움 • 설치비용 증가
부하 말단 설치		• 고압 측, 저압 측 모두 개선 • 제어 계통이 간단 • 가장 효과적인 방법	• 유지 보수 어려움 • 설치비용 증가

07 콘덴서 개폐 시 특이 현상

1 개요

콘덴서 개폐시 충전 전류에 의한 과도 돌입 전류, 재점호 등의 이상 전압이 발생하며 콘덴서의 개
폐 현상에 견딜 수 있도록 적합한 차단 장치를 선정

2 콘덴서 투입 시 현상

콘덴서 투입 시 RLC 직렬 회로의 과도 진동 현상에 의하여 전압 위상에 따라서 큰 돌입 전류가 흐
르고 이 돌입 전류의 크기와 주파수는 다음과 같음

• 최대 돌입 전류 배수 $= I_c \times \left(1 + \sqrt{\dfrac{X_c}{X_L}} \right)$

• 주파수 배수 $= f \times \sqrt{\dfrac{X_c}{X_L}}$

콘덴서 투입시 큰 돌입 전류가 발생되는데, 최대 돌입 전류 배수는 100 이상으로 나타나는 경우도
있으며 그 지속시간은 매우 짧게 나타므로 직렬 리액터를 직렬로 삽입

돌입 전류의 저감을 위해서 직렬 리액터를 삽입해야 되며, 콘덴서 용량의 6[%]를 직렬로 삽입한 경
우, 돌입 전류 배수는 5배이고, 주파수는 4배로 진동

$$I_{st} = \left(1 + \sqrt{\dfrac{100}{6}} \right) \times I_c \simeq 5I_c, \ f_n = \sqrt{\dfrac{100}{6}} \times f = 4f \, [\mathrm{Hz}]$$

1) 돌입 전류와 주파수 배율

① 최대 돌입 전류 배수 $= I_C \cdot \left(1 + \sqrt{\dfrac{X_C}{X_L}} \right) \fallingdotseq$ SC의 6[%] SR 설치 시 약 5배

② 최대 주파수 배수 $= f \cdot \sqrt{\dfrac{X_C}{X_L}} \fallingdotseq$ SC의 6[%] SR 설치 시 약 4배

③ 일반적으로 콘덴서의 6[%]인 직렬 리액터가 설치되면 문제되지 않음

2) 돌입 전류에 의한 과전압 발생

원인($X_L \ll X_C$)	영향
• X_L가 작은 경우 • 콘덴서에 잔류전하가 있는 경우 • 직렬 리액터가 없는 경우 • 전원 단락용량이 큰 경우	• 콘덴서 과열 · 소손 • 전동기 과열 · 소음 · 진동 • 계전기 오동작 및 계측기 오차 증대 • CT 2차 회로 과전압 발생

3) 순시 전압 강하 발생

① 모선 전압 강하

$$\Delta V = \frac{X_S}{X_S + X_L} \times 100[\%]$$

여기서, X_S : 전원 측 리액턴스

X_L : 직렬 리액터 리액턴스

② 영향 : Thyristor Zero Crossing 실패

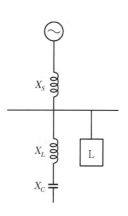

[순시 전압 강하 발생]

③ 콘덴서 개방 시 현상

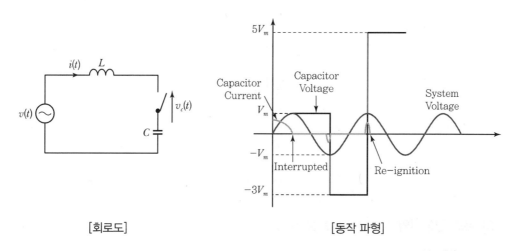

[회로도]　　　　　　　　　　[동작 파형]

1) 현상

① 콘덴서에는 단자 전압의 위상보다 $90°$ 앞선 진상 전류가 흐르기 때문에 콘덴서 개방 시 전류 영점에서는 전원 전압이 최대인 V_m이고 선로에는 이 전압이 충전되어 잔류

② 개방 후 1/2 주기 후에는 차단기의 극간에는 $2V_m$ 인 전압이 걸려서 절연 회복이 충분하지 못하여(극간의 개리가 충분하지 못한 상태) 재점호가 되고 잔류 전압이 급격히 전원 전압으로 되돌아가려고 하는 과도 진동 현상이 발생되어 최대 $3V_m$ 에 이르는 과도 이상 전압 발생

③ 그림처럼 제동 작용이 없는 경우 재점호가 계속해서 일어나서 $3V_m$, $5V_m$, $7V_m$ …… 으로 높은 이상 전압이 발생되나, 실제는 회로 저항, 코로나 등에 의해서 제동 작용이 생겨서 대지 전압의 최대 3.5배 이상 4배를 초과하는 경우는 없음

2) 재점호에 의한 과전압 발생

① 재점호에 의한 과전압

ㄱ 접촉자 간의 절연이 재기 전압에 견디지 못하고 다시 아크를 일으키는 현상

ㄴ $t = 0$에서 전류 영점 소호 → $\frac{1}{2}$[Cycle] 후 정전 용량 C에 의해 진폭의 2배 전압이 차단기 극간에 걸리게 됨 → 재점호 발생

ㄷ 콘덴서 단자 측은 3배, 전원 측은 1.5배가 발생

ㄹ 재점호가 반복되면 5, 7, 9배의 과전압 발생

② 동작 파형

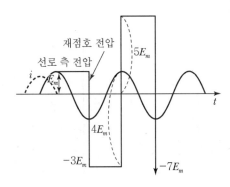

[재점호에 의한 과전압]

3) 유도 전동기의 자기 여자 현상 발생

① 자기 여자 현상

ㄱ 개폐기 개방 후 전압이 즉시 '0'이 되지 않고 상승 혹은 지속 시간이 길어지는 현상

ㄴ 콘덴서 용량이 전동기 용량보다 클 때 발생

ㄷ 대책 : Y$-\Delta$기동 시 콘덴서를 $\Delta-$MC 2차 측에 접속

② 구성도

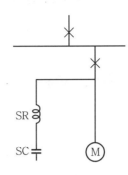

[유도기의 자기 여자 현상]

4 콘덴서 개폐 시 대책

1) 투입 시 대책

① 직렬 리액터 설치(고조파 대책)

구분	내용
설치 효과	돌입 전류 억제, 이상전압 억제, 고조파 억제, 파형 개선
용량 산출	• 5고조파 존재 시 계산상 4[%], 실제 6[%] 적용 • 3고조파 존재 시 계산상 11[%], 실제 13[%] 적용
주의 사항	• 콘덴서 단자 전압 상승 • 최대 사용 전류는 정격 전류의 130[%]

② 방전 장치 설치(잔류 전하 대책)

종류	적용 용량	고압	저압
방전 코일	200~300[kVA] 이상	50[V] 이하 5초 이내	75[V] 이하 3분 이내
방전 저항	200~300[kVA] 미만		

2) 개방 시 대책

① 차단 속도 빠르고 재점호가 없는 콘덴서 보호용 개폐장치 선정

② 콘덴서 용량을 전동기 출력의 $\frac{1}{2} \sim \frac{1}{4}$ 로 설계

5 콘덴서 보호용 개폐 장치의 요구 성능 및 설치 시 주의사항

1) 요구 성능

① 투입 시 과도한 돌입 전류에 견딜 것

② 개방 시 과도 회복전압에 견디며, 재점호를 발생시키지 않을 것 → 개방 속도 신속

③ 전기적, 기계적으로 다빈도 개폐 성능을 갖출 것

④ 내구성이 좋으며, 경제적일 것

2) 설치 시 주의사항

① 뱅크 용량 500[kVA] 이상 시 자동 차단 장치 설치

② 개폐기 및 차단기 선정

  ㉠ 차단 속도와 절연 회복 성능이 빠른 개폐기 선정

  ㉡ 고압 회로 : VCB, GCB, VCS, GCS, COS

  ㉢ 저압 회로 : MCCB, MC

③ 전력 퓨즈 선정

  ㉠ 상시 부하 전류 안전 통전

  ㉡ 과부하 및 과도 돌입 전류는 단시간 허용 특성 이하

  ㉢ 콘덴서 파괴 확률 10[%] 특성이 퓨즈 전차단 특성보다 우측에 있을 것

08 콘덴서 역률 과보상 시 문제점과 대책

1 역률 과보상 시 문제점

1) 모선 전압 과상승

① 선로의 전압 강하

$$\Delta V = E_s - E_r = I \cdot (R\cos\theta + X\sin\theta) = \frac{PR + QX}{E_r}$$

② 콘덴서 설치 시

$$\Delta V' = \frac{PR + (Q_L - Q_c)X}{E_r}$$

③ 경부하 시 $Q_L - Q_c$ 는 $Q_L < Q_c$ 가 되어 $\Delta V < \Delta V'$이므로 모선 전압 과상승

지상 역률인 경우($X_L > X_C$) → $E_s > E_r$	진상 역률인 경우($X_L < X_C$) → $E_s < E_r$
역률 개선 시 전압 강하 경감	과보상 시 부하의 무효 전력 감소분만큼 모선 전압 상승

2) 전력 손실 증가

$$\text{전력 손실 } P_l = I^2 R \ \rightarrow \ P_l \propto \frac{1}{\cos^2\theta}$$

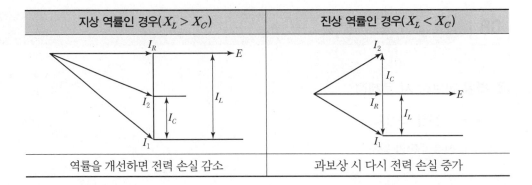

지상 역률인 경우($X_L > X_C$)	진상 역률인 경우($X_L < X_C$)
역률을 개선하면 전력 손실 감소	과보상 시 다시 전력 손실 증가

3) 고조파 왜곡 증대

① 야간 또는 경부하 시 콘덴서를 삽입한 채로 사용 시 고조파 왜곡의 증대 발생

② 특히 심야 시간대 변압기 일부를 정지시킬 경우 단락 용량 감소에 따라 고조파 왜곡의 증대가 심해짐

구분	회로 조건	n차 고조파
유도성	$nX_L - \dfrac{X_c}{n} > 0$	확대 안 됨. 바람직한 패턴
직렬 공진	$nX_L - \dfrac{X_c}{n} = 0$	모두 콘덴서로 유입
용량성	$nX_L - \dfrac{X_c}{n} < 0$	확대
병렬 공진	$nX_0 = \left| \left(nX_L - \dfrac{X_c}{n} \right) \right|$	극단적으로 확대

4) 유도 전동기의 자기 여자 현상

① 개폐기의 개방 후 전동기 모선 전압이 곧 '0'이 되지 않고 이상 상승 또는 자연 감쇠하지 않는 현상 발생

② 콘덴서 용량이 유도 전동기 여자 용량보다 클 때 발생

5) 발전기 기동 실패 및 이상 전압 발생

용량성 부하인 경우 발전기 기동 시 발전기 단자 전압 상승으로 과전압 계전기(OVR) 동작

② 역률 과보상 시 대책

1) 모선 전압 과상승에 대한 대책

① 경부하 시에도 과보상되지 않도록 콘덴서 설비를 계획

② 모선에 과전압 계전기(OVR)를 설치하여 콘덴서를 트립

2) 송전 손실 증가에 따른 대책

① 송전용 변전소에 분로 리액터 설치

② 자동 역률 조정 장치(APFR) 시스템 도입

3) 고조파 왜곡의 증대에 대한 대책

① 적정 리액터 설치(콘덴서 용량의 6[%] 이상)

② 경부하 시 부하 차단과 동시에 콘덴서 회로를 차단

4) 유도 전동기의 자기 여자 현상의 대책

전동기 출력값의 $\dfrac{1}{2} \sim \dfrac{1}{4}$ 의 콘덴서 용량 설치

09 전력용 콘덴서 열화 원인 및 대책과 보호 방식

1 보호장치 설치기준

변압기 뱅크 용량	자동 차단 장치
500~15,000[kVA] 미만	내부고장, 과전류일 때 동작
15,000[kVA] 이상	내부고장, 과전류, 과전압일 때 동작

2 열화 원인 및 대책

구분	열화원인(수명단축)	대책
온도	• 주위 온도 최고 40[℃] 초과 • 일평균 35[℃] 초과 • 연평균 25[℃] 초과	• 발열기기(변압기)와 200[mm] 이상 이격 • 복수 설치 시 측면 100[mm], 상부 300[mm] 이상 이격 • 환기구 설치
전압	• 정격전압 최고 115[%] 초과 • 일평균 110[%] 초과	• 앞선 역률 금지, 자기여자 현상 방지 • 완전 방전 후 재투입 • 재점호 방지 개폐기 선정(VCS, GCS)
전류	• 고조파전류 유입 • 투입 시 돌입전류($1.35I_n$)	• 직렬 리액터 설치(고조파, 돌입전류 억제) • 직렬 리액터 용량(5고조파 : 6[%], 3고조파 : 13[%])

3 전력용 콘덴서의 허용 최대 사용 전류의 기준

전압 구분	최대 사용 전류		허용 과전압
	리액터(무)	리액터(유)	
저압용(100~400[V])	130[%] 이하	120[%] 이하 제5고조파 35[%] 이하	110[%]
고압용(3~6[kV])	고조파 포함 135[%] 이하	120[%] 이하 제5고조파 35[%] 이하	최고 115[%]
특고압용(10[kV])	고조파 포함 135[%] 이하	120[%] 이하 제5고조파 35[%] 이하	110[%]

4 고압 콘덴서 보호 방식

1) 과전압 보호

① 콘덴서 허용 과전압은 정격 전압의 110[%]

② OVR은 정격 전압 130[%]에서 2초 Setting

2) 부족 전압 보호

① 콘덴서 투입 상태에서 전압 회복 시 전압 상승으로 타 기기 손상

② UVR은 정격전압 70[%]에서 2초 Setting

3) 지락 보호

① 계통별 차이로 일괄 보호 방식 적용 곤란

② 선택 차단 방식 적용

4) 단락 보호

① OCR은 정격 전류 150[%]에서 1/4[Cycle] Setting

② PF 선정 시 고려 사항

　㉠ 상시 부하 전류 안전 통전

　㉡ 과부하 및 과도 돌입 전류는 단시간 허용 특성 이하

　㉢ 콘덴서 파괴 확률 10[%] 특성이 퓨즈 전차단 특성보다 우측에 있을 것

5) 콘덴서 내부 소자 사고에 대한 보호

① 중성점 전위 검출 방식

　㉠ 중성점 전류 검출 방식(NCS)

　　ⓐ 이중 Y결선 중성선에 전류 코일 삽입

　　ⓑ 검출 Speed가 빠르고 동작 확실

　　ⓒ 고조파, 돌입 전류 영향을 받지 않음

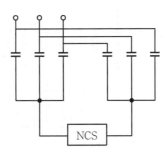

[중성점 전류 검출 방식(NCS)]

ⓛ 중성점 전압 검출 방식(NVS)

이중 Y결선 중성선에 NVS 삽입

$$V_n = \frac{1}{3P(S-1)+1} V_P$$

여기서, P : 병렬 회로 수, S : 직렬 회로 수
V_n : 중성점 전압, V_P : 상전압

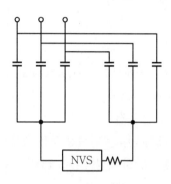

[중심점 전압 검출 방식]

② 결선 방식

　ㄱ 오픈 델타 결선

　　ⓐ Y결선 콘덴서에 2차 코일이 있는 방전 코일 접속

　　ⓑ 22.9[kV] 계통에 적용

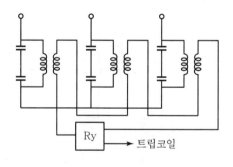

[오픈 델타 결선]

　ㄴ 전압 차동 방식

　　ⓐ Y결선된 콘덴서에 2단 2상의 콘덴서 직렬 접속

　　ⓑ 6.6~22.9[kV] 계통에 적용

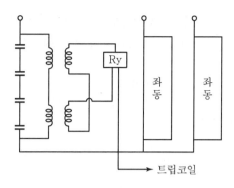

[전압 차동 방식]

③ 콘덴서 접점 방식

　　㉠ Lead Cut

　　　　ⓐ 내부의 압력에 의해 외함이 변형을 일으켜 보호 장치가 동작하는 방식

　　　　ⓑ 절연유 분해 가스 발생 → 내압 상승 → 기계적 동작

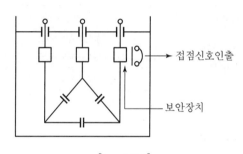

[Lead Cut]

　　㉡ Arm Switch

　　　　ⓐ 콘덴서 외함의 팽창 변위를 검출하여 고장을 판별

　　　　ⓑ 용기 내 압력 검출(팽창 보호) → 감압 스위치 동작

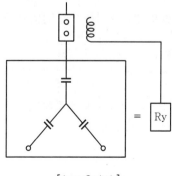

[Arm Switch]

10 고압 콘덴서 보호 방식

1 개요

1) 전력용 콘덴서 사용목적

전력계통의 전압 조정, 역률 개선, 배전선 손실 경감, 송전용량 증대 등

2) 전력용 콘덴서 보호 방식

① 계통 이상 시 콘덴서 보호
② 단락, 지락 사고보호
③ 내부소자 사고보호

3) 관련 근거 : KEC 351.5(조상설비의 보호장치)

설비종별	뱅크용량구분	자동적으로 전로 차단장치
전력용 커패시터 및 분로리액터	500[kVA] 초과 15,000[kVA] 미만	내부고장 또는 과전류
	15,000[kVA] 이상	내부고장, 과전류, 과전압

2 계통 이상 시 콘덴서 보호

1) 과전압 보호

유도형 한시 과전압 계전기 사용 : 정격의 130[%], 동작시한 2초

2) 저전압 보호

① 콘덴서에 의한 전압 상승으로 타 기기 손상 방지
② 유도형 한시 부족전압 계전기 사용 : 정격의 70[%] 이하, 동작시한 2초

3) 단락, 지락사고 보호

① 단락보호
  ㉠ 한시 과전류 계전기 사용 : 보통 정격의 150[%]
  ㉡ PF 사용 시 1/2 Cycle 이내 차단

② 지락보호
  계통별 차이로 일괄 보호 방식 적용 곤란 → 선택 차단 방식 적용

4) 콘덴서 내부소자 사고에 의한 보호

① 중성점 간 전류 검출 방식(NCS : Neutral Current Sensing)

　㉠ Y결선된 콘덴서 2조로 하여 고장 시 중성점 간 흐르는 전류 검출

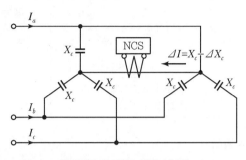

[중성점 간 전류 검출 방식]

$$\Delta I = \frac{1.5K}{6-5K} \cdot I_a$$

$$K = \frac{\Delta X_c}{X_c}$$

　　　여기서, I_a : 정격전류

　　　　　　ΔX_c : 변화분 리액턴스

　㉡ 특징 : 검출이 빠르고 동작이 확실하며, 고조파 영향이나 오동작 없음

② 중성점 전압 검출 방식(NVS : Neutral Voltage Sensing)

　㉠ 단상 콘덴서 3대 Y결선, 6.6~3.3[kV] 계통에 주로 사용

　㉡ 직렬소자 고장 시 중성점 간 전압

$$V_n = \frac{V_P}{3P(S-1)+1}$$

　　　여기서, P : SC 병렬 회로수

　　　　　　S : SC 직렬 회로수

　　　　　　V_P : 상전압

ⓒ Single−star와 Double−star 방식이 있음

구분	Single − star	Double − star
구성	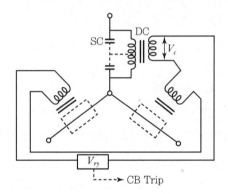	
검출 방법	단일 Y결선에 보조저항 설치 중성점 불평형 전압 검출	콘덴서 2조 병렬 Y결선 1대 고장 시 중성점 불평형 전압 검출

③ Open−Delta 방식

㉠ 방전 Coil의 2차 측을 open−△ 결선, 사고 시 V_{ry}에 이상전압 검출

㉡ 계전기 동작 시 고장이 발생한 상(Phase)을 찾아야 하는 불편이 있음

[Open − Delta 방식]

ⓒ $V_{ry} = \dfrac{3V_c}{3P(S-1)+1}$

　　여기서, V_e : 방전 Coil 2차 전압
　　　　　　P : SC 병렬 회로수
　　　　　　S : SC 직렬 회로수
㉣ 일반적으로 22.9[kV] 계통의 소용량 설비에 적용

④ 전압 차동 방식

㉠ open−△ 방식과 동일한 검출 방식이나 절연처리의 이점으로 22.9~6.6[kV]의 대용량 설비에 적용

㉡ 내부소자(직렬) 수 많음 → 1개만 고장 나도 검출 가능

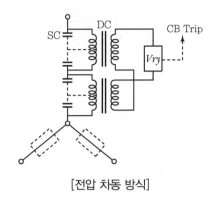

[전압 차동 방식]

ⓒ $V_{ry} = \dfrac{3\,V_c}{3P(S-1)+2}$

⑤ Arm Switch 방식

콘덴서 외함의 팽창 변위 검출(마이크로 스위치 동작), 고장 판별하는 방식

⑥ Lead-cut 방식

콘덴서 절연파괴 시 내부압력 상승, 외함 변형을 일으켜 보호 장치 동작

5) 콘덴서 회로용 PF 선정 조건

① 돌입전류로 Fuse가 손상되지 않을 것
② 콘덴서의 연속 최대 과부하전류를 안전하게 통전시킬 것
③ 콘덴서의 10[%] 케이스 파손 특성이 Fuse 전 차단특성보다 우위에 있을 것
④ 다빈도 개폐에 견딜 것

11 접지용 콘덴서(GSC)

1 개요

1) 비접지 방식에서 비교적 낮은 **전압**이나 **짧은** 전로의 경우, 1선 지락 시 발생하는 지락전류(대지 충전전류 $I_C = \omega CE$)가 적기 때문에 지락검출이 곤란

2) 영상전류의 통로를 만들어 지락전류 검출을 용이하게 하기 위해 접지용 콘덴서를 설치

2 접지용 콘덴서를 통한 귀환회로

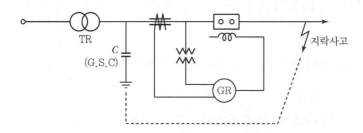

[접지용 콘덴서를 통한 귀환 회로]

1) TR 2차 측과 ZCT 사이에 접지용 콘덴서(GSC)를 접속하여 영상전류의 통로를 만들어 줌

2) 접지용 콘덴서

① 6.6[kV] 계통에서 $0.3[\mu F]$ 정도 사용

② 3.3[kV] 계통에서 $0.6[\mu F]$ 정도 사용

3 주의사항

1) 부하 측 전로가 길고 케이블을 사용하는 경우, 전원 측 지락사고에 계전기가 오동작할 수 있음

2) GR의 정정치는 충전전류 이상으로 해야 하나, 계전기의 감도상 무한정 크게 할 수 없으므로 이런 경우에는 GPT와 OVGR, SGR을 사용하는 것이 바람직

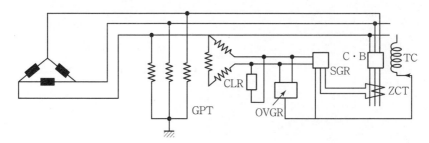

[비접지계통 GPT 및 SGR 적용 계통도]

12 전력용 콘덴서 부속 기기

◼ 직렬 리액터

1) 설치 효과

① 투입 시 돌입 전류 억제, 개방 시 이상 전압 억제, 고조파 억제, 파형 개선 등

② 각종 리액터 사용 목적

종류	사용목적
직렬 리액터	파형 개선
한류 리액터	단락전류 제한
분로 리액터	페란티 현상 방지
소호 리액터	아크 소호

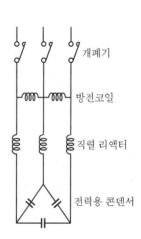

[콘덴서 부속 기기]

2) 직렬 리액터 용량 산출

① 선정 방법

• 직렬 리액터는 고조파 성분에 따라 용량을 선정

• 유도성 일반 부하 : 6[%] 적용

• 변환기, 아크로 등 : 8~15[%]까지 적용

② 5고조파 발생 설비

$$5\omega L = \frac{1}{5\omega C} \ \rightarrow \ \omega L = \frac{1}{25\omega C} = 0.04\frac{1}{\omega C}$$

• 콘덴서의 리액터는 4[%] 이상인 6[%]를 표준으로 선정

③ 3고조파 발생 설비

$$3\omega L = \frac{1}{3\omega C} \ \rightarrow \ \omega L = \frac{1}{9\omega C} = 0.11\frac{1}{\omega C}$$

• 콘덴서의 리액터는 11[%] 이상인 13[%]를 표준으로 선정

3) 직렬 리액터 주의사항

① 콘덴서 단자 전압 상승

- 5[%]일 때 $E_c = \dfrac{1}{1-0.05} \times E = 1.052E$

- 즉, 콘덴서 단자 전압은 전원 전압보다 5.2[%]만큼 상승

② 콘덴서 최대 사용 전류

- 콘덴서 최대 사용 전류는 고조파가 포함되어 있는 경우 정격전 류의 135[%] 이내

- 콘덴서에 흐르는 전류가 정격 전류의 120[%] 이상인 경우 고조파 영향을 받고 있는 것으로 간주

- 따라서 타 기기에 영향을 줄 수 있으므로 직렬 리액터를 사용

③ 모선의 단락 전류

병렬 콘덴서 군의 경우 콘덴서 투입 시 돌입 전류가 과대하므로 직렬 리액터 사용

❷ 방전 코일

1) 설치 효과

① 콘덴서 개방 시 발생되는 잔류 전하에 의한 위험 방지
② 재투입 시 발생되는 과전압 방지

2) 방전코일 적용 용량

① 방전 코일 : 콘덴서 용량이 200~300[kVA] 이상 대용량인 경우 사용
② 방전 저항 : 콘덴서 용량이 200~300[kVA] 미만 소용량인 경우 사용하며 보통 콘덴서에 내장

3) 잔류 전압 방전 시간

① 고압 : 콘덴서 개방 후 잔류 전압 50[V] 이하로 5초 이내에 방전
② 저압 : 콘덴서 개방 후 잔류 전압 75[V] 이하로 3분 이내에 방전

❸ 개폐 스위치

1) 콘덴서 개폐의 성능 조건

① 투입 시에 과대한 돌입 전류에 견딜 것
② 개방 시의 회복 전압에 견디고 재점호가 없을 것
③ 전기적·기계적 다빈도에 견딜 것

④ 보수 점검의 주기가 길고 수명이 길 것

⑤ 보수가 간편하고 경제적일 것

2) 개폐기의 종류

① 고압 회로 : VCB, GCB, VCS, GCS, COS

② 저압 회로 : MCCB, MC

4 맺음말

1) 전력용 콘덴서에 직렬 리액터 설치하여 투입 시 돌입 전류 억제, 개방 시 이상 전압 억제, 고조파 억제, 파형 개선 등의 효과

2) 전력용 콘덴서는 고압 측보다 저압 측에 설치할 때 역률 개선 효과가 좋으며 고조파 문제가 심 각한 최근에는 저압 측에도 직렬 리액터를 설치

3) 저압 측에 직렬 리액터를 설치 시 고조파 확산 방지와 에너지 절감 효과를 동시에 볼 수 있어 경 제적

---

13 직렬 리액터

1 직렬 리액터

부하의 역률 개선 목적으로 전력용 콘덴서를 사용하면 부하의 역률은 개선되나 콘덴서의 용량성 리액턴스와 전원 측의 유도성 리액턴스의 병렬공진에 의해서 고조파가 확대되는 문제가 발생하 며 이를 억제하기 직렬 리액터를 사용

2 직렬 리액터의 설치 목적

1) 전원 측으로 고조파 확대 억제

2) 콘덴서 투입 시 돌입 전류 억제

3) 고조파 전류의 유입에 따른 콘덴서의 과열 소손 방지

4) 전압 파형의 개선

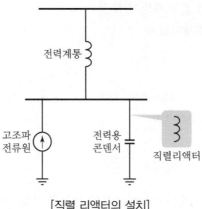

[직렬 리액터의 설치]

❸ 직렬 리액터의 용량

계통 주파수의 저하 및 안전율을 고려하여 보다 큰 값을 선정이 바람직하며, 확실하게 콘덴서 회로를 유도성으로 만들어 줄 수 있는 용량 산정이 필수적

$$nX_L > \frac{X_C}{n} \rightarrow X_L > \frac{1}{n^2} \times X_c$$

1) 3고조파 : $X_L > 0.11 \times X_c$ ········ 콘덴서 용량의 13[%] 선정
2) 5고조파 : $X_L > 0.04 \times X_c$ ········ 콘덴서 용량의 6[%] 선정

❹ 직렬 리액터의 고조파의 영향

1) 직렬 리액터의 경우 과도한 고조파 전류가 유입되면 직렬 리액터의 철심이 포화되어 리액턴스의 저하를 초래하므로 콘덴서 회로가 고조파에 대해 용량성 회로가 될 수 있음
2) 용량성 회로에서 계통과 병렬 공진이 발생되면 고조파 전류는 계통으로 확대될 뿐만 아니라 직렬 리액터 및 콘덴서에도 큰 고조파 전류가 유입되어 이상 소음, 과열, 소손

5 직렬 리액터의 용량과 콘덴서의 단자 전압

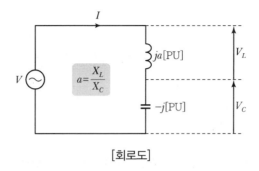

[회로도]

1) 직렬 리액터 설치 전 콘덴서의 전압 : $V_c = 1.0[\text{PU}]$

2) 직렬 리액터 설치 후 콘덴서의 전압 : $V_c' = \dfrac{1}{|a-1|}[\text{PU}]$

　① 콘덴서 용량의 6[%] 설치 시 단자 전압 상승

　　$V_c' = \dfrac{1}{|0.06-1|} = 1.0638[\text{PU}]$

　② 콘덴서 용량의 13[%] 설치 시 단자 전압 상승

　　$V_c' = \dfrac{1}{|0.13-1|} = 1.149[\text{PU}]$

3) 콘덴서 용량의 6[%] 설치 시 6.38[%]의 단자 전압이 상승하고, 13[%] 설치 시 14.9[%]의 단자 전압이 상승하므로 과전압을 고려하여 콘덴서의 정격을 선정

6 직렬 리액터의 설치 시 문제점 및 대책

1) 콘덴서의 유입 전류의 증가

　① 문제점
　　㉠ 직렬 리액터가 설치되면 리액턴스가 보상되어 콘덴서 회로의 합성 임피던스는 감소하기 때문에 유입전류가 증가
　　㉡ 전력용 콘덴서 용량의 6[%] 직렬 리액터 설치 시 6.38[%], 13[%] 직렬 리액터 설치 시 14.9[%] 콘덴서 유입 전류가 증가
　② 대책
　　적절한 방열 대책을 세워 과열되어 소손되는 것을 방지

2) 콘덴서의 단자 전압의 증가

① 문제점

콘덴서 용량의 6[%] 설치 시 6.38[%]의 단자 전압이 상승하고, 13[%] 설치 시 14.9[%]의 단자 전압이 상승하므로 콘덴서가 과전압에 의해서 절연 소손될 수 있음

② 대책

콘덴서의 과전압 허용 한계인 110[%]를 초과하지 않도록 콘덴서의 정격 전압을 선정 또는 직렬 리액터의 용량을 선정

3) 운전 중 콘덴서의 용량을 변화시키는 경우 용량성 회로로 변하는 것에 주의

① 문제점

계통에 설치되어 운전되는 전력용 콘덴서는 운전 중에 용량을 변경하는 경우에 용량성 운전이 될 수 있음

② 대책

운전 중 콘덴서의 용량 변경은 10[%]를 초과해서는 안 되며 콘덴서의 용량이 변경될 경우 직렬 리액터도 함께 용량 변경을 고려

4) 직렬 리액터의 고조파에 의한 영향

① 문제점

과도한 고조파 전류가 유입되면 직렬리액터의 철심이 포화되어 리액턴스의 저하를 초래하게 되므로 콘덴서 회로가 고조파에 대해 용량성 회로가 되고 전원 측으로 고조파 전류의 확대 원인으로 작용

② 대책

직렬 리액터 철심 재료와 설계의 최적화 및 방음, 방열 대책 필요

14 역률 제어 기기의 종류

■ 전력용 콘덴서(SC)

부하와 병렬로 X_c를 접속하여 지상전류와 진상전류를 서로 상쇄시켜 역률을 보상하는 장치

■ 동기 조상기(RC)

1) 원리

무부하 상태에서 운전되는 동기 발전기로 계자 전류를 변화시켜 역률을 조정하는 장치

2) 특징

① 부족 여자 운전의 경우 지상 전류로 수전단 전압 상승 억제
② 과여자 운전의 경우 진상 전류로 수전단 전압 강하 억제
③ 주로 1차 변전소에 설치

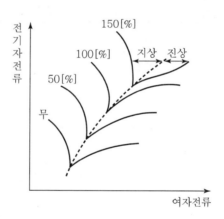

[동기 조상기의 역률 조정]

❸ 정지형 무효 전력 조정장치(SVC)

1) 원리

사이리스터와 콘덴서 · 리액터 조합을 이용하여 무효 전력을 자유로이 조정하는 장치

2) 특징

분류	TSC	TCR	SVG
구성도			
특징	• 다단계 제어 • 고조파 없음 • 비경제적	• 비교적 연속적 • 저주파 대역 고조파 발생 • 적당한 과도 특성	• 연속적이고 정확함 • 진상, 지상 모두 공급 • 과도 특성 우수

❹ 정지형 동기보상 장치(STATCOM)

1) 원리

인버터로 무효 전력을 흡수 · 발생시켜 역률을 조정하는 장치

2) 특징

① 전압 유지와 전압 불안정 방지

② 최대 전력 수요관리 및 정전 예방

③ 무효 전력 및 유효 전력 제어

④ 과도 안정도 및 동적 안정도 개선

⑤ 직류 에너지 저장 장치 보유

⑥ 설치 면적이 적고 조작 신뢰도가 높음(SVC
의 30[%] 이하)

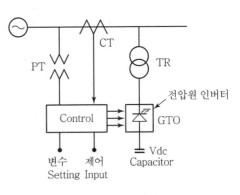

[STATCOM의 회로도]

5 APFR(Automatic Power Factor Relay)

1) 원리

콘덴서를 여러 군으로 나누어서 제어하는 장치로 무효 전력을 제거해 주는 전기 여과기

2) 특징

① 역률의 개선과 감시가 1대로 가능

② 1대로 최대 6군의 콘덴서의 컨트롤 가능

③ 콘덴서의 투입 상태를 한눈에 알 수 있음(LED 표시)

④ 타이머에 의해 부하의 순시 변동에도 안정적으로 작동

⑤ 채터링(Chattering) 방지 회로 내장

⑥ 역률, 전류, 시간의 3요소가 연속 가변 설정이 가능

⑦ 3상, 단상 사용 가능

6 역률 제어 기기 특성 비교

구분	SC	RC	SVC	STATCOM	APFR
진상 무효 전력 보상	불가능	가능	가능	가능	가능
지상 무효 전력 보상	가능	가능	가능	가능	가능
제어 방식	다단계	연속	연속(TSC 제외)	연속	연속
과도 안정도	보통	우수	우수	우수	우수
전력 손실	적음	큼	적음	적음	적음
투입 · 개방 시간	늦음	빠름	빠름	빠름	빠름

※ 저역률, 저전압, 플리커 등 수전단 전압 안정화, 계통 안정도 향상

CHAPTER

09

배전설비

01 전력 케이블 구성 재료 및 구비 조건

◾ Cable의 구성

1) 도체 : 전류를 흘리는 도전부(Cu, Al)

2) 절연체 : 도체의 전압을 유지하기 위한 절연부(XLPE)

3) 시스, 연피 : 전선의 기능을 보호하기 위한 보호부

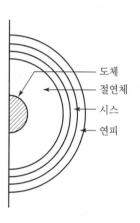

도체
절연체
시스
연피

[Cable 구조]

◾ 구비 조건

1) 도체

① 전기적 성능 : 도전율이 높을 것

② 기계적 성능 : 기계적 강도가 클 것, 가선 작업이 용이할 것

③ 화학적 성능 : 사용 상태에서 안정할 것

④ 가공성 : 가공이 쉬울 것

⑤ 경제성 : 저렴하고 공급이 안정할 것, 내구성이 있을 것

2) 절연체

① 교류 및 임펄스 파괴 전압이 높고 절연 성능이 장기간 우수할 것

② 절연 저항이 클 것

③ 내Tree, 내코로나성이 우수하고 유전체 손실이 적을 것

④ 재료 : 폴리에틸렌, 가교 폴리에틸렌, 절연유, 가스 등

3) 시스, 연피(보호층)

구분	시스	연피
기계적 성능	절연체 보호 및 절연유의 압력에 견딤	내마모성, 내후성, 내노화성, 내굴곡성이 우수
전기적 성능	절연 성능이 높고 장기간 안정	
화학적 성능	대기 중 습기의 침입 방지	내수, 내약품성이 우수
재료	납, Al, Fe, STS	폴리에틸렌, PVC

02 전력 케이블 종류

❶ CV 케이블(Cross Linked Polyethylene Insulated PVC Sheathed Power Cable)

폴리에틸렌의 결점인 열 열화성을 개선한 가교 폴리에틸렌 케이블

1) **명칭** : 22[kV] 가교 폴리에틸렌 절연 비닐 시스 케이블

2) **용도** : 비접지로 편단 접지의 전력 회로에 적용

3) **구성** : 연동 연선 도체에 XLPE로 절연, PVC로 압출한 Cable

4) **특징**
 ① 내열, 내수성이 우수
 ② 고장 보수가 용이
 ③ 제조 기술 개선이 필요
 ④ Tree 발생이 쉬움

❷ CNCV 케이블(Concentric Neutral Conductor with Water Blocking Tapes and PVC Sheathed Power Cable)

1) **명칭** : 동심 중성선 차수형 전력케이블

2) **용도** : 22.9[kV − Y] 다중 접지 지중 배전 선로용

3) **구성** : CV 케이블에 중성선을 추가한 케이블로 중성선 층만 수밀 처리

4) **특징**
 ① CV 케이블에 중성선 추가
 ② 중심선은 중심 도체의 1/3 이상
 ③ 인입 지중 케이블의 공칭 단면적은 22[mm²]
 ④ 중성선 수밀 처리

❸ CNCV − W 케이블

1) **명칭** : 수밀형 동심 중성선 전력 케이블

2) 중성선층의 수밀 처리 이외에 도체 부분까지 수밀 처리

3) 도체를 구성하는 원형 소선을 압축 연선으로 하고 수밀 콤파운드를 소선 사이에 충진하여 도체에 수분 침투 방지

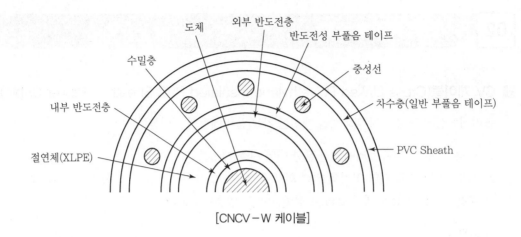

[CNCV-W 케이블]

4 TR-CNCV-W 케이블

1) **명칭** : 수트리 억제형 동심 중성선 전력 케이블

2) CNCV-W에서 **절연체**로 사용되었던 가교 폴리에틸렌 대신 수트리 억제용 XLPE를 사용한 케이블

5 FR-CNCO-W 케이블

1) **명칭** : 수밀형 동심 중성선 무독성 난연 케이블

2) CNCV-W에서 **시스**로 사용되었던 PVC 대신 **할로겐 프리 폴리올레핀**을 사용한 케이블

3) PVC(Polyvinyl Chloride) : 폴리염화비닐

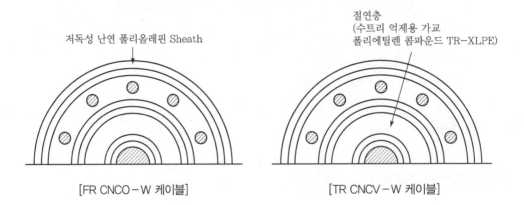

[FR CNCO-W 케이블]   [TR CNCV-W 케이블]

6 동심 중성선 케이블 비교

항목 \ 약어	CNCV	CNCV-W	FR-CNCO-W	TR-CNCV-W	TR-CNCE-W
정식 명칭	동심 중성선 차수형 전력 케이블	수밀형 동심 중성선 전력 케이블	수밀형 동심 중성선 무독성 난연 케이블	수트리 억제형 동심 중성선 전력 케이블	수밀형 수트리 억제형 충실 케이블
도체	원형 압축 연동 연선	수밀 혼합물 충전 원형 압축 연동 연선	수밀 혼합물 충전 원형 압축 연동 연선	수밀 혼합물 충전 원형 압축 연동 연선	수밀 혼합물 충전 원형 압축 연동 연선
절연층	가교 폴리에틸렌	가교 폴리에틸렌	가교 폴리에틸렌	수트리 억제용 가교 폴리에틸렌 콤파운드 (TR-XLPE)	수트리 억제용 가교 폴리에틸렌 콤파운드 (TR-XLPE)
중성선 수밀층 (안쪽)	반도전성 부풀음 테이프	반도전성 부풀음 테이프	반도전성 부풀음 테이프	반도전성 부풀음 테이프	반도전성 부풀음 테이프
중성선 수밀층 (바깥쪽)	부풀음 테이프	부풀음 테이프	부풀음 테이프	부풀음 테이프	부풀음 테이프 없음 (내부 충실형 중성선)
시스	PVC	PVC	할로겐프리 폴리올레핀	PVC	난연성 PE (폴리에틸렌)
비고	• 중성선 양측에 부풀음 테이프 삽입 • 중성선만 수밀 처리	• 도체공간을 메꿈 • 중성선 및 도체 수밀처리	• 난연 저독성 시스 사용 • 유독 가스 방지	• 수트리억제형 절연체 사용 • 수명, 신뢰성 향상	• 내부 반도전층에 Super-Smooth급 • 반도전성 콤파운드 충진

7 절연에 따른 종류

항목		고온 초전도 케이블	저온 초전도 케이블	OF 케이블	CV 케이블
도체	재료	고온 초전도 도체 (Bi-2223)	NbTi, Nb$_3$Sn	Cu	Cu
	구조	Tape 형태의 적층	Tape 또는 극세 다심 연선	원형 압축 연동 연선	원형 압축 연동 연선
사용 온도		77K(-196[°C])	4.2K(-269[°C])	상시 최고 90[°C]	상시 최고 90[°C]

항목	고온 초전도 케이블	저온 초전도 케이블	OF 케이블	CV 케이블
냉매	액체 질소	액체 헬륨	OF 케이블용 절연유	없음
절연	냉매 함침 복합 절연 방식	냉매 함침 복합 절연 방식	OF 절연유 함침	XLPE 압출
Sheath	고온 초전도 도체 (Bi − 2223)	저온 초전도 도체	Aluminium	Aluminium
냉각계통	액체 질소의 순환 및 냉동기 부착	액체 헬륨의 순환 및 냉동기 부착	PT 등 유압 조절 장치	냉각수

03 전력 케이블의 전기적인 특성에 영향을 주는 요소/선로 정수

1 개요

1) 선로 정수의 구성 요소 : 저항, 인덕턴스, 정전 용량, 누설 컨덕턴스

2) 케이블의 종류, 굵기, 배치 등에 따라 결정되고 전압, 전류, 역률 등의 영향과 무관

3) 선로 정수는 케이블의 기능에 관계되기보다는 계전기 정정, 단락 전류 계산, 이상 전압 발생 계산, 유도 설계 등에 필요한 전기적 특성을 계산하는 데 사용

2 저항

1) 직류 도체 저항

① 전류가 흐르기 어려운 정도를 나타내는 양으로 단위는 $[\Omega]$

② 직류 도체의 저항은 온도에 따라 변하므로 일반적으로 $20[^\circ C]$에서 저항을 기준

$$r_0 = \rho \frac{l}{A}[\Omega] \qquad \rho = \frac{1}{58} \times \frac{100}{C}[\Omega \cdot mm^2/m]$$

여기서, l : 도체의 길이[m], A : 도체의 단면적$[m^2]$, ρ : 고유저항 또는 저항률$[\Omega \cdot m]$
C : 퍼센트도전율(연동선 0.97[%], 알루미늄 0.67[%])

※ 국제표준 연동선의 고유저항 $1.7241 \times 10^{-2}[\Omega \cdot mm^2/m]$, 도전율은 고유저항의 역수로 한 변의 길이가 1[m] 되는 정육면제에 해당하는 두 변 간의 컨덕턴스를 의미

2) 저항 - 온도 관계

$$k_1 = 1 + \alpha(T - 20[\text{℃}])$$

여기서, k_1 : 도체의 저항비

T : 도체의 실제온도[℃]

α : 저항온도계수

① 도체는 온도가 상승하면 저항이 상승

② 반도체, 전해액, 절연체 등은 온도가 상승하면 저항이 감소

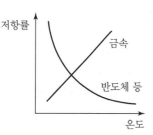

[물질의 온도 특성]

3) 교류 도체 저항

교류의 표피효과와 근접효과로 인한 저항증가로 직류저항에 비하여 많이 큼

$$r = r_0 \times k_1 \times k_2 [\Omega/\text{cm}]$$

여기서, r_0 : 직류도체의 저항

k_1 : 저항온도계수에 따른 도체저항의 변화

k_2 : 교류저항의 비 $(k_2 = 1 + \lambda_S + \lambda_P)$

① 표피 효과

ㄱ 전선에 교류가 흐를 때 도체 중심부의 쇄교 자속 증가로 인덕턴스가 커져 도체 중심부의 전류 밀도가 낮아지는 현상

$$\delta = \sqrt{\frac{2}{\omega\mu\sigma}} = \sqrt{\frac{1}{\pi f \mu \sigma}}$$

여기서, δ : 전류 침투깊이, μ : 투자율, σ : 도체의 도전율

ㄴ 전선의 유효 면적이 줄어들고 직류의 경우보다 저항값이 증가

ㄷ 전선 단면적이 클수록, 주파수가 높을수록 도전율 및 투자율이 클수록 증가

② 근접 효과

ㄱ 많은 도체가 근접 배치되어 있는 경우 전류의 크기, 방향, 주파수에 따라 각 도체 단면에 흐르는 전류 밀도의 분포가 변화하는 현상

ㄴ 전선의 유효 면적이 줄어들고 주파수가 높을수록, 도체가 근접해 있을수록 증가

[전류가 같은 방향일 경우]

[전류가 다른 방향일 경우]

[3심 케이블(다른 방향)]

③ 인덕턴스

1) 전류를 흘렸을 때 발생되는 자속의 크기를 결정하는 비례상수

2) 기호는 L, 단위는 [H]이고, 자기 인덕턴스와 상호 인덕턴스가 있음

　① 자기 인덕턴스 : 자속이 코일 자신의 전류에 의한 것

　② 상호 인덕턴스 : 자속이 다른 전선이나 코일의 전류에 의한 것

3) 인덕턴스 계산

$$L = 0.05 + 0.4605 \log_{10} \frac{D}{r} \, [\mathrm{mH/km}]$$

　　여기서, D : 등가 선간 거리[m]
　　　　　　r : 도체의 반지름[m]

④ 정전 용량

1) 전압을 가했을 때 축적되는 전하량의 크기를 결정하는 비례 상수

2) 기호는 C, 단위는 [F]이고, 정전용량은 대지전압에 비례

3) 정전 용량 계산

$$C = \frac{0.02413\varepsilon}{\log_{10} \dfrac{D}{r}} \, [\mu\mathrm{F/km}]$$

　　여기서, D : 등가 선간 거리, 절연 반지름[m]
　　　　　　r : 도체의 반지름[m]
　　　　　　ε : 유전율

⑤ 누설 컨덕턴스

대용량에 적용

⑥ 맺음말

1) 배전 선로의 전기적 특성은 기본적으로는 송전선로의 특성과 유사

2) 배전선로는 소규모의 부하가 분산 접속되어 있고, 수용가와 직결되어 있어 수요 변동의 영향을 직접 받는 특징

3) 케이블 선로 정수는 케이블의 전력 손실을 발생시키고 전력 손실 저감 대책에 영향이 있으므로 송전 선로뿐만 아니라 배전 선로의 선로 정수도 상세히 검토

04 전력 케이블의 전력 손실

1 개요

케이블의 손실은 도체손, 유전체손, 연피손으로 구분

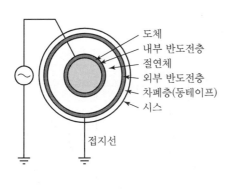

[도체손, 연피손]

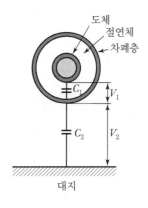

[유전체손]

2 도체손(저항손)

1) 개요

케이블의 도체에서 발생되는 손실을 말하며 전력 손실 중 가장 큰 손실

2) 도체손 계산

$$P_l = I^2 R = I^2 \rho \frac{l}{A}$$
$$= I^2 \times \frac{1}{58} \times \frac{100}{C} \times \frac{l}{A}$$

① 고유 저항(ρ) : Cu 1/58, Al 1/35
② 도전율(C) : Cu 100[%], 연동선 100[%], 경동선 97[%], Al 61[%]

3) 저감 대책

도전율이 좋고 단면적이 큰 도체를 사용

❸ 유전체손

1) 개요

케이블의 절연체에서 발생되는 손실로서 절연체(유전체)를 전극 간에 끼우고 교류 전압을 인가했을 때 발생하는 손실

$$\tan\delta = \frac{I_R}{I_c} \text{에서 } I_R = I_c \cdot \tan\delta = \omega CE \cdot \tan\delta$$

여기서, δ : 유전 손실각

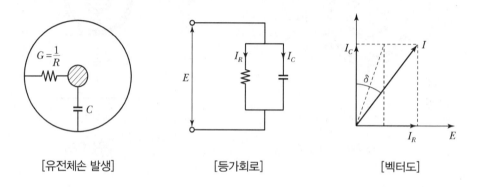

[유전체손 발생]　　　　　　[등가회로]　　　　　　[벡터도]

2) 유전체손 계산

$$W_d = E \times I_R = E \times (\omega CE \times \tan\delta) = \omega CE^2 \times \tan\delta$$

3) 저감 대책

① $W_d \propto \tan\delta$ 이므로 유전체 손실을 줄이기 위해서는 I_R 을 줄일 수 있는 우수한 절연물질을 사용

② $W_d \propto E^2$ 이므로 10[kV] 이하에서는 무시 가능

③ 유전체 손실의 크기에 따라 케이블의 열화진단이 가능

❹ 연피손

1) 개요

연피 및 알루미늄피 등의 도전성 외피를 갖는 케이블에서 발생하는 손실

2) 연피손

① 케이블 도체에 전류가 흐르면 전자유도 작용으로 도체 주위에 자계형성 되고 자속 쇄교로 도전성 외피에 전압 유기되어 와전류에 의한 손실 발생

② 연피손은 도전성 외피의 저항률이 작을수록, 전류나 주파수가 클수록, 단심 케이블의 이격 거리가 멀수록 증가

3) 영향

① 장거리 선로 차폐층에 고전압 유기

② 종단부에서 접촉 시 감전 사고 위험

③ 연피손에 의해 케이블 발열

4) 저감 대책

① 연가

② 차폐층 접지(편단 접지, 양단 접지, 크로스 본딩 접지)

③ 케이블 근접 시공

---

05 전력 케이블 차폐층의 역할

1 개요

1) 전계 또는 자계의 영향을 차단하기 위한 층을 말하며 구리, 알루미늄 등 도전성 재료 또는 철, 퍼멀로이 등의 자성재료가 이용

① 도전성 재료만 이용 : 정전 차폐층

② 도전성 재료와 자성 재료의 조합을 이용 : 전자 차폐층

2) 고압 케이블의 차폐층은 고전위가 인가되므로 접지

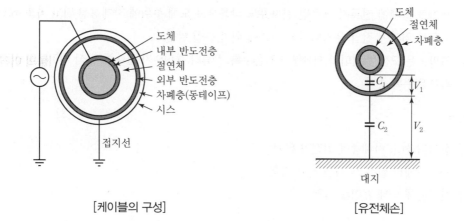

[케이블의 구성]　　　　　　　　　　[유전체손]

② 차폐층 역할

1) 정전 유도, 전자 유도에 의한 통신 선로 유도 장애 방지

2) 사고 전류를 대지로 방류하여 **감전 위험 감소**

3) 절연체에 균일한 전계가 가해져 절연체 내전압 향상

4) 부분 방전 또는 충전 전류에 의한 **트래킹(Tracking) 현상** 방지

　　※ 트래핑 현상 : 전자파가 전파 덕트 내에 갇혀 목적하는 방향으로의 전파가 감쇠하는 것

③ 내부 반도전층

1) 열팽창으로 인한 도체와 절연체 틈새의 **부분 방전** 방지

2) 도체 외주 단차로 인한 **전력선 분포의 불균일** 방지

④ 외부 반도전층

1) 차폐층 동 테이프와 절연체 틈새의 **부분 방전** 방지

2) 차폐층 동 테이프와 절연체 간 **기계적 쿠션** 역할

06 차폐선에 의한 전자유도장해 경감 효과

1 개요

차폐선(Shielding Wire)이란 전력선과 통신선 사이에 대지와 단락시킨 전선을 전력선에 근접해서 설치한 것으로 전자유도장해 경감대책으로 유효

2 차폐 원리

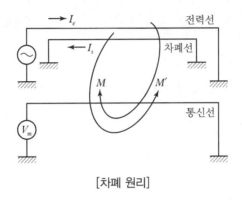

[차폐 원리]

1) 차폐선은 양면에서 단락되며, 단락전류(I_s)에 의해 통신선에 자속 M'이 발생
2) 이 자속 M'과 전력선전류(I_e)에 의해 발생된 자속 M과의 위상이 반대이므로, M값 상쇄로 V_m 감소

3 차폐선 설치효과

1) 차폐 이론

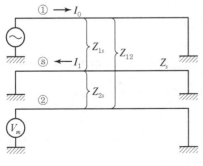

[차폐 이론]

① : 전력선
② : 통신선
ⓢ : 차폐선
Z_{12} : 전력선과 통신선 간 상호 임피던스
Z_{1s} : 전력선과 차폐선 간 상호 임피던스
Z_{2s} : 통신선과 차폐선 간 상호 임피던스
Z_s : 차폐선의 자기 임피던스

차폐선의 양단이 완전 접지 시 통신선에 유도되는 전압

$$V_m = -Z_{12}I_\sigma + Z_{2s}I_1 \ \ (Z_{1s}I_\sigma = Z_s I_1 \rightarrow I_1 = \frac{Z_{1s}}{Z_s}I_\sigma \text{를 대입})$$

$$= -Z_{12}I_\sigma + Z_{2s} \cdot \frac{Z_{1s} \cdot I_\sigma}{Z_s} = -Z_{12}\,I_\sigma \left(1 - \frac{Z_{1s} \cdot Z_{2s}}{Z_s \cdot Z_{12}}\right)$$

여기서 I_σ : 전력선의 영상전류, I_1 : 차폐선의 유도전류

2) 차폐계수와 유도전압

① 차폐계수 $= \dfrac{\text{차폐가 있는 경우의 유도전압}}{\text{차폐가 없는 경우의 유도전압}} = \dfrac{V_m}{-Z_{12}I_\sigma}$

$$\lambda = \left|1 - \frac{Z_{1s} \cdot Z_{2s}}{Z_s \cdot Z_{12}}\right|$$

② 만일 차폐선을 전력선에 접근 설치 시 $Z_{12} \simeq Z_{2s}$ 이므로(가공지선의 경우)

$$V_m' = -Z_{12}I_\sigma \left(1 - \frac{Z_{1\sigma}}{Z_s}\right)$$

$$\lambda' = \left|1 - \frac{Z_{1s}}{Z_s}\right|$$

③ 차폐선을 통신선에 접근 설치 시 $Z_{1s} \simeq Z_{12}$ 이므로

$$V_m'' = -Z_{12}I_\sigma \left(1 - \frac{Z_{2s}}{Z_s}\right)$$

$$\lambda'' = \left|1 - \frac{Z_{2s}}{Z_s}\right|$$

4 결론

1) 상기 식에서 상호 인덕턴스(Z_{1s}, Z_{2s})에 대해 차폐선의 자기 임피던스(Z_s)를 근접시킬수록 ($Z_s \rightarrow Z_{1s}$, Z_{2s}) 차폐효과가 커짐

   즉 Z_{1s}' (또는 Z_{2s}) $\simeq Z_s$ 일 때 $1 - \dfrac{Z_{1s}\,(\text{또는}\,Z_{2s})}{Z_s} = 0$ 이 되어 유도전압 $= 0$

   이는 곧 자기 임피던스가 작을수록 차폐선에 흐르는 전류를 크게 하여 차폐효과를 증대

2) 가공지선은 ACSR, 통신차폐선은 구리편조 등을 사용

3) 또한 차폐효과는 차폐선 재질 선정뿐 아니라 접지저항을 낮추는 것이 중요하며 보통 $\lambda = 0.5 \sim$ 0.7 정도(이때 전자유동전압은 60~50[%] 경감효과)

07 차폐층 유기 전압 발생 원인 및 저감 대책

1 개요

1) 시스(Sheath)는 케이블의 방수 및 기계적 · 화학적 보호를 목적으로 하는 외장재이며 금속 시스
   는 차폐 효과 보유

2) 시스에 전압 유기 시 인체의 위험 및 시스 노출 부분에서 아크 발생으로 케이블 손상 위험

2 발생 원인

1) 케이블 배치 상태와 상호 이격 거리 등에 따라 달라짐

2) 케이블 도체에 전류가 흐르면 전자 유도 작용으로 도체 주위에 자계가 형성되고 그 자속 쇄교로
   도전성 외피에 전압이 유기

3) $E_s = j\omega LI = \sum j X_{mi} \cdot I_i [\mathrm{V/km}]$

   여기서, X_{mi} : 도체와 시스 간 상호 리액턴스[Ω/km], I : 도체 전류[A]

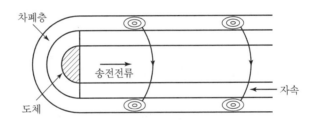

[전력 케이블 차폐층 유기 전압]

3 영향

1) 장거리 선로 차폐층에 고전압 유기

2) 종단부에서 접촉 시 감전 사고 위험

3) 연피손에 의해 케이블 발열

4 저감 대책

1) 케이블의 적절한 배열

① 정삼각형 배열의 경우 유기전압이 가장 낮음(수평 배열의
   50[%])

② 케이블 상호 간 열전달로 케이블 온도를 상승시켜 허용전류
   감소

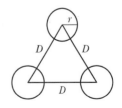

[케이블 삼각 배열]

2) 편단 접지

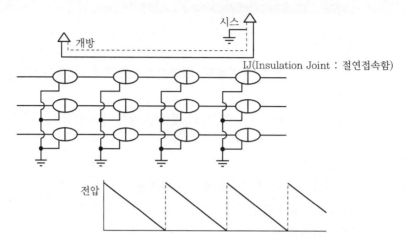

[편단 접지 방식과 시스 유기전압]

① 접지 방식 : 케이블 차폐층의 한쪽에만 접지하고 다른 쪽은 개방하는 방식
② 장점 : 차폐층 유기 전압이 발생되나 대지와 폐회로가 되지 않기 때문에 순환 전류, 전력 손실이 없음
③ 단점
    ㉠ 서지 침입 시 이상 전압이 발생되므로 피뢰기, 방식층 보호 장치 등을 설치하여 외장을 보호
    ㉡ 비접지된 차폐층에 고전압이 유기되어 감전 사고 위험
④ 적용
    ㉠ 통신 선로가 충분이 이격되어 포설된 경우
    ㉡ 단거리 선로

3) 양단 접지

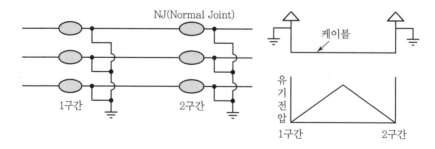

[양단 접지 계통도]

① 접지 방식 : 케이블 차폐층을 2개소 이상에서 일괄 접지

② 장점 : 차폐층 유기 전압의 위험 감소

③ 단점

    ㉠ 차폐층과 대지 간에 폐회로가 형성되어 순환 전류가 흘러 전력 손실 발생

    ㉡ 순환 전류가 커지면 차폐손 증가, 케이블 용량 감소, 열화 촉진 등이 발생

④ 적용

    ㉠ 단거리 선로, 해저 케이블

    ㉡ 22.9[kV] 선로 다중 접지 방식

4) 크로스 본딩 접지

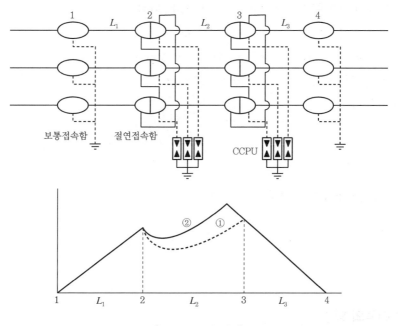

[크로스 본딩 접지]

① 접지 방식 : 케이블 길이를 3등분하여 3상의 차폐선을 절연 접속함을 통해 연가

② 장점 : 차폐 전압 백터합이 0, 접지 간 수평 거리가 불평형이 되어도 차폐손은 저감

③ 단점 : 154[kV]의 경우 절연 접속함에 보호 장치(CCPU)를 취부해야 되므로 건설비가 많이 소요

④ 적용

    ㉠ 단심 케이블에서 접지 구간이 3구간 이상인 경우

    ㉡ 수평 거리가 긴 154[kV] 이상의 초고압 단심 케이블

08 전력 케이블 충전 전류

1 발생 원인

1) 발생 원인

충전 전류는 선로의 정전 용량이 상승하여 발생

2) 정전 용량

케이블 선로가 많은 곳에서 발생

① 가공선(단도체) : $C_n = 0.008 \sim 0.01\,[\mu\mathrm{F/km}]$

② 지중 케이블 : $C_n = 0.2 \sim 0.5\,[\mu\mathrm{F/km}]$

③ 지중 케이블은 비유전율이 추가되고 등가 선간 거리(D)가 매우 짧으므로 정전 용량이 가공 전선로에 비해 약 30~40배 정도로 커짐

$$C = \frac{0.02413\varepsilon}{\log_{10}\dfrac{D}{r}}\,[\mu\mathrm{F/km}]$$

3) 3상 1회선의 경우 1선당 충전 전류

$$I_c = 2\pi f C_w \times \frac{V}{\sqrt{3}}\,[\mathrm{A}]$$

2 충전 전류의 영향

1) 페란티 현상 발생

① 장거리 T/L의 경우 심야 경부하 · 무부하 시 선로의 분포된 정전 용량에 의해 90[°] 앞선 진상 전류가 흐르게 됨

② 이 진상 전류에 의해 수전단의 전압이 송전단보다 높아짐

2) 발전기 자기 여자 현상 발생

① 발전기에 선로에서 발생된 충전 전류가 유입

② 발전기의 전기자 반작용에 의해 단자 전압 상승으로 전기자 권선 절연 열화

3) 개폐 서지 증대

① 재기 전압 상승, 재점호 유발

② 개폐 서지 차단 시(충전 전류) 3, 5, 7배의 이상 전압 발생

❸ 충전 전류의 대책

대책 종류	내용
발전기 자기 여자 현상 방지	단락비를 크게
분로 리액터 사용	충전 용량 일부를 상쇄
동기 발전기 저여자 운전	진상 무효 전력 흡수
동기 조상기 지상 운전	진상 무효 전력 흡수
중성점 직접 접지	개폐 이상 전압 억제
유연 송전 시스템 사용	SVC, STATCOM 등을 활용
직류 송전(HVDC)	가장 근본적인 대책

---

09 전력 케이블의 단절연

❶ 개요

1) 절연 내력

① 유전체(절연체)가 절연성을 유지할 수 있는 최대 전계의 세기로서 최대 전위 경도

② 공기의 절연내력 : 30[kV/cm]

2) 선전하 분포에서의 전계 세기

케이블은 선전하 분포와 동일한 전계 분포를 갖고 있으므로 전계의 세기는

① 원통의 단위길이당 전하를 ρ_L[C/m]라 하면, 반지름 r[m]인 점의 전속 밀도 D는

$$D = \frac{\rho_L}{2\pi r}[\text{C/m}^2]$$

② 유전체 ε_1과 ε_2에서의 전계의 세기를 각각 E_1, E_2라고 하면

$$E_1 = \frac{D}{\varepsilon_1} = \frac{\rho_L}{2\pi\varepsilon_1 r}[\text{V/m}], \, (a < r < b)$$

$$E_2 = \frac{D}{\varepsilon_2} = \frac{\rho_L}{2\pi\varepsilon_2 r}[\text{V/m}], \, (b < r < c)$$

③ 원통 간의 전위차 V는

$$V = -\int_b^a E_1 dr - \int_c^a E_2 dr = \frac{\rho_L}{2\pi}\frac{1}{\varepsilon_1}\ln\frac{b}{a} + \frac{1}{\varepsilon_2}\ln\frac{c}{a}[\text{V}]$$

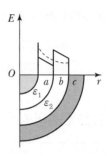

[원통 간의 전계 분포]

④ 동심 원통형 콘덴서의 단위길이당 정전용량 C_0은

$$C_0 = \frac{\rho_L}{V} = \frac{2\pi}{\dfrac{1}{\varepsilon_1}\ln\dfrac{b}{a} + \dfrac{1}{\varepsilon_2}\ln\dfrac{c}{a}}[\text{F/m}]$$

⑤ 따라서 각 유전체 층에서의 전계 E_1, E_2는

$$E_1 = \frac{C_0 V}{2\pi\varepsilon_1 r}[\text{V/m}], \, (a < r < b)$$

$$E_2 = \frac{C_0 V}{2\pi\varepsilon_2 r}[\text{V/m}], \, (b < r < c)$$

❷ 단절연

1) 케이블 절연체 내에서 절연 파괴가 일어나기 쉬운 부분(전계 세기가 가장 높은 부분)은 반경 r이 최소인 도체 표면

2) 도체 표면의 전계 세기를 감소시키기 위해서 반경 r과 유전율 ε을 증가시키는 방법이 있는데, 도체경이 일정한 조건에서는 반경 r이 작은 부분에 유전율 ε이 큰 유전체 사용

3) 도체 표면 부근에서는 유전율이 가장 큰 유전체를 사용하고 반경이 어느 정도 증가된 후에는 다시 유전율이 작은 유전체로 변경하여 절연하고 또 반경이 어느 정도 더 증가한 후에는 더 낮은 유전율의 유전체를 사용하는 방식, 즉 동일 유전율을 가진 유전체로 절연하지 않고 유전율이 다른 유전체로 계단식으로 절연하는 방식

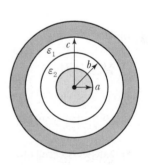

[동심 원통 간의 유전체]

3 예제

단심 케이블을 두께의 ε_1, ε_2의 두 유전체로 옆 그림과 같이 절연하려고 한다. 이 케이블의 최대사용전압을 구하시오.(단, ε_1은 비유전율 5.0, 허용-전위경도 40[kV/cm]이며, ε_2는 비유전율 3.0, 허용-전위경도 50[kV/cm]이며, $a=1$[cm], $b=2$[cm], $c=3$[cm]이다.)

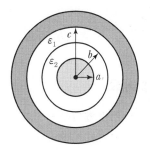

[동심 원통 간의 유전체]

1) ε_1을 도체 가까이 채울 경우

심선의 선전하 밀도를 ρ_L[C/m]라 하면, 중심에서 r[cm] 되는 점의 전위경도는

$$E_1 = \frac{\rho_L}{2\pi\epsilon_0\epsilon_s r}[\text{V/m}] \quad E_1 \propto \frac{1}{r}$$

이므로, 최대전위경도 $E_{\max}$는 $r=1(0.01[\text{m}])$인 곳

$$\therefore 4\times 10^6 = \frac{\rho_L}{2\pi\epsilon_0 \times 5 \times 0.01}$$

즉, $\rho_L = 4\pi\epsilon_0 \times 10^5[\text{C/m}]$

따라서 양 도체 간의 전위차는

$$V = \frac{\rho_L}{2\pi\epsilon_0}(\int_{0.01}^{0.02}\frac{1}{5r}dr + \int_{0.02}^{0.03}\frac{1}{3r}dr) = 5.48 \times 10^4[\text{V}]$$

2) ε_2을 도체 가까이 채울 경우

같은 방법으로 $\rho_L = 3\pi\epsilon_0 \times 10^5[\text{C/m}]$이며 $V = 4.68 \times 10^4[\text{V}]$

따라서 유전율이 큰 유전체를 내측에 감으면 높은 전압을 인가

10 전력 케이블의 절연 열화

1 개요

1) 전력 케이블의 열화는 복합적인 요인의 상호 작용으로 발생하며, 외적으로 전혀 나타나지 않고 서서히 진행되므로 예방보전 차원의 진단이 필요

2) 사선 형태 및 활선 형태 진단법

요인	Tree 형태	사선 형태 진단법	활선 형태 진단법
• 전기적 요인 • 열적 요인 • 화학적 요인 • 기계적 요인 • 생물적 요인	• 화학 트리 • 물 트리 • 전기 트리 • Vented 트리	• 직류 고전압 인가법 • 부분 방전 시험 • 절연 저항법 • $\tan\delta$법	• 수트리 진단법 • 직류 전압 중첩법 • 저주파 중첩법 • 활선 $\tan\delta$법

3) 절연 열화 원인 및 형태

구분	원인	형태
전기적 요인	운전 전압, 과전압, 서지전류	부분 방전, 전기 트리, 수트리
열적 요인	이상 온도 상승, 열신축	열, 기계적 손상 및 변형
화학적 요인	화학 물질 침투	화학적 손상, 화학 트리
기계적 요인	기계적 압력, 인장, 충격, 외상	기계적 손상 및 변형
생물적 요인	개미, 쥐, 벌레 등의 잠식	외피, 절연체 손상

2 CV Cable Tree 발생 형태

1) 화학 트리 : 화학 물질이 PE층을 통과하여 동과 반응하여 생긴 트리

2) 물(수, 水) 트리 : 케이블 내에 수분 존재 시 고전계가 형성되어 생긴 트리

3) 전기 트리 : 부분 방전에 의한 국부적인 절연 파괴로 나뭇가지 모양으로 진전된 트리

4) Vented 트리 : 각 트리가 진행되어 심선과 PE층이 연결된 트리

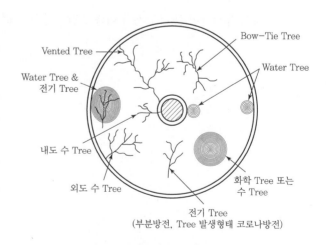

[Tree 발생 형태]

❸ 케이블 열화 진단 기술

정전 상태 진단법		활선 상태 진단법	
• 절연 저항 측정법	• 직류 누설전류 시험법	• 직류 성분법	• 접지선 전류법
• 직류 고전압 시험법	• 등온 완화 전류 시험법	• 직류 전압 중첩법	• 유전 정접법
• 유전 정접법	• 부분 방전 시험법	• 저주파 중첩법	

1) 절연 저항 측정법

① Megger 사용, 절연체와 시스와의 절연 저항을 측정

② 도체 – 실드 간 500[MΩ] 이상, 실드 – 대지 간 1,000[MΩ] 이상 정상

③ 특징

㉠ 양·부 판단 가능, 정밀 분석 어려움

㉡ 가장 간단한 방법이나 전압에 한계

2) 직류 누설 전류 시험법

① 절연 내력 시험기 이용, DC 30[kV] 인가하여 누설 전류의 크기 및 시간 변화율 측정

② 누설 전류 10[μA/km] 이하 양호

③ 특징

㉠ OF 케이블 진단에 적합

㉡ 고분자 절연 전력 케이블에서는 직류 전계의 형성, 절연체에 공간 전하 축적으로 전기 트리의 가능성이 있음

3) 직류 고전압 인가법(직류 누설전류 시험)

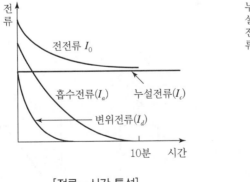

[전류 – 시간 특성]

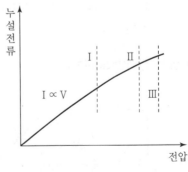

[전류 – 전압 특성]

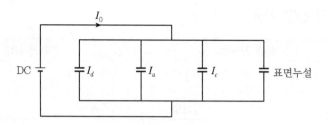

[전류의 등가 회로도]

① 절연체에 직류 고전압을 급격히 인가하여 **전류 – 시간 특성, 전류 – 전압 특성, 전류 – 온도 특**
성 파악

② 전전류 $I_0 = I_d + I_a + I_c$

③ 판정기준

양호	불량
$10[\mu A/km]$ 이하	$10[\mu A/km]$ 이상

4) 등온 완화 전류 시험법

① 케이블 방전 시 완화 전류의 크기를 시간대별로 분석하여 열화 판정

② 가장 많이 사용하고 있는 시험법

③ 판정 기준

양호	요주의	불량
2.0 미만	$2.0 \leq I \leq 2.5$	2.5 초과

④ 특징

ⓐ PC – Software에 의한 완화 전류 분석

ⓑ 정밀 측정 가능

5) 유전 정접법($\tan\delta$법)

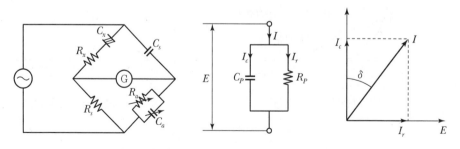

[$\tan\delta$법(유전 정접법)]

① 절연체에 교류 전압을 인가하여 $\tan\delta$값, $\tan\delta$ – 전압 특성, $\tan\delta$ – 온도 특성 파악

② 측정 장치로는 가변 저항, 가변 콘덴서를 사용하고 Shelling Bridge 회로를 이용

③ 유전체손 $W_d = E \times I_R = E \times (\omega CE \times \tan\delta) = \omega CE^2 \times \tan\delta$

④ 판정 기준 : 전류가 전압보다 $86[°]$ 앞설 때 $\tan\delta = \tan 4° = 0.07 \rightarrow 7[\%]$ 발생

양호	주의	불량
0.1[%] 이하	0.1~5[%]	5[%] 이상

⑤ 특징

 ㉠ 가장 정확한 시험방법

 ㉡ 시험 설비의 대형화로 이동에 문제

 ㉢ 주로 케이블의 열화 진단법으로 사용

6) 부분 방전 시험법

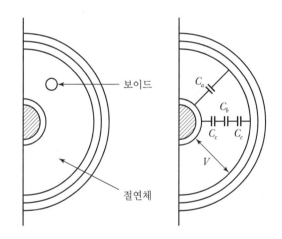

C_a : 절연물의 정전 용량
C_b : 보이드의 정전 용량
C_c : 보이드와 직렬의 절연물 정전 용량
V : 인가 전압

[케이블 정전 용량 분포 모습]

① 절연체에 고전압을 인가하여 부분 방전에 수반되는 **전압 변화 ΔV 검출**

② 전압 변화 $\Delta V = \dfrac{C_c}{C_a + C_c} \times V$

③ 특징

 ㉠ 대형 전원 설비가 필요

 ㉡ 일반적으로 교정기를 사용하여 방전 전하를 구하는 방법을 많이 채용

7) 직류 성분법

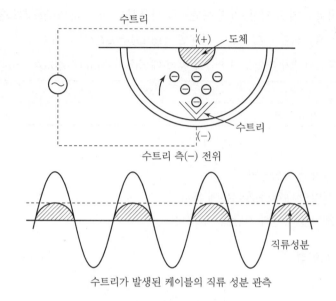

수트리 측(−) 전위

수트리가 발생된 케이블의 직류 성분 관측

[직류 성분 발생 기구의 모델]

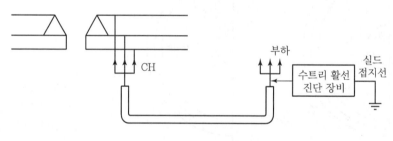

[수트리 진단법 측정회로]

① 케이블에 수트리가 발생하면 **정류 작용**에 의해 직류 성분의 전류가 발생, 이 직류 성분의 정도를 측정하여 열화 판정

② 판정 기준

양호	수리 후 재측정
시스 절연 저항 100[kΩ] 이상	시스 절연 저항 100[kΩ] 미만

③ 특징

  ㉠ 측정용 전원이 불필요하고 구조가 간단함

  ㉡ 고압 충전부와 비접촉 진단이 가능하며, 열화 검출 강도가 낮음

8) 접지선 전류법

① 수트리 열화 시 접지선 전류 증가로 진단

② 장시간 소요

9) 직류 전압 중첩법

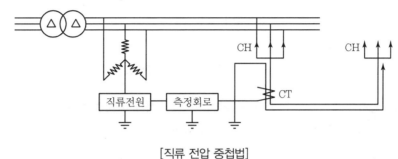

[직류 전압 중첩법]

① GPT 중성점을 통해 케이블에 직류 전압을 중첩시켜 절연체의 누설 전류 측정

② 비접지 방식에서 주로 사용

③ 판정기준

양호	주의
500[MΩ] 이상	500[MΩ] 미만

④ 특징

㉠ 절연 저항 측정이 용이

㉡ GPT에 높은 직류 전압을 장시간 인가 시 영상 전압이 발생하여 오동작의 원인

10) 저주파 중첩법

① 직류 전압 중첩법의 문제점 보완

② 케이블에 저주파수 전압(7.5[Hz], 20[V])을 인가하고, 접지선의 전류 측정

③ 판정기준

정기 절연 진단	1년 후 재측정	즉시 교체
1,000[MΩ] 이상	1,000[MΩ] 이하	100[MΩ] 이하

④ 특징

㉠ 국내는 현재 미적용으로 상용화까지 장시간 소요

㉡ 진단법으로는 이상적이나 저주파 발생 장치가 대형으로 이동 측정이 어려움

11) 유전 정접법(활선 tanδ법)

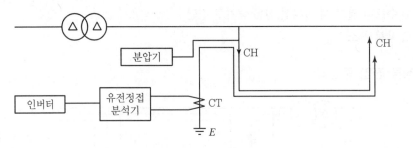

[활선 tanδ 측정회로]

① 분압기를 통해 배전선 전압을 검출하고 CT를 통해 접지선 전류를 검출
② 그 위상차로부터 tanδ를 측정하여 열화 판정

4 방지 대책

1) 케이블의 계면을 매끄럽게 제작
2) 도체 사이에 콤파운드를 충진하여 케이블에 물이 침입하지 못하도록 방지
3) 반도전층을 균일하게 배치
4) 유전율이 다른 각각의 절연층을 균일하게 배치
5) 절연체에 Voltage Stabilizer 등의 첨가제를 혼입하여 전계의 집중을 방지
6) 케이블 말단에 습기가 침투하지 못하도록 방지
7) 포설 장소는 습기나 화학 물질이 적은 곳을 선택
8) 포설 시 기계적 스트레스를 받지 않도록 주의
9) 방충 케이블을 사용

11 고분자 애자의 트래킹(Tracking) 현상

❶ Tracking 현상 정의

절연체 표면의 전위차가 있는 부분에서 방전에 의해 절연이 파괴되기 시작하여 나뭇가지 모양으로 진행하는 현상

❷ Tracking 발생 원인

1) 전압이 인가된 도체 사이 고체 절연물 표면에 도전성 오염 물질이 부착
2) 오염된 곳의 표면을 따라 전류가 흐르고 줄열이 표면에 발생
3) 표면이 국부적으로 건조해지고 부착물 간의 미소 발광 방전 발생
4) 이것이 지속적으로 반복되어 절연물 표면의 일부가 분해되어 탄화 및 침식
5) 도전성 물질이 생성되고 미세 불꽃 방전의 원인이 되어 타 전극 간 도전성 통로 형성
6) 무염 연소 상태로 진행되다가 전류량이 커지면서 독립 연소가 됨

❸ 발생 장소

1) 전압이 인가된 이극 도체(전선, 코드, 케이블, 배선기구) 간의 고체 절연물
2) 무기 절연물은 도전성 물질의 생성이 적음

❹ 원인 물질

1) 수분을 많이 함유한 먼지 등의 전해질
2) 금속 가루 등 도체 성분의 이물질

❺ Tracking 방지 대책

1) 고분자 애자는 기계적 특성, 절연 특성, 내후성 등이 좋고 기존 자기재에 비해 소형·경량
2) 애자의 트래킹을 방지하기 위해서는 애자를 자주 청소하는 것이 가장 좋음

❻ 애자 표면의 트래킹 진행 과정

오염 물질 생성 → 도전층 형성 → Ohmic Heating → 발수성 표면의 전계 효과 → 국부 방전 → 건조대 형성 → 열화 사이클 반복 → 섬락 발생

⑦ Tracking과 Treeing의 비교

1) Tracking 열화

절연체 표면의 전위차가 있는 부분에서 방전에 의해 절연이 파괴되기 시작하여 나뭇가지 모양으로 진행하는 현상

2) Treeing 열화

절연체 내에서 또는 절연체와 도체의 계면에서 방전에 의해 절연이 파괴되기 시작하여 나뭇가지 모양으로 진행하는 현상

---

12 아산화동과 반단선 현상

❶ 아산화동

1) 원인

① 금속 도체 상호의 접속이나 기기 간의 연결을 위해 다수의 접속 기구를 사용
② 이 접속부의 체결이 불량하면 저항이 커지고 과열이 발생되며 아산화동 생성 및 증식

2) 현상(증식 현상)

① 접속부에 국부적인 전류 흐름으로 과열이 발생하여 고온이 발생
② 동의 일부가 산화되어 아산화동 생성(CuO_2)
③ 발열에 의해 서서히 확대되며 화재의 원인

3) 특성

① 고온을 받은 동이 대기 중의 산소와 결합하여 생성
② 반도체의 특성을 가지므로 저항값은 온도 부특성을 띰
   ㉠ 일반 금속의 저항
$$R_2 = R_1 \times \{1 + \alpha_1 (T_2 - T_1)\}$$
     여기서, α_1 : 온도 계수
   ㉡ 95[℃] 전후에서 급격히 감소, 1,050[℃] 부근에서 최소

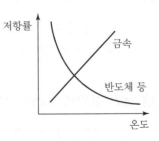

[물질의 온도 특성]

③ 아산화동의 융점은 1,232[℃]이며 건조한 공기 중에서 안정

④ 아산화동에서 동의 순방향으로만 전류가 흘러 불꽃 방전과 유사한 현상이 발생, 계면이 파괴되고 동이 용융됨

4) 식별

a : Melting Part
b : Current Path
c : Red-hot Part

[아산화동 발생]

① 초기에는 빨간색 불이 나타나고 흑색 물질이 생성되며 서서히 커져 띠형 형성

② 띠형의 붉은 아산화동이 전류의 통로이고 양단의 전극을 연결한 형태로 발열

③ 교류에서는 양쪽 방향으로, 직류에서는 전류가 흐르기 어려운 양극 쪽에서 심하게 발열하며 아산화동이 증식

5) 감식

① 전기 접속부를 중점적으로 조사

② 아산화동의 검은 덩어리를 회수하여 결정 확인

③ 출화부에 아산화동이 없는 경우 접촉 저항의 발열이 화재의 원인

2 반단선

1) 정의

① 여러 개의 소선으로 구성된 전선 등에서 심선이 10[%] 이상 끊어지거나 완전히 단선

② 일부가 접촉상태로 남아 있는 상태로 통전로의 단면적이 감소

2) 영향

① 단선율 10[%] 초과 시 단선율이 급격히 증가

② 발열에 의해 전선의 1선이 용단 또는 접촉, 단속을 반복하여 용융흔이 발생

③ 다른 선의 피복까지 손상시키면 단락 사고 발생

④ 통전로의 감소로 과부하 상태로의 전환

3) 발생 장소

① 구부러지거나 꺾임이 발생하는 곳

② 당기는 힘 등의 외력이 발생하는 곳

4) 용융흔의 식별

① 식별은 용융흔의 발생 여부에 따라 판단

② 식별

구분	단선 형태	식별 방법
반단선		양단에 용융흔이 발생
제조 불량		용융흔이 없음
금속에 의한 절단		전원 측 절단부에 용융흔

---

13 전선재료 선정과 내열, 난연, 내화 성능 비교 ▪▫▪

1 개요

1) 전력 케이블은 사용 장소, 사용 전압에 따라 구분되며 통전 부분인 도체, 절연 능력과 열적 강도에 의존하는 절연체, 외장재인 시스, 기타 부속 재료로 구성

2) 절연체로 절연 능력과 열적 강도가 높은 가교 폴리에틸렌(XLPE)이 주로 사용

3) 시스는 외부 환경성이 우수한 난연성 비닐(PVC), Halogen Free 폴리올레핀 등이 사용

2 내열, 난연, 내화

내열성	난연성	내화성
절연체가 도체 온도에 견디는 특성	불에 타지 않는 특성	난연성 + 기능 유지(통전)
FR-3(약전용) 380[℃] 15분간 정격 전압 통전	배관용, 관로용	FR-8(강전용) 840[℃] 30분간 정격 전압 통전

❸ 케이블 비교

1) 난연성 비교

구분		CV (일반 케이블)	FR-CV (난연 케이블)	HFCO (저독성 난연 케이블)
재료	절연재	XLPE	난연 XLPE	HF 난연 XLPE
	피복재	PVC	난연 PVC	HF 난연 폴리올레핀
연기 발생		많음	연소 시 많음	적음
Halogen 가스 발생		많음(30[%])	많음(30[%])	극히 적음(0.5[%])

2) 난연 케이블 분류

구분	특성	용도
일반 난연 케이블	난연성만 중시, 연소 시 Halogen Gas 발생	공장 · 터널 방재용
Halogen-Free 난연 케이블	난연성 + 연소가스에 의한 2차 피해 최소화	지하철. 빌딩의 배선, 통로 내 급전 케이블
내화 케이블 (FR-8)	내화층 0.4[mm], 내화보호층, 난연성 시스 내화성 강화, 840[℃] 30분간 정격전압 통전	소방설비 급전용, 강전 배선회로용
내열 케이블 (FR-3)	내열보호층, XLPE 절연, 난연성 시스, 연속 사용 · 최고온도가 높은 케이블, 380[℃] 15분간 정격전압 통전	소방설비 제어 및 신호용, 약전배선회로용
불연 케이블 (MI Cable)	절연체를 내화수지로 절연하여 내화조치 불필요	고도의 방재대책을 요구하는 주요 건축물(문화재)

❹ 내화전선과 내열전선의 가열곡선 비교

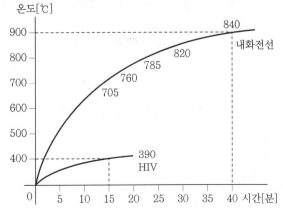

[KSF 2257의 가열 곡선]

5 난연 시험 방법(KS C 3004)

1) 정의 : 불꽃으로 가열하여 시료(케이블)의 연소 정도를 측정
2) 종류 : 수평 시험, 경사 시험

14 배관, 배선 일체형 케이블(ACF 케이블)

1 관련 법규

내선규정상 알루미늄피 케이블(ACF)을 시설하는 경우 외상에 대한 방호 생략

2 개요

1) ACF(Aluminum Clad Flex Cable)이라고도 하며, HIV(IEC 90[°C])를 연합한 심선 위에 절연 보호 테이프를 감은 후 알루미늄 인터록 외장을 적용한 가요성 알루미늄피 케이블
2) 전선관 등의 방호 장치 생략이 가능하므로 쉽고 빠르게 배선할 수 있으며, 아웃렛 박스 등이 모듈 화

3 구조

알루미늄 인터록 외장
(Aluminum Interlocked Armor)

절연보호테이프
(Polyester Tape)

HIV(Copper Conductor)

접지선(Copper Ground)

[ACF 케이블의 구조]

4 특징

1) 배관 작업 불필요 → 설치 기간 단축, 공사비, 인건비 절감
2) 전선의 손상 위험 없음
3) 가요 전선관 처짐 현상을 개선
4) 경량의 알루미늄을 적용

5) 굴곡성이 뛰어나 Normal Bend, Coupling 등의 배관 자재 불필요

6) 안정성, 즉 난연성이 우수하고 화재 시 연기 발생이 적음

7) 배선 변경이 용이하고 재활용률이 높음

8) 리모델링 공사에 적용 시 효과 우수

5 맺음말

미국에서는 이와 유사한 MC Cable이 전기 공사 배선 시장을 상당 부분 점유하고 있는 상황이며 이러한 추세는 더욱 가속화될 것으로 예상

15 간선 설비 설계 순서

1 개요

전력 간선이란 변압기 2차 배전반에서 각 부하의 분전반 또는 컨트롤 센터까지의 전력 공급 선로

2 간선 설비 설계 순서

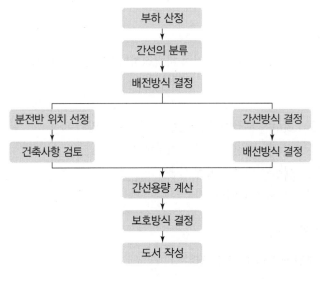

[간선 설비 설계 순서]

3 부하산정

1) 부하 종류, 설치 위치, 중요도, 용량, 운전상태 등을 파악

2) 부하의 수용률, 부하율, 최대사용전력을 검토

4 간선의 분류

사용 목적별 분류	종류
전등 및 콘센트 간선	일반 조명, 건물 비상 조명, 콘센트, OA 콘센트
동력 간선	일반 동력, 건물 비상 동력, 소방 비상 동력
특수용 간선	전산실용, 의료 기기용, 관제 센터용

5 배전 방식 결정

고압/저압 배전, AC/DC 배전, $1\phi2W$, $1\phi3W$, $3\phi3W$, $3\phi4W$ 등

6 분전반 위치 선정

1) 공급 범위

① 1개 층마다 1개 이상 설치

② 분전반 1개로 공급범위 1,000[m²]가 적당

③ 반경 20~30[m] 이내로 분기거리를 유지(유지관리, 전압강하, 측면에서 적당함)

2) 설치 장소

분전반은 부하 중심에 설치하는 것이 바람직하나 미관을 고려 복도, ES실 등에 설치

3) 설치 기준

① 상단 기준 1.8[m] : 분전반이 큰 경우 일반적으로 많이 사용

② 중앙 기준 1.4[m] : 분전반이 작은 경우에 사용

③ 하단 기준 1.0[m] : 중간 크기에 사용

④ 분전반 간격은 60[mm] 이상

4) 설치 시 고려 사항

① 매입형 분전반은 벽 두께를 고려

② 간선 인출이 용이한 곳

③ 목제 분전반은 설비용량 50[kW] 이하 시 사용

④ 분전반 내 사용 전압이 다른 개폐기 시설 시 중간에 격벽을 설치하거나 전압을 표시

⑤ 분전반에 배관이 집중되지 않도록 고려

7 건축 사항 검토

ES 유무, 벽의 두께, 골조의 재질, 건축물의 보 등

8 간선 방식(간선의 배선 방식) 결정

수지식, 평행식, 수지 평행식, Loop 방식, Back-up 방식, 예비+본선 방식 등

1) Loop 방식

① 평상시 Bypass Switch는 Off하여 사용

② 이상 시 Switch를 On

③ 일반적인 배전 방식

2) Back-up 방식

① 중요부하만 양쪽 Feeder에서 공급

② 가장 경제적인 방법

3) 예비+본선 방식

① 각 부하마다 양쪽 Feeder에서 연결

② 고신뢰도이고 가장 고가

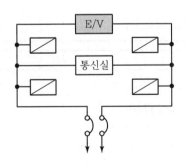

[Back-up 방식]

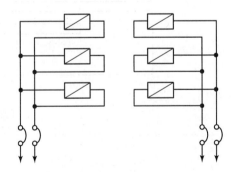

[예비+본선 방식]

9 배선 방식(배선의 부설 방식) 결정

1) 배관 배선

① 금속관 배관 시 화재 우려가 없음

② 기계적인 보호성이 우수

③ 수직 배관 시 장력 유지가 곤란

2) 케이블 배선(트레이 사용)

① 노즐로 인한 손상 우려

② 부하 증가에 대응 용이

③ 내진성 우수

④ 방열 특성이 우수

⑤ 큰 허용전류

3) Bus Duct

① 대용량을 콤팩트하게 배전 가능

② 접속 부품 다수

③ 예정된 부하 증설이 즉시 가능(Plug-in형 사용)

④ 내진성 부족

⑤ 사고 시 파급 효과 증대

4) 부설 방식에 따른 경제성 검토

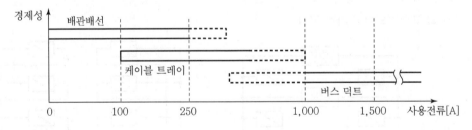

[경제적인 부설 방식]

⑩ 간선 용량 계산

1) 간선의 허용 전류

① 상시 허용전류 산정식

$$I = \left\{ \frac{\Delta\theta - W_d \left[0.5\,T_1 + n(T_2 + T_3 + T_4) \right]}{RT_1 + nR(1 + \lambda_1)T_2 + nR(1 + \lambda_1 + \lambda_2)(T_3 + T_4)} \right\}^{0.5}$$

② 절연물의 종류에 의한 허용 온도

절연물의 종류	허용 온도[℃]	비고
염화비닐(PVC)	70	도체
가교 폴리에틸렌(XLPE)과 에틸렌프로필렌 고무 혼합물(EPR)	90	
무기물(인체에 접촉할 우려가 있는 PVC 피복 또는 나도체)	70	시스
무기물(인체 또는 가연성 물질과 접촉할 우려가 없는 나도체)	105	

③ IEC에서 정하는 허용 전류의 크기 결정 방법

$$I_t \geq I_n \times \frac{1}{C_g} \times \frac{1}{C_a} \times \frac{1}{C_i} \times \frac{1}{C_d}$$

여기서, I_n : 허용 전류 계산을 위한 기초 전류값(통상 차단 장치 정격 전류)
C_g : 그룹 조건에 따른 보정 계수
C_a : 주위 온도에 따른 보정 계수
C_i : 내열 절연체 사용 조건에 따른 보정 계수
C_d : 과전류 차단기 조건에 따른 보정 계수

2) 허용 전압 강하율

$$A = \frac{17.8 k_\omega I \times L}{1,000 \times e} [\mathrm{mm}^2]$$

① 전동기 기동전류에 의한 순시 전압강하 적정 여부 판정

선정된 전선의 굵기가 최대 허용 전압강하(8[%]) 이내에 있는지 검토

여기서, 기동역률은 0.3, 기타 부하역률은 0.8로 하여 계산

$$e = \frac{T}{T_b}(\%R\cos\theta + \%X\sin\theta) + \frac{\%R\cos\theta + \%X\sin\theta}{100\dfrac{T_b}{T_s} + \%R\cos\theta + \%X\sin\theta} \times 100[\%]$$

㉠ 전선의 $\%R$ 및 $\%X$

㉡ 기동시 역률 : $\cos\theta = 0.3$

㉢ 기동 용량 : $T_s = \sqrt{3} \times V \times I_{ms}$

㉣ 기저 부하 용량 : $T = \sqrt{3} \times V \times I_L$

㉤ 기준 용량 : T_b

② 단락 전류에 의한 전선의 단시간 허용 온도 초과 검토

회로의 단락 전류(I_s)가 흐를 때, 분기선의 과전류 차단기의 트립 시간(t_s : 0.1초)인 조건

에서 전선의 굵기 검토

$$A = \frac{\sqrt{t_s}}{K} \times I_s [\text{mm}^2]$$

㉠ 단락 전류(I_s)

㉡ 단락 전류 지속 통전 시간(t_s) : 과전류 차단기의 트립 시간 0.1초

㉢ 절연물의 종류(단시간 허용 온도)

㉣ 주위 온도(기중 30[℃], 지중 20[℃])

3) 기계적 강도

① 단락 : 줄열에 의한 **열적 용량**과 단락 전류에 의한 단락 전자력을 고려

㉠ 열적 용량 : 통전에 의해 발생하는 줄열

㉡ 단락 전자력 : 단락 시 도체 상호 간에 작용하는 전자력

$$F = K \times 2.04 \times 10^{-8} \times \frac{I_m^2}{D}$$

② 신축 : 케이블에 전류가 흐르면 도체는 발열하여 **팽창 계수**에 따른 신축 발생

③ 진동 : 건물 진동에 의한 공진을 방지하기 위하여 클리트, 스프링행거 등으로 고정

④ 발열 : 지지 금구류 및 케이블 근접 부재의 발열 고려

4) 고조파

① 표피 효과 및 Y결선 시 제3고조파에 의한 중성선 과열을 고려

② 고조파를 함유하는 전류의 실효값

$$I = \sqrt{\sum I_n^2} = \sqrt{I_1^2 + I_2^2 + I_3^2 + \cdots}$$

5) 기타

수용률, 장래 부하 증설을 고려

⑪ 보호 방식 결정

1) 과부하 및 단락 보호

차단기에 의한 보호(전용량 차단, 선택 차단, 캐스케이드 차단)

2) 지락 보호

계통 접지 방식에 따라 다름

16 케이블 트레이(Cable Tray)

① Cable Tray 정의

케이블(전선관)을 지지하기 위해 사용하며 금속재 등으로 구성된 견고한 구조물

② Cable Tray 종류

사다리형, 펀칭형, 채널형, 바닥 밀폐형이 있음

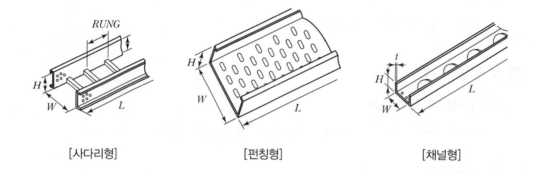

[사다리형]   [펀칭형]   [채널형]

③ Cable Tray 특징

1) 허용 전류가 크고 방열 효과 우수
2) 장래 증설과 유지 보수가 용이
3) 공기가 짧고 시공성 양호
4) 별도의 방호 조치가 없으므로 케이블 손상 우려
5) 방화 구획 관통 시 별도의 대책이 필요

④ Cable Tray 시공방법

1) 사용 전선 : 연피 케이블, Al 케이블, 난연성 케이블, 전선관에 넣은 절연 전선 등을 사용
2) 안전율 1.5 이상, 즉 모든 수용된 전선을 지지할 수 있는 강도를 확보
3) 금속제 트레이는 적절한 방식 처리를 한 것이나 내식성 재료를 사용
4) 비금속제 트레이는 난연성 재료를 사용
5) 트레이 접속 시 기계적 · 전기적으로 완전히 접속
6) 방화 구획 관통 시 연소 방지 시설을 설치

5 케이블 트레이와 행거/클리트 비교

비교 항목	케이블 트레이	행거 또는 클리트
전선 수용 능력	다량 수용 가능	소량
장래 증설	증설이 용이	증설이 곤란
화재 위험성	온도가 상승하여 위험	열 축적 없음
경제성	케이블이 많을수록 유리	케이블이 적을수록 유리
유지 보수	용이	곤란

6 맺음말

1) 케이블 트레이는 다수의 케이블을 빠르고 저렴한 시공비로 시설할 수 있는 장점이 있어 옥내 전기 설비의 전력 간선 포설 시 주로 이용

2) 하지만 대다수의 현장과 설계 사무소에서 케이블 트레이 산정의 원론적인 의미를 잘못 해석하여 부적절한 시공과 설계가 되는 경우 다수

3) 케이블 트레이의 특성과 장단점을 정확하게 파악하여 적절한 시공이 되도록 노력 필요

17 Bus Duct 배선

1 개요

1) Bus Duct 배선이란 절연 전선이나 케이블을 사용하지 않고 관모양이나 막대 모양의 도체를 이용하여 대전류, 대전력 전력 간선을 구성하는 배선 방식
2) 전력 간선 System은 최근 케이블 공법이 주류를 이루고 있으나 대용량 간선을 많이 사용하는 전산 센터, 대형 빌딩, 공장 등에서는 Bus Duct 공법 사용
3) Bus Duct 배선은 공급 신뢰도가 높고 전력 수요 증가와 방재에 대한 대응이 가능하지만 내진성의 성능이 요구

2 시설 장소 제한

노출 장소, 점검 가능한 은폐 장소에는 설치를 제한

3 Bus Duct 재료

1) Al−Fe(알루미늄 도체−금속 덕트)
2) Al−Al(알루미늄 도체−알루미늄 덕트)
3) Cu−Fe(구리 도체−금속 덕트)
4) Cu−Al(구리 도체−알루미늄 덕트)
   알루미늄 도체가 가볍고 구리와의 접속이 용이하여 Al−Fe Bus Duct가 가장 많이 보급

4 Bus Duct 용량

1) 200~1,000[A]로 제조되고 있으며 대용량 간선에 적합
2) 경제적 사용 전류 1,000[A] 이상

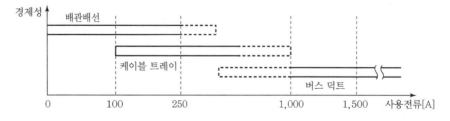

[경제적인 부설 방식]

5 Bus Duct 종류

1) Feeder Bus Duct

① 도중에 부하를 접속하지 않는 것
② 변압기와 배전반간, 배전반과 분전반간 사용

2) Plug−in Bus Duct

도중에 부하 접속용 플러그를 시설

3) Trolly Bus Duct

도중에 이동 부하를 접속할 수 있도록 트롤리 접속식 구조

6 도체 채용 범위

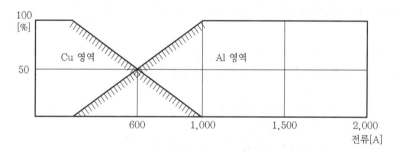

[도체의 채용범위 비교]

7 Bus Duct 시공방법

1) Bus Duct는 수평 3[m], 수직 6[m] 간격으로 견고하게 지지
2) Bus Duct 상호는 견고하고 전기적으로 완전하게 연결
3) Bus Duct 내부는 먼지가 침입하지 않도록 방지
4) Bus Duct 종단부는 폐쇄(환기형 제외)
5) Bus Duct를 수직으로 시설할 경우 Bus Duct 지지물은 수직으로 지지하는 데 적합한 것을 사용
6) 습기가 많은 장소에 시설할 경우 옥외용 Bus Duct를 사용

18 간선 용량 계산과 간선 굵기 선정 시 고려사항

1 전력간선의 정의

변압기 2차 배전반에서 각 부하의 분전반 또는 컨트롤 센터까지의 전력 공급 선로

2 간선 굵기 선정 시 고려사항

1) 허용 전류

도체에 통전된 전류에 의해 전력 손실이 생기고, 열이 발생해서 도체의 기계력이 손상되지 않고 절연체에 허용된 열화가 생기지 않는 최고 온도로 절연체의 일부가 도달하는 전류

① 상시 허용 전류

장시간에 걸쳐서 통전할 수 있는 전류(주위 조건이 포화·안정되어 있다고 가정)

$$I = \eta_0 \frac{\sqrt{T_1 - T_2 - T_d - T_s}}{n \cdot r \cdot R_{th}} [\text{A}]$$

여기서, T_1 : 상시 허용 온도[℃]
T_2 : 기저온도[℃]
T_d : 유전체 손실에 의한 온도 상승[℃]
T_s : 햇빛에 의한 온도 상승[℃]
n : 케이블선 심수[℃]
r : 상시 허용 온도에서의 교류 도체 저항[Ω/cm]
R_{th} : 케이블의 전(전)열저항[℃ · cm/W]
η_0 : 여러 조 포설의 경우 저감률

② 절연 전선의 허용 전류

저압 옥내 간선으로서 절연 전선을 써서 금속관 배선을 할 때 및 1회선의 전선 전부를 동일 관 속에 넣을 때의 허용전류로 위 표의 전류를 참고

※ 절연 재료의 종류, 주위온도(30[℃] 이하 A란, 30[℃] 초과 B란), 금속관에 인입한 전선 조수에 따라 전류 감소계수 계산식 및 전류 감소 계수를 위 표의 전류에 곱하여 산정

[절연 전선의 허용 전류]

도체 공칭 단면적 [mm²]	허용전류[A]		
	경동선 또는 연동선	경 알루미늄, 반경 알루미늄 또는 연 알루미늄	가호 알루미늄 합금선 또는 고속 알루미늄 합금선
14 이상 22 미만	88	69	63
22 이상 30 미만	125	90	83
30 이상 38 미만	139	108	100
38 이상 50 미만	162	126	117
50 이상 60 미만	190	148	137
60 이상 80 미만	217	169	156
80 이상 100 미만	257	200	185
100 이상 125 미만	298	232	215
125 이상 150 미만	344	268	248
150 이상 200 미만	395	308	284
200 이상 250 미만	469	366	338
250 이상 325 미만	556	434	400
325 이상 400 미만	650	507	468
400 이상 500 미만	745	581	536
500 이상 600 미만	842	657	606
600 이상 800 미만	930	745	690
800 이상 1,000 미만	1,080	875	820
1,000 이상	1,260	1,040	980

[전선의 종류와 온도에 따른 허용 전류 보정 계수]

절연체 재료의 종류	허용 전류 보정 계수	전류 감소 계수의 계산식
비닐 혼합물(내열성이 있는 것)	1.00	$\sqrt{\dfrac{60-\theta}{30}}$
비닐 혼합물(내열성이 있는 것에 한함), 폴리에틸렌혼합물(가교한 것은 제외)	1.22	$\sqrt{\dfrac{75-\theta}{30}}$
에틸렌프로필렌 고무혼합물	1.29	$\sqrt{\dfrac{80-\theta}{30}}$
폴리에틸렌 혼합물(가교한 것에 한함)	1.41	$\sqrt{\dfrac{90-\theta}{30}}$
θ : 주위온도[℃]	A란	B란

[전선 조 수에 따른 전류 감소 계수]

동일관 내 전선관	전류 감소 계수
3 이하	0.70
4	0.63
5 또는 6	0.56
7 이상 15 이하	0.49

③ 단시간 허용 전류

㉠ 사고 시 사고선 이외의 선로에 일시적으로 과부하 송전이 필요한 경우의 전류

㉡ 단시간 허용 전류는 도체 허용 온도를 상시 허용 온도에서 단시간 허용 온도로 변경하여 다음 식으로 계산

$$I = \sqrt{\frac{1}{n \cdot r_2} \frac{T_6 - T_1}{R_{int}(1 - e^{-a_1 t}) + R_{out}(1 - e^{-a_2 t})} + I_1^2 \cdot \frac{r}{r_2}} \, [\text{A}]$$

여기서, I : 단시간 허용 전류[A]

I_1 : 상시 허용 전류(또는 과부하 전류가 흐르기 전의 도체 전류)[A]

T_6 : 단시간 허용 온도[℃]

T_1 : 상시 허용 온도[℃]

n : 케이블선 심수[℃]

r_2 : 단시간 허용 온도에서의 교류 도체 저항[Ω/cm]

r : 상시 허용 온도에서의 교류 도체 저항[Ω/cm]

R_{int} : 표면 방산 열저항을 포함한 케이블 부분 열저항[℃ · cm/W]

R_{out} : 관로 및 토양 부분의 열저항[℃ · cm/W]

a_1 : 케이블 부분 온도 상승의 시정수의 역수[1/hr]

a_2 : 관로 및 토양 부분 온도 상승의 시정수의 역수[1/hr]

t : 과부하 연속 시간[hr]

④ 단락 시 허용 전류

단락, 지락 등의 고장 전류가 흐르는 시간이 2초 이하로 매우 짧은 시간의 전류

$$I = \sqrt{\frac{Q_c A}{a r_1 t} \cdot \log_e \frac{\frac{1}{a} - 20 + T_5}{\frac{1}{a} - 20 + T_4}} \, [\text{A}]$$

여기서, I : 단락 시 허용 전류[A]

Q_c : 도체의 단위 체적당 열용량[J/℃ · cm³]

A : 도체의 단면적[cm²]

a : 저항 온도 계수[1/℃]

r_1 : 20[℃]에서 교류 도체 저항[Ω/cm]

T_4 : 단락 전 도체 온도(일반적인 상시 허용 온도)[℃]

T_5 : 단락 시 도체 온도[℃]

t : 단락 전류 지속 시간[sec]

⑤ 변동 부하(간헐 부하)인 경우 허용 전류

실제로 사용되고 있는 전력 부하는 모두 변동 부하지만 변동 부하의 주기, 즉 통전 시간이 매우 길 때에는 케이블 자체의 온도는 포화 상태에 이르는 것으로 예상

㉠ 통전 On – Off의 간헐 부하인 경우

$$I = I_0 \sum \, [\text{A}]$$

$$\sum = \sqrt{\frac{1 - \varepsilon^{-\frac{t_1 + t_2}{k}}}{1 - \varepsilon^{-\frac{t_1}{k}}}}$$

여기서, I : 간헐 부하 시 허용전류[A]

I_0 : 연속 허용전류[A]

$\sum$: 간헐 부하계수

K : 열 시정수[hr]

$K = C \cdot R_{th}/3,600$

C : 케이블 열용량[J/℃ · cm](C란 케이블 각부의 단위 체적당 열용량 Q[J/cm³ · ℃]와 각 부의 단면적[cm²]을 곱해서 합친 총계)

t_1 : 통전 시간[hr]

t_2 : 정지 시간[hr]

㉡ 통전되어 있고 일정 시간 증가하는 사이클을 반복하는 간헐 부하

$$I = \sqrt{\frac{(T_1 - T_2)(1 - \varepsilon^{-\frac{t_1 + t_2}{K}})}{n \cdot r \cdot R_{th}\left\{(1 - \varepsilon^{-\frac{t_1}{K}}) \cdot \varepsilon^{-\frac{t_2}{k}} + (1 - \varepsilon^{\frac{-t_2}{K}})P^2\right\}}}$$

여기서, T_1 : 도체 최고 허용 온도[℃]

T_2 : 기저 온도[℃]

t_1 : I[A] 통전 시간[hr]

t_2 : PI[A] 통전 시간[hr]

2) 전압 강하

① 전압 강하는 전류가 전선에 통전 시 선로 임피던스에 의하여 감소되는 전압

② 전압 강하율은 송전단 전압과 수전단 전압의 차(전압 강하)를 수전단 전압에 대한 백분율로 표시

③ 전압 강하율

$$e = \frac{E_s - E_r}{E_r} \times 100 \, [\%]$$

여기서, E_s : 송전단 전압, E_r : 수전단 전압

④ 정상 시 전압 강하 계산 방법

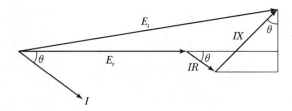

[벡터도]

$$E_S = (E_r + IR\cos\theta + IX\sin\theta) + j(IX\cos\theta - IR\sin\theta)$$

위 식에서 j항을 무시하면 전압 강하 ΔV는

$$\Delta V = K_w \times (R\cos\theta + X\sin\theta) \times I \times L$$

⑤ 간이 전압 강하 계산 방법

전기 방식	K_w	전압 강하
단상 2선식 및 직류 2선식	2	$\Delta V = \dfrac{35.6LI}{1,000A}$
3상 3선식	$\sqrt{3}$	$\Delta V = \dfrac{30.8LI}{1,000A}$
단상 3선식 및 3상 4선식	1	$\Delta V = \dfrac{17.8LI}{1,000A}$

3) 기계적 강도

① 단락 : 줄열에 의한 **열적 용량**과 단락 전류에 의한 단락 전자력을 고려

   ㉠ 열적 용량 : 통전에 의해 발생하는 줄열

   ㉡ 단락 전자력 : 단락 시 도체 상호 간에 작용하는 전자력

$$F = K \times 2.04 \times 10^{-8} \times \frac{I_m^2}{D}\,[\mathrm{kg/m}]$$

② 신축 : 간선의 온도 변화에 따른 신축을 고려(접속부의 이완)

③ 진동 : 건물 진동과 공진이 되지 않도록 클리트, 스프링 행거 등으로 고정

④ 발열 : 지지 금구류 및 케이블 근접부재의 발열을 고려

4) 고조파

① 표피 효과 및 Y결선 시 제3고조파에 의한 중성선 과열을 고려

② 고조파를 함유하는 전류의 실효값

$$I = \sqrt{\sum I_n^2} = \sqrt{I_1^2 + I_2^2 + I_3^2 + \cdots}$$

여기서, I_n : 고조파 전류의 실효값

5) 기타

수용률, 장래 부하 증설을 고려

19 전압 강하율과 전압 변동률

■ 전압 강하율

1) **전압 강하** : 전류가 전선에 통전 시 선로 임피던스에 의하여 감소되는 전압

2) **전압 강하율** : 송전단 전압과 수전단 전압의 차(전압강하)를 수전단 전압에 대한 백분율로 표시한 것

3) $e = \dfrac{E_s - E_r}{E_r} \times 100\,[\%]$

여기서, E_s : 송전단 전압, E_r : 수전단 전압

■ 전압 변동률

1) **전압 변동** : 어떤 기간 동안 부하 변동 시 그 단자 전압의 변동폭

2) **전압 변동률** : 무부하 시 수전단 전압과 부하 시 수전단 전압 차(전압 변동)를 부하 시 수전단 전압에 대한 백분율로 표시한 것

3) $\varepsilon = \dfrac{E_{ro} - E_r}{E_r} \times 100\,[\%]$

여기서, E_{ro} : 무부하 시 수전단 전압, E_r : 부하 시 수전단 전압

4) $\varepsilon = p\cos\theta + q\sin\theta\,[\%]$

　　여기서, p : %저항 강하, q : %리액턴스 강하

5) $\%Z = \sqrt{p^2 + q^2}$ 이므로 임피던스 전압은 전압 변동률과 관련

❸ 벡터도

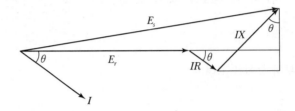

[벡터도]

$$E_s = \sqrt{(E_r + (IR\cos\theta + IX\sin\theta)^2 + (IX\cos\theta - IR\sin\theta)^2}$$

$$E_s = E_r + I(R\cos\theta + X\sin\theta)$$

$$\Delta V = E_s - E_r = I(R\cos\theta + X\sin\theta)$$

$$e = \frac{E_s - E_r}{E_r} \times 100 = \frac{I(R\cos\theta + X\sin\theta)}{E_r}$$

$$e = \frac{PR + QX}{E_r^2}$$

$$e = \frac{QX}{E_r^2}$$

20 저압 배전 선로 보호 방식

1 개요

교류 600[V] 이하의 저압 배전 선로에는 많은 분기 회로가 연결되어 있으므로 선로 사고 시 피해 범위가 넓고 막대한 영향을 미치게 되므로 안전하고 신뢰성 높은 선로를 구성하기 위해 적절한 보호기기를 구비

2 저압 회로 보호 기기 선정 원칙

[저압회로 보호기기 선정원칙]

3 저압 배전선로 보호

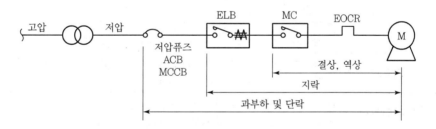

[보호 계전기의 접속 개념도]

❹ 저압 배전 선로 보호 계전 시스템

보호 방식	내용
과전류	반한시형 과전류 계전기(51)
단락	순시 과전류 계전기(50)
지락	• 전류 동작형 : ZCT+OCGR, 중성점 접지+ELB, GSC+ELB • 전압 동작형 : GPT+OVGR • 전압·전류 동작형 : ZCT+GPT+SGR, ZCT+GPT+DGR
과전압 및 부족 전압	과전압 계전기(OVR), 부족 전압 계전기(UVR)
결상	열동형 과전류 계전기(2E), 정지형 과전류 계전기(3E), EOCR(4E)
역상	정지형 과전류 계전기(3E), 전자식 과전류 계전기(4E)
주보호	주로 VCB, GCB 사용
후비보호	한류형 전력 퓨즈

❺ 저압 배전 선로 단락 보호 기기

보호기기	내용
ACB	• 아크를 공기 중에서 자력으로 소호하는 차단기 • 교류 600[V] 이하 또는 직류 차단기로 사용
배선차단기	• 개폐기구, 트립장치 등을 몰드된 절연함 내에 수납한 차단기 • 교류 1,000[V] 이하 또는 직류 차단기로 옥내전로에 사용
CP	• 배선차단기와 유사하나 그 전류용량이 작은 것 • 배선차단기는 최소차단전류가 15[A]이므로 전류용량 작은 것은 차단하지 못함
저압퓨즈	• 차단기, 변성기, 릴레이의 역할을 수행할 수 있는 단락보호용 기기 • 후비보호 및 말단부하 보호에 사용
전자개폐기	• 전자 접촉기와 열동 계전기를 조합한 것 • 부하의 빈번한 개폐 및 과부하 보호용으로 사용

6 저압 배전 선로 단락 보호 방식

고장 종류	보호 방식	내용
과부하 및 단락	선택 차단 방식	• 한시차 보호 방식에 의해 고장회로만 선택차단 • 공급 신뢰도 > 경제성
	Cascade 차단 방식	• 주회로 차단기로 후비 보호하는 방식 • 단락전류가 10[kA] 이상에 적용
	전정격 차단 방식	• 각 차단점에 추정단락전류 이상의 차단용량을 지닌 보호기기 선정 • 경제성이 떨어짐
지락		• 계통별 접지 방식 구성 차이로 일괄 보호 방식 적용 곤란 • 선택 차단 방식 적용

7 저압 배전 선로 지락 보호 기기

1) 누전 차단기

교류 600[V] 이하의 저압 전로에서 누전으로 인한 감전 사고 방지, 전기 화재 방지를 목적으로 하는 차단기

2) 절연 변압기

$\%Z$가 작아 전압 강하 및 전력 손실이 적어야 하고, 1, 2차 코일의 혼촉 발생 방지

8 저압 배전 선로 지락 보호 방식

지락 보호 방식	내용
보호 접지 방식	• 감전 방지가 주목적 • 전로에 지락 발생 시 접촉 전압을 허용치 이하로 억제하는 방식 • 기계, 기구 외함 배선용 금속관, 금속 덕트 등을 저저항 접지
과전류 차단 방식	• 전로의 손상 방지가 주목적 • 접지 전용선을 설치하여 지락 발생 시 MCCB로 전로 자동 차단
누전 차단 방식	• 전로에 지락 발생 시 영상 전류나 영상 전압을 검출하여 차단 • 전류 동작형 : ZCT+OCGR(가장 많이 사용) • 전압 동작형 : GPT+OVGR • 전류ㆍ전압 동작형 : ZCT+GPT+SGR/DGR
누전 경보 방식	• 화재 경보에 많이 사용 • 전류 동작형이 주로 사용 • 전압 동작형은 보호 접지 필요

지락 보호 방식	내용
절연 변압기 방식	• 절연 변압기 사용 • 보호 대상 전로를 비접지식 또는 중성점 접지식으로 하여 접촉 전압 억제 • 병원 수술실, 수중 조명 설비 등에 이용
기타	감전 방지 대책 : 이중 절연, 전용 접지 방식

9 맺음말

1) 비접지 방식은 과도 안정도가 높고 통신선 유도 장애가 적으며 기기 손상 위험이 적어 병원이나 단거리 구내 배전 선로에 많이 사용

2) 지락 전류가 적어 보호 협조에 어려운 단점이 있으므로 지락 보호 방식에 대한 확실한 이해가 필요

3) 지락 사고 시에는 사고가 파급되지 않도록 확실한 보호 계전 시스템을 구성

21 배전 전압 결정 시 고려사항

1 전력 확보 방법에 따른 문제점

$$P = \sqrt{3}\, VI\cos\theta\,[\text{W}]$$

전력 확보방법	문제점
전압(V)을 증가	• 전로 및 기기의 절연 Level 상승 • 가격 상승
전류(I)를 증가	• 전선 단면적 증대로 도체비용이 증가 • 전력손실 증대 및 전압변동 초래
역률($\cos\theta$)을 개선	최대로 개선해도 1이 최고

2 배전 전압 결정 3요소

1) 도체 비용 → E에 반비례

① $M = \alpha \cdot \beta \cdot I \cdot l = K_1 l \dfrac{\alpha\beta P}{E}$

② α : 전압 차이에 따른 가격 변동 계수

전압	200[V]용	400[V]용	3[kV]용	6[kV]용	20[kV]용	70[kV]용
가격	100(기준)	100	110	120	200	500

㉠ 전압 상승폭 대비 가격 상승폭은 크지 않음

㉡ 전로가 길어질 때 전압은 높은 것이 더 저렴

③ β : 도체 사이즈에 따른 전류 밀도 변화 계수[A/mm²]

[전력 케이블의 허용 전류]

전선 사이즈[mm²]	허용 전류[A]	전류 밀도[A/mm²]
8	70	8.75
22	120	5.45
60	210	3.5
100	275	2.75
200	400	2.0
400	575	1.44
800	815	1.02
1,000	895	0.89

㉠ 가는 전선에서는 전류 밀도가 커지고 굵은 전선에서는 전류 밀도가 작아지는 경향

㉡ 표피 효과에 따라 전선을 굵게 할수록 전류 밀도는 낮아짐

㉢ 전선이 가늘수록 전류 밀도가 높고 고효율로 사용할 수 있으나 단시간 허용 전류와의 관계에서 최소 사이즈가 결정되므로 함부로 가늘게 할 수 없음

2) 전압 변동 → E^2에 반비례

$$\varepsilon = \frac{I \cdot (r\cos\theta + x\sin\theta) \cdot l}{E} = K_2 l \frac{P}{E^2}$$

3) 전력 손실 → E^2에 반비례

$$W_L = I^2 \cdot r \cdot l = K_3 l \frac{P^2}{E^2}$$

❸ 전 전압 선정 시 고려 사항

1) 송전 거리, 전압 변동, 전력 손실
2) 수전 전압과 부하 전압
3) 부하 용량, 정격과 제작 한계
4) 기설 부하가 있을 때는 기설과의 관계
5) 안정성과 경제성
6) 자가 발전 설비의 유무

❹ 맺음말

1) 도체 비용 M, 전력 손실 W_L, 전압 변동 ε은 배전 전압 E에 따라 변화
2) 도체 비용 M은 전압에 반비례하나 α, β의 영향을 받음
3) 전력 손실 W_L, 전압 변동 ε은 E의 제곱에 반비례 관계로 E를 높여 해결 가능

22 전력 손실 경감 대책

1 개요

전력 공급은 적정 전압 및 주파수를 중단 없이 공급하되 경제적이어야 하므로 발전소 출력의 자동 제어가 중요하고 경제적인 급전이 이루어진다 해도 전력 설비의 전력 손실을 줄이지 못하면 이러한 노력들이 수포로 돌아갈 우려가 있어 배전 계통에서의 전력손실을 줄일 수 있는 방법에 대하여 모색

2 배전 손실 경감 대책

1) 전압 승압

① 전력 손실은 E^2 에 반비례하여 감소

$$P_l = I^2 \cdot r \cdot l = K_3 l \frac{P^2}{E^2}$$

② 국내에서는 전압을 22.9[kV] → 154[kV] → 345[kV] → 765[kV]로 승압하여 송전

2) 역률 개선

① 전력 손실은 $\cos\theta^2$ 에 반비례하여 감소

$$P_l = I^2 \cdot r \cdot l$$

$$P_l = \left(\frac{P}{E\cos\theta}\right)^2 \cdot r = \frac{P^2}{E^2\cos^2\theta} \cdot r \;\rightarrow\; \therefore\, P_l \propto \frac{1}{\cos^2\theta}$$

② 역률 요금(한전 전기 공급 약관)

주간 시간대(09~23시)	심야 시간대(23~09시)
• 수전단 지상분 역률 : 90[%] 기준	• 수전단 진상분 역률 : 95[%] 기준
• 60[%]까지 1[%]마다 기본요금 0.5[%] 추가	• 1[%]마다 기본요금 0.5[%] 추가
• 95[%]까지 1[%]마다 기본요금 0.5[%] 감액	• 최대 17.5[%]까지 역률 요금 발생

3) 변전소 및 변압기 적정배치

① 전력 손실은 거리에 비례하여 증가

$$P_l = I^2 \cdot r \cdot l = K_3 l \frac{P^2}{E^2}$$

② 변전소 및 배전용 변압기를 가능한 부하의 중심지에 가깝게 설치
③ 분산형 전원의 보급을 확대

4) 고효율 기기 사용

① 아몰퍼스 변압기, 자구 미세 변압기 등의 고효율 기기를 사용
② 전일 효율이 높도록 변압기를 설계함으로써 손실 감소

5) 선로 저항 감소

① 전력 손실은 저항에 비례하여 증가
② 경제적 이유 때문에 전선을 무작정 굵게 할 수 없으므로 켈빈의 법칙 등으로 계산되는 경제적인 전선의 굵기를 선택
③ 고온 초전도 케이블을 사용하면 기존 동도체에 비해 50~100배의 대전류를 흘릴 수 있고 송전 용량도 3배 이상 증가하며 교류 손실을 1/20로 감소

6) 배전 방식 개선

단상 2선식 배전 방식보다 단상 3선식, 3상 4선식 배전 방식을 채택하면 동일 중량, 동일 전류 조건에서의 선로 손실을 감소

7) 간선 방식 개선

수지식 배전 방식 대신 루프식 배전 방식을 채택하면 루프 회로에 흐르는 전류 밀도가 평형이 되어 배전 선로 손실이 감소

3 맺음말

현재는 변전소 단위기 용량이 크고 지역적으로 멀리 떨어져 있기 때문에 배전 손실이 상당하나 향후에는 스마트 그리드 구축에 따른 분산형 전원의 보급 확대, 신뢰성 높은 전력 저장장치의 이용, 초전도 전력 기기의 이용으로 전력 손실을 획기적으로 줄일 것으로 예상

CHAPTER

10

접지설비

01 공통 접지와 단독 접지의 개념 및 특징

1 공통 접지와 단독 접지의 개념

1) 단독 접지(Isolation Grounding)

접지를 필요로 하는 설비들 각각에 개별적으로 접지를 시공하여 접속하는 방식으로 각각의 장비나 설비에 개별적으로 시공한 접지

2) 공통 접지(Common Grounding)

여러 다른 시설인 통신 시스템, 전기 설비, 제어 설비 및 피뢰 설비와 같은 여러 설비를 하나의 접지 전극으로 구성하여 공통으로 접속하여 사용하는 접지 방식

2 공통 접지와 단독 접지의 구성과 특징

1) 단독 접지의 구성과 특징

① 단독 접지의 구성

이상적인 단독 접지는 두 개의 접지 전극이 있는 경우에, 한쪽 전극에 접지 전류가 아무리 흘러도 다른 쪽 접지극에 전혀 전위 상승을 일으키지 않는 경우이나, 이상적으로는 두 개의 접지극이 무한대 거리만큼 떨어지도록 하지 않으면 완전한 단독이라 할 수 없으므로 단독 접지는 각각의 접지 상호 간에 접지 전류 혹은 서지로 인해 전위 상승이나 간섭을 일으켜서는 안 됨

② 단독 접지의 특징

단독 접지의 목적은 개별적으로 접지를 시공함으로써 다른 접지로부터 영향을 받지 않고 장비나 시설을 보호하기 위한 것으로 각각의 접지를 일정 거리 이상 이격 거리를 두고 시공함으로써 다른 접지로부터 어떠한 접지 전류가 흘러도 전위 상승이나 간섭을 받지 않도록 하는 접지 방식이나 현실적으로 불가능하므로 접지의 전위 상승이 일정한 범위 내에 수용되면 독립 접지로 인정

2) 공통 접지의 구성과 특징

① 공통 접지의 구성

도심지의 협소한 면적에 독립적으로 시공되어 있는 각각의 접지를 완전한 독립 접지로 볼 수 없으나 건축물 내에 설치된 여러 설비가 고정 볼트나 혹은 인접 도선에 의해 대부분 철

골과 연결되어 있다고 볼 때 이미 공통 접지가 구성되었다고 볼 수 있으므로 건물 내에 독립적으로 설치되는 여러 접지를 공통으로 묶어 하나의 양호한 접지로 사용하면 많은 장점이 있음

② 장점

    ㉠ 단독 접지에 비해 신뢰도 및 경제성이 우수

    ㉡ 접지선이 짧아지고 접지 배선 및 구조가 단순하여 보수 점검이 용이

    ㉢ 접지 저항을 낮추기가 쉽고, 철골 구조체를 연결하여 접지 성능을 향상시키고 보조 효과 상승

    ㉣ 공통의 접지전극에 연결되므로 등전위가 구성되어 전위차가 발생되지 않음

    ㉤ 접지 전극의 수가 적어져서 설비 시공비가 경제적

    ㉥ 전원 측 접지와 부하 측 접지의 공용은 지락 보호와 부하의 접촉 전압 관점에서 유리

③ 단점

    ㉠ 접지 전극의 손상이나 접지 성능이 악화되면 접속된 모든 설비로 동시에 영향이 파급
       (대책 : 접지저항을 낮게 함 → 건축구조체 접지 활용)

    ㉡ 설비 간 연결 접지 배선이 길어지면 설비 간 전위차 발생

    ㉢ 전위 상승의 파급이 위험하며 대책 필요

❸ 공통접지와 단독접지의 특징 비교

분류	단독접지	공통접지
신뢰성	낮다	높다
경제성	도심지에서는 고가	저렴
전위상승	전위상승 발생	고른 전위분포
타 기기영향	적다	크다
접지저항	높다	낮다
적용	대지저항률 낮고, 소규모건축물	도심지 대형건축물

02 공통 접지와 통합 접지 방식

❶ 접지의 목적

전기 설비 기기 등의 고장 발생 시 전위 상승, 고전압의 침입 등에 의하여 감전 및 화재, 그 밖의 인체에 위해를 끼치거나, 물건에 손상을 줄 우려가 없도록 접지 또는 그 밖의 적절한 장치를 강구하는 것

❷ 공통 접지와 통합 접지

공통 접지	통합 접지
고압 및 특고압 접지 계통과 저압 접지 계통이 등전위가 되도록 공통으로 접지하는 방식	• 전기 설비 접지, 통신 설비 접지, 피뢰 설비 접지 및 수도관, 가스관, 철근, 철골 등과 같이 전기 설비와 무관한 계통외 도전부도 모두 함께 접지하여 그들 간에 전위차가 없도록 함으로써 인체의 감전 우려를 최소화하는 방식 • 통합 접지의 본질적 목적은 건물 내에 사람이 접촉할 수 있는 모든 도전부가 항상 같은 대지 전위를 유지할 수 있도록 등전위를 형성하는 것 ※ 통신 설비 통합접지 여부는 통신 사업자의 결정에 의할 수 있음

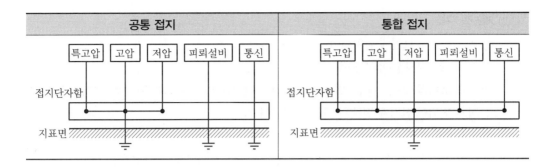

공통 접지	통합 접지

❸ 공통 · 통합 접지 접지 저항값

공사 계획 신고 설계 도서(접지 계산서 및 설계도)의 접지 저항값이 다음 중 어느 하나에 해당되는 경우에는 공통 · 통합 접지 저항값으로 인정

1) 특고압 계통 지락 사고 시 발생하는 고장 전압이 저압 기기에 인가되어도 인체의 안전에 영향을 미치지 않는 인체 허용 접촉 전압값 이하가 되도록 한 접지 저항값인 경우
2) 통합 접지 방식으로 모든 도전부가 등전위를 형성하고 접지 저항값이 $10[\Omega]$ 이하인 경우

❹ 통합 접지 시스템 구성 시 고려 사항 및 시스템 구축

1) 보안용, 기능용, 뇌보호용 접지를 고려한 통합 접지 시스템은 보안용 접지의 기능을 유지, 등전위화, 접지 간선의 저(低)임피던스화를 도모, 모두 사용자의 접지 요구에 대응한 시스템
   ① 전기 설비용과 뇌 보호용 접지는 보호 대상이나 전류 · 전압 특성이 상이하여 개별로 구축. 단, 등전위화를 도모하는 관점에서 접지극을 연접
   ② 전기 설비용 접지를 '접지 간선'과 '접지극'으로 나누어 각각 효과적으로 구축
   ③ 피접지 기기의 접지 형태는 1점 접지가 기본
   ④ 접지극의 공용화 · 통합화를 도모
   ⑤ 인버터 노이즈가 중첩하는 보안용 접지 간선과 기능용 접지 간선을 구분

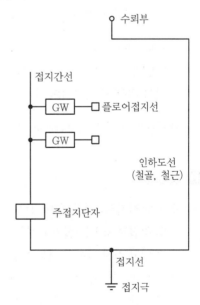

[통합 접지 시스템 구성도]

2) 시스템 구축

① 빌딩의 각 플로어에 설치되어 있는 모든 전기·전자·정보·통신기기의 접지는 GW(Ground Window, 접지창)에서 얻음

② 각 플로어의 GW는 저(低)임피던스의 접지 간선을 끼워 주 접지 단자로 통합. 이로 인해 1점 접지가 되어 접지계 전체의 기준 전위점이 됨

③ 국부적인 기준 전위는 각 플로어, 예를 들면 ZSRG(Zero Signal Reference Grid) 등에서 얻을 수 있음. 여기에 접지 간선을 전용 혹은 건축 구조체의 철골을 대용하는 것도 고려

④ 뇌보호 설비에 있어서는 수뢰(受雷)부에서 전용 인하 도선 또는 건축 구조체의 철골 또는 주 철근을 대용하여 접지 간선에 본딩(Bonding)

5 통합 접지 시스템을 위한 기술적 과제

1) 접지 간선

가상 대지로 가정한 접지 간선은 가능한 한 저 임피던스 도체여야 하고 거기에는 종래의 접지선 이나 케이블이 아닌 금속으로 포장된 동대[예를 들면 버스 덕트(Bus Duct) 같은 도체]를 고려. 대상(帶狀) 도체라면 고주파 영역에 있어서도 저임피던스를 확보 가능

2) 내부 뇌보호 시스템의 적절한 도입

뇌서지에 기인한 과전압 카테고리, 뇌서지 보호 장치의 선정 등을 구체화하여 빌딩에 도입 필요

3) EMC 기술의 도입

빌딩의 전자적 장해를 방지하기 위한 EMC에 대해서도 기술적인 가이드 불충분. 피접지기기의 면역(내성)과 뇌서지의 관계, 노이즈 대책 등을 시스템적으로 구축

4) 등전위 본딩의 적합한 시공

6 맺음말

1) 통합 접지시스템은 한마디로 전기적 케이지(Cage)로 확인된 빌딩에서 Ground Window(GW) 및 주접지 모선을 설치해 모든 접지를 공용화하는 것. 공용 접지는 전위차에 의한 장해를 없앨 수 있고 접지 저항 관리도 불필요

2) 공용 접지에서는 전용 접지선 또는 빌딩의 철골을 이용하기 때문에 각각의 접지 저항은 상당히 작고 완전 지락 시 단락 상태가 되어 지락 전류는 증가하나 안전장치 등을 동작하기 위한 보안상 문제는 없지만 대규모 빌딩이면 안전장치의 차단 용량이나 전선 사이즈의 선정과 관리가 상당히 곤란하고 주 차단기와 분기 차단기의 보호 협조 문제도 고려

03 공통·통합 접지의 접지 저항 측정 방법

1 개요

1) 공통 접지

등전위가 형성되도록 고압 및 특고압 접지 계통과 저압 접지 계통을 공통으로 하는 접지

2) 통합 접지

전기, 통신, 피뢰 설비 등 모든 접지를 통합하여 접지하는 방식을 말하며, 건물 내의 사람이 접촉할 수 있는 모든 도전부가 등전위를 형성하여야 함

2 공통·통합 접지 저항 측정 방법

1) 보조극을 일직선으로 배치하여 측정하는 방법

보조극(P, C)은 저항 구역이 중첩되지 않도록 접지극(접지극이 메시인 경우 메시망의 대각선 길이) 규모의 6.5배를 이격하거나, 접지극과 전류보조극 간 80[m] 이상을 이격하여 측정

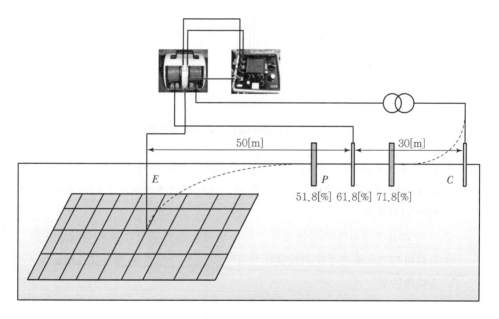

[접지 저항 측정 방법]

① 보조극은 저항 구역이 중첩되지 않도록 접지극 규모의 6.5배를 이격하거나, 접지극과 전류 보조극 간 80[m] 이상을 이격하여 측정

② P 위치는 전위 변화가 적은 E, C 간 일직선상 61.8[%] 지점에 설치

반구 모양의 접지 전극의 접지 저항 측정 시 $E-C$ 간의 61.8[%]의 곳에 전위 전극(P)을 박으면 적정한 저항값을 얻을 수 있음(61.8[%]의 법칙)

③ 접지극의 저항이 참값을 확인하기 위하여 P를 C의 61.8[%] 지점, 71.8[%] 지점 및 51.8[%] 지점에 설치하여 세 측정값을 취함

④ 세 측정값의 오차가 ±5[%] 이하이면 세 측정값의 평균을 E의 접지 저항값으로 함

⑤ 세 측정값의 오차가 ±5[%]를 초과하면 E와 C 간의 거리를 늘려 시험을 반복

2) 보조극을 90~180[°] 배치하여 측정하는 방법

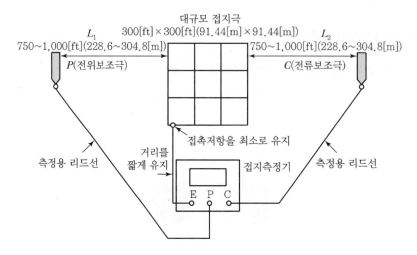

[보조극을 90~180° 배치하여 측정하는 방법]

① C(전류 보조극)와 P(전위 보조극)는 가능한 한 멀리 이격

91.44[m]×91.44[m] 규모의 접지극은 보조극과의 이격 거리가 228.6~304.8[m]로 약 2.5배 이상 되어야 함

② C와 P를 연결하여 측정한 값과 결선을 반대로 하여 측정한 두 측정값을 취함

③ 각각의 방법으로 측정한 저항값의 차이가 15[%] 이하이면 두 측정값의 평균을 E의 접지 저항값으로 함

$$R = \frac{R_{cp} + R_{pc}}{2}$$

$$오차\ \varepsilon = \frac{R_{cp(or\,pc)} - R}{R} \times 100 \leq 15[\%]$$

④ 두 측정값의 오차가 ±15[%]를 초과하면 E와 C 간의 거리를 늘려 시험 반복

04 통합 접지 시공 시 고려사항

■ 접지 공사의 종류

1) 단독 접지

전기, 통신 및 피뢰 설비 접지를 각각 설치하는 경우의 접지

2) 공통 접지

전기, 통신 및 피뢰 접지를 각각 분리하여 설치하고, 전기용 접지는 저압과 고압 및 특고압 접지 계통을 공통으로 접지하는 방식

3) 통합 접지

전기, 통신 및 피뢰 설비용의 모든 접지를 1개의 접지 시스템으로 통합 설치하는 접지

② 통합 접지 공사의 시공 시 고려사항

1) 규정상의 조건

'KEC 제279조 1[kV] 이하 전기 설비의 시설 제2항 동일한 전기 사용 장소에서는 제1항의 규정과 제3조부터 제278조까지의 규정을 혼용하여 1[kV] 이하의 전기 설비를 시설하여서는 아니 된다.'의 규정과 같이 기존의 접지 방식인 개별 접지 방식과 KSC IEC 60364의 통합 접지 방식인 TN 접지 시스템을 동일한 장소에 설치되는 동일 수전 계통에서는 혼합하여 시설하여서는 안되고 서로 다른 접지 시스템을 혼용하여 시설하는 경우에는 고장 전류의 귀로가 다양해지므로 고장 전류의 검출이 어렵게 되고 지락 고장의 보호에 문제가 발생될 수 있음

2) 고압 및 특고압 계통의 지락 사고에 의한 저압 계통 과전압 방지

KEC 기준 제18조 접지 공사의 종류 제6항 고압 및 특고압과 저압 전기 설비의 접지극이 서로 근접하여 시설되어 있는 변전소 또는 이와 유사한 곳에서는 다음 각 호에 적합하게 공통 접지 공사를 할 수 있음

① 저압 접지극이 고압 및 특고압 접지극의 접지 저항 형성 영역에 완전히 포함되어 있다면 위험 전압이 발생하지 않도록 이들 접지극을 상호 접속하여야 함

② '①에 따라 접지 공사를 하는 경우 고압 및 특고압 계통의 지락 사고로 인해 저압 계통에 가해지는 상용 주파 과전압은 아래 표에서 정한 값을 초과해서는 안 된다.'의 규정에 따라 표에 적합하도록 시공하여 과전압에 따른 저압 기기의 절연을 보호할 수 있도록 시설하여야 함

고압 계통에서 지락 고장 시간[초]	저압 설비의 허용 상용 주파 과전압[V]
>5	$U_o + 250$
≤5	$U_o + 1,200$

※ 중성선 도체가 없는 계통에서 U_o는 선간 전압을 말한다.

비고 1. 이 표의 1행은 중성점 비접지나 소호 리액터 접지된 고압 계통과 같이 긴 차단 시간을 갖는 고압 계통에 관한 것이다. 2행은 저저항 접지된 고압 계통과 같이 짧은 차단 시간을 갖는 고압 계통에 관한 것이다. 두 행 모두 순시 상용 주파 과전압에 대한 저압 기기의 절연 설계 기준과 관련된다.

2. 중성선이 변전소 변압기의 접지계에 접속된 계통에서 외함이 접지되어 있지 않은 건물 외부에 위치한 기기의 절연에도 일시적 상용 주파 과전압이 나타날 수 있다.

3) 낙뢰 등에 의한 과전압 보호

KEC 제18조 제7항에 의거 전기 설비의 접지 계통과 건축물의 피뢰 설비 및 통신 설비 등의 접지극을 공용하는 통합 접지 공사를 하는 경우 낙뢰 등에 의한 과전압으로부터 전기설비 등을 보호하기 위해 KS C IEC 60364 – 5 – 53(534. 과전압 보호 장치) 또는 한국 전기 기술 기준 위원회 기술 지침 KECG 9102 – 2015에 따라 서지 보호 장치(SPD)를 설치하여야 함

4) 감전에 대한 보호

감전에 대한 보호는 KS C IEC 60364 – 4 – 41에 따라 시설하여야 하며, 보호 방식의 종류는 다음과 같은 방식 등이 있음

① 전원의 자동 차단에 의한 보호
② 이중 또는 강화 절연에 의한 보호
③ 전기적 분리
④ SELV와 PELV에 의한 특별 저전압

⑤ 누전 차단기(RCD)에 의한 보호

⑥ 보조 보호 등전위 본딩에 의한 보호

⑦ 장애물 및 촉수 가능 범위(암즈리치) 밖에 배치

⑧ 비도전성 장소에 의한 보호

⑨ 비접지 국부 등전위 본딩에 의한 보호

5) 전압 및 전자기 장애에 대한 보호

다음의 경우에 저압 설비의 안전에 대한 보호는 KSC IEC60364−4−44에 따라 시설

① 저압 설비에 전력을 공급하는 변압기 변전소에서 고압 계통의 지락

② 저압 계통의 전원 중성선의 단선

③ 선도체와 중성선의 단락

④ 저압 IT 계통의 선도체 지락 고장

6) 등전위 본딩 확인 및 전기적 연속성

다음과 같은 등전위 본딩의 전기적 연속성을 측정한 전기 저항값이 0.2[Ω] 이하가 되도록 시공

① 주 접지단자와 계통 외 도전성 부분 간

② 노출 도전성 부분 간, 노출 도전성 부분과 계통 외 도전성 부분 간

③ TN 계통인 경우 중성점과 노출 도전성 부분 간

7) 접지선, 보호 도체 및 등전위 본딩 도체 단면적

접지선, 보호 도체 및 등전위 본딩 도체의 단면적은 「KS C IEC 60364−5−54 접지 설비 및 보호 도체」의 규정에 따라 시설하며, 일반적인 사항은 다음과 같음

① 접지선 및 보호도체 단면적

㉠ $S = \dfrac{\sqrt{I^2 \cdot t}}{k}$ (차단 시간이 5초 이하인 경우에만 적용)

㉡ 보호 도체가 상도체와 동일한 경우에 다음 표 적용

설비의 상도체의 단면적 $S\,[\mathrm{mm}^2]$	보호 도체의 최소 단면적 $S\,[\mathrm{mm}^2]$
$S \leq 16$	S
$16 < S \leq 35$	16
$S > 35$	$S/2$

② 등전위 본딩용 도체 단면적

㉠ 주 등전위 본딩용 도체의 단면적은 가장 큰 보호 도체 단면적의 1/2 이상의 단면적을 가져야 하고 다음 단면적 이상

ⓐ 구리 6[mm²]

ⓑ 알루미늄 16[mm²]

ⓒ 강철 50[mm²]

ⓛ 보조 등전위 본딩용 도체의 단면적의 산정은 다음 값 이상

ⓐ 기계적 손상에 대한 보호가 된 것 : 구리 2.5[mm²], 알루미늄 16[mm²]

ⓑ 기계적 손상에 대한 보호가 되지 않은 것 : 구리 4[mm²], 알루미늄 16[mm²]

05 접지 전극의 설계 목적에 맞는 효과적인 접지

1 개요

1) 접지 저항의 목표값이 결정되면 이 값을 얻기 위하여 다음의 순서로 접지 목적에 맞게 설계

대지 파라미터 파악 → 접지 규모에 따른 접지 공법 선택 → 설계 도서 작성 → 접지 공사 시공

2) 접지 설계 시 경제성, 신뢰성, 보전성 등을 고려

2 접지 전극의 설계 기본 순서

1) 기준 접지 저항 결정

접지 목적, 저압 및 고압에 따른 접지 저항, 접촉 · 보폭 전압 계산 등을 고려하여 결정

2) 접지 형태 선정

대지 저항률에 적합한 접지 규모별 접지 공법을 선택

3) 접지전극 설계의 흐름도

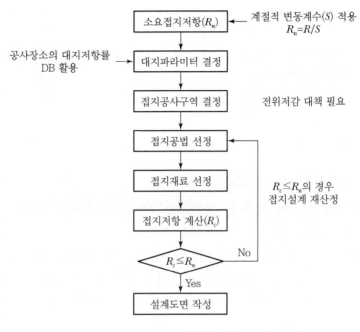

[접지 전극 설계 흐름도]

❸ 접지 공법 종류

접지의 목적과 요구하는 접지 저항값을 얻기 위해서는 대지 구조에 따라 경제적이고 신뢰성 있는 접지 공법을 채택

1) 봉형 접지 공법

건물의 부지면적이 제한된 도시 지역 등 평면적인 접지 공법이 곤란한 지역에 적용

① 심타 공법

오른쪽 그림의 대지 저항률이 깊이에 따라 점차 감소하는 경우,

즉 $\rho_1 > \rho_2 > \rho_3$ 일 경우 효과적

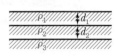

② 병렬 접지 공법

오른쪽 그림의 대지 저항률이 깊이에 따라 점차 증가하는 경우,

즉 $\rho_1 < \rho_2 < \rho_3$ 일 경우 효과적

[지층 모델]

③ 봉형 접지의 특징

   ㉠ 병렬 접지 극수가 3~4본, 직렬 접지 극수가
4~5본일 때 접지 효과가 좋고 경제적

   ㉡ 전극의 병렬 수 및 상호 간격을 크게 하면 병
렬 합성 저항이 감소

   ㉢ 전극 상호 거리가 너무 가까우면 상호 전계가
간섭하여 효과가 감소

   ㉣ 대지 면적을 고려한 직·병렬 접지를 선정

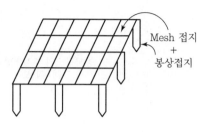

Mesh 접지
+
봉상접지

[병용 메시 접지 전극]

2) 망상 접지 공법(Mesh 공법)

① 서지 임피턴스 저감 효과가 대단히 크고 공통 접지 방식으로 채택 시 안전성 우수

② 공장이나 빌딩, 발·변전소 등에 주로 적용

   ㉠ 메시 간격을 조절하고 막대 전극을 병렬로 접속하면 접지저항 저감 효과

   ㉡ 메시 전극을 깊게 박고 면적을 크게 하여 대지 저항률이 낮은 지층에 매설

   ㉢ 접지 저항 저감의 경우 대지 전위 경도가 낮아지고 접촉 전압, 보폭 전압이 저하

3) 건축물 구조체 접지 공법(기초 접지)

$$R = \frac{\rho}{2\pi r} = \frac{\rho}{\sqrt{2\pi A}}\,[\Omega]\ (반구의\ 면적\ 2\pi r^2 = A,\ r = \sqrt{\frac{A}{2\pi}}\ )$$

건물의 지하 부분 면적(A)이 크면 등가 반경이 커져 접지 저항이 저감

① 특징

   ㉠ 철골, 철근끼리 전기적 접속 방법에 의한 자연적인 Cage형의 가장 이상적인 접지 방식

   ㉡ 철골, 철근 콘크리트, 철골 철근 콘크리트 등 일체화된 건축물 구조에 적용

   ㉢ 설치 위치는 도시 지역의 부지 면적이 한정되어 있는 고층 건물에 적용

② 건축물 구조체의 영향

   ㉠ 상시 누설 전류에 의한 구조체 부식의 우려

   ㉡ 상시 누설 전류에 의한 구조체 온도가 상승

   ㉢ 열팽창에 의한 콘크리트 강도가 저하

4) 매설 지선 공법

접지극 대신 지선을 땅에 매설하는 방법으로 송전선의 철탑 또는 피뢰기 등에 낮은 저항값을
필요로 할 때 사용

① 매설 지선이 어느 정도 길고 형상을 8방향으로 할 경우 저감 효과 우수

② 철탑, 소규모 발전기, 피뢰기 등 낮은 저항값을 요구하는 곳에 채용

5) 평판 접지 전극의 사용

① 접지봉 대신 접지판을 사용하는 방법

② 전극과 토양 간의 빈 간격으로 접촉 저항이 커지는 단점

4 효과적인 접지

1) 단독 접지

단독 접지란 접지 목적 및 종별에 따라 개별적으로 접지 공사를 하는 방식, 이상적인 단독 접지는 어느 한쪽에 접지 전류가 흐를 경우 다른 쪽 접지 전극의 전위 상승에 영향을 전혀 주지 않아야 함

2) 공통 접지

공통 접지란 1개소 또는 여러 개소에 시공한 공통의 접지 전극에 개개의 기계, 기구를 모아서 접속하여 접지를 공용화하는 접지 방식

3) 건축물 구조체 접지

구조체 접지란 건물의 일부인 철근 또는 철골에 접지선을 고정시킴으로써 구조체를 대용 접지선 및 접지 전극으로 하는 접지 방식

① 전기적인 특징

　㉠ 철근, 철골끼리 전기적 접속 방법에 의한 자연적인 격자(Cage)형의 접지 방식

　㉡ 건축 구조체의 각 부분은 낮은 전기 저항으로 접속되어 건물 전체가 양도체로 구성된 전기적 격자(Cage) 구조

　㉢ 철골, 철근 콘크리트, 철골 철근 콘크리트 구조로서 대지와의 접촉 면적이 큰 접지 방식

② 시공 시 유의 사항

　접지극의 조건은 건물 구조가 철골 또는 철근 콘크리트조로서 대지와 큰 지하 부분을 가지고 접촉 면적이 커야 하고 대지 저항률이 어느 정도 낮아야 함

　㉠ 구조체에 접속하는 접지선은 용접으로 기계·전기적으로 완벽하게 접속하도록 시공

　㉡ 전기 기기와 구조체를 연결하는 연접 접지선은 25[mm²] 이상의 연동선을 사용하고 접지선의 길이는 되도록 짧게 함

　㉢ 접지 간선을 구조체와 연결할 때는 주 철근 2개 이상의 개소에 접속

ⓔ 건물 전체가 대지와 등전위가 되도록 건물 설비의 비충전 금속부는 모두 구조체에 접지

ⓜ 건물에서 인·출입하는 전기 회로(전력, 통신) 및 금속체(수도, 가스관)에는 해당 인출점 부분에 보안기(SPD)를 설치하고 구조체에 접지

4) 기준 전위 확보용 접지

① 정의

컴퓨터, 통신 기기, 계장 설비 등을 안정적으로 가동하기 위하여 기준 전위를 확보하여 대지 전위의 변동을 가능한 적게 하기 위한 접지

② 시공 시 유의 사항

㉠ 기준 접지극을 설치하여 컴퓨터 관련기기는 모두 기준 접지극에 접지

㉡ 접지선은 짧게 하고 1점 접지

㉢ 접지극은 전기적 Noise를 발생하는 다른 전기 기기의 공통 접지와 분리

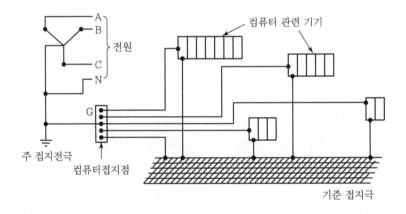

[기준 접지 시스템]

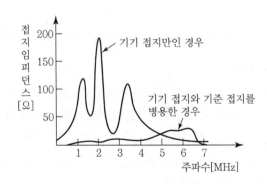

[기준 접지에 의한 접지 임피던스의 저감]

5) 뇌해 방지용 접지

뇌전류를 대지로 안전하게 흘려 보내기 위한 접지로서 피뢰침, 피뢰기가 포함되는데 뇌전류는 대단히 커서 접지 전극 주변에 대지 전위 상승을 일으켜 인축에 위험한 전압이 인가될 수 있으므로 전위경도를 낮게 하여야 함

6) Noise 장해 방지를 위한 접지

외부 Noise의 침입을 억제하기 위한 접지로서 차폐실 접지, 케이블 실드 접지, 필터 접지 등이 있음. Noise는 고주파이기 때문에 접지계가 저임피던스여야 함

06 KEC의 통합 접지 시스템 및 건물 기초 콘크리트 접지 시공 방법

1 통합 접지 시스템(Global Earthing System)

1) 최근 KEC에 통합 접지 시스템을 도입함에 따라 이를 실현하기 위한 구체적인 기술에 관심 대두
2) KEC에서 규정하고 있는 통합 접지 시스템은 서로 다른 목적을 갖고 있는 접지 시스템을 하나의 접지 시스템에 구현하는 접지 시스템
3) 한편 기초 콘크리트 접지(건물 기초 접지라고도 함)는 건물의 기초 콘크리트 내에 접지극을 매설하는 것으로서 감전 보호용 접지, 피뢰용 접지, 기능용 접지로서도 적합하므로 기초 콘크리트 접지에 의해 통합 접지 시스템 구축이 가능

2 KEC에 의한 설치 요건 및 특징

1) 고압 및 특고압과 저압 전기 설비의 접지극이 서로 근접하여 시설되어 있는 변전소 또는 이와 유사한 곳에서는 다음에 적합하게 공통 접지 공사 시행
   ① 저압 접지극이 고압 및 특고압 접지극의 접지 저항 형성 영역에 완전히 포함되어 있다면 위험 전압이 발생하지 않도록 이들 접지극을 상호 접속
   ② ①에 따라 접지 공사를 하는 경우 고압 및 특고압 계통의 지락 사고로 인해 저압 계통에 가해지는 상용 주파 과전압은 다음 표에서 정한 값을 초과해서는 안 됨

고압 계통에서 지락 고장 시간[초]	저압 설비의 허용 상용 주파 과전압[V]
>5	$U_o + 250$
≤5	$U_o + 1,200$

※ 중성선 도체가 없는 계통에서 U_o는 선간 전압

비고 1. 이 표의 1행은 중성점 비접지나 소호 리액터 접지된 고압 계통과 같이 긴 차단 시간을 갖는 고압 계통에 관한 것이다. 2행은 저저항 접지된 고압 계통과 같이 짧은 차단 시간을 갖는 고압 계통에 관한 것이다. 두 행 모두 순시 상용 주파 과전압에 대한 저압 기기의 절연 설계 기준과 관련
   2. 중성선이 변전소 변압기의 접지계에 접속된 계통에서 외함이 접지되어 있지 않은 건물 외부에 위치한 기기의 절연에도 일시적 상용 주파 과전압이 나타날 수 있음

2) 낙뢰 등에 의한 과전압으로부터 전기 설비 등을 보호하기 위해 KS C IEC 60364−5−53(534. 과전압 보호 장치) 또는 KEC G 9102−2015에 따라 서지 보호 장치(SPD)를 설치, 이때 서지 보호 장치(SPD)는 KS C IEC 61643−11에 적합한 것

3) 통합 접지 공사를 하는 경우의 보호 도체(PE) 단면적은 다음 표에 따라 결정한 것으로서 고장 시에 흐르는 전류가 안전하게 통과할 수 있는 것을 사용. 다만 불평형 부하, 고조파 전류 등을 고려하는 경우는 상도체와 같게 하고, 이때 전압 강하에 의한 단면적 증가는 고려하지 않음

상도체의 단면적 S[mm²]	대응하는 보호 도체의 최소 단면적[mm²]	
	보호 도체의 재질이 상도체와 같은 경우	보호 도체의 재질이 상도체와 다른 경우
$S \leq 16$	S	$\dfrac{k_1}{k_2} \times S$
$16 < S \leq 35$	16^a	$\dfrac{k_1}{k_2} \times 16$
$S > 35$	$\dfrac{S^a}{2}$	$\dfrac{k_1}{k_2} \times \dfrac{S}{2}$

여기서, k_1 : 도체 및 절연의 재질에 따라 KS C IEC 60364−5−54 부속서 A(규정)의 표 A54.1 또는 IEC 60364−4−43의 표 43A에서 선정된 상도체에 대한 k값
   k_2 : KS C IEC 60364−5−54 부속서 A(규정)의 표 A54.2∼A54.6에서 선정된 보호 도체에 대한 k값
   □^{a} : PEN도체의 경우 단면적의 축소는 중성선의 크기 결정에 대한 규칙에만 허용

※ 계산식에서 정한 값 이상의 단면적

차단시간이 5초 이하인 경우에만 다음 계산식을 적용

$$S = \frac{\sqrt{I^2 t}}{k}$$

여기서, S : 단면적[mm^2]

I : 보호 장치를 통해 흐를 수 있는 예상 고장 전류[A]

t : 자동 차단을 위한 보호장치 동작 시간[s]

[비고] 회로 임피던스에 의한 전류 제한 효과와 보호 장치의 $I^2 t$의 한계를 고려

k : 보호 도체, 절연, 기타 부위의 재질 및 초기 온도와 최종 온도에 따른 계수

(k값의 계산은 KS C IEC 60364 – 5 – 54 부속서 A 참조)

통합 접지 공사를 하는 경우에는 KS C IEC 60364 – 4 – 41(안전을 위한 보호 – 감전에 대한 보호)에 적합하도록 시설

4) 통합 접지 시스템의 특징

① 통합 접지 시스템은 대형 접지 시스템으로 대지와 접지극의 접촉면이 넓어지므로 접지 저항이 낮게 되고, 고장 전류도 쉽게 분산되어 접촉 전압 및 보폭 전압의 위험성이 낮아짐

② IEC 61936 – 1(2002. 10)에서는 접지 시스템의 설계 절차에 있어서 통합 접지 시스템을 채택하면 대지 전위의 상승에 의한 위험성이 낮으므로 접촉 및 보폭 전압의 위험성에 대한 검토를 하지 않고 곧바로 접지 시스템의 설계가 완료된 것으로 간주

3 건물 기초 콘크리트 접지 시공 방법

1) 기초 콘크리트 접지 : 기초 접지극(접지극 지지대 포함), 접지선 도체, 접속 단자, 주접지단자로 구성

2) 접지선 도체 : 기초 콘크리트 접지극에서 피뢰 시스템 또는 주 접지 단자 연결 도체

3) 접속 단지 : 기초 접지극과 연결하기 위하여 건축물 표면에 설치되는 단자

4) 기초 접지극은 약 20×20[m] 구역으로 분할하여 설치한 후 접지 단자 등을 통하여 서로 연결

5) 접지극 재료로서 강대 사용 시 기초 콘크리트 접지극은 세로로 설치

6) 기초 콘크리트 접지극이 신축 이음매 부위 통과 시 신축 이음매 부분에서 종단되어야 하며, 신축 이음 부분 외벽의 종단점으로부터 접지선 도체를 인출해서 신축 이음 밴드로 연결하고 항상 가변성 보유

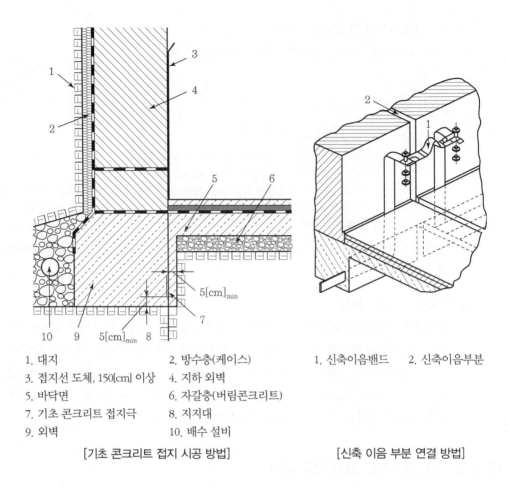

1. 대지	2. 방수층(케이스)
3. 접지선 도체, 150[cm] 이상	4. 지하 외벽
5. 바닥면	6. 자갈층(버림콘크리트)
7. 기초 콘크리트 접지극	8. 지지대
9. 외벽	10. 배수 설비

1. 신축이음밴드   2. 신축이음부분

[기초 콘크리트 접지 시공 방법]   [신축 이음 부분 연결 방법]

7) 기초 콘크리트 접지극의 재료는 최소 단면이 30×3.5[mm] 강대 또는 최소 단면 지름이 10[mm] 이상인 원형의 강(아연 도금 가능)을 사용

8) 접지선 도체는 아연으로 도금된 강으로 제작하고 접속 단자는 방식 기능의 강으로 함

9) 기초 콘크리트 접지극은 기초 콘크리트에서 5[cm] 이상의 두께로 콘크리트 내부에 매설하고 철근 없는 콘크리트 시공 과정에서는 위치 고정을 위해 지지대를 설치

10) 기초 콘크리트 접지극은 최하부의 철근에 설치되며 위치를 고정하기 위해서는 약 2[m] 간격으로 철근과 고정

11) 외부 수압으로부터 방수 시설이 설치된 건물일 경우 콘크리트층의 기초 콘크리트 접지극은 방수층 아래에 설치하고 접지선 도체는 콘크리트의 방수층(케이스) 부위의 외부면 또는 내부에 설치되며 건물 지하수의 최소 수위보다 위쪽에 삽입. 이때 접지선 도체 또는 접속 단자는 방수층을 통과하여 건물 내부에 설치 가능

12) 접지선 도체는 주 접속 단자와 연결을 하기 위해서 세대 단자함 가까이에 설치되어야 하고 접지선 도체는 건물 인입구 위치에 최소한 1.5[m] 정도 되도록 함

07 건축물의 접지 공사에서 접지 전극의 과도 현상과 그 대책

1 개요

1) 접지 전극에 대한 과도 현상은 접지 전극에 임펄스 전류(고주파)가 흘렀을 때 발생되는 현상으로 주입 전류 위치와 주파수, 전극의 형상 및 크기에 따라 상이하며 대지 저항률은 히스테리시스 특성을 나타내며 변화하는 전류 밀도의 영향에 따라 달라짐

2) 수 [kHz]~수 [MHz]의 주파수 성분을 가진 스위칭 서지나 뇌서지가 유입될 때 접지 시스템의 리액턴스 성분 등으로 인하여 60[Hz]의 상용 주파수 임피던스 특성과는 전혀 다른 반응을 나타냄

2 접지 전극의 과도 현상

1) 접지 임피던스 특성

① 상용 주파수에서 접지 전극은 접지 저항으로 나타내지만 Surge 전류 등에 의해서는 접지 임피던스로 나타내며 주파수의 크기에 따라 매우 큰 차이가 발생

② 또한 위상 특성을 통해 임피던스의 유도성 및 용량성이 분석되며 접지 전극의 길이와 포설 면적에 따라 고주파로 갈수록 유도성에서 용량성 임피던스 특성이 나타남

2) 상용주파수와 고주파에서 대지 전위 분포

① 접지 전극에 유입되는 전류의 주파수에 따라 접지 전위 상승값이 크게 변화

② 저주파인 경우에는 전류 유입점에서 전위상승이 높지만 전체적으로 낮은 범위에서 전위가 상승하나 고주파의 경우는 전류 유입점 근처에서 매우 높은 전위 상승을 나타내고, 다른 모든 부분은 높은 범위의 평탄한 전위 분포를 나타냄

③ 결론은 고주파에 의한 접지전극 전체의 접지 임피던스는 상승하고, 대지 전위 및 접지 전류는 유입되는 접지 전극 주위에 순간적으로 집중

3) 접지 임피던스 성능

① 일반적으로 접지 전극은 일반 봉, 메시이며, 주파수에 따른 접지 임피던스 크기와 대지 전위 상승 특성은 습식(전해질) 접지계가 가장 우수

② 따라서 접지 시스템의 주파수 응답 특성으로 접지봉의 형상과 접지 포설 면적이 접지 임피던스 크기와 대지 전위 분포를 결정하는 중요한 요소

4) 시간 영역의 접지 성능

① 시간 영역에서 임펄스 전류를 인가할 때, 접지 시스템별 전위 상승 특성과 임펄스 임피던스 크기는 정상 상태의 임피던스보다 매우 커지고, 또한 접지봉의 형상 및 접지 도체의 포설 면적에 영향을 많이 받음

② 습식 전해질 접지 시스템이 임펄스 전류에 대해 가장 낮은 전위 상승값을 나타냄

5) 각종 접지 시스템의 과도 응답 특성

① 대지 표면 전위 상승은 주파수 특성에 크게 변화하고, 특히 서지 전류 유입점에서 영향이 매우 큼. 최초 수 $[\mu s]$에서 전체적으로 급상승하고 접지 전극의 끝점으로 진행하면서 서서히 감소

② 접지 시스템에 주파수 특성을 분석하면 고주파일수록 유도성 인덕턴스의 영향을 받고, 일반적으로 습식 전해질 접지계가 고주파 전류에 대해서 대지 표면 전위 상승이 가장 낮음

③ 접지 시스템에 임펄스(뇌전류)가 유입될 때, 유입 지점의 대지 전위 상승(GPR)과 시간 경과에 따른 접지 저항의 변화 특성을 계절별로 측정 시 습식 전해질 접지 시스템이 가장 안정적

❸ 접지 전극의 과도 현상 대책

- 다양한 토양 조건에서의 접지망의 주파수 및 시간 응답 특성 검토
- 과도 시 접지 도체 전위 상승을 억제하기 위한 도체 배열 및 보조 접지망의 추가 설치로 인한 접지 임피던스 특성 변화와 대지 전위 저감 효과에 대한 검토

1) 단순 접지극

주파수에 따른 응답 특성으로 대지 저항률에 따른 접지 도체의 유효 거리를 추정하며, 유효 거리 내에서 가장 효과적으로 전류를 대지로 누설시키는, 즉 과도 대지 전위를 효과적으로 억제하기 위한 접지 도체 배열을 해야 함

① 주파수와 대지 저항률에 상관없이 전류는 접지 도체 끝부분에서 많이 누설

② 대지 저항률이 작고 주파수가 클 때 접지 도체의 전위는 도체 임피던스에 의한 유도성 전압 강하에 의해 지배

③ 대지 저항률이 크고 주파수가 클 때 접지 도체의 전위는 대지에서의 용량성 전압 강하에 의해 지배

2) 접지 도체의 유효 거리

① 전류의 유입점으로부터 유효 거리 또는 유효 반경이란 접지 임피던스 또는 접지 도체 전위의 저감에 기여하는 접지 도체의 최대 길이

② 추정된 유효 거리 내에서 접지 도체를 많이 포설하여 고주파 성분을 포함하고 있는 서지 전류 유입 시 접지 도체의 전위 상승을 효과적으로 저감

3) 메시 접지극

① 접지망 면적이 커질수록 임펄스 임피던스는 감소하나 일정 면적 이상으로 커져도 임펄스 임피던스가 줄지 않는 한계가 존재하며, 이 한계 거리(또는 유효 반경)는 대지 저항률에 비례하여 상승

② 면적이 동일한 경우 도체 간격이 좁아질수록, 대지 저항률이 작을수록 도체 간격 감소에 따른 임펄스 임피던스 저감 효과가 우수

4) 과도 접지 전위 저감

① 임펄스 임피던스란 서지 전류의 유입으로 인한 접지망의 최대 전위 상승값을 유입 전류의 최대값으로 나눈 값으로 정의

② 따라서 과도 접지전위를 저감시키기 위해서는 보조 접지망을 포설하여 과도 접지전위를 저감

　　㉠ 주 접지망 외에 전류 유입점 부근에 보조 접지망을 포설함으로써 임펄스 임피던스를 약 20~30[%] 정도 저감

　　㉡ 보조 접지망의 형상은 방사상이 메시형에 비해 효과적

　　㉢ 메시 형상 보조 접지망의 도체 간격은 좁을수록 양호

08 | 대지저항률에 영향을 미치는 요인

1 개요

1) 대지저항률의 정의

① 단면적이 1[m²]이고 길이가 1[m]인 토양의 전기저항

② 토양에 함유되어 있는 전해질의 저항률

③ 토양의 전류밀도당 전위경도

2) 토양의 전기적 성질

$$V = R \cdot I = \rho \frac{l}{A} \cdot I$$

$$E = \frac{V}{l} = \rho \frac{I}{A} = \rho \cdot j$$

여기서, E : 전위경도[V/m]
j : 전류밀도[A/m²]

대지저항률 $\rho = \dfrac{E}{j} [\Omega \cdot m]$

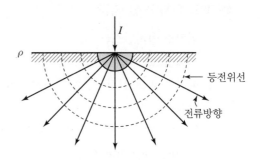

[단층 구조 대지의 전류분포]

3) 대지저항률 측정법

① 2전극법

② 4전극법(등간격, 부등간격)

③ 간이 측정법(역산법)

2 대지저항률에 영향을 미치는 요인

1) 토양의 종류

① 토양을 구성하는 성분, 입자의 크기, 분포, 균질성, 조밀도 등에 따라 다름

② 토양의 종류 및 저항률

토양의 종류	늪지, 진흙	점토질, 모래질	사암, 암반지대
저항률[$\Omega \cdot m$]	80~200	150~300	10,000~100,000

2) 수분의 영향

① 토양 중 수분의 함유량이 증가하면 대지저항률은 급격히 감소

　→ 수분 함유량이 약 16[%] 이하에서 함수량 증가에 따라 급격히 감소

② 토양의 종류, 함유된 물의 종류에 따라 다름

종류	저항률[$\Omega \cdot m$]
순수	200,000
증류수	50,000
빗물	200
하천물	2

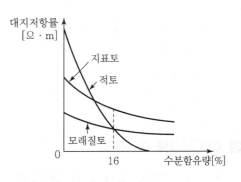

[물의 저항률]

3) 온도의 영향

① 일반적으로 온도가 높아지면 금속의 저항률은 증가하는 데 비해 반도체나 전해질(또는 토양에 함유된 수분)의 저항은 감소하며 물질 온도계수에 따라 다름 → 대지저항률은 온도상승과 더불어 감소

② 온도 $T_1[\text{℃}]$일 때 저항을 R_1, $T_2[\text{℃}]$일 때 저항을 R_2라 하면

$$R_2 = R_1 \cdot \{1 + \alpha_1 (T_2 - T_1)\}$$

　　여기서, α_1 : T_1에서의 저항온도계수

$$\alpha 값(\text{at } 20[\text{℃}]) \begin{cases} 동 : +0.0093 \\ 토양 : -0.023 \sim -0.037 \end{cases}$$

4) 화학성분의 영향

① 토양의 저항률은 염분, 산, 알칼리 등의 화학물질의 양이나 조성에 따라 변화

② 염분의 농도가 증가하면 대지저항률 감소 → 토양의 종류와 함유량에 따라 변화율 상이

5) 계절적 영향

① 대지저항률은 수분과 온도에 관계하므로 기후나 계절에 따라 크게 변화

② 기온이 낮고 건조한 겨울철에 높고, 기온이 높고 습한 여름철에 낮음

　→ 겨울철에 접지저항을 측정하는 것이 바람직함

③ 매설깊이가 깊을수록 대지 저항률의 계절적 변동이 적음

09 대지저항률 측정

1 개요

1) 토양은 대단히 복잡한 지층, 지형으로 이루어진 경우가 보통이므로 대지 표면의 지층을 비롯하여 지하층의 대지저항률을 정확히 측정할 필요가 있음

2) 대지저항률 측정법에는 2전극법, 4전극법, 접지저항계(Earth Tester)를 이용한 간이 측정법 등 여러 가지 방법이 제안되어 사용

2 대지저항률 측정방법

1) 2전극법(Two Electrode Method)

① 균일한 토질이 아닌 토양의 대지저항률을 현장에서 개략적으로 측정하는 방법 중의 하나로 절연봉에 부착된 2기의 소형전극을 사용

② 주 접지전극과 측정용 소형 보조전극을 충분히 이격 설치($a \ll a_0,\ x$)

$\rho = 2\pi aR[\Omega \cdot \mathrm{m}]$ ($R = \dfrac{V}{I}$ 로부터 대지저항률 산출)

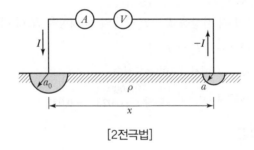

[2전극법]

③ 특징
   ㉠ 이동성이 간편하고 짧은 시간에 계측 가능
   ㉡ 정확성이 낮고 토양의 국부적인 위치의 대지저항률만 측정

2) Wenner 4전극법(등간격 4점법)

① 4개의 전극을 직선상의 동일한 간격으로 배치, C_1과 C_2 사이에 전압을 공급하여 양 바깥쪽 전극 간 흐르는 전류 I와 안쪽 2전극 간에 유도되는 전압 V를 측정하여 대지저항률을 산출

② 현재 대지저항률 측정방법으로 가장 많이 사용

③ 전극간을 a[m]라 하면, $V/I = R$로부터 대지저항률 $\rho = 2\pi aR[\Omega \cdot \mathrm{m}]$

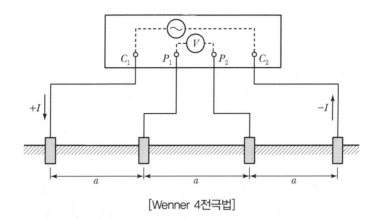

[Wenner 4전극법]

④ 측정용 접지전극의 매설깊이가 전극 간 거리에 비해 대단히 작은 경우($a \geq 20d$인 조건)의 대지저항률 측정이 바람직함

⑤ 대체로 길이 $(0.75{\sim}1)a$인 지점의 토양에서 평균 대지저항률을 나타내며, 접지전극의 저항값과 무관

⑥ 측정 오차가 발생할 수 있으며, 정확한 측정을 위해 4전극 배열방법과 간격을 변화시켜 여러 회 측정하여 평균을 취하는 것이 바람직함

3) Schlumberger – Palmer법

① 측정용 접지전극 간격이 넓은 경우 전위차의 검출이 곤란하여 오차 발생, 이러한 Winner 4전극법의 단점을 보완한 것

② 전위검출용 전극을 전류 보조전극에 가까이 위치시켜 검출전압을 높이는 방법으로 부등간격 4전극법이라고도 함

③ 깊은 대지의 하부지층 토양의 저항을 측정하고자 하는 경우 접지전극 간 거리가 먼 경우도 측정 가능하며 정확도가 개선

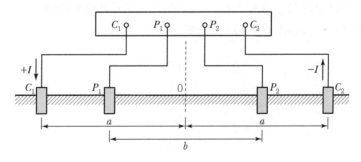

[Schlumberger – Palmer법]

④ $\rho = \pi \left(\dfrac{a^2}{b} - \dfrac{b}{4} \right) R [\Omega \cdot \mathrm{m}]$

4) 간이 측정법(역산법)

① 길이와 반경을 알고 있는 봉형 접지전극(Rod－Type Electrode)을 설치하고, 이 접지전극의 접지저항을 측정하여 그 값으로부터 대지저항률을 이론적으로 산출하는 방법(봉형 접지전극의 접지저항으로부터 대지저항률을 역산)

㉠ 접지극 상단이 지표면에 평행 매설된 경우

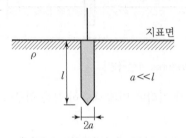

$$\rho = \frac{2\pi l R}{\ln \dfrac{2l}{a}} [\Omega \cdot m]$$

[간이 측정법(지표면에 평행 매설)]

㉡ 유한깊이에 매설된 경우

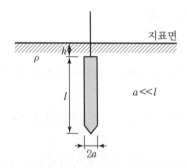

$$\rho = \frac{2\pi l R}{\ln \dfrac{4l}{a} - 1} [\Omega \cdot m]$$

[간이 측정법(유한깊이에 매설)]

② 산출된 값은 합성 대지저항률이며 봉형 접지전극의 매설깊이에 좌우되고 대지의 지층구조 (Soil Structure)를 결정하는 데 활용

10 전압강하 61.8[%] 법칙

1 개요

1) 접지저항 측정법 : 전위강하법(Ⅰ, Ⅱ), 코울라시브리지법(3전극법), Hook-on법

2) 접지 저항계의 설명서를 보면 전류 보조극 거리는 20[m], 전위 보조극 거리는 10[m]로 되어 있으나 정확한 측정을 위해 전위 보조극의 배치에 대한 이론적 근거를 소개

2 전위강하법의 61.8[%] 법칙

1) 기본 가정

① 측정대상 접지전극을 반지름 r의 반구 모양으로 하고 주위의 대지저항률은 어디에서나 동일

② E 전극 중심으로부터 C[m] 떨어진 곳에 전류전극 C를, P[m] 떨어진 곳에 전위전극 P를 박고, P전극으로 I가 흘러 들어가 C전극으로 나온다고 가정

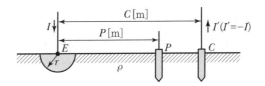

[전위강하법의 기본 가정]

2) I에 의한 EP 간 전위차

① 반구모양 접지전극의 중심으로부터 거리가 r[m]인 점의 전위

$$V_E = \frac{\rho}{2\pi r}I[\mathrm{V}]$$

② EP 간 거리 P점의 전위 $V_p = \dfrac{\rho}{2\pi r}I$

③ I에 의한 EP 간 전위차 $V_1 = \dfrac{\rho}{2\pi}I\left(\dfrac{1}{r} - \dfrac{1}{P}\right)[\mathrm{V}]$

3) I'에 의한 EP 간 전위차

① C 전극에서 유출되는 전류 I'에 의한 E 전극의 전위상승

$$V_E' = \frac{\rho}{2\pi C}I' = -\frac{\rho}{2\pi C}I \ (\because I' = -I)$$

② P점의 전위상승 $V_P' = \dfrac{\rho}{2\pi(C-P)}I$

③ C에서 유출되는 전류 I'에 의한 EP 간 전위차

$$V_2 = -\frac{\rho I}{2\pi C} - \left\{ -\frac{\rho I}{2\pi(C-P)}\right\} = -\frac{\rho}{2\pi}I\left(\frac{1}{C}-\frac{1}{C-P}\right)$$

4) 최종적인 EP 간 전위차

$$V = V_1 + V_2 = \frac{\rho}{2\pi}I\left(\frac{1}{r}-\frac{1}{P}-\frac{1}{C}+\frac{1}{C-P}\right)$$

5) 접지저항 계산

① $R = \dfrac{\rho}{2\pi}\left(\dfrac{1}{r}-\dfrac{1}{P}-\dfrac{1}{C}+\dfrac{1}{C-P}\right) = \dfrac{\rho}{2\pi r}\left(1-\dfrac{1}{p}-\dfrac{1}{c}+\dfrac{1}{c-p}\right)$

여기서, $p = \dfrac{P}{r}$, $c = \dfrac{C}{r}$

② $\dfrac{\rho}{2\pi r}$ 는 반구모양 접지전극의 접지저항 참값이므로 이것을 R_∞ 라 하면

$$R = R_\infty\left\{1-\left(\frac{1}{p}+\frac{1}{c}-\frac{1}{c-p}\right)\right\}$$

6) 측정값 오차가 최소가 되는 조건

{ } 안의 제2항은 오차항이 되는데 이것이 0이 될 때에 측정값은 참값과 같음

$$\frac{1}{p}+\frac{1}{c}-\frac{1}{c-p} = 0 = \frac{c(c-p)+p(c-p)-pc}{pc(c-p)}$$

즉, $p^2 + cp - c^2 = 0$

p를 변수로 해서 2차 방정식의 해를 구하면 $\begin{cases} p = 0.618c \ \ (\bigcirc) \\ p = -1.618c \ (\times) \end{cases}$

양변에 r를 곱하면

$\therefore P = 0.618C$

3 결론

상기 식에서와 같이 반구모양 접지전극의 접지저항 측정 시 EC 간 거리의 $61.8[\%]$인 곳에 전위전극을 박으면 이론적으로 정확한 접지저항 값을 구함

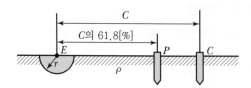

[P 전극의 61.8[%] 법칙]

4 P 전극을 $28.95°$ 이내로 유지해야 하는 이론적 근거

1) 전위접지전극의 위치 E와 P, C 단자는 일직선상에 위치하는 것이 바람직하나 현장 여건상 곤란한 경우 전위접지전극 P는 $E - C$ 전극 간의 일직선상에서 최대 $28.95°$인 직선에 접하는 C를 중심으로 하는 원주상(검은 점)에 배치한 경우에는 측정오차를 무시할 수 있음

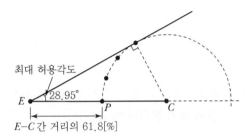

[P 전극의 최대 허용각도]

2) 풀이

$$V_{EP} = \frac{\rho I}{2\pi}\left(\frac{1}{r} - \frac{1}{C} - \frac{1}{P} + \frac{1}{C-P}\right) \text{에서}$$

$$R = \frac{\rho}{2\pi r}\left(1 - \frac{1}{p} - \frac{1}{c} + \frac{1}{\sqrt{p^2 + c^2 - 2pc\cos\theta}}\right)$$

$$= R_{true}\left\{1 - \left(\frac{1}{p} + \frac{1}{c} - \frac{1}{\sqrt{p^2 + c^2 - 2pc\cos\theta}}\right)\right\}$$

여기서, $p = \dfrac{P}{r}$, $c = \dfrac{C}{r}$

( )항은 오차항이므로 이를 0으로 놓고 θ를 구함

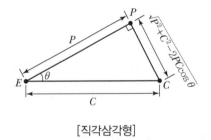

[직각삼각형]

$$\frac{1}{p} + \frac{1}{c} - \frac{1}{\sqrt{p^2 + c^2 - 2pc\cos\theta}} = 0$$

양변을 r로 나누면 $\dfrac{1}{P} + \dfrac{1}{C} - \dfrac{1}{\sqrt{P^2 + C^2 - 2pC\cos\theta}} = 0$

최대 허용각도상의 $E - P$점 간 거리는 $E - C$점 간 거리와 근사적으로 같다고 보면

$$\cos\theta = \frac{7}{8} \qquad \therefore \theta = \cos^{-1}\frac{7}{8} = 28.95°$$

따라서 $28.95°$ 이내 유지 시 측정값은 오차 없이 참값을 얻을 수 있음

11 | 접지극의 접지 저항 저감 방법(물리적 · 화학적)

1 개요

1) 접지는 전기 설비와 대지 사이에 확실한 전기적 접속을 실현하려는 기술이며 전기 안전의 기본

2) 접지 설비는 피접지체, 접지선, 대지, 접지전극 등으로 구성

3) 접지 저항

하나의 접지극에 접지 전류 I[A]가 흐를 때 접지 전극의 전위가 주변의 대지에 비해서 E[V]만큼 상승할 때 전위 상승값과 접지 전류의 비 E/I[Ω]가 접지 전극의 접지 저항

4) 접지 저항의 성질

① 일반 저항체에 비해 매우 복잡한 성질을 가지고 있으며 그 이유는 토양의 성분, 즉 대지 저항률의 영향을 받기 때문으로 명확히 정량화하기는 곤란

② 접지 저항에는 다음 저항이 포함

  ㉠ 접지선, 접지 전극의 도체 저항

  ㉡ 접지 전극의 표면과 이것에 접촉하는 토양 사이의 접촉 저항

  ㉢ 접지 전극 주위의 토양이 나타내는 저항

2 접지 저항 저감 방법

접지 저항 저감 방법에는 물리적인 저감 방법과 화학적인 저감 방법이 있으며, 토양의 오염 방지와 접지 저항값의 유지 측면에서 물리적 저감 방법이 우수

[접지 저항 저감 방법]

1) 물리적 저감 방법

① 수평 공법

　㉠ 접지극의 병렬 접속 : 접지극의 병렬 접속 개수에 따른 접지 저항 저감 효과

접지극 개수	1개 접지극의 접지 저항에 대한 비
2	55[%]
3	40[%]
4	30[%]
5	25[%]

　㉡ 접지극의 치수 확대

　　ⓐ 대지와 접촉되는 면적이 넓을수록 접지 저항은 낮아짐

　　ⓑ 접지봉보다는 접지판을 적용

　㉢ 매설 지선(환상) 접지극 사용

　　ⓐ 철탑, 발전소 등 낮은 접지 저항값을 필요로 하는 장소

　　ⓑ 지지물인 경우 전선로와 나란히 시공

　　ⓒ 매설 지선 50[mm²] 이상

ⓓ 매설 깊이 75[cm] 이상

ⓔ 길이 : 철탑의 경우 20~40[m], 건축물의 경우 건축물 외곽 길이의 8[%] 이상

ⓓ 다중 접지 시트

ⓐ 알루미늄박과 특수 유를 서로 교대로 3매 겹쳐서 만든 것

ⓑ 가볍고 유연성이 있으며, 접지저항 저감 효과가 우수

ⓜ 메시 공법

ⓐ 공통 접지 및 통합 접지 시스템을 채용하는 건축물

ⓑ 고장 전류가 큰 변전소, 플랜트에 적용

② 수직 공법

㉠ 접지봉 깊이 박기 및 보링 공법

㉡ 매설 깊이가 깊을수록 접지 저항은 깊이에 거의 비례하여 감소(토양 일정 재질)

2) 화학적 저감 방법

① 화학적 저감 방법의 특징

㉠ 화학적 저감 방법은 사용 전 저항 값의 약 30[%] 정도

㉡ 땅이 얼면 저항값 상승

② 저감재 구비조건

㉠ 공해가 없고 안전할 것

㉡ 저감 효과가 크고, 전기적으로 양도체일 것

㉢ 저감 효과의 영속성 및 지속성이 있을 것

㉣ 접지선 및 접지극을 부식시키지 않을 것

㉤ 작업성이 좋을 것

③ 접지 저항 저감재 사용을 위한 검토

㉠ 안전성 : 사람과 가축, 식물에 대한 안전성을 고려하여 토양을 오염시키지 않거나 생명
체에 유해한 것은 사용을 금지

④ 대표적인 토양의 오염물질

㉠ 중금속류 : 아연

㉡ 유기화합물 : 폴리염화비닐

㉢ 무기화합물 : 황산소다

㉣ 기타 : 질소화합물, 황산염

⑤ 사용 효과

　　㉠ 저감재의 저항률과 토양의 저항률을 비교하여 저감 효과 확인

　　㉡ 토양에 적합한 성분 유무 확인

　　㉢ 내부식성 : 접지극의 부식을 유발할 수 있으므로 접지극의 재료와 비교하여 문제가 없
　　　　는지 확인

3) 접지 저항 저감 재료의 시공 방법

구분	정의	시공법
타임법	접지 전극을 타입할 구멍에 저감재 유입	저감재 막대모양 전극
보링법	지반을 천공하여 선 혹은 띠 전극을 설치하고 그 속에 저감재 타입	선모양, 띠모양 전극
수반법	접지 전극 주위 대지에 저감재를 뿌려 저감 효과를 얻는 방법	
구법	접지 전극 주위에 여러 홈을 파내 그 속에 저감재를 유입시켜 저감	
체류조법	접지 전극 위에 얇게 도포하여 주로 사용	매설지선 메시 전극　　판모양 전극

❸ 최근의 접지 기술

1) 접지극의 과도 현상을 고려하여 접지 임피던스를 저감하기 위한 접지 기술을 적용

2) 메시 접지에 추가로 탄소봉 접지극, 침봉 접지극, XIT 전해질 접지극 등을 사용

3) 토양 오염 방지와 접지 전극의 부식을 방지하기 위하여 도전성 콘크리트 등을 사용

| 12 | KSC IEC 61936 - 1의 접지 시스템 안전기준 (교류 1[kV] 초과) |

1 개요

1) 교류 1[kV] 초과 전력 설비의 공통 규정을 다루고 있는 IEC 61936 - 1 표준에서 접지 시스템은 기기나 시스템을 개별적으로 또는 공통으로 접지하기 위하여 필요한 접속 및 장치로 구성된 설비를 말함

2) IEC 61936 - 1 표준에서는 어떤 조건에서도 기능을 유지하여, 사람이 정당하게 접근할 수 있는 모든 조건과 장소에서 생명의 안전이 보장될 수 있고, 접지 시스템에 접속되거나 접지 시스템 부근에 있는 기기의 건전성이 보장되며, 그 건전성의 유지를 보장하기 위한 기준을 제공

2 KSC IEC 61936 - 1 접지 시스템 안전 기준(Safety Criteria)

인간의 위험은 심실 세동을 일으키기에 충분한 전류가 심장 부위를 통하여 흐르는 데 있음. 그 허용 전류는 상용 주파수에 적용 목적으로 KS C IEC 60479 - 1로부터 도출되어야 함. 이 인체 전류 한계는 다음의 요소들을 고려하여 계산된 보폭 전압 및 접촉 전압과의 비교를 위하여 허용 전압으로 환산

1) 접촉 전압 허용값의 근거

① 심장 부위를 흐르는 전류의 비율 : 심장 전류 계수(심실 세동 가능성 5[%] 미만)
② 전류의 경로에 따른 인체 임피던스 : 인구의 50[%]가 초과하지 않는 값 기준
③ 인체 접촉점의 저항, 즉 금속 구조물에 닿은 장갑을 포함한 손, 신발 또는 자갈을 포함한 땅에 닿은 발
④ 고장 지속 시간

[표 1. 고장 지속 시간에 따른 허용 인체 전류]

고장 지속 시간[s]	인체 전류[mA]
0.05	900
0.10	750
0.20	600
0.50	200
1.00	80
2.00	60

고장 지속 시간[s]	인체 전류[mA]
5.00	51
10.00	50

⑤ 허용 접촉 전압 곡선은 IEC/TS 60479 − 2(2005)의 자료에 근거. 또한 고장의 발생, 고장 전류의 크기, 고장 지속 시간 및 사람이 감전 위험에 노출될 수 있는 것은 확률임

2) 허용 접촉 전압 적용

① 허용 접촉 전압(U_{Tp}) 기준은 고장 지속 시간에 따라 [그림 1]의 곡선을 적용

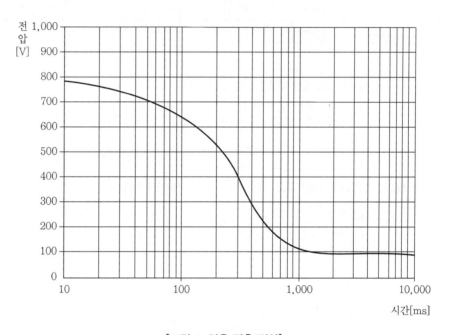

[그림 1. 허용 접촉 전압]

② [그림 2]는 [그림 1]의 곡선에 대한 대안으로서 사용될 수 있는 IEEE 80에 따른 곡선
③ 일반적으로 접촉 전압 요건을 만족하면 보폭 전압 요건도 만족하는데 인체를 통과하는 전류 경로가 달라 견딜 수 있는 보폭 전압 한계가 접촉 전압 한계보다 훨씬 크기 때문
④ 고압 기기가 출입 제한 전기 설비 운전 구역, 즉 산업 환경에 설치되지 않았다면 KS C IEC 60364 − 4 − 41에서 주어진 저압 한계(즉, 50[V]를 초과하는 고압 측 고장으로부터의 접촉 전압을 방지할 수 있도록 통합 접지가 적용되어야 함)

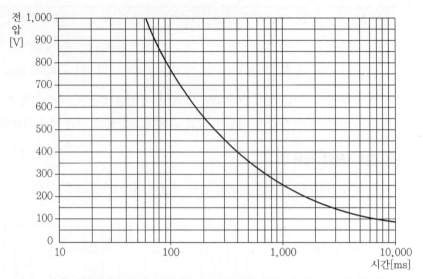

비고 1. 접촉 전압 곡선은 토양 고유 저항이 100[Ωm]이고 표토층이 0.1[m] 두께로서 1,000
[Ω·m] 저항을 지닌 경우를 기준으로 한 것이다.
2. 몸무게 50[kg]인 사람이 자갈이 깔린 지역에 있다고 가정한 것이다.

[그림 2. IEEE 80의 허용 접촉 전압]

[표 2. 전류 경로가 손-손인 접촉 전압 U_T에 대한 총인체 임피던스 Z_T]

접촉 전압 $U_T[\mathrm{V}]$	인체 임피던스 $Z_T[\Omega]$		
	5[%]의 인구	50[%]의 인구	95[%]의 인구
25	1,750	3,250	6,100
50	1,375	2,500	4,600
75	1,125	2,000	3,600
100	990	1,725	3,125
125	900	1,550	2,675
150	850	1,400	2,350
175	825	1,325	2,175
200	800	1,275	2,050
225	775	1,225	1,900
400	700	950	1,275
500	625	850	1,150
700	575	775	1,050
1,000	575	775	1,050

⑤ 허용 접촉 전압 곡선은 IEC/TS 60479-1에서 추출된 데이터에 기초. 인체 임피던스값은 건조 상태, 넓은 접촉 면적(손바닥 면적을 가정하여 10,000[mm²])에서 전류 경로가 손-손(통전 경로 손-발에 대한 인체 총임피던스는 경로 손-손에 대한 임피던스보다 다소 작음)일 때 0.1초 동안 통전 시 인구의 50[%]를 초과하지 않는 값을 나타낸 [표 2]와 인체 전류값은 전류 경로가 손에서 양발일 때 심실 세동 발생 확률 5[%] 미만인 [그림 3]의 c_2 곡선을 채택하고, 이에 대응하는 고장 지속 시간에 대한 허용 인체 전류값인 [표 1]을 기초로 함. 이런 가정에 의해 전류 경로가 손-양발인 경우 인체 내부 임피던스 계수 0.75를 적용하여 식 ⓐ에 따라 계산한 허용 접촉 전압은 [그림 1]의 곡선과 같음. [그림 1]에 나타난 바와 같이 전류가 흐르는 시간이 10초 이상 지속되는 경우의 허용 접촉 전압은 80[V], 고장 전류 지속 시간이 0.5초일 때 허용 접촉 전압은 230[V], 1초일 때는 100[V]가 사용 가능

⑥ 접지 대상 건축물의 전기 설비가 글로벌 접지시스템(GES : Global Earthing System)의 일부분이거나 측정 또는 계산으로 결정된 접지 전위 상승이 [그림 2]에 따른 허용 접촉 전압을 초과하지 않는 경우에는 기준을 충족하는 것으로 고려

⑦ 고압 계통의 지락으로 인한 저압 설비의 노출 도전부와 대지 사이에 나타나는 고장 전압의 크기와 지속 시간 동안 [그림 1]에 의해 주어지는 값을 초과 금지

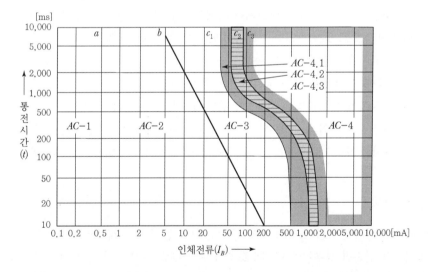

[그림 3. 전류경로가 왼손-양발일 때 사람에 대한 교류 전류(15~100[Hz]) 영향의 시간/전류]

$$U_{Tp} = I_B(t_f) \times \frac{1}{HF} \times Z_T \times BF \quad \cdots\cdots\cdots\cdots\cdots ⓐ$$

여기서, U_T : 접촉 전압, U_{Tp} : 허용 접촉 전압, t_f : 고장 지속 시간
$I_B(t_f)$: 인체 전류 제한, HF : 심장 전류 계수
$Z_T(U_T)$: 인체 임피던스, BF : 인체 계수

3) 기본 요건(Functional Requirements)

① 접지 계통의 구성 부품 및 접속 도체는 후비 보호 동작 시간을 기준으로 열적 · 기계적 설계 한계를 초과하지 않고 고장 전류를 분류 및 방전할 수 있는 것

② 접지 계통은 부식 및 기계적 제약을 고려하여 그 내용 연수 동안 건전성이 유지될 수 있어야 함

③ 접지 계통의 성능은 과도 전위 상승, 접지 계통 안에서의 전위차 및 고장 전류가 흐르도록 의도되지 않은 보조 경로로 과도한 전류의 흐름에 의하여 기기가 손상되는 것을 방지

④ 접지 계통은 적절한 대책을 조합하여 보호 계전기와 차단기의 정상 동작 시간을 기준할 때 보폭, 접촉 및 전도 전위를 허용전압 이내로 유지

⑤ 접지 계통 성능은 IEC/TR 61000 − 5 − 2에 따라서 고압 계통의 전기 및 전자 설비 간의 전자기 적합성(EMC)을 보증할 수 있어야 함

4) 글로벌 접지 시스템(GES)

① IEC 61936 − 1의 접지 설계에서 GES인 경우에는 안전을 고려한 기본 설계가 완료되는 것으로 되어 있음

② GES는 하나의 영역에서 전위차가 없거나 거의 발생하지 않는다는 사실에 근거. 이러한 영역을 식별하기 위해 간단하거나 독립적인 규칙은 사용할 수 없음

③ 일반적으로 낮은 총저항은 도움이 되나 보증되지는 않으므로 표준에서는 저항에 근거한 최소 요건을 기술하지 않고 높은 토양 저항과 총저항이 높은 설비에서는 추가적인 저항의 증대와 충분한 전위 균등화로 안전 요건을 충족시킬 수 있음

④ 낮은 고장 전류 레벨은 전체 EPR 감소에 도움이 될 것이며, 적절한 케이블 시스 감소계수 또는 접지 와이어 감소 계수는 고장 전류를 분산시켜 총 EPR을 제한

⑤ 단시간 고장 지속 시간은 허용 접촉 전압을 증가시켜 허용되는 제한에 대한 차이를 감소

❸ 향후 대책

국내의 도심지 건축물에서 22.9[kV] 중성선 다중 접지 배전 계통의 중성선에 수용가 수전설비의 접지선을 접속한 경우는 일반적으로 GES로 판단할 수 있으나, 실제로 GES를 적용하기 위해서는 지역 또는 단지의 접지 시스템의 상호 접속 여부, 건축물의 메시 접지, 기초접지극 등의 접지 시스템, 중성선 다중 접지 배전 선로, 지중 선로 등 배전 선로의 구성 등에 따라 추가적인 연구와 기술적 근거를 바탕으로 국내 실정에 적절한 보다 신뢰성 있는 GES의 판단 기준을 정립할 필요가 있음

13 변전실의 접지 설계

▌1 개요

전 세계적으로 변전 설비의 접지 설계는 ANSI/IEEE의 규정을 적용하고 있고 이 규정에서 정하고 있는 접지 설계는 접지전 극에 대한 대지 표면의 전위 상승에 관련된 전위 경도의 경감 방법을 중시

▌2 접지 설계 시 고려 사항

1) 국내의 접지 설비는 접지 저항값을 기준으로 정하고 있어 접지 설계 시 접지 저항을 낮추기 위한 설계를 위주로 하고 있음
2) IEEE 규정은 접지 저항보다는 접지전극에 대한 대지 표면의 전위 상승에 관련된 접촉 전압, 보폭 전압, 메시 전압 등을 검토하여 전위 경도를 경감시키는 방법으로 설계
3) 인체 감전은 전위 경도와 직접 관계되므로 변전실 접지는 인체 안전성이 평가된 설계

▌3 접지 설계 순서

1) 토양의 특성 조사(대지 저항률)

① 토양의 특성, 변전 설비 평면 계획, 대지 저항률, 대지 구조 등 현장 조건을 확정
② 대지 고유 저항은 토양의 종류, 수분의 양, 온도, 계절적 영향 및 토양 속의 물질에 따라 달라지므로 측정 시 유의

2) 접지 고장 전류의 계산(1선 지락)

접지 고장 전류, 고장 지속 시간, 접지 도체의 굵기 등을 결정

① 접지 고장 전류

$$I_g(=3I_0) = \frac{3E}{Z_0 + Z_1 + Z_2}$$

여기서, Z_0, Z_1, Z_2 : 고장점에서 본 계통 측의 영상, 정상, 역상 임피던스

② 고장 지속 시간
22[kV](22.9[kV]) 계통은 1.1초, 66[kV] 비접지 계통은 1.6초
보통 0.5~3초(한전 규격 2.0초 권장)

③ 접지 도체의 굵기 : 기계적 강도, 내식성, 전류용량의 3가지 요소를 고려하여 결정

$$S = \frac{\sqrt{t_s}}{K} \times I_g \, [\text{mm}^2]$$

여기서, K : 접지 도체의 절연물 종류 및 주위 온도에 따라 정해지는 계수
t_s : 고장 지속 시간[sec]

[K 값]

주위온도 \ 접지선의 종류	나연동선	IV, GV	CV	부틸고무
30[°C](옥내)	284	143	176	166
55[°C](옥외)	276	126	162	152

3) 감전 방지 안전 한계치 결정(보폭 전압 및 접촉 전압의 설정)

① 접촉 전압(IEEE 정의) : 구조물과 대지면 사이의 거리 1[m]의 전위차

$$E_{Touch} = \left(R_H + R_B + \frac{R_F}{2} \right) I_B = \left(1{,}000 + 1.5 \, C_s \, \rho_s \right) \frac{0.116}{\sqrt{t}}$$

여기서, R_H : 손의 접촉 저항, R_B : 인체 저항, R_F : 다리의 접촉 저항
C_s : 계수, ρ_s : 표면재의 고유 저항, t : 통전시간

② 보폭 전압(IEEE 정의) : 접지 전극 부근 대지면 두 점 간의 거리 1[m]의 전위차

$$E_{Step} = (R_B + 2R_F) I_B = \left(1{,}000 + 6 \, C_s \, \rho_s \right) \frac{0.116}{\sqrt{t}}$$

※ I_B 인체 전류는 Dalziel의 식을 인용하며 인간 체중을 50[kg]으로 환산한 식

4) 접지 전극의 설계

① 변전실의 접지 설비를 Mesh 접지에 의한 설계로 검토

② 접지 저항 계산

메시 도체의 격자 수, 간격, 접지 도체의 전체 길이, 매설 깊이 등을 설정하고 접지 저항값을 계산(IEEE 80−86 Gide : Severak 식)

$$\text{Mesh 접지 저항 } R = \rho \left[\frac{1}{L} + \frac{1}{\sqrt{20A}} \left(1 + \frac{1}{1 + h\sqrt{20/A}} \right) \right] [\Omega]$$

여기서, ρ : 대지 저항률[$\Omega \cdot$ m], A : 메시 면적(접지부지면적 : [m²])
L : 접지선의 길이[m], h : 접지선의 매설 깊이[m]($0.25 \le h \le 2.5$)

5) 최대 접지 전류의 계산

① 접지 고장 전류는 접지 전극과 가공 지선이나 다른 접지 설비에 의해 분류

② 접지 전극으로 흐르는 최대 접지 전류를 접지 고장 전류의 60[%]로 정함

$$\therefore I = I_g \times 0.6$$

6) 접지 안전성 평가(GPR과 접촉 전압 비교)

① 접지망 전체의 접지 저항이 계산되는 접지망의 최대 전위 상승은 $GPR(= I_g \times R_g)$로 표시되며 허용 접촉 전압과 검토가 필요

② 대지 전위 상승(GPR : Ground Potential Rise)과 허용 접촉 전압의 비교
  ㉠ GPR < 허용 접촉 전압의 경우 설계 적절
  ㉡ GPR > 허용 접촉 전압의 경우 재설계

7) 전위 경도 완화 대책 또는 재설계

보폭 전압 및 접촉 전압이 감전 방지 한계치 허용값보다 높을 경우

① 접지 전극의 접지 저항 저감 방법
  ㉠ 물리적 저감법
  ㉡ 화학적 저감법

② 변전실 접지 설비 저감
  ㉠ 메시 전극을 깊게 박고, 전극의 면적을 확대
  ㉡ 메시 전극의 간격을 조정하여 봉형 전극을 병렬로 접속
  ㉢ 메시 전극을 대지 저항률이 낮은 지층에 매설 또는 토양의 저항률 저감

③ 보폭 전압과 접촉 전압의 저감 방법
  ㉠ 접지 기기 철구 등의 주변 1[m] 위치에 깊이 0.2~0.4[m]의 환상 보조 접지선을 매설하고 이를 주 접지선과 접속(저감률 약 25[%] 저감)
  ㉡ 접지 기기 철구 등의 주변 약 2[m]에 자갈을 0.15[m] 깔거나 또는 콘크리트를 0.15[m] 타설(저감률 건조 시 19[%], 습윤 시 14[%] 저감)
  ㉢ 접지망 접지 간격을 좁게 함. 메시 망의 간격을 좁게 하면 전위 경도 완화

④ 고장 전류를 다른 경로로 돌리는 방법
  송전 선로의 가공 지선에 연결 등으로 접지 고장 전류를 다른 경로로 분류

8) 기타

① 전위 경도에 만족하는 경우 : 접지할 기기의 주변에 매설 접지 도선이 없을 경우 추가로 접지 도선을 매설하고 피뢰기, 변압기의 중성점에는 접지봉을 추가로 타입

② 전위 경도에 불만족하는 경우 : 접지 전극의 대지 표면에 자갈을 깔거나 전기 저항이 큰 재료로 마감하여 허용 접촉전압 및 보폭 전압을 높이는 방법도 효과적

---

14 건축물에 시설하는 전기 설비의 접지선 굵기 산정

1 개요

접지선의 굵기를 결정하는 경우 기계적 강도, 내식성, 전류 용량의 3가지 요소를 고려하여 결정. KEC 등으로 규정되어 있는 접지선 굵기는 기계적인 최소 수치이며, 현장에서는 고장 전류가 안전하게 통전할 수 있는 충분한 굵기를 사용

2 특고압 기기의 접지선 굵기 계산

1) 도체 단면적 계산식

① 도체의 단면적은 전류, 통전 시간, 온도, 재료의 특성값 등을 이용하여 도체의 단면적 계산식을 이용하여 구함

② 나동선의 경우

$$S = \sqrt{\frac{8.5 \times 10^{-6} \times t_s}{\log_{10}\left(\dfrac{T}{274} + 1\right)}} \times I_g \, [\text{mm}^2]$$

여기서, S : 접지선의 단면적[mm²], t_s : 고장 계속 시간[sec]
T : 접지선의 용단에 대한 최고 허용 온도(상승)
　　 (나동 연선 : 850[℃], 접지용 비닐 전선 : 120[℃])
I_g : 접지선의 고장 전류[A]

2) 간략식

상기와 같이 분모 계수는 도체의 재료, 절연물의 종류, 주위 온도에 따라 결정되는 상수로 적용. 접지 도체에 동(Cu)을 사용할 경우 간략식으로 계산

① 동선의 경우

$$S = \frac{\sqrt{t_s}}{K} \times I_g \, [\text{mm}^2]$$

여기서, K : 접지 도체의 절연물 종류 및 주위 온도에 따라 정해지는 계수
t_s : 고장 지속 시간[sec]
22[kV](22.9[kV]) 계통 1.1초, 66[kV] 비접지 계통 1.6초

[K 값]

접지선의 종류 주위온도	나연동선	IV, GV	CV	부틸 고무
30[°C](옥내)	284	143	176	166
55[°C](옥외)	276	126	162	152

② 접지용 나연동선을 옥외에 설치하는 경우

$$S = \frac{\sqrt{t_s}}{276} \times I_g$$

③ 접지용 절연 전선을 옥내에 설치하는 경우

$$S = \frac{\sqrt{t_s}}{143} \times I_g$$

3 저압 기기 접지선의 굵기 계산

1) 접지선의 온도 상승

접지선에 단시간 전류가 흘렀을 경우 동선의 허용 온도 상승

$$\theta = 0.008 \left(\frac{I}{A} \right)^2 \cdot t \, [°C]$$

여기서, I : 통전 전류[A], A : 동선의 단면적[mm²], t : 통전 시간[sec]

2) 계산 조건

① 접지선에 흐르는 고장 전류의 값은 전원 측 과전류 차단기 정격 전류의 20배
② 과전류 차단기는 정격 전류의 20배 전류에 0.1초 이하에서 끊어짐
③ 고장 전류가 흐르기 전의 접지선 온도는 30[°C]
④ 고장 전류가 흘렀을 때 접지선의 허용 온도는 150[°C](허용 온도 상승은 120[°C])

3) 계산식

$$120 = 0.008 \left(\frac{20 I_n}{A} \right)^2 \times 0.1$$

여기서, I_n : 과전류 차단기의 정격 전류

$$\therefore A = 0.049 I_n \, [\mathrm{mm}^2]$$

4 KS C IEC 60364 – 543에 의한 보호 도체의 최소 단면적

1) 최소 단면적 산출

$$\text{단면적 } S = \frac{\sqrt{I_g^2 \cdot t}}{K} = \frac{\sqrt{t}}{K} \cdot I_g$$

여기서, I_g : 보호 계전기를 통한 지락 고장 전류값(교류 실효값)

t : 고장 계속 시간[sec]

K : 절연물 종류 및 주위 온도에 따라 정해지는 계수

2) 보호 도체의 단면적 선정

상도체의 단면적 $S[\mathrm{mm}^2]$	대응하는 보호 도체의 최소 단면적[mm²]	
	보호 도체의 재질이 상도체와 같은 경우	보호 도체의 재질이 상도체와 다른 경우
$S \leq 16$	S	$\dfrac{k_1}{k_2} \times S$
$16 < S \leq 35$	16^a	$\dfrac{k_1}{k_2} \times 16$
$S > 35$	$\dfrac{S^a}{2}$	$\dfrac{k_1}{k_2} \times \dfrac{S}{2}$

여기서, k_1 : 도체 및 절연의 재질

k_2 : KS C IEC 60364 – 5 – 54 보호도체

□ᵃ : PEN도체의 경우 단면적의 축소는 중성선의 크기 결정에 대한 규칙에만 허용

3) 보호 도체의 최소 굵기

① 기계적 보호가 되는 것 : Cu 2.5[mm²], Al 16[mm²]

② 기계적 보호가 되지 않는 것 : Cu 4[mm²], Al 16[mm²]

15 등전위 본딩

1 개요

1) 등전위로 하기 위한 도전성 부분을 전기적으로 접속하는 것
2) 전로를 형성하기 위해 금속 부분을 연결하는 것

2 역할

1) 등전위화 구성 : 접촉 전압을 저감시켜 안전 한계치 이하로 억제
2) 전위의 기준점 제공 : 1점에 집중시켜 전위 기준점 제공
3) 등전위 본딩의 역할

설비의 종류	등전위 본딩 역할
저압 전로 설비	주로 감전보호
정보 · 통신 설비	주로 기능 보증, 전위 기준점의 확보, EMC 대책
뇌보호 설비	주로 과도 전압 보호, 불꽃 방전의 방지, EMC 대책

3 감전 보호용 등전위 본딩

1) 구성

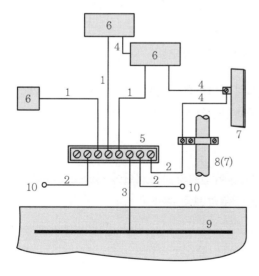

1 : 보호 도체(PE)
2 : 주 등전위 본딩용 도체
3 : 접지선
4 : 보조 등전위 본딩용 도체
5 : 주 접지단자
6 : 전기 기기의 노출 도전성 부분
7 : 빌딩 철골, 금속덕트
8 : 금속제 수도관 · 가스관
9 : 접지극
10 : 기타 설비 기기(IT 기기 누전 보호 설비)

[보호 등전위 본딩의 구성]

2) 주 등전위 본딩

① 건물은 금속제의 전기적 Cage로 간주

② 건물 내 도입되어 있는 전원 설비는 물론 수도관, 가스관, 급탕관, 배수관 등의 계통 외 도전 성 부분을 보호 도체를 이용하여 주접지단자에 집중시킴

③ 등전위 영역 내에 노출 도전성 부분, 계통 외 도전성 부분 상호 간의 등전위 실시

3) 보조 등전위 본딩

① 주 등전위 본딩을 보조하기 위한 것

② 전기 기기(M)의 노출 도전성 부분, 수도관, 가스관, 덕트와 같은 계통 외 도전성 부분, 철근 콘크리트 바닥 등의 상호 간에서 인간이 동시에 접근 가능한 거리에 실시(2.5[m] 미만의 이 격 거리)

③ 구성

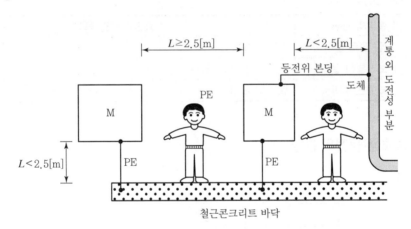

[보조 등전위 본딩의 구성]

④ TT, TN 배전 계통인 경우, 고장 루프의 임피던스가 커질 경우에 자동 차단 조건, 보호 장치 를 규정 시간 내 동작시키기 위해 보조 등전위 본딩 필요

4) 비접지 국부적 등전위 본딩

① 감전 보호의 수단인 간접 접촉 보호에 있어 전원의 자동 차단에 의한 보호가 적용될 수 없는 경우, 즉 보호 접지를 실시하지 않는 경우의 보호 수단

② 구성

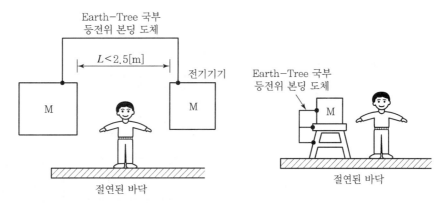

[비접지 국부적 등전위 본딩의 구성]

③ 대지로부터 절연된 바닥 위에 인간이 서 있는 경우 동시에 접촉 가능한 노출 도전성 부분인 전기 기기(M)에 설치

④ 대지로부터 절연된 바닥

　　㉠ 설비 공칭 전압 500[V] 이하 : 50[kΩ] 이상

　　㉡ 설비 공칭 전압 500[V] 초과 : 100[kΩ] 이상

❹ 접지 방식에 따른 감전 보호

1) TN 방식에 의한 감전 보호

① 노출 도전성 부분 및 계통의 도전성 부분은 주 등전위 본딩에 접속되어 있으며 지락전류는 PEN 도체에 의해 전원 변압기로 흘러 고장 루프가 형성

② 자동 차단에 의한 간접 접촉 보호를 이루기 위해서는 그 조건으로서 교류 50[V]를 넘는 접촉 전압이 동시에 접근 가능한 도전성 부분에 발생했을 때 규정 시간 내 차단

③ TN 방식에서는 고장 루프 임피던스(Z_S)가 극히 작기 때문에 고장 전류(I_f)는 매우 커지게 됨. $Z_S \times I_f \leq U_0$를 만족해야 함

④ 규약 접촉 전압(U_t)은 공칭 대지 전압의 1/2 이하, 실제의 접촉 전압은 $I_f \times R$이며 R_s와 전압이 분담되어 대폭 저감

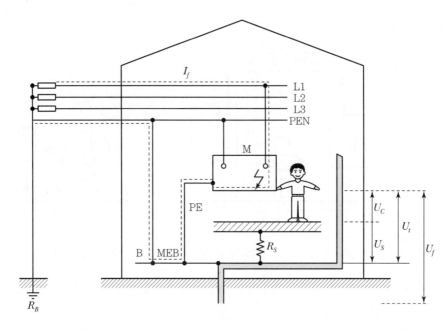

L1, L2, L3 : 상도체   M : 노출 도전성 부분 U_C : 접촉 전압

PEN : PEN 도체   MEB : 주 등전위 본딩 U_S : R_S의 전압 강하

PE : 보호 도체   B : 전위의 기준점 U_t : 규약 접촉 전압

I_f : 고장 전류 R_s : 계통 외 도전성 부분과 인체가 접 U_f : 고장 전압

R_B : 계통 접지 저항   촉한 표면 간에 존재하는 절연물

C : 계통 외 도전성 부분   (바닥)의 저항

[TN 방식에 의한 보호 형태]

2) TT 방식에 의한 감전 보호

① 노출 도전성 부분 및 계통의 도전성 부분(C)은 서로 연결되어 접지

② 지락 전류(I_f)와 접지 저항(R_D)의 관계

$$I_f \times R_D \leq 50$$

③ 규약 접촉 전압(U_f)이 50[V] 이하가 되도록 계통 접지의 접지 저항(R_B)을 선정할 수 있는 경우 전원의 자동 차단에 의한 보호는 불필요

④ 50[V] 이상인 경우 ELB를 이용하여 보호

⑤ $U_f = (R + R_D) \times I_f$

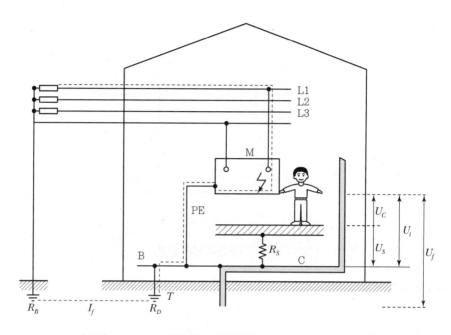

L1, L2, L3 : 상도체　　　C : 계통 외 도전성 부분　　　　　U_C : 접촉 전압

N : 중성선　　　　　　　M : 노출 도전성 부분　　　　　U_S : R_S의 전압 강하

PE : 보호 도체　　　　　B : 전위의 기준점(주 접지단자)　U_t : 규약 접촉 전압

I_f : 고장 전류　　　　R_s : 계통 외 도전성 부분과 인체가 접　U_f : 고장 전압

R_B : 계통 접지 저항　　　　　촉하는 표면 간에 존재하는 절연

R_D : 기기 접지 저항　　　　　물(바닥)의 저항

T : 접지극, 구조체 기초

[TT 방식에 의한 보호 형태]

⑤ 뇌보호용 등전위 본딩

1) 뇌로 인한 불꽃 방전이나 전압 상승에 의한 화재 · 폭발의 위험, 감전의 위험 또는 전위차에 의한 정보 기술 기기의 손상, 오동작을 제거하기 위해서는 등전위화가 필수

2) SPD에 의한 등전위 본딩

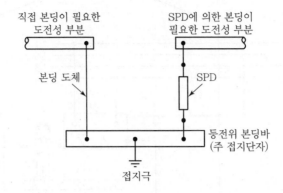

[등전위 본딩 방법]

3) 뇌전류의 분포

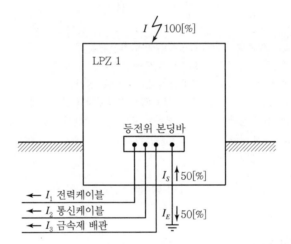

[LPZ 1 건물의 뇌전류 분포]

6 기능용 등전위 본딩

1) 정보 기술 기기(ITE) 등의 전자 기기는 미미한 전위 변동에도 오동작 우려

2) 개폐 서지, 뇌서지로 인한 과도적 과전압 내성이 작아 보호 대책이 매우 중요

3) 정보 기술 기기는 건물 공간(층바닥)에 가능한 한 짧은 도체로 본딩

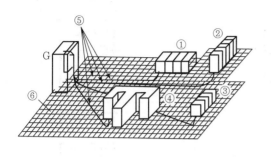

①~④ 주변기기, ⑤ 기기 접지선, ⑥ 메시 도체

[ZSRG(Zero Signal Reference Grid)]

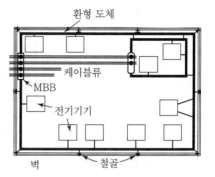

MBB : 주 등전위 본딩바, ▮ : 본딩 접속

[환형 도체 본딩]

4) 특징

ZSRG	환형 도체
• 접지 임피던스 감소 • 전위차 저감	• 쉽고 간단함 • 주파수가 높은 기기에 부적합

5) 형태에 따른 분류

① 스타형

㉠ 시스템의 모든 접속부를 한 개의 기준점에 연결

㉡ 시스템의 설치 장소가 협소하고 인출입 선로가 한쪽에 집중된 경우 적용

㉢ 유도 루프가 형성되지 않고 저주파 전류가 설비의 노이즈로 작용되지 않으며 과전압 보호가 이상적인 방법

② 메시형

㉠ 시스템의 금속부들을 공용 접지계에 연결

㉡ 설치 공간이 넓고 인출입 선로가 다수로 된 경우

㉢ 전자 유도가 감소되고 대규모 설비에 적용

구분	스타형 본딩	메시형 본딩
1점 접속	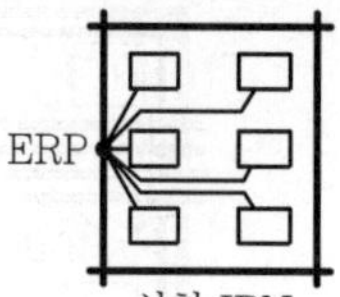 ERP 성형 IBN	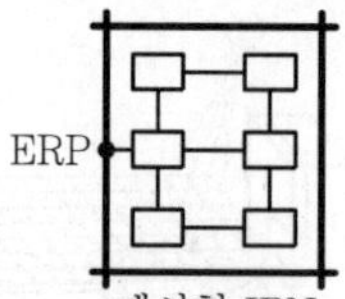 ERP 메시형 IBN
다점 접속		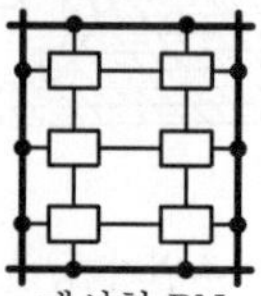 메시형 BN

━━ : CBN, 구조체 철골·철근　　　　● : 본딩
── : 본딩 도체　　　　ERP : 전위기준점(SPCW)　　　□ : ITE

7 맺음말

본딩은 인체의 감전 보호와 기기의 보호, 뇌서지 등의 과전압 보호가 있으며 EMC와도 관계가 깊으며 특히 내부의 뇌보호는 SPD를 이용하여 과전압을 억제하지만 등전위 본딩을 사용할 필요가 있음

16 전력 계통의 중성점 접지 방식

1 중성접 접지의 목적

1) 1선 지락 시 이상전압 억제(정상, 과도, 아크지락 과전압)
　① 피뢰기 동작책무 경감
　② 선로 및 기기의 절연레벨 경감

2) 지락전류 제한(저항접지, 비접지 계통)
　① 통신선 유도장해 경감
　② 과도안정도 향상

3) 지락 시 보호 계전기의 확실한 동작 확보(비접지 이외 계통)

❷ 중성점 접지의 종류

1) 접지계통의 분류

구분	유효 접지계통	비유효 접지계통
정의	접지계수 80[%] 이하 계통(0.65~0.8)	접지계수 80[%] 초과 계통(0.8~1.2)
종류	직접접지, 저저항접지	비접지, 고저항 접지, 소호리액터 접지

※ 접지계수＝지락 시 건전상 최대 대지전압/최대 선간전압

2) 중성점 접지 방식 개요도

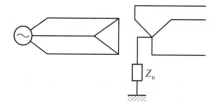

$Z_n = 0$: 직접접지

$Z_n = R$: 저항접지 $\begin{cases} 고저항\ 접지 \\ 저저항\ 접지 \end{cases}$

$Z_n = X_L$: 리액터 or 소호리액터 접지

$Z_n = \infty$: 비접지

[중성점 접지 방식]

3) 계통 전압별 중성점 접지 방식(적용 예)

765, 345, 154[kV]	66, 22[kV]	22.9[kV]	6.6, 3.3[kV]
유효접지(직접접지)	PC접지, 비접지	3상 4선식 다중접지	비접지

❸ 직접 접지 방식($Z_n = 0$)

1) 정의

저항이 0에 가까운 도체로 변압기 중성점을 직접 접지하는 방식

2) 계통조건(a상 완전 지락 시)

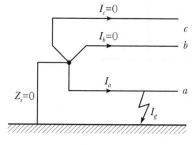

[직접 접지 방식]

$\dot{I_g} = 3\dfrac{\dot{E_a}}{\dot{Z_0}+\dot{Z_1}+\dot{Z_2}}$

과도시 $\dot{Z_1} \simeq \dot{Z_2}$

$\therefore \dot{I_g} = \dfrac{3\dot{E_a}}{\dot{Z_0}+2\dot{Z_1}}$

3) 지락전류

1상 완전 지락 시 $\dot{Z}_0 \simeq \dot{Z}_1 \simeq \dot{Z}_2$ 이므로 $\dot{I}_g \simeq \dfrac{\dot{E}_a}{\dot{Z}_1} \simeq \dot{I}_{s3}$

∴ 직접 접지에서는 3상 단락전류와 같은 1선 지락전류가 흐름

4) 건전상 대지전위 상승

$$\dot{V}_b = \frac{(a^2-1)\dot{Z}_0 + (a^2-a)\dot{Z}_2}{\dot{Z}_0 + \dot{Z}_1 + \dot{Z}_2} \times \dot{E}_a, \quad \dot{V}_c = \frac{(a-1)\dot{Z}_0 + (a-a^2)\dot{Z}_2}{\dot{Z}_0 + \dot{Z}_1 + \dot{Z}_2} \times \dot{E}_a$$

∴ $\dot{Z}_0 \simeq \dot{Z} \simeq \dot{Z}_2$ 이므로 $\dot{V}_b = \dot{E}_b, \ \dot{V}_c \simeq \dot{E}_c$

보통 유효접지계의 건전상 대지전압은 상전압의 1.38배 이하

5) 특징

장점	• 1선 지락 시 건전상 전위 상승 최대로 억제 • 절연레벨 경감(비용 저하로 경제적 유리) • 보호 계전기 동작 확실
단점	지락전류 큼 → 기기 충격, 통신선 유도장해, 과도안정도 저하

4 비접지 방식($Z_n = \infty$)

1) 정의

변압기 중성점을 접지하지 않는 방식

2) 계통조건

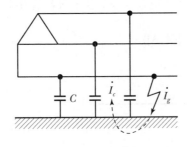

[비접지 방식]

① $\dot{I}_g \simeq \dot{I}_c$

② $\dot{I}_c$의 개략값

　　㉠ 가공선로(나동선) : 케이블의 약 1/30배

　　㉡ 케이블 3.3[kV] 계통 : 0.6 ~ 1.5[A/km]

　　㉢ 케이블 6.6[kV] 계통 : 0.9 ~ 2[A/km]

3) 지락전류

① 지락전류가 매우 작아 지락 고장검출 곤란

② 보통 GVT 접지를 이용한 보호계전 방식 채택

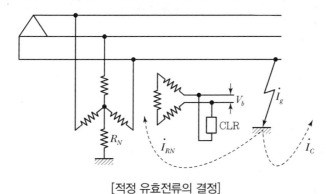

$\dot{I}_g = \dot{I}_c + \dot{I}_{RN}$

Cable 충전전류를 고려한
적정 유효전류 결정

[적정 유효전류의 결정]

4) 건전상 대지전위 상승

$\dot{Z}_0 \gg \dot{Z}_1,\ \dot{Z}_2$이므로 $|\dot{V}_b| = |\dot{V}_c| = \sqrt{3}\,\dot{E}_a$

보통 비유효접지계의 건전상 대지전압은 상전압의 1.38배 초과

5) 특징

장점	• 지락전류 작음 → 그대로 송전 가능, 과도안정도 향상, 유도장해 경감 • $\Delta - \Delta$ 결선 사용 중 고장 시 V결선 대체 가능
단점	• 지락고장 검출 곤란 → GVT 접지 방식을 이용한 선택 차단 • 지락보호 협조 복잡 • 지락 이상 전압(건전상 대지전위 상승 등) 발생 → 절연비 고가로 경제적 불리

6) 적용

고압가공선, 소규모 Cable 계통(선로 길이가 짧은 계통)

5 저항 접지 방식($\dot{Z}_n = R$)

1) 정의

중성점을 적당한 저항값으로 접지하는 방식

2) 계통조건

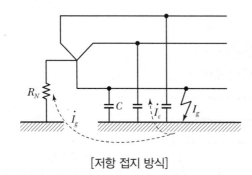

$$\dot{I}_g = \dot{I}_R + \dot{I}_c \simeq \dot{I}_R \text{ (단, } \dot{I}_c \ll \dot{I}_R)$$

$$\text{또는 } \dot{I}_g = \frac{3\dot{E}_a}{\dot{Z}_0 + \dot{Z}_1 + \dot{Z}_2 + 3R_N} \simeq \frac{\dot{E}_a}{R_X}$$

[저항 접지 방식]

3) 종류

① 저저항 접지 방식(30[Ω])
② 고저항 접지 방식(100~1,000[Ω])

4) 설치목적

① 지락전류 제한 → 인근 통신선 유도장해 경감
② 지락 시 충전전류보다 큰 유효전류 발생 → 계전기의 안정된 동작 확보
③ 지락 시 영상공진에 의한 이상전압 억제

5) 특징

① 저저항 접지 방식 : 직접 접지 방식 특성과 유사
② 고저항 접지 방식 : 비접지 방식 특성과 유사

6) 적용

① 저저항 접지 방식 : 고압 대규모 케이블 계통(50~100[A])
② 고저항 접지 방식 : 특고압 계통(10~30[A])

6 소호리액터 접지 방식($\dot{Z}_n = jX$, $\dot{Z}_0 = \infty$)

1) 정의

중성점을 선로 대지정전 용량과 병렬 공진하는 리액터를 통한 접지 방식

2) 계통조건

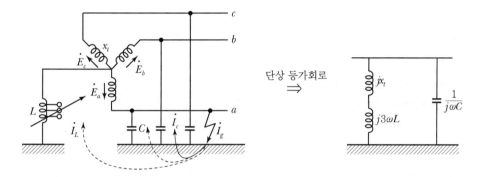

[소호리액터 접지 방식]

① 변압기 리액턴스(x_1)를 고려한 소호조건($\dot{I}_g = 0$)

$$L = \frac{1}{3\omega^2 C} - \frac{x_1}{3\omega} [\mathrm{H}]$$

3) 지락전류, 건전상 대지 전위

$\dot{Z}_0 = \infty$ (병렬 공진)이므로 $\dot{I}_s \simeq 0$

$|\dot{V}_b| = |\dot{V}_c| = \sqrt{3}\,\dot{E}_a$

4) 특징

장점	지락전류 극히 작음 → 그대로 송전 가능, 유도장해 최소, 과도안정도 최대
단점	• 선택 지락 계전기 동작 곤란 • 설비비 고가 • Tap 조작 및 보수 번잡(선로길이 변화에 따른 Tap 조정 필요) • 단선사고 시(또는 중성점 잔류전압 발생 시) 이상전압 발생

7 접지 방식 비교

구분	유효접지계			비유효접지계	
	직접접지	저항접지		비접지/ GVT 접지	소호리액터 접지
		저저항	고저항		
지락 시 건전상 전위상승	$1.3E$ 이하	$1.3E$	$\sqrt{3}\,E$	$\sqrt{3}\,E$ 이상	$\sqrt{3}\,E$ 이상
지락전류 크기	최대(수천[A])	수백[A]	수십[A]	380[mA]	최소($\fallingdotseq$0)
통신선 유도장해	큼 ←———————————————————————→ 작음				
보호 계전기 동작	확실 ←———————————————————————→ 불확실				
과도안정도	작음 ←———————————————————————→ 큼				
절연레벨	단절연(최저)	전절연(보통)		전절연(최고)	전절연(고)
계전 방식	Y잔류회로	Y잔류회로+3권선CT		ZCT+GVT+SGR	리액터 Tap에 의함
적용	초고압~저압 계통의 장거리 선로	• 고압계통의 공장, 빌딩, 구내 발전기 중성점 • 초고압 인입선로의 변압 기 중성점		• 3.3~22[kV]의 공장, 병원, Plant 설비 • 단거리 선로	66[kV]급 송전 선로 계통(현재 국내 사용 안 함)

8 결론

중성점 접지 방식 선정 시 경제적 측면에서는 직접 접지 방식이 절연비용을 줄여 유리한 반면, 계통 안정도 측면이나 통신선 유도장해 등을 고려하면 비접지 방식이 유리하므로 이들을 종합적으로 검토하여 선정해야 하며, 특히 비접지계통 선정 시에는 Cable 충전전류를 고려

17 유효 접지와 비유효 접지

1 개요

1) 1선 지락고장 시 이상전압

① 정상 과전압(지속성 이상전압)

② 과도적 과전압

③ 간헐 아크지락에 의한 과전압 등

2) 1선 지락 시 과전압(건전성 대지전위 상승)

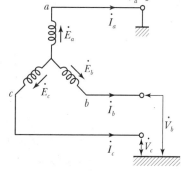

[1선 지락 시 대지전위 상승]

$$\dot{V}_b = \frac{\dot{Z}_0(a^2-1)+\dot{Z}_2(a^2-a)}{\dot{Z}_0+\dot{Z}_1+\dot{Z}_2}\times\dot{E}_a$$

$$\dot{V}_c = \frac{\dot{Z}_0(a-1)+\dot{Z}_2(a-a^2)}{\dot{Z}_0+\dot{Z}_1+\dot{Z}_2}\times\dot{E}_a$$

1선 지락 과도 시 $\dot{Z}_1 = \dot{Z}_2$라 하면

$$\dot{V}_c = \left(a - \frac{\dot{Z}_0-\dot{Z}_1}{\dot{Z}_0+2\dot{Z}_1}\right)\dot{E}_a$$

3) 접지계수

$$접지계수 = \frac{고장 \ 시 \ 건전상 \ 최대 \ 대지전압}{최대 \ 선간전압}\times 100\,[\%]$$

① 유효 접지계통 : 80[%] 이하

154[kVA] 계통 예 : $\dfrac{154/\sqrt{3}\times(1.3\sim1.38)}{154} = 0.75\sim0.8$

② 비유효 접지계통 : 80[%] 초과

2 임피던스 비에 따른 $\left|\dfrac{\dot{V}_c}{\dot{E}_a}\right|$의 변화

1의 2)에 의해 $\left|\dfrac{\dot{V}_c}{\dot{E}_a}\right| = \left|a - \dfrac{Z_0-Z_1}{Z_0+2Z_1}\right|$

$\dot{Z}_0 = R_0 + jX_0$

$\dot{Z}_1 = \dot{Z}_2 = jX_1 \ (\because R_1 \ll X_1)$

정리하면

$$\left| \frac{\dot{V}_c}{\dot{E}_a} \right| = \left| a - \frac{R_0 + j\dot{X}_0 - j\dot{X}_1}{R_0 + jX_0 + 2jX_1} \right| = \left| a - \frac{\dfrac{R_0}{X_1} + j\dfrac{X_0}{X_1} - j1}{\dfrac{R_0}{X_1} + j\dfrac{X_0}{X_1} + j2} \right|$$

여기서, X_0 : 영상 리액턴스
R_0 : 영상 저항
X_1 : 정상 리액턴스

$\dfrac{R_0}{X_1}, \dfrac{X_0}{X_1}$ 의 값에 따른 $\left| \dfrac{\dot{V}_c}{\dot{E}_a} \right|$ 의 변화를 도시

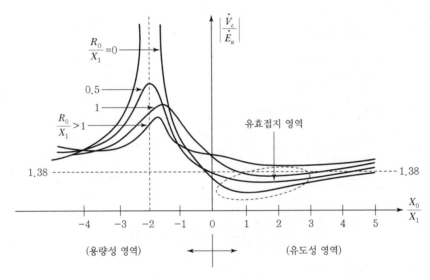

[임피던스 비에 따른 $\left| \dot{V}_c / \dot{E}_a \right|$ 변화]

❸ 유효 접지계

1) 정의

1선 지락 시 건전상 대지전위 상승은 선간전압의 80[%](상전압의 1.38배) 이하인 실질적인 직접 접지계

2) 유효접지 조건

❶의 2)에서 $Z_0 \simeq Z_1 (Z_2)$ 이면 $\left| \dot{V}_c \right| \simeq \left| \dot{E}_c \right|$

실제로는 $\left|\dfrac{\dot{V_c}}{\dot{E_a}}\right|$ 의 비가 1.38 이하가 되는 유효접지 영역이므로

$0 \leq \dfrac{R_0}{X_1} \leq 1,\ 0 \leq \dfrac{X_0}{X_1} \leq 3$을 동시에 만족해야 함

$\therefore\ R_0 \leq X_1,\ X_0 \leq 3X_1$ (유도성 영역 내 범위)

3) 종류

① 직접 접지
② 저저항 접지

❹ 비유효 접지계

1) 정의

접지계수가 80[%]를 초과하는 유효접지 이외의 계통

2) 비유효접지 조건

① ❶의 2)에서 $Z_0 \simeq \infty$이면 $Z_0 \gg Z_1 (= Z_2)$이므로 $\dot{V_c} = \sqrt{3}\,\dot{E_a}$

따라서 건전상 대지전압은 상전압의 $\sqrt{3}$ 배, 즉 선간전압까지 상승

실제로는 $\left|\dfrac{\dot{V_c}}{\dot{E_a}}\right|$ 의 비가 1.38배를 초과하는 영역이 됨

② 용량성 영역에 걸쳐 존재(유도성 영역 일부 포함)

③ $\dfrac{R_0}{X_1} + j\dfrac{X_0}{X_1} + j2 = 0$일 때 영상공진 발생

즉, $\dfrac{R_0}{X_1} + j\dfrac{X_0}{X_1} = -j2$에서 $\dfrac{R_0}{X_1} = 0$일 때 $\dfrac{X_0}{X_1} = -2$ 부근에서

건전상의 대지전위가 매우 큰 이상전압을 발생(계통 운전 시 이 영역을 피할 것)

④ 영상저항 R_0가 클수록 $\dfrac{R_0}{X_1}$ 의 비가 커서 용량성 영역에서의 이상전압은 작아지는데, 리액턴스가 영상공진이 되더라도 R_0가 이상전압 발생을 억제하기 때문(대규모 설비의 비접지 계통에서 저항접지 방식을 채용하는 이유)

3) 종류

① 비접지(GVT 접지 포함)

② 고저항 접지

③ 소호리액터 접지

5 1선 지락 시 계통 조건별 건전상 대지전위 상승 비교

접지계통	접지계수	임피던스 비의 범위		건전상 대지전위	접지종류
		X_0/X_1	R_0/X_1		
유효 접지계통	75	−	−	$1.3E$	직접 접지
	80	0~3	0~1	$1.38E$	
비유효 접지계통	100	3~∞	1~∞	$\sqrt{3}\,E$	(고)저항 접지 소호리액터 접지
	110	−40~−∞		$\sqrt{3}\,E$ 이상	
	110 이상	0~−40			비접지

CHAPTER

11

조명설비

01 조명의 측광량 단위

1 측광량 정의

조명학·측광학의 기초가 되는 광속, 광도, 조도, 광도, 휘도, 광속발산도, 광량, 투과율, 반사율, 흡수율 등이 있음

2 측광량 단위의 개념도

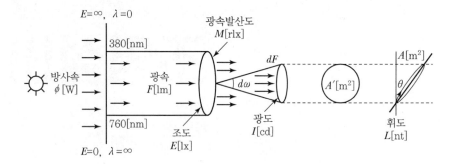

[측광량 단위 개념도]

3 측광량 용어

1) 방사속(Radient Flux, Φ[W])

① 방사는 에너지가 전달되는 한 형태로 전자파로 전달되는 에너지

② 방사속은 단위 시간에 어떤 면을 통과하는 방사 에너지의 양

2) 광속(Luminous Flux, F[lm])

① 단위 시간에 통과하는 광량으로 가시범위 내에서 방사속을 눈의 감도를 기준으로 측정한 것

$$F = \frac{dQ}{dt}[\text{lm}]$$

② 태양으로부터 빛은 입체적 $\overline{x}$, $\overline{y}$, $\overline{z}$이며

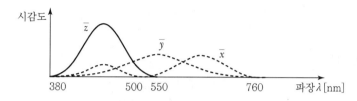

[빛의 입체적 곡선]

$\overline{y}$가 인체의 시감도에 가장 가까운 1차원 평면으로

$$F = 683 \int_{380}^{760} P_\lambda \cdot v_\lambda \cdot y_\lambda d_\lambda [\text{lm}]$$

㉠ 구광원(점광원) : $F = 4\pi I [\text{lm}]$

㉡ 원주(원통) 광원 : $F = \pi^2 I [\text{lm}]$

㉢ 평면판 광원 : $F = \pi I [\text{lm}]$

3) 광량(Quantity of Light, $Q[\text{lm} \cdot \text{h}]$)

① 시간별 발생 광속의 누적 총량

$$F = \frac{dQ}{dt} \rightarrow Q = \int_0^t F \cdot dt \ [\text{lm} \cdot \text{h}]$$

전구가 전 수명 중에 방사한 빛의 총량이며, 경제적 조명 계산에 적용

② 평균 광량

$$Q = F \cdot t$$

4) 광도(Luminous Intensity, $I[\text{cd}]$)

① 모든 방향으로 광속을 발산하는 점광원에서 어느 특정 방향에 대한 광도는 그 방향의 단위 입체각($d\omega$)에 포함되는 광속 밀도

② 광도

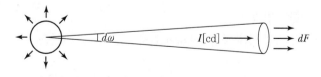

[광도]

$$I = \frac{dF}{d\omega} \text{ [cd]}$$

㉠ 평균광도

$$I = \frac{F}{\omega} \text{ [cd]}$$

㉡ 점광원에서의 광도

$$I = \frac{F}{4\pi} \text{ [cd]}$$

5) 조도(Illumination, E [lx])

① 물체의 면에 광속이 입사되면 광속 수에 따라 그 면이 밝게 되는데 그 밝음의 정도, 즉 단위 면적당 입사 광속 밀도

$$E = \frac{dF}{dA} \text{ [lx]}$$

② 평균 조도

$$E = \frac{F}{A} \text{ [lx]}$$

③ 거리 역자승의 법칙

모든 방향의 광도가 1[cd]의 점광원이 반지름 R[m]인 구의 중심에 있을 경우 구면의 모든 점의 조도는

$$E = \frac{F}{A} = \frac{4\pi I}{4\pi R^2} = \frac{I}{R^2} \text{ [lx]}$$

※ 광원이 점광원이 아니고 R이 작으면($R \fallingdotseq 0$) 거리 역자승 법칙은 적용 불가

④ 입사각 여현의 법칙

㉠ 평면 A[m²]에 평균 광속 F[lm]이 입사

$$\text{법선 조도 } E_n = \frac{F}{A} \text{ [lx]}$$

ⓒ 실제 평면이 법선 방향으로 θ만큼 기울어진 경우

$$E' = \frac{F}{A'} = \frac{F}{\dfrac{A}{\cos\theta}} = \frac{F}{A}\cos\theta = E_n\cos\theta[\text{lx}]$$

ⓒ 점광원에서의 조도

ⓐ 법선 조도

$$E_n = \frac{I}{r^2}[\text{lx}]$$

ⓑ 수평면 조도(Horizontal)

$$E_h = \frac{I}{r^2}\cos\theta = \frac{I}{h^2}\cos^3\theta[\text{lx}]$$

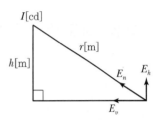

[입사각 여현의 법칙]

ⓒ 수직면 조도(Verticall)

$$E_v = \frac{I}{r^2}\sin\theta = \frac{I}{h^2}\cos^2\theta \cdot \sin\theta[\text{lx}]$$

6) 휘도(Luminance, L[nt])

① 광원의 임의의 방향에서 본 단위 투영 면적당 광도
② 단위

1[sb] = 1[cd/cm²]

1[nt] = 1[cd/m²]

∴ 1[sb] = 10,000[nt]

③ 옆 그림에서 dA의 광도를 I라 하면

$dA' = dA \cdot \cos\theta$가 되어

$$L_\theta = \frac{I_\theta}{dA'} = \frac{I_\theta}{dA \cdot \cos\theta}[\text{nt}] \qquad E_n = \frac{I}{r^2}[\text{lx}]$$

7) 광속 발산도(Luminous Emittance, $M[\text{rlx}]$)

① 어느 면의 단위 면적당 발산되는 광속의 밀도

$$M = \frac{dF}{dA} \times (반사율, 투과율, 흡수율)[\text{rlx}]$$

② 완전 확산면의 경우

$$M = \frac{F}{A} = \frac{4\pi I}{4\pi r^2} = \frac{I}{r^2}[\text{rlx}]$$

$$L = \frac{I}{S} = \frac{I}{\pi r^2}$$

$I = r^2 \cdot M = \pi \cdot r^2 \cdot L$ 이므로 $M = \pi \cdot L$

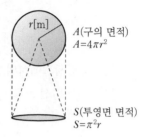

$r[m]$
A(구의 면적)
$A = 4\pi r^2$

S(투영면 면적)
$S = \pi^2 r$

[휘도와 광속발산도]

8) 발광 효율($\varepsilon[\text{lm/W}]$)

방사속에 대한 광속의 비율

$$\epsilon = \frac{F}{\Phi}[\text{lm/W}]$$

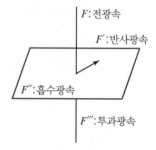

F:전광속
F':반사광속
F'':흡수광속
F''':투과광속

[발광효율]

9) 전등 효율($\eta[\text{lm/W}]$)

전 소비 전력에 대한 전 발산 광속

$$\eta = \frac{F}{P}[\text{lm/W}]$$

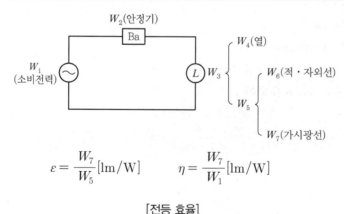

$$\varepsilon = \frac{W_7}{W_5}[\text{lm/W}] \qquad \eta = \frac{W_7}{W_1}[\text{lm/W}]$$

[전등 효율]

10) 반사율, 투과율, 흡수율

① 반사율$(\rho) = \dfrac{\text{반사광속}}{\text{전광속}} \times 100 [\%]$

② 투과율$(\tau) = \dfrac{\text{투과광속}}{\text{전광속}} \times 100 [\%]$

③ 흡수율$(\alpha) = \dfrac{\text{흡수광속}}{\text{전광속}} \times 100 [\%]$

$$\rho + \tau + \alpha = 1$$

4 측광량 상호 관계도

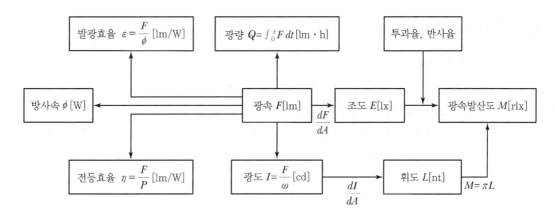

[측광량 상호 관계도]

02 조도계산에 적용되는 법칙

1 조도

1) 단위 면적에 입사하는 광속이 균일하게 분포되었다면 입사하는 광속을 그 면적으로 나눈 것

$$E = \frac{dF}{dA} [\text{lx}]$$

2) 1[lx]는 1[lm/m²]와 같고, 직사 일광에 의한 조도는 약 10만[lx]이고 사무실 조명조도는 500~700[lx] 정도

2 조도 계산에 적용되는 법칙

1) 거리 역자승의 법칙

① 빛은 방사상으로 넓혀져 직진하며 어떤 거리에 달하므로 광속은 거리가 멀어지는데 따라 거리의 2승에 비례한 면적 내로 확장

② 비추어진 면의 밝기 조도는 단위 면적당의 광속으로 나타내므로 거리의 2승에 역비례하여 감소

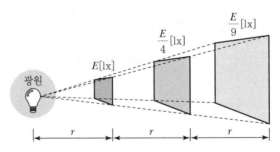

[조도에 관한 거리의 역제곱 법칙]

③ 계산식

$$E = \frac{F}{A} = \frac{4\pi I}{4\pi r^2} = \frac{I}{r^2} [\text{lx}]$$

위 계산의 조도는 모든 방향의 광도가 1[cd]의 점광원이 반지름 r[m]인 구의 중심에 있을 경우 구면의 모든 점의 조도로 광원이 점광원이 아니고 r이 작으면($r \fallingdotseq 0$) 거리 역자승 법칙은 적용 불가

2) 입사각 여현의 법칙

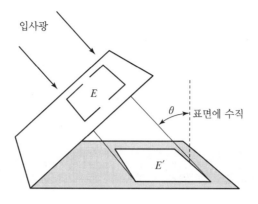

[입사각과 조도]

비춰진 면의 연직선과 빛의 방향이 만드는 각도를 입사각이라 하며 입사각이 0인 경우, 즉 면에 연직의 방향에서 비추어진 경우의 조도가 가장 밝으며 입사각이 늘어날수록 조도는 감소

① 평면 $A[\text{m}^2]$에 평균 광속 $F[\text{lm}]$이 입사하는 경우

$$법선\ 조도\ E_n = \frac{F}{A}[\text{lx}]$$

② 실제 평면이 법선 방향으로 θ만큼 기울어진 경우

$$E' = \frac{F}{A'} = \frac{F}{\dfrac{A}{\cos\theta}} = \frac{F}{A}\cos\theta = E_n\cos\theta[\text{lx}]$$

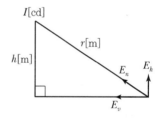

[입사각 여현의 법칙]

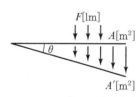

[실제 평면의 조도]

③ 점광원에서의 조도

　㉠ 법선 조도

$$E = \frac{I}{r^2}[\text{lx}]$$

　㉡ 수평면 조도(Horizontal)

$$E_h = \frac{I}{r^2}\cos\theta = \frac{I}{h^2}\cos^3\theta[\text{lx}]$$

ⓒ 수직면 조도(Verticall)

$$E_v = \frac{I}{r^2}\sin\theta = \frac{I}{h^2}\cos^2\theta \cdot \sin\theta[\text{lx}]$$

03 시감도, 비시감도, 순응, 퍼킨제 효과

1 시감도

1) 가시광선이 주는 밝기의 감각이 파장에 따라서 달라지는 정도를 나타내는 것
2) 시감도(K_λ)

$$K_\lambda = \frac{F_\lambda}{\Phi_\lambda}$$

여기서, K_λ : 시감도, F_λ : 광속, Φ_λ : 복사속

3) 최대 시감도

555[nm]의 황록색에서 발생(시감도 : 680[lm/W])

2 비시감도

1) 파장 555[nm]에서의 시감도를 1로 하여 다른 파장의 시감도에 대한 비
2) 비시감도(V_A)

$$V_A = \frac{S_\lambda}{K_\lambda}$$

여기서, V_A : 비시감도, S_λ : 임의의 파장 시감도, K_λ : 최대 시감도

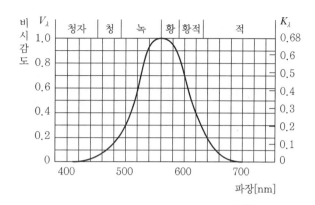

[비시감도 곡선]

❸ 순응(Adaptation)

1) 정의
눈에 들어오는 빛의 양에 따른 눈의 감도를 말하며, 빛의 양이 소량인 경우 눈의 감도는 대단히 커지며, 빛의 양이 많을 경우 눈의 감광도가 떨어지는 현상

2) 순응의 종류

① 명순응
  - ㉠ 어두운 곳에서 밝은 곳으로 나올 경우 동공이 축소(빛의 양 제한)되어 망막의 추체 및 간체의 감도가 저하되어 적정 레벨로 순응하는 현상
  - ㉡ 소요 시간 : 1 ~ 2분 정도
  - ㉢ 명순응된 눈의 최대 시감도는 파장 555[nm]에서 680[lm/W]

② 암순응
  - ㉠ 밝은 곳에서 어두운 곳으로 들어갈 경우 추체 및 간체의 감도가 상승하여 적정 레벨로 순응하는 현상
  - ㉡ 소요 시간 : 약 30분 정도
  - ㉢ 암순응된 눈의 최대 시감도는 파장 510[nm]에서 1,700[lm/W]

③ **색순응** : 분광 조성의 차이에 의해서 분광 감도가 변하고 색의 보이는 것을 일정하게 유지하려고 하는 현상

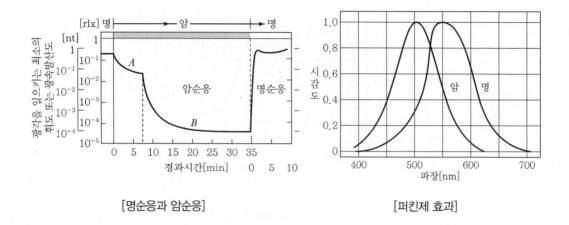

[명순응과 암순응]   [퍼킨제 효과]

4 퍼킨제 효과

1) 밝은 곳에서 같은 밝음으로 보이는 청색과 적색이 어두운 곳에서는 적색이 어둡고 청색이 더 밝게 보이는 현상

2) 밝은 곳에서의 눈의 최대 비시감도는 555[nm], 어두운 곳에서의 눈의 최대 비시감도는 약 510[nm]로서 최대비시감도는 파장이 짧은 쪽으로 이동

3) 퍼킨제 현상은 암순응으로 된 경우 최대시감도의 파장이 짧은 쪽으로 이동하여 조명 등의 색상에 영향

4) **적용**

① **유도등** : 화재 시 정전으로 인해 주위가 어두우므로 불빛을 녹색으로 발광시키면 출구를 빨리 찾아 신속한 대피가 가능

② **광고 간판** : 야간에 청색이나 녹색 계통을 사용하면 눈에 잘 띄게 되어 광고 효과 상승

③ **터널 조명** : 입구와 출구부에 적절한 광원을 선정

㉠ 터널 입구부 광원(암순응된 최대 비시감도) : 고압 나트륨등(510[nm])

㉡ 터널 출구부 광원(명순응된 최대 비시감도) : 저압 나트륨등(555[nm])

04 색온도(Color Temperature)

1 정의

1) 어떤 온도에서 흑체의 광원색과 광원의 광원색이 동일할 경우 그 흑체의 온도를 가지고 광원의 광원색을 표시한 것

2) 흑체
  ① 흑체란 모든 파장의 방사를 모두 흡수하는 가상의 물질
  ② 흑체 온도는 손실이 없는 고유의 흑체 온도

2 대표적인 광원의 색온도

광원의 종류	색온도[K]	광원의 종류	색온도[K]
지표상에서 본 태양	5,450	백열전구(1,000[W])	2,830
지표상에서 본 만월	4,125	할로겐 전구(500[W])	3,080
푸른 하늘(오전 9시)	12,000	형광램프(백색)	4,500
구름이 낀 하늘	7,000	형광램프(주광색)	6,500
촛불	1,930	고압수은램프(400[W])	5,600

3 조도와 색온도에 대한 일반적인 느낌

조도	3,300[K] 이하	광원색의 느낌	5,000[K] 이상
< 500	즐겁다	중간	서늘하다
1,000~3,000	유유자적	즐겁다	중간
> 3,000	부자연	유유자적	즐겁다

4 색온도와 조도의 관계

1) 조도가 낮고 색온도가 높으면 서늘한 느낌을 주고 조도가 높고 색온도가 낮으면 덥고 따분한 느낌

2) 조도가 높고 색온도가 높으면 쾌적한 느낌

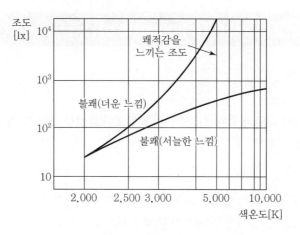

[조도와 색온도의 관계]

5 색온도 설계

색온도가 높을 때	색온도가 낮을 때
조도를 높게 연출 : 쾌적한 분위기	조도를 낮게 연출 : 쾌적한 분위기
조도가 낮으면 음산, 차가운 느낌	조도가 높으면 더운 느낌
백색 계통의 광원색	붉은색 계통의 광원색
형광등 설계 시 고조도 연출 : 사무실	백열등 설계 시 저조도 연출 : 가정, 고급 레스토랑, 백화점, 호텔
주간의 환경을 연출 : 활동적, 명시적 욕구 충족	안정적 느낌의 색온도

05 연색성(Color Rendering)

1 연색성 정의

1) 같은 물체의 색이라도 낮에 태양빛 아래에서 본 경우와 밤에 형광등 밑에서 본 경우는 전혀 다른 색으로 보이는 것처럼 빛의 분광 특성이 색 보임에 미치는 현상이며 연색 평가지수로 표현

2) 연색성 평가지수(Color Rendition Index) : 물건의 색을 자연광(Ra : 100)과 램프로 봤을 때의 차이를 평가하여 수치로 표시한 것으로 평가치가 100에 가까울수록 좋은 연색성을 의미

2 연색성 특성

1) 광원의 연색성과 용도

연색 구분	연색 평가 수(Ra)	광색	적용 장소
1	Ra ≥ 85	서늘함	페인트 공장, 인쇄 공장, 직물 공장
		중간	상점, 병원
		따뜻함	주택, 호텔, 레스토랑
2	70 ≤ Ra < 85	서늘함	사무실, 학교, 점포, 공장(고온 지대)
		중간	사무실, 학교, 점포, 공장(온난 지대)
		따뜻함	사무실, 학교, 점포, 공장(한냉 지대)
3	Ra < 70	–	연색성이 중요하지 않은 장소
S(특별)	특수한 연색성	–	특별한 용도

2) 연색 평가 수

① 연색성을 수치로 표시한 것

② 연색 평가 수가 100이라는 것은 그 광원의 연색성이 기준 광원과 동일함

③ 평균 연색 평가 수와 특수 연색 평가 수의 총칭

ㄱ) 평균 연색 평가 수(Ra)

8종류의 시험색을 기준 광원으로 조명하였을 때와 시료 광원으로 조명하였을 때 CIE − UCS 색도 좌표에 있어서 변화의 평균치에서 구하는 수치

ㄴ) 특수 연색 평가 수($R_9 \sim R_{15}$)

개개의 시험색을 기준 광원으로 조명하였을 때와 시료 광원으로 조명하였을 때 명도 변화를 포함한 색 차이 양에서 구하는 연색 평가 수

3) 연색성 평가

① 원칙적으로 평균 연색 평가 수(Ra) 및 특수 연색 평가 수($R_9 \sim R_{15}$)에 의해 평가
② R_9 : 적색, R_{10} : 황색, R_{11} : 녹색, R_{12} : 청색, R_{13} : 서양인 피부색, R_{14} : 나뭇잎, R_{15} : 동양인 피부색

❸ 물체색과 광원색

구분	광원색	물체색
정의	자체에서 빛을 발산하는 물체의 색	외부로부터 빛을 받아서 나타내는 색
적용	색온도, 주관적 광환경	연색성, 객관적 시환경

❹ 연색성 및 색온도가 물체에 미치는 영향

[연색성 · 색온도 효과]

06 균제도

1 균제도 정의

작업 대상물의 수평면상에서 조도가 어느 정도 균일하지 못한가를 나타내는 척도

2 균제도 표현

1) 균제도 $U_1 = \dfrac{\text{수평면상의 최소조도}[\text{lx}]}{\text{수평면상의 평균조도}[\text{lx}]}$

2) 균제도 $U_2 = \dfrac{\text{수평면상의 최소조도}[\text{lx}]}{\text{수평면상의 최대조도}[\text{lx}]}$

3 균제도 측정 시 작업 대상물의 높이

1) 특별히 지정되지 않은 경우 : 바닥 위 85[cm]

2) 앉아서 하는 작업 : 바닥 위 40[cm]

3) 복도, 옥외 : 바닥면 또는 지면

4 조명 설계 시 적용

1) 사무실 전반 조명 균제도 : U_1은 0.6 이상   2) 교실의 흑판 조명 균제도 : U_1은 1/3 이상

3) 미술관 조명에서 균제도 : U_2는 1/3 이상   4) 경기장 조명에서 균제도 : U_2는 1/3 이상

5 휘도 균제도 → 운전자를 위한 도로조명 기준

도로등급	평균 노면 휘도(최소 허용값) [cd/m²]	휘도 균제도(최소 허용값)	
		종합 균제도(u_1) $L_{\min}/L_{\text{avg}}$	차선축 균제도(u_2) $L_{\min}/L_{\max}$
M1	2.0	0.4	0.7
M2	1.5	0.4	0.7
M3	1.0	0.4	0.5
M4	0.75	0.4	—
M5	0.5	0.4	—

07 방사와 온도 방사

1 정의

1) 방사란 전자파 또는 입자에 의해서 에너지가 방출되는 현상

2) 방사의 종류에는 온도방사와 루미네선스 방사로 구분

3) 온도 방사 : 물체가 고온이 되면 빛을 발산하며 여러 가지 파장의 전자파가 방사되는 것

4) 온도 방사 특징

① 방사 에너지의 양은 파장에 따라 다르며 특정 파장에서 최대가 됨

② 흑체의 온도가 높을수록 방사 에너지는 증가

③ 특성 곡선으로 포위된 면적은 방사에너지의 총량에 비례

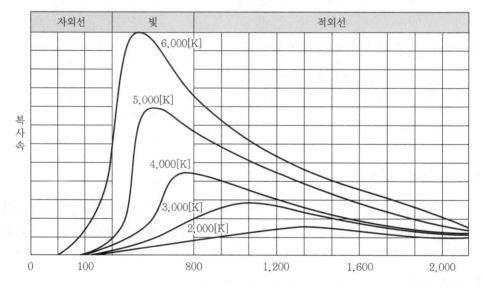

[흑체의 분광 방사 곡선]

2 온도 방사체

1) 온도 방사체 : 흑체, 회색체

2) 흑체 : 투사되는 모든 파장의 방사선을 완전히 흡수하는 물질

① 흑체 방사 : 모든 파장에서 최대 온도 방사를 하는 것

② 백금흑, 탄소가 흑체와 유사

3) 회색체 : 실제 물체는 투사하는 방사를 모두 흡수하지 못하는 회색체

❸ 온도 방사의 법칙

1) 스테판-볼츠만의 법칙

① 절대 온도 ↔ 전방사 에너지

② 온도 T[K]의 흑체의 단위 표면적에서 단위 시간에 방사되는 전방사 에너지 S는 절대 온도 T의 4승에 비례

③ $S = \sigma T^4 [\mathrm{W/cm^2}]$

여기서, $\sigma : 5.68 \times 10^{-8} [\mathrm{W \cdot M^{-2} \cdot deg^{-4}}]$로 상수

④ **적용** : 백열 전구의 필라멘트 온도를 융점 부근까지 높여야 하는 이유이나 필라멘트 온도를 높이면 증발이 빨라져 흑화현상이 발생

2) 빈(Wien)의 변위 법칙

① 절대 온도 ↔ 최대 분광 방사가 일어나는 파장

② 흑체에서 최대 분광 방사가 일어나는 파장 λ_m은 절대온도 T에 반비례

③ $\lambda_m = \dfrac{b}{T} [\mathrm{nm \cdot deg}]$

④ 최대 시감도 555[nm] 파장에서 최대 분광 방사를 이루게 하려면

$$T = \frac{2.876 \times 10^6}{555} = 5,182[\mathrm{K}]$$

⑤ **적용** : 눈부심과 관계있는 휘도를 제어하려면 필라멘트 온도를 제어

즉, 백열전구의 발광 온도가 높으면 방사 에너지는 짧아져 휘도가 증가

3) 플랭크의 방사 법칙

① 절대 온도 ↔ 분광 방사

② 흑체의 온도 방사에서 그 분광 방사가 온도와 더불어 변화를 표시

③ $S_\lambda = \dfrac{8\pi hc}{\lambda^5} \cdot \dfrac{1}{e^{hc/\lambda kT} - 1}$

여기서, h : 플랑크 상수 $= 6.626 \times 10^{-34} [\mathrm{J \cdot sec}]$

④ 온도가 올라가면 방사되는 빛의 감도가 급격히 증가하고 짧은 파장이 발생. 즉, 색온도가 증가하면 분광 방사속도 증가하여 연색성이 개선

08 루미네선스(Luminescence)

1 루미네선스 정의

1) 온도 방사는 열을 이용하여 빛을 내지만 형광이나 인광처럼 열을 동반하지 않는 발광 현상을 루미네센스라 하며, 이는 열이 아닌 다른 종류의 자극에 의해 빛을 발생시키는 것

2) 종류 : 발광의 지속시간에 따라 형광과 인광으로 구분되는데, $10-8[sec]$를 경계로 이보다 짧은 것은 형광, 긴 것은 인광이라 함
   ① 인광 : 자극이 제거된 후에도 일정 시간 동안 발광
   ② 형광 : 자극이 지속되는 시간 동안만 발광

3) 루미네선스의 종류
   ① 전기 루미네선스   ② 전계 루미네선스
   ③ 방사 루미네선스   ④ 음극 루미네선스
   ⑤ 생물 루미네선스   ⑥ 초 루미네선스
   ⑦ 열 루미네선스   ⑧ 화학 루미네선스
   ⑨ 마찰 루미네선스   ⑩ 결정 루미네선스

2 루미네선스 종류

1) 전기 루미네선스

① 기체 또는 금속증기 내에서 방전에 의해 발광하는 현상
② 네온관(Glow 방전), 수은등(Arc 방전)

2) 전계 루미네선스

① 전계에 의해서 고체가 발광하는 현상
② 발광 다이오드, LED 램프, EL 램프

3) 방사 루미네선스

① 어떤 종류의 화합물이 자외선 또는 X선(단파장) 등의 방사를 받아서 그보다 긴 파장으로 발광하는 현상
② 기체 또는 액체는 형광, 고체는 인광을 발광
③ 형광등(스토크스 법칙 적용)

4) 음극선 루미네선스

① 음극선이 물체를 충격할 때 발광하는 현상
② 음극선 오실로스코프의 형광판, 브라운관

5) 생물 루미네선스

개똥벌레, 발광어류, 야광충 등이 발광하는 현상

6) 초 루미네선스

① 알칼리 금속, 알칼리토 금속 등의 휘발성 원소를 가스 불꽃에 넣을 때 금속 증기가 발광하는
현상
② 염색 반응에 의한 화학 분석, 스펙트럼 분석, 발염 아크

7) 열 루미네선스

① 물체를 가열할 때 같은 온도의 흑체보다 더 강한 방사를 하면서 발광하는 현상
② 산화 아연(강한 청색 발산)

8) 화학 루미네선스

① 화학 반응에 의하여 직접 발광하는 현상
② 황, 인 등의 산화

9) 마찰 루미네선스

각설탕, 석영 등이 기계적으로 마찰할 때 발광하는 현상

10) 결정 루미네선스

Na_2F_2(불화나트륨), Na_2SO_2(황산나트륨) 등이 용액에서 결정할 때 발광하는 현상

09 눈부심(Glare)

1 개요

1) 눈부심이란 시야 내에 어떤 고휘도로 인하여 고통, 불쾌, 눈의 피로, 시력 감퇴 등을 일으키는 현상
2) 최근 실외뿐만 아니라 실내에서도 LED 등과 같은 고휘도 광원이 보급됨에 따라 눈부심의 문제가 심각
3) 따라서 이에 대한 대책과 규제가 필요

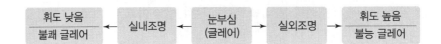

[눈부심과 휘도의 관계]

2 눈부심 원인

1) 고휘도 광원, 반사면, 투과면
2) 순응의 결핍
3) 눈에 입사하는 광속의 과다
4) 물체와 그 주위 사이의 고휘도 대비
5) 광원을 오랫동안 주시할 때
6) 시선 내에 노출된 광원

3 눈부심 종류

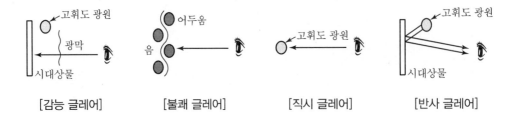

[감능 글레어]   [불쾌 글레어]   [직시 글레어]   [반사 글레어]

종류	내용
감능 글레어	보고자 하는 물체와 시야 사이에 고휘도 광원이 있어 시력 저하를 일으키는 현상
불쾌 글레어	심한 휘도 차이에 의해 피로, 불쾌감 등을 느끼는 현상
직시 글레어	고휘도 광원을 직시하였을 때 시력 장애를 받는 현상
반사 글레어	고휘도원이 반사면으로부터 나올 때 시력 장애를 받는 현상

4 눈부심의 평가

1) VCP(Visual Comfort Probability : 시각적 편안도)

어떤 조명 시설을 사람이 보았을 때 글레어의 정도가 BCD(Luminance Measurement of Borderline Between Comfort and Discomfort – 쾌감과 불쾌감의 휘도) 휘도 이하라고 답하는 관찰자의 비율[%]에 따라 평가하는 주관적인 방법

2) GI(Glare Index) 법 : 불쾌 글레어 정도를 나타내는 척도

조명 시설의 조건에 따라 글레어 인덱스를 구해서 글레어 정도를 예측하는 방법으로 일반적인 글레어 인덱스가 22 이하가 되어야 함

GI값	28	22	16	10	10 미만
느낌의 정도	고통	불쾌	신경 쓰임	느낌	느낌 없음

5 눈부심 영향

1) 불쾌감과 불편함을 야기
2) 부상이나 재해의 원인
3) 작업 능률 저하
4) 장시간 눈부심 상태가 계속되면 피로를 촉진
5) 시력을 약화

⑥ 눈부심으로 인한 빛의 손실

작업 능력이 저하되고, 작업자의 부상이나 재해의 원인이 되는 빛의 손실은 눈부심을 주는 광원의
위치에 따라 상이

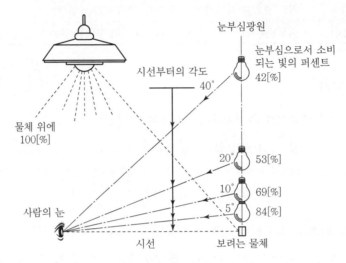

[눈부심으로 인한 빛의 손실]

⑦ 눈부심 대책

1) 광원 대책

① 저휘도 광원을 선택 → 형광등 : 0.4[sb], 백열등 : 600[sb]

$A \leq 0.2[sb]$	$0.2[sb] < A \leq 0.5[sb]$	$0.5[sb] < A$
눈부심이 발생하지 않는 영역	때때로 눈부심이 발생하는 영역	눈부심이 발생하는 영역

② 등기구 높이를 조절

2) 조명 기구 대책

① 보호각 조정

광원으로부터 나오는 직사광의 각을 조정하여 휘도를 감소

② 아크릴 루버 설치

루버를 조명기구 하단에 부착하면 휘도를 근본적으로 방지하
나 조명률이 저하

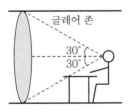

[눈부심 글레어 존]

③ 간접 조명 기구 설치

    시선에서 상·하 30° 범위의 글레어 존 내에는 간접 조명 기구를 설치(부득이한 경우 광도, 휘도가 낮은 광원 사용)

3) 조명 방식 대책

① 반간접 및 간접 조명 방식을 채택
② 건축화 조명을 적용

8 국제 동향

1) 불쾌 글레어 평가법(UGR값 7~31) : 북미 조명 학회(IESNA)의 VCP와 국제 조명 위원회(CIE)의 UGR

2) 보편적인 평가법으로 통합 글레어 등급(UGR)이 사용

3) CIE는 ISO의 승인을 받아 실내 조명에서의 **조도 기준** 및 **UGR 제한치 제정**

[일반적인 건물영역에서 실내조명에 대한 UGR 제한치 예]

실내면 종류	UGRL(제한치)
입구 로비	22
라운지	22
복도	28
계단, 에스컬레이터, 무빙워크	25
화물용 램프, 적재구역	25
구내식당, 매점	22
휴게실	22
체력 단련실	22

10 명시론

1 개요

명시론에서는 명시적, 시각적, 생리적, 심리적인 관계가 중요하므로 소요 조도 결정은 편안하고 안락한 시각에 기초를 근거하고 명시론의 주요 항목으로는 물체의 보임, 눈부심, 밝음의 분포, 편한 시각의 평가 등이 있음

2 물체의 보임

영향 요인	내용	예
밝음	• 충분한 빛이 있어야 물체가 잘 보임 • 관련 법칙 : Weber Fechner's Law $$S = K \log R$$ 　　여기서, S : 감각(시력), R : 자극(조도)	암실
물체의 크기	물체의 크기는 클수록 잘 보임	세포
대비	배경과 보려는 물체의 밝음의 비가 커야 잘 보임	밀가루와 소금
시간	눈이 물체를 보기 위해서는 충분한 시간이 필요	탄환
색채	• 물체는 색이 있고, 색은 물체를 식별하기 위한 중요한 조건임 • 관련 법칙 : 퍼킨제 효과	유도등

3 눈부심(Glare)

1) 정의

시야 내에 어떤 고휘도로 인하여 고통, 불쾌, 눈의 피로, 시력 감퇴를 일으키는 현상

2) 종류

종류	내용
감능 글레어	보고자 하는 물체와 시야 사이에 고휘도 광원이 있어 시력저하를 일으키는 현상
불쾌 글레어	심한 휘도 차이에 의해 피로, 불쾌감 등을 느끼는 현상
직시 글레어	고휘도 광원을 직시하였을 때 시력 장애를 받는 현상
반사 글레어	고휘도 광원이 반사면으로부터 나올 때 시력 장애를 받는 현상

4 밝음의 분포(균제도)

시야 내 밝음의 분포가 일정할수록 시력이 좋아지며, 전 시야가 동일 광속발산도일 때 최고의 시각을 얻음

1) 정지 물체에 대한 광속발산도(Logan 교수 이론)

구분	비율	영향
자연 조명 광속 발산도 비	10 : 1 이하	−
인공 조명 광속 발산도 비	100 : 1~1,000 : 1 이하	눈의 피로도 증가 원인

2) 움직이는 물체에 대한 광속발산도(Moon 교수 이론)

보려는 물체와 실내 전반의 광속 발산도 비가 최대 3배 이하, 최소 1/3 이상 되어야 쾌적하고 편안한 조명

3) 시야 내 광속 발산도의 한계

내용	사무실 · 학교	공장
작업 대상물과 그 주위면(책과 책상면)	3 : 1	5 : 1
작업 대상물과 그것으로부터 떨어진 면(책과 바닥)	10 : 1	20 : 1
조명기구 또는 창과 그 주위면(천장, 벽면)	20 : 1	40 : 1
통로 내부의 밝은 부분과 어두운 부분	40 : 1	80 : 1

5 편한 시각의 평가

평가대상	측정 내용	조도와의 관계
시력	작은 점을 분별할 수 있는 능력	조도 증가 시 시력 증가
긴장	불충분한 조명 아래서 긴장으로 인한 피로 유발 정도	조도 증가 시 긴장에 의한 압력 감소
심장 박동수	심장 박동수 측정	조도 증가 시 심장 박동수 증가
안구 근육의 수축	안구 근육 수축으로 유발되는 피로도 측정	조도 증가 시 안구 근육 피로 감소
눈을 깜빡이는 도수	눈의 긴장 완화를 위한 반사 작용, 즉 깜빡이는 도수 측정	조도 증가 시 도수 감소 (불필요한 노력)
대비 감도	휘도 차이를 분별할 수 있는 능력	조도 증가 시 대비 감도 증가

⑥ 맺음말

1) 눈부심이 없고 밝음의 분포가 일정하다면 조도가 높을수록 좋으나 이는 경제성과 반비례

2) 주관적인 광환경과 객관적인 시환경에 부합되고 경제적인 요건이 허용된다면 밝을수록 좋음

11 명시적 조명과 장식적 조명의 설계 요건

❶ 개요

1) 조명이란 사물과 그 범위를 보이도록 비추는 것

2) 명시적 조명은 물체의 명시성에 중점을 두지만 장식적 조명은 실내 분위기의 쾌적성에 중점

3) 좋은 조명의 조건에는 조도, 휘도분포, 눈부심, 그림자, 분광분포, 심리적 효과, 미적 효과, 경제성 등이 있음

❷ 좋은 조명의 조건 비교

요건	명시적(실리적) 조명 • 물체의 보임 중시 • 장시간 작업에 적용		점수	장식적(분위기적) 조명 • 심리적 · 미적 분야 중시 • 단시간 작업, 오락에 적용		점수
조도 (KS A 3011, 수평면, 연직면)	밝을수록 좋으나 경제성 측면에서 한계		25	경우에 따라 낮은 조도, 높은 색온도가 필요		5
광속 발산도 분포 (휘도분포)	• 밝음의 차가 없을수록 좋음 • 주변 3 : 1, 작업면 5 : 1		25	계획에 따른 광속의 배분이 필요		20
정반사 (눈부심)	광원 및 반사면에 의한 눈부심이 없을수록 좋음		10	의도적인 눈부심이 사람의 눈길을 끌 수 있음		0
그림자 (입체감)	입체감, 재질감 표시를 위해 밝고 어둠의 비 3 : 1이 적당		10	• 경우에 따라 극단적인 그림자 비를 요구 • 2 : 1 이하 또는 7 : 1 이상		0
분광 분포 (색온도, 연색성)	자연 주광이 좋고 적외선, 자외선이 없는 것이 좋음		5	사용 목적에 따라 파장, 분광 분포, 색온도 등을 고려(난 · 한색).		5
심리적 효과	맑은 날 옥외환경과 같은 느낌이 좋음		5	목적에 따라 다른 감각이 필요		20

요건	명시적(실리적) 조명		장식적(분위기적) 조명	
	• 물체의 보임 중시 • 장시간 작업에 적용	점수	• 심리적 · 미적 분야 중시 • 단시간 작업, 오락에 적용	점수
미적 효과	단순한 기구 형태로 간단한 기하학적 배열이 좋음	10	계획된 미의 배치, 조합이 필요	40
경제성 (경제 설계와 보수 비용 검토)	광속과 비용을 고려	10	조명 효과와 비용을 고려	10

❸ 용도

1) 명시적 조명 : 사무실, 공장, 주택

2) 장식적 조명 : 카페, 박물관, 미술관, 호텔 로비, 커피숍 등

❹ 합리적인 조명 설계와 에너지 절약 설계

[에너지 절약 설계]

1) 고효율 광원 사용 : ⑤

2) 기구 효율과 조명률이 높은 기구 사용 : ①, ⑥

3) 조명의 TPO → 시간(Time), 상황(Occasion), 장소(Place) : ②, ③, ④

4) 조명 기구의 청소, 불량 램프의 교환 : ⑦

❺ 맺음말

좋은 조명이란 명시적 요건과 분위기적 요건이 복합적으로 고려된 조명을 의미

12 3배광법과 ZCM법

1 개요

옥내 조명 설계의 평균 조도 계산 방법은 3배광법, ZCM법, BZE법, CIE법, MCS법 등이 있으며 정확성과 실용성을 고려한 조도 계산법 선택이 필요

2 3배광법

1) 평균 조도 계산법

$$E = \frac{F \cdot N \cdot U \cdot M}{A}[\text{lx}]$$

여기서, U : 조명률, M : 보수율(유지율), F : 광속, N : 전등 수량, A : 면적

2) 공간 비율

① 1공간으로 계산

② 실지수$(K) = \dfrac{X \cdot Y}{H \cdot (X + Y)}$

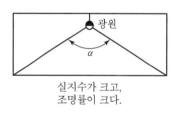
실지수가 크고,
조명률이 크다.

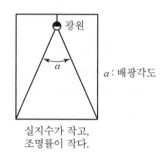
α : 배광각도
실지수가 작고,
조명률이 작다.

[실지수와 조명률의 관계]

3) 반사율

일정, 실지수에 의해 표에서 산정

4) 보수율

① 보수율은 조명의 광출력 저하를 고려한 일종의 보정 계수

$$MF = LLMF \times LSF \times LMF \times RSMF$$

여기서, $LLMF$(Lamp Lumen Maintenance Factors) : 램프 광속 유지 계수
LSF(Lamp Survival Factors) : 램프 수명 계수
LMF(Luminaire Maintenance Factors) : 조명기구 유지 계수
$RSMF$: 방 표면 유지 계수 → 터널에 관계됨

② 조명률(이용률)＋공간 데이터, 조명기구 데이터＋보수율(광 손실률)

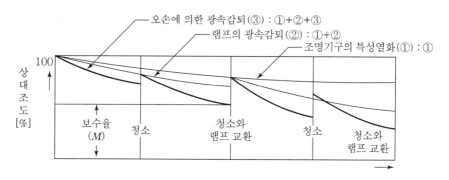

[청소 간격과 램프 교환 간격 모델]

5) 조명률

① 조명률 계산법

$$조명률(U) = \frac{작업면에 \ 입사하는 \ 광속(F_a)}{광원의 \ 전광속(F)}$$

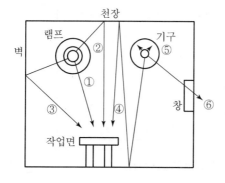

① : 직접 작업면에 도달
② : 천장에서 반사
③ : 벽에서 반사
④ : 바닥에서 반사
⑤ : 조명기구 반사판,
　　확산재에서 흡수
⑥ : 창밖으로 나가버리는 빛,
　　기타 벽 등에 소모

[조명률의 표현]

② 조명률에 영향을 주는 요소

  ㉠ 조명 기구의 배광은 협조형이 광조형보다 직접비와 조명률이 높음

  ㉡ 조명 기구의 효율은 배광형이 같을 경우 효율이 큰 것이 조명률이 높음

  ㉢ 실지수가 상승하면 조명률이 상승

  ㉣ 조명 기구의 S/H비가 상승하면 조명률이 상승

  ㉤ 실내 표면의 반사율이 상승하면 조명률이 상승

6) 문제점

① 큰 오차

② 최근 삶의 질 향상으로 조도 개선 요구

❸ 공간 구역법(ZCM)

1) 평균 조도 계산법

$$E = \frac{F \cdot N \cdot Cu \cdot LLF}{A}[\,\text{lx}\,]$$

여기서, Cu : 이용률, LLF : 광 손실률, F : 광속, N : 전등 수량

2) 공간 비율

① 방의 공간을 천장 공간, 실공간, 바닥 공간의 3가지로 분류

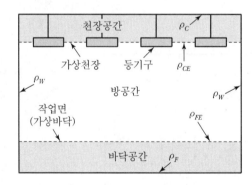

[ZCM의 공간 비율]

② 공간 비율 계산법

$$\text{공간 비율} = \frac{5H(a+b)}{a \times b}$$

3) 유효 공간 반사율

① 유효 천장 반사율(ρ_{cc}), 유효 바닥 반사율(ρ_{cc}), 벽 반사율(ρ_w)을 이용률 표에서 산정

② 보간법, 보정 계수를 이용

4) 광 손실률(LLF = ①×②)

① 회복 가능 요인	② 회복 불가능 요인
• 램프 광출력 감소 요인 • 램프 수명 요인 • 조명기구 먼지열화 요인 • 실내면 먼지열화 요인	• 공급 전압 요인 • 장치 작동 요인 • 안정기 요인 • 조명기구 주위온도 요인 • 조명기구 표면열화 요인

5) 이용률(Cu)

① $Cu = \dfrac{\text{작업면에 입사하는 광속}}{\text{광원의 전광속}}$

② 방을 3개의 공간(천장, 방, 바닥)으로 나누고 이를 기준으로 Cu값 계산

6) 문제점

① 계산이 정확하나 국내 Data가 미비

② 외산 자재를 사용해야 가능

4 맺음말

1) 3배광법은 ZCM의 변형으로 오차가 발생하므로 향후 ZCM의 조도 계산법이 필요

2) ZCM은 계산이 정확하나 미국의 Factor로 국내 자료 및 Data가 미비

3) 따라서 ZCM 적용에 앞서 국내 Data 작성이 우선시되어야 함

4) 조도 저하는 불편함과 불쾌감을 야기하고 작업 능률을 저하시키며 부상이나 재해의 원인이므로 보수율이나 광 손실률 설계 시 정확히 반영하고 적절한 주기로 청소, 도색, 램프 교체 등의 유지 보수가 필요

13 방전등 발광 메커니즘과 점등 원리

▌1 개요

1) 방전등은 전기 루미네선스 발광 원리를 적용한 광원으로, 전자가 여기 상태에서 기저 상태로 돌아갈 때 발광

2) 점등 회로에 전원을 인가하면 전자의 이동 및 충돌이 발생하고 음극에 전계 전자 방출 및 열 전자 방출이 발생하여 Townsend 방전, Glow 방전, Arc 방전을 거쳐 점등

3) 점등 시 방전 전압을 낮추기 위해 파센 법칙, 페닝 효과 등을 응용하고 자외선을 가시광선으로 변형시키기 위해 스토크 법칙을 응용

▌2 방전등 특징

1) 대부분 방전관을 보유

2) 방전관 내의 봉입가스에 따라 특유의 색을 발산

3) 별도의 점등 장치 및 안정기가 필요

4) 점등 원리가 비슷하고 장수명, 고효율, 고휘도 광원

▌3 방전등 발광 메커니즘

1) 원자의 에너지 흡수 · 방사

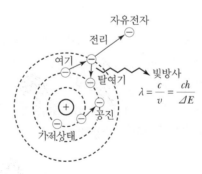

$$\lambda = \frac{c}{v} = \frac{ch}{\Delta E}$$

[원자로부터의 방사 · 흡수]

$$\text{기저 상태}(W_1) \xrightarrow[\text{에너지 방사}]{\text{에너지 흡수}} \text{여기 상태}(W_2)$$

$$\text{방사(흡수) 에너지 } \Delta W = W_2 - W_1 = h\nu[\text{J}]$$

2) 공진 · 여기 · 전리 에너지

① 공진 에너지

전자를 기저 상태에서 여기시키는 데 필요한 최소 에너지

② 여기 에너지

전자를 제 2궤도 또는 그 이상의 안정 궤도로 올리는 데 필요한 최소 에너지

③ 전리 에너지

원자의 임의 궤도 위를 회전하고 있는 전자를 완전히 원자 밖으로 튀어 나가게 하는 에너지

$$1[\text{eV}] = 1.602 \times 10^{-19}[\text{J}]$$

3) 수소의 스펙트럼과 준안정 상태

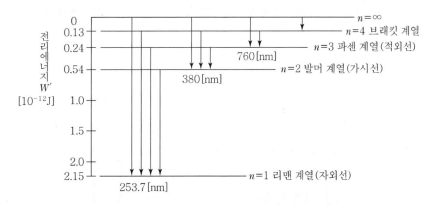

[수소의 전리 에너지와 스펙트럼 계열]

4) 비탄성 충돌

① 정의 : 여기나 전리를 동반하는 충돌
② 제1종 충돌 : 운동 에너지에 의한 여기 또는 전리 → 안정 궤도 상태에서 발생
③ 제2종 충돌 : 여기 에너지에 의한 전리 또는 운동 에너지화 → 여기 상태에서 발생

❹ 방전등 점등원리

1) 점등 원리

① 방전 개시 전

방전관 내의 기체 또는 증기 원자가 무질서하게 이동

② 방전 개시 후

일부 또는 전부의 방전로에 걸쳐 전기적인 절연 파괴가 일어나고 자유 전자가 이를 지속

2) 음극의 전자 방출

① 전계 전자 방출

㉠ 음극에 관전압을 걸어주면 전자가 튀어나오는 것

㉡ 쇼트키 효과 : 방출 전류가 포화된 후에도 전자 방출이 증가되는 현상

② 열전자 방출

㉠ 음극 재료가 고온이 되면 전자가 분자 열운동에 의해 튀어나오는 것

㉡ 온도의 상승으로 전자의 에너지 $E_1 > E_F$(페르미준위)$+\Phi_w$(일함수)를 만족할 때 전자 가 방출

여기서, Φ_w : 고체의 전자 1개를 표면으로부터 외부까지 끌어내는 데 필요한 에너지

3) 방전 개시 순서

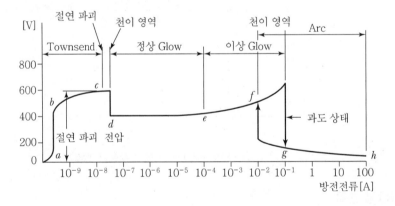

[방전 전류에 따른 방전의 형태]

① 자속 방전

　ㄱ 외부 자극에 의한 전자 방출이 중지되어도 **스스로 지속되는 방전**으로 방전등의 점등은 대부분 자속 방전

　ㄴ 자속 방전 개시 조건

　　$\gamma(e^{\alpha d} - 1) \geq 1$

　　　여기서, α : 전자의 충돌 전리 계수

② Townsend 방전

　ㄱ OA 구간 : 자유 전자가 이동을 시작

　ㄴ AB 구간 : 모든 자유 전자가 이동하고 있는 상태로 **포화 전류**상태

　ㄷ BC 구간 : 2차 전자가 발생하여 이 전자의 충돌로 **전자 사태**가 발생하고 방전 개시

③ Glow 방전

　전계 전자 방출에 의한 방전, 즉 강한 전계에 가속된 양이온이 음극에 충돌하면서 전자가 방출되어 방전

④ Arc 방전

　열전자 방출이 이루어지고 전류가 급격히 증가되어 방전의 최종 형식을 이루게 됨

⑤ Glow 방전과 Arc 방전 비교

구분	Glow 방전	Arc 방전
원리	전계 전자 방출	열전자 방출
기압	저기압	고기압
전압	고전압	저전압
전류	소전류	대전류

4) 적용 법칙

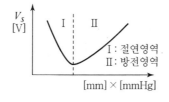

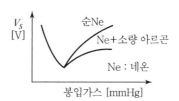

[기체의 방전 개시 전압]

① 파센의 법칙

방전 개시 전압(V_s)는 전극 간의 거리(d)와 방전관 내부 기압(p)에 비례

$$Ap\, \exp\left[-\frac{Bpd}{V}\right] = \frac{1}{d}\ln\left(\frac{1}{\gamma}+1\right)$$

$$V = -\frac{Bpd}{\ln\left[\frac{1}{Apd}\ln\left(\frac{1}{\gamma}+1\right)\right]} = \frac{Bpd}{\ln\left[\dfrac{Apd}{\ln\left(\dfrac{1}{\gamma+1}\right)}\right]}$$

여기서, A, B : 기체상수, P : 압력, d : 간격

② 페닝 효과

준안정 상태를 형성하는 기체에 적은 양의 다른 기체를 혼합한 경우 혼합 기체의 전리전압
이 원기체의 여기전압보다 낮으면 방전 개시 전압이 낮아지는 효과로 기동을 용이하게 함

③ 적용 예 : Ne + 0.002[%] Ar → 기동 전압이 낮아짐

구분	여기전압[eV]	전리전압[eV]
Ne	16.7	21.5
Ar	11.7	15.7

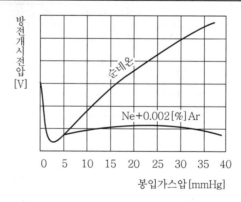

[네온과 아르곤 혼합 기체의 방전 개시 전압]

14 자속 방전

1 자속 방전

1) 외부 자극에 의한 전자 방출이 중지되어도 스스로 방전을 하는 것
2) 자속 방전의 조건

$$\gamma \cdot (e^{\alpha d} - 1) \geq 1 \quad \rightarrow \quad \alpha d \geq \ln\left(1 + \frac{1}{\gamma}\right)$$

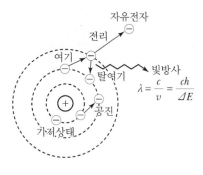

[기체의 전리]

2 기체의 전리

1) 기저 상태

분자가 안정된 상태

2) 공진

전자를 기저 상태에서 제1의 여기 상태로 올리는 것

3) 여기

전자가 제1궤도의 기저 상태 이외의 안정 궤도 위에 있는 상태이며 전자를 제2궤도 또는 그 이상의 안정 궤도로 올리는데 필요한 최소 에너지

4) 전리

전자가 원자로부터 분리되어 이탈하는 상태이며 이때 필요한 에너지를 전리 에너지라 하고 이때의 전압을 전리 전압

❸ 자속 방전

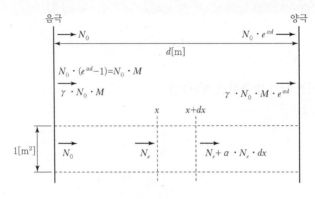

[자속 방전 조건]

1) α작용 전리 계수

① 전자 1개가 x 방향으로 진행할 때 단위 길이당 원자와의 충돌에서 α 개의 전자와 α 개의 양이온이 생성되는 작용

$$dn = \alpha \cdot dx$$

② n_0 개의 전자가 거리 x 로 진행하면 그 때의 전자수는

$$n = n_0 \cdot e^{\alpha x}$$

이와 같이 전자 증식 과정을 전자 사태라 함

2) γ작용 전리 계수

① 이온, 광자, 원자의 전극 충돌에 의한 2차 전자 방출
② γ는 한 개의 정이온에 의해 음극으로부터 방출되는 전자수의 평균값으로 정의하고 약 $10^{-2} \sim 10^{-3}$
③ 스퍼터링 현상

전극 재료의 전자가 아닌 양자 즉, 원자가 방출되는 현상

3) 자속 방전 조건

① 1개의 전자가 양극에 도달할 때의 전자 증가량은 $(e^{\alpha d} - 1)$이며 이것은 양이온 수와 동일
이 양이온이 음극에 충돌 시 γ 작용에 의하여 $\gamma \cdot (e^{\alpha d} - 1)$의 전자가 나오며 이때 $\gamma \cdot (e^{\alpha d} - 1) \geq 1$ 이면 음극에 자외선을 중지해도 자속 방전 지속
② 자속 방전 조건

$$\gamma \cdot (e^{\alpha d} - 1) \geq 1 \rightarrow \alpha d \geq \ln\left(1 + \frac{1}{\gamma}\right)$$

15 　형광 램프

1 개요

1) 전압을 인가하여 방전관 내부에 자유 전자를 발생시켜 관 내부에서 빛이 발생
2) 스토크스의 법칙을 이용하여 외부로 빛을 방출하는 방사 루미네선스를 이용한 광원

2 구조와 원리

1) 구조

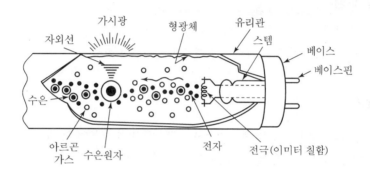

[형광램프의 구조]

2) 발광 원리

① 형광램프는 일정 전압을 인가하면 방전관 내부의 기체 절연 파괴로 자유 전자가 발생
② 저압 수은 증기(약 10^{-2}[Torr])의 방전으로부터 발생한 강력한 자외선 253.7[nm]를 유리구
　 내벽에 칠한 각종 형광체를 통과시켜 가시광선(453.8, 546.1[nm])으로 변환하여 빛을 발생
③ 유리관 내의 소량의 수은은 기동을 쉽게 하고 음극 물질의 증발 억제를 위해 0.02 [Torr]의
　 아르곤(Ar)을 봉입하여 페닝 효과를 이용

2 형광체의 발광 메커니즘

1) 적외선 에너지를 흡수
2) 전자가 충만대에서 전도대로 이동
3) 양공 발생, 불안정한 형광 중심 전자를 끌여 들임
4) 전도대의 전자가 형광 중심으로 이동
5) $h\nu_2$인 에너지의 형광을 발산

❸ 에너지 특성과 효율

1) 형광 램프의 특성 및 효율

① 방전 개시 전압이 점등 시의 램프 전압보다 높음

② 효율은 백열 전구의 3배로 80[lm/W]

③ 연색성 평가 지수[Ra]는 60~80[Ra]

④ 주위 온도 20~25[℃], 관벽 온도 40~45[℃]일 때 발산 광속이 최대

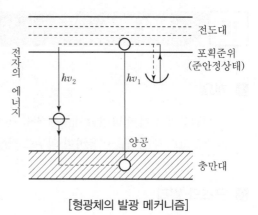

[형광체의 발광 메커니즘]

2) 전압 특성

① 정격 전압의 ±6[%] 범위에서 점등하여야 하며 이 범위를 벗어나면 수명이 단축

② 광속, 전류, 전력 등은 거의 전원전압에 비례하여 변화

❹ 온도 특성

1) 주위 온도 20~25[℃], 관벽 온도 40~45[℃]일 때 방사 효율이 최대

2) 저온에서는 방전 개시 전압이 상승하며 아르곤에 대한 수은 증기의 분압의 감소로 수은 원자의 전리 확률이 감소

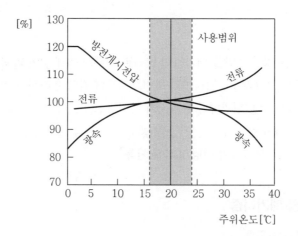

[형광등의 온도 특성]

5 수명에 미치는 영향

1) 열음극의 소모

① 방전 중의 양이온이 높은 에너지로 음극과 충돌하면 음극 물질인 Ba, Ca, St 등이 튀어나와 음극이 붕괴(스파터링 현상)

② 음극 물질이 관 단부에 부착, 흑화되어 오랜 시간 점등하면 전자방출 능력이 저하되며 점등 시 고전압에 의해 가장 심하고 1회 점멸은 점등 3시간에 해당되는 손실

2) 형광 물질의 변질

① 점등 시간에 따라 광속은 점차 감소(최초 100시간은 급격히 감소, 5~10[%] 이후 서서히 감소)

② 광속 감소 원인 : 수은 화합물이 형광 물질에 부착

6 무선 주파수 잡음

1) 원인

형광 램프의 고주파 진동 중에서 소호 진동, 재점호 진동 등이 잡음의 원인

2) 방지 대책

① 병렬로 콘덴서($0.05 \sim 0.2[\mu F]$) 삽입

② 대략 15[dB] 정도 저감

16 할로겐 램프

1 개요

1) 미량의 할로겐 물질을 포함한 불활성 가스를 봉입한 램프

2) 할로겐 물질의 화학 반응을 응용한 가스입 텅스텐 전구

2 할로겐 재생 사이클

1) 할로겐 램프는 유리구 내에 불활성 가스와 할로겐 화합물(요오드, 브롬, 염소) 등을 봉입

2) 할로겐은 낮은 온도에서 텅스텐과 결합하고 고온에서는 분해

3) 필라멘트에서 증발된 텅스텐이 온도가 낮은 유리구 관벽에서 할로겐과 결합

4) 대류에 의해 다시 필라멘트로 가서 고온으로 분해

5) 할로겐은 확산되고 관벽에 가서 또 다시 텅스텐을 잡아서 필라멘트로 되돌려 주는 재생 사이클
을 형성

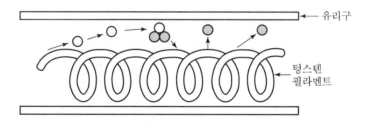

○ : 텅스텐(W)　● : 할로겐(X)　⚛ : 텅스텐 할로겐화물(WX_2)

[할로겐 재생 사이클]

$$W + 2X \rightarrow WX_2$$

$$WX_2 \rightarrow W + 2X$$

여기서, W : 텅스텐, X : 할로겐, WX : 텅스텐 할라이드

❸ 종류

1) 다이크로익 미러 할로겐 전구

① 가시광선은 전면 방사, 적외선은 후방 다이크로익 물질에 의해 80[%] 투과

② 고조도 스팟 조명에 적합

③ 열방사가 적어 전시품의 손상을 방지

④ 점포나 미술관, 박물관 조명에 적용

2) 적외 반사막 응용 할로겐 전구

① 석영 유리 표면에 적외선 반사막을 형성

② 가시광은 투과시키고 적외선은 필라멘트로 되돌려주어 가열 에너지로 재이용

③ 효율은 15~30[%] 향상, 손실은 50[%] 감소

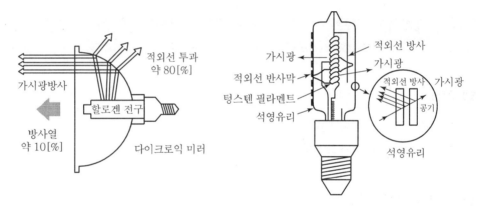

[다이크로익 미러 할로겐 전구] [적외 반사막 응용 할로겐 전구]

3) 적외 반사막, 다이크로익 미러부 분광 특성 예

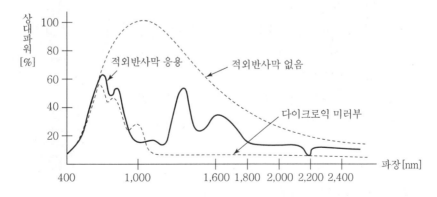

[할로겐 램프의 분광 특성]

4 할로겐 램프의 특성

1) 수명 및 광속 저하가 작음(백열전구의 2배)

2) 점등 장치가 불필요

3) 연색성이 80[Ra] 이상

4) 소형 경량의 전구(백열 전구의 1/10)

5) 배광 제어가 용이

6) 단위 광속이 크고 고휘도

7) 열충격에 강하고 적은 열방사

---

17 방전 램프(메탈핼라이드 램프, 나트륨 램프, 수은 램프)

1 개요

1) 방전등은 전기 루미네선스 발광원리를 적용한 광원

2) 방전관 내의 봉입가스에 따라 특유의 색을 발산

2 메탈핼라이드 램프

1) 원리

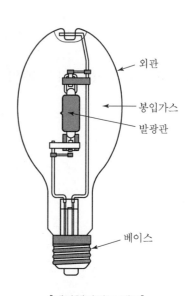

[메탈핼라이드 램프]

① 연색성 및 효율을 개선하기 위하여 고압 수은 램프에 금속 또는 금속 혼합물을 혼입

② 금속 수은 증기 중에 금속 또는 할로겐 화합물을 혼입하면 그 금속 원자에 의한 발광 스펙트럼이 중첩되어 수은램프의 연색성과 효율이 개선

③ 탈륨(Ti), 나트륨(Na), 인듐(In), 토륨(Th) 등의 수종의 금속 원자를 옥화물, 취화물 등의 금속 할로겐 화합물로서 첨가

④ 시동 전압은 일반 수은 램프의 200[V]보다 높은 2차 전압으로서 300[V]가 필요

⑤ 재시동 시간도 수은 램프보다 길어 약 10분 정도 소요

2) 광방사

① 온도가 낮은 관벽 부근의 금속 화합물은 증발하여 고온, 고압, 수은 아크부로 들어가 금속 할로겐 화합물과 분해
② 분해된 금속은 아크 내에서 여기되어 발생
③ 분해된 금속은 다시 관벽으로 가서 결합하게 되어 광반사 사이클을 형성

❸ 나트륨 램프

1) 원리

① 시동 가스가 방전하여 발광관 온도가 상승하면서 수은을 방전
② 시동 가스(크세논)는 발광 효율과 수명 개선을 위한 완충 가스 역할
③ 시동기를 안정기에 내장하여 별도로 구비

2) 특성

① 등황색의 D선 589[nm]의 분광 분포
② **연색성** : 20~25[Ra]
③ 백색 광원 중 효율이 가장 높으며 따뜻한 느낌 (120[lm/W]).
④ 전압이 150[%] 정도에 도달하면 수명이 거의 끝난 상태로 도로, 광장 조명에 사용

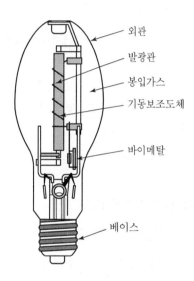

외관
발광관
봉입가스
기동보조도체
바이메탈
베이스

[나트륨 램프]

④ 수은 램프

1) 원리

① 주전극과 보조극 사이의 글로우 방전으로
점등

② 아크열에 의해 발광관 온도가 상승

③ 수은이 증발하여 램프 전압이 상승하며 그
이후 안정된 방전을 지속

2) 특성

① 전체 압력 에너지에서 방사 에너지의 비율
은 50[%]

② 연색성 : 20~25[Ra]

③ 시동 및 재시동 시간 : 시동 5분, 재시동 10
분 이내

④ 도로, 광장 조명에 사용

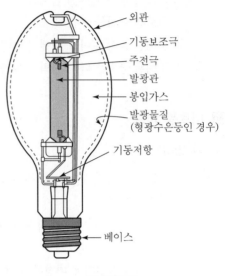

[수은램프]

⑤ 방전램프의 비교

구분	수은등	나트륨등	메탈할라이드등
점등 원리	전계 루미네선스	전계 루미네선스	전계 루미네선스(광방사)
효율	35~55[lm/W]	80~100[lm/W]	75~105[lm/W]
연색성	60[Ra]	22~35[Ra]	60~80[Ra]
용량	40~1,000[W]	20~400[W]	280~400[W]
수명	10,000[h]	6,000[h]	6,000[h]
색온도	3,300~4,200[K]	2,200[K]	4,500~6,500[K]
특성	고휘도, 배광 용이	60[%] 이상이 D선	고휘도, 배광 용이
용도	고천장, 투광등	해안가 도로, 보안등	고천장, 옥외, 도로

18 무전극 램프

1 개요

1) 방전등의 전극은 에너지 손실원이며 제조가 까다롭고 수명단축의 주원인이므로 이를 개선하기 위해 무전극 램프가 개발

2) 무전극 램프는 고주파, 마이크로파 전원을 통해 전·자계를 형성하고 이를 이용해 방전하므로 장수명, 고효율이 장점

3) 무전극 램프를 방전 형태에 따라 **유도 결합 방전, 용량 결합 방전, 마이크로파 방전, 배리어 방전**으로 나눌 수 있고 현재 실용화되고 있는 조명은 주로 유도 결합 방전을 이용

2 구조 및 원리 : 전자기 유도 법칙

1) 자로 철심에 코일을 감아 RF Power(고주파 전원)를 인가하면 방전관 내부에 강한 자계 형성

2) 자계에 의해 가속된 전자가 수은 입자와 충돌하여 여기나 전리를 발생

3) 안정 상태로 귀환하면서 자외선 방출

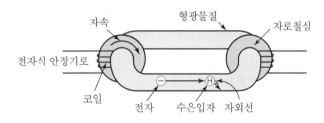

[무전극 형광램프]

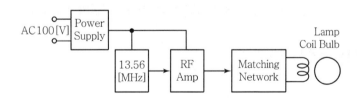

[무전극 방전등 회로의 블록 선도]

❸ 종류

1) 유도 결합 방전(H 방전) → 고주파 방전(RF) : 250[kHz]~2.5[MHz]

① 방전관 주위에 코일을 감고 고주파 전류를 인가하여 코일의 전자 유도 작용에 의해 내부 가스를 여기·전리시키는 방식

② 특징

㉠ 고밀도의 아크와 유사한 특성

㉡ 방전 전류는 관벽에 평행하게 흐름

③ 도로, 고천장, 경관 조명 등

2) 용량 결합 방전(E 방전) → 고주파 방전(RF) : 수십 [kHz]

① 방전관 양단 평행판 전극 사이에 고주파 전원을 인가하여 전극 사이에 형성되는 전계에 의해 내부 가스를 여기·전리시키는 방식

② 특징

㉠ H 방전에 비해 사용 주파수가 높음

㉡ 저밀도의 글로우 방전에 해당

③ 복사기, 스캐너, LCD 백라이트용 등

3) 마이크로파 방전 → 2.45[GHz]

① 마이크로파($E = 200$[V/cm], $f = 2.45$[GHz])에 의한 방전 파괴를 통해 플라즈마를 발생시켜 내부 가스를 여기·전리시키는 방식

② PLS, 무대 조명, 특수 조명 등

4) 배리어 방전

① 마이크로파 방전의 일종으로 전극간 인가 전압이 2장의 글래스(Glass)를 통해 방전하는 형태

② PDP TV, 오존 발생 장치 등

❹ 장점

1) 순간 점등 및 재점등 : 0.01초 이하

2) 장수명 : 일반 수명 100,000시간, 실효 수명 60,000시간(초기 광속 대비 70[%])

3) 고연색성 : 80~90[Ra]

4) 색온도 : 3,000~7,000[K] 제작 가능

5) 고효율 : 70~80[lm/W]

6) 저온 특성 우수 : 옥외용 가능

7) 연속 조광 가능 : 10~100[%]

8) 낮은 발열량 : 기존 방전 램프 350~450[℃], 무전극 램프 90~110[℃]

9) 눈의 피로 감소 : 고주파 구동으로 플리커 현상이 없어 눈의 피로가 적음

5 단점

1) Noise 대책

고주파 점등으로 전자파에 의해 타 기기에 영향

2) 기구 내용 연수

램프가 수명을 다하기 전에 조명 기구가 절연 열화, 기계적 손상, 부식되므로 대책 필요

3) 광원 특성 개선

가격이 비싸고 소형화가 필요

6 용도

1) 높은 위치에 설치되어 램프교환에 비용이 많이 드는 곳

2) 산업 시설의 조명

3) 터널 조명

4) 옥외 조명

19 | LED 램프(Light Emitting Diode)

1 구조 및 원리

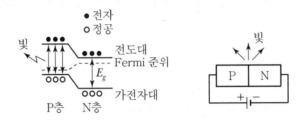

[LED의 원리]

1) 전계 루미네선스를 이용한 광원
2) 반도체 발광 소자에 직류 전원을 가하면 PN 접합부에서 전도대의 전자와 가전대의 정공이 결합하며 빛이 발생
3) LED의 PN 접합부에서 에너지 갭의 특성은 LED의 양자 효율과 방사 에너지에 의해 결정되고 파장에 따라 LED의 발광색이 결정
4) 방사 에너지의 파장

$$\lambda = \frac{hc}{E_g} \simeq \frac{1,240}{E_g}[\mathrm{nm}]$$

2 LED 램프 특성

구조적	광학적	전기적	환경적
• 작은 점광원 • 매우 견고함 • 장수명 • 환경 친화적	• 단색광을 발광하여 연색성이 나쁨 • 지향성 광원으로서 등기구 손실 작음 • 색을 필요로 하는 조명 기구에 적용 시 시인성 향상	• 특정 전압 이상에서 점등 시작 • 작은 전압 변화에도 전류와 광도가 변화	• 온도 변화에 민감 • 과전류 시 수명 대폭 감소, 성능 저하 • 열처리 장치와 전류 제어장치 필요 • 기후 협약에 대응

❸ 장점

1) 점등, 소등의 속도 신속

2) 저 전력 소모

3) 장수명 : 수명 10만 시간, 실효 수명 6만 시간

4) 조광 제어 용이 : 가로등 적용 시 Dimming 제어로 종합 균제도 및 안정성 향상

5) 시인성 우수 : 신호등, 채널간판, 유도등 이용

6) RGB 조합으로 다양한 색 발광 : 색온도 조절, 감성 조명

7) 에너지 절감 : 백열등 · 할로겐 · 채널 간판 : 85[%], CCFL : 55[%], 형광등 : 35[%] 절감

8) 환경오염이 적고 안전 : 무수은, 유해 전자파 미방출, CO_2 배출량 감소, 저전압 사용

9) 광학적 효율 우수 : 2010년 : 90[lm/W], 2010~2015년 : 150[lm/W]

❹ 단점

1) 백열등, 형광등에 비해 고가

2) 집광성이 강해 특정 각도에서 고휘도

3) 직류 전원을 사용하므로 별도의 전원 공급 장치가 필요

4) 발열량이 커서 광특성, 수명 등에 영향을 끼침 → 투입 전력의 약 80[%]가 열로 발생

5) SMPS 수명이 짧음 → 전해 콘덴서 : 15,000시간, 세라믹 콘덴서 30,000시간

6) 고조파, 노이즈 발생

❺ 냉각 방식

1) 정 전류원으로 구동 : LED 특성에 맞는 전원 공급 장치를 채용

2) 전도, 대류에 의해 방출

3) 구리나 알루미늄을 방열판으로 사용

4) 조명기구 내부에 방열팬을 부착

5) 능동적인 강제 냉각 방식을 채용

6) 펠티어 소자를 이용

7) **방열 코팅제 사용** : 방열판에 방열 코팅제로 코팅 시 10[%] 온도 저하

❻ LED 램프 사용 시 주의사항

1) 동종의 램프라도 환경에 따라 광색 밝기가 달라질 수 있으므로 주의

2) 전용 회로 및 기구를 사용할 것

3) 수분이나 습기가 많은 곳은 피할 것

4) 전자 제품 주변에서 사용 시 노이즈 발생을 고려

5) 장시간 주시하지 말 것

6) 5~35[℃] 이내에서 사용

7 백색 LED램프 구현

① RGB 조합

② UV LED + RGB 형광체

③ Blue LED + Yellow 형광체

8 기존 조명과 LED 램프 비교

품목	전력 소비		절감률[%]	판매 가격		비용 회수 기간[연]
	기존[W]	LED[W]		기존[천 원]	LED[천 원]	
백열등	60	8	87	2	30	1.1
할로겐	50	5	90	3	30	1.4
채널 간판	30	3	90	150	300	3.4
CCFL	22	10	55	8	30	4.4
형광등	100	65	35	90	250	4.2

9 맺음말

1) LED램프는 친환경, 장수명, 고효율 등의 장점으로 폭발적으로 시장이 확대되고 있음

2) 세계적 수준의 LED 램프 제조 기술을 확보하고 고부가가치 기능을 창조해야 하며 산학연기술 개발 협력 등의 노력을 기울여야 함

3) LED램프 발전 방향

LED램프 제조기술	고부가가치 기능	산학연 기술 개발 협력
• 사용 온도에서 수명 • 눈부심 방지 • 연색성 개선 • SMPS 수명	• Smart Lamp • 건물 에너지 관리 • 원격 제어 • 감성 조명	• 지역별 상생 협력 • 광기술원 • LED 산업 단지

20 OLED(Organic Light Emitting Diode, 유기 발광 다이오드)

■ 구조 및 원리

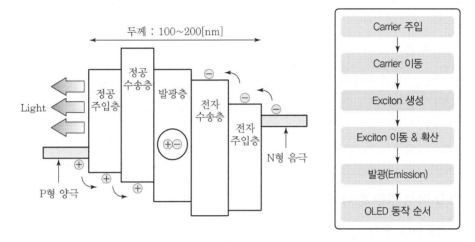

[OLED 발광 메커니즘]

1) 발광성 유기 화합물을 양극과 음극 사이에 박막 형태로 적층한 구조로 전계 루미네선스를 이용한 면광원

2) OLED 소자에 전기장을 가했을 때 음극에는 전자가, 양극에는 정공이 주입되어 수송층을 거쳐 발광층으로 이동한 후 전자와 정공이 재결합하여 발광

■ OLED 종류(구동 방식)

수동형 구동 방식	능동형 구동 방식
• 제작 공정 단순하고, 투자비 적음 • 능동형에 비해 성능이 떨어짐 • 소형에만 적용 가능	• TFT 수준 이상의 제조 공정 및 투자비 필요 • 화질, 수명, 소비 전력 등이 우수 • 중 · 대형까지 확대 적용 가능

■ OLED 특징

1) 적층 구조 → 최고의 발광 효율 구현

2) 자체 발광형 → 소자가 스스로 빛을 냄

3) 넓은 시야각

4) 빠른 응답 속도 → 응답 속도가 100만 분의 1초로 TFT LCD보다 1,000배 이상 빠름

5) 초박형, 저전력 → 백라이트가 필요 없어 초박형, 저소비 전력 가능

6) 곡면 및 투명한 형태 제조 가능 → 유연함

7) 간단하고 저렴한 제조 공정 → OLED : 55Step, LED : 62Step

8) 색가변 광원(Color-tunable Lighting) 3차원 형태의 광원(3-D Lighting)

4 OLED 적용

1) 휴대폰, 디지털 카메라, 캠코더

2) 내비게이션, PDA

3) 오디오

4) 노트북, 컴퓨터, 벽걸이 TV

5 OLED 백색 구현 방식

1) 파장 변형 방식

① 청색 파장의 빛을 형광체에 여기

② 제작 공정 간단

③ 색 변환층의 조절로 연색성 쉽게 조절

2) 색상 혼합 방식

① 적색(R), 녹색(G), 청색(B) 혼합 또는 황색(Y), 청색(B) 혼합

② 파장 변환과 관련한 손실 없음

③ 고효율 백색 발광 소자 제작 가능

3) 소자 적층 방식

적색(R), 녹색(G), 청색(B)의 단색 발광 소자를 순차적으로 적층

6 OLED 컬러 패터닝 기술 방식 비교

1) 독립 증착식

① 약 50[μm] 두께의 Metal Mask를 이용해 패터닝

② 장점 : 패터닝이 용이, 발광체의 고유 색상 유지 가능

③ 단점 : 대형화가 어렵고 생산성 저하됨

2) 잉크젯 프린팅 방식

① 고분자 OLED에 이용함

② 장점 : 대형화 가능, 대기 중에서 작업 가능

③ 단점 : 공정상 노즐 막힘 현상과 유기막 두께 불균일 현상

3) 레이저 패터닝 방식(LITI)

① Flexible 필름과 레이저 광원을 이용해 유기 물질을 기판 위에 패터닝

② 장점 : 정밀도 우수, 대형화 용이

③ 단점 : 열에 의해 유기 물질 특성 저하

7 조명용 광원의 비교

구분		광원 형태	광원 효율 [lm/W]	면광원 화수단	기구의 광이용 효율 [%]	면광원 효율 [lm/W]	연색성 (CRI)	수명 [시간]	단가 [$/klm]
백열등		원광원	20	−	−	−	100	1,000	1
형광등		선광원	100	확산판	50	50	80~85	20,000	10
LED		점광원	100	도광판	30~70	30~70	80	100,000	100
OLED		면광원	100 (가능성)	불필요	100	100	>80	>20,000	20

* 자료 : D.O.E. Solid−State Lighting Research and Development(2009. 9)

21 조명용 광원의 최근 동향

1 개요

1) 광원의 요구 변화

장수명, 고효율화 → 장수명, 고효율화 + 조명의 질적 향상, 슬림화 → 친환경 에너지 절약, 램프 일체화

2) 최신 기술 개발 동향

재료 개선, 반도체 광원 연구, 무전극 점등 방식 연구

2 기존 광원의 최근 동향

1) 백열 전구

① 일반 백열 전구 : 수명을 늘린 크립톤 전구, 세로형 필라멘트 전구 개발
② 할로겐 전구 : 고효율 저소비 전력화

2) 형광램프

① 5파장 형광 램프 등장 → 분광분포 개선
② 전구식 형광 램프(CFL) 등장 → 백열 전구 대체
③ T-10 : 32[mm]/40[W] → T-8 : 26[mm]/32[W] → T-5 : 16[mm]/28[W]
④ T-8 : 26[mm]/32[W] → T-5 : 16[mm]/28[W]로 교체 시 20[%] 절전 효과

3) HID 램프

① 소형화, 콤팩트화, 고효율, 고연색성
② 조광 가능한 HID 램프 및 안정기 개발
③ 세라믹 메탈 헬라이드 램프(CDM) 등장
④ 코스모폴리스 램프 등장

❸ 신광원

무전극 램프, PLS, LED램프, OLED램프, CDM 램프, 코스모폴리스 램프 등

❹ 맺음말

전 세계적으로 조명 광원 시장 규모는 방대하나 장수명, 고효율, 고품질, 친환경성 등의 요구가 대두되면서 기존 광원의 개선뿐만 아니라 신광원 개발을 위한 범국가적 차원의 기술 개발 지원 및 투자가 절실히 필요

22 조도 측정 시 고려 사항

❶ 개요

1) 조도 측정 시에는 충분한 준비와 행동이 있을 때만이 정보량이 많고 신뢰도가 높은 측정이 가능
2) 조도 측정 시 가장 중요한 것은 참값에 가까운 측정값을 얻는 것
3) 조도계 사용에 관한 기술 지침(KOSHA Guide)

❷ 측정 시 고려 사항

1) 측정 전 준비 사항

① 목적을 파악하고 조도 측정점의 결정 방법에 따른 측정점 결정
② 전원의 상태 및 점등의 상태 확인
③ 광원의 형식 및 크기, 필요에 따라 처음 점등 이후의 점등 시간 확인
④ 조명 기구의 상태 파악
⑤ 광원의 조명 기구에의 부착 상태 및 점등 상태 파악
⑥ 환경 조건 파악

2) 측정 시 주의 사항

① 측정 개시 전 전구는 5분간, 방전등은 30분간 점등

② 전원 전압을 측정할 경우에는 가급적 조명기구에 가까운 위치에서 측정

③ 조도계 수광부의 측정 기준면을 조도를 측정하려고 하는 면에 가급적 일치

④ 측정자의 그림자나 복장에 의한 반사가 측정에 영향을 주지 않도록 주의

⑤ 지침형 조도계는 정확한 측정을 위하여 0~1/4범위의 눈금 판독은 가급적 지양

⑥ 측정 대상 이외의 외광 영향이 있을 경우에는 필요에 따라 그 영향을 제외하고 측정

⑦ 정확한 측정값을 위한 반복 측정

❸ 평균 조도 측정법

1) 1점법 : 조도 균제도가 좋은 장소에 적용

2) 4점법 : 조도 구배가 완만한 장소에 적용

$$\overline{E} = \frac{1}{4}\,E_i$$

여기서, $\overline{E}$: 평균 조도, E_i : 우점의 조도

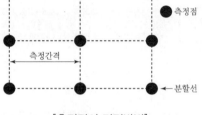

[측정점의 결정방법]

3) 5점법 : 조도 균제도가 나쁜 장소에 적용

① $\overline{E} = \dfrac{1}{12}\left(\sum E_i + 8E_g\right)$

② $\overline{E} = \dfrac{1}{6}\left(\sum E_m + 2E_g\right)$

여기서, E_g : 중앙 측정값

  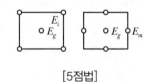

[1점법]　　　　　[4점법]　　　　　[5점법]

❹ 측정면 높이

실내		실외	
일반	책상면 또는 바닥 위 85[cm]	도로	노면 15[cm] 이하
방	바닥 위 40[cm]	운동장, 경기장	지면
복도, 계단	바닥면		

5 조도 측정 후 기록

1) 측정 연, 월, 일, 시간

2) 측정자, 입회자 성명

3) 측정 장소 도면, 조명 기구 배열, 내부 마감

4) 램프 종류, 조명 기구 형식, 안정기 종류

5) 조도계 종류, 계기 번호, 측정 레인지

6 조도기준(KS A 3011)

활동 유형	조도 분류	조도 범위[lx]	참고 작업면 조명 방법
어두운 분위기 중의 시식별 작업장	A	3 − 4 − 6	공간의 전반 조명
어두운 분위기 중의 간헐적인 시작업	B	6 − 10 − 15	
어두운 분위기 중의 단순 시작업	C	15 − 20 − 30	
잠시 동안의 단순 시작업	D	30 − 40 − 60	
빈번하지 않은 시작업	E	60 − 100 − 150	
고휘도 대비 혹은 큰 물체 대상의 시작업	F	150 − 200 − 300	작업면 조명
일반 휘도 대비 혹은 작은 물체대상의 시작업	G	300 − 400 − 600	
저휘도 대비 혹은 매우 작은 물체 대상의 시작업	H	600 − 1,000 − 1,500	
비교적 장시간 동안 저휘도 대비 혹은 매우 작은 물체 대상의시작업 수행	I	1,500 − 2,000 − 3,000	전반 조명과 국부 조명을 병행한 작업면 조명
장시간 동안 힘드는 시작업 수행	J	3,000 − 4,000 − 6,000	
휘도 대비가 거의 안되며 작은 물체의 매우 특별한 시작업 수행	K	6,000 − 10,000 − 15,000	

23 감성 조명

1 개요

1) 기존의 실내조명은 단순히 빛을 발하는 용도에 국한되었지만 조명기술이 발달함에 따라 그 용도가 다양해 짐

2) 감성조명은 사람의 **심리 상태**와 **몸상태**에 따라 **색온도**와 **밝기**를 알맞게 조절함으로써 인간의 감성을 높이고 공간 분위기를 창조하는 조명기술

2 감성 조명의 특징

색온도, 조도, 색 조절이 가능한 시스템 조명

1) 색온도 조절

① 감성 LED는 적색, 녹색, 청색 삼원색을 개별적으로 조절하여 주위 환경에 따라 최적의 색온도를 제공

② 낮은 색온도 : 붉은빛을 내어 따스한 느낌

③ 높은 색온도 : 푸른빛을 내어 시원한 느낌

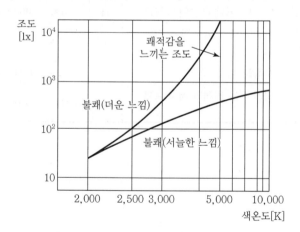

[색온도와 조도의 관계]

2) 기존 광원의 비교

① 백열 전구 : 2,800[K], 형광등 : 4,500~6,500[K] 색온도 고정

② LED는 자유롭게 색온도 조절 가능

3 적용 환경

1) 실내에서도 자연 조명의 변화 연출

2) 심리적 안정과 쾌적한 환경 구현

3) 의료 효과(라이팅 테라피)

4) 업무 능력, 학습 능력의 향상

5) 현대인에게 필요한 Well-being 조명

4 차세대 LED 조명 동향

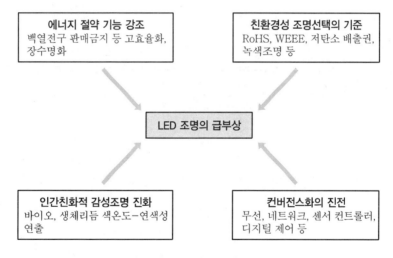

[LED 조명 동향]

5 LED 조명 적용 시 장점

1) 색온도와 밝기 조절 용이 : 획일화된 도시 미관을 벗어나 개성 있는 이미지 연출 가능

2) 디지털 컨버전스(Digital Convergence) : LED 조명은 GPS 통신 장치와 센서를 부가한 스마트 조명으로 진화 중

3) 향후 기술과 감성을 모두 만족시키는 LED 조명

6 고려 사항

1) 단지 감성 조명만 내세우지 않고 전체 공간의 특징, 크기, 형태 및 색채들을 고려한 설계
2) 빛과 색이 인간의 감성과 행동에 미치는 영향에 대한 연구가 활발해져 IT기술과 융합
3) LED 색채 조명의 감성적인 요소, 특히 사용자 활동의 다양한 특성이 고려된 데이터 구축에 대한 심리적 · 생리적 연구 요구

7 맺음말

1) LED를 통한 심리적 만족감을 줄 수 있는 조명 설계가 가능
2) LED 광원의 등장은 광원이 단순히 어둠을 밝히는 기능을 넘어 인간의 심리적 변화나 행동에 만족감을 주는 것을 용이하게 해주어 조명의 다양한 감성적 효과에 대한 기대가 가능

24 옥내 전반 조명

1 개요

1) 옥내 전반 조명은 명시적 · 시각적 · 생리적 · 심리적인 관계가 중요하므로 소요 조도의 결정은 편안하고 안락한 시각에 기초를 두어야 함
2) 옥내 전반 조명에서는 광원에서 발산되는 **직사광** 이외에 실내면의 천장, 벽, 바닥, 기구로부터 반사되는 **반사광**을 함께 고려하여야 함

2 설계 순서

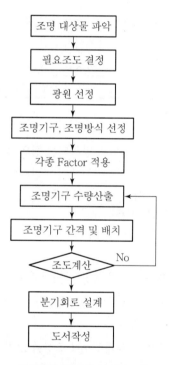

[옥내 전반 조명 설계 순서]

1) 조명 대상물 파악

① 건축물의 사용 목적, 건축물의 내부 구성, 자연 채광, 입지 조건, 주위 환경
② 방의 치수 및 구조, 설비 배치 상태. 마감재 및 채광창

2) 필요 조도 결정

① 방의 형태, 작업의 종류, 용도, 특징, 경제성 고려

② 국내의 조도 기준(KS A 3011)

|←— 거친 작업 —→|←— 단순작업 —→|←— 보통작업 —→|←— 정밀작업 —→|←— 초정밀작업 —→|

| 60 | 150 | 300 | 600 | 1,500 | 3,000 [lx] |

[조도기준(KS A 3011)]

3) 광원 선정

종류	적용
방전등	원거리 투사
백열등, 할로겐 램프	근거리 투사 및 고연색성 요구 장소
LED 램프	에너지 절감 · 친환경 · 장수명 요구 장소
광섬유 조명 시스템	다양한 색깔 요구 장소
무전극 램프	전반적 조명, 고연색성 · 장수명 요구 장소

4) 조명 기구 선정

① 기구 효율$(\eta) = \dfrac{\text{기구에서 방사되는 광의 양}[\text{lm}]}{\text{기구에 부착된 광원에서 방사되는 광의 양}[\text{lm}]} \times 100[\%]$

② 조명률$(u) = \dfrac{\text{작업면에 입사하는 광속}[\text{lm}]}{\text{광원의 전광속}[\text{lm}]} \times 100[\%]$

5) 조명 방식 선정

① 조명 기구 배광에 의한 분류 : 직접 조명, 반직접 조명, 전반 확산 조명, 반간접 조명, 간접 조명

② 조명 기구 배치에 의한 분류 : 전반 조명, 국부 조명, 전반 국부 조명(TAL)

③ 기타 : 건축화 조명, PSALI 조명 등

④ 에너지 절약을 위하여 TAL 방식과 PSALI 조명을 많이 활용

6) 실지수 결정

① 실지수는 방의 크기와 형태를 나타내는 척도로서 조명률을 구할 때 반영

② 실지수와 조명률의 관계 : 실지수가 크면 조명률이 큼

③ 실지수 $= \dfrac{X \cdot Y}{H \cdot (X + Y)}$

7) 조명률 결정

① 조명률$(U) = \dfrac{\text{작업면에 입사하는 광속}(F_a)}{\text{광원의 전광속}(F)} \times 100[\%]$

② 조명률에 영향을 주는 요소

　　㉠ 조명 기구의 배광은 협조형이 광조형보다 직접비가 크고 조명률이 높음

　　㉡ 조명 기구의 **효율**은 배광형이 같을 경우 효율이 큰 것이 조명률이 높음

　　㉢ 실지수가 상승하면 조명률이 상승

　　㉣ 조명 기구의 S/H비가 상승하면 조명률이 상승

　　㉤ 실내 표면의 **반사율**이 상승하면 조명률이 상승

8) 보수율 결정

① 보수율은 조명의 광출력 저하를 고려한 일종의 보정 계수이며 **감광 보상률**은 보수율의 역수를 의미

② $MF = LLMF \times LSF \times LMF \times RSMF$

　　여기서, $LLMF$: 램프 광속 유지 계수
　　　　　　LSF : 램프 수명 계수
　　　　　　LMF : 조명기구 유지 계수
　　　　　　$RSMF$: 방 표면 유지 계수

③ 보수율은 0.5~0.7 적용

9) 조명 기구 수량 산출

① 3배광법

$$E = \frac{F \cdot N \cdot U \cdot M}{A}[\text{lx}]$$

　　여기서, U : 조명률, M : 보수율(유지율)

② ZCM

$$E = \frac{F \cdot N \cdot Cu \cdot LLF}{A}[\text{lx}]$$

　　여기서, Cu : 이용률, LLF : 광손실

10) 조명 기구 간격 및 배치

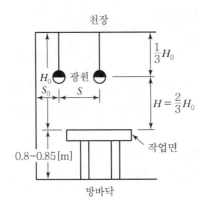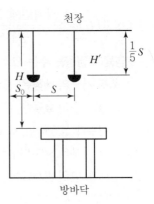

[조명 기구 간격 및 배치]

① 직접 조명의 경우

　㉠ 작업면에서 천장까지 높이 : H_0

　㉡ 등기구와 작업면 사이 간격 : $H = \dfrac{2}{3} H_0$

　㉢ 등기구 사이 간격 : $S \leq 1.5H$

　㉣ 등기구와 벽면 사이 간격 : 벽면 불이용 $S_0 \leq \dfrac{1}{2} H$, 벽면 이용 $S_0 \leq \dfrac{1}{3} H$

② 간접 및 반간접 조명의 경우

　㉠ 작업면에서 천장까지 높이 : H

　㉡ 천장과 등기구 사이 간격 : $H' = \dfrac{1}{5} S$

　㉢ 등기구 사이 간격 : $S \leq 1.5H$

　㉣ 등기구와 벽면 사이 간격 : 벽면 불이용 $S_0 \leq \dfrac{1}{2} H$, 벽면 이용 $S_0 \leq \dfrac{1}{3} H$

11) 실내면의 광속 발산도 계산

구분	사무실, 학교	공장
작업 대상물과 그 주위면(책과 책상면)	3 : 1	5 : 1
작업 대상물과 그것에서 떨어진 면(책과 바닥)	10 : 1	20 : 1
조명기구 또는 창과 그 주위면(천장, 벽면)	20 : 1	40 : 1
통로 내부의 밝은 부분과 어두운 부분	40 : 1	80 : 1

25 건축화 조명

1 개요

1) 건축화 조명이란 건축과 조명의 일체화, 즉 건축의 일부가 광원화되어 장식뿐만 아니라 건축의 중요한 부분이 되는 조명 설비
2) 건축화 조명은 건축 설계자와 조명 설계자가 처음부터 상호 협의하여 설계
3) 건축화 조명은 천장을 이용한 것과 벽면을 이용한 건축화 조명으로 구분

2 장점 및 단점

1) 장점

① 실내를 단순
② 건축 구조의 마감이 자연스러워 광원의 존재를 의식 못함
③ 의장성이 매우 우수
④ 확산광 형태이므로 실내가 차분

2) 단점

① 조명 효율이 나쁨
② 공사비가 증가
③ 한번 시공하면 수정 곤란

3 종류와 특징

1) 광량 조명(반매입 라인 라이트)

① 가장 일반적인 조명방식
② 천장에 일렬로 형광등을 매입 시공
③ 확산 플라스틱 설치 시 조명이 부드러워짐

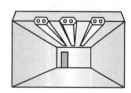

[광량 조명]

2) 코퍼(Coffer) 조명

천장에 환형, 사각형, 원형 등의 구멍을 뚫어 단 차이를 둔 후
그 내부에 등을 시공

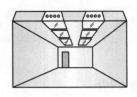

[코퍼 조명]

3) 다운라이트 조명

천장면에 여러 개의 작은 구멍을 뚫어 그 속에 등기구를 매입
하는 조명 방식

[다운라이트 조명]

4) 광천장 조명

① 천장면 전체에서 밝은 확산광으로 조명
② 실내 조명 중 조명률이 가장 높고 설치비나 유지비
가 비교적 저렴하여 많이 사용

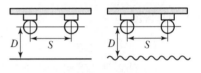

[광천장 조명]

5) 루버 조명

① 천장에 격자형 루버를 설치하고 그 내부에 형광
등과 같은 직접 조명을 설치
② 올려다 보지 않는 이상 조명이 보이지 않아 눈부
심을 막을 수 있으며 쾌청한 낮과 같은 주광 상
태를 재현
③ 루버의 청소와 등기구 등의 교체가 어려움

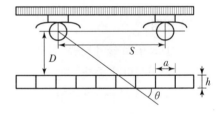

[루버 조명]

6) 코너 조명

① 천장과 벽면과의 경계에 조명 기구를 배치하여 조
명하는 방식
② 천장과 벽면을 동시에 투사하는 조명 방식으로 큰
객실, 지하철, 지하도 조명에 이용

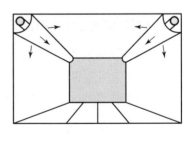

[코너 조명]

7) 코브(Cove) 조명

① 벽의 가장 자리에 조명을 숨기고 천장면을 향하게 조사하여 조사된 조명이 확산되어 방안 전체를 은은하게 조사
② 눈부심이 없고 조도 분포가 균일하며 그림자가 생기지 않지만 충분한 밝기를 위해서는 보조 조명이 필요

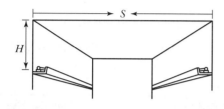  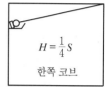

$$H = \frac{1}{6}S$$
양쪽 코브

$$H = \frac{1}{4}S$$
한쪽 코브

[코브 조명]

8) 코니스(Cornice) 조명

① 천장 근처의 벽면에 돌출형의 장식을 설치한 뒤 그 내부에 형광등 기구를 설치
② 조명이 벽과 천장을 비추고 확산되어 방안 전체를 은은하게 조사

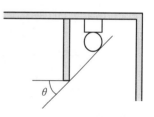

[코니스 조명]

9) 밸런스(Balance) 조명

① 일정한 높이로 벽면에 형광등 기구를 설치한 뒤 투과성이 낮은 재료로 조명이 보이지 않도록 가림
② 상부의 천장과 하부의 벽을 비춘 조명이 방안으로 확산되어 실내를 조사

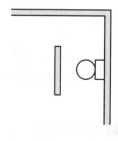

[밸런스 조명]

10) 광창(Light Window) 조명

① 벽의 일부에 창문 형태의 조명을 설치
② 지하실 등에서 자연 채광 분위기를 연출 시 적절

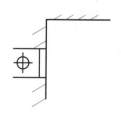

[광창 조명]

26 TAL, 글레어 존(Glare Zone), 자연 채광과 PSALI

◼ Task & Ambient 조명 방식

1) 정의

① TAL이란 Task Ambient Lighting의 약자로 **전반/국부 조명 병용 방식**을 의미

② 즉, 특정 작업면을 작업등(Tack Lighting)으로 조명하고, 그 주변을 다른 조명등(Ambient Lighting)에 의해 작업 조명의 1/2~1/3 조도로 조명하는 방식

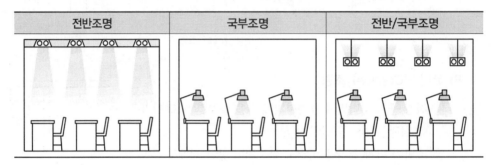

2) 적용

사무실 작업의 OA화, 즉 VDT 환경에 따라 TAL 방식을 적용

3) 특징

① 에너지 절약 : 전체는 Ambient 조명으로 보통의 밝기만 확보

② 보임의 향상 : 작업면은 Task 조명을 적용하여 업무에 맞는 조도를 확보

◼ 글레어 존(Glare Zone)

눈의 수평 위치에서 상하 30°, 좌우 30° 범위 내의 영상이나 광원은 눈의 보임을 강하게 방해하는 범위

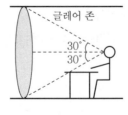

[눈부심 글레어 존]

3 자연 채광과 PSALI(실내 상시 보조 인공 조명)

1) 자연 채광

① 정의

ㄱ 주광은 가장 자연스러운 빛이며, 직사 일광과 천공광으로 구분

ㄴ 자연 채광의 대상은 천공광이며 주광의 25[%] 정도

② 설비형 자연 채광

ㄱ 건물의 일영부에 태양광을 도입하는 방법

ㄴ 건물의 중정이나 아트리움에 태양광을 도입하는 방법

ㄷ 건물의 내부와 지하실에 태양광을 도입하는 방법

③ 창으로부터의 자연 채광 방식

ㄱ 측광 채광 : 수직의 벽면으로부터의 채광

ㄴ 천창 채광 : 지붕 또는 천장면의 천창을 사용하여 채광

ㄷ 정측 채광 : 천장의 수직창을 정측창으로 보충

2) PSALI

① 정의

ㄱ Permenent Supplementary Artificial Linghting in interior의 약자로 실내 상시보조 인공 조명이라 하며 자연 채광만으로 실내 조명이 불충분하거나 불쾌한 경우 자연 채광의 보조용으로 설치하는 조명

ㄴ 어두운 안쪽에서 밝은 창문을 배경으로 한 사람의 얼굴은 바라보면 잘 보이지 않는데, 이것을 실루엣 현상이라고 하고 PSALI를 설치함으로써 해소 가능

② 설치 목적

ㄱ 실루엣 현상 제거를 위한 인공 조명과의 병행

ㄴ 주광과 함께 좋은 균형을 이루기 위해 사용

ㄷ 실내의 쾌적한 조명 환경 개선

③ 조도 계산 방법

ㄱ 보조 인공광 평균 조도

$$E = \frac{\pi D L}{10}$$

여기서, D : 실내의 최저 주광률(1.5~2.0)
L : 창에서 보이는 천공 휘도[cd/m²]

ⓛ 주광률

$$D = \frac{\text{실내의 천공 조도}}{\text{그때의 천공 조도}} \times 100[\%]$$

천공 조도에 주광률을 곱한 것이 주광에 의한 실내 조도가 됨

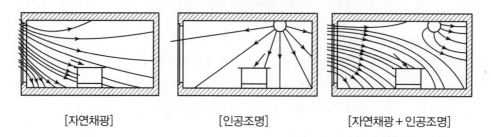

| [자연채광] | [인공조명] | [자연채광＋인공조명] |

４ 맺음말

1) 주간에 질 좋은 조명 환경을 확보

2) 실내 휘도를 높여 주광에 의한 글레어 발생을 방지

3) 밝은 창가에 인공 조명을 설치하여 전체 휘도를 균형 있게 보정

27 경관 조명 설계 시 고려 사항

1 개요

경관 조명은 야간 도시 경관의 연출을 극대화하고, 사람과 차량의 안전을 확보하며 상업 활동을 조성하는 데 있음

2 경관 조명 목적 및 역할

1) 도심의 역사적 풍토와 거리 문화 특징을 표현
2) 공공 시설 및 역사적 건물에 대한 이해와 친밀감을 조성
3) 야간 관광의 다양화, 야간 시가지 활성화로 상업 활동을 지원
4) 기업 이미지를 제고
5) 시민의 생활 문화를 다양화하고 24시간 도시화

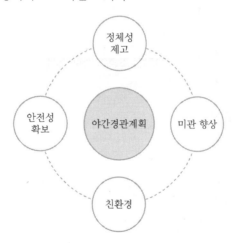

[야간 경관 조명 계획의 의의]

3 경관 조명 목표 및 기대 효과

1) **정체성** : 대상물의 일관된 정체성 확립
2) **쾌적성** : 다양한 요소의 조화를 통한 심미성의 극대화
3) **심미성** : 쾌적하고 즐거운 효과 창출
4) **안전성** : 안전한 야간 안전 확보
5) **지속 가능성** : 친환경 에너지 절감형 실천

4 조명계획 순서

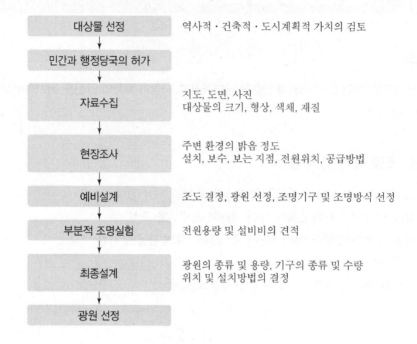

[경관 조명의 계획 순서]

5 경관 조명 분류 및 구성

1) 건축물 조명
2) 공원 조명
3) 광장 조명
4) 가로 조명

6 경관 조명 설계 시 고려사항

1) 조명 대상물 파악

① 대상물의 크기, 형상, 색채, 재질 등을 고려
② 주위의 가로등, 광고 조명과 조화 여부를 고려(주변 환경의 밝음의 정도)
③ 주간 미관을 고려
④ 대상물의 경년 효과를 고려
⑤ 빛공해를 고려

2) 조도

① 주변 환경과 조명 환경을 고려

② 표면재 반사율이 20[%] 미만 시 경관 조명 효과가 미비 → 고반사 외장재 도입

표면재	명도	반사율[%]	주위의 밝기[lx]		
			밝다.	보통	어둡다.
흰 대리석	희다.	80	150	100	50
콘크리트	밝다.	60	200	150	100
황다색 벽돌	보통	35	300	200	150
암회색 벽돌	어둡다.	10	500	300	200

3) 광원

광속, 효율, 수명, 동정 특성, 연색성, 색채 효과, 보수성을 고려

종류	적용
메탈핼라이드 계열	원거리 투사
할로겐 램프	근거리 투사 및 고연색성 요구 장소
LED 램프	에너지 절감 · 친환경 · 장수명 요구 장소
광섬유 조명 시스템	다양한 색깔 요구 장소
무전극 램프	전반적 조명, 고연색성 · 장수명 요구 장소

4) 조명 기구

① 소요 조도, 조사 범위, 배광 특성을 고려한 기구 선정 → 광각형 · 협각형 투광기

② 주간 경관 고려(기구, 배선 처리)

③ 안전성 : 누전차단기, 접지 위치를 선정

④ 보수점검과 조정이 용이

⑤ 눈부심을 방지

5) 조명 방식

① 직접 투광

　㉠ 음영을 강조

　㉡ 근대 건축물, 역사 건축물 등에 적용

② 발광

　㉠ 일루미네이션 장식 조명으로 외형 구조를 강조

　㉡ 건조물, 탑 등에 적용

③ 투과광

ㄱ 실내 조명으로 창밖 야경을 연출하는 경우 활용

ㄴ 고층 건물, 현대 건물의 높이와 위용감을 표현

6) 조명 기법

① 대상물의 배경이 밝은 경우 : 대상물의 바깥쪽을 약간 어둡게 하고 중앙부는 밝게 하여 입체감 조성

② 대상물의 배경이 어두운 경우 : 대상물 둘레를 밝게 하여 입체감 조성

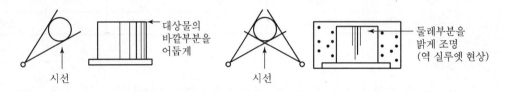

[대상물의 배경이 밝은 경우]   [대상물의 배경이 어두운 경우]

③ 대상물의 요철이 큰 경우 : 시선 방향에서 45° 이상으로 주조명을 설치하고 90° 방향에서 보조 조명을 설치

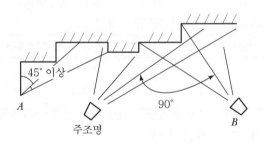

[대상물의 요철이 큰 경우]

7) 조명 효과 예측

컴퓨터 시뮬레이션을 통해 미리 조명 효과를 예측하고 미비점을 보완

28 빛공해 종류와 대책

1 개요

1) 빛공해(Light Pollution)는 인공 조명에 의해 발생된 과잉 또는 불필요한 빛에 의한 공해
2) 이러한 빛공해는 생태학적 위험 및 에너지 낭비를 야기하므로 규제가 필요
3) 규제의 필요성 및 규제 방안

규제의 필요성	규제방안
• 옥외 조명의 합리적인 사용	• 제품 성능 규제 → 조명 기구 BUG 분류
• 에너지 절약과 재사용	• 설계 시 규제 → 조명 성능 제한
• 장해광에 의한 악영향의 최소화	• 설치 후 규제 → 표면 휘도 제한
• 천문 관측을 위한 야간 환경의 개선	• 에너지 제한
• 인공 조명으로부터 자연 환경 보호	• 지역별 조명 전력 소비량 제한

2 빛공해 원인

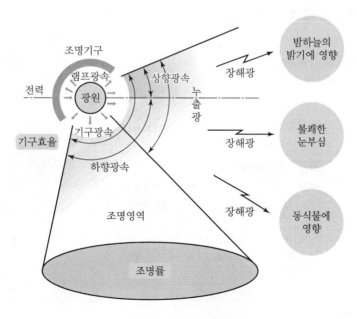

[빛공해 원인 및 종류]

3 빛공해 종류

빛공해	정의
산란광	지면의 인공 조명에서 공중으로 새어 나오는 빛이 산란을 일으켜 밤하늘이 부분적으로 환해 보이는 현상
침입광	원하지 않는 장소에 비치는 빛
글레어	옥외 광원 자체의 높은 휘도로 인해 차량 운전자의 시각 능력이 떨어지는 현상
광혼란	옥외에서 다양한 발광원이 혼재하여 보행자의 시각에 혼란을 주는 것
과도 조명	옥외 조명의 각 부분에서 필요 이상의 조명이 사용되는 것

침입광	글레어	산란광	과도조명

4 빛공해 영향 및 대책

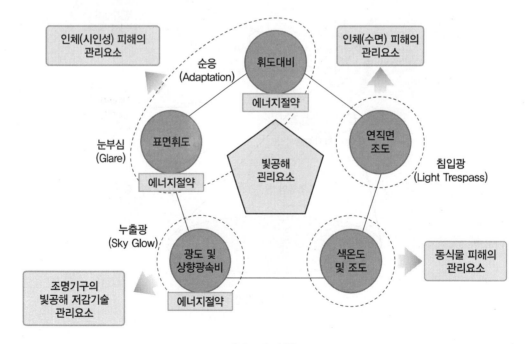

[빛공해 영향]

1) 동식물 및 생태계

영향	대책
• 농작물, 식물 : 결실을 맺지 못함 • 포유류, 파충류, 조류 : 야행성의 경우 생식에 문제 발생(종의 소멸) • 가축 : 생리나 대사 기능에 영향(생산 저하)	• 점등 시간 제한 : 심야 소등, 스케줄 설정 타이머 이용 • 새는 빛 저감 : 조사 대상물 이외에 빛이 새어 나가지 않도록 조명 기구 개선

2) 주거 환경

영향	대책
• 수면 방해 • 교통 안전 방해 • 불쾌감 유발	• 경관과 조화를 이루도록 함 • 글레어 저감 : 눈부심 방지판, 루버, 등의 조명 기구를 설치

3) 천공

영향	대책
• 천문 관측 방해 • 지구 온난화 촉진(CO_2 발생) • 불필요한 에너지 낭비	• Up Light보다는 Down Light 방식을 채용 • 투광기 각도를 좁게 • 고효율 광원, 사용 목적에 적합한 광원 사용

5 국내 동향

1) 서울 특별시 빛공해 방지 및 도시 조명 관리 조례 제정

① 빛이 환경에 미치는 영향에 따라 조명 환경 관리 6개 지역을 지정
② 옥외 조명 설치 시 조명 계획을 수립해 빛공해 방지 위원회에서 심의
③ 상향 광속률 및 건물 표면 휘도 등의 기준을 위반한 자에게 개선 권고 등의 조치
④ 우수 경관 조명을 선정하여 시상

2) 조명 환경 관리 6개 지역

조명 환경 관리 지역	세부 지역	상향 광속률[%]	건축물 표준 휘도[cd/m²]
제1종	산림 지역	0	0
제2종	공원 지역	5	5
제3종	주거 지역	10~15	10~15
제4종	상업 지역	20	20

조명 환경 관리 지역	세부 지역	상향 광속률[%]	건축물 표준 휘도[cd/m²]
제5종	상업 밀집 지역	25	25
제6종	일시적 고조도 필요 지역	30	30

3) 빛공해 방지 위원회 심의 대상 시설

구분	시설규모
건축물	연면적 2,000[m²] 이상 또는 4층 이상의 건축물
공동 주택	20세대 이상의 공동 주택
구조물	교량, 고가 차도, 육교 등의 콘크리트 구조물 및 강철 구조물
도로 부속 시설물	가로등, 보안등, 공원등
주유 시설	주유소 및 석유 판매소, 액화 석유 가스 충전소 등
미술 장식	외부 공간에 설치하는 미술 장식, 동상, 기념비 등

6 빛공해 규제 대상 및 평가 척도(CIE)

빛공해 규제 대상	평가 척도 및 적용
산란광	조명 설비의 상향 광속비(ULR)
주거지에 미치는 침입광	주거지 창 표면의 연직면 조도
시야 내의 글레어	거주자에게 불편을 주는 방향에서의 광도
교통 시스템 이용자에게 미치는 장해	특정 위치 및 시선 방향에 대한 임계치 증분(TI)
건축물 등의 과도 조명	건물, 간판의 수직 표면 휘도 평균치

7 맺음말

1) 빛공해를 심각한 사회적 문제로 인식하고 빛공해를 방지하기 위한 연구 및 규제 기준 마련 필요

2) 2010년 6월 29일 서울특별시 빛공해 방지 및 도시 조명 관리 조례안이 통과되었으나 이를 뒷받침할 국가 표준이 없는 실정

3) 따라서 실효적인 빛공해 규제 방안을 연구하여 국제 수준에 부합되고 국내 실정에 맞는 빛공해 기준을 마련하는 것이 시급한 과제

29 도로 조명 설계

1 개요

1) 도로 조명은 야간에 운전자나 보행자의 시환경을 개선하여 쾌적하고 안전한 도로 이용을 할 수 있도록 설치한 조명

2) 도로 조명 목적
① 물체를 확실하게 보이게 함
② 도로의 이용률 향상
③ 사고 및 범죄 예방, 상업 활동에 기여
④ 쾌적하고 안전한 차량 통행
⑤ 도시 미관 조성

2 도로 조명 설계

1) 도로 조명 기준(KS A 3701)

① 도로 및 교통의 종류에 따른 도로 조명 등급

도로 종류		도로조명 등급
고속 도로, 자동차 전용 도로	상하행선이 분리되고 교차부는 모두 입체 교차로로 출입이 완전히 제한된 고속 도로	M1, M2, M3
주간선 도로, 보조 간선 도로	상하행선 분리 도로, 고속 도로	M1, M2
	주요한 도시 교통로, 국도	M2, M3
집산 및 국지 도로	중요도가 낮은 연결 도로, 지방 연결 도로, 주택 지역의 주 접근 도로	M4, M5

② 보행자에 대한 도로 조명 기준

야간 보행자 교통량	지역	수평면 조도	연직면 조도	
교통량 많은 도로	주택	5	1	연평균 일 교통량(AADT) 25,000대가 교통량 많고 적음의 기준
	상업	20	4	
교통량 적은 도로	주택	3	0.5	
	상업	10	2	

③ 운전자에 대한 도로 조명 휘도 기준

도로 등급	평균 노면 휘도(최소 허용값) [cd/m²]	휘도 균제도(최소 허용값)		TI[%] (최대 허용치)
		종합 균제도(u_0) L_{min}/L_{avg}	차선축 균제도(u_1) L_{min}/L_{max}	
M1	2.0	0.4	0.7	10
M2	1.5	0.4	0.7	10
M3	1.0	0.4	0.6	15
M4	0.75	0.4	0.6	15
M5	0.5	0.35	0.6	15

임계치 증분(TI) : 도로 조명에 따른 불능 글레어 기준

2) 광원 선정

① 선정 조건 : 광속, 효율, 수명, 동정특성, 연색성, 색채 효과, 보수성 등을 고려
② 사용 광원

종류	광질 및 특성
고압 나트륨 램프	고효율, 연색성 낮음, 투과력 우수
메탈 헬라이드 램프	연색성 우수
콤팩트 메탈 헬라이드 램프	연색성 우수, 광속 유지율 높음
무전극 형광 램프	연색성 우수, 장수명, 온도 낮을 경우 효율 저하
LED 램프	에너지 절감, 장수명, 요구장소, 다양한 색온도 구현

3) 조명 기구 선정

① 조명 성능 달성 여부, 눈부심 제한, 빛공해 방지, 효율 등을 고려
② 조명 기구의 컷오프 분류 → BUG 분류

(단위 : cd/1,000[lm])

구분	풀 컷오프형	컷오프형	세미 컷오프형
수직각 80°	100	100	200
수직각 90°	0	25	50

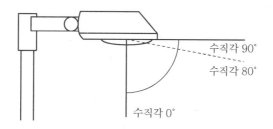

수직각 90°
수직각 80°
수직각 0°

[1,000[lm]당 광도로 제한]

4) 조명 방식 선정

① 원칙 : 등주 조명 방식

② 기타 : 하이마스트 조명 방식, 구조물 설치 조명 방식, 커티너리 조명 방식 등

5) 조명률 결정

① 조명률$(U) = \dfrac{\text{작업면에 입사하는 광속}(F_a)}{\text{광원의 전광속}(F)} \times 100[\%]$

② 해외에서는 조명률을 포함한 성능 데이터 제공 의무화

③ 국산 제품에서는 조명률 데이터 확보가 어려움

6) 보수율 결정

① 보수율은 조명의 광출력 저하를 고려한 일종의 보정 계수이며 감광 보상률은 보수율의 역수를 의미

② $MF = LLMF \times LSF \times LMF \times (RSMF)$

> 여기서, $LLMF$(Lamp Lumen Maintenance Factors) : 램프 광속 유지 계수
> LSF(Lamp Survival Factors) : 램프 수명 계수
> LMF(Luminaire Maintenance Factors) : 조명기구 유지 계수
> $RSMF$: 방 표면 유지 계수 → 터널에 관계됨

③ 조명률(이용률) + 공간 데이터, 조명 기구 데이터 + 보수율(광 손실률)

7) 광원 크기(F) 및 등간격(S) 산출

① 광원 크기(F)

광원 크기(F)	내용
클 경우	S 길어짐 → 기구수 감소 → 경제적 → 균제도 불량
작을 경우	S 짧아짐 → 기구수 증가 → 비용 증가 → 균제도 양호

② 등간격(S)

$$S = \frac{F \cdot N \cdot U \cdot M}{K \cdot W \cdot L}$$

여기서, K : 평균 조도 환산 계수, W : 도로폭, L : 기준 휘도

8) 조명 기구 배치 및 배열

① 직선 도로

구분	한쪽 배열	지그재그 배열	마주 보기 배열	중앙 배열
배치형태				
용도	지방 도로 간이 도로	일반 도로 시가지 도로	교통량 많고 빠른 도로	중앙 분리대가 있는 빠른 도로

② 곡선 도로

조명 기구 간격을 직선부에서 설계한 간격보다 줄이고 중앙 배열인 경우 각 차도 외측에 한쪽 배열로 설치

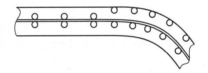

[곡선부에서 한쪽 2열 배열]

③ 교차로

운전자가 도로 선형, 전방의 교통 조건, 인접 차량의 유무 등을 쉽게 인지할 수 있게 함

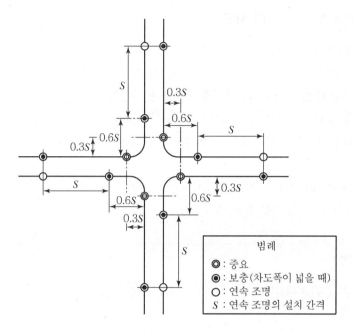

[십자형 교차로에서 조명기구 배치]

9) 기타

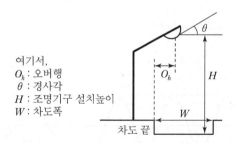

여기서,
O_h : 오버행
θ : 경사각
H : 조명기구 설치높이
W : 차도폭

[조명기구의 설치높이, 경사각, 오버행]

① 등주 → 강관, 주철, sus

② 설치높이 → 도로 : 10[m] 이상, 인터체인지 : 8.5[m] 이상

③ 경사각 → 5° 이하

④ 오버행 → 가능한 한 짧고 일정하게 적용(광원의 중심에서 차도 끝부분까지 수평 거리)

❸ 도로 조명 설계 시 고려 사항

1) 허용 전압 강하 : KEC 232.3.9의 전압강하 기준에 의함

2) 접지 : 분전함 및 가로등주 : KEC 140 및 142.3.2 에 의해 보호 도체 시설

3) 누전 차단기 설치 : KEC 211.2.4에 의해 누전 차단기 시설

4) 전기 공급 방식 : 단상 2선식 220[V], 3상 4선식 380[V]

5) 에너지 절약 대책 강구 : 효율 75[lm/W] 이상 광원 사용, 회로 분리

6) 주위 환경과 조화 검토

7) 평균 노면 휘도, 휘도 균제도, 임계치 증분을 만족할 것

8) 타 공정과의 간섭 사항 검토

❹ 최근 동향

1) 기존 250[W]급 메탈핼라이드 가로등은 100[W]급 LED, 140[W]급 코스모 폴리스 등으로 대체할 수 있음

2) 대체 시 에너지 절감 효과는 물론 조광 제어 및 원격 감시 효과를 추가로 볼 수 있어 향상된 도로 환경 조성이 기대됨

3) 기존 가로등 시스템과 지능형 LED 가로등 시스템의 비교

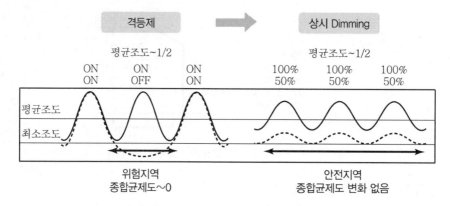

[지능형 LED 가로등 시스템 효과]

30 | 터널 조명

1 개요

1) 터널 조명은 날씨 변화 및 야간 이외에 주간에 발생하는 블랙홀 효과, 화이트홀 효과 등으로 차량 운전자가 시력장 애를 받지 않도록 적당한 조명을 유지
2) 사람의 눈에 대한 휘도, 명순응, 암순응을 고려

2 터널 조명 계획 시 유의 사항

1) 입구 부근의 시야 상황

운전자 20° 시야 내의 천공, 노면 등의 인공 구조물, 인입구 부근의 지물, 경사면 등의 휘도와 그들이 시야 내에 차지하는 비율

2) 구조 조건

터널 단면 형태, 전체 길이, 터널 내의 표면 상태, 반사율 등

3) 교통 상황

설계 속도, 교통량, 통행 방식, 대형차 혼입률 등

4) 환기 상황

배기 설비 유무, 환기 방식, 터널 내 공기 투과율 등

5) 유지 관리 계획

청소 방법, 청소 빈도 등

6) 부대 시설 상황

교통 안전 표지, 도로 표지, 교통 신호기, 소화기, 긴급 전화, 라디오 청취 시설, 대피소, 소화전 등

3 터널 조명의 요건

1) 운전자의 시야 확보

운전자가 노면 위 장애물을 발견하고 사고 방지를 하기 위해 충분한 시각 인지용 조명을 설치

2) 운전자의 쾌적성

① 운전자의 안심감

노면, 벽면은 충분한 휘도 및 균제도가 확보된 조명

② 운전자의 불쾌감

눈부심이나 플리커가 생길만한 빛의 변동 지양

3) 유도성 확보와 조명 조건

터널 내의 조명 기구 배치는 노면, 벽면의 휘도 확보, 일정한 부착 높이 유지, 도로 선형이 분별
되도록 설치

4 터널 조명의 구성

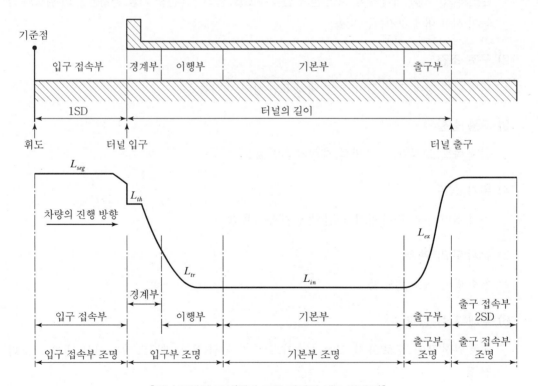

[터널 조명의 구성(일방 교통 터널의 세로 단면도)]

1) 입구부 조명

① 주간에 운전자의 눈이 터널 내부에 암순응할 수 있도록 기본 조명에 부가하여 설치
② 경계부 조명과 이행부 조명으로 구성

2) 기본부 조명

운전자의 시야 확보를 위해 균일한 휘도로 터널 전체에 걸쳐 설치

3) 출구부 조명

운전자의 눈이 터널 외부에 명순응할 수 있도록 기본 조명에 부가하여 설치

4) 입구부 접속 도로 조명

야간에 터널 입구 상황을 판별할 수 있도록 설치

5) 출구부 접속 도로 조명

야간에 터널 출구 상황을 판별할 수 있도록 설치

6) 정전 시 비상 조명

① 200[m] 이상의 터널은 예비 전원에 의한 비상용 조명을 설치
② 정전 시 0.8초 이내로 비상 조명이 점등(UPS 설치).
③ 비상 조명은 상시 조명의 1/8, 간격은 200[m]

5 터널 조명의 기준(KS C 3703)

1) 설계 속도와 정지 거리

① 정지 거리는 운전자의 반응 시간 및 브레이크 조작 시간을 포함한 거리
② 설계 속도와 정지 거리표

설계 속도[km/h]	정지 거리[m]
60	60
80	100
100	160

2) 경계부 조명

① 경계부 평균 노면 휘도(L_{th})

$L_{th} = 20°$ 원추형 시야 내의 경계부 평균 노면 휘도×경계부 노면 휘도에 대한 조절계수

② 경계부 길이

경계부 전체의 길이는 정지거리와 같거나 이보다 길어야 함

③ 경계부 조명수준

㉠ 처음부터 중간 지점까지는 경계 구역의 초반 값과 동일

㉡ 중간 지점부터 선형적으로 감소하여 종단에서는 $0.4(L_{th})$까지 감소

㉢ 계단식으로 휘도를 감소시킬 경우 선형적 감소 시의 수치보다 적으면 안 됨

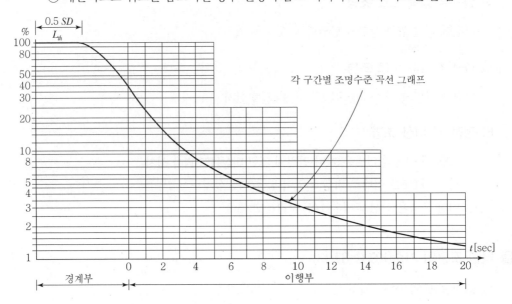

[주행 속도에 따른 각 구간별 조명수준]

3) 이행부 조명

① 이행부에서 단계별 휘도 값(L_{tr})

$$L_{tr} = L_{th}(1.9 + t)^{-1.4}$$

여기서, L_{th} : 경계부 평균 노면 휘도[cd/m²]
t : 경계부 끝점에서부터 운행 시간[sec]

4) 기본부 조명

[주간 자동차 터널 도로의 기본부 노면 휘도 L_{in}[cd/m²]]

정지 거리(설계 속도)	터널의 교통량		
	적음	보통	많음
160[m](100[km/h])	7	9	11
100[m](80[km/h])	5	6.5	8
60[m](60[km/h])	3	4.5	6

5) 출구부 조명

① 주간 휘도를 정지 거리 이상의 구간에 걸쳐 점차 증가

② 출구 접속부 전방 20[m] 지점의 휘도가 기본부 휘도의 5배가 되도록 단계적으로 상승

6) 입구 접속부 및 출구 접속부 조명

① 야간 조명을 설치해야 할 경우

   ㉠ 터널이 조명이 없는 도로의 일부이고 운행 속도가 50[km/h] 이상일 때

   ㉡ 터널 내 야간 조명 수준이 1[cd/m²] 이상인 경우

   ㉢ 터널 입구와 출구에 각기 다른 기상 상태가 나타나는 경우

② 입구 접속부의 길이는 정지 거리 이상으로, 출구 접속부의 길이는 정지 거리 2배 이상으로 최대 200[m]

7) 터널 전 구역의 천장 및 벽체 조명

① 노면에서 2[m] 높이까지 평균 벽면 휘도가 해당 지점 평균 노면 휘도의 100[%] 이상

② 노면에서 2[m] 높이까지 벽면의 종합 균제도는 0.4 이상

③ 노면의 차선축 균제도는 0.6 이상

⑥ 터널 조명 설계 시 고려 사항

1) 광원 선정

① 효율 70[lm/W] 이상, 수명이 길고 매연 및 연기에 대해 투과력이 우수

② 저압 · 고압 나트륨등, 형광 수은등, LED등 사용

2) 조명 기구 선정

① 배광 특성이 우수하고 적은 눈부심

② 기구 효율이 높고 절연성이 우수

③ 기계적 강도가 유지되어 진동, 충격에 강함

④ 방수 특성 및 내식성이 우수

3) 조명 방식 선정

① 대칭 조명

　교통의 진행 방향과 동일 및 반대 방향으로 같은 크기의 빛이 투사되는 조명 방식

② 카운터빔 조명

　㉠ 교통의 진행 방향과 반대 방향으로 빛이 투사되는 조명 방식

　㉡ 노면 휘도가 높아지고 노면과 수직인 차량의 배면이나 장해물은 검은 실루엣으로 표현

③ 프로빔 조명

　㉠ 교통의 진행 방향과 동일 방향으로 빛이 투사되는 조명방식

　㉡ 노면 휘도가 낮아지고 노면과 수직인 차량의 배면이나 장해물은 휘도가 상승

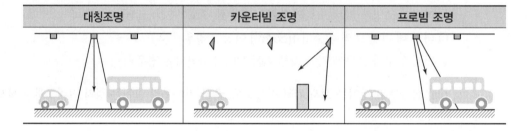

⑦ 맺음말

1) KS 터널 조명 기준에서 균제도 기준을 제시하는 것은 터널 조명에 품질을 높이는 현명한 선택

2) 따라서 엔지니어들도 엑셀에 의한 평균 조도 계산을 한 후 균제도를 확인할 수 있는 조명 시뮬레이션을 반드시 수행 필요

3) 운전자가 터널 내를 쾌적하고 안전하게 주행하기 위해 노면, 벽면, 천장의 밝기 밸런스를 적절히 유지

4) 자동차 배기 가스에 의한 터널 내부 휘도 감소 방지를 위해 환기 장치 필요

5) 터널 조명에 가장 중요한 부분이 인입구 부근이므로 터널 전방에 스크린을 설치하여 입구부 휘도 차이를 최소화 필요

6) 터널의 상황을 고려하여 조명 기구의 선정 및 배치 등을 적절히 검토해야 하고 플리커 주파수 범위를 절대 피해야 함

31 조명 제어

1 개요

1) 조명 제어는 건물에서 불필요한 조명을 차단함으로써 건축물의 에너지 사용량을 감소시킬 수 있는 가장 쉬운 방법 중 하나

2) 조명 제어를 통해 에너지 절약과 효율적인 유지 관리가 가능하며 에너지 절약 금액과 설비 비용이 비례하지 않으므로 비용을 고려한 제어 방식의 선정이 필요

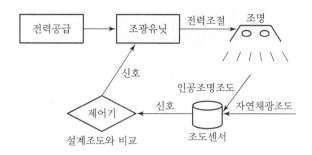

[조명 제어 기본 개념]

2 목적

1) 실내 시환경의 쾌적성 유지

① 실내 큰 휘도 대비와 눈부심 현상을 방지

② 이용자의 시환경에 쾌적성을 제공하기 위한 것

2) 유지 관리의 효율성 제고

① 복수의 건물이 넓은 대지에 분산되어 있을 경우 1개소의 제어 센터에서 제어 및 관리

② 중앙에 중앙 제어 시스템을 설치하고 각 건물에 분산 제어반을 설치

3) 에너지 절약

① 국부·전반 병용 조명 방식을 적용하여 작업 종류별로 적정 조도 유지

② 필요한 곳과 필요한 시간에만 조명

❸ 제어 방식

1) 점멸 제어 방식(On/Off Control)

① 제어 원리 : 제어 시스템의 제어부로부터 초기 입력된 조건에 따라 조명 기구의 작동을 결정하는 2진(0 또는 1) 신호를 받아 조명 기구의 입력 전원을 개폐

② 가장 기본적이고 경제적인 형태의 조명 제어 방법

③ 제어의 원리가 간단하여 여러 가지 제어시스템에 쉽게 적용할 수 있는 장점

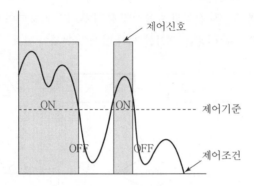

[점멸제어방식의 원리]

2) 조광 제어 방식(Dimming Control)

① 제어 원리 : 제어기로부터 입력된 신호의 크기에 따라 조명 기구의 입력 전력량을 0~100[%]까지 연속적으로 변화

② 정확한 제어가 가능하여 작업에 필요 조도를 일정하게 유지

③ 점멸 제어보다 구성이 복잡하고 고가의 가격으로 고급 제어 시스템에 사용 .

④ 그림은 조광 제어 방법을 적용한 조명 시스템 구성에서 제어 조건과 제어 신호의 관계를 보인 것으로 제어/연산부로 입력되는 제어 조건의 변화에 따라 제어기로 입력되는 제어 신호가 동일한 비율로 증감

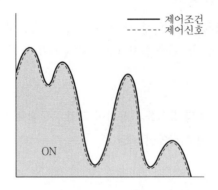

[조광 제어 방식의 원리]

⑤ 조광 수행 방식

2선 전압 위상제어방식	저전압 0~10[V] 방식
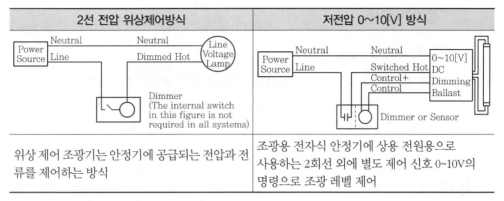	
위상 제어 조광기는 안정기에 공급되는 전압과 전류를 제어하는 방식	조광용 전자식 안정기에 상용 전원용으로 사용하는 2회선 외에 별도 제어 신호 0~10V의 명령으로 조광 레벨 제어

3) 스텝 제어 방식(Step Control)

① 제어 원리 : 점멸 제어와 조광 제어의 중간 형태로 조명 기구의 출력을 사전에 정해진 단계별로 나누어 입력 신호에 따라 순차적으로 변화

② 점멸 제어에 비하여 작업면에 급격한 조도 변화를 일으키지 않으며 조광 제어 방법보다 설치비가 저렴

③ 그림은 단계별 제어 방법을 적용한 조명 시스템 구성에서 제어 조건과 제어 신호의 관계를 보인 것으로 제어/연산부로 입력되는 제어 조건의 변화에 따라 제어기로 입력되는 제어 신호가 정해진 제어 기준 단계에 따라 구분

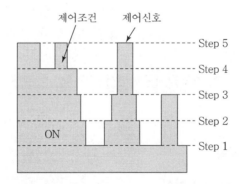

[스텝 제어 방식의 원리]

4 조명 제어 종류

1) 재실 감지 제어

① 적외선 센서나 초음파 센서 등에 의해 재실자의 유무를 검출

② 잦은 점멸은 시작업의 쾌적도를 저해할 수 있기 때문에 공용 부분, 라커룸, 응접실 등의 제어에 주로 사용

2) 적정 조도 조정 제어

① 조명 설비 설계 시 설계 조도는 시간의 경과에 따라 램프의 효율이 떨어지지 않게 유지되어야 하는 유지 조도이므로 초기의 조도는 설계 시의 설정 조도보다 꽤 높게 설정
② 이 여유 조도를 절감하기 위하여 정기적으로 출력 조도를 측정하여 자동적으로 조광하는 제어 방법

3) 타임 스케줄 제어

① 시각에 따라서 조명 기구를 점등하는 조광 제어로서 업무를 시작하기 전후, 점심시간 등 건물의 사용률에 따라 조명 기구를 제어
② 제어 패턴이 많은 경우나 제어 대상 구역이 세분화된 경우는 조명을 위한 전용의 제어 장치를 사용
③ 옥외 조명에도 적용 사례가 증가

4) 주광 이용 제어

① 주광의 유입량에 따라서 인공 조명을 제어하는 방식
② 공장, 체육관, 돔과 같은 대공간 건축이나 사무소 건물 등에 적용
③ 조광용 센서가 외부로부터의 주광의 강도를 감지하고 이를 바탕으로 인공 조명으로 제어
④ Open-loop 방식과 Close-loop 방식에 의해 실내의 조도를 낮추거나 디밍 조명 기구를 계획적으로 점멸
⑤ 점유 공간에 적당한 조도를 제공하면서 조도 확보를 위해 소비되는 조명 에너지 최소화가 가능

5 주광 제어의 알고리즘

1) 개방 루프(Open-loop) 방식

① 외부로부터 광센서로 유입되는 자연광의 레벨만을 감지하여 인공 조명 기구의 출력을 제어하는 방법
② 광센서를 외부 자연광의 확보량을 가장 잘 감지할 수 있는 위치에 설치하고 센서의 시야를 좁게 하여 창문으로부터의 자연광만을 감지하도록 하며 인공 조명으로부터의 빛은 감지하도록 유지

③ 제어 알고리즘이 단순한 장점은 있지만, 조명 기구의 사용 시간 경과에 따른 출력 광속의 저하를 고려하지 않는 것이 단점

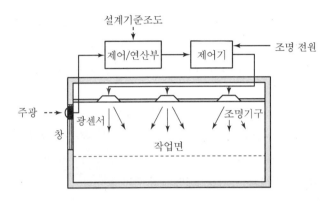

[개방 루프 방식]

2) 폐쇄 루프(Close-loop) 방식

① 작업면으로부터 유입된 자연광과 인공 조명광이 작업면으로부터 천장을 향해 반사되는 빛의 레벨을 조광용 센서로 감지하여 인공 조명 기구의 출력 광속을 제어하는 방식

② 인공 조명 기구로부터 나온 빛을 감지하고 그 정도에 따라서 다시 인공 조명 기구의 출력 광속을 제어하는 폐쇄 루프

③ 조광용 센서의 위치는 자연광에 의해 조명이 가능한 영역에서 창문으로부터의 깊이의 2/3 지점 천장에 하향으로 설치

④ 조광용 센서의 시야는 넓은 지역을 바라볼 수 있게 하지만 창문으로부터의 자연광은 직접 보지 않도록 하고 작업면의 반사광을 측정하도록 설치

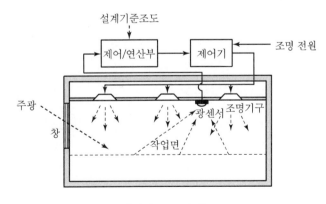

[폐쇄 루프 방식]

6 조명 설계의 평가

1) 조명시스템의 비교

각 조명 제어 시스템의 특징 비교를 위한 표준화된 데이터를 작성하기 위한 기준

① 재실 감지도 : 재실자가 있을 때 센서에 의해 감지되는 정도

② 조명 레벨 선택 : 적정 조도에 맞추어 조절이 가능한 시스템으로 디밍 장치는 효과적으로 사용 가능

③ 에너지 절감 성능

④ 관리 모니터 : 시스템을 화면에 나타내거나 분석, 분석 자료를 전달하는 평가 항목

⑤ 통합 능력 : 건물 전체의 자동화 시스템에 통합되기 위한 항목

⑥ 공간 활용의 가변성 : 공간이 재배치될 때의 적응성

⑦ 비용 : 설치 비용, 운영비, 유지비를 포함한 종합적인 면에서 분석

2) 조명 제어 시스템의 예측 평가

① 조명 방식과 제어 방식에 의해 조명 설계가 이루어지면 설치하기 전에 사전 조명의 양과 질, 에너지 비용과 운영비를 예측하여 최적화된 시스템을 설치

② 컴퓨터를 이용한 예측 프로그램을 통해 조명 설계를 하여 실내 조도, 휘도 분포 및 가시화를 통한 비교 분석 및 문제점 도출이 가능

CHAPTER

12

동력설비

01 직류전동기(DC MTR)

1 개요

1) 회전방향 변경, 속도제어 용이, 큰 힘(토크) 발생으로
   전기철도, 제철압연기, 고급 E/V에 사용
2) 유도전동기와 인버터 VVVF의 결합으로 DC MTR를 대
   신하여 사양 추세

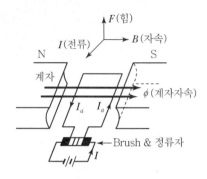

[직류전동기]

2 구조

계자	전기자(역기전력 생성 : e)	정류자	Brush
계자자속(ϕ) 생성	전기자전류(I_a) + 계자자속(ϕ) = 회전	외부전원 입력	내·외부 전원 연결

3 회전원리

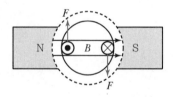

[직류전동기의 회전원리]

$$\vec{f} = \vec{J} \times \vec{B}$$

1) 플레밍의 왼손법칙 적용 $F = BlI$
2) 전압 인가 Brush → 정류자 → 전기자전류 → 전기자전류 + 계자자속
   = 회전(역기전력) $e = BlV$ → 전기자전류 감소 → 속도 안정
3) 회전자의 극성이 180° 회전 시 정류자도 180° 회전으로 다시 180° 회전하는 원리

4 역기전력, 회전수, 토크, 출력

1) 역기전력(e)

① 렌츠의 법칙 : 도체 회전 시 전기자전류와 자속쇄교 전류의 흐름을 방해하는 역기전력 발생

$$e = -L\frac{di}{dt}$$

② 공식

$$e = BlV = \frac{PZ\phi N}{60a} = K\phi N$$

③ 역기전력 e는 자속과 회전수에 비례

$$K = \frac{PZ}{60a}$$

여기서, P : 극수, Z : 도체수, ϕ : 자속, N : 회전수[rpm], a : 병렬회로수

2) 회전수(N)

① 역기전력 $e = K\phi N$에서

$$N = K'\frac{E}{\phi} = K'\frac{V - R_a I_a}{\phi} = K'\frac{V}{\phi}[\text{rpm}] \quad \begin{cases} K' = \dfrac{60a}{PZ} \\[2mm] E = V - R_a I_a \end{cases}$$

$V \gg R_a I_a$ ($R_a I_a$ = 전압강하, 무시)

② 회전수 N은 단자전압에 비례, 계자자속 ϕ에 반비례

3) 토크(T)

① 전동기를 회전시키기 위해 필요한 힘(=회전력)

② $T = \dfrac{P}{W} = \dfrac{E \cdot I_a}{\dfrac{2\pi N}{60}} = \dfrac{PZ\phi N}{60a} \times \dfrac{60 I_a}{2\pi N}$

$$= \frac{PZ\phi I_a}{2\pi a} = K\phi I_a \quad \begin{cases} K = \dfrac{PZ}{2\pi a} \\[2mm] W = \dfrac{2\pi N}{60} \quad E = \dfrac{PZ\phi N}{60a} \end{cases}$$

③ 토크(T)는 계자자속(ϕ)과 전기자전류(I_a)에 비례

④ 직권의 경우 $I_a = \phi$이므로 $T = KI_a{}^2$ 성립(전류의 제곱에 비례)

4) 출력(P)

① $V = E + R_a I_a$ 에서 양변에 I_a를 곱하면 다음 식이 성립

$$VI_a = EI_a + R_a I_a{}^2$$

㉠ VI_a =입력전력

㉡ EI_a =출력전력

㉢ $R_a I_a{}^2$ =손실

② 출력 $P = WT$

$$W = 2\pi f = 2\pi n = \frac{2\pi N}{60} \begin{cases} n[\text{rps}] \\ N[\text{rpm}] \\ \therefore \ \omega = 60n \end{cases}$$

5 속도 및 토크 특성(V와 R_f 일정의 I_a) 관계

1) 속도 특성

$$N = K\frac{E}{\phi}$$

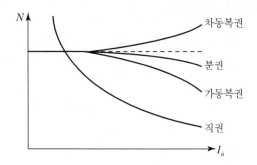

[속도(N)와 부하전류(I_a) 관계]

2) 토크 특성

$$T = K\phi I_a$$

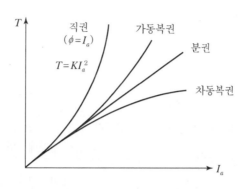

[토크(T)와 부하전류(I_a) 관계]

6 특징

1) 장점

① 기동토크가 큼(직권)
② 기동, 가속토크 임의 선택 가능
③ 속도제어 용이, 효율 우수
④ 유도전동기 대비 고가(경제성)

2) 단점

① 구조가 복잡(정류자＋Brush)
② 전기자 반작용의 불꽃(＝통신장애)
③ 열악한 환경에서 구조적 영향
④ 정류 및 기계적 강도 영향(고전압, 고속화 제한)

7 종류별 특징

1) 타여자 전동기

계자전원과 전기자전원이 별도 구성(속도제어 용이)

2) 자여자 전동기

계자전원과 전기자전원이 하나로 구성(직권, 분권, 복권)

구분		특징	적용
타여자		V, R_f 일정 유지 시 정밀하고 광범위한 속도제어	대형압연기, 고급 E/V, 워드레오너드, 일그너, 정지레오너드, 승압기, 초퍼방식
자여자	직권	$T = KI_a^2$ $(\phi = I_a)$ • 기동토크가 I_a^2에 비례 • 토크 증가 시 속도 저하(반비례)	전기철도, 기중기, 무부하 시 속도 증가 위험 (Belt, Chain 금지)
	분권	• 정속도 전동기 • 병렬계자 삽입 시 광범위한 속도제어 가능	권선기, 철압연기, 제지기 (계자 단선 시 고속도 위험)
	복권	• 가동복권 : 직권+분권 특성 • 차동복권 : 기동토크가 작은 단점	권상기계, 공작기계, 압연보조 (거의 미사용)

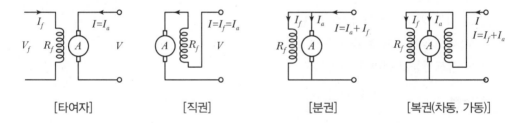

[타여자]　　　　[직권]　　　　[분권]　　　　[복권(차동, 가동)]

8 맺음말

직류 전동기는 정속도 전동기로 DC MTR를 속도제어용 전동기로 활용하였으나, 구조가 복잡하고 유지보수가 어려워 인버터(VVVF)가 등장한 이후 사양 추세

02 직류전동기(DC MTR) 속도제어

1 정의

1) 직류전원을 이용한 전동기
2) 회전방향 변경, 속도제어 용이, 큰 힘 발생으로 전기철도, 제철압연기, 고급 E/V에 적용
3) 현재 유도전동기 + 인버터[VVVF]의 결합으로 DC MTR를 대신하여 사양 추세이며, DC MTR 대신 인버터와 유도전동기를 사용

2 구조

계자	전기자(역기전력 생성 : e)	정류자	Brush
계자자속(ϕ) 생성	전기자전류(I_a) + 계자자속(ϕ) = 회전	외부전원 입력	내·외부 전원 연결

3 회전원리

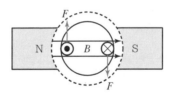

[직류전동기의 회전원리]

1) 플레밍의 왼손법칙 적용 $F = BlI$
2) 전압인가 Brush → 정류자 → 전기자전류 → 전기자전류 + 계자자속
   = 역기전력 발생(회전, $e = Bl\,V$) → 전기자전류 감소 → 속도 안정
3) 회전자의 극성이 180° 회전 시 정류자도 180° 회전으로 다시 180° 회전하는 원리

4 역기전력과 회전속도

역기전력(e)	회전속도(N)
$e = K\phi N[\text{V}]$	$N = K'\dfrac{E}{\phi} = K'\dfrac{V}{\phi}$
자속과 회전수에 비례	단자전압에 비례, 자속에 반비례

5 속도 제어법 종류

구분	전압제어	계자제어	저항제어
타여자 분권	워드 레오너드, 정지 레오너드, 일그너, 승압기, 직류 초퍼방식	직류 발전기, Thyristor 계자 저항 접속	가변 저항
직권	Thyristor 위상 제어, 직류 초퍼, 직병렬 제어, 저항 제어(전차용)	계자 권선 Tap 전환 계자 권선과 병렬 저항 제어 초퍼에 의한 조종 시간 제어	
복권	전압, 계자, 저항 제어가 가능하나 제어 범위 한정으로 미사용		

1) 전압제어(계자자속 일정 조건)

타여자, 분권	직권
V_f R_f(=일정) Ⓐ $I=I_a$ V(조정)	I_f I_a Ⓐ R_f $I=I_a=I_f$ V(제어)
• 속도 N은 단자전압에 비례($N=K\dfrac{V}{\phi}$) • 광범위한 속도조정 가능(정밀도, 응답속도 우수)	속도와 토크는 상호 반비례 $T=KI_a^2$

① 워드 레오너드(일그너)

   ㉠ Motor $-$ Generator를 이용한 직류 전동기 단자
   전압 조정

   ㉡ 발전기 계자제어로 전압 조정

   ㉢ 전압 변화에 따른 전동기 속도 변화

   ㉣ 일그너 방식(Fly Wheel) 정밀도 우수

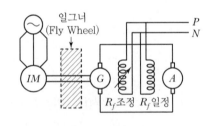

[워드레오너드 방식]

② 정지 레오너드

   ㉠ 전력 소자의 발달에 따른 Thyristor를 이용
   한 DC 변환 및 전압 크기 조정

   ㉡ SCR, GTO, IGBT 이용

   ㉢ 고조파에 주의

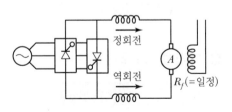

[정지레오너드 방식]

③ 직류 초퍼 및 승압기 방식

직류 초퍼	승압기 방식
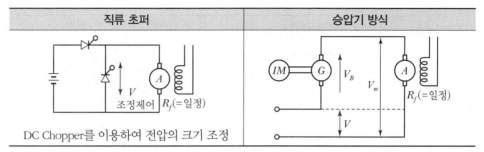	
DC Chopper를 이용하여 전압의 크기 조정	

2) 계자제어법(단자전압 일정 조건) : 속도 증가법

타여자, 분권	직권
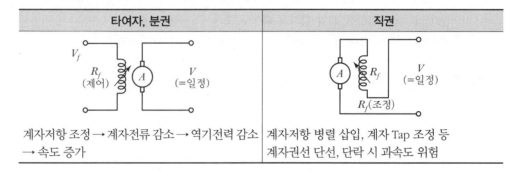	
계자저항 조정 → 계자전류 감소 → 역기전력 감소 → 속도 증가	계자저항 병렬 삽입, 계자 Tap 조정 등 계자권선 단선, 단락 시 과속도 위험

① Tap 전환방식과 병렬저항방식

Tap 전환방식	병렬저항방식
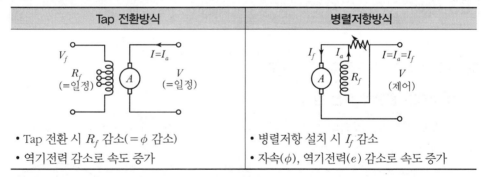	
• Tap 전환 시 R_f 감소($=\phi$ 감소) • 역기전력 감소로 속도 증가	• 병렬저항 설치 시 I_f 감소 • 자속(ϕ), 역기전력(e) 감소로 속도 증가

② 초퍼에 의한 도통 시간 제어

    ㉠ Chopper에 의한 I_f 감소

    ㉡ 역기전력 감소로 속도 증가

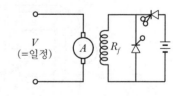

[초퍼에 의한 제어방식]

3) 저항 제어(단자 전압과 계자 자속 일정 조건) : 속도 감소법

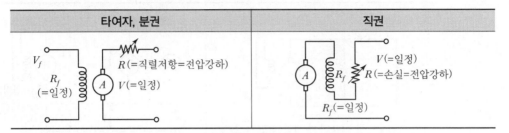

타여자, 분권	직권

① 원리 : 단자 전압(V), 계자 자속(R_f) 일정 후 직렬 저항 삽입

    ㉠ 입력＝출력 감소＋손실 증가(＝직렬저항)

    ㉡ 직렬 저항에 의한 전압 강하로 속도 감소

② 광범위한 속도 제어 불가, 손실 증가, 열 발생 등

4) 분권 전동기 속도 제어 : 속도 변화가 미미하여 거의 미사용

---

03 유도 전동기 구조 및 원리

■ 유도 전동기의 구조 및 회전 원리

1) 아라고 원판의 회전 원리

유도 전동기는 자석의 회전에 따라 아라고 원판이 같이 따라 도는 회전 원리를 응용

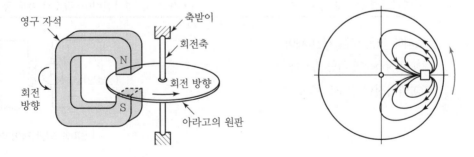

[아라고원판의 회전원리]

① 비자성체인 구리 또는 알루미늄 원판 사이에 그림과 같이 영구 자석을 끼우고 회전시키면 원판 위에는 자속의 변화에 의해 와류가 흐름

② 이 전류와 영구 자석의 자계에 의해서 플래밍 왼속법칙에 따라 그림의 방향으로 힘이 작용하여 원판은 자석보다 약간 늦은 속도로 회전

2) 유도 전동기의 회전 원리

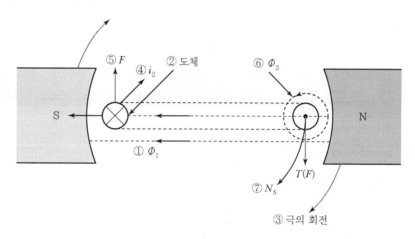

[유도전동기의 회전원리]

① 영구 자석을 설치하여 N → S에 의한 자기력선속 ϕ_1 을 발생

② ϕ_1 내의 공간에 폐회로로 구성된 한 변의 길이 l인 4각 도체 ⊗, ⊙를 설치하여 ①의 자기력선 ϕ_1을 절단

③ 자극 N, S를 시계 방향으로 회전시켜서 회전 자기장으로 하면 N, S극 앞의 길이 l 인 내측의 도체의 도체 ②는 자기력선 ϕ_1을 절단

④ 도체에는 렌츠의 법칙에 의해서 유도전류 i_2가 N극 앞에서 ⊙방향으로 또한 S극 앞에서 ⊗ 방향으로 각각 발생

⑤ 도체에는 플레밍의 왼손 법칙에 따르는 전자력 F가 생성되고 이 때의 합은 다음과 같고 왼손 법칙에 따름

$$F = B \cdot I \cdot l \cdot \sin\theta \, [N]$$

⑥ 이때, 단락 순환전류 i_2 는 도체 자신의 자기력선속 ϕ_2을 발생시키고, ϕ_1과 ϕ_2 두 자기력선속 사이에 토크 T가 발생

$$T \propto \phi_1 \phi_2 \sin\theta [\mathrm{N \cdot m}]$$

⑦ 이동 자기력선속 내의 도체(Coil)는 자극의 회전과 같은 방향으로 N → S극의 시계 방향
   회전에 추종하여 동일 속도 N_s로 회전

04 유도 전동기의 특성

■ 유도 전동기의 등가 회로도

1) 정지 시

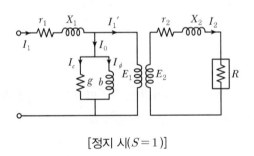

[정지 시($S=1$)]

2) Slip S로 운전 시

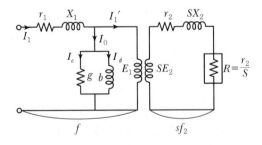

[기동 시($S=1$), 운전 시($S \fallingdotseq 0(0.05)$)]

3) 등가 회로도

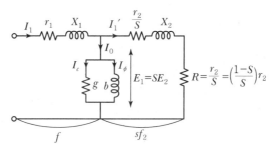

[등가회로도]

4) Slip의 영향 요소

① 주파수 $f_2 = Sf_2$

② 2차 유기 전압 $E_2 = SE_2$

③ 2차 리액턴스 $X_2 = SX_2$

④ Slip $S = 1$(정지 시), $S \fallingdotseq 0 (0.05)$(운전 시)

5) 기계적 출력 $R = \dfrac{r_2}{S} = \left(\dfrac{1-S}{S}\right)r_2$

6) 2차 전류 $I_2 = \dfrac{SE_2}{\sqrt{r_2^2 + SX_2^2}} = \dfrac{E_2}{\sqrt{\left(\dfrac{r_2}{S}\right)^2 + X_2^2}}$

2 유도 전동기의 특성

1) 벡터도

① E_1과 E_2 기준

② $90°$ 앞선 자속 ϕ

③ E_2와 $180°$ 방향의 $V_1{}'$

④ $V_1{}'$와 ϕ각 사이 α각의 I_0

⑤ E_2보다 θ각 작은 I_2

⑥ I_2와 $180°$의 $I_1{}'$

⑦ $I_1{}'$와 I_0의 합성인 I_1

⑧ I_1과 평행한 저항 $r_1 I_1$

⑨ $r_1 I_1$과 수직인 $X_1 I_1$

⑩ 합성의 $Z_1 I_1 = V_1$

⑪ I_2와 저항 $r_2 I_2$

⑫ $r_2 I_2$와 직각의 $X_2 I_2$

⑬ 합성 $E_2 I_2$

⑭ $SE_2 = Z_2 I_2$

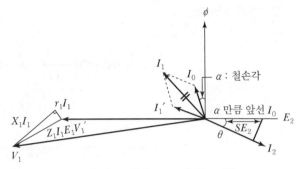

$S=1$일 때 E_2 최대, $S=0$일 때 E_2 최소

[벡터도]

2) 유도 전동기의 속도

① 회전 자계 속도 $N_S = \dfrac{120f}{P}$

② 전동기 속도 $N = \dfrac{120f}{P}(1-S) = N_S(1-S)$

$\therefore N = \dfrac{(1-S)}{S}$ 성립

3) 유도 기전력

① 1차 역기전력(E_1)

$$E_1(vms) = \omega K_1 W_1 \phi = 2\pi f K_1 W_1 \phi = \frac{2\pi}{\sqrt{2}} f K_1 W_1 \phi = 4.44 f K_1 W \phi$$

여기서, W : 권수, K_1 : 1차 권선 계수

㉠ $\phi \propto B_m \propto I_\phi$ 성립

㉡ $f = \dfrac{E}{B_m}$ 성립

㉢ $\therefore \phi \propto B_m \propto I_\phi \propto \dfrac{1}{f}$ 성립

② 2차 역기전력(E_2)

$$E_2 = 4.44 f K_2 W_2 \phi$$

여기서, K_2 : 2차 권선 계수

㉠ 주파수의 영향 $E_1 = SE_2$

③ Slip의 영향 요소

㉠ $f = Sf_2$

㉡ $E_2 = SE_2$

㉢ $X_2 = SX_2$

㉣ Slip $S = 1$(정지 시), $S \fallingdotseq 0(0.05)$(운전 시)

④ 권수비

$$a = \frac{E_1}{E_2} = \frac{K_1 W_1}{K_2 W_2}$$

⑤ 2차 임피던스 $I_2 = \sqrt{r_2 + SX_2}$

㉠ $SX_2 = j\omega L = 2\pi f = 2\pi Sf_2$ 성립

㉡ $\therefore X_2 = SX_2$ 성립

4) 유도 전동기 2차 전류(I_2)

① $I_2 = \dfrac{E_2}{Z_2} = \dfrac{SE_2}{\sqrt{r_2^2 + SX_2^2}}$ (양변을 S로 나누면)

$= \dfrac{E_2}{\sqrt{\left(\dfrac{r_2}{S}\right)^2 + (X_2)^2}}$ ($S = 1$일 때 $r_2 \ll X_2$, $S = 0$일 때 $\dfrac{r_2}{S} \gg X_2$ ($S = 0.05$))

$= \dfrac{E_2}{r_2}$ ($S \fallingdotseq 0$)

② 기계적 출력(R)

$$R = \frac{r_2}{S} = R + r_2 = \left(\frac{1-S}{S}\right) r_2$$

여기서, R : 유도기의 기계적 출력, r_2 : 2차 저항

5) 유도기의 출력

① $P = WT$ $\qquad$ $(P \propto T,\ W = 2\pi\dfrac{N}{60}$)

$\quad = I_2 R_2$ $\qquad$ $(I_2{}^2 = \dfrac{(SE_2)^2}{r_2^2 + (SX_2)^2})$

$\quad = \dfrac{(SE_2)^2}{r_2^2 + (SX_2)^2} \times R_2$ $\qquad$ $(R = \dfrac{r_2}{S})$

$\quad = \dfrac{(SE_2)^2}{r_2^2 + (SX_2)^2} \times \dfrac{r_2}{S}$ $\qquad$ (Slip S로 나누면)

$\quad = \dfrac{SE_2^2 \cdot r_2}{\left(\dfrac{r_2}{S}\right)^2 + (X_2)^2}[\mathrm{W}]$ $\qquad$ $\therefore P \propto E_2^2$ 비례

$E_2 = V_2 + Z_2 I_2,\ V_2 \gg Z_2 I_2$

$\therefore P \propto E_2^2 \propto V^2 \propto \left(\dfrac{1}{Z_2}\right)^2$

② $T = \dfrac{P}{W}$ $\quad \therefore T \propto P_2$ 비례

$\quad$ ㉠ 2차 출력 $P_2 = \dfrac{SE_2^2 \cdot r_2}{\left(\dfrac{r_2}{S}\right)^2 + (X_2)^2}$

$\quad$ ㉡ $T \propto P_2 \propto \dfrac{1}{X_2} \propto \dfrac{1}{f} \propto E_2^2 \propto V_2^2$ 성립

$\quad N_s = N + SN_s = (1-S)N_s + SN_s$ $\quad \rightarrow 1 : (1-S) : S$ $\quad n_2 = 1$

$\quad P_2 = P_0 + SP_2 = (1-S)P_2 + SP_2$ $\quad \rightarrow 1 : (1-S) : S$

$\quad \therefore S = \dfrac{1-\mathrm{S}}{S}$

05 주파수(f) 변환 시 전동기의 특성 변화(50 → 60[Hz])

■1 여자 전류(I_0)

1) 여자 전류(I_0) = 자화 전류(I_ϕ) + 철손 전류(I_C)

　① 자화 전류 $I_\phi > I_C$이므로 I_ϕ에 의해 결정

　② $I_\phi \propto \phi \propto \dfrac{1}{f}$ 이므로 주파수에 반비례

2) $\therefore I_0 = \dfrac{50}{60}$ 으로 감소

■2 기동 전류(I_2)

1) 2차 전류

$$I_2 = \frac{SE_2}{\sqrt{r_2^2 + SX_2^2}} = \frac{E_2}{\sqrt{\left(\dfrac{r_2}{S}\right)^2 + X_2^2}}$$

　① 기동 시 $S = 1$ 이므로 $I_2 = \dfrac{E_2}{\sqrt{r_2^2 + X_2^2}}$ 성립

　② $I_2 \propto \dfrac{1}{x} \propto \dfrac{1}{f}$ 이므로 주파수에 반비례

　③ $\therefore I_2 = \dfrac{50}{60}$ 으로 감소

2) 1차 전류

　① $I_1 = \dfrac{V}{\sqrt{\left\{\left(r_1 + r_2' + r_2\left(\dfrac{1-S}{S}\right)\right)\right\}^2 + (x_1 + x_2)^2}}$　$(S = 1 : 기동)$

　　$= \dfrac{V}{\sqrt{(r_1 + r_2)^2 + (x_1 + x_2)^2}}$　$(S = 1$ 대입 시$)$

　② $\therefore I_1 \propto \dfrac{1}{(x_1 + x_2)} \propto \dfrac{1}{f}$ 이므로 $I_1 = \dfrac{50}{60}$ 으로 감소(반비례)

③ 발전기의 자속 밀도(E)

$$E = 4.44 f \phi N = 4.44 f B_m N$$

$$\therefore \phi = B_m = I_\phi$$

$$f = \frac{E}{B_m} \quad \therefore B_m = \frac{1}{f} \text{ 성립}$$

❸ 무부하손(P_{ℓ_0})

1) 무부하손 $P_{\ell_0} =$ 히스테리시스손(P_n) + 와류손(P_e)

① 히스테리시스손 $P_h = K_h \cdot f \cdot B_m^{1.6} \left(B_m \propto \frac{1}{f} \right)$

$$\therefore P_h = f \times \left(\frac{1}{f} \right)^{1.6} = \left(\frac{60}{50} \right) \times \left(\frac{50}{60} \right)^{1.6} < 1 \text{이므로 감소}$$

② 와류손 $P_e = K_e (K_f \cdot f \cdot t \cdot B_m)^{2.0} \quad \left(\because B_m \propto \frac{1}{f} \right)$

$$\therefore P_e = \left(f \times \frac{1}{f} \right)^{2.0} = \left\{ \left(\frac{60}{50} \right) \times \left(\frac{50}{60} \right) \right\}^2 = \text{일정}$$

2) 무부하손 $P_{\ell_0} = P_h (\text{감소}) + P_e (\text{일정})$으로 감소

무부하손 P_{ℓ_0}는 P_h가 감소하므로 감소 $\left\{ \left(\frac{60}{50} \right) \times \left(\frac{50}{60} \right)^{1.6} \right\} \leq 1$

❹ 속도(N)

1) 동기 속도 $N_s = \frac{120 f}{P}$

2) 속도 $N = \frac{120 f}{p} (1 - S)$

3) $S = \frac{N_s - N}{N_s}$

4) 속도 $N \propto f$ 비례하므로

$$\therefore N \text{은} \left(\frac{60}{50} \right) \text{비율 증가}$$

5 토크(T)

1) 최대 토크

$$T_{\max} = \frac{P_2}{W} \quad \therefore \ T \propto P_2 \text{ 비례}$$

① 2차 출력 $P_2 = I_2^2 \times \dfrac{r_2}{S} = \left(\dfrac{SE_2^2}{\sqrt{\left(\dfrac{r_2}{S}\right)^2 + X_2^2}} \right) \times \dfrac{r_2}{S} = \dfrac{SE_2^2 r_2}{\left(\dfrac{r_2}{S}\right)^2 + x_2^2}$

② $T_{\max} \propto P_2 \propto \dfrac{1}{X_2} \propto \dfrac{1}{f}$ 이므로 $\left(\dfrac{50}{60}\right)$ 으로 감소(반비례)

2) 최대 토크 시 Slip 값

① $S_m = \dfrac{r_2}{\sqrt{r_1^2 + (x_1 + x_2)^2}} \propto \dfrac{1}{f}$

② $S_m \propto \dfrac{1}{f}$ 이므로 $\left(\dfrac{50}{60}\right)$ 으로 감소(반비례)

6 역률($\cos \theta$)

$$\text{역률} \cos \theta = \frac{P}{P_a} = \frac{P}{\sqrt{P^2 + P_r^2}}$$

1) 여자 전류 I_0의 감소로 무효 전력 P_r이 감소

   $\therefore$ 역률 $\cos \theta$ 는 다소 증가(비례)

2) $I_\phi \propto \dfrac{1}{f} \propto P_r \propto \dfrac{1}{\cos \theta}$

7 온도

1) 히스테리시스손(P_h)의 감소분만큼 온도 하강

2) 전동기의 속도 증가 = 냉각팬 속도 증가

∴ 온도 하강(반비례)

8 축동력

1) 축동력 $P_2 = P_1 \times \left(\dfrac{N_2}{N_1} \right)^3$

∴ $P_2 \propto f^3$(3승 비례)

2) ∴ $P_2 = \left(\dfrac{60}{50} \right)^3$ 으로 증가

9 비교표

구분	증감	비고
여자 전류(I_0)	감소(반비례)	$I_0 = \left(\dfrac{50}{60} \right)$ 으로 감소
기동 전류(I_2)	감소(반비례)	$I_2 = \left(\dfrac{50}{60} \right)$ 으로 감소
무부하손(P_{ℓ_0})	감소(반비례)	$P_{\ell_0} = \left\{ \left(\dfrac{60}{50} \right) \times \left(\dfrac{50}{60} \right)^{1.6} \right\} < 1$ 으로 감소
속도(N)	증가(비례)	$N = \left(\dfrac{60}{50} \right)$ 으로 증가
토크(T)	감소(반비례)	$T = \left(\dfrac{50}{60} \right)$ 으로 감소
역률($\cos\theta$)	증가(비례)	P_r의 감소로 $\cos\theta$는 다소 증가
온도(T)	감소(반비례)	히스테리시스손 감소, 냉각팬속도 증가
축동력(P_2)	증가(비례)	$P_2 = \left(\dfrac{60}{50} \right)^3$ 으로 3승 비례 증가

06 3상유도 전동기 회전 자계 원리 및 자계의 세기 ($H = 1.5H_m$)

■ 유도 전동기

1) 아라고 원판의 회전 원리

유도 전동기는 자석의 회전에 따라 아라고 원판이 같이 따라 도는 회전 원리를 응용

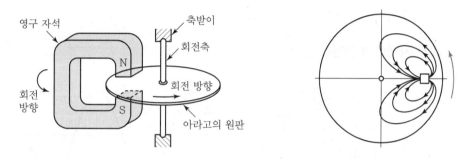

[자석 회전에 따른 아라고 원판의 회전 원리]

2) 유도 전동기의 회전 원리

① 3ϕ 회전 자계 이용(1ϕ의 경우 180°로 교번 자계 해석, 별도의 기동 장치 필요)

② 1차 권선의 자계＋2차 권선의 유도 전류＝상호 유도 작용에 의한 회전 원리

③ 전자 유도 법칙($e = -N\dfrac{d\phi}{dt}$), 플레밍의 왼손 법칙

　($F = BlI$), 오른 나사 법칙 적용

④ 자계의 세기 $H = \dfrac{NI}{2a}$ [AT/m]

　(3ϕ 회전자계 $H = 1.5H_m$)

　권수비 N, 반지름 a인 코일이 120°의 전기각을 가지고
　전류 I가 흐를 때 코일 중심에서의 자계의 세기를 의미

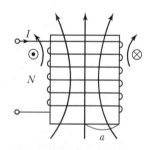

[유도전동기의 회전원리]

3) 회전 자계

① 회전 자계의 속도 $N_s = \dfrac{120f}{P}$ [rpm]

② 전동기의 속도 $N = \dfrac{120f}{P}(1 - S)$, 주파수($f$)에 비례, 극수($P$)에 반비례

③ Slip이 필요한 이유

　㉠ 1차 권선의 회전 자계와 2차 권선의 유도 전류 사이에 발생하는 전자력을 이용

　㉡ 전류를 발생하기 위하여 회전자의 속도(N)는 동기 속도(N_s)보다 늦어야 함

　㉢ 회전 자계의 속도와 회전자의 속도가 동기 속도 시 자계를 자르지 못해 회전 불가

④ 3ϕ 회전 자계의 크기

　㉠ $H = 1.5 H_m \ (H_m = \dfrac{NI}{2a})$

　㉡ 회전 자계는 시간적으로 일정한 크기($H = 1.5 H_m$)로 상회전 방향과 같은 방향으로 전원 주파수와 동일한 속도로 회전

4) 회전 자계의 회전원리

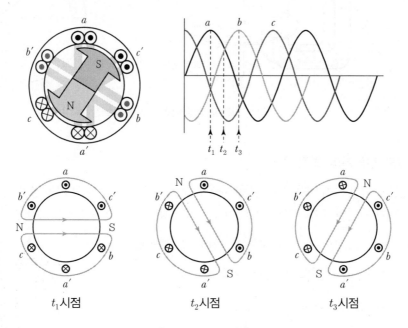

[회전 자계의 회전]

① 고정자 권선을 120° 간격으로 배열하고 3상 교류 전원을 인가하면 전원의 주파수에 상응하는 속도(n_s, 동기 속도)로 회전하는 회전 자계가 발생

$$n_s = \frac{120\,f}{P} \quad (P\ :\ 극수)$$

② 2극기 경우에 회전 자계는 1주기마다 1회전하고 전원 주파수가 60[Hz]이면 1초에 60회 회전하며, 1분에 3,600회 회전함. 2극기의 경우 회전 자계의 동기 속도는 3,600[rpm]

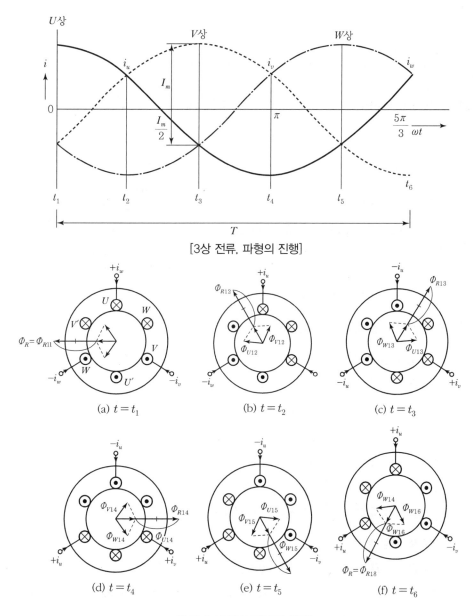

[3상 전류, 파형의 진행]

[3상 순시 합성 벡터의 회전]

❷ 회전 자계의 크기 $H = 1.5H_m$

1) 각 상별 자계의 세기 계산

① $H_a = \dfrac{NI}{2a}\sin\omega t = H_m \sin\omega t$ ($H_m = NI/2a$ 치환)

② $H_b = \dfrac{NI}{2a}\sin(\omega t - 120°) = H_m\sin(\omega t + 240°)$

③ $H_c = \dfrac{NI}{2a}\sin(\omega t - 240°) = H_m\sin(\omega t + 120°)$

2) $\sin(x+y) = \sin x \cos y + \cos x \sin y$ 로 치환 계산

① $H_a = H_m(\sin\omega t \cdot \cos 0° + \cos\omega t \cdot \sin 0°) \quad \begin{cases} \cos 0° = 1 \\ \sin 0° = 0 \end{cases}$

   $= H_m\sin\omega t$

② $H_b = H_m(\sin\omega t \cos 240° + \cos\omega t \sin 240°) \quad \begin{cases} \cos 240° = -0.5 \\ \sin 240° = -0.866 \end{cases}$

   $= H_m(-0.5\sin\omega t - 0.866\cos\omega t)$

③ $H_c = H_m(\sin\omega t \cos 120° + \cos\omega t \sin 120°) \quad \begin{cases} \cos 120° = -0.5 \\ \sin 120° = 0.866 \end{cases}$

   $= H_m(-0.5\sin\omega t + 0.866\cos\omega t)$

3) H_a, H_b, H_c를 H_x축과 H_y축으로 치환 계산

① H_x축 치환 계산

   ㉠ $H_{ax} = H_m\sin\omega t \cdot \cos 0° = H_m\sin\omega t$

   ㉡ $H_{bx} = H_m(-0.5\sin\omega t - 0.866\cos\omega t) \times \cos 240° \ (-0.5)$

$$\begin{array}{cc} 1 & 0 \\ 0.25 & 0.433 \end{array}$$

   $= H_m(0.25\sin\omega t + 0.433\cos\omega t)$

   ㉢ $H_{cx} = H_m(-0.5\sin\omega t + 0.866\cos\omega t) \times \cos 120° \ (-0.5)$

$$+\ \begin{array}{cc} 0.25 & -0.433 \\ \hline 1.5 & 0 \end{array}$$

   $= H_m(0.25\sin\omega t - 0.433\cos\omega t)$

   ㉣ $\therefore\ H_x = H_{ax} + H_{bx} + H_{cx} = 1.5H_m\sin\omega t$

② H_y축 치환 계산

   ㉠ $H_{ay} = H_m\sin\omega t \times \sin 0° = 0$

   ㉡ $H_{by} = H_m(-0.5\sin\omega t - 0.866\cos\omega t) \times \sin 240° \ (-0.866)$

$$\begin{array}{cc} 0 & 0 \\ 0.433 & 0.75 \end{array}$$

   $= H_m(0.433\sin\omega t + 0.75\cos\omega t)$

   ㉢ $H_{cy} = H_m(-0.5\sin\omega t + 0.866\cos\omega t) \times \sin 120° \ (+0.866)$

$$+\ \begin{array}{cc} -0.433 & 0.75 \\ \hline 0 & 1.5 \end{array}$$

   $= H_m(-0.433\sin\omega t + 0.75\cos\omega t)$

   ㉣ $\therefore\ H_y = H_{ay} + H_{by} + H_{cy} = 1.5H_m\cos\omega t$

4) 합성 자계의 계산

① $H = \sqrt{H_x^2 + H_y^2} = \sqrt{(1.5H_m \sin \omega t)^2 + (1.5H_m \cos \omega t)^2}$

$\qquad = \sqrt{(1.5H_m)^2 \cdot (\sin \omega t + \cos \omega t)^2}$

$\qquad = \sqrt{(1.5H_m)^2} = 1.5H_m$

② $\therefore\ H = 1.5H_m$ 성립$(H_m > \dfrac{NI}{2a})$

❸ 맺음말

1) 3ϕ 회전 자계는 시간적으로 일정한 크기$(H = 1.5H_m)$로 상회전과 같은 방향, 전원 주파수의
속도와 동일 속도로 회전

2) $N = \dfrac{120f}{P}(1 - S)$에서

주파수 f에 비례, 극수 N에 반비례

---

07 권선형 유도 전동기

❶ 유도 전동기

1) 원리

3ϕ 회전 자계를 이용한 회전 원리$(H = 1.5H_m)$

2) 종류

농형		권선형	
1ϕ	3ϕ	비례 추이 원리 $\dfrac{r_2}{S} = \dfrac{mr_2}{mS} = \dfrac{r_2 m}{Sm}$	2차 여자, 2차 임피던스법
반발 기동, 콘덴서 기동, 분상 기동, 셰이딩 코일	일반, 특수(2중, 심구, 쐐기형)		

3) 등가 회로도

① 정지 시

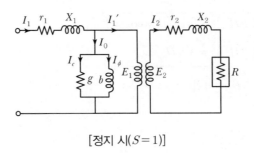

[정지 시($S=1$)]

② Slip S로 운전 시

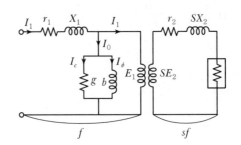

[운전 또는 기동 시($S=1$)]

③ 등가 회로도

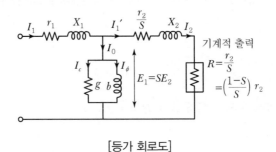

[등가 회로도]

④ Slip의 영향 요소

㉠ 주파수 $f_2 = Sf_2$

㉡ 유기 전압 $E_2 = SE_2$

㉢ 리액턴스 $x_2 = Sx_2 = \left(\dfrac{r_2}{S}\right)$

㉣ Slip $S = 1$(정지 시), $S \fallingdotseq 0$ (0.05)(운전 시)

4) 전류, 토크, 출력 관계

기계적 출력(R)	2차 전류(I_2)	최대 토크(T)	2차 출력(P_2)
$R = \left(\dfrac{1-S}{S}\right)r_2$	$I_2 = \dfrac{E_2}{\sqrt{\left(\dfrac{r_2}{S}\right)^2 + x_2^2}}$	$T_{\max} = \dfrac{P}{W}$	$P_2 = \dfrac{SE_2^2 \cdot r_2}{\left(\dfrac{r_2}{S}\right)^2 + x_2^2}$

① 전류 $I_2 = \dfrac{SE_2}{\sqrt{r_2^2 + Sx_2^2}} = \dfrac{E_2}{\sqrt{\left(\dfrac{r_2}{S}\right)^2 + x_2^2}}$

② 출력 $P_2 = RI_2 = \dfrac{r_2}{S} \times I_2^2 = \left(\dfrac{S^2 E_2^2}{\sqrt{\left(\dfrac{r_2}{S}\right)^2 + x_2^2}}\right)^2 \times \dfrac{r_2}{S} = \dfrac{SE_2^2 \cdot r_2}{\left(\dfrac{r_2}{S}\right)^2 + x_2^2}$

③ $\therefore\ T_{\max} \propto P_2 \propto E_2^2(V^2) \propto \dfrac{1}{\alpha^2} \propto \dfrac{1}{f}$

❷ 권선형 유도 전동기

1) 구조

① 1차 권선(고정자) : 3ϕ 권선 회전 자계 이용

② 2차 권선(회전자) : 3ϕ 권선＋Slip Ring＋2차 기동 저항기(가변 저항)

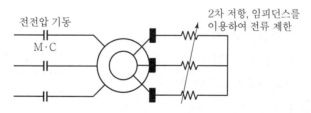

[Slip－Ring & Brush]

2) 원리 : 비례 추이 원리(저항 삽입 ＝ 전류 제한)

$$\frac{r_2}{S} = \frac{mr_2}{mS}$$

① 전전압 기동원리(대전류)＝토크 일정

② 전류 제한을 위한 2차 저항, 기동 보상기 삽입

③ 전류 제한 기동, 2차 단락 후 정상 운전

3) 기동 토크와 회전수(N)

① 전전압 기동, 최대 토크 일정(전압강
하 무시)

② 저항 또는 임피던스 삽입에 따라 기
동 전류 속도 변화 즉, 비례 추이 원리
이용

$$\frac{r_2}{S} = \frac{mr_2}{mS} = \frac{r_2m}{Sm}$$

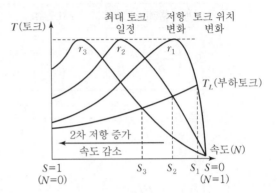

[기동토크와 회전수]

4) 비례 추이(Proportional Shifting)

① 2차 저항과 Slip이 비례

② $\dfrac{mr_2}{mS}$: 토크는 같으나 속도점이 변화

5) 특징 및 용도

장점	단점	용도
• 2차 저항으로 전류 제한 속도 조정 • 전전압으로 최대 토크 일정	• 운전 시 손실 증가, 효율 저하 • 유지 보수 곤란(Slip Ring)	• Pump, Fan, Blower • 크레인, 압축기, 압연기 등

6) 기동 방법

① 2차 저항 기동(15[kW] 이상)

㉠ 2차 저항의 크기를 전류변화

㉡ 정상 기동 후 2차 저항 단락

㉢ 기동 전류는 $1.5I_n$ 이하(I_n : 정격 전류)

② 2차 임피던스 기동

㉠ 기동 시 $f_1 = f_2(S=1)$

∴ $WL \gg R$ (전류는 R측 유도(저항기동))

㉡ 속도 상승 시 $f_2 ≒ 0\,(S ≒ 0,\,0.05)$

∴ $WL \ll R_2$ (운전 시 L측 유도)

㉢ 저항 손실 감소

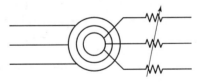

[2차 저항 기동]

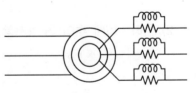

[2차 임피던스 기동]

7) 속도 제어

전압 제어	2차 저항 제어(비례 추이)	2차 여자법	인버터 방식
전압→토크(T)→Slip 변화=속도 제어 가능 단권 TR, 위상 제어, PWM(인버터)	권선형의 고유 특징 $\dfrac{r_2}{S} = \dfrac{mr_2}{mS}$	크래머 방식 세르비어스 방식	VVVF Soft Starter (VVCF)

① 2차 여자법 : 2차 저항 제어법의 손실 감소
- ㉠ 크래머 방식
  - ⓐ 저항 손실분을 직류 모터를 회전시켜 유도전
    동기와 기계적으로 직결하여 동력으로 변환
  - ⓑ 속도 제어=직류기 계자 전류로 제어
- ㉡ 세르비어스 방식
  - ⓐ 2차 손실분을 컨버팅 인버터 TR을 두어 1차
    전원에 반환, 정토크 특성
  - ⓑ 속도 제어=인버터의 IGBT로 제어

② 인버터 및 Soft Starter 제어
- ㉠ 인버터(VVVF) : 전압과 주파수를 모두 변환 속
  도 제어
- ㉡ Soft Starter(VVCF) : 주파수는 동일, 전압 변환,
  토크, Slip 변환속도제어

8) 최근 동향

① Thyristor를 이용한 2차 저항 무접점 단락 제어
② 유지 보수 향상, 비용 감소, 생산성 향상

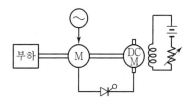

[크래머 방식]

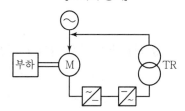

[세르비어스 방식]

[인버터(VVVF)]

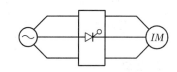

[Soft Starter(VVCF)]

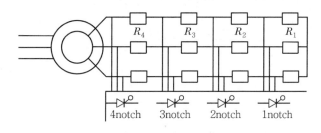

[JRS Notch]

08 동기 전동기

❶ 동기 전동기(Synchronous Motor) 구조

1) 정속도 전동기(Slip 미발생)

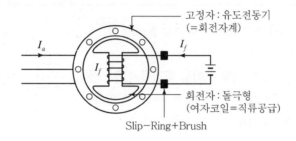

[동기 전동기]

2) 1차 권선과 2차 권선의 자극을 다른 극으로 대립(N ↔ S)

① 1차 권선은 회전 자계를 이용하여 회전

② 2차 권선(회전자)의 자극으로 동일 방향 회전 원리

❷ 원리 및 종류

[동기 전동기의 회전 원리]

1) 원리

① 3ϕ 권선과 회전자 코일에 전원 인가 시 3ϕ 회전자계 발생

② 회전 자계의 속도＝회전자 속도

③ 동기 속도(N_s) = $\dfrac{120f}{p}$[rpm]

2) 종류

영구자석형, 전자석형, 인덕턴스형, 릴럭턴스형(반발형), 히스테리시스형

❸ 동기 전동기 출력

1) 전동기 1상 입력

$P_1 = VI\cos\phi$[W]

　　여기서, V : 단자 전압, E : 역기전력, ϕ : VI 간의 상차각

2) 동기 전동기 출력

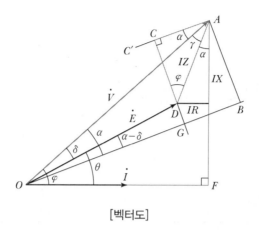

[벡터도]

$\triangle ACD$와 $\triangle AOF$의 관계에서

$\angle ADC = \angle \phi$

$IZ\cos\phi = CD = CG - DG = AB - DG$

$\qquad = V\sin\alpha - E\sin(\alpha - \beta) = V\sin\alpha + E\sin(\delta - \alpha)$

$I\cos\phi = \dfrac{1}{Z}\,V\sin\alpha + E\sin(\delta - \alpha)$

$P_1 = VI\cos\phi = \dfrac{V^2}{Z}\sin\alpha + \dfrac{VE}{Z}\sin(\delta - \alpha)$

동기 임피던스의 저항분은 동기 리액턴스에 비해 매우 적으므로 이를 무시하면

$\alpha = 0,\ Z \cong X$

로 되어 위 식은 다음과 같이 표시

$P_1 = \dfrac{VE}{X}\sin\delta$

동기 전동기의 출력을 P_2라 하면 이는 P_1에서 동손, 철손, 기계손 등의 손실을 뺀 것으로

$P_2 = EI\cos\theta = P_1 - P_l$

4 주요 특징

장점	단점	진상용 콘덴서 역할
• 동기 속도 회전(Slip 없음) • 부하의 증감에도 속도 일정 • 계자 전류 고정 시 역률 조정 • 대용량의 저속기에서 유도형보다 저렴	• 가격 고가 • 여자용 직류 전원 필요 • 시동, 정지가 많은 부하는 부적합 • 유지 보수 곤란(Slip – Ring)	유도형 대비 역률, 효율 우수

5 특성(V – 곡선)

1) 여자 전류(I_f)와 전기자 전류(I_a) 관계 곡선

2) 단자 전압, 부하를 일정하게 유지 후 여자전류
(I_f)를 조정하여 부하 역률 조정 가능

계자 전류(I_f)	위상	전기자 전류(I_a)
감소	지상 역률	증가
상승	진상 역률	증가

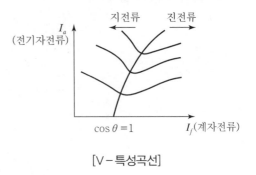

[V – 특성곡선]

6 난조 및 탈조 현상

난조	탈조
• 주기적인 동기 속도의 조화 상실 • 부하 변동 → 토크 증감 → 과도적 속도 전동 • 운전의 평형점 이동 현상으로 심할 경우 일시적 탈조 현상 발생	• 동기 속도의 응동 범위 이탈, 동기 운전 불가 • 부하의 급변으로 인한 난조 이탈, 탈조 발생 • 원인 : 계자 상실(여자기, 계자 회로 단락, 브러시 접촉 불량) • 계통 고장, 급격한 부하 변동

1) 대책

① 제동 권선   ② Fly Wheel   ③ 운전 중 부하 급변 금지

2) 발전기의 경우

① 내부적 : 거리 계전기 이용 적용

② 외부적 : PSS 전력 계통 안정화 장치 적용

7 속도 제어

정속도 전동기로 속도 제어 없음

8 기동법

1) 동기 전동기 자체로는 기동 불가, 별도의 기동 장치가 필요

기동법	내용
• 유도 전동기로 기동 • 3ϕ 기동권선 사용 • 기동용 전동기 사용	• 극수가 작은 유도 전동기로 기동(가장 많이 나옴) • 큰 기동 토크 • 회전자 축에 기계적 연결 기동

2) 기동용 전동기로 기동하는 방법

동기 전동기에 기계적으로 결합된 유도 전동기를 사용하여 기동

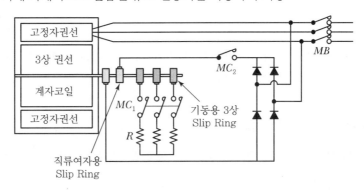

[기동회로도]

⑨ 용도

1) 부하의 크기가 일정한 정속도 부하
2) 부하의 역률 제어가 필요한 장소(V특성 곡선 이용)
3) 대용량으로 연속 사용 부하(24시간/일 운전 개소 적용)
4) 부하의 변동이 급격하지 않은 정도
5) 플랜트 동력, 대형 압출기, 송풍기, 제철 압연기, 시멘트 공장의 분쇄기(Crusher) 등

⑩ 동기전동기와 유도 전동기 비교

항목	동기 전동기	유도 전동기
부하각	부하에 따라 부하각 변화	부하에 따라 Slip 변화
기동 전류	500~600[%]	농형 500~600[%] 권선형 100~150[%]
기동 토크	적다	크다
효율	좋다	약간 나쁘다
슬립	없다	있다(1~4[%])
역률	좋다(진상도 가능)	나쁘다(지상역률)
여자 장치	필요	불필요
설비비	약간 고가	약간 싸다
보수	약간 복잡	용이

09 동기기의 전기자 반작용

1 정의

동기기의 전기자 권선에 부하 전류가 흐르면 그 기자력에 비례하여 발생된 자속이 계자권선의 기자력에 의해 형성된 주자속에 영향을 끼치는 현상

2 전기자 전류 위상에 따른 작용

전기자 전류(I_a)가 단자 전압과의 $90°$ 위상차인 직축 반작용의 경우 동기 발전기와 동기 전동기의 반작용은 서로 반대

전기자 전류 위상	동상전류	$90°$ 지상전류	$90°$ 진상전류
작용분류	횡축 반작용	직축 반작용	
발전기	교차자화(편자)작용	감자작용	증가(자화)작용
전동기	교차자화(편자)작용	증가작용	감자작용

1) 횡축 반작용 : 전기자에 의한 기자력이 계자 기자력에 대해 횡축 방향으로 작용

2) 전기자 전류 위상 조건 : 단자전압 기준

3 교차 자화작용(저항만의 회로) = 편자 작용

1) 단자 전압과 전기자 전류가 동상인 경우(역률＝1)

2) 전기자 전류에 의한 자속이 주계자의 자속과 $90°$ 방향으로 작용

(돌극 회전계자형)

$V \simeq E$(편자 시 E 약간 감소)

[교차 자화작용]

3) 단자 전압과 동상인 유효분 전류 발생하며, 직류기와 같이 편자에 의한 감자 현상

4 감자작용(유도성 : L)

1) 전기자 전류가 단자전압보다 $90°$ 뒤지는 경우(전동기 : $90°$ 진상)

2) 전기자 전류에 의한 반작용 기자력이 계자자속을 감소시키는 방향으로 작용(동기 전동기는 과여자 시 진상 전류로 감자 작용)

[감자작용]

5 증자작용(용량성 : C)

1) 전기자 전류가 단자 전압보다 90° 앞서는 경우(전동기 : 90°지상)

2) 전기자 전류에 의한 반작용 기자력이 계자자속을 증가시키는 방향으로 작용(동기전동기는 부족 여자에 대해 지상 전류를 취하여 증자 작용)

[증자작용]

6 영향

1) **감자 작용 시** : 감자로 인한 속도 증가, 토크 저하, 유기 전압 감소

2) **증자 작용 시** : 발전기 유기 전압 상승, 자기 여자 현상 발생

7 결론

1) 직류기에서는 부하 전류가 전기자 권선에 흐르면 브러쉬가 기하학적 중성축에 있을 때 전기자 반작용은 교차 자화 작용에 의한 감자 효과로 전기자 유도 기전력이 무부하 시보다 감소하나 동기기에서는 전기자 전류 위상에 따라 교차, 감자, 증자 작용으로 유도 기전력을 감소하거나 증가시킴

2) 특히 동기 조상기는 동기 전동기를 무부하 운전하여 전원 계통이 과여자 시 진상전류를 취하여 감자 작용을 하고 부족 여자 시 지상 전류를 취하여 증자 작용으로 계통의 무효전력(역률)을 자동 조정하는 역할을 함

10 유도 전동기 기동법

1 유도 전동기

1) 종류별 기동, 속도 제어, 제동법

구분	1ϕ 농형	3ϕ 농형	3ϕ 권선형
원리	교번 자계 + 자속 위상 변화	회전 자계($1.5H_m$)	회전자계
기동법	분상, 콘덴서 기동, 반발기동, 셰이딩코일형	직입, Y$-\Delta$, 리액터, 콘돌퍼, 쿠샤, 1차 임피던스	2차 임피던스(저항) 이용, 인버터, Soft Starter
속도 제어	극수, 주파수, Slip	극수, 주파수, Slip	크래머, 세르비어스
제동법	발전, 회생, 직류, 단상	발전, 회생, 역상, 직류, 단상	발전, 회생, 역상, 직류, 단상

2) 전동기의 용량에 따른 기동법

구분	전전압(직입)	감전압 Y$-\Delta$	리액터, 콘돌퍼	쿠샤	인버터(VVVF)
3ϕ 220[V]	7.5[kW] 이하	22[kW] 이하	22[kW] 이상	소용량으로 기동을 부드럽게 (1ϕ만) 적용	전압, 주파수 제어 기동, 속도 제어 및 에너지 Saving 효과
3ϕ 380[V]	11[kW] 이하	55[kW] 이하	55[kW] 이상		
적용	소용량	중용량	대용량		

3) 기동방법 선정 시 고려사항

① 전압 강하 : 기동의 대전류($5\sim7I_n$), 역률($20\sim40$[%]), $e = I(R\cos\theta + X\sin\theta)$

② 전압 변동률 : 15[%] 이하 저항(기동의 10[%], 운전 시 5[%] 이내)

$\sum = P\cos\theta + q\sin\theta$

③ 전원 TR 용량 : 직입 기동 시 전원 용량의 10배 이상(3배 이하 시 감전압 기동 선정)

④ 부하 토크 고려 : 가속 토크(T_M) $\geq$ 부하 토크(T_L)

⑤ 시간 내량 고려

㉠ Y$-\Delta$: $T = 4 + 2\sqrt{P}\,[\sec]$

㉡ 리액터 : $T = 2 + 4\sqrt{P}\,[\sec]$

4) 부하 특성 및 토크 특성

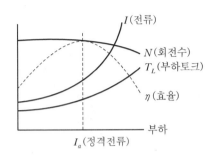

[부하 특성]

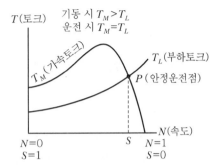

[토크 특성]

② 3φ 농형 유도 전동기 기동 방법

1) 전전압 기동

직입 기동(대전류 문제 고려 : 전압 강하, 전압 변동, 전원 용량 등)

2) 감전압 기동

Y − Δ, 리액터, 콘돌퍼, 1차 임피던스, 쿠샤 기동

3) 인버터를 이용한 기동법

VVVF, VVCF(Soft Starter)

4) 종류별 특징

① 직입 기동
　㉠ 별도의 기동기가 없는 전전압 기동
　㉡ 기동전류(5~7배 정격전류)
　㉢ 작동 간단, 설치비 저렴, 소용량에 적용
　㉣ 전원 TR 용량 고려(10배 이상)

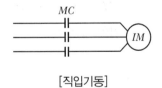

[직입기동]

② Y − Δ 기동(Open/Close Transition)
　㉠ 기동 시 Y 기동($MC_1 + MC_3$)
　㉡ 기동 전류 1/3, 기동전압 $1/\sqrt{3}$,
　　기동 토크 1/3로 감소

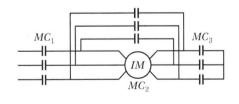

[Y − Δ 기동]

ⓒ 운전 시 Δ 운전($MC_1 + MC_2$, MC_3 개방)

ⓔ 기동 전류 제한 목적

ⓜ 기동 시간 $T = 4 + 2\sqrt{P}\,[\sec]$

③ 1차 저항 기동(직렬 임피던스)

ⓖ 1차 측에 저항 또는 임피던스를 이용하여 기동

ⓛ 저항으로 전류 제한, 전압 감소, 토크 감소

ⓒ 저항 손실로 인한 효율 저하(기동 시)

[1차 저항 기동]

④ 쿠샤 기동

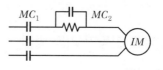

ⓖ 1ϕ에만 저항 또는 Thyristor를 이용하여 기동

ⓛ 소용량에 적용, 부드러운 기동법

ⓒ 크레인, 굴삭기, 호이스트에 적용

[쿠샤 기동]

⑤ 리액터 기동

ⓖ Δ 기동 후 TR Tap 조정

구분	기동	운전
Tap	0.5, 0.6, 0.7, 0.8, 0.9	1
전압/전류	50%, 60%, 70%, 80%, 90%	100%
토크	25%, 36%, 49%, 64%, 81%	100%

ⓛ 기동 시 MC_1 기동

ⓒ 운전 시 MC_1 개방 후 MC_2 운전

(MC 전환 시 Arc 발생 유의)

ⓔ 기동 시간 $T = 2 + 4\sqrt{P}\,[\sec]$

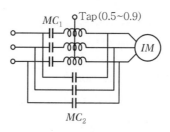

[리액터 기동]

⑥ 콘돌퍼 기동(단권 TR)

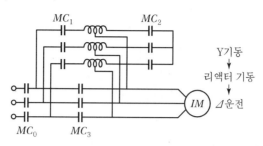

[콘돌퍼 기동]

㉠ Y 기동 → 리액터 기동 → Δ 운전

구분	기동	운전
Y 기동	전압($1/\alpha$), 전류토크($1/\alpha^2$)	1
리액터 기동	$0.5 \rightarrow 0.65 \rightarrow 0.8$	1
Δ 운전	Δ 운전, 100 운전	1

㉡ 리액터 기동의 Arc 발생을 보완

㉢ 무전압 상태가 없어 아크 미발생

㉣ MC_0 상시 투입, $MC_1 + MC_2$로 기동 시작

기동 시 $MC_1 + Tap(0.5{\sim}0.8)$, 운전 시 $MC_0 + MC_3$

⑦ Soft Starter(VVCF)

㉠ 기동 시 MC_1 운전 Soft Starter 이용

㉡ 주파수 일정, 전압의 크기 조정

㉢ 전압에 비례, 전류 토크 변화(속도 변화)

㉣ 기동 후 MC_2 투입 전전압 운전(기동토크에 유의)

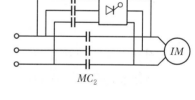

[VVCF]

⑧ Inverter(VVVF)

㉠ 전압과 주파수의 크기 조정 기동

$$N = \frac{120f}{P}$$

㉡ 정상 운전 시에도 전압의 크기와 주파수 조정, 속도 제어 가능

㉢ Energy Saving 효과

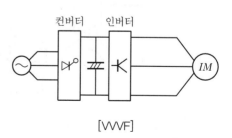

[VVVF]

❸ 1φ 농형 유도 전동기 기동 방법

1) 분상 기동형

① 주권선은 100[%] 고리액턴스 권선

② 보조 권선은 고저항 저리액턴스 권선(1/2권선)

③ 주권선과 90° 각도 위상차를 이용한 기동

④ 정격 속도의 70[%] 이상의 CS 개방, 보조 권선 개방

⑤ 소형 전동기에 적용(Fan, Blower, 사무 기기)

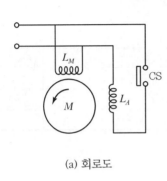

(a) 회로도　　　　　　　(b) 벡터도

[분상 기동형]

2) 콘덴서 기동형

① 주권선은 고리액턴스 권선

② 보조 권선은 1.5배 권선＋콘덴서 설치

③ 주극 → 보조극으로 위상차에 의한 회전

④ 정격 속도 70[%] 이상 시 CS 개방, 보조 권선 개방

⑤ 생활 용품에 적용(세탁기, 냉장고, 드라이기)

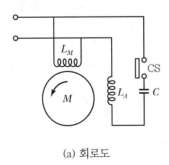
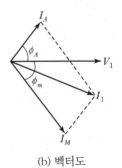

(a) 회로도　　　　　　　(b) 벡터도

[콘덴서 기동형]

3) 셰이딩 코일형

① 고정자의 주극(돌극), 세돌극(단락극) → 자속 불평형

② 시간에 따른 $\phi A \rightarrow \phi B$ 로 자속 변화 회전

③ 기동 토크가 작아 공작 기계용에 사용

④ 회전 방향 변경이 곤란

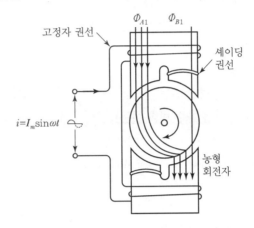

[셰이딩 코일형 구조도]

4) 반발 기동형

① 고정자(권선), 회전자(직류기)

② 기동 시 반발력을 이용한 전동기로 기동

③ 기동 후 전류와 단락 농형 회전자

  (정격 속도 70[%] 이상 시)

④ 기동 전류, 기동 토크가 큼

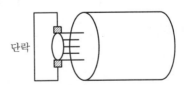

[반발 기동형 구조도]

4 3ϕ 권선형 유도 전동기 기동 방법

1) 전전압 기동 방식에 따른 구분

① 2차 저항 기동

ㄱ 가변 저항 또는 부하 저항 직렬 연결

ㄴ 비례 추이 원리를 이용한 기동 방식

(고저항 → 저저항 → 단락(기동 전류 제한)

ㄷ 저항기에 의한 손실 발생 문제

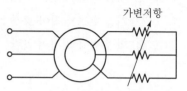

[2차 저항 기동]

② 2차 임피던스 기동

ㄱ 저항과 리액터를 병렬 연결

ㄴ $f_2 = Sf_1$(Slip과 주파수 변화 이동)

ⓐ 기동 시($S = 1$) $r_2 \ll X_L$: 저항기동

ⓑ 운전 시($S ≒ 0$) $r_2 \gg X_L$: 리액터 운전

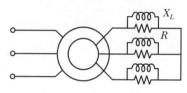

[2차 임피던스 기동]

2) 비례 추이

① 2차 저항과 Slip에 비례(전전압＝전압 일정)

② 비례 추이 $T = \dfrac{mr_2}{mS}$

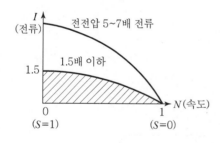

[부하 특성]

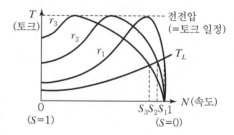

[토크 특성]

5 기동 방식 비교

구분	전전압		감전압		
	직입	2차 임피던스	Y－Δ	리액터	콘돌퍼
전류특성					
토크특성					
가속성	가속 토크 최대 기동 시 토크 최대	토크 일정 기동 전류 감소 (1.5)	토크 증가 작음 최대 토크 작음	토크 증가 큼 토크 최대 원활한 가속	토크 약간 작음 최대 토크가 작더라도 원활한 가속
가격	저렴	약간 저렴	강압 기동에서 가장 저렴	약간 고가	고가

인버터 유기 기전력

$$E = 4.44\,K_1\,W_1\,f\,\phi \text{ 에서 } \phi = \frac{V}{f} \text{ 이므로 } (E \propto V)$$

$$\frac{V}{f} = 4.44\,K_1\,W_1\,\phi$$

$\dfrac{V}{f}$ 제어 : 인버터 원리, V 제어 : Soft Starter 원리

11 콘돌퍼 기동과 리액터 기동의 차이점

■ 리액터 기동(감전압 기동법)

1) 기동 회로

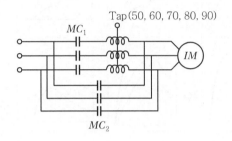

[리액터 기동 회로]

① 기동 순서

ㄱ Δ 결선 이용 MC_1 투입 → 리액터에 의한 전류, 전압, 토크 감소

ㄴ 리액터 Tap 변환(50 → 90[%]) → 전류, 전압, 토크 순차적 상승

ㄷ MC_1 개방 → MC_2 투입의 전전압 Δ 운전방식

② 즉, 50[%] 감전압 → Tap 상승(90[%]) → 100[%] 전전압 운전

2) 저감률

전류	전압	토크(V^2)
50[%] 저감	50[%] 저감	25[%] $(0.5)^2$

기동시간 $T = 2 + 4\sqrt{P}\,[\sec]$

3) 문제점

① 감전압 기동(MC_1) 개방 후(MC_2) 전전압 운전 시 무압 상태 존재

무압(=무여자=발전기 적용) $e = -L\dfrac{di}{dt}$

② MC_2 투입 시 역전압에 의한 Arc 발생

ㄱ MC 접점 소손

ㄴ 심할 경우 전동기 소손 우려

2 콘돌퍼 기동(단권 TR)(Tap : 50, 65, 85)

1) 기동회로

구분	MC_1	MC_2	MC_3
Y 기동	○	○	—
리액터	○	— (개방)	—
Δ 운전	—	—	○

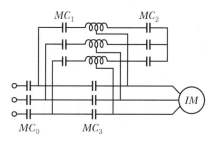

[콘돌퍼 기동회로]

2) 저감률

전류	전압	토크(V^2)
50[%] 저감	50[%] 저감	$1/\alpha^2$

① Y 기동 → 리액터 기동(Tap : 50 → 65 → 80) → Δ 운전

② MC_3 투입 후 MC_1 개방으로 역전압에 의한 Arc 미발생

3 리액터 기동과 콘돌퍼 기동의 차이점

구분	리액터	콘돌퍼
재질	리액터(Reactor)	단권 TR
기동 순서	Δ 결선 후 리액터 기동 → 전전압운전 (Tap : 50, 60, 70, 80, 90)	Y 기동 → 리액터 기동 → Δ 운전 (Tap : 50, 65, 80)
전류	50 → (기동) → 90[%] 후 100[%] 운전	25 → 42 → 64[%] 후 100[%] 운전
토크	25 → 36 → 49 → 64 → 81 → 100[%]	25 → 42 → 64[%] 후 100[%] 운전
특징	리액터 기동 → 전전압 운전 전환 시 순간적인 무전압 상태(발전기) $$e = -L\frac{di}{dt} \text{[V]} (= \text{역전압 인가})$$ 전전압 시 Arc 대전류, 소손 우려	Y → 리액터 → Δ 운전 리액터처럼 무전압 상태가 없이 아크 미발생, 전류, 토크 특성 양호, 즉 리액터의 무전압 상 태를 보완한 기동법

12 Y - △ 기동의 Open/Close Transition 차이점

1 Y - △ 기동

1) 목적

① 직입 기동의 대전류를 제한하기 위한 Y - △ 기동법 사용

② 중용량의 전동기 적용(220[V] : 22[kW] 이하, 380[V] : 55[kW] 이하)

③ 저감률

전류	전압	토크(V^2)
1/3	1/$\sqrt{3}$	1/3

④ 기동 시간 $T = 4 + 2\sqrt{P}[\sec]$

2) 회로도

△ 구별선	△선 결선
① ② ③	① ② ③
⑥ ④ ⑤	⑤ ⑥ ④
1/3 전류	전기적 위상각 감소 = 전류 감소(1/3 이하)

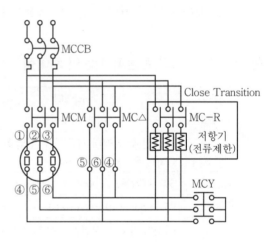

[Y - △ 기동 회로도]

① MCM + MCY = Y기동

② MCM + MCY + MCR
　= 저항기 투입

③ MCY 개방 = 역전압 미발생($e = -L\dfrac{di}{dt}$)

④ MC△ 투입 = △ 운전

⑤ MCR 개방 = 저항기 개방

⑥ MCM + MC△ = △ 운전 유지

3) 저항기(무전압 상태 방지)

① Y-Δ 변환 전후 투입, 전류 제한+역전압 생성 방지

② 동작 시 전동기 권선 전류를 감당할 수 있는 정격

③ 3φ 단락 전류 제한 및 저항값이 너무 큰 경우 전압 강하로 부적합

2 전류 감소의 증명

1) MCM+MCY

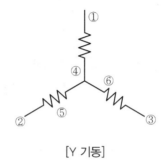

[Y 기동]

2) MCM+MCY+MCR

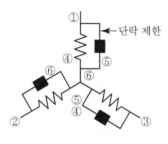

[Y+R(단락 제한)]

3) MCM+MCR(MCY 개방)

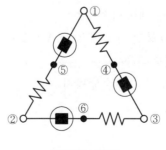

[R(전류 제한)]

4) MCM + MCR + MCΔ

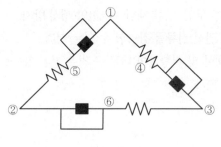

[Δ + R 단락]

5) MCM + MCΔ

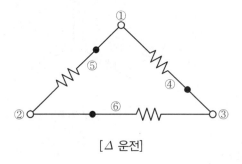

[Δ 운전]

❸ 차이점

1) Open Transition

① 통상적 사용방식

② Y개방 Δ투입 전까지 무여자 상태(무여자 = 발전기 동력) ($e = -L\dfrac{di}{dt}$)

③ Δ 투입 시 과전압, 충격, 비동기 투입 전류로 인한 손상 우려

2) Close Transition

① Open Transition + 저항 폐로 접점 추가

② Y 개방 전 → 저항(R) 통전 → Y 개방 → Δ 투입 → 저항(R) 개방

③ 즉, Y − Δ 전환 시 완충 작용

④ 돌입 전류 제한으로 인한 기기 손상 방지

13 유도 전동기 속도 제어

☑ 유도 전동기

구분	1φ 농형	3φ 농형	권선형(비례 추이)
원리	교번 자계 + 자속의 위상 변화	3φ 회전 자계($1.5H_m$)	회전 자계
기동법	반발 기동, 콘덴서 기동, 분상 기동, 셰이딩 코일형	직입, Y−Δ, 리액터, 콘돌퍼, 쿠샤, 1차 임피던스	2차 임피던스(저항) 이용, 인버터, 소프트 스타터
속도 제어	극수(P), 주파수(f), Slip	극수(P), 주파수(f), Slip	크래머, 세르비어스
제동법	발전, 회생, 직류, 단상	발전, 회생, 역상, 직류, 단상	발전, 회생, 역상, 직류, 단상

1) 원리 및 특징

종류	원리	속도	특징
농형 유도 전동기	3φ 회전자계	$N = \dfrac{120f}{P}(1-S)$	구조가 간단, 취급이 용이, 운전 특성 양호, 경제적
권선형 유도 전동기	$H = 1.5H_m$		기동 시 대전류 역률 저하(20~40[%])

2) 유도 전동기의 속도 제어

① 속도

$$N = \frac{120f}{P}(1-S)$$

여기서, N : 속도, f : 주파수, P : 극수, S : Slip

② 속도 제어법

ㄱ 극수(P)

ㄴ 주파수(f)

ㄷ Slip(= 전압, 토크, 임피던스 영향)

3) Slip과 운전 영역 구분

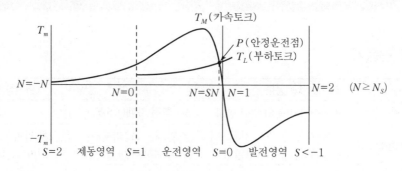

[Slip과 운전 영역]

❷ 유도 전동기 속도 제어법

극수(P) 변환	주파수(f) 변환	Slip(S) 제어	기타
• 농형에서 사용(외부 인출) • 다단적 속도 변화 • 전동기 제작 시 극수 결정 • 현장 적용 시 곤란	• 극수와 Slip 일정 제어 시 주파수를 변환하여 속도 제어 • 주로 인버터를 이용하여 광범위한 속도 제어 가능	• Slip을 이용한 제어 • Slip의 영향 요소 토크(T), 전압(V), 임피던스($Z : r + X_L$)	• Slip 변화를 이용 • 인버터 제어(VVVF) • Soft Starter(VVCF) • 비례추이 ($T = \dfrac{mr_2}{mS}$)

1) 극수(P) 제어

① 전동기의 극수 변환 제어

② 외부 인출 필요＋다단적 제어

③ 농형 일부에서만 적용(실제 현장 적용 곤란)

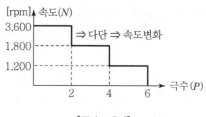

[극수 제어]

2) 주파수(f) 제어

① $E = 4.44 \, Kf\phi N$ 에서 ($E \propto V$)

$\dfrac{V}{f} = 4.44 \, K\phi N$ 성립

② 전압 일정 시 토크는 주파수에 반비례

③ 주파수와 전압을 동시 제어 필요

④ 인버터 방식(VVVF) 적용

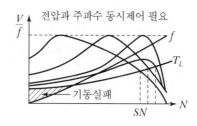

[주파수 제어]

3) Slip 제어(비례추이) : 권선형 전동기 속도 제어

크래머 방식	세르비어스 방식
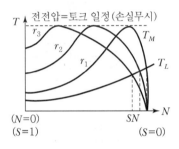	
• 저항 손실분을 직류 모터를 회전 • 유도전동기＝DC MTR＝부하는 기계적 연결(직결) • 속도 제어＝직류기 계자 조정	• 2차 손실분을 컨버팅, 인버터 TR을 두어 1차 전원 에 반환, 정토크 특성 • 속도 제어＝인버터의 IGBT로 제어

① 기동법 : 2차 저항 제어, 2차 여자법

（저항＋X_L 병렬연결）

② 비례 추이（$T = \dfrac{mr_2}{mS}$）

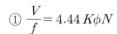

　㉠ 전전압 기동（T＝일정）

　㉡ 전류 제한을 위한 2차 저항, 임피던스 삽입

　㉢ 전류 제한 기동, 2차 단락, 유도 전동기 운전

[비례 추이]

4) 전압 제어

① Slip을 이용한 제어 방식（$T \propto V^2$）

② 토크 T는 V^2에 비례, Slip의 위치점 변화

③ Soft Starter 방식 적용

④ 전압의 크기에 따른 토크의 변화 이용

5) 인버터 제어

① $\dfrac{V}{f} = 4.44\,K\phi N$

　㉠ $\dfrac{V}{f}$ 제어 : 인버터 제어

　㉡ V 제어 : Soft Starter

② 전원 전압과 전원 주파수를 동시에 제어하는 방식

③ 다양한 주파수와 토크를 이용한 광범위한 속도 제어 가능

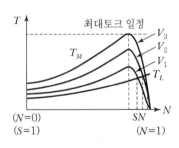

[전압 제어]

6) 기타 제어

① 전자 커플링(Magnet Coupling)

  ㉠ 영구 자석, 전자석의 Slip 이용＝일정 토크 이상 시 Slip 발생
  ㉡ 마찰열에 의한 과열, Bearing 손상 우려

② 유체 커플링(Fluid Coupling)에 의한 속도 제어

  ㉠ Coupling 유체를 이용, 회전의 원심력에 의한 속도 전달
  ㉡ 기동을 부드럽게 함(Conveyor Belt, 자동차 Clutch 원리)
  ㉢ 과부하 시 적정 속도 제어 가능

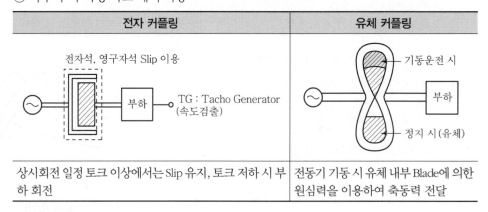

전자 커플링	유체 커플링
상시회전 일정 토크 이상에서는 Slip 유지, 토크 저하 시 부하 회전	전동기 기동 시 유체 내부 Blade에 의한 원심력을 이용하여 축동력 전달

③ 2차 여자 제어법

$$I_2 = \frac{E_2}{Z_2} = \frac{SE_2}{\sqrt{r_2^{\,2} + (SX_2)^2}} = \frac{E_2}{\sqrt{\left(\dfrac{r_2}{S}\right)^2 + (X_2)^2}}$$

$$\therefore\ I_2 = \frac{SE_2 - E_C}{r_2}$$

여기서, $P_2 = E_2 I_2 \cos\theta_2$, E_C : 임의점

14 유도 전동기 기동 방식 선정 시 고려 사항

1 유도 전동기

구분	1φ 농형	3φ 농형	권선형(비례 추이)
원리	교번 자계＋자속의 위상 변화	3φ 회전 자계($H=1.5H_m$)	회전 자계
기동법	반발 기동, 콘덴서 기동, 분상 기동, 셰이딩 코일	직입, Y－Δ, 리액터, 콘돌퍼, 쿠샤, 1차 임피던스	2차 임피던스(저항, 여자법), 인버터, 소프트 스타터
속도 제어	극수(P), 주파수(f), Slip	극수(P), 주파수(f), Slip	크래머, 세르비어스
제동법	발전, 회생, 직류, 단상	발전, 회생, 역상, 직류, 단상	발전, 회생, 역상, 직류, 단상

1) 원리 및 특징

종류	원리	속도	특징
농형 유도 전동기	3φ 회전자계	$N=\dfrac{120f}{P}(1-S)$	구조가 간단, 취급이 용이, 운전 특성 양호, 경제적
권선형 유도 전동기	$H=1.5H_m$		기동 시 대전류 역률 저하(20~40[%])

2) 회전원리

원리	관련 법칙	자계의 세기
1차 권선의 자계와 2차 권선의 유도 전류의 상호 작용으로 회전 자계 발생	전자 유도 법칙 $e=-N\dfrac{d\phi}{dt}$ 플레밍의 왼손 법칙 $F=BlI$ 오른 나사 법칙 적용	$H=\dfrac{NI}{2a}[\text{AT/m}]=1.5H_m$ 권수비 N, 반지름 a[m]인 코일이 120°의 전기각을 가지고 전류 I가 흐를 때 코일 중심의 자계 세기를 의미

3) 기동 시 고려 사항

대전류(I_n), 전압 강하(e), 전압 변동($\varepsilon\%$), 부하 토크, 시간 내량 등

① 시간 내량 : 기동 시간 지연의 전동기 및 기동 장치 과열 소손 방지

② 단시간 허용 : 1분 이내의 단시간 사용을 전제(기동 장치)

❷ 기동 방식 선정 시 고려 사항

전압 강하, 전압 변동	가속 토크와 부하 토크 확인	기동 방식별 시간 내량
$e = I(R\cos\theta + X\sin\theta)$ $\varepsilon\% = P\cos\theta + q\sin\theta$ (15% 이내)	• 기동 시 $T_M > T_L$ 　$(T_L > T_M$ 시 기동실패) • 운전 시 $T_M = T_L$ (안정운전)	직입($7I_n < 10[\sec]$) • $Y-\Delta : 4+2\sqrt{P}[\sec]$ • 리액터 : $2+4\sqrt{P}[\sec]$

1) 전압 강하(e) 및 전압 변동($\varepsilon\%$)

① 전압 변동의 허용값

ㄱ 15[%] 이하가 적당 : 기동 시 10[%], 정상 시 5[%] 정도

ㄴ 15[%] 초과 시 대책 : 감전압 방식, 전원 TR 용량 증가, Bank 분리 등

TR 용량/전동기 용량	기동 방식
10배 이상	전전압 기동(직입 : $7I_n \le 10[\sec]$) 적용
3~10배	감전압 기동 검토
3배 이하	감전압 기동 적용

② 기동 시 전압 강하

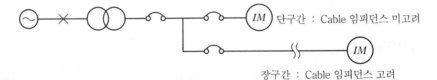

단구간 : Cable 임피던스 미고려

장구간 : Cable 임피던스 고려

[기동 시 전압 강하 계통도]

단구간	장구간
$e\% = \%Z \times \dfrac{P_M}{P_O} = \%Z \times \dfrac{\sqrt{3}\,VI}{P_O}$ 여기서, P_M : 기동 시, P : 전동기 입력, P_O : 전원 용량	$e\% = \varepsilon\% \times \dfrac{P_M}{P_O} = \varepsilon\% \times \dfrac{\sqrt{3}\,VI}{P_O}$ 여기서, $\varepsilon\% = P\cos\theta + q\sin\theta$

2) 전동기 토크와 부하 토크 확인

① 유도기의 가속도와 토크 관계

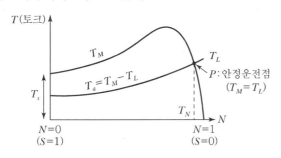

T_M : 전동기 토크

T_L : 부하 토크

T_m : 전동기 최대 토크

T_N : 정격 토크

T_a : 가속 토크

T_s : 시동 토크

[유도기의 가속도와 토크 관계]

② 가속 시간

$$T = \frac{GD^2}{375} \int_{n=1}^{n_2} \frac{1}{T_a} \, dn = \frac{GD^2 (n_2 - n_1)}{375 (B T_M - T_L)} = \frac{GD^2 NR}{375 T_a}$$

여기서, GD^2 : Fly Wheel[kg · m^2]

n : 회전 속도[rpm]

T_a : 가속 속도[kg · m]

B : 토크 저감률

T_L : 부하 평균 토크[kg · m]

③ 전동기와 부하 토크 관계

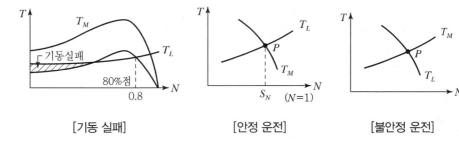

[기동 실패]   [안정 운전]   [불안정 운전]

④ 안정 운전 조건

ㄱ 기동 시($T_M < T_L$)

ⓐ $T \propto V^2$

ⓑ $T_M < T_L$ 시

ⓒ 저전압 기동 시 기동 토크가 부족하여 기동 실패의 원인이 됨

ⓛ 가속시간

Y → Δ 변환점이 80% 이하의 충분한 가속 불가로 Δ 전환 시 대전류 형성

(즉, 기동 전류＝직입 기동 전류)

ⓒ 안정 운전점(P)

전동 토크(T_M)와 부하 토크(T_L)의 교차점

ⓐ 속도 상승 시 : $T_M < T_L$ 로 감속 복귀

ⓑ 속도 감소 시 : $T_M > T_L$ 로 증속 복귀

3) 기동 방식별 시간 내량

① 직입 기동 : 전자 접촉기만으로 내량 결정(15초 이내)

ⓐ 전류 : 5~7배

ⓛ 기동시간 : $7I_n \leq 10\,[\sec]$

② Y－Δ 기동

ⓐ 전자 접촉기에 의한 내량 결정(약 15초)

ⓛ 전환 시간 $T = 4 + 2\sqrt{P}\,[\sec]$

③ 리액터 콘돌퍼 기동

ⓐ 표준으로 1분 정격의 리액터 또는 단권 TR 사용

ⓛ 전환 시간 $T = 2 + 4\sqrt{P}\,[\sec]$

ⓒ 기동 간격은 2시간 이상 필요

ⓓ 2시간 이내로 기동 간격이 될 경우 리액터 또는 단권 TR의 열 시정수와 기동의 발열 여부

검토 필요

15 유도 전동기 자기 여자 현상

■ 유도 전동기

1) 원리

회전 원리	관련 법칙	자계의 세기
1차 권선의 자계와 2차 권선의 유도 전류의 상호 작용으로 회전 자계 발생	전자 유도 법칙 $e = -N\dfrac{d\phi}{dt}$ 플레밍의 왼손 법칙 $F = BlI$ 오른 나사 법칙 적용	$H = \dfrac{NI}{2a}$[AT/m]$= 1.5 H_m$ 권수비 N, 반지름 a[m]인 코일이 $120°$의 전기각을 가지고 전류 I가 흐를 때 코일 중심의 자계 세기를 의미

2) 주요 특징

종류	속도	특징
농형	$N = \dfrac{120f}{P}(1-S)$	구조가 간단, 취급이 용이, 운전 특성 양호, 경제적
권선형		기동 시 대전류($5I_n < 10$[sec]), 역률 저하($20 \sim 40$[%])

3) 종류별 특징

구분	1ϕ 농형	3ϕ 농형	권선형(비례 추이)
원리	교번 자계 + 자속의 위상 변화	3ϕ 회전자계	회전 자계
기동법	반발 기동, 콘덴서 기동, 분상 기동, 셰이딩 코일	직입, Y−Δ, 리액터, 콘돌퍼, 쿠샤, 1차 임피던스	2차 임피던스 이용, 2차 저항, 2차 여자법
속도 제어	극수(P), 주파수(f), Slip	극수(P), 주파수(f), Slip	크래머, 세르비어스
제동법	발전, 회생, 직류, 단상	발전, 회생, 역상, 직류, 단상	발전, 회생, 역상, 직류, 단상

① 기동 및 속도 제어법으로 인버터 방식과 Soft Starter 방식

㉠ 인버터 방식($\dfrac{V}{f} = 4.44 K\phi N$)

㉡ Soft Starter 방식 : V 제어

2 유도 전동기 자기 여자 현상

정의	원인	영향	대책
전동기 전원 차단 시 콘덴서에 의해 전압이 0이 되지 않고 이상상승하거나 감쇠되지 않는 현상 ($X_L \leq X_C$)	$X_L \leq X_C$ 콘덴서에 의함 $\frac{1}{2}LI^2 = \frac{1}{2}CV^2$	• 전동기 미정지(발전기 작용 시 과전압) • 공진 주파수 시 전동기, 콘덴서 소손	• 콘덴서 용량 1/2∼1/4로 감소 • 차단기와 동기 개폐되는 접점은 Link 사용 • 직렬 리액터 삽입

1) 자기 여자 현상의 정의

① 전동기 전원 차단 시 전압이 즉시 0이 되지 않고 이상 상승하거나 감소되지 않는 현상

② 콘덴서 과보상에 의한 문제

2) 원인

① 전동기 역률 과보상 시 나타나는 현상 ($X_L \leq X_C$)

② 에너지 상호 전달 보상 $W = \frac{1}{2}LI^2 = \frac{1}{2}CV^2$

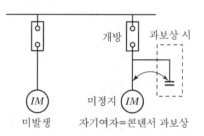

[자기 여자 현상의 발생]

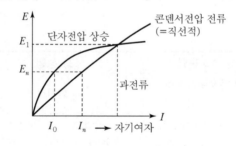

[자기 여자 현상의 원인]

3) 영향

① 전동기와 발전기의 역할 반복 수행

② 회전 속도 = 주파수(f)

  ㉠ 유도기의 잔류 자기 → 콘덴서 전압 유지

  ㉡ 이것이 유도기의 여자 전류가 되어 자속 증대 + 발전 전압 증대 반복

③ 전동기 속도 감소 중 공진 주파수 형성으로 전동기 및 콘덴서 절연 파괴

$$f = \frac{1}{2\pi\sqrt{LC}}$$

여기서, f : 전동기 회전수

4) 대책

① 콘덴서 용량 조정 : 전동기의 1/2∼1/4이 적당

② 직렬 리액터 삽입 : 전류 제한

③ 차단에 접점과 Link하여 분리 방전

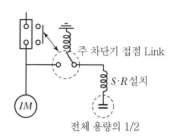

[자기 여자 현상 대책]

❸ 자기 여자 현상의 주요 특징

1) 자려 현상 발진조건

$$WL > \frac{1}{WC} + \frac{r_1 + (r_1 + 2r_2 + 2R_2)}{\frac{1}{WC} - 2WL}$$

여기서, R_1 : 고정자 측 외부 저항, R_2 : 회전자 측 외부 저항

$$WL > \frac{1}{WC} + \frac{(r_1 + R_2)(r_1 + R_1 + 2r_2)}{\frac{1}{WC} - 2WL}$$

$$WL > \frac{1}{WC} + \frac{r_1(r_1 + 2r_2)}{\frac{1}{WC} - 2WL} \text{(원식)}$$

① 회로의 저항분이 작을수록 공진 조건 $W^2 LC = 1$에 거의 일치

  ㉠ 변수−유도기의 자기 포화 특성(L)

  ㉡ 콘덴서 : 자려 개시 시 회전수에 의한 전류 자기의 크기 변화

② 기타

철심의 자기 특성	콘덴서 용량	외부 저항	콘덴서 삽입 시
자속 밀도와 전류 자기에 의해 결정 • 클 때 : 자려 현상 발생 • 작을 때 : 미발생	• 클수록 전압 상승 • 회전수 증가 시 자려 현상 증가($N = f$)	고정자 또는 회전자 외부 저항은 공진 회전수에서도 자려 현상 억제 가능	권선형 전동기의 고정자 측에 콘덴서 삽입 시 고정자 철심의 전류 자기에 의한 자려 현상 발생

2) 자려 과도 현상

① 일정 속도로 회전하는 유도기에 콘덴서 투입 시 전압 상승, 자려 현상 발생

② 공식

  ㉠ $I_{M2} \ll I_{M1}(I_{M1} \simeq i_1 P)$

  ㉡ 콘덴서 삽입 시 동기 발전기의 유기 전압 생성

  ㉢ 유도 발전기의 여자 전류 및 동기 발전기 각 상의 유기 전압

여자 전류	유기 전압
$I_M = \sqrt{2}\, I_M \varepsilon j\left(1-B_1\right)\omega t$ $\therefore I_M = I_{MO}\,\varepsilon^{r_1 \omega t}$ ($I_M = t = 0$에서의 여자 전류)	$e = \sqrt{2}\, E \varepsilon j\left(1-B_1\right)\omega t$ $\therefore E = \left\{r_1 + j\left(1-B_1\right)\right\} WMI_m$

③ 유기 전압 확립 조건 시간

시간 단축	시간 증가
회전수 높을 때	회전수 낮을 때
콘덴서 용량 증가 시	콘덴서 용량 감소 시
외부 저항 작을 때	외부 저항 클 때

3) 콘덴서 제동 현상

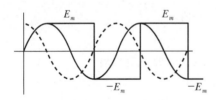

[제동 저항 시($e=2E_m$)]

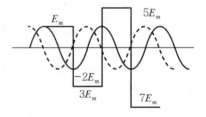

[무제동 시]

① 시정수 $\tau = \dfrac{X}{R}$ 에 의해 결정

$$\tau = \frac{X}{R} = \frac{L}{RC}$$

  ㉠ $RC > L$ 일 때 일시 제동 : 자려 현상 억제

  ㉡ $RC < L$ 일 때 일시 무제동 : 자려 현상 증가

16 유도 전동기의 이상기동 현상(게르게스, 크로우링 현상)

1 게르게스(Gorges) 현상

1) 1896년 Gorges가 발견한 현상으로 권선형 유도 전동기에서 무부하 또는 경부하 운전 중 회전자 1상 결상 시 정격 속도에 도달 전 낮은 속도(동기속도 1/2배)에서 안정되는 현상

2) 회전자 1상이 단선되면 2차는 단상 회전자가 되고 이 때 2차 전류의 교번 자계는 정상과 진폭이 반이고 서로 반대로 회전하는 역상의 두 회전 자계로 분해

3) 역상 자계

① $-SN_s + (1-S)N_s = (1-2S)N_s$[rpm]으로 회전

② 역상 토크 : $S=0.5$일 때 0, $S>0.5$일 때 전동기 토크 발생, $S<0.5$일 때 발전기 토크 발생

③ 토크-속도 특성

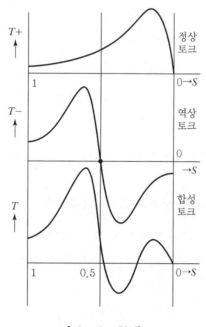

[게르게스 현상]

4) 결론

S는 0.5점에서 함몰(陷沒)이 생겨 회전자는 동기 속도의 50[%]까지 증가하며 그 이상 가속 불가

❷ 크로우링(Crawling) 현상

1) 크로우링 현상(차동기 운전)

농형 유도 전동기에서 고정자나 회전자 슬롯의 고조파 회전 자계로 인해 매끄럽게 상승하지 못하고 중간 지점에서 급감하거나 푹 꺼진 부분에서 부하의 속도 · 토크 곡선과 만나게 되면 더 이상 가속하지 않는 현상

2) 회전자 권선 감는 방법과 Slot수가 적당하지 않으면 고조파 회전자계로 인한 $T-S$ 곡선 왼편에 굴곡이 발생하고 부하토크 곡선의 모양에 따라 4개의 교점 발생

3) c와 a는 안정점이고 b와 d는 불안정점

4) 전동기는 기동 중에 c와 같은 낮은 속도에 안정되어 전속도에 이르지 못함

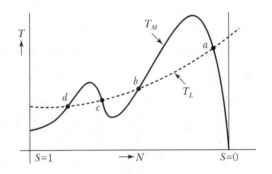

[크로우링 현상]

5) 특징

① 차동기 운전 중에 는 소음 발생 및 슬립이 큰 상태로 운전하므로 1차 전류가 크게 흘러 전동기가 소손 우려

② 차동기 운전은 소용량 농형 유도 전동기에 많음

6) 원인 : 고정자 슬롯에 대해 회전자 슬롯수가 부적당

7) 대책 : 회전자에 이중 슬롯 또는 심구 채용(일정 고조파 제거)

17 단상(1ϕ) 유도 전동기 기동법

1 단상 유도 전동기

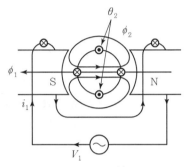

(a) i_1, ϕ_1, $e_2 = -N\dfrac{d\phi_1}{dt}$ 에 의해

e_2 및 ϕ_2 발생

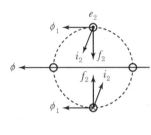

(b) ϕ_1, $e_1(i_2)$ 에 의해

대칭 f_2 발생

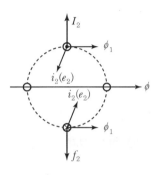

(c) i_1의 방향이 반대로 바뀌면 i_2

의 방향이 상하 대칭으로 바뀜

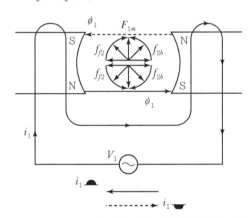

(d) $f_2 = f_{2f} + f_{2b}$에 의한 정상 및 역상 회전력 발생

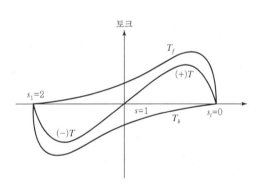

(e) $T = T_f + T_b$ 토크 특성

[단상 유도전동기]

1) 원리

회전 원리	관련 법칙	자계의 세기
1차 권선의 자계와 2차 권선의 유도 전류의 상호 작용으로 회전 자계 발생	전자 유도 법칙 $e = -N\dfrac{d\phi}{dt}$ 플레밍의 왼손 법칙 $F = BlI$ 오른 나사 법칙 적용	$H = \dfrac{NI}{2a}[\text{AT/m}] = 1.5H_m$ 권수비 N, 반지름 a[m]인 코일이 $120°$의 전기각을 가지고 전류 I가 흐를 때 코일 중심의 자계 세기를 의미

① 그림 (b), (c)에서 회전자 권선에는 ϕ_1, i_2에 의해서 수직 대칭 공간 기자력 f_2가 발생

② 이때 $f_2 = F_1 \sin\theta$로 나타나며, F_1, I_1에 비례하므로 결국 $f_2 = F_{1m}\cos\omega t \cdot \sin\theta$로서 수직축 대칭의 가변 sin 분포의 공간 기자력이 시간적으로 $\cos\omega t$로 진행하면서 발생되므로 회전력은 발생되지 않음

③ 그림 (d)와 같이 공간 기자력 f_2는

$$f_2 = F_{1m}\cos\omega t \cdot \sin\theta = \frac{F_{1m}}{2}\sin(\theta - \omega t_1) + \frac{F_{1m}}{2}\sin(\theta - \omega t_1)$$

로 벡터 분리되어 정상 회전 기자력(f_{2f})과 역상 회전 기자력(f_{2b})을 생성

④ 그림 (e)와 같이 정상분 토크 T_f와 역상분 토크 T_b에 의해 종합 토크 특성 곡선 T가 생성

2) 회전 자계

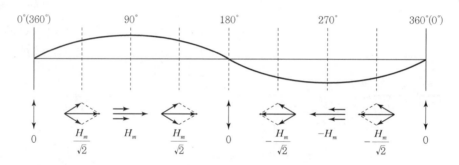

[단상 회전자계]

① 180°의 전기각으로 교번 자계로 해석(스스로 기동 불가)
② 즉, 360°의 회전 자계가 아닌 좌우만의 맥동 자계 형성

3) 토크(T)

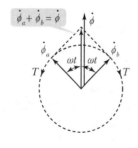

[교번 자기력선속의 분해]

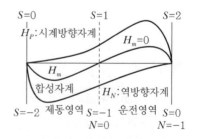

[합성 자계]

① 단순 교번 작용으로 인한 기동 토크(T)가 0으로 자체 회전 불가

② 기동 토크(T) = 자속(ϕ)이므로 불평형 자계 필요

    ㉠ $T_P > T_N$: 시계 방향 회전

    ㉡ $T_P < T_N$: 반시계 방향 회전

③ 저항값 r 을 증가시키면 T_m 감소(비례 추이)

④ 저항값 r 을 매우 크게 하면 단상 제동 가능

    ㉠ $\phi_1 = N_S - N = SN_S$

    ㉡ $\phi_2 = N_S + N = (2-S)N_S$

❷ 단상 유도 전동기 기동법

구분	셰이딩 코일	분상 기동	콘덴서 기동	반발 기동
기동 전류[%]	400~500	500~600	400~500	300~400
기동 토크[%]	40~50	125~200	200~300	400~600
출력[W]	10 이하	20~400	100~400	100~750
특징	소용량, 구조 간단	구조 간단	큰 기동 토크	큰 기동 토크, 고가용
용도	공작 기계용	가정용	가정용(송풍기)	공업용(Comp' pump)

1) 분상 기동형

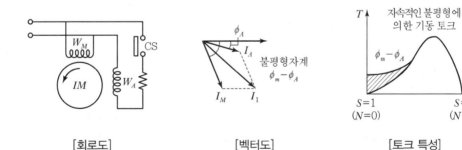

[회로도]   [벡터도]   [토크 특성]

주권선(W_m)	보조 권선(W_A)	비고
고리액턴스	고저항, 저리액턴스	위상차에 의한 기동($\phi_m - \phi_A$)
100[%] 권선	주권선의 1/2 권선	정격속도 70[%] 이상 시
보조 권선과 90° 각도	불평형 자계 형성	CS 개방(보조 권선 개방)

① 기동 토크가 작고(1.5∼2배), 기동 전류가 큼(5∼6I_n)

② 출력이 20∼400[W]인 소용량 가정용 Fan, 송풍기에 적용

2) 콘덴서 기동형

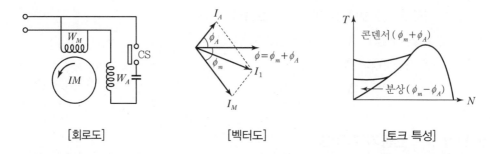

[회로도]　　　　　　　　[벡터도]　　　　　　　　[토크 특성]

주권선(W_m)	보조 권선(W_A)	비고
보조 권선을 90° 각도로 설치	주권선의 1.5배 권선 + 콘덴서 초기 기동 시 90°에 가까운 위상차	정격 속도의 70[%] 이상 시 CS 개방 손실 최소화($\phi_m - \phi_A$)

① 역률 양호, 기동 전류 감소, 기동 토크가 크므로 중부하용에 적당

② 콘덴서 기동형, 콘덴서 운전형(CS 없음), 콘덴서 기동 콘덴서 운전형으로 구분

3) 셰이딩 코일형

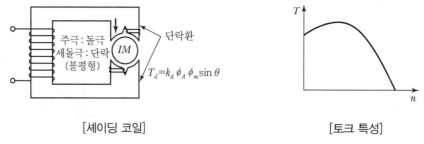

[셰이딩 코일]　　　　　　　　[토크 특성]

① 시간 변화에 따른 자속의 불평형(이동 자계)을 이용($\phi_A \rightarrow \phi_B$로 이동)

② 기동 토크가 작고, 회전 방향 변경이 곤란

③ 공작 기계용(천장 전동기)

4) 반발 기동형

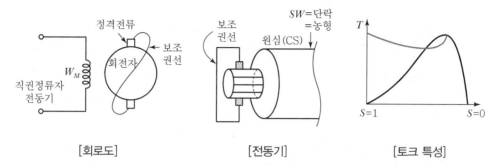

[회로도]   [전동기]   [토크 특성]

주권선(W_m)	보조 권선(W_A)	비고
단상 직권 정류자 전동기의 일종 반발 전동기 원리 이용	기동 후 보조 권선 단락 (농형 전동기)	매우 큰 기동 토크 정류자 불꽃, 단락 장치 고장 우려

18 전동기 제동법

■ 전동기 제동

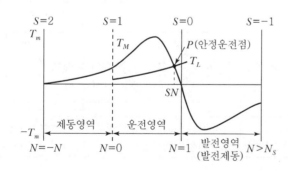

[Slip과 운전영역]

- 직류기 $N = K\dfrac{V}{\phi}[\text{rpm}]$
- 교류기 $N = \dfrac{120f}{P}(1-S)$
- 전동기 운전 영역 이외는 제동 영역으로 이용

1) 제동 방식

전기적 또는 기계적으로 회전을 정지하는 제동법으로 정지 제동(감속 후 정지), 운전 제동(속도 감속)

구분	기계적 제동	전기적 제동
정의	브레이크(Brake) 이용 방식	전기적 감속 제동법
분류	마찰, 유압, 공기압, Shoe, Disk, Band	발전, 회생, 역상, 직류, 단상, 와전류 제동

2) 제동방식별 특징

구분	기계적 제동	전기적 제동
장점	• 정전 시에도 제동 가능 • 저속도 영역에서 제동 가능 • 정지 후에도 제동력 유지	• 마찰, 마모부분 미발생 • 제동효과 우수(역상제동) • 직류기, 교류기 모두 가능
단점	• 마찰 및 마찰열에 주의 • 마모에 따른 정기적 보수 필요	• 감속에 따라 제동력 저하 우려 • 신속한 정리를 위한 기계적 제동과 병용 필요

☑ 전동기의 제동법

직류기	교류기
발전 제동, 회생 제동, 역상 제동, 와전류 제동(전기 철도)	발전 제동, 회생 제동, 역상 제동, 직류 제동, 단상 제동(권선형)

1) 발전 제동

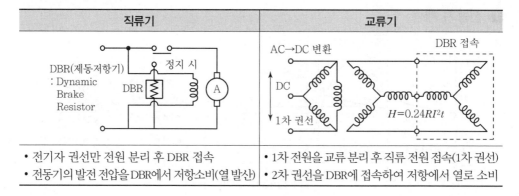

직류기	교류기
• 전기자 권선만 전원 분리 후 DBR 접속 • 전동기의 발전 전압을 DBR에서 저항소비(열 발산)	• 1차 전원을 교류 분리 후 직류 전원 접속(1차 권선) • 2차 권선을 DBR에 접속하여 저항에서 열로 소비

① 주요 특징

    ㉠ DBR의 저항값에 의해 제동 토크와 속도 변화

    ㉡ 흡수 에너지는 DBR에서 열로 소비(발열에 주의 $H = 0.24RI^2t$)

    ㉢ 실제적인 제동보다 전동기의 과전압 소손 방지 목적

2) 회생 제동

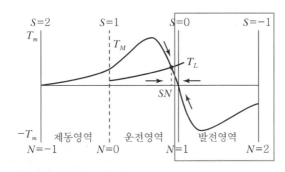

- 직류기 $N = K'\dfrac{V}{\phi}$
- 교류기 $N = \dfrac{120f}{P}(1-S)$
- 동기 속도(N_s) 이상 시 발전기 영역으로 자동으로 속도 감소(즉, 안정 운전점 이동 현상)

[회생제동]

직류기	교류기
단자 전압 급감, 계자 전류 급증 시	단자 전압 감소(무전압)

① 전동기가 동기 속도 이상 운전 시 발전기 영역이 되어 회전 방향과 반대 방향으로 역토크가 발생하여 안전 운전점으로 이동하는 원리
② $N > N_s \rightarrow N < N_s$ 복귀 능력으로 단자 전압을 제한, 전원 측으로 에너지 환원법(ESS 활용 중)
③ 주요 특징
   ㉠ 제동 손실 저감, 고효율 제동
   ㉡ 전기 철도 과속 방지(언덕을 내려갈 때)
   ㉢ 권상기, E/V, 기중기 등에 적용

3) 역상 제동

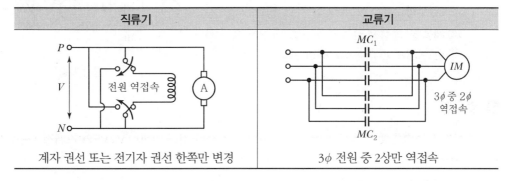

직류기	교류기
계자 권선 또는 전기자 권선 한쪽만 변경	3ϕ 전원 중 2상만 역접속

① 정속 방향에서 역방향 토크를 이용하여 강력한 힘으로 정지

② 주요 특징

ㄱ 제동 효과 우수

ㄴ 발열에 주의

ㄷ 역상 운전 시 대전류에 주의

ㄹ 대전류를 제한하기 위한 장치가 필요(직렬 저항, 2차 저항 등)

4) 와전류 제동(직류기의 전기 철도 사용)

① 전기 철도 차량에 이용되는 제동 방식

② 전자석, 영구자석의 자기장을 사용하여 고속회전체의 와전류를 발생

③ N ↔ S극을 이용한 마찰 제동법

ㄱ 전자석의 Pad 부에 전압 인가

ㄴ Rail에 와전류 형성(극성)

ㄷ Pad와 Rail의 극성을 이용한 전자석의 힘으로 제동하는 방식(N−S)

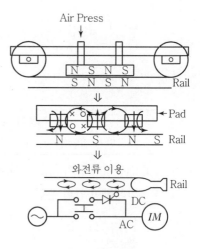

[와전류제동]

5) 직류 제동(DBR 미적용)

공급 중인 교류 전원을 차단하고 직류 전원을 공급하는 제동법

6) 단상 제동(권선형 전동기)

① 2차 저항을 적정 상태로 유지(속도 저감)

② 고정자 권선을 3ϕ 에서 1ϕ 으로 전원 공급(권선형)

③ 제동 중 고정자 권선 전류는 25[%] 정도 흘러 과열 우려로 중규모 이하에만 적용

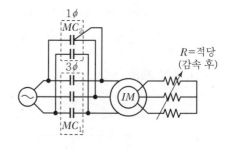

[단상 제동]

❸ 맺음말

1) 상기 제동법은 과거 속도 제어 곤란 시 사용하였으나 최근 인버터 VVVF와 기계적 제동을 조합하여 사용

2) 직류기의 전기 철도에서는 와전류 제동, 회생 제동을 적용

① 회생 제동 시 전원 측 전류를 ESS에 조합(충전)

② 필요시 ESS 운전으로 에너지 Saving 극대화 시행 중

19 고효율 전동기

1 개요

1) 정의

① 손실 감소(20~30[%]), 효율 극대화(4~10[%]) 전동기
② 효율 상승 방법은 손실을 최소화하는 것

2) 고효율로 사용하는 방법

① 고효율 전동기 채택
② 인버터 방식(VVVF) 채택

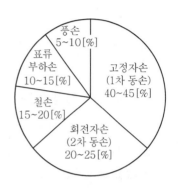

[전동기의 손실]

2 전동기의 효율

$$\text{효율 } n = \frac{\text{출력}}{\text{입력}} \times 100[\%] = \frac{\text{입력} - \text{손실}}{\text{입력}} \times 100[\%] = \frac{\text{출력}}{\text{출력} + \text{손실}} \times 100[\%]$$

3 전동기의 손실

구분	손실	대책
무부하손	• 고정자손(1차 동손) $P_{C1} = RI^2$ • 철손 : 히스테리시스손 $P_h = K_h f B_m^{1.6}$ 와류손 $P_e = K_e (K_p f t B_m)^{2.0}$ • 기계손 : 마찰손, 베어링손, 풍손	• 고정자 권선 체적 감소($R = \rho \dfrac{l}{A}$) • 자속 밀도 저감, 고투자율의 전기 강판 코어의 적층길이 증가, 얇은 강판 사용, 공기 흐름 설계 개선, 베어링 개선, 냉각용량 감소
부하손	• 회전자손(2차 동손) $P_{C2} = R_2 I_2^2$ • 표류 부하손 : 부하손과 동손의 차	도체, 엔드링 크기 증가, 전류 감소, 누설 자속 감소, 공극 절연(심구형, 이중농형)
기타	냉각 계통의 손실	냉각 계통 최소화

4 전동기의 에너지 절약

1) 고효율 전동기 채택
2) VVVF 인버터 방식 적용
3) 진상용 콘덴서 적용

4) 흡수식 냉동기, 빙축열, Heat Pump

5) 기동 방식 개선

6) 적정 배전 방식 선정

7) Cable 적정 선정

8) 적정 유지보수

5 고효율 전동기의 장점

1) 고절연 재료로 낮은 온도 상승과 권선 수명 연장

2) 저소음화 가능

3) 효율 극대화로 우수한 절전 효과

4) 높은 경제성

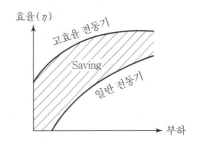

[부하에 따른 경제성]

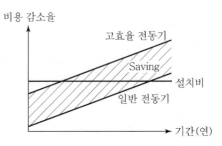

[사용 기간에 따른 경제성]

6 적용 시 효과가 높은 장소

1) 가동률이 높은 연속운전 장소

2) 정숙 운전 필요개소(저진동, 저소음)

3) 전동기의 소비 전력이 큰 비중을 차지하는 장소

4) 전원 용량의 제한으로 설비 증설이 곤란한 장소

5) Peak 시 전력 소비가 많은 장소

6) Fan, Pump, Blower, Compressor 등에 적용 시 효과 우수

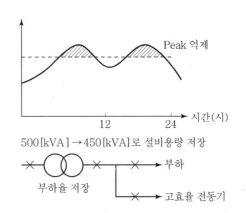

[에너지 절감]

7 고효율 전동기의 종류

구분	1E1(표준)	1E2(고효율)	1E3(프리미엄)	1E4(슈퍼프리미엄)	1E5(신설)
효율[%]	72~93	80~94	82~95	84~96	슈퍼울트라프리미엄

20 전동기의 진동과 소음

◢ 전동기의 진동

1) 진동 계급

계급	V5	V10	V15	V20	V30
기준[mm]	0.005 이하	0.01 이하	0.015 이하	0.02 이하	0.03 이하

2) 진동 원인

① 기계적 원인

ㄱ 회전자의 정적, 동적 불평형

ㄴ 베어링의 불평형

ㄷ Alignment 불량

ㄹ 설치 불량

ㅁ 냉각팬 불량

② 전기적(전자력) 원인

ㄱ 회전자 편심

ㄴ 회전 시 공극 변동

ㄷ 회전자 활성의 자기성질의 불평등

ㄹ 고조파 자계에 의한 자기력의 불평등

ㅁ 공급 전압, 주파수의 주기적 불평형

3) 진동대책

① Alignment 조정

② 불평형 조정(전기적, 기계적)

③ 정밀도에 따라 진동의 진폭 제한

④ 인버터 사용 고조파, 자기 불평등 제어

❷ 전동기의 소음

1) 소음 제한

구분	사람의 대화	사무실	주택가	전동기 소음
제한[Phone]	50~60	50	40	주간 : 50, 야간 : 45 이하

2) 전동기의 소음 원인

기계적 소음	전자적 소음	통풍소음
• 진동 • Brush • Bearing	• 철심의 주기적 자력 • 전자력에 의한 진동소리(고조파, Noise 포함)	• 팬작용에 의한 소음 • 팬, 에어덕트 회전자 등의 소음

---

21 고효율 전동기와 전동기의 손실 저감 대책

❶ 전동기(Motor)

1) **원리** : 전기에너지를 기계 에너지의 회전력으로 변환 기기

원리	관련 법칙	자계의 세기
1차 권선의 자계와 2차 권선의 유도 전류의 상호 작용으로 회전 자계 발생	전자 유도 법칙 $e = -N\dfrac{d\phi}{dt}$ 플레밍의 왼손 법칙 $F = BlI$ 오른 나사 법칙 적용	$H = \dfrac{NI}{2a}$[AT/m]$=1.5H_m$ 권수비 N, 반지름 a[m]인 코일이 $120°$의 전기각을 가지고 전류 I가 흐를 때 코일 중심의 자계 세기를 의미 $(H_m = \dfrac{NI}{2a})$

2) 전동기의 효율

$$효율\ n = \frac{출력}{입력} \times 100[\%] = \frac{입력 - 손실}{입력} \times 100[\%] = \frac{출력}{출력 + 손실} \times 100[\%]$$

3) 전동기의 손실

구분	손실	원인	대책
동손 (P_c)	• 1차 동손 　(고정자손 $= P_{c1}$) • 2차 동손 　(회전자손 $= P_{c2}$) • $P_c = P_{c1} + P_{c2}$	• 고정자손실 $P_{c1} = RI^2$ • 회전자손실 $P_{c2} = r_2 i_2^2$	$R = \dfrac{\rho l}{A}$ 적용 시 • 권선 체적, 도체, 엔드링 크기 증대 • 코일 길이 단축, 1차 전류 저감
철손 (P_i)	고정자 철심 $P_i = P_h + P_e$	• 히스테리시스손 　$P_h = K_h f B_m^{1.6}$ • 와류손 $P_e = K_e (K_p f t B_m)^{2.0}$ • 유전체손(무시) 　$W_c = WCE^2 \tan\delta$	• 철심의 재료, 형태, 설계 개선 • 자속 밀도 저감, 투자율이 높은 재료 선정 • 철심 두께 감소, 초전도체 사용
표류 부하손	부하손과 동손의 차	회전자 Cage의 공극에 의한 누설전류	• 회전자홈 절연(심구형, 이중농형) • 공극 길이 최소, 공극 자속 밀도감소, Slot 수 최소화
기계손	베어링, 마찰, 풍손	• $P_l = N^3$승에 비례 • 냉각계 순환 순실	• 저손실 Bearing 및 Grease 채용 • 냉각 Fan 자손실화(소형화)

4) 종합적인 전동기 부하 손실 저감 대책

① 고효율 전동기 채택

구분	1E1(표준)	1E2(고효율)	1E3(프리미엄)	1E4(슈퍼프리미엄)	1E5(신설)
효율[%]	72~93	80~94	82~95	84~96	슈퍼울트라프리미엄

② 인버터 VVVF, Soft Starter(VVCF) 방식 적용

ㄱ 인버터 VVVF

Variable Voltage Variable Frequency(가변 전압 가변 주파수 제어)

ⓐ 전압과 주파수를 모두 제어

ⓑ 절전 효과로 에너지 Saving

ⓒ 전동기 유기기전력

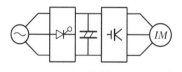

[인버터 VVVF]

$e = 4.44\, Kf\phi N$에서 ($e = V$)

$\dfrac{V}{f} = 4.44\, K\phi N$ 성립

전압, 주파수 제어 = 인버터, 전압만 제어 = Soft Starter

ⓛ Soft Starter(VVCF)

Variable Voltage Constant Frequency(가변전압 정
주파수 제어)

ⓐ 주파수 일정, 전압의 크기 제어

ⓑ 기동 시 적용, 절전 효과, 효율 상승

ⓒ 전동기 유기 기전력

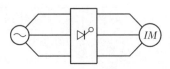

[Soft Starter VVCF]

$e = 4.44\,Kf\phi N$에서 $(e = V)$

$\dfrac{V}{f} = 4.44\,K\phi N$ 성립

전압, 주파수 제어＝인버터, 전압만 제어＝Soft Starter

③ **진상용 콘덴서 설치**

㉠ 전동기 부하 역률 개선

㉡ 전압 강하, 손실, 전원 설비 용량

㉢ 과보상에 주의(자기 여자 현상)

㉣ 콘덴서 용량은 전동기 용량의 1/2 이하, 직렬 리액터 개폐기와 링크 개방

④ **적절한 기동 방식 선택**

㉠ 직입 기동 : $\dfrac{\text{전원 설비 용량}}{\text{전동기 용량}} = 10$배 이상 시

㉡ 감전압 기동 : $\dfrac{\text{전원 설비 용량}}{\text{전동기 용량}} = 3$배 이하 시

㉢ 감전압 기동법 : $Y-\Delta$, 리액터, 콘돌퍼, 쿠샤, 1차 임피던스 기동

⑤ **기타**

㉠ Heat pump를 이용한 냉난방에 적용

㉡ 고효율 냉동기, 폐열 회수 냉동기 채택

㉢ 적정 유지 보수(Bearing에 윤활유, Grease 주입 등)

❷ 고효율 전동기

1) 정의

① 손실을 감소(20~30[%]), 효율을 극대화(4~10[%])

② 전동기 효율 상승 방법은 손실을 최소화하는 방법

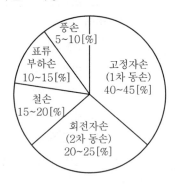

[전동기의 손실 원인]

2) 고효율 전동기 종류

구분	1E1(표준)	1E2(고효율)	1E3(프리미엄)	1E4(슈퍼프리미엄)	1E5(신설)
효율[%]	72~93	80~94	82~95	84~96	슈퍼울트라프리미엄

3) 전동기를 고효율로 사용하는 방법

① 고효율 전동기 채택

② 인버터 방식 VVVF 선정

4) 장점

① 효율 극대화로 우수한 절전 효과

② 높은 경제성

③ 고절연 재료로 낮은 온도 상승과 권선 수명 연장

④ 저소음화 가능

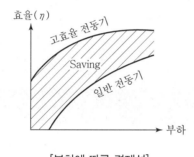

[부하에 따른 경제성]

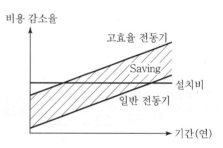

[사용 기간에 따른 경제성]

5) 적용 시 효과가 높은 장소

① 가동률이 높은 연속운전 장소

② 정숙 운전 필요장소(저진동, 저소음)

③ Peak 시 전력소비가 많은 장소

④ 전원 용량의 제한으로 설비 증설이 곤란한 장소

⑤ 전동기의 소비 전력이 큰 비중을 차지하는 장소

⑥ Fan, Pump, Blower, Comp' 등에 적용 시 효과 우수

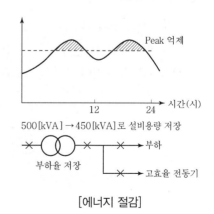

[에너지 절감]

6) 전동기의 손실 저감법

① 유량 $Q_2 = Q_1 \times \dfrac{N_2}{N_1}$

② 양정 $H_2 = H_1 \times \left(\dfrac{N_2}{N_1}\right)^2$

③ 축동력 $P_2 = P_1 \times \left(\dfrac{N_2}{N_1}\right)^3$

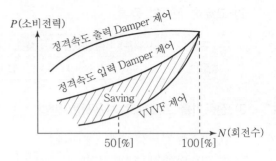

[속도 제어와 에너지 절약]

③ 맺음말

1) 고효율 전동기는 손실을 줄여 효율을 극대화한 전동기
2) 인버터는 전동기 속도 조정으로 Energy Saving 실현
3) 고효율 전동기와 인버터 적용 시 최대의 절전 효과 실현 가능

22 인버터(VVVF)

① 인버터(Inverter)

1) VVVF(Variable Voltage Variable Frequency : 가변 전압 가변 주파수 제어)
2) 컨버터와 인버터를 통합하여 인버터라 총칭
3) 전동기 속도 제어 목적 및 Energy Saving용

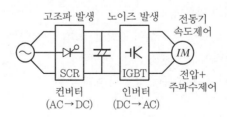

[인버터(VVVF)]

② 구성

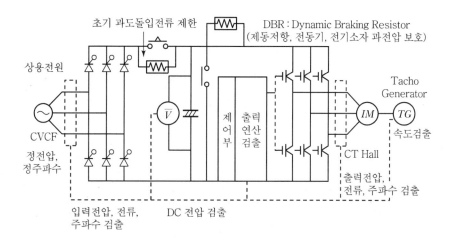

[인버터의 구성]

정류부(컨버터)	평활부	제어부	인버터
• AC → DC 변환 • SCR, GTO 사용(고조파 발생에 주의)	직류 성분 Ripple 제거 • 전압형 : 평활콘덴서 • 전류형 : 리액터	검출, 연산, 출력부 입력과 출력 비교 검출 (전압, 전류, 주파수)	• DC → AC 변환(전압, 주파수) • IGBT, GTO 사용 (Noise 발생에 주의)

③ 원리

1) 동작 원리

① 정전압 정주파수의 AC 전원 → DC 변환 → 가변 전압, 가변 주파수의 AC 변환

② 전압과 주파수를 제어, 전동기의 토크와 속도 제어

$$\frac{V}{f} = 4.44 \, K\phi N$$

㉠ 전압 제어(V) : $T \propto V^2$으로 토크 제어

㉡ 주파수 제어(f) : $N = \dfrac{120f}{P}(1-S)$로 속도 제어

2) 전동기 속도와 토크 특성

전압 일정 주파수 제어	정주파수 전압 제어	$\frac{V}{f}$ 제어(토크 일정)
N(속도) $N=\frac{120f}{P}(1-S)$ 속도(N)는 주파수(f)에 비례	T T_M V_3 V_2 V_1 T_L $S=1$ $S=0$ N	$T \propto V^2 \propto \frac{1}{f}$ T_L
주파수 제어로 속도변경 토크는 주파수에 반비례	정주파수로 속도는 Slip 결정 토크는 전압의 2승에 비례	주파수로 속도 제어 전압으로 토크 제어

즉, 인버터의 전압과 주파수를 자유로이 조정하여 토크와 속도 제어 가능

4 인버터의 종류

1) 전압형

① 평활 회로부에 Capacitor 사용

② 출력이 정현파에 가까움

③ PAM, PWM 방식으로 구분

④ PWM 방식을 많이 사용

⑤ 전압 파형이 구형파

⑥ 소형, 경량

⑦ 전동기 다수 제어 가능

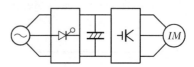

[평활 콘덴서(전압 일정)]

2) 전류형

① 평활 회로부에 리액터 사용

② 토크 특성 우수, 응답성 양호

③ 부하 전류형, 강제 전류형으로 구분

④ 임피던스 정합 필요로 거의 미사용

⑤ 전류 파형이 구형파

⑥ 대형, 중량

⑦ 전동기와 1 : 1 제어

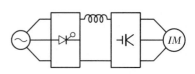

[리액터(전류 일정)]

5 전압형 인버터의 제어 방식

구분	PAM	PWM
명칭	Pulse Amplitude Modulation	Pulse Width Modulation
컨버터	DC 전압의 크기 조정(제어 복잡)	DC 전압 일정 유지(제어 양호)
인버터	AC 전압의 크기 조정(컨버터 연계)	AC 전압 폭 조정
파형		
주회로	복잡	간단
제어회로	간단	복잡
응답성	저하	우수

6 특징

1) 장점

① 에너지 절약(30[%] 회전수 감소 시)

$(1 - 0.3)^3 \times w = 0.343(64[\%] \text{ 절감})$

② 유도 전동기와 조합 시 경제적 성능 발휘

③ 연속적, 광범위한 속도 제어 가능

④ 기동 전류 감소, 유지 보수 용이

2) 단점

① 고조파, 노이즈 장애(컨버터, 인버터부)

② 전동기축, 공진 진동(Blower 등에서 GD^2 부하)

③ 원심 응력 반복으로 피로도 증가

3) 보완 대책

① 다펄스화 및 고조파 Filter 설치

② 공진점 부근의 운전 자제

③ 회전수 변경 횟수 감소

▐7▌ 적용 효과

- 유량 $Q_2 = Q_1 \times \dfrac{N_2}{N_1}$

- 양정 $H_2 = H_1 \times \left(\dfrac{N_2}{N_1}\right)^2$

- 축동력 $P_2 = P_1 \times \left(\dfrac{N_2}{N_1}\right)^3$

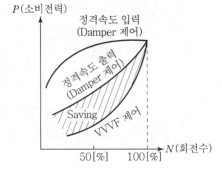

[속도제어와 에너지 절약]

1) 전동기 속도제어

① DC MTR와 같은 광범위한 속도 제어

② E/V, E/S, 하역기, 전기 자동차에 적용

2) 에너지 절약

① 부하의 특성에 따른 토크 특성 부하

② Pump, Fan, Blower, Comp'에 적용

▐8▌ 인버터와 Soft Starter 비교

1) 인버터 VVVF

Variable Voltage Variable Frequency(가변 전압 가변 주파수 제어)

① 전압과 주파수를 이용하여 전동기 속도 제어

② 절전효과로 에너지 절감 효과

③ 전동기 유기 기전력

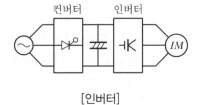

[인버터]

$\quad e = 4.44\,Kf\phi N$에서 $(e = V)$

$\quad \dfrac{V}{f} = 4.44\,K\phi N$ 성립

$\quad V/f$ 제어＝인버터(토크 일정), V 제어＝Soft Starter(토크 변동)

2) Soft Starter VVCF

Variable Voltage Constant Frequency(가변 전압 정주파수 제어)

① 주파수 일정, 전압의 크기 변화로 속도 제어

② 기동 시 적용, 절전 효과, 효율 상승

③ 전동기 유기 기전력

$$e = 4.44\,Kf\phi N \text{에서 } (e = V)$$

$$\frac{V}{f} = 4.44\,K\phi N \text{ 성립}$$

V/f 제어 = 인버터(토크 일정), V 제어 = Soft Starter
(토크 변동)

컨버터(Thyristor)

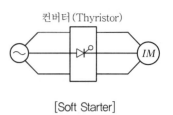

[Soft Starter]

⑨ 인버터에서 유도 전동기 보호 방법

구분	비용
과전류 보호	• 출력 측 과부하, 단락, 지락 사고 시 전력 소자 소손 방지 • Hall CT, 전류 검출(정격 전류의 160~200[%]) • Current Limit(기동 전류 제한), Stall 방지(주파수 상승 억제)
과전압 보호	평활 회로부 DC 전압 상승 시 출력 차단 • 1차 입력 측 전원 전압, 감속, 정지 시, 전동기 역전압 시 • DBR을 이용하여 저항에 의한 열로 소비, 전압 상승 억제 • 전력 전자 소자 보호 방식(Free Wheel, Snubber)
부족 전압 보호	DC, AC 부족 전압 시 출력 차단, 인버터 및 전동기 보호
순시 정전 보호	전원계통 이상 시 오동작 방지를 위한 출력 차단, SAG 및 낙뢰 시
과열 보호	냉각팬 고장 및 전동기 설정 온도 초과 시 출력 정지 보호 • 전동기 RTD : 권선 온도, TC : Bearing 온도 감시 • 인버터 자체의 온도 센서 감지
퓨즈 보호	• 정류부, 인버터부의 퓨즈 소손에 의한 출력 장치 보호(단락) • 초기 전원 투입 시 과도 전류 돌입 제한, 리액터 이용 퓨즈 보호
기타 보호	• 과속도, 저속도 보호 : Encoder를 이용하여 속도 감지, 정격 속도 이탈 시 출력 정지 • 병렬 운전 시 전동기 출력 불평형 보호 : 과부하, 경부하의 차를 강제 출력차단
인버터 입출력 차단의 고장 신호(Alarm) 시 Display	고장 신호 확인 Reset 또는 유지 보수 시행

⑩ 인버터 과전압 상승 방지

전류 제한기(리액터)	DBR(제동 저항)	Free Wheel	Snubber
상시 전원 정류 시 돌입전류 제한(낙뢰, 서지 보호)	평활회로부(DC) 과전압 시 제동 저항기의 열로 소비하여 기기 보호	전동기 정지, 제동 시 평활 회로부로 Bypass하여 전자 소자 과전압 보호	전동기 정지, 제동 시 자체 저항의 열로 소비하여 전자 소자 과전압 보호

1) 전류 제한기(Reactor)

상시 전원 투입 시 돌입 전류 제한(낙뢰, 서지로부터 퓨즈 보호 목적)

2) DBR(Dynamic Brake Resistor : 제동 저항기)

① 인버터 정류부 DC 전압 상승 시 DBR의 열로 소비하여 과전압 보호

② 전동기 제동, 정지 시 발전기로 동작으로 Inverter에 유입($e = -L\dfrac{di}{dt}$)

3) Free Wheel

① 전동기 제동, 정지 시 역전압을 DBR로 Bypass

② 전력소자 IGBT 등 과전압 보호

4) Snubber

① Free Wheel은 Bypass, Snubber는 자체 저항 열로 소비

② 고속 스위칭 작용에 의한 전압 상승 억제(개별 설치 또는 일괄 설치)

[Free Wheel]　　　[Snubber]

제어 방법	회로 용량
$e = -L\dfrac{di}{dt}$ 에서 $\dfrac{di}{dt}$ 제어	$\dfrac{Li_o^{\,2}}{2} < (V_{ec} - V_d) < \dfrac{C}{2}$ 여기서, V_{ec} : 2차 전압, V_d : 1차 전압

⑪ 인버터 설계 시 고려사항

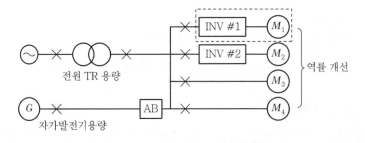

[계통도]

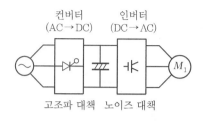

컨버터 (AC→DC)　인버터 (DC→AC)

고조파 대책　노이즈 대책

[인버터]

- 원심 응력 변화
- 자속 운전 시 온도 상승
- 정지, 제동 시 역전압

1) 전원 TR 용량 및 자가 발전 용량 검토

① 인버터는 고조파 발생원으로 전원 용량 검토가 필요(K-factor 적용)

전원 TR 용량	자가 발전기 용량
인버터 부하용량의 2배 이상 적용 TR 용량 ≥ $(M_1 + M_2) \times 2$배 $+ (M_3 + M_4)$	인버터 부하용량의 5~6배 이상 적용 발전기 용량 ≥ $(M_1 + M_2) \times (5\sim6$배$) + (M_3 + M_4)$

② K-factor를 고려하여 전원(자가 발전) 용량 증가 필요

2) 인버터의 내외부 노이즈 대책

구분	내부 노이즈	외부 노이즈
원인	반도체 소자의 고속 스위칭	주회로의 전원으로부터 유입(전도, 방사)
대책	• 노이즈 필터, 인버터 실드 설치 • 노이즈에 민감한 기기 이력	• 노이즈 필터 설치 • 인버터 기기 내량 증가

3) 전원에 의한 고조파 우려 검토

원인	대책
컨버터부 전력 변환 장치의 비선형 부하에 의해 발생	• 고조파 함유율은 KEC 적용 초과 시 대책 강구 • K-factor를 고려하여 용량 증설 • 능동필터, 수동필터, 컨버터부의 다펄스화

4) 전동기 역률 개선

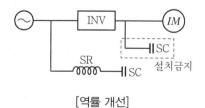

[역률 개선]

① 역률 개선용 콘덴서 설치

② 과보상에 의한 자기 여자 현상과 고조파 공진 방지를 위한 전원 측 설치(부하 측 설치 금지)

③ 콘덴서 측 고조파 유입 방지용 직렬 리액터(SR) 설치

5) 원심 응력 저하에 따른 피로도 증가 문제

① 급격한 회전 속도 변화에 대한 Shaft의 기계적 응력 검토

② 비틀림, 공진, 위험 속도 존재 시 연속 운전 자제

6) 온도 상승 문제

① 저속도 운전 시 전동기 냉각 효과 저하로 별도의 냉각 장치 고려

② ZC416A(축방향) 또는 ZC416R(축과 직각) 냉각 방식 적용

7) 제동, 정지 시 전동기의 과역전압 발생 고려(발전기 작용)

① 제동 시 전동기가 발전기 역할로 전환되어 과전압 유기 절연 파괴 우려$\left(e = -L\dfrac{di}{dt}\right)$

② 과전압 보호 장치 필요 : DBR, Free Wheel, Snubber

23 전동기의 효율적인 운용 방안과 제어 방식

❶ 전동기의 효율적인 운용 방안

구분	운용 방안
효율적 운전 관리	정격 전압 유지, 불평형 방지, 공회전, 경부하 운전 방지
고효율 전동기 채택	손실을 최소화하여 효율 극대화로 높은 절전 효과
절전 제어 방식 적용	인버터 VVVF, Motor Saver VVCF 방식 적용
역률 개선	진상용 콘덴서 적용으로 역률 개선(과보상 금지)
기동법 개선	직입 기동($5I_n < 10\,[\text{sec}]$) 시 감전압 기동 채택, 기동 전류 감소
기타	적정 배전 방식, 적정 Cable 선정, 고조파 관리

1) 효율적인 운전 관리

① 정격 전압 유지 및 전압 불평형 방지로 손실 최소화

② 공운전, 경부하 운전 방지 : 공극에 의한 무부하 전류 증가($0.25 \sim 0.5 I_n$)

2) 에너지 절약형 고효율 전동기 채택

① 손실 최소화($20 \sim 30[\%]$)로 효율 극대화($4 \sim 10[\%]$) 전동기

② 고절연 재료 사용으로 수명 연장, 소음 감소, 경제성 및 우수한 절전 효과

③ 전동기별 효율

구분	1E1(표준)	1E2(고효율)	1E3(프리미엄)	1E4(슈퍼프리미엄)	1E5(신설)
효율[%]	72~93	80~94	82~95	84~96	슈퍼울트라프리미엄

3) 절전 제어 방식 선정

① 유기 기전력 $e = 4.44 K f \phi N$에서 ($e = V$)

$$\therefore \frac{V}{f} = 4.44 K \phi N$$

V/f 제어=인버터 VVVF, V 제어=Motor Saver VVCF

② 절전 제어 방식

인버터 방식 VVVF	Motor Saver VVCF
• 전압, 주파수 제어방식 • 절전 효과로 에너지 절감 효과	• 정주파수, 전압의 크기로 속도, 토크 제어 • 기동 시 적용, 절전 효과 및 효율 상승

4) 전동기 역률 개선

① 진상용 콘덴서 설치로 역률 개선

② 과보상으로 인한 고조파 공진, 자기 여자 현상에 주의

③ 대책으로는 SR 설치, 개폐기 접점 Link 콘덴서 용량 제한(전동기 용량의 $1/4 \sim 1/2$)

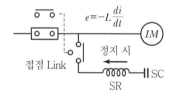

[개폐기 접점 Link]

5) 기동법 개선

① 직입 기동 시 과전류($5 I_n < 10[\sec]$) 전원 TR 용량 ← $5 \sim 7 I_n$ 전류(전압 강화, 손실)

② 기동법 개선 기동 전류 감소 : Y$-\Delta$, 리액터, 콘돌퍼, 쿠샤, 임피던스법

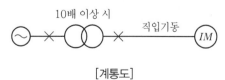

[계통도]

6) 기타

① 적정 배전 방식, 적정 Cable 선정
② 고조파 관리(KEC 규정) 및 적정 유지 보수 시행

❷ 전동기의 절전제어방식 적용

구분	인버터 VVVF	Soft Starter VVCF
정의	Variable Voltage Variable Frequency (가변 전압 가변 주파수 제어) 	Variable Voltage Constant Frequency (가변 전압 정주파수 제어)
특징	• V/f 제어(전압, 주파수) • 절전 효과로 에너지 Saving • 저장 토크로 속도 제어	• 주파수 일정, 전압의 크기 제어 • 기동 시, Motor saving으로 절전 효과 • 토크의 크기로 Slip 변화로 속도 제어
장점	• 무접점 변환 • 연속적 제어	• 부하율에 따라(5~10[%]) 절전 효과 • 각 상별 전압, 전류 조정으로 진동 및 소음방지, 부하 변동 최고 억류 운전
단점	• 비선형 부하로 고조파, 저속에서 저역률 • 구성이 복잡, 고장 우려	• 비선형부하로 고조파, 저속에서 저역률 • 구성이 복잡, 고장 우려

1) 인버터 제어방식(VVVF, Vector Controller)

① 구성

컨버터(정류부)	평활부	제어부	인버터
• AC → DC 변환 • SCR, GTO 사용 (고조파 발생에 주의)	직류 성분 Ripple 제거 • 전압형 : 평활콘덴서 • 전류형 : 리액터	검출, 연산, 출력부 입력과 출력 비교 검출 (전압, 전류, 주파수)	• DC → AC 변환(전압, 주파수) • IGBT, GTO 사용 (Noise 발생에 주의)

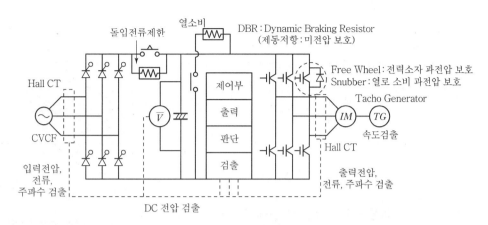

[인버터의 구성]

② 원리

　ㄱ AC(정전압, 정주파) → (컨버터) → DC → (인버터, V/f 제어) → AC 변환 → 전동기 속도 제어

　ㄴ 인버터 방식 VVVF과 Motor Saving 방식 VVCF로 구분

③ 전압 주파수에 따른 회전수와 토크 관계

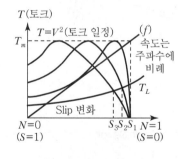

[주파수 제어(정전류)]

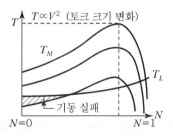

[정주파수 전압 제어 VVCF]

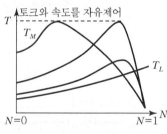

[V/f 제어 VVVF]

　ㄱ 전동 가속도 $N = \dfrac{120f}{P}(1-S)$: 주파수에 비례, 극수에 반비례

　ㄴ 토크 $T = \dfrac{P}{W} \propto P_2 = V_2 I_2^2 = \dfrac{SE_2^2 \cdot r_2}{\left(\dfrac{r_2}{S}\right)^2 + x_2^2}$

　$\therefore\ T \propto P \propto V^2 \propto \dfrac{1}{x^2} \propto \dfrac{1}{f}$

④ 적용

㉠ 부하의 특성은 유량 변화의 제곱 저감

㉡ Pump, Fan, Blower, Compressor에 적용 시

효과 우수

ⓐ 유량 $Q_2 = Q_1 \times \dfrac{N_2}{N_1}$

ⓑ 양정 $H_2 = H_1 \times \left(\dfrac{N_2}{N_1}\right)^2$

ⓒ 축동력 $P_2 = P_1 \times \left(\dfrac{N_2}{N_1}\right)^3$

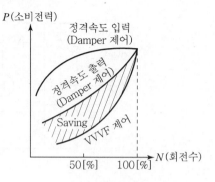

[속도제어와 에너지 절약]

2) Motor Saver(Soft Starter, VVCF)

On/Off Thyristor(전압 크기 제어)

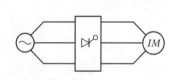

[구성도]

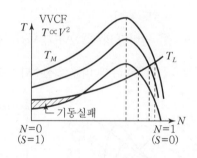

[속도제어]

① 적용 대상

㉠ 기동 전류 제한 및 유연한 기동, 정지 목적의 Soft Starter, Motor Saver

㉡ 전동기 용량 과설계로 부하률이 낮은 전동기(50[%] 이하 시)

㉢ 무부하 상태의 운전이 많거나, Loading과 Unloading이 빈번한 전동기

24 폐루프, Vector의 위상 제어

1 Vector 제어

1) 정의

교류 전동기의 전류를 계자 성분과 토크 성분으로 분리
하여 제어하는 방식(직류기의 타여자 방식)

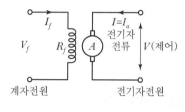

[Vector 제어]

계자 성분(D축)	토크성분(Q축)
계자 전류에 의한 자속 제어	전기자 전류에 의한 토크 제어

2) 원리

① 전동기에 공급되는 1차 전류를 계자분 전류와
계자와 직교하는 토크분 전류로 분리 제어하
는 방식

② 인버터에 의한 Vector 제어를 의미하며 Feed
Back(속도 검출)을 이용한 전동기 속도 제어법

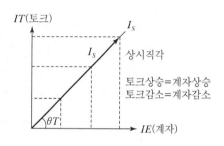

[토크와 계자 관계]

3) 유도 전동기의 흐름도

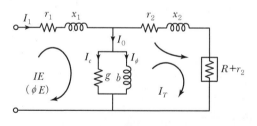

[등가 회로도]

$$r_2 = \frac{r_2}{S} \quad (Sx_2 를 S 로 나누면)$$
$$= \left(\frac{1-S}{S}\right)r_2$$

① 타여자 전동기의 토크 $T = K\phi I_s \sin\theta$ 에서 θ가 일정하면 자속과 전류의 곱에 비례

② 즉, 계자 전류와 토크 전류 간에 90° 각이 유지되도록 계자 전류 제어 시 유도 전동기는 직류
타여자 전동기와 같이 제어 가능

4) 제어의 구성

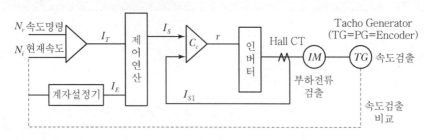

[제어도]

② 인버터 회로

1) 구성

① 주요 구성

컨버터(정류부)	평활부	제어부	인버터
• AC → DC 변환 • SCR, GTO 사용 　(고조파 발생에 주의)	직류성분 Ripple 제거 • 전압형 : 평활 콘덴서 • 전류형 : 리액터	검출, 연산, 출력부 입력과 출력 비교 검토 제어(전압, 전류, 주파수)	• DC → AC 변환(전압, 주파수) • IGBT, GTO 사용 　(Noise 발생 주의)

② 기타 구성

㉠ DBR, Free Wheel, Snubber : 회생 전력에 의한 과전압 보호(열소비)

㉡ 보호 회로부 및 표시 회로부 : 전동기 보호, 모니터링 기능

㉢ 속도 검출부 : TG(Tacho Generator), PG(Pulse Generator), Encoder

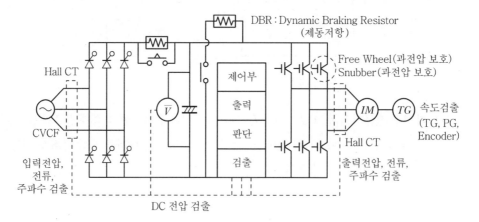

[인버터 구성도]

2) 인버터의 종류

① 전압형

  ㉠ 평활 회로부에 Capacitor 사용

  ㉡ 출력이 정현파와 유사

  ㉢ PAM, PWM 방식으로 구분

  ㉣ 소형 경량 전동기 다수 제어 가능

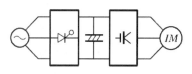

[평활콘덴서(전압형)]

② 전류형

  ㉠ 평활 회로부에 리액터 사용

  ㉡ 토크 특성, 응답성 우수

  ㉢ 부하 전류형, 강제 전류형(임피던스 정합)

  ㉣ 대형, 중량 전동기와 1 : 1 제어

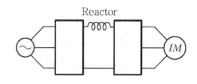

[리액터(전류형)]

3) 제어방식

구분	Open Loop(V/f)	Close Loop(벡터 제어)
제어 방식	전압, 주파수 제어	전류 제어(계자 전류, 토크)
Loop 방식	Open Loop(개루프)	Close Loop(폐루프)
차이점	속도 검출 소자 없이 속도 제어 출력 후 비교 검출 소자 없음	속도 검출 소자 이용(PG, TG, Encoder) 검출, 비교, 연산으로 속도 제어
특징	Energy Saving 및 속도 제어	광범위하고 정밀한 속도 제어
적용	전동기 단독 운전 시 적용	전동기 다수(병렬)운전 시 적용

4) 주요 특징

① 장점

  ㉠ PID 제어 가능(과부하 토크 별도 제어)

  ㉡ 정확성, 고신뢰성

  ㉢ 속도 특성 개선, 제어의 선형성과 빠른 응답성

  ㉣ 광범위하고 정밀한 연속적 속도 제어

  ㉤ 에너지 절감 효과, 기동 전류 감소

  ㉥ Loop 병렬 운전 가능

② 단점

  ㉠ 제어 계통 부합(비교 검토)

  ㉡ 속도 검출 소자 필요(PG, TG, Encoder)

  ㉢ 병렬 운전 시 과부하에 유의

5) 적용

① Pump, Fan, Blower, Compressor 등의 속도 제어

② 목표제어 기기에 적용 : 전동기속도, 유압, 압력, 토출량 제어 시

③ 고급 E/V 및 E/S 속도 제어

④ 권상기, 대형 크레인 등의 속도 제어

⑤ 전동기 다수(병렬)운전 시 부하 전류 불평형 방지

❸ 맺음말

1) 최근 속도 검출부의 오차 감소를 위해 Sensor – less 벡터 제어 인버터를 개발

2) Sensor – less 벡터제어

① 토크 성분의 전류를 검출하며, 회전 속도 제어로 정밀도가 우수

② 기기 수명 연장 및 유지 보수가 간단

③ 다수(병렬)운전 시 부하 불평형, 과부하 방지 및 안정적 운전이 가능

25 BLDC와 PMSM

1 BLDC와 PMSM(회전 자계 이용)의 정의

1) BLDC(회전 자계)

① Brushless DC MTR

② 직류 모터의 Brush 구조가 없는 전동기로 회전 자계를 이용한 회전 원리

③ 영구 자석의 위치를 Hall Sensor로 속도 검출하여 전류, 토크 제어

2) PMSM(BLAC)

① Permanent Magnet Synchronous MTR

② 정현파를 이용한 AC MTR(BLDC와 구조, 원리 동일)

③ 정현파를 이용하여 정밀한 속도 제어가 가능하며, 빠른 응답과 선형 제어, 고효율화

2 구조 및 원리

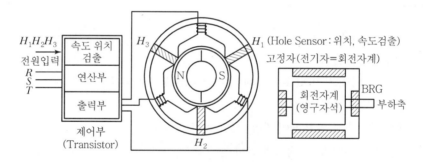

[BLDC의 구조]

구분	DC MTR	BLDC
고정자	계자	전기자
회전자	전기자	계자
Brush	유	무
출력 파형	DC	구형파 또는 사다리꼴파

③ 동작 특성

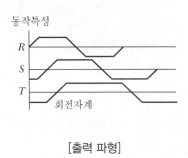

[출력 파형]

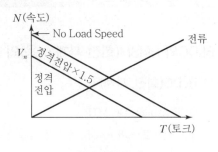

[동작 특성표]

1) 출력 파형은 구형파 또는 사다리꼴파
2) DC MTR와 같이 속도/토크 특성이 선형적 감소
3) 정류자 및 Brush 대신 Hall Sensor(위치 검출 소자) + 고정자 전력 스위칭 소자 필요
4) 회전 속도 및 위치 검출로 트랜지스터에서 회전 토크 발생 스위칭 출력

④ 특징 및 용도

1) 장점

① 고신뢰성과 장수명
② 제어성 및 효율 우수
③ 전기적(불꽃), 자기적(유도 장해), 기계적(소음) 문제 미발생
④ 소형화 및 박형화 가능
⑤ 고속도 운전 및 위치 제어 가능
⑥ 순간 허용 최대 토크, 정격 토크비 높음
⑦ Brush 불필요, 냉각 용이(회전열)

2) 단점

① 고가
② 전기적 시정수가 큼
③ 제어가 곤란

3) 용도

테이프, 레코드, 음향 기기, 전산 주변 기기, 의료 기기 등

5 DC MTR와 BLDC 비교

구분	정류자형 DC MTR	BLDC
고정자	계자	전기자
회전자	전기자	계자
정류자 브러시	필요	불필요
장점	• 기동 토크가 큼 • 기동, 가속 토크 임의 선택 가능 • 속도 제어 용이 및 효율 우수 • 가격이 저렴	• 브러시가 없어 노이즈 미발생 • 고속화 용이, 신뢰성 우수 • 일정 속도, 가변 속도 제어 및 유지 보수 간단 • 모터 자체 신호로 위치 제어 가능
단점	• 브러시로 인한 통신 장애, 유지 보수 필요 • 브러시의 불꽃 Noise 발생	• 시스템 복잡, 고가, 제어 곤란 • 전기적 시정수가 큼 $$T = \frac{L}{RC}$$

6 BLDC와 PSMS 비교

구분	BLDC	PMSM(BLAC)
명칭	Brushless DC MTR	Permanent Magnet Synchronous MTR
권선 형태	집중권(Concentrating)	분산권(Distributed Winding)
파형	[구형파 또는 사다리꼴파]	[정현파]
제어법	• Scala 제어 • 전류의 크기와 방향 제어	• 공간 벡터 제어(Space Vector Control) • 전체 사이클에 대한 전류의 크기와 방향 제어(계자, 토크 직접 제어, 속도, 위치제어)
제어 방식	고토크, 고속 제어(잡음 발생)	고효율 위치, 정밀 서보 제어(잡음 없음)
인버터 효율	고효율	저효율
모터 효율	저효율	고효율
모터 비용	보통	고가
특징	• 느린 응답 • 전류 및 토크 제어 최적화 곤란 • 저속 및 고속에서 토크 전달이 비효율적 • 저속에서 뛰어나지만 내부 손실 • 맥동 토크, 잡음, 발열 발생	• 빠른 응답과 선형 제어 가능 • 전류, 토크, 속도의 독립 제어 가능 • 전류 제어로 시작 시 최대 토크 • 고토크에서 비교적 높은 효율 • 토크 일정, 잡음 미발생, 낮은 발열

26 전동기의 선정 방법

1 합리적 이용을 위한 전동기 선정 방법

1) 부하 토크 및 속도 특성에 적합한 특성

정토크 부하	정속도 부하	정출력 부하
회전기, 펌프, 인쇄기, 직류분권, 권선형, 분권 정류자 전동기	동기, 유도, 직류 복권	단상, 3ϕ 정류자 전동기, 직류 직권

2) 운전 형식에 적당한 정격 및 냉각 방식

정격	냉각 방식
정격 전압, 정격 주파수, 정격 토크, 정격 회전수	고속도(자체 냉각팬, ZC01, ZC411), 자속(별도 냉각, ZC416ACR)

3) 사용 장소별 적당한 보호방식(IPX_1X_2 : 분진, 방수)

① 방수형
② 수중형
③ 방식형
④ 방폭형
⑤ 방습형

4) 기타

① 용도에 적합한 기계적 형식 선정
② 가급적 표준 출력 선정
③ 고장이 적고, 고신뢰의 경제적인 것 선정

2 전동기의 정격 선정

입출력	효율 및 속도 변동률	온도 상승	사용 상태 분류	정격
입력	효율(입출력, 규약 효율)	정상, 최고 온도 상승	단속, 연속, 단시간	전압, 전류, 주파수, 속도
출력	속도 변동률(Slip)	절연 종별 최고 허용 온도	반복, 변동, 반복 부하 연속	연속, 단시간, 반복 정격

1) 전동기의 입출력

① 입력

전동기의 전기적 입력(P_i)

$$직류\ P_i = EI_a$$
$$교류(1\phi)\ P_i = VI\cos\theta$$
$$교류(3\phi)\ P_i = \sqrt{3}\ VI\cos\theta$$

여기서, P_i : 입력, $E \cdot V$: 공급 전압, I : 전류, $\cos\theta$: 역률

② 출력

전동기에서 발생하는 기계적 동력(P_m)

$$P_m = WT = 2\pi nT = 1.026NT\,[\mathrm{W}]$$
$$P_m = 9.8\,WT\,[\mathrm{W}]$$
$$T = \frac{P_m}{2\pi n}[\mathrm{N \cdot m}] = \frac{P_m}{1.026N} = 0.975\frac{P}{N}$$
$$n[\mathrm{rps}] = \frac{N[\mathrm{rpm}]}{60}$$

2) 전동기의 효율 및 속도 변동률

① 효율(n)

㉠ 입출력 효율 $n = \dfrac{P_m}{P_i} \times 100\,[\%]$

㉡ 규약 효율 $n = \dfrac{P_i - P_L}{P_i} \times 100\,[\%]$

㉢ 총손실 $P_L = $ 고정손 $+$ 부하손

여기서, P_i : 입력, P_m : 출력, P_L : 총출력

② 속도 변동률(ε_s)

㉠ 부하 변동에 따른 속도 변동의 정도

㉡ $\varepsilon_s = \dfrac{N_0 - N_1}{N_1} \times 100\,[\%]$

㉢ Slip $S = \dfrac{N_0 - N}{N_0} \times 100\,[\%]$

㉣ 속도 변동률 $\varepsilon_s = \dfrac{S}{100-S} \times 100[\%]$

$$\therefore \varepsilon_s = S\left(1 + \dfrac{S}{100}\right) = S[\%]$$

여기서, N_0 : 무부하(동기 속도), N_1 : 정격, N : 부하 속도

3) 전동기의 온도 상승

① 전동기의 손실은 열이 되어 전동기의 온도 상승을 초래
② 정상 상태 도달 후 온도 상승

손실(P_L)	최종 상승 온도(T)
$P_L = hs\,T[\text{W}]$	$T = \dfrac{P_L}{hs}[°\text{C}]$

여기서, h : 방열 계수$[\text{W/m}^2\text{deg}]$, s : 방열 면적$[\text{m}^2]$

③ 최종 상승 온도(T)는 손실(P_L)에 비례, 즉 출력 상승 시 손실 증가로 T는 상승
④ 전기 기기 절연 종별 최고 허용 온도

절연종	Y	A	E	B	F	H	C
허용 온도[℃]	90	105	120	135	155	180	180 이상

4) 전동기의 사용상태 분류

구분	내용
연속 사용	일정 온도 상승에 도달하는 시간 이상 연속 운전 상태
단시간 사용	최고 온도 상승 이하에서 운전 및 정지 상태
단시간 부하 연속 사용	부하 운전 → 최고 온도 상승 이내 → 무부하 운전 → 부하 운전 반복
단속 사용	일정 부하 운전 → 최고 온도 상승 정지 → 정지 → 일정 부하 운전 반복
단속 부하 연속 사용	일정 부하 운전 → 최고 온도 상승 이내 → 무부하(미정지) → 일정 부하운전 반복
변동 부하 연속 사용	변동 부하로 연속 운전(미정지 상태로 최고 온도 상승 이내 운전)
변동 부하 단속 사용	부하의 크기, 운전 시간, 정지 시간이 사용 형태에 따라 불일정
반복 사용	부하/정지 시간으로 구성, 사이클이 열적 평형 도달보다 짧은 주기 반복
반복 부하 연속 사용	부하의 크기, 운전 시간을 사용 형태에 따라 조정(미정지)

5) 정격

① 회전기의 정격 : 여러 조건하에 기기를 사용할 수 있는 한도 표시

② 정격 출력 : 정격 사용 한도를 기기의 출력으로 표시(전압, 전류, 주파수, 회전수로 구분)

③ 정격의 분류

연속 정격	단시간 정격	반복정격
• 지정 조건하에 연속 사용 시 정해진 온도 상승 • 기타 제한을 넘지 않는 정격	• 일정 단시간의 사용 조건 운전 시 규정으로 정해진 온도 상승 • 기타 제한을 넘지 않는 장벽	• 지정 조건하에 반복 사용 시 규정으로 정해진 온도 상승 • 기타 제한을 넘지 않는 장벽

27 전동기의 소손 원인과 보호 방법

1 전동기의 소손 원인

1) 전기적 원인

종류	원인	현상	대책
과부하	기계의 과중한 부하	과열 절연 파괴 소손	OCR, EOCR
결상	접점, PF의 결상	토크 부족 회전 정지, 과열 소손	OPR(결상 계전기)
층간 단락	권선 1ϕ의 절연불량	코일 단락, 과전류 소손	OCR 순시, PF
선간 단락	권선 열화, 선간절연 파괴	선간 단락, 과전류 소손	OCR 순시, PF
권선 지락	절연 불량, 공극 불량, 회전자와 권선 접촉	완전 지락, 과열, 과전류 소손	지락 계전기(OCGR), ZCT+SGR(비접지)
과전압	전선로 이상(낙뢰, Swell)	심할 시 절연 파괴 소손	OVR(과전압 계전기)
저전압	전선로 이상(SAG)	토크 저하 과전류 소손	UVR(부족 전압 계전기)

2) 기계적 원인

종류	원인	현상	대책
구속	과부하로 정지 상태	과전류, 과열, 절연 파괴 소손	OCR, EOCR
회전자와 고정자 간 마찰	전동기 축 이상, Bearing 마모	기계적 마찰로 인한 열 발생, 권선 마모, 절연 파괴 소손	OCR, EOCR, OCGR
Bearing 마모	Bearing 소손	기계적 과열 소손	Bearing 교체
윤활 그리스 부족	Grease, 윤활유 미보충	기계적 과열 소손(절연 파괴)	정기적 유지 보수

2 전동기의 보호

1) 고압 전동기 : 보호 계전기 또는 PF를 이용하여 보호

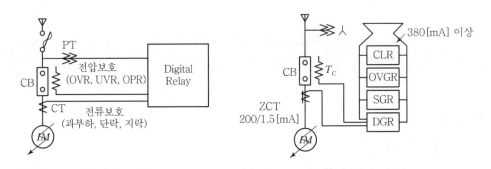

[접지 계통 보호]　　　　　　　　　[비접지 계통의 보호]

보호 방식	계전요소
단락 보호	PF 또는 OCR 순시, 비율 차동 계전기(5,000[kW] 이상)
과전류 보호	OCR 한시(과부하)
지락 보호	접지 계통(OCGR), 비접지 계통(OVGR, DGR, SGR＋ZCT)
과전압, 저전압	과전압(OVR), 저전압(UVR), 결상(OPR)
역상 보호	RPR

2) 저압 전동기

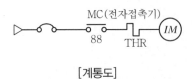

[계통도]

분류	Fuse	MCCB	ELB	THR	EOCR		
단락	○	○	선택	선택	2E	3E	4E
과전류	△	○	선택	○	○	○	○
결상	·	·	·		○	○	○
역상	·	·	·			○	○
지락	·	·	○				○

① EOCR : 전자식 과전류 계전기

2E	3E	4E
과부하(단락) + 결상	2E + 역상	3E + 지락

3) 전동기의 열특성

① 허용되는 부하 전류와 시간 관계

② 과전류 → 과열 → 절연 파괴 문제

③ 과전류 억제, 과열 소손 방지 필요

④ 기동 전류 = $7I_n \leq 10\,[\text{sec}]$

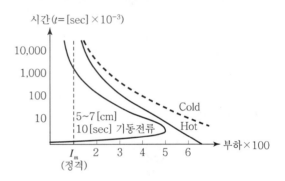

[전동기의 열특성]

4) 보호 계전기에 의한 보호(비율 차동 계전기)

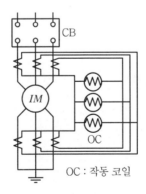

OC : 작동 코일

[비율 차동 계전기 회로도]

① 5,000kW 이상의 고압 전동기 적용

형식	장력	정정 범위[%]	표시기 붙이 보조 접촉기
1Y − BZ	/5[A]	10 − 15 − 20	1CS 0.8[A]
1Y − 3R			

5) 과전류

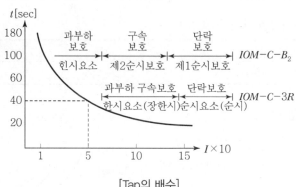

[Tap의 배수]

6) 지락 보호

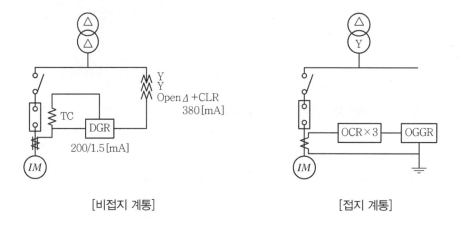

[비접지 계통]　　　　　　　　　　　　[접지 계통]

3 맺음말

1) 전동기의 수명

① 전동기의 수명은 10~15년으로 추정

② 장기사용 전동기는 절연의 피로 현상에 의해 소소한 문제로도 소손 우려

2) 전동기 소손 최소화 방법

① 기계적 용량과 특성에 맞는 전동기 선정

② 용도에 맞는 정확한 계전기 선정(접지, 비접지 회로)

③ 계전기의 Tap을 부하 특성과 비교 적용 정정

④ 계전기의 정상 작동 여부를 정기적으로 점검

⑤ 정기적인 유지 보수 시행(Bearing 교체, 권선 절연 보장, Grease 주입)

⑥ 수명 노후화, 소손 우려 전동기는 사전 교체 시행

28 전동기 보호(기동 특성 커브, 열적 보호, 단락 보호등)

1 전동기의 고장의 원인

1) 전기적 원인

종류	원인	현상	대책
과부하	기계의 과중한 부하	과열 절연 파괴 소손	OCR, EOCR
결상	접점, PF의 결상	토크 부족 회전 정지, 과열 소손	OPR(결상 계전기)
층간 단락	권선 1ϕ의 절연 불량	코일 단락, 과전류 소손	OCR 순시, PF
선간 단락	권선 열화, 선간 절연 파괴	선간단락, 과전류 소손	OCR 순시, PF
권선 지락	절연 불량, 공극 불량, 회전자와 권선 접촉	완전지락, 과열, 과전류 소손	지락 계전기(OCGR), ZCT+SGR(비접지)
과전압	전선로 이상(낙뢰, Swell)	심할 시 절연 파괴 소손	OVR(과전압 계전기)
저전압	전선로 이상(SAG)	토크 저하 과전류 소손	UVR(부족전압 계전기)

2) 기계적 원인

종류	원인	현상	대책
구속	과부하로 정지 상태	과전류, 과열, 절연 파괴 소손	OCR, EOCR
회전자와 고정자 간 마찰	전동기 축 이상, Bearing 마모	기계적 마찰로 인한 열 발생, 권선 마모, 절연 파괴 소손	OCR, EOCR, OCGR
Bearing 마모	Bearing 소손	기계적 과열 소손	Bearing 교체
윤활 그리스 부족	Grease, 윤활유 미보충	기계적 과열 소손(절연 파괴)	정기적 유지 보수

2 전동기의 기동 특성

1) 전동기의 기동으로는 전전압 기동 또는 감전압 기동이 있고, 기동 시 돌입전류의 정도 및 반복 기동과 기동 빈도 등의 자료도 확보해야 함

2) 전형적 기동 특성과 열적 한계 곡선

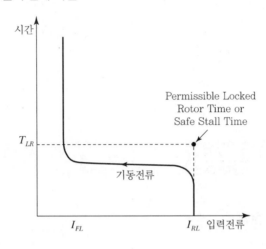

[비접지 계통]

① 그림에서 기동 전류 곡선은 정격 전압에서의 기동 특성이고, 더 낮은 전압이 인가될 경우 전류는 좌측으로 이동하며 기동시간은 더 많이 소요

② 정격 전압(100% 전압)에서 가장 큰 기동 전류(구속 전류)는 보통 전부하 전류의 6배의 전류가 흐르며 전압이 저하되면 이에 비례하여 기동전류도 감소

ㄱ) $I^2 t$ = constant for a motor

ㄴ) $(6 \times I_{FLC})^2 \times t$ = Thermal limit at 100[%] voltage

3 전동기 보호 방식

1) 과부하 및 단락 보호(과전류 계전기)

① 한시 요소 : 전동기 전부하 전류(FLC)의 105~125[%]에 동작하도록 선정하고 Time Lever는 전동기 기동 시간에서 3~4초 정도의 여유를 주어 선정하되, SST(Safe Stall Time) 하단에 위치하도록 선정

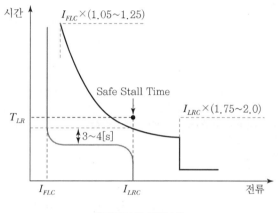

[전동기의 열특성]

② 전동기는 전력 계통에서 말단이기 때문에 보호 협조상에 문제가 없어 순시 요소를 적용하며, 순시 정정은 기동 전류와 외부 고장 시 전동기 기여 전류에 동작하지 않도록 보통 전동기 기동 전류의 1.75~2.0배로 정정하고 이때 선간 단락 전류를 계산하여 선간 단락 전류의 1/2배 보다 작은 것을 확인

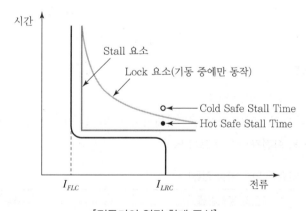

[전동기의 열적 한계 곡선]

③ 퓨즈와 부하 개폐기로 전동기 공급 회로가 구성되어 있는 경우 순시 과전류 요소가 보호하는 범위를 퓨즈가 담당하므로 이때의 순시요소는 사용하지 않음

2) 과열 보호

① 전동기가 과열되는 것을 보호를 위해 Cold Curve와 Hot Curve는 2가지 특성을 제시

② Cold Curve는 열효과와 시정수에 기반하고 Hot Curve는 계전기의 기억 기능을 이용하여 이전에 누적된 열량을 고려

[전동기의 열적 한계 곡선(IEC - 60255 - 8)]

Cold Curve	Hot Curve
$t = \tau \ln \dfrac{I^2}{I^2 - (kI_B)^2}$ [min]	$t = \tau \ln \dfrac{I^2 - I_p^2}{I^2 - (kI_B)^2}$ [min]

여기서, τ : 시정수, I_B : 기준 전류, I : 과부하 전류
I_p : 과부하 전전류, k : Service Factor

3) Stall과 Lock 보호

① Lock 보호

㉠ 전동기가 기동에 실패하는 경우가 있는데, 이는 전동기가 기동하기 전에 과도한 부하 토크가 걸려 있는 경우, 전동기의 기계적 고장, 부하 베어링 고장, 낮은 공급 전압 발생 등이 그 원인이고 이러한 현상을 회전자 구속(Lock)이라 함

㉡ 회전자가 정지된 상태에서 고정자에 전압이 인가되면 전동기의 고정자 권선에는 정격 전류의 5~8배 수준의 전류가 흐름

② Stall 보호

유도 전동기가 정상적인 운전 중 부하 토크가 전동기의 토크보다 커서 전동기의 회전 속도를 줄여 정지시키거나 정격 속도 이하의 어떤 운전점 속도로 떨어지는 것

4) 불평형 보호

① 전압 불평형률과 역상 전류

전동기의 단자전압의 불평형에 의해서 전동기에는 역상 전류가 흘러 회전자에 온도 상승, 손실 증대, 회전자의 역토크가 발생

[전압 불평형률에 따른 역상 전류]

전압 불평형률	역상 전류
3[%]	15[%]
5[%]	30[%]

[NEMA, 전압 불평형률에 대한 전동기 용량 감소]

전압 불평형률	Derating Factor
3[%]	0.9
4.4[%]	0.8

② 유도 전동기의 결상 운전

전압 불평형의 극단적인 경우가 결상이며 결상은 전압, 전류 모두 불평형률이 100[%]이고 전동기 보호용 퓨즈의 용단, 스위치 접점의 이탈 등이 원인으로 비교적 쉽게 나타나는 사고의 형태이며, 정격 부하에서 결상이 발생하면 남아있는 상의 전류는 상당히 증가하고, 역상분 전류에 의해서 전동기의 회전자 권선이 급격하게 과열되므로 전동기를 전원으로부터 분리해야 하고, 그렇지 않은 경우 고정자와 회전자 권선에 심각한 손상이 발생

5) 저전압 보호

전동기에서 전류의 변화는 전압의 변화에 반비례하고 평형 3상 저전압은 평형 3상 과전류를 야기하며 장기간의 저전압이 발생하면 회전력의 부족, 고정자 전류의 증가로 과전류 기기가 동작

29 | 전동기 특성시험

■1 전동기 특성

1) 등가 회로도

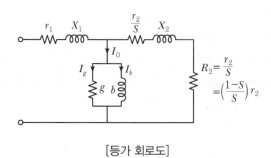

[등가 회로도]

① Slip의 영향 요소

전압	주파수	리액턴스	정지 시 Slip	운전 시 Slip
$E_1 = SE_2$	$f_1 = Sf_2$	$X_1 = SX_2$	$S = 1$	$S \fallingdotseq 0 \ (0.05)$

2) 전동기의 손실

구분	손실	원인	대책
동손 (P_c)	• 1차 동손 (고정자손 = P_{c1}) • 2차 동손 (회전자손 = P_{c2}) • $P_c = P_{c1} + P_{c2}$	• 고정자 손실 $P_{c1} = RI^2$ • 회전자 손실 $P_{c2} = r_2 i_2^2$	$R = \rho \dfrac{l}{A}$ 적용 시 • 권선 체적, 도체, 엔드링 크기 증대 • 코일 길이 단축, 1차 전류 저감
철손 (P_i)	고정자 철심 $P_i = P_h + P_e$	• 히스테리시스손 $P_h = K_h f B_m^{1.6}$ • 와류손 $P_e = K_e (K_p ft B_m)^{2.0}$ • 유전체손(무시) $W_c = WCE^2 \tan\delta$	• 철심의 재료, 형태, 설계 개선 • 자속 밀도 저감, 투자율이 높은 재료 선정 • 철심 두께 감소, 초전도체 사용
표류 부하손	부하손과 동손의 차	회전자 Cage의 공극에 의한 누설전류	• 회전자 홈 절연(심구형, 이중농형) • 공극 길이 최소, 공극 자속 밀도감소, Slot 수 최소화
기계손	베어링, 마찰, 풍손	• $Pl = N^3$승에 비례 • 냉각계 순환 순실	• 저손실 Bearing 및 Grease 채용 • 냉각 Fan 자손실화(소형화)

❷ 전동기 특성 시험

실부하법	무부하 시험	구속 시험
우선 적용, 곤란 시 무부하, 구속 시험 대체	철손과 기계손 파악	철손, 기계손, 저저항, 1차 권선 저항, 온도 시험 2차 전압, 절연 내력, Slip, 저주파 구속 및 전류의 유효·무효분

1) 무부하시험

철손과 기계손 측정 목적(V_2 : 정격 전압, P_o : 입력 전압, I_o : 입력 전류)

방법	무부하 전류	무부하 손실
• 정격 전압, 정격 주파수 인가 무부하 시험 시행 • 전압을 변경, 입력 전력, 전류를 측정, 손실 측정	• 유효분 $I_oP = \dfrac{P_o}{\sqrt{3}\,V_2}[\mathrm{A}]$ • 무효분 $I_oQ = \sqrt{I_o^2 - I_oP^2}\,[\mathrm{A}]$	• 철손 : 전원 전압 V^2에 비례 • 기계손 : 전원 전압과 무관, 항상 일정

2) 구속시험

방법	특성 계산
• 전동기를 회전하지 않도록 구속 • 정격 주파수로 정격보다 낮은 전압 • 전압(V_1'), 입력(W_S'), 전류(I_S') 측정 • 정격 전압에 있어 전류의 유효분과 무효분 계산	• 전류의 유효분(I_{sp}) $I_{sp} = \dfrac{V_{1N}}{V_1'^2} \times \dfrac{P_s}{\sqrt{3}}[\mathrm{A}]$ • 전류의 무효분(I_{sq}) $I_{sq} = \sqrt{\left(\dfrac{V_{1N}}{V_1'} \times I_s'\right)^2 - I_{sp}^2}\,[\mathrm{A}]$

① 1차 권선 저항(r_1)

㉠ 전동기 고정자 권선 두 단자 간의 직류 저항값 측정(r_1')

㉡ $\Delta-Y$ 결선에 관계없이 r_1'는 결선 1상당 저항값은 2배

㉢ 한 상당 저항값 r_1 : 운전 시(75℃), 온도 t[℃]일 시

$$r_1 = \frac{r_1'}{2} \times \frac{309.5}{234.5+t}[\Omega]$$

② 저항 측정

전압 강하법	브리지법
전기자 권선과 같은 저저항 측정	권선 온도가 오르지 않도록 20[%]의 정격 전류로 단시간 측정 및 실온 기록

③ 철손 및 기계손 측정

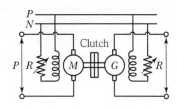

[철손 및 기계손 측정]

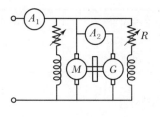

[캅법]

방법	조건	손실
피시험기 G를 다른 전동기 M으로 일정 속도로 회전	• P_1 : G의 Clutch 차단 시 입력 • P_2 : G가 무부하 무여자 시 입력 • P_3 : G에서 소정의 여자 전류 인가 시 입력	철손(P_i) $= P_3 - P_2$ 기계손 $= P_2 - P_1$

④ 온도 시험(캅법)

   ㉠ 기계를 정격 부하 상태로 유지 시 장시간 운전 시간과 온도 상승 관계

   ㉡ 대용량에서는 전원 용량, 구동기의 출력 부하 실버점에서 실부하 시험 곤란으로 반환 부하법 사용

   ㉢ 캅법을 주로 사용

⑤ 기타 측정

구분	내용
2차 전압 측정	전동기 속도 변화에 따른 2차 전압 측정
절연 내력 시험	시험 전압으로 권선과 대지 간 10분간 인가에 견딜 것
저주파 구속시험	주파수 변환 장치 이용 정격 주파수의 1/2 인가, 구속 전압, 저주파 구속전류, 저주파 구속 입력 계산
Slip 측정	정격 전압, 정 격주파수, 정격 전류 시 Slip 값 측정

30 특수전동기

▌1 특수 농형 유도 전동기

농형 유도 전동기의 기동 특성을 개량하여 2차 실효 저항이 기동 시 자동으로 크게 되고 운전 시 작아지는 구조로 종류는 2중 농형과 심구형(Deep Slot)이 있음

1) 2중 농형 유도 전동기 원리

① 2중 농형의 상부 도체는 저항을 크게 하고, 하부 도체는 저항이 작은 금속으로 배치

② 상부 도체는 철심 표면에 가깝기 때문에 누설 자속이 작고 하부 도체는 철심 내측에 있어 누설 자속 증가

③ 기동 시 : 슬립이 커서 2차 주파수가 높을 때는 2차 전류는 저항보다 리액턴스에 의해 제한되어 하부 도체는 거의 전류가 흐르지 않고 대부분 저항이 높은 상부 도체로 흘러 기동 전류를 제한하고 비례 추이로 기동 토크 증가

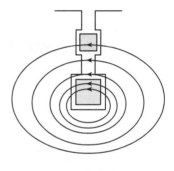

[이중농형]

④ 운전 시 : 정격 속도의 슬립은 0.05 정도로 작아져 주파수는 3[Hz](0.05 × 60[Hz]) 정도 되어 하부 도체의 누설 리액턴스 감소로 대부분의 전류는 저항이 작은 하부 도체에 흐름

2) 심구형(Deep Slot형) 유동 전동기 원리

① 그림과 같이 슬롯 내의 도체에 전류가 일정하게 흐르면 누설 자속의 분포는 슬롯 하부 근처 도체일수록 많은 자속과 쇄교하여 누설 인덕턴스가 증가

② 표피 효과(Skin – Effect) : 교류의 경우 누설 리액턴스가 큰 부분일수록 전류가 작아 전류 밀도의 분포는 슬롯의 상부일수록 크게 되어 전체적으로 실효 저항 증가

③ 심구형은 회전자 슬롯의 형태가 반경 방향으로 길게 되고 도체는 저항이 작은 균일 도체 사용

④ 일반적으로 상부를 좁게, 하부를 넓게 하여 표피효과를 이용

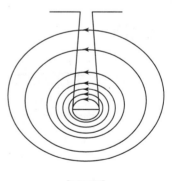

[심구형]

⑤ 상부 저항은 크게 하부 저항은 작게 하여 2중 농형과 유사 특성

3) 심구형의 특징 및 용도(2중 농형과 비교)

① 단일 도체이므로 냉각 효과가 우수 ― 기동·정지를 빈번하게 하는

② 도체가 가늘면 기계적으로 취약 ― 단면이 큰 중, 대형의 저속도 기계

③ 2차 저항을 설계 시 : 기동 토크가 큰 것보다 작은 것을 요구하는 곳

4) 특수 농형의 특징

일반 농형 대비 특수 농형은 기동 토크가 크고, 기동 전류가 작음

❷ 유니버설 전동기(Universal Motor)

1) 정의

① 교류 및 직류 전원 모두 사용 가능한 전동기

② 교직 양용, 만능 전동기, 단상 직권 정류자 전동기

2) 구성

① 고정자(계자) + 회전자(전기자) + 정류자 + Brush로 구성

② 구성은 직류 직권 전동기와 동일

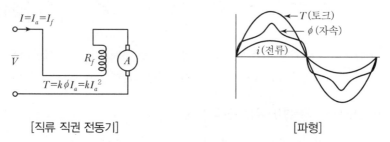

[직류 직권 전동기]   [파형]

3) 원리

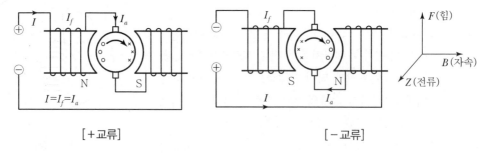

[+교류]   [−교류]

① 직권 전동기에 교류 전류 인가 시 전기자 전류가 +, −로 변환

② 계자 극성, 전기자 전류의 방향이 동기 반전

③ 회전 방향, 토크는 항상 일정(플레밍의 왼손 법칙) $F = BlI$

4) 주요 특성

① 토크 특성

㉠ 저속 시 큰 기동 토크

㉡ 고속 시 토크 저하

㉢ $T = K\phi I_a \,(\phi = I_a) = KI_a^2$

② 주파수 특성

㉠ 주파수 상승 시 효율 저하

㉡ 효율이 0인 지점에서 정지 현상

㉢ 주파수 저하 시 효율은 상승하나 전동기 진동 현상

단자전압과
부하전류 일정 시
토크와 속도는 반비례

[토크와 속도 관계]

5) 장단점

장점	단점
• 직류, 교류 모두 사용 가능 • 기동 토크가 큼 • 회전수는 전압에 비례($N = K\dfrac{E}{\phi}$) • 무부하의 회전수 증가 • 전압 극성에 관계없이 회전 방향 일정	• 무부하의 회전수 증가로 고속 위험 • Brush에 의한 Noise 발생 • 수명 저하 • 전기자 반작용 출력 저하

6) 직류 직권 전동기를 AC로 사용 시 문제점 및 대책

구분	문제점	대책
교번 자속	철심 강도 약화	전기자, 계자 철심에 성층철심 사용
계자 권선의 리액턴스	• 전압 강하(주자속 저하) • 역률 저하 • 토크 감소 • 전기자 반작용 증가	• 전기자 권수 증대 • 전기자수 편수 증대 • 보수, 보상 권선 설치(토크, 회전수 상승)

7) 용도

① 큰 기동 토크를 필요로 하는 전동기에 적용

② 청소기, 믹서, 전동 드릴 등에 적용

❸ Step Motor

1) 개요

① 1920년대 영국에서 개발, 1960년대 일본에서 NC제어 공작 기계 도입

② 현재 수많은 전기 기기 분야에서 이용 및 적용

2) 구조

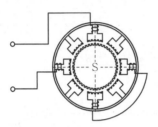 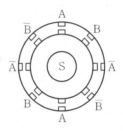

[Step Motor의 구조]

고정자(스테퍼)	로터(회전자)	원리
저층 강판+코일 권선	영구 자석+저층 강판	회전은 DC Motor 원리와 동일

3) 원리

① 펄스 신호 입력 시 일정 각도씩 회전 MTR

② 입력 펄스 수에 대응하여 일정 각도씩 움직이는 모터로 펄스 스텝 모터

③ 입력 펄스 수와 모터의 회전 각도의 완전 비례로 회전 각도를 정확하게 제어 가능

4) 종류

 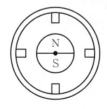 

[VR형]　　　　　　[PM형]　　　　　[하이브리드 PM형]

종류	특징
VR형	• Variable Reluctance Type : 가변 리액턴스형 • 회전자(톱니 바퀴)와 고정자에서 만들어지는 전자력으로 회전(인력) • 무여자 시 토크는 0으로 관성이 작고 고속응답(Step은 15°가 일반적)
PM형	• Permanent Type : 영구 자석형 • 고정자 권선에서 만들어지는 전자력과 회전자의 영구 자석의 힘으로 회전(인력) • 영구 자석으로 무여자 시 유지 토크가 큼
HB PM형	• Hybrid PM Type : 복합형 • 고정밀, 고토크, 소스텝에 주로 사용

5) 장단점

장점	단점
• 피드백이 없는 단순 제어계 • 디지털 신호를 정밀 기기에 적용 • 총회전각은 입력펄스 수의 총수에 비례 • 속도는 1초당 입력펄스 수에 비례 • 정지 시 큰 토크로 회전 오차각 누적 방지 및 초저속 동기 회전 가능(진동 발생)	• 관성 부하에 약하고 고부하, 고속 운전 시 탈조 현상 • 특정 주파수에서 공진과 진동(200[Hz] 부근) • 권선의 인덕턴스 영향으로 펄스비가 상승함에 따라 토크 저하로 인한 효율 저하

6) 용도(현재 BLDC로 대체)

① Serial Print의 종이 보내기 제어

② Print Head의 인자 위치 제어

③ X · Y Plotter의 펜위치 제어

④ Floppy Disk의 Head 위치 제어

⑤ 지폐 계산기

⑥ 봉재 기기

⑦ 전동 타자기

⑧ 팩시밀리

4 서보 모터

1) 정의

① 제어의 명령에 따라 속도, 위치 토크 제어

② Servo Drive의 제어기에 의한 정확한 위치와 속도를 추종 가능

    ㉠ 직류기 : 계자 자속 제어

    ㉡ 교류기 : Servo Drive(인버터)

  ③ 속도, 위치 검출로, 정확하고 정밀한 제어

2) 구조

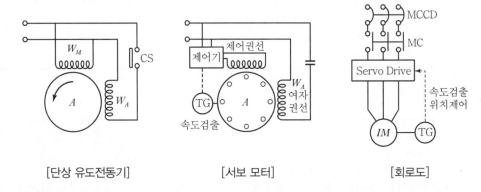

[단상 유도전동기]   [서보 모터]   [회로도]

구분	일반 모터	서보 모터
권선	주권선(W_m)＋시동 권선(보조 권선 W_a)	여자 권선＋제어 권선＋Servo Drive
속도 검출	없음	Encoder 또는 Tacho Generator
속도 제어	전압, 주파수, 저항, 극수	Servo Drive를 이용 (계산에 의한 위치, 속도 토크 제어)
회전	단방향 회전(역방향 시 접속 변경)	기동, 정지, 역회전이 용이

※ 주의 : 전동기의 관성 모멘트를 작게, 마찰 토크를 작게 할 것

3) 원리 및 종류

원리	종류(유전공)		
	전기식	유입식	공기식
• Servo Drive와 속도 검출기를 이용한 광범위한 속도 제어 • 속도 검출기의 신호와 출력 제어 신호로 연산 제어	직류 및 교류 서보 펄스 모터 전자 클러치 등	직농형 유입 모터 회전형 유입 모터	Air Motor

4) 직류 서보와 교류 서보의 비교

직류 서보	교류 서보
• 토크와 전류에 비례하여 제어 용이 ($T = K\phi I_a$) • 가격 저렴 • 브러시, 정류자 필요, 유지 보수 곤란 • 정밀한 위치 제어가 요구되는 공작 기계	• $T \propto V^2$ 전압 제어로 토크 제어 용이 • 브러시, 정류자가 없어 유지 보수 용이 • 구동 인버터는 사용 구조 복잡 • 가격 고가 • 세탁기와 같이 큰 힘이 필요한 기기

5) 특징 및 용도

주요 특징	용도
• 속도 검출을 이용한 빠른 응답성 • 넓은 속도의 제어 범위 • 정역 동작의 반복 가능(증속기 필요) • 방열 효과 우수	로봇 공작 기계 반송 기계

6) 최근 동향

① 고출력의 서보 모터에 직류를 사용했으나 최근 인버터로 Servo Drive를 결합하여 3ϕ 유도 전동기까지 확대 적용

② 인버터의 Vector 제어를 이용하여 직류기와 거의 유사한 선형기로 점차 확대 이용 중

31 선형유도방식(LIM)과 선형동기방식(LSM)

◼ 선형전동기(Liner Motor)

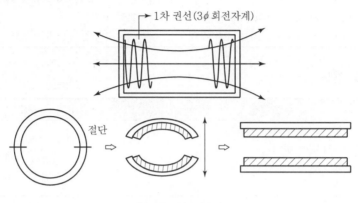

[선형전동기 원리]

1) 정의

① 회전형 전동기를 축방향으로 잘라 수평으로 편 것과 같은 상태

② 즉, 회전운동을 직선운동으로 변환시킨 전동기

2) 구분

추진방식	전원공급방식
선형유도방식(LIM)	차상 1차 방식
선형동기방식(LSM)	지상 1차 방식

① 추진방식 분류

선형유도방식(LIM)	선형동기방식(LSM)
• Liner Induction Motor • 전원과 추진체의 비동기화 • 즉, 흡인력을 이용한 주행(NIS)	• Liner Synchronous Motor • 전원과 추진체의 동기화 • 즉, 반발력을 이용한 주행

3ϕ 회전자계에 의한 변화를 이용하여 주행

② 전원공급방식에 의한 분류

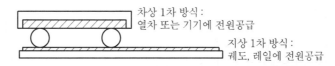

차상 1차 방식 :
열차 또는 기기에 전원공급

지상 1차 방식 :
궤도, 레일에 전원공급

[전원공급방식]

ⓒ 선형전동기를 이용한 기기로 지상 1차 방식 적용(단구간)

ⓒ 자기부상열차 등 장거리 선로로 차상 1차 방식 적용

3) 주요 특징

구분	탑재방식	장점	단점
회전형	차량탑재	• 효율 우수 • 사용 실적 많음	• 차량의 단면 증가 • 보수, 소음에 불리
선형전동기	차상 1차	• 설치공간 협소 • 보수비용 저렴	• 저효율 • 누설자속 증가
	지상 1차	• 차량구조 간단 • 비접촉 주행 가능	• 구동제어 복잡 • 지상건설비용 증가

4) 장단점

① 장점

ⓒ 추진, 제동이 점착력과 무관

ⓒ 노면설정이 자유, 차륜경 작게 가능

ⓒ 에너지 손실, 소음 발생 감소

ⓒ 직선구력이 필요한 시스템에 유리

ⓜ 기계적 변환장치가 단순

② 단점

ⓒ 단부 효과 발생(동적 · 정적 · 모서리 효과)

ⓒ 회전방향의 모서리 효과 발생

ⓒ 누설자속에 따른 손실 발생

ⓒ 효율 저하에 따른 인버터 용량 증가

ⓜ 차상 1차 방식은 인버터, 리니어모터 탑재로 중량 증가에 따른 가격이 고가

② 단부 효과

1) 단부 효과

① 선형전동기의 양 끝단에 단부가 존재, 손실 발생현상

② 즉, 누설자속에 의한 손실 발생현상

[단부 효과]

2) 종류

① 정적 단부 : 철심의 불연속에 의한 상간불균형 발생

② 동적 단부 : 양 끝단에서의 자속급변현상

③ 횡방향모서리 효과 : 측면, 모서리 방향으로 에너지 누설현상

3) 원인 및 영향

① 원인

㉠ LIM은 구조적으로 길이가 유한하고 입출구단이 존재

㉡ 누설자속에 의한 에너지 왜형 및 손실 유발, 특성 약화

② 영향

㉠ 돌핀현상 : 입출구 간 자속분포 비대칭

㉡ 특성저하 : 추력, 역률, 효율 저하현상

4) 대책

① 보조극 설치 : 보상권선(비용, 중량은 증가하나 성능 5% 증가)

② 설계 시 최적의 파라미터 설계

㉠ 모터길이 길게

㉡ 회전과 두께, 오버행 적게, 모서리 둥글게

㉢ 전체 길이 대비 단부길이 최소화

㉣ 선형동기전동기(LSM : Liner Synchronous Motor) 사용

㉤ 철심삽입형, 슬롯레스형 사용